Degrémont

Lexique Technique de l'Eau

Water Treatment Glossary

Français/Anglais
English/French

Intercept Limited
Andover, UK

LONDRES

lavoisier TEC & DOC

NEW YORK

LAVOISIER publishing

PARIS
11, rue Lavoisier
F 75384 Paris, cedex 08

Available from publishers :

Lavoisier Publishing
11, rue Lavoisier
F 75384 Paris cedex 08
France
Tél. : +33 (1) 42 65 39 95
Fax. : +33 (1) 47 40 67 02
Telex : TDL 632 020 F

and also from :

Intercept Limited
P.O. Box 716
Andover
Hampshire U.K.
SP10 1YG
Tel. : +44 (1264) 334748
Fax. : +44 (1264) 334058

Lavoisier Publishing Inc,
c/o Springer-Verlag
Customers Service
333 Meadowlands Pkwy
SECAUCUS, New Jersey, 07094 U.S.A.
Tél. : +1 (201) 348 4033
Fax. : +1 (201) 348 4505
Telex : 125 994
TOLL FREE 1800 SPRING

11, rue Lavoisier - F 75384 Paris Cedex 08 - FRANCE
ISBN : 2-85206-936-9

PO Box 716 Andover, Hampshire SP 10 1 YG - England, U.K
ISBN : 1-898298-34-3

AVANT-PROPOS

FOREWORD

Contenant, d'une part, un vocabulaire de base tiré de la neuvième édition du Mémento Technique de l'Eau de Degrémont, le présent lexique s'est, d'autre part, largement enrichi de termes et expressions courantes provenant d'une littérature technique abondante dans le domaine du traitement de l'eau.

Le vocabulaire a été collecté puis vérifié au Service Traduction de Degrémont. Des ingénieurs dans les domaines de leur spécialité ont été consultés pour apporter leurs commentaires et suggestions lorsque cela s'est avéré nécessaire.

Les éditeurs adressent leurs plus vifs remerciements à Jean Cortier sans qui cet ouvrage n'existerait pas, et à Christian Barraqué qui a suivi le projet jusqu'à son aboutissement. Ils tiennent également à exprimer toute leur reconnaissance à Martine Autord et à son équipe du Service Traduction de Degrémont qui se sont chargés de la collecte des termes, et à John Smellie qui a assuré le suivi informatique et contrôlé la relecture des épreuves.

This glossary is based on the terms used in the Ninth Edition of the Degrémont Water Treatment Handbook, and includes many other terms and expressions that are commonly encountered in the water treatment sector. It was compiled and checked by Degrémont's Translation Department and incorporates comments and suggestions by specialists in every aspect of the company's activities.

The editors thank Jean Cortier, who provided the initial impetus for the glossary and Christian Barraqué, who followed the project through to publication. Martine Autord and her team at the Degrémont Translation Department compiled the terms; John Smellie provided data processing and proof-reading assistance.

COMMENT UTILISER LE LEXIQUE

HOW TO USE THIS GLOSSARY

Toutes les entrées, y compris les mots composés, sont imprimées en caractères gras (même à l'intérieur du pavé). A l'intérieur d'un pavé, le tilde ~ remplace le mot d'entrée.

Les domaines auxquels appartiennent les termes sont indiqués en italique (voir liste des abréviations page VII). Les suppléments d'information sont également indiqués pour lever les ambiguïtés.

Lorsque plusieurs entrées ont la même orthographe, elles sont suivies de leur classe grammaticale et placées dans l'ordre suivant : *adj.* (adjectif), *n.* (nom), *v.* (verbe).

Les mots sont classés dans un ordre alphabétique strict. A l'intérieur de l'entrée principale, les prépositions (d', de, des ou du) qui font suite à un tilde entrent en ligne de compte dans le classement alphabétique (exemple : axe d'appui, axe de charnière, axe des abscisses, axe géométrique).

Lorsque le mot d'entrée n'est pas le premier mot de l'expression, ladite expression se placera (toujours suivant un ordre alphabétique strict) à la suite des expressions dont le premier mot est le mot d'entrée (exemple : axe d'appui, rouleau à axe fixe).

Source terms (including composite terms) are in boldface. The ~ sign replaces the headword in composite terms.

Subject areas are given in italics when necessary (see list of abbreviations on page VII). Additional explanations are sometimes also provided to avoid ambiguity.

Parts of speech are only given when two or more source terms have the same spelling. The entries are given in the following order: adjective (adj.), noun (n.), verb (v.).

All terms are listed in alphabetical order. This also applies to prepositions in composite terms (à, de, etc.). For example, axe de rotation *appears between* axe de piston *and* axe de symétrie *and before* axe géométrique.

Some composite terms appear several times in the glossary. Distributor flap, *for example, appears at* distributor *and at* flap. *When the headword is not the first word in a composite term, the term appears at the end of the section.*

ABRÉVIATIONS

ABBREVIATIONS

admin.	administration
alim.	food
agric.	agriculture
auto.	automobiles
biol.	biology
chim.	chemistry
constr.	construction
écol.	ecology
élec.	electricity
electr.	electronics
fin.	finance
GC	civil engineering
géol.	geology
hydroélec.	hydro-electricity
impr.	printing
jur.	legal
math.	mathematics
méc.	mechanics
méd.	medicine
métall.	metallurgy
microbiol.	microbiology
nav.	naval
nucl.	nuclear
opt.	optics
pétro.	oil and petrochemicals
photo.	photography
phys.	physics
télécom.	telecommunications
textil.	textiles

admin.	administration
alim.	alimentaire
agric.	agriculture
auto.	automobile
biol.	biologie
chim.	chimie
constr.	construction
écol.	écologie
élec.	électricité
électr.	électronique
fin.	finances
GC	génie civil
géol.	géologie
hydroélec.	hydroélectricité
impr.	imprimerie
jur.	juridique
math.	mathématiques
méc.	mécanique
méd.	médecine
métall.	métallurgie
microbiol.	microbiologie
nav.	naval
nucl.	nucléaire
opt.	optique
pétro.	pétrole, pétrochimie
photo.	photographie
phys.	physique
télécom.	télécommunications
textil.	textile

A

abaissement : decrease ; lowering ; ~ **de courant :** decrease in current ; ~ **de l'opercule :** gate lowering

abaisseur : depressor

abandonner : waive *(droits)* ; ~ **progressivement :** phase out

abaque : chart ; graph ; table ; scale

abattant : flap

abattement : abatement ; ~ **fiscal :** tax allowance

abattoir : abattoir ; slaughterhouse

aberration : aberration

abonné : customer ; subscriber

abonnement : subscription

abrasif : abrasive

abrasion : abrasion

abri : shelter ; shade

abrité et grillagé : drip-proof, screen-protected

abscisse : abscissa ; axe des ~ : X-axis

absorbeur : absorber ; ~ **de dioxyde de carbone :** carbon dioxide absorber ; ~ **dessiccateur casse-vide :** vacuum breaker dryer absorber

absorption : absorbance ; absorption ; ~ **atomique :** atomic absorption ; ~ **de chlore :** chlorine absorption ; ~ **de l'eau :** water absorption

abyssal : abyssal

accélérateur : accelerator

accélération de la pesanteur : acceleration of gravity

accéléromètre : accelerometer

acceptation de marchandises : acceptance of goods

accepteur d'électrons : electron acceptor

accessoire : fitting ; accessory ; ~**s de fixation :** attaching parts ; ~ **de ligne aérienne :** overhead line fitting ; ~ **de pose :** installation fitting ; ~ **électrique :** electrical fitting

accident : accident ; ~ **du travail :** work injury

accidentel : occasional

acclimatation : acclimatization

accolé à : built onto ; next to

accord : agreement ; tuning *(méc.)*

accotement : side ; side path

accouplement : coupling ; ~ **à cardan :** Cardan joint ; universal joint ; universal coupling ; ~ **à douille :** sleeve coupling ; ~ **à plateaux :** flanged coupling ; flanged-face coupling ; ~ **direct :** direct drive ; ~ **élastique :** flexible coupling ; ~ **élastique à tampon caoutchouc :** rubber flexible coupling ; ~ **électrique :** electric coupling ; ~ **moteur-pompe :** engine-pump transmission

accoupler : couple

accréditif : letter of credit ; ~ **irrévocable et confirmé :** confirmed and irrevocable letter of credit

accrochage : hooking ; coupling ; catching ; **relais à** ~ : latch-in relay

accumulateur : accumulator ; storage battery ; ~ **anti-pulsations :** pulse damper ; ~ **au plomb :** lead accumulator ; ~ **hydraulique :** hydraulic accumulator

accumulation : storage

accusé : defendant *(jur.)* ; ~ **de réception :** acknowledgement of receipt

acétaldéhyde : acetaldehyde

acétate : acetate ; ~ **de cellulose :** cellulose acetate ; ~ **de cuivre :** copper acetate ; ~ **de plomb :** lead acetate ; ~ **de polyvinyle :** polyvinyl acetate

acétique : acetic

acétogène : acetate-producing

acétylène : acetylene

achèvement des travaux : completion of works

acide : acid ; ~ **acétique :** acetic acid ; ~ **alginique :** alginic acid ; ~ **aminé :** amino acid ; ~ **amino-triméthylène phosphonique :** amino trimethylene phosphonic acid ; ~ **ascorbique :** ascorbic acid ; ~ **azotique :** nitric acid ; ~ **borique :** boric acid ; ~ **carbonique :** carbonic acid ; ~ **carboxylique :** carboxylic acid ; ~ **chlorhydrique :** hydrochloric acid ; ~ **citrique :** citric acid ; ~ **de Caro :** Caro's acid ; permonosulphuric acid ; ~ **désoxyribonucléique :** deoxyribonucleic acid ; ~ **éthylène-diamine-tétracétique :** ethylene diamine tetra-acetic acid ; ~ **fluorhydrique :** hydrofluoric acid ;

~ **formique :** formic acid ; ~ **fulvique :** fulvic acid ; ~ **gras :** fatty acid ; **~s gras volatils :** volatile fatty acids ; ~ **hexafluorosilicique :** hexafluorosilicic acid ; ~ **humique :** humic acid ; ~ **hypobromeux :** hypobromous acid ; ~ **hypochloreux :** hypochlorous acid ; ~ **lactique :** lactic acid ; ~ **minéral :** mineral acid ; ~ **monopersulfurique :** permonosulphuric acid ; Caro's acid ; ~ **oxalique :** oxalic acid ; ~ **phosphorique :** phosphoric acid ; ~ **préservateur :** preservative acid ; ~ **résinique :** resinic acid ; resin acid ; ~ **ribonucléique :** ribonucleic acid ; ~ **silicique :** silicic acid ; ~ **stéarique :** stearic acid ; ~ **sulfamique :** sulphamic acid ; ~ **sulfhydrique :** hydrogen sulphide ; ~ **sulfureux :** sulphurous acid ; ~ **sulfurique :** sulphuric acid ; ~ **tartrique :** tartaric acid ; ~ **volatil :** volatile acid

acidification : acidification

acidimétrique (liqueur ~) : alkaline solution

acidité : acidity ; ~ **libre :** free acidity ; ~ **totale :** total acidity ; ~ **volatile :** volatile acidity

acidogénèse : acidogenesis

acier : steel ; ~ **à coupe rapide :** high-speed steel ; ~ **à fleurets :** drill steel ; ~ **à haute résistance :** high-strength steel ; high-tensile steel ; ~ **à haute tension :** high-tensile steel ; ~ **à outils :** tool steel ; ~ **à ressorts :** spring steel ; ~ **à structure martensitique :** martensitic steel ; ~ **allié :** alloy steel ; ~ **au bore :** boron steel ; ~ **au carbone :** carbon steel ; ~ **au carbone à faible teneur :** low-carbon steel ; ~ **au carbone à haute teneur :** high-carbon steel ; ~ **au carbone ordinaire :** plain carbon steel ; ~ **au chrome :** chromium steel ; ~ **au chrome-vanadium :** chromium-vanadium steel ; ~ **au manganèse :** Hadfield manganese steel ; austenitic steel ; manganese steel ; ~ **au molybdène :** molybdenum steel ; ~ **au nickel :** nickel steel ; ~ **au nickel-chrome :** nickel-chromium steel ; ~ **au platine :** platinum steel ; ~ **au silicium :** silicon steel ; ~ **au tungstène :** tungsten steel ; ~ **au vanadium :** vanadium steel ; ~ **auto-trempant :** air-hardening steel ; self-hardening steel ; ~ **Bessemer :** Bessemer steel ; ~ **cadmié :** cadmium-plated steel ; ~ **calmé :** killed steel ; ~ **cémenté :** blister steel ; ~ **chromé :** chromium-plated steel ; ~ **chromé-zingué :** chromium-plated galvanized steel ; ~ **comprimé :** compressed steel ; ~ **corroyé :** shear steel ; ~ **coulé :** cast steel ; ~ **courant :** plain carbon steel ; ~ **de cémentation :** blister steel ; ~ **de construction :** structural steel ; ~ **de forge :** forging steel ; ~ **de moulage :** casting steel ; ~ **demi-dur :** medium-carbon steel ; ~ **doux :** mild steel ; ~ **ébonité :** vulcanized steel ; ~ **électrique :** electric steel ; ~ **embouti :** pressed steel ; ~ **en lingot :** ingot steel ; ~ **estampé :** stamped steel ; ~ **étiré :** drawn steel ; ~ **fondu :** cast steel ; ~ **fondu au creuset :** crucible steel ; ~ **fondu sur sole :** open-hearth steel ; ~ **forgé :** forged steel ; ~ **fritté :** sintered steel ; ~ **galvanisé :** galvanized steel ; ~ **immaculable :** stainless steel ; ~ **inoxydable :** stainless steel ; ~ **laminé :** rolled steel ; ~ **laqué :** enamelled steel ; ~ **marchand :** merchant steel ; ~ **Martin :** open-hearth steel ; ~ **matricé :** die steel ; ~ **meulé :** ground steel ; ~ **mi-dur :** medium-carbon steel ; ~ **moulé :** cast steel ; ~ **noir :** carbon steel ; plain carbon steel ; ~ **non calmé :** rimmed steel ; ~ **nu :** bare steel ; ~ **ordinaire :** plain carbon steel ; ~ **parkérisé :** parkerized steel ; ~ **partiellement désoxydé :** rimmed steel ; ~ **peint :** enamelled steel ; ~ **pour mèches :** drill steel ; ~ **profilé :** structural steel ; ~ **rapide :** high-speed steel ; ~ **recuit :** annealed steel ; ~ **rond à béton :** steel bars for reinforced concrete ; ~ **soudé sous argon :** argon arc welded steel ; ~ **spécial :** alloy steel ; ~ **sur sole :** open-hearth steel ; ~ **ternaire :** ternary steel ; ~ **traité :** treated steel ; ~ **trempé :** hardened steel ; ~ **zingué :** galvanized steel

aciéré : steeled

aciérie : steelworks

acompte : down payment

à-coup de courant : load surge

acquittement : resetting

âcreté : bitterness

acroléine : acrolein

acrotère : parapet wall

acrylique : acrylic

acrylonitrile butadiène styrène : acrylonitrile butadiene styrene

actif : assets ; ~ **à court terme :** current assets ; ~ **circulant :** current assets ; ~ **immobilisé :** fixed assets ; ~ **incorporel :** intangible assets *(UK)* ; fixed assets *(US)*

actinomycètes : actinomycetes

action : share *(fin.)* ; ~ **brusque :** snap action ; ~ **conditionnelle :** conditional action ; ~ **de masse :** mass action ; ~ **dérivée :** derivative action ; ~ **impulsionnelle :** pulse action ; ~ **inconditionnelle :** unconditional action ; ~ **intégrale :** integral action ; ~ **microbicide :** germicidal action ; ~ **ordinaire :** equity ; common stock *(fin.)* ; ~ **privilégiée :** preference share ; ~ **proportionnelle :** proportional action ; ~ **proportionnelle et intégrale :** proportional-plus-integral action ; ~ **proportionnelle, intégrale et dérivée :** proportional-plus-integral-plus-derivative action ; ~ **retardatrice :** retarding action ; ~ **temporisée :** delayed action

actionnaire : shareholder

actionné : actuated ; operated ; ~ **à la main :** hand-operated ; ~ **par clé :** key-operated ; ~ **par la vapeur :** steam-driven

actionner : activate ; operate ; drive

actionneur : actuator ; ~ **pneumatique :** pneumatic actuator

activateur : activator

activation : activation ; ~ **de l'oxygène :** oxygen excitation

activé : activated

activité : activity ; ~ **piscicole :** fish farming ; ~ **superficielle :** surface activity

adaptabilité : adaptability

adaptateur : adapter

adaptation : acclimatization

additif : additive ; ~ **anti-boues :** sludge dispersal agent

additionné de : together with ; mixed with

adducteur : supply main

adduction : supply ; ~ **d'eau :** water supply ; **conduite d'~ :** water main

adénosine : adenosine ; ~ **diphosphate :** adenosine diphosphate ; ~ **monophosphate :** adenosine monophosphate ; ~ **triphosphate :** adenosine triphosphate

adent (joint en ~) : scarf joint

adhérence : adherence ; adhesion ; ~ **au sol :** grip to the ground ; ~ **caoutchouc/tissu :** rubber-to-fabric bond ; ~ **du béton :** concrete adhesion ; ~ **sur acier :** binding strength on steel

adhérent : adhesive

adhésif : adhesive

adimensionnel : dimensionless

adjudication d'un contrat : award of a contract

adjuvant : additive ; admixture *(béton)* ; ~ **de coagulation :** coagulation aid ; ~ **de filtration :** filtering agent ; ~ **de floculation :** flocculant ; flocculant aid ; ~ **de synthèse :** synthetic aid

admissible : permissible

admission : admission ; entry ; inlet

adoucir : smooth off ; soften *(eau)*

adoucissement : softening

adoucisseur : softener

adsorbant : adsorbent

adsorbat : adsorbate

adsorption : adsorption

aérateur : aerator ; ~ **à axe horizontal :** horizontal-axis aerator ; ~ **à axe vertical :** vertical-axis aerator ; ~ **à masse de contact :** contact-media aerator ; ~ **à surface libre :** non-pressurized aerator ; ~ **de surface :** surface aerator ; ~ **en cascade :** cascade aerator ; ~ **par barbotage :** bubbling aerator ; ~ **sous pression :** pressurized aerator

aération : aeration ; ~ **de surface :** surface aeration ; ~ **étagée :** step aeration ; ~ **forcée :** forced draught ; ~ **mécanique :** mechanical draught ; ~ **mixte :** mixed aeration ; ~ **par cascade :** cascade aeration ; ~ **par diffusion :** diffused air aeration ; ~ **par insufflation d'air :** diffused aeration ; ~ **par turbine :** turbine aeration ; ~ **prolongée :** extended aeration ; **corrosion par ~ différentielle :** differential cell corrosion

aérobie : aerobic ; **stabilisation ~ :** aerobic stabilization

aérobiose : aerobiosis

aérodynamique : aerodynamic ; streamlined

aérohydraulique : hydropneumatic

aéromonas : aeromonas

aéroréfrigérant : atmospheric cooling tower

aérosol : aerosol

affacturage : factoring

affaire n° : contract No.

affaissement : subsidence ; **test d'~ :** slump test

affectation : allocation *(coûts)* ; posting *(personnel)*

affecter : assign

affermage : leasing

affichage : display ; ~ **à cristaux liquides :** liquid crystal display

affinage : polishing ; ~ **des effluents :** polishing of effluents

affleurer : be level with

affouillement : undermining

affréteur : freight forwarder ; forwarding agent

âge des boues : sludge age

agence de bassin : river authority ; area water board

agencement de magasins : shop fitting

agent : agent ; ~ **adsorbant :** adsorbing agent ; ~ **anti-oxydant :** anti-oxidizing agent ; ~ **chimique :** chemical agent ; ~ **de blanchiment :** bleaching agent ; ~ **de collage :** bonding agent ; ~ **de corrosion :** corrosion agent ; ~ **de foisonnement :** swelling agent ; ~ **de mouillage :** wetting agent ; ~ **de refroidissement :** cooling agent ; ~ **de surface :** surfactant ; ~ **désodorisant :** deodorizing agent ; ~ **diluant :** diluting agent ; ~ **double :** double agent ; ~ **du service des douanes :** customs officer ; ~ **expansif :** expansive agent ; ~ **frigorigène :** coolant ; ~ **maritime :** shipping agent ; ~ **oxydant :** oxidizing agent ; ~**s pathogènes :** pathogenic germs ; ~ **réducteur :** reducing agent ; ~ **séquestrant :** chelating agent

agglomérant : binder ; binding material

agglomération : urban centre ; ~ **sur grille :** sintering

aggloméré : aggregate ; ~ **de bois :** chipboard ; ~ **de liège :** corkboard

agglomérer (s'~) : stick together

agglutiner : coalesce

agitateur : agitator ; ~ **de fond :** bottom stirrer ; ~ **électrique :** electric stirrer ; ~ **magnétique :** magnetic stirrer ; ~ **rapide :** flash mixer

agitation : agitation ; **organe d'~** : mixer unit ; **zone d'~** : mixing zone

agiter : stir

agrafage : clamping

agrafe : staple ; clamp ; joint ; ~ **articulée :** knuckle joint ; ~ **de courroie :** belt fastener ; ~ **de fixation :** clamp

agrafé : welted

agrégat : aggregate

agrégation : aggregation

agrément de soudeur : welders' specification records

agressivité : corrosive action ; aggressiveness ; ~ **carbonique :** carbonic attack

agroalimentaire : agri-food ; agro-food

aide : aid ; ~ **à la conduite :** operating aid ; ~ **conditionnelle :** tied aid ; ~ **publique :** state aid

aigrettage : spark phenomenon

aigrettes : sparks

aiguille : needle

aiguilleté : felt carpet

aile : wing *(bâtiment)* ; flange *(poutre)* ; vane *(turbine)*

aileron : flap

ailette : vane ; fin ; blade *(rotor)* ; vane *(turbine)* ; ~ **de refroidissement :** cooling fin

aimant : magnet ; ~ **de suspension :** lifting magnet

air : air ; ~ **ambiant :** ambient air ; ~ **atmosphérique :** ambient air ; ~ **comprimé :** compressed air ; ~ **d'entraînement :** stripping air ; ~ **de blocage :** buffer air ; ~ **de combustion :** combustion air ; ~ **de fluidisation :** fluidisation air ; ~ **de lavage :** wash air *(filtre)* ; ~ **de partialisation :** partialization air ; ~ **de refroidissement :** cooling air ; ~ **de séchage :** drying air ; ~ **instrument :** instrument air ; ~ **moteur :** drive air ; ~ **occlus :** entrapped air ; ~ **ozoné :** ozonized air ; ~ **surpressé :** pressurized air ; **alimentation en ~ surpressé** : pressurized air feed ; **étuve à ~ pulsé** : air oven ; **moulage par ~ comprimé** : blow moulding

aire : surface ; floor ; flat space ; area ; ~ **d'égouttage :** drainage area ; ~ **de circulation :** walkthrough ; ~ **de dépôt :** storage area ; ~ **de manutention :** handling area ; ~ **de séchage des boues :** sludge drying area ; ~ **de stockage :** storage area

ajournement : deferment

ajouter (à ~) : to be added

ajustage : fitting ; machining ; ~ **lâche :** loose fit ; ~ **serré :** tight fit

ajustement d'une courbe : curve fitting

ajuster au montage (à ~) : to be adjusted at erection stage

ajusteur : fitter

ajutage : short tube ; nozzle ; ~ **à vapeur :** steam nozzle ; ~ **de mesure :** measuring nozzle

alarme : alarm ; ~ **de niveau bas :** low level alarm ; ~ **de niveau haut :** high level alarm ; ~ **sonore + lumineuse :** visual + audible alarm

alcalimétrique (liqueur ~) : acid solution

alcalin : alkaline

alcalinisant : alkalizing agent

alcool : alcohol ; ~ **à brûler :** methylated spirits ; ~ **éthylique :** ethyl alcohol

aldéhyde : aldehyde

aldrine : aldrin

alésage : bore ; ~ **cylindrique :** straight bore ; ~ **de cylindre :** cylinder bore ; ~ **lisse :** smooth bore ; **arbre d'~** : cutter bar

aléser : bore

algèbre : algebra ; ~ **de Boole :** Boolean algebra

algicide *(adj.)* : anti-algae

algicide *(n.)* : algicide

alginate : alginate ; ~ **de sodium :** sodium alginate

algologie : algology

algorithme de régulation : control algorithm

algues : algae

aligner : align

alimentaire (qualité ~) : food-grade quality

alimentation : feed ; power supply *(élec.)* ; ~ **d'eau sous pression :** pressure water supply ; inlet pressure water ; ~ **des chaudières :** boiler feed water supply ; ~ **électrique générale :** power complex ; ~ **en air surpressé :** pressurized air feed ; ~ **en charge :** gravity feed ; ~ **en continu :** continuous feed ; ~ **en parallèle :** shunt feed ; ~ **hydraulique :** flow sheet ; flow chart ; ~ **par aspiration :** suction feed ; ~ **par gravité :** gravity feed ; **bassin à ~ étagée** : stepped-feed tank ; **vasque d'~** : feed basin

alimenté sous pression : pressure fed

aliphatique : aliphatic

alkyl benzène sulfonate : alkylbenzene sulphonate

allant vers : towards

alliage cuivreux : cuprous alloy

allocation : allowance

allongé : extended

allongement : elongation

allotropique : allotropic

allumage : firing *(thyristor)*

alluvions : alluvia

alphagène : alphagenous

altération : deterioration ; breakdown

alternateur : ac generator ; alternator

alternatif : reciprocating *(pont)* ; **courant** ~ : alternating current

altuglas : perspex

alumine : alumina ; ~ **activée :** activated alumina

aluminium : aluminium *(UK)* ; aluminum *(US)* ; ~ **anodisé :** anodized aluminium ; ~ **coulé sous pression :** die-cast aluminium

aluminothermie : thermit welding

alvéolage : honeycombing

alvéolaire : cellular pattern ; honeycomb pattern

amas granuleux : granular mass *(virus)*

ambiance : environment ; atmosphere

âme : core ; web

amélioration : improvement

aménagement : planning ; improvement ; development ; ~ **des cours d'eau :** river works ; ~ **du terrain :** site preparation ; ~ **du territoire :** town and country planning ; land use planning ; ~ **hydraulique :** hydraulic engineering ; ~**s intégrés d'un fleuve :** harnessing sites of a river

amendement des sols : soil improvement

amenée : inlet ; ~ **à pied d'œuvre :** moving into position ; ~ **d'air :** air intake ; ~ **des boues fraîches :** fresh sludge inlet ; **tuyau d'**~ : supply pipe ; delivery pipe

amener à pied d'œuvre : move into position

amiante : asbestos

amiante-ciment : asbestos-cement

amibe : amoeba

amidon : starch ; ~ **de blé :** wheat starch ; ~ **de maïs :** corn starch ; ~ **de riz :** rice starch

amincissement : thinning

amine : amine ; ~ **filmante :** film-forming amine ; ~**s grasses :** fatty amines ; ~ **neutralisante :** neutralizing amine

aminodiacétique : aminodiacetic

aminodioxime : aminodioxime

aminophosphorique : aminophosphoric

ammoniac : ammonia *(gaz)*

ammoniaque : ammonia ; liquid ammonia ; ~ **ammoniacale :** free ammonia

ammonification : ammonification

ammonisation : ammonification

ammonium : ammonium ; ~ **minéral :** inorganic ammonium ; ~ **quaternaire :** quaternary ammonium

amont : upstream

amorçage : priming ; **à** ~ **automatique** : self-priming ; **dispositif d'**~ : priming device

amortir : depreciate *(fin.)*

amortissement : depreciation ; ~**s** : amortization

amortisseur : shock absorber ; damper *(élec.)* ; dash-pot *(méc.)* ; ~ **à piston :** dashpot ; ~ **de vibrations :** vibration damper ; shock mount

ampérage : amperage

ampère : ampere

ampèremètre : ammeter

ampéromètre : amperometric analyzer

ampérométrie : amperometry

ampérométrique : amperometric

amplificateur : amplifier ; ~ **de courant continu :** dc amplifier

amplitude thermique : range of temperature

ampoule : bulb ; electric light ; ~ **à décanter :** separatory funnel ; ~ **opale :** opal lamp

anaérobie (digestion ~) : anaerobic digestion

anaérobiose : anaerobiosis

analogique (indicateur à affichage ~) : analog indicator

analyse : analysis ; ~ **chimique :** chemical analysis ; ~ **de l'eau :** analysis of water ; ~ **par strippage en boucle fermée :** closed loop stripping analysis ; ~ **volumétrique :** volumetric analysis

analyseur : analyser

anas de lin : flax cob

ancrage : anchoring ; **plaque d'**~ : anchor plate ; **tige d'**~ : anchor rod

andain : windrow

anfractuosité : anfractuosity

angle : angle ; ~ **au sommet :** apex angle ; ~ **au sommet du divergent :** taper apex angle ; ~ **de conicité :** angle of conicity ; ~ **de contact :** angle of contact ; ~ **de courbure :** angle of curvature ; ~ **de flexion :** bending angle ; ~ **droit :** right angle ; ~ **plat :** straight angle ; **à** ~ **droit** : quadrant to ; **à** ~**s vifs** : sharp

angulaire : angular ; **bride** ~ : angle flange ; **pierre** ~ : cornerstone

anhydre : anhydrous ; **chaux** ~ : unslaked lime

anhydride : anhydride ; ~ **carbonique :** carbon dioxide ; ~ **sulfureux :** sulphur dioxide

anhydrisation : anhydration ; dehydration

anhydrite : anhydrite

anille : anchor tie

anion : anion ; ~ **moyennement basique :** intermediate-base anion ; ~ **silicique monovalent :** monovalent silicic anion

anionique : anionic

anneau : ring ; collar ; hoop ; link ; ~ **à fiche :** ringbolt ; ~ **brisé :** split ring ; ~ **collecteur :** collector ring ; slip ring ; ~ **d'arrêt :** locking ring ; ~ **de levage :** hoisting lug ; lifting ring ; ~ **de roulement :** riding ring ; ~ **liquide :** liquid ring ; ~ **Raschig :** Raschig ring ; **pompe à vide à ~ liquide** : liquid-ring vacuum pump

annuités : annuities

annulaire : annular ; ring-shaped

annuler : cancel ; void *(contrat)* ; ~ **le potentiel zéta :** nullify the zeta potential

anode : anode ; ~ **sacrificielle :** sacrificial anode ; ~ **soluble :** sacrificial anode

anormal : abnormal

anoxie : anoxia

anse (fond en ~ de panier) : spherically dished head ; torispherical head

antenne directionnelle : directional aerial

anthracite : anthracite

antiacide : acid-proof ; acid-resistant

antibélier : antiwater hammer ; surge tank ; anti-hammer ; air chamber

anticalcaire *(adj.)* : scale preventive

anticalcaire *(n.)* : scale preventer ; scale remover

anticorrosion : corrosion-proof

antidéflagrant : explosion-proof

antidérapant : non-skid

antidévireur : anti-turn back device

antiflottaison (orifice ~) : weep hole ; safety stability port

antigel : anti-freezing compound ; anti-freeze

antigrippant : anti-seize

anti-insectes : insect-proof

antimagnétique : anti-magnetic

antimoine : antimony

antimousse : anti-foam agent

antioxydant : anti-oxidant

antiprimage : anti-priming

antirachitiques : anti-rickets

antirouille : rust-resistant

antiseptique : antiseptic

antivibratoire : vibration resistant ; **plot** ~ : vibration absorber

apatite : apatite

apolaire : apolar

appareil : apparatus ; device ; appliance ; fixture ; ~ **à battre les collets :** flaring tool ; ~ **à collets :** flare tool ; flaring tool ; ~ **à contact de boues :** solids contact unit ; ~ **à cuire :** boiling pan *(sucre)* ; ~ **à multiples effets :** multiple-effect device ; ~ **à pression :** pressure vessel ; ~ **ampérométrique :** amperometric device ; amperometric apparatus ; ~ **antidéflagrant :** explosion-proof equipment ; ~ **combiné :** two-in-one unit ; ~ **de contrôle :** monitoring equipment ; control equipment ; testing instrument ; ~ **de déshydratation :** dewatering unit ; ~ **de levage :** hoist ; ~ **de manutention :** handling machine ; ~ **de mesure :** measuring instrument ; measuring apparatus ; ~ **de pesage :** weighing machine ; ~ **de tableau :** switchboard measuring instrument ; ~ **électrique :** electric appliance ; ~ **enregistreur :** recorder ; ~ **fermé :** enclosed apparatus ; totally enclosed apparatus ; ~ **monobloc :** self-contained unit ; ~ **pour collets battus :** flaring tool ; ~ **pour essais :** tester ; testing device ; ~ **pour la mesure de l'adhésivité :** tack gauge ; ~ **respiratoire autonome :** self-contained breathing apparatus ; self-contained respirator ; ~ **Vicat :** Vicat needle

appareillage : installation ; fittings ; equipment ; accessories ; plant ; ~ **d'essai :** testing equipment ; ~ **de commutation :** switchgear ; ~ **de démarrage :** starting up apparatus

appel : call ; ~ **au démarrage :** starting current inrush ; ~ **d'offres :** invitation to bid ; call for tenders ; ~ **de courant :** current surge

appelant : appellant *(jur.)*

appellations : nomenclature

application industrielle : industrial application

applique : wall bracket ; **treuil d'**~ : wall hoist

appoint : make-up water ; make-up ; ~ **calorifique en combustible :** fuel make-up ; **eau d'**~ : make-up water

apport : input ; ~ **de chaleur :** heat source ; ~ **horaire en oxygène :** hourly oxygen transfer capacity ; ~ **spécifique :** specific oxygen transfer capacity ; oxygen transfer capacity ; ~ **spécifique effectif :** actual oxygen transfer capacity ; ~ **spécifique nominal d'oxygène :** nominal specific oxygen transfer capacity ; **métal d'**~ : filler metal

appréciation visuelle : visual estimation

apprêt : primer

approvisionnements (aux ~ constitués) : on receipt of relevant documents

approximativement : approximately

appui : bearing ; support

appui-tête : headrest

après : after

apyrogène : apyrogenic

aquaculture : aquaculture

aqueduc : aqueduct

aqueux : aqueous

arase (cote d'~) : crest level

arasé : levelled

arbitrage : arbitration

arbitre : arbitrator

arboriculture : arboriculture

arbre : shaft ; spindle *(pompe)* ; spindle *(tour)* ; ~ **à balourd :** unbalanced shaft ; ~ **à cames :** camshaft ; ~ **à cardan :** Cardan shaft ; ~ **à palier lisse :** sleeve bearing shaft ; ~ **à rainures :** splined shaft ; ~ **cannelé :** splined shaft ; ~ **commandé :** driven shaft ; ~ **creux :** hollow shaft ; ~ **d'accouplement :** coupling shaft ; ~ **d'alésage :** cutter bar ; ~ **d'entraînement :** drive shaft ; ~ **d'entraînement à vis sans fin :** worm drive shaft ; ~ **d'entrée :** input shaft ; ~ **de distribution :** camshaft ; ~ **de renvoi :** countershaft ; ~ **de sortie :** output shaft ; ~ **de transmission :** drive shaft ; transmission shaft ; ~ **de turbine :** turbine shaft ; ~ **excentré :** eccentric shaft ; ~ **flexible :** flexible shaft ; ~ **fou :** loose shaft ; ~ **intermédiaire :** countershaft ; ~ **primaire :** primary shaft ; ~ **récepteur :** driven shaft ; ~ **secondaire :** secondary shaft ; ~ **tubulaire sans soudure :** seamless tubular shaft ; ~ **unique :** single shaft ; **ligne d' ~ relevage** : jack-shaft line

arc : arch ; arc *(élec.)* ; **formation d'~s** : arcing

Archimède (vis d'~) : Archimedean screw

architecte naval : ship designer

arête : ridge ; edge

argent : silver

argile : clay ; ~ **expansée :** expanded clay ; ~ **non compactée :** non-compacted clay

armature : armature *(élec.)* ; reinforcement *(GC)* ; ~ **à encoches :** slotted armature ; ~ **active :** active reinforcement ; ~ **d'acier :** reinforcing steel ; ~ **d'attente :** starter bar ; ~ **de compression :** compression reinforcement ; ~ **de diffusion :** diffusion reinforcement ; ~ **souple précontrainte :** flexible prestressed reinforcement ; ~ **supérieure :** top-face reinforcement

armé : reinforced ; **béton** ~ : reinforced concrete ; **câble** ~ : armoured cable

armoire : cabinet ; ~ **de commande :** control panel ; ~ **de commutation :** switchgear cabinet ; ~ **de contrôle :** control cabinet ; ~ **de distribution :** distribution board ; ~ **de signalisation :** control panel ; ~ **électrique :** electrical cabinet ; ~ **encastrée :** flush-mounted cabinet ; ~ **étanche :** totally enclosed cabinet

aronde (queue d'~) : dovetail

arrache-clou : drift punch

arrangement : arrangement

arrêt : stop ; off ; ~ **d'urgence :** emergency stop ; ~ **de porte :** door stop ; ~ **machine pour entretien :** machine downtime

arrête-flamme : flame trap ; arrester

arrêtoir : stop ; lug ; catch *(chaîne)*

arrière : lagging *(facteur de puissance)*

arrivée : inlet ; ~ **d'eau :** water inlet ; ~ **d'eau brute :** raw water inlet ; ~ **d'électricité :** incoming line ; ~ **de gaz :** gas inlet ; ~ **des eaux d'égout :** sewage inlet ; ~ **des eaux usées :** wastewater inlet ; **tuyau d'~** : inlet pipe

arrosage : sprinkling ; watering

arséniate : arsenate

arsenic : arsenic

articulation : hinge ; link ; ~ **à rotule :** ball-and-socket joint ; ~ **coulissante :** slip joint

articulé : jointed ; hinged ; **courroie ~e :** chain belt

ascension capillaire : capillary rise

ascidie : ascidian

aspersion : sprinkling ; spraying

asphalte coulé : asphalt paint

aspirateur de buées : extractor fan

aspiration : drawing up ; suction ; ~ **en charge :** flooded suction ; **installation en** ~ : negative suction conditions *(pompe)*

assainissement : sewerage ; sanitation

assèchement : dewatering ; drainage

assécheur d'air comprimé : compressed air dryer

assemblage : assembling ; ~ **à mortaise :** mortise and tenon ; ~ **à queue d'aronde :** dovetail joint ; ~ **par boulons :** bolted connection

assembler : joint

asservi : interlocked ; slaved

asservissement : slaving ; servo control ; interlock

assimilation : assimilation ; ~ **bactérienne :** bacterial assimilation

associé : partner ; associate

assurance : insurance ; ~ **accident du travail :** workers' compensation insurance ;

~ **qualité :** quality assurance ; ~ **responsabilité civile :** civil liability insurance

astreinte (agent d'~) : on-call technician

asymétrique : asymmetrical

asymptotique : asymptotic

asynchrone : asynchronous

atelier : workshop ; ~ **d'outillage :** tool room ; ~ **de chaudronnerie :** boiler sheetmetal shop ; ~ **de finition :** finishing shop ; ~ **de mécanique :** machine shop ; ~ **de réparation :** repair shop ; ~ **électrique :** electrical shop

atome : atom

atomisation : vaporization

attache-fil : clamp ; wire coupler

attaque chimique : chemical attack

attaquer : drive ; operate ; corrode *(chim.)*

attelage : composite *(flottation)*

attelé (pompe ~e) : mechanically actuated pump

attente (en ~) : provisional

attestation : certificate ; ~ **d'assurance :** insurance certificate ; ~ **de prise en charge :** forwarding certificate receipt ; ~ **sur l'honneur :** statutory declaration

attribuer : grant *(brevet)*

attrition : attrition

aube : paddle ; ~ **de rotor :** rotor blade ; **rotor à ~s** : pump impeller

audiomètre : audiometer

audiovisuelle (présentation ~) : sound-and-slide show

audit qualité : quality audit

auge : tank ; ~ **de pompe à vis :** screw pump bed ; **convoyeur en** ~ : trough-type conveyor ; **vis à ~ fermée** : closed-tank screw

augmentation de capital avec droits de souscription : rights issue

auréole : halo

austénitique : austenitic

austénoferritique : austeno-ferritic

autobuté (joint ~) : locking adjustable coupling

autocollant : self-sticking

autocombustible : spontaneously combustible

autocombustion : spontaneous combustion

autocontrôle : self-inspection

autocorrélation (fonction d'~) : autocorrelation function

autocurage : self-cleaning ; sloughing ; self-cleansing

autodébourbeur : autocleaner *(centrifugeuse)*

autodiagnostic : self-test

autoépuration : self-purification

autofinancement : cash-flow

autoforeuse : self-tapping *(cheville)*

autolyse : autolysis

automate : programmable logic controller ; ~ **chimique :** automatic quality analyzer ; ~ **programmable industriel :** programmable logic controller

automaticien : automation specialist

automatique : automatic

automatisation : automation

automatiser : automate

automatisme : automatic control system ; ~ **combinatoire :** combinational controller ; ~ **continu :** continuous controller ; ~ **logique :** logic controller ; ~ **séquentiel :** sequential controller ; **décentralisation des ~s** : distributed automatic control

autonettoyage : self-cleaning

autonome : self-contained

autonomie : endurance ; autonomy ; ~ **de fonctionnement :** working life

auto-oxydation : auto-oxidation

autorégulation : self-regulation

autorisation : enabling signal *(électr.)*

autorité : authority ; ~ **de bassin :** river authority ; ~ **de la chose jugée :** res judicata

autoroute : motorway *(UK)* ; freeway *(US)* ; ~ **à péage :** turnpike *(US)* ; tollway *(Austr.)*

autotransformateur : autotransformer

autotrophe : autotrophic

auxiliaires *(n.)* : ancillaries

aval : downstream

avaloir à grille : gully grating

avance : advance payment *(fin.)* ; ~ **à la commande :** advance payment ; ~ **de démarrage :** advance payment

avant : leading *(facteur de puissance)*

avantage : advantage ; benefit ; ~ **extra-salarial :** fringe benefit ; ~ **social :** fringe benefits

avant-projet : preliminary study ; draft project

avant-trou : pilot hole

avarie : breakdown ; damage

avarier : damage ; injure ; spoil

avenant : amendment *(contrat)* ; addendum *(contrat)*

aveugle (contrôleur ~) : blind controller

aviser : notify

avocat : lawyer ; attorney *(US)*

avoir fiscal : tax credit

avoué : solicitor

axe : pin *(bielle)* ; centre line *(conduite)* ; axis *(math.)* ; shaft *(méc.)* ; spindle *(pompe)* ; axle *(roue)* ; spindle *(vanne)* ; **~ d'appui :** bearing axis ; **~ d'articulation :** pin ; **~ d'écoulement :** line of flow ; **~ de came :** camshaft ; **~ de charnière :** hinge pin ; **~ de manœuvre :** drive shaft ; **~ de piston :** piston pin ; **~ de rotation :** axis of rotation ; **~ de symétrie :** line of symmetry ; **~ des abscisses** : X-axis ; **~ des ordonnées :** Y-axis ; **~ géométrique :** geometrical axis ; **rouleau à ~ fixe** : fixed-spindle roller ; **rouleau à ~ mobile** : moving-spindle roller

axial : axial

azotate de soude : sodium nitrate

azote : nitrogen ; **~ assimilable :** assimilable nitrogen ; **~ global :** total nitrogen ; **~ Kjeldahl :** total Kjeldahl nitrogen ; **~ lessivable :** leachable nitrogen ; **~ nitrique :** nitrate nitrogen ; nitrogenous

azurant optique : optical bleach

B

bac : tank ; vat ; storage bin ; ~ **à tournure de cuivre :** copper turnings tank ; ~ **brise-charge :** break-pressure tank ; ~ **conique :** conical tank ; ~ **d'équilibre :** surge tank ; equalizing tank ; ~ **de chasse :** flush tank ; ~ **de collecte :** recovery hopper ; ~ **de décantation :** settling tank ; ~ **de délayage de chaux :** lime dilution tank ; ~ **de dilution :** dilution tank ; ~ **de distribution :** distribution tank ; ~ **de jaugeage :** gauging tank ; measuring tank ; ~ **de mélange :** mixing chamber ; ~ **de mise en charge :** head tank ; ~ **de partage :** distribution tank ; flow splitting tank ; ~ **de préparation :** preparation tank ; ~ **de rupture de charge :** break-pressure tank ; ~ **de stockage :** storage tank ; retention tank ; ~ **de vieillissement :** maturation tank ; ~ **délayeur :** dilution tank ; ~ **disperseur :** dispersing tank ; ~ **jaugeur :** gauging tank ; measuring tank ; ~ **tampon :** break tank ; buffer tank

bâche : tank ; cistern ; hot well *(condenseur)* ; storage tank *(dégazeur)* ; ~ **alimentaire :** feed tank ; ~ **d'aspiration :** suction tank ; ~ **d'équilibre osmotique :** suck-back tank ; ~ **de pompage :** pumping tank ; ~ **de récupération :** collection tank ; ~ **dégazante :** horizontal deaerating heater ; **dégazeur à ~ verticale** : vertical deaerating heater ; ~ **désaératrice :** deaerating tank ; ~ **goudronnée :** tarpaulin ; ~ **tampon :** buffer tank

bactéricide *(adj.)* : bactericidal

bactérie : bacterium ; ~**s** : bacteria ; ~ **à développement lent :** slow-growing bacterium ; ~ **à développement rapide :** fast-growing bacterium ; ~ **anaérobie facultative :** facultative anaerobe ; ~ **épuratrice :** purifying bacterium ; ~**s ferrugineuses :** iron bacteria ; ~**s libres :** free bacteria ; ~**s nitrifiantes :** nitrifying bacteria ; ~ **nitrificatrice :** nitrifying bacterium ; ~ **stricte :** obligate bacterium ; ~**s sulfatoréductrices :** sulphur-reducing bacteria

bactérienne (masse ~) : bacterial mass

bactériostatique : bacteriostatic

bagasse de canne à sucre : sugar cane bagasse

baguage : packing *(piston)* ; bushing *(roulement)*

bague : ring ; collector ring ; bushing ; collar ; ~ **à lèvres :** lip seal ; ~ **à ressort :** snap ring ; ~ **collectrice :** slip ring ; ~ **d'arrêt :** retaining ring ; ~ **d'étanchéité :** seal ring ; water-tight ring ; ~ **d'étoupe :** grommet ; ~ **d'usure :** wear ring ; ~ **de butée :** thrust collar ring ; ~ **de calage :** lock ring ; ~ **de centrage :** centring ring ; ~ **de fond :** packing ring ; ~ **de garniture de piston :** piston ring ; ~ **de graissage :** oil slinger ; ~ **de réglage :** adjusting ring ; ~ **de retenue :** retainer ring ; ~ **de roue :** impeller ring ; ~ **de roulement :** ball race ; bearing race ; ~ **de scellement :** sealing ring ; ~ **écrou :** assembling nut ; ~ **en charbon :** carbon ring ; ~ **entretoise :** spacer ring ; ~ **entretoise de roue :** impeller spacer ring ; ~ **fendue :** split ring ; ~ **filetée :** threaded ring ; ~ **moletée :** knurled ring ; ~ **pivotante :** swivel ring ; ~ **tampon :** go/no-go ring gauge

baguette : rod ; stick ; ~ **de charbon :** carbon stick ; carbon rod ; ~ **de soudure :** welding rod ; ~ **demi-ronde :** half-round batten

baie : cabinet *(élec.)* ; enclosure *(élec.)*

baignade : bathing place

bail : lease

bain : bath ; solution ; bath *(mortier)* ; ~ **acide :** acid bath ; ~ **chlorhydrique de décapage :** hydrochloric acid pickling bath ; ~ **d'acide chromique :** chromic acid bath ; ~ **d'électroplastie :** electroplating bath ; ~ **de décapage :** pickling bath ; ~ **de galvanoplastie :** electroplating bath ; ~ **électrolytique :** electrolytic bath

bain-marie : water bath

baïonnette : bayonet ; **culot à** ~ : bayonet base ; **douille à** ~ : bayonet socket ; **joint à** ~ : bayonet joint

baladeuse : hanging lamp

balai : brush ; ~ **électrique :** holiday detector ; **pompe pour ~ de piscine** : sweeper pump

balance : scales ; weighing machine ; ~ **commerciale :** trade balance ; ~ **de torsion :** torsion balance ; ~ **des paiements :** balance of payments ; ~ **wattmétrique :** power regulator

balancier (four de réchauffage à ~) : walking-beam reheating furnace

balayage : sweeping ; crosswash *(filtre)* ; inert gas scavenging *(filtre)* ; ~ **de surface :** crosswash ; surface sweep ; ~ **des gaz :** gas circulation ; **vitesse de** ~ : sweeping velocity

balayer : sweep ; scavenge

ballon : vessel ; tank ; flask ; chamber *(chaudière)* ; receiver *(compresseur d'air)* ; ~ **aérohydraulique :** hydropneumatic vessel ; ~ **amortisseur :** buffer tank ; ~ **anti-pulsations :** pulse damper ; ~ **d'air comprimé :** air receiver ; ~ **d'eau chaude :** hot water reservoir ; ~ **de chaudière :** hot water reservoir ; ~ **de distillation :** distillation flask *(chim.)* ; ~ **de pressurisation :** air saturation tank ; ~ **fluorescent :** fluorescent bulb ; ~ **hydrophore :** hydropneumatic tank ; ~ **hydropneumatique :** hydropneumatic tank ; ~ **séparateur :** filtrate receiver ; ~ **sous pression :** pressure vessel ; ~ **tampon :** buffer tank

balourd : unbalance ; **arbre à** ~ : unbalanced shaft

banc : bench ; ~ **d'épreuve :** testing stand ; ~ **d'essai :** test bed ; ~ **de montage :** assembly bench ; **à** ~ **rompu** : with gap bed

bandage : tyre ; hooping ; binding ; tightening ; winding ; ~ **à boudin :** flanged tyre ; ~ **à talons :** beaded tyre

bande : band ; strip ; ~ **adhésive :** adhesive tape ; ~ **d'étanchéité :** seal strip ; ~ **de base :** baseband *(électr.)* ; ~ **de frein :** brake band ; ~ **de fréquence :** frequency band ; ~ **de modulation :** sideband ; ~ **de roulement :** tread *(pneu)* ; ~ **large :** broadband *(électr.)* ; ~ **magnétique :** recording tape ; ~ **mère :** master tape ; ~ **passante :** transmission band ; ~ **perforée :** punch tape ; ~ **photonique :** sound track ; ~ **transporteuse :** conveyor belt

banque notificatrice : advising bank

banquette : bank ; platform ; ledge ; ~ **de fenêtre :** window ledge

baraques de chantier : labour housing

barbacane : weep hole

barbe : burr

barbotage : splashing ; bubbling ; stirring ; mixing ; **aérateur par** ~ : bubbling aerator ; **graissage par** ~ : splash lubrication

barboteur : bubbler ; blower ; mixer ; stirrer ; ~ **à gaz :** gas scrubber ; ~ **pour lavage :** wash bottle

barbotin : sprocket wheel ; chain pulley

barbure : beard ; burr ; scale

bardage : hand transport ; sheeting *(constr.)* ; ~ **sur rouleaux :** shifting on rollers

baril : barrel *(emballage)*

barillet : drum *(indicateur de pression)* ; ~ **de ressort :** spring box ; drum ; ~ **porte-outils :** lathe turret

baromètre : barometer ; ~ **à cadran :** wheel barometer ; ~ **à cuvette :** cistern barometer ; ~ **à siphon :** siphon barometer

barquette : boat-shaped receptacle ; boat-shaped trough

barrage : dam ; weir ; ~ **au fil de l'eau :** river dam ; ~ **de crue :** flood dam ; ~ **de retenue :** dam ; ~ **en enrochement :** rock-fill dam ; **lac de** ~ : impounding reservoir

barrage-poids : gravity dam

barrage-réservoir : storage dam ; storage reservoir ; impounding reservoir

barrage-voûte : arch dam

barre : bar ; rod ; rail ; ~ **anti-panique :** panic bolt ; ~ **courbe :** curved bar ; ~ **de connexion :** cross bar ; tie rod ; ~ **de cuivre :** copper busbar ; ~ **de raccordement :** connection bar ; ~ **de torsion :** torque rod ; torsion bar *(ressort)* ; ~ **de traverse :** transom ; sleeper ; ~ **en T :** T iron ; ~ **en U :** channel iron ; ~ **omnibus :** busbar

barreau : small bar ; rail

barrette : connecting strip ; link

barrière : barrier ; ~ **grillagée :** wire fence ; **~s douanières :** customs barriers ; ~ **lumineuse de sécurité :** photoelectric safety curtain ; **~s non tarifaires :** non-tariff barriers ; **~s tarifaires :** tariff barriers

baryte : barium oxide

bas : low

basalte : basalt

basculant : rocking ; tilting ; **pont** ~ : bascule bridge

bascule : scales ; weighing machine ; **porte à** ~ : swing door

basculeur : rocker ; rocker arm ; tipper

base : lower part ; foot ; bottom ; bedplate ; foundation plate ; base *(chim.)* ; basis *(fondement)* ; base *(pied)* ; ~ **de connaissances :** knowledge base ; ~ **de données :** data base ; ~ **de faits :** initial facts

basicité : basicity

basique : alkaline

basse fréquence : low frequency

basse impédance : low impedance

basse pression : low pressure

basse tension : low voltage

basses eaux : low water

bassin : reservoir ; basin ; tank ; bowl ; pan ; coffer ; dock ; ~ **à alimentation étagée :** stepped-feed tank ; ~ **à boucle fermée :** closed-loop tank ; ~ **à cascades :** cascade tank ; ~ **à flux piston :** plug flow tank ; ~ **à mélange intégral :** complete mixing tank ;

~ **circulaire :** circular basin ; circular tank ; ~ **combiné :** combined tank ; ~ **d'aération :** aeration tank ; ~ **d'eau brute :** raw water tank ; ~ **d'homogénéisation :** homogenization tank ; ~ **d'orage :** storm water tank ; ~ **de balance :** scale pan ; ~ **de contact :** mixing tank ; contact tank ; ~ **de décantation :** settling tank ; ~ **de floculation :** flocculation tank ; ~ **de grande hauteur :** high-head basin ; ~ **de marée :** tidal basin ; ~ **de mise en charge :** forebay *(hydroélec.)* ; ~ **de pluie :** storm water tank ; ~ **de réalimentation :** recharge basin ; ~ **de rétention :** detention basin ; ~ **de retenue :** impounding reservoir ; ~ **de sécurité :** safety tank ; ~ **de stockage :** storage basin ; storage tank ; ~ **filtrant :** filter bed ; ~ **hydrographique :** river basin ; drainage basin ; drainage area ; catchment area ; catchment basin ; ~ **versant :** catchment area ; catchment basin ; river basin ; drainage basin ; drainage area

batardeau : cofferdam ; stop log ; ~ **amovible :** removable isolating panel ; ~ **d'isolement :** isolating stop log ; ~ **mobile :** stop log

bâti : structure ; support ; frame ; ~ **d'acier :** structural steel frame ; ~ **de fenêtre :** window frame

batillage : wave action

bâtiment : building ; ~ **à ossature métallique :** steel-frame building ; ~ **administratif :** administration building ; ~ **d'exploitation :** operators' building ; ~ **de contrôle :** control building ; ~ **de déshydratation des boues :** sludge dewatering building ; ~ **des réactifs :** reagents building ; chemicals building ; ~ **des soufflantes :** blowers building ; ~ **des surpresseurs :** air blowers building ; ~ **réacteur :** reactor housing ; ~ **sans étage :** single-storey building

bâtisse : masonry

bâton : stick

bâtonnet (en ~) : rod-shaped

battant : flap *(clapet)* ; leaf *(porte)* ; **porte à deux ~s** : double door

batterie : battery ; ~ **de coffrage :** battery mould ; ~ **de condensateurs :** bank of capacitors ; ~ **de filtres :** filter battery

battitures : scale *(métall.)* ; ~ **huileuses :** oily scale

battre les collets : flare ; **appareil à** ~ : flaring tool

bauxite : bauxite

bavette : blade ; drip-flap

bec : spout ; nozzle ; ~ **Bunsen :** Bunsen burner ; ~ **de coulée :** tapping spout ; ~ **de lance :** water hose nozzle ; ~ **verseur :** spout

bécher : beaker

bédane : crosscut chisel *(UK)* ; cape chisel *(US)*

béduwé de relèvement du sable : air lift for grit

bélier : water hammer ; ~ **à pilotage :** pile driver ; ~ **hydraulique :** hydraulic ram

bénéfice net : net earnings ; net profit

bénéficiation agricole : agricultural re-use

benne : skip ; ~ **à béton :** concrete bucket ; ~ **à compactage intégré :** integrated compactor skip ; ~ **de réception des déchets :** screenings collection hopper ; ~ **de stockage :** storage skip ; ~ **mobile :** movable skip ; ~ **roulante :** rolling skip ; **drague à ~ preneuse** : grab dredge ;

bentonite : bentonite

benzène, toluène, xylène : benzene, toluene, xylene

berce : support saddle

berceau : support saddle

besoins : requirements ; ~ **d'infrastructure :** associated infrastructure ; ~ **fondamentaux :** basic needs

béton : concrete ; ~ **aéré :** aerated concrete ; ~ **armé :** reinforced concrete ; ~ **bouchardé :** bush-hammered concrete ; ~ **brossé :** brushed concrete ; ~ **cellulaire :** cellular concrete ; ~ **colloïdal :** colloid concrete ; ~ **de propreté :** blinding concrete ; ~ **immergé :** dipped concrete ; ~ **maigre :** lean concrete ; ~ **mousse :** foam concrete ; ~ **précontraint :** prestressed concrete ; ~ **prêt à l'emploi :** ready-mixed concrete ; ~ **projeté :** shot concrete ; ~ **riche :** rich concrete

bétonnage : concreting ; concrete work

bétonnière : concrete mixer

betterave (sucre de ~) : beet sugar

bicarbonate : bicarbonate ; ~ **alcalino-terreux :** alkaline-earth bicarbonate ; ~ **de sodium :** sodium bicarbonate ; ~ **de soude :** sodium bicarbonate

bicarbonaté (eau ~e calcique) : water with calcium carbonate alkalinity

bichlorure : dichloride

bichromate : dichromate

bidon : can ; drum ; ~ **de stockage :** storage drum

bief : reach *(canal)*

bielle : connecting rod ; **pied de** ~ : crosshead

biellette : small connecting rod

bien *(adv.)* **:** well

biens : goods ; property ; **d'équipement :** capital goods and machinery ; **de consommation :** consumer goods

bière : beer ; ~ **brune :** stout

bilame : bimetallic element

bilan : report ; breakdown ; balance sheet *(fin.)* ; ~ **de puissance électrique :** electric power balance ; ~ **des boues :** sludge breakdown ; ~ **énergétique :** energy balance sheet *(US)* ; energy breakdown ; ~ **ionique :** breakdown of ionic contents ; ~ **matière/énergie :** heat and material balance ; ~ **thermique :** heat balance ; ~ **thermodynamique :** thermodynamic balance

bilharziose : schistosomiasis

billage : ball hardness test

bille : bead ; ball ; ~ **de résine :** resin bead ; **clapet à** ~ : ball check valve ; **essai de dureté à la** ~ : Brinell test ; **roulement à** ~ : ball bearing

billet à ordre : promissory note

billette : billet *(fourneau)*

biocénose : biocenose ; biocenosis ; biocoenosis

biocide : biocide

biodégradabilité : biodegradability

biofilm : biofilm

biofiltration : biofiltration ; biological filtration

biofloculation : bioflocculation

biogaz : biogas

biolite : biolite

biomasse : biomass

bioréacteur : bioreactor ; ~ **à membrane :** membrane bioreactor

biosorption : biosorption

biosynthèse : biosynthesis

biotope : biotope

bioxyde : dioxide

bipermuté : demineralized

biphasé : two-phase

biphasique : two-phase

bipolaire : two-pole

bismuth : bismuth

bistable : bistable

bisulfate : bisulphate

bisulfite : bisulphite ; ~ **d'ammonium :** ammonium bisulphite ; ~ **de sodium :** sodium bisulphite

bisulfure : disulphide

bitume : bitumen

bitumineux : bituminous

bivalent : bivalent

blanc de Meudon : pure precipitated calcium carbonate

blancheur : whiteness *(papier)* ; brightness *(papier)*

blanchiment : whitewashing *(constr.)* ; bleaching *(textil.)*

blanchir : bleach

blanchisserie industrielle : industrial laundry

bleu : blue ; ~ **de méthylène :** methylene blue ; ~ **électrique :** electric blue *(peinture)*

blindage : screening *(câble)*

blindé : armoured ; enclosed

bloc : block ; ~ **de butée :** thrust block ; ~ **de contact :** contact block

blocage : clamping ; blocking ; ~ **à l'air :** air blocking ; ~ **mécanique :** mechanical blocking ; **eau de** ~ : blocking water ; **vis de** ~ : locking screw

bloc-cylindres : cylinder block

bloquer : lock ; block ; arrest *(réaction chimique)*

bobinage : winding

bobine : coil ; spool ; ~ **de réactance :** reactance coil ; choke ; ~ **de réaction :** reaction coil ; ~ **excitatrice :** magnetizing coil ; ~ **surmoulée :** encapsulated coil ; wound

bois : wood ; ~ **de placage :** veneer ; ~ **de sciage :** saw timber ; ~ **de soutènement :** pit props ; ~ **plaqué :** veneered wood ;

boisage : timbering

boisseau : plug ; **vanne à** ~ **conique** : taper plug valve ; **vanne à** ~ **sphérique** : spherical plug valve

boisson gazeuse : carbonated drink

boîte : box ; ~ **à bornes :** terminal board ; junction box ; ~ **à eau :** water box ; ~ **à étoupe :** stuffing box ; ~ **à feu :** fire box *(chaudière)* ; ~ **à fusibles :** fuse box ; cutout box ; ~ **à graisse :** grease trap ; ~ **à onglets :** mitre block ; mitre box ; ~ **à outils :** tool box ; ~ **à tiroir :** steam chest ; ~ **à vapeur :** steam chest *(chaudière)* ; ~ **à vent :** wind box ; wind box *(haut-fourneau)* ; ~ **d'alimentation :** feed box ; ~ **d'entrée :** inlet box *(chaudière)* ; ~ **d'étanchéité :** stuffing box ; ~ **de dérivation :** junction box *(élec.)* ; ~ **de jonction :** junction box ; junction valve ; ~ **de partialisation :** partialization box ; ~ **de raccordement :** connection box ; ~ **de répartition :** manifold *(échangeur)* ; ~ **de résistance :** resistance box ; ~ **de retenue :** non-return valve *(compresseur)* ; ~ **de vitesses :** gearbox

boîtier : case ; casing ; housing ; ~ **de commande :** control box ; ~ **multicase :** lighted display

bol : bowl ; ~ **perforé :** basket ; ~ **plein :** solid bowl

bombardement : bombardment

bombe à thermocontact : electronic contact cleaner

bon à tirer : OK for press

bond (variation par ~s) : discrete-step variation

bonde : tap hole *(ouverture)* ; plug *(pièce d'obturation)* ; ~ **de fond :** bottom plug ; bottom drain ; ~ **siphoïde à compression :** pressure siphon ; ~ **siphoïde à dépression :** vacuum-control siphon ; ~ **siphoïde par tout ou rien :** open-and-shut siphon

bon de feu : hot work permit

bonne moralité : sound moral character

bonne tenue en service : resistance in service

Boole (algèbre de ~) : Boolean algebra

bordereau d'expédition : dispatch note

bordereau de colisage : packing list

bordereau de transmission : forwarding waybill

bords (à ~ arrondis) : rounded entrance

bordure de trottoir : kerbside

bore : boron

borne : terminal ; ~ **à clip :** clip-fastening terminal ; ~ **de branchement :** connecting terminal ; ~ **de terre :** earth terminal ; ~ **traversante :** feedthrough terminal

bornier : terminal block ; terminal plate ; terminal strip ; terminal rail ; terminal board

bossage : boss ; **soudure par ~s** : projection welding

bouchage : stopping ; clogging ; sealing ; plugging

boucharde : bush-hammer

bouche : opening ; outlet ; ~ **d'arrosage :** hydrant ; ~ **d'égout :** gully hole ; ~ **d'incendie :** fire hydrant

bouché : clogged ; ~ **à l'émeri :** ground-glass stoppered

bouchon : cork ; ~ **à l'émeri :** ground-glass stopper ; ~ **d'air :** air lock ; ~ **de liège :** cork stopper ; ~ **de presse-étoupe :** packing gland ; ~ **de raccord :** adapter plug ; ~ **de remplissage :** filler cap ; ~ **de vidange :** drain plug ; ~ **émeri :** ground-glass stopper ; ~ **en verre :** glass stopper ; ~ **en verre dépoli :** ground-glass stopper ; ~ **femelle :** cap ; ~ **fusible :** safety plug ; fusible plug ; ~ **mâle :** plug

boucle : loop ; bend ; ~ **à oxygène :** oxygen loop ; ~ **d'eau :** water loop ; ~ **de couplage :** coupling loop ; ~ **de la qualité :** quality loop ; ~ **de mesure :** measurement loop ; **bassin à ~ fermée** : closed-loop tank ; **chenal à ~ fermée** : closed-loop ditch ; **réseau en ~** : closed-loop network

boudin (cornière à ~) : bulb angle

boues : sludge ; ~ **activées :** activated sludge ; ~ **activées à faible charge :** low-load activated sludge ; ~ **activées à forte charge :** high-load activated sludge ; ~ **activées à moyenne charge :** medium-load activated sludge ; ~ **aérobies :** aerobic sludge ; ~ **compressibles :** compressible sludge ; ~ **cuites :** heat-treated sludge ; ~ **de décantation :** sludge from settling ; ~ **de décarbonatation :** carbonate sludge ; ~ **de déferrisation :** iron-removal sludge ; ~ **de fond :** bottom sludge ; ~ **de forage :** drilling sludge ; ~ **desséchées :** cake ; ~ **digérées :** stabilized sludge ; digested sludge ; ~ **en excès :** excess sludge ; ~ **en recirculation :** recirculated sludge ; ~ **en retour :** return sludge ; ~ **facilement filtrables :** easily filtered sludge ; ~ **fibreuses :** fibrous sludge ; ~ **flottées :** floated sludge ; ~ **fluentes :** creeping sludge ; ~ **fraîches à épaissir :** fresh sludge to be thickened ; ~ **granuleuses :** granulated sludge ; ~ **huileuses :** oily sludge ; ~ **liquides :** liquid sludge ; ~ **minérales :** inorganic sludge ; ~ **minérales hydrophiles :** hydrophilic inorganic sludge ; ~ **minérales hydrophiles-hydrophobes :** hydrophilic-hydrophobic inorganic sludge ; ~ **minérales hydrophobes :** hydrophobic inorganic sludge ; ~ **organiques :** organic sludge ; ~ **organiques hydrophiles :** hydrophilic organic sludge ; ~ **pâteuses :** paste-like sludge ; ~ **primaires :** primary sludge ; ~ **réchauffées :** heated sludge ; ~ **recirculées :** recirculated sludge ; ~ **recyclées :** return activated sludge ; ~ **résiduaires :** waste sludge ; wastewater sludge ; ~ **secondaires :** secondary sludge ; ~ **stabilisées :** stabilized sludge ; ~ **stériles :** sterile sludge ; **puits à ~ flottées** : floated sludge pit

bougie : candle ; ~ **filtrante :** filtering candle

bouilleur : steam scrubber ; evaporator ; steam scrubber *(évaporation pour dégazage)* ; ~ **marine :** marine single-effect evaporator

boule : ball ; sphere ; ~ **à pointe de zircon :** zircon-spiked ball ; ~ **de boue :** mud ball

boulet : pellet

bouletage : balling *(métall.)*

boulon : bolt ; ~ **à crosse :** hook bolt ; ~ **à œil :** eye bolt ; ~ **à queue de carpe :** fish-tail bolt ; ~ **à tête fraisée :** countersunk head bolt ; ~ **d'ancrage :** foundation bolt ; anchor bolt ; ~ **d'arrêt :** check bolt ; ~ **d'entretoisement :** staybolt ; ~ **de fixation :** hold-down bolt ; ~ **de scellement :** anchor bolt ; foundation bolt ; ~ **de scellement à crans :** rag bolt ; ~ **en U :** U-bolt ; ~ **mécanique :** machine bolt ; ~ **traversant :** through bolt

boulonnage : bolting

boulonnerie : nuts and bolts

bourbes : lees *(vin)* ; ~ **de décantation statique :** lees from static settling

bourrage : jamming ; ~ **de presse-étoupe :** packing ; ~ **en béton :** concrete filling

bourre de coton : cotton flock

bourrelet de boue : roll of sludge

bourse : stock exchange ; ~ **de commerce :** commodity market ; ~ **des valeurs :** stock exchange ; ~ **du travail :** labour exchange

boursouflure : blister

bout : end ; tip ; end piece ; ~ **fermé :** dead end *(tuyau)* ; ~ **lisse :** plain end ; ~ **mâle cannelé :** grooved male end ; ~ **mâle d'un tuyau :** pipe spigot ; ~ **mort :** dead end *(élec.)* ; ~ **uni :** spigot ; **joint ~ à bout** : butt joint ; **soudure ~ à bout** : butt weld ; **vitesse en ~ d'hélice** : tip speed ;

bouteille : bottle ; ~ **à gaz :** gas cylinder ; ~ **de chlore :** chlorine cylinder

bouton : button ; knob ; ~ **coup-de-poing :** mushroom head button ; ~ **de commande :** control knob ; ~ **de remise à zéro :** reset button ; ~ **marche/arrêt :** on/off button ; ~ **rotatif :** rotary switch

bouton-poussoir : push button ; ~ **à contact maintenu :** push-on push-off button ; ~ **à impulsion :** momentary push button

bracon : brace

brai : pitch ; ~ **épikote :** epikote pitch

brame : bloom *(fourneau)*

branche (siphon à deux ~s) : two-branch siphon

branché en série : series connected

branchement : junction ; branch ; connection ; ~ **de conduite :** house connection ; ~ **de départ :** outlet connection ; ~ **en T :** tee connection ; **tube de** ~ : branch pipe

bras : arm ; ~ **d'articulation :** hinge ; ~ **de manivelle :** crank arm ; ~ **de pompe :** pump handle ; ~ **de raclage :** scraper arm ; ~ **de vilebrequin :** crank web ; ~ **mort de rivière :** river cut-off ; ~ **racleur d'écumes :** surface skimmer arm ; ~ **rotatif :** rotating arm ; ~ **triangulé :** trussed arm

brasage : brazing ; soldering ; braze welding

brasé : brazed ; soldered

brasque : fireproof lining *(métall.)*

brassage : mixing ; agitation ; stirring *(boues)* ; ~ **torique :** swirl mixing

brasser : mix

brasserie : brewery

brasseur : mixer

brasure : brazed joint ; high solder ; brass soldering ; ~ **tendre :** soft-brazing solder

bretelle d'accès : entrance ramp

brevet : patent ; ~ **d'études professionnelles :** professional training certificate

bride : flange ; ~ **à collerette :** welding-neck flange ; ~ **à face surélevée :** raised-face flange ; ~ **à mandriner :** rolling flange ; ~ **à portée de joint surélevée :** raised-face flange ; ~ **à visser :** screwed flange ; ~ **angulaire :** angle flange ; ~ **d'étanchéité :** sealing flange ; ~ **d'obturation :** blank flange ; blind flange ; ~ **de chapeau :** bonnet flange ; ~ **de presse-étoupe :** packing gland flange ; ~ **de sécurité :** safety clamp ; ~ **dressée :** plain face flange ; ~ **-emboîtement :** socket flange ; ~ **filamentaire :** fibre-reinforced plastic flange ; ~ **pleine :** blank flange ; ~ **rivée :** riveted flange ; ~ **-uni :** spigot flange

bridé : flanged

brider : flange

brillant : bright

brin : strand ; ~ **menant :** driving side *(courroie)* ; ~ **mené :** slack side *(courroie)* ; ~ **mou :** slack side

brique : brick ; ~ **de parement :** facing brick ; ~ **réfractaire :** firebrick

brise-chapeau : scum breaker

brise-charge (bac ~) : break-pressure tank

brise-lame : breakwater

brise-soleil : sun shield

Brix-poids : Brix-weight

Brix-volume : Brix-volume

broche : pin ; ~ **conique :** carrot wedge ; ~ **de contact :** contact pin

brochable : plug-in

brochure : brochure ; pamphlet

bromate : bromate

brome : bromine

bromé : brominated

bromoforme : bromoform

bromure : bromide

bronze : gunmetal ; bronze

brossage : brushing

brosse : brush ; ~ **métallique :** wire brush

brouillage : jamming *(électr.)*

brouillard : air-mist *(lubrification)*

broutage : chattering

brouter : browse

broyage : crushing ; grinding ; ~ **à l'eau :** wet crushing ; wet grinding ; ~ **à sec :** dry crushing ; dry grinding ; ~ **de brasques :** crushing of lining *(métall.)* ; ~ **fin :** fine grinding ; ~ **grossier :** coarse grinding ; ~ **moyen :** medium grinding

broyeur : grinder ; ~ **à boulets :** ball mill ; crushing rolls ; ~ **à cylindres :** roll crusher ; ~ **à marteaux :** hammer mill ; ~ **à ordures :** waste disposal unit ; ~ **de déchets :** refuse crusher

brucite : brucite

bruit : noise ; ~ **de fond :** background noise

brûlage : burn-off

brûleur : burner ; ~ **à gaz :** gas burner ; ~ **à mazout :** oil burner ; ~ **à poudre :** spray burner ; ~ **de secours :** standby burner ; ~ **immergé :** submerged burner ; ~ **sur sole :** hearth burner

brusque : sudden

brut : raw ; as-received ; ~ **de décoffrage :** as soon as shuttering is stripped

Büchner : Büchner funnel

budget : budget

buées : vapour ; **aspirateur de** ~ : extractor fan

bulking : bulking

bullage : bubble aeration

bulle : bubble ; ~ **à bulle :** air bubble system

bulletin de livraison : delivery docket

Bunsen (bec ~) : Bunsen burner

bureau : office ; ~ **d'études :** consulting firm ; drawing office *(UK)* ; drafting office *(US)* ; design office ; ~ **de dessin :** drawing office ; ~ **de douane :** customs bureau ; ~ **de douane intérieur/régional :** regional customs house

bureautique : business systems

burette : burette ; ~ **à robinet :** burette with stopcock ; ~ **automatique :** automatic burette

burin : chisel

buse : nozzle ; choke *(carburateur)*

buselure : nozzle ; ~ **à double tête :** double-head nozzle ; ~ **à longue queue :** long-stem nozzle ; ~ **à queue :** stemmed nozzle ; **plateau à ~s** : nozzle plate

butane : butane

butée : thrust bearing ; stop ring ; stop ; abutment ; ~ **à billes :** ball thrust bearing ; ~ **d'arrêt :** stop ; **palier de** ~ : thrust bearing

butoir : stop

butte de terre : earth embankment

butyrate : butyrate

butyrique : butyric

by-pass : by-pass

C

cabine de peinture : paint booth

câblage : cabling ; wiring ; **schéma de ~ :** wiring diagram

câble : wiring ; cord ; cable ; **~ à deux conducteurs :** twin wire ; twin cable ; **~ aérien :** overhead cable ; aerial cable ; **~ armé :** armoured cable ; **~ brise-tourteaux :** cake breaking cable ; **~ coaxial :** coaxial cable ; **~ d'alimentation :** supply cable ; **~ de levage :** hoisting cable ; **~ de mise à la terre :** earth cable ; **~ de pompage :** pumping line ; **~ de raccordement :** connecting cable ; **~ en acier :** steel wire ; steel cable ; steel rope ; **~ en cuivre nu :** bare copper cable ; **~ en guirlande :** festooned cable ; trailing cable ; **~ enterré :** buried cable ; **~ isolé :** insulated cable ; **~ métallique :** wire rope ; **~ nu :** bare cable ; **~ souple :** flexible wire ; **~ souterrain :** underground cable ; **grille droite à ~ :** straight bar screen with cables

cache-poussières : dust shield

cadence : rhythm ; rate

cadmiage : cadmium plating

cadmié : cadmium-plated

cadmium : cadmium

cadran : dial ; **~ gradué :** graduated dial

cadre : frame ; limits ; executive *(personnel)* ; **~ confirmé :** senior executive ; **~ de vie :** habitat ; **~ jeune :** junior executive ; **~s moyens :** middle management ; **~ supérieur :** senior executive ; **~s supérieurs :** top management ; **~ support :** support frame ; **contrat ~ :** framework contract ; **filtre à ~s :** frame filter

cadreur : cameraman

cage : cage *(roulement)* ; separator *(roulement)* ; **~ d'écureuil :** squirrel cage ; **~ de Faraday :** Faraday shield ; Faraday cage ; **~ filtrante fixe :** fixed filter cage ; **~ filtrante rotative :** rotating filter cage

cagoule : protective hood

cahier de soudage : welding specifications

cahier des charges : specifications ; tender documents

caillebotis : grating

cailloux : rubble

caisse : cash *(fin.)* ; case *(emballage)* ; **~ à claire-voie :** crate ; **~ d'assurance maladie :** national fund for health insurance

caisse-niche : kennel-shaped case

calage : wedging ; setting

calamine : carbon deposits ; mill scale

calandre : grill

calcaire *(adj.)* **:** calcareous

calcaire *(n.)* **:** limestone ; scale

calcéine : calcein

calcination : calcining

calciné : calcined

calciner : calcine

calcium : calcium

calcul : calculation ; **~ d'un réseau de conduites :** pipe network design ; **~ de résistance :** stress analysis ; **~ hydraulique des conduites :** hydraulic pipe design ; **~ scientifique :** scientific computation ; **règle à ~ :** slide rule

calculateur : computer ; board computer

calculatrice : calculator ; **~ de poche :** pocket calculator

calculette : pocket calculator

cale : wedge ; **~ d'épaisseur :** shim

calibrage : gauging ; calibration

calibre : rating ; thread gauge ; **~ d'épaisseur :** thickness gauge ; **~ de profondeur :** depth gauge ; **~ de tolérance :** limit gauge ; **~ pour filetage :** screw thread gauge ; **~ pour fils métalliques :** wire gauge

calomel : calomel ; **électrode de référence au ~ :** calomel reference electrode

calorifique : heating ; **capacité ~ :** heat capacity

calorifuge *(adj.)* **:** heat insulating ; non-conducting

calorifuge *(n.)* **:** heat insulator ; insulating material

calorifugeage : thermal insulation ; heat insulation

calorimètre : calorimeter

calorimétrie : calorimetry

came : cam ; **~ à tambour :** drum cam ; **arbre à ~s :** camshaft

camion : truck ; ~ **laboratoire :** mobile laboratory unit

camion-citerne : tanker truck

camion-grue : crane truck

canal : channel *(conduit)* ; canal *(cours d'eau)* ; ~ **d'alimentation :** feed channel ; ~ **d'amenée :** delivery channel ; ~ **d'évacuation :** drainage channel ; ~ **d'irrigation :** irrigation canal ; ~ **de décharge :** discharge channel ; ~ **de distribution :** distribution channel ; ~ **de fuite :** outlet channel ; ~ **de ventilation :** ventilation duct ; ~ **découvert :** open channel ; ~ **des boues en retour :** return sludge channel ; ~ **en écoulement libre :** gravity conduit ; ~ **venturi :** venturi flume

canalisation : pipe ; line ; ~ **aérienne :** overhead conduit ; ~ **d'huile :** oil duct ; ~ **de liaison :** connecting pipe ; ~ **enterrée :** buried pipe ; ~ **souple :** hose

cancérigène : carcinogenic

caniveau : gutter

canne : rod ; pipe ; tube ; cane *(sucre)* ; ~ **à injection :** injection pipe ; ~ **de bullage :** air purge rod ; air bubble tube

cannelé : splined ; grooved ; **arbre** ~ : splined shaft

cannelure : groove

canon : cylinder *(serrure)* ; ~ **à ciment :** cement gun ; ~ **isolant :** grommet

caoutchouc : rubber ; ~ **minéral :** mineral rubber ; ~ **mousse :** foam rubber ; rubber sponge ; ~ **naturel :** natural rubber ; ~ **synthétique :** synthetic rubber ; ~ **toilé :** canvas-lined rubber

capacitance : capacitance

capacité : capacity ; capacitance *(élec.)* ; ~ **calorifique :** heat capacity ; ~ **d'oxygénation :** oxygenation capacity ; ~ **forte :** salt-splitting capacity *(anions)* ; ~ **hydraulique :** hydraulic capacity ; ~ **totale :** total capacity ; ~ **utile :** breakthrough capacity *(résine)*

capillarité : capillarity ; **eau de** ~ : capillary water

capital : capital ; ~ **propre :** equity ; share capital ; ~ **social :** equity ; capital stock ; authorized capital

capitaux d'emprunt : loan capital

capot : hood ; cover ; ~ **d'insonorisation :** sound-proof cover

capotage : enclosure

capsule : dish *(chim.)* ; ~ **d'évaporation :** evaporating dish *(chim.)* ; ~ **manométrique :** differential pressure cell ; ~ **pour incinération :** incinerating dish

captage : catchment ; ~ **d'eau de surface :** surface water intake ; ~ **de l'eau souterraine :** groundwater intake ; ~ **de source :** spring tapping ; ~ **des poussières :** dust collection

capteur : pick-up ; sensor ; ~ **de déplacement :** displacement transducer ; ~ **de niveau :** level sensor ; ~ **de pression :** pressure sensor ; pressure measuring transducer ; ~ **de température :** temperature sensor ; ~ **turbidimétrique :** turbidimeter

capture (taux de ~) : percentage recovery

capturé : retained

capture d'électrons : gain of electrons ; **détecteur à** ~ : electron capture detector

caractère entartrant : scale-forming properties

caractérisation numérique de la filtrabilité : mathematical representation of filterability

caractéristique *(n.)* : feature

caractéristiques techniques : technical data

carapaces siliceuses : siliceous cell walls

carbonatation : carbonation ; ~ **à froid :** cold carbonation

carbonate : carbonate ; ~ **de calcium :** calcium carbonate ; ~ **de chaux :** lime carbonate ; ~ **de sodium :** sodium carbonate ; ~ **de soude :** sodium carbonate ; **procédé** ~ **de sodium à froid** : cold soda process

carbone : carbon ; ~ **organique assimilable :** assimilable organic carbon ; ~ **organique total :** total organic carbon ; **acier au** ~ **ordinaire** : plain carbon steel

carboxylique : carboxylic

carburant : fuel

carburateur : carburettor

carbure : carbide ; ~ **de silicium :** silicon carbide ; ~ **de tungstène :** tungsten carbide ; ~ **de tungstène fritté :** sintered tungsten carbide ; ~ **de tungstène pulvérisé :** pulverized tungsten carbide

carburer : carburize

carcasse : carcase *(constr.)* ; fabric *(constr.)*

cardan : universal joint ; cardan coupling ; **accouplement à** ~ : Cardan joint ; universal joint ; universal coupling ; **arbre à** ~ : Cardan shaft ; **entraînement à** ~ : universal transmission

carde métallique : wire brush

carénage : casing *(filtre)*

carence : default

cargaison : cargo ; freight

cariste : fork-lift driver

carneau : flue

carnet de commandes : order book ; order backlog

carottage : core drilling ; core boring

carotte : core sample ; **vanne à ~ :** taper plug valve

carré : square ; operating nut ; **~ conducteur :** square drive *(clé)* ; **~ de manœuvre :** actuating nut ; **mètre ~ :** square metre

carreau : tile *(faïence)* ; pane *(vitre)*

carrelage : tiling

carrière : quarry

carrosserie : body

carte : map ; card *(électr.)* ; board *(électr.)* ; **~ mère :** masterboard ; carrier circuit ; motherboard ; **~ perforée :** punch card ; **~ support :** aperture card *(microfilm)*

carter : casing ; crankcase *(moteur)* ; **~ à huile :** oil pan ; **sous ~ étanche :** fully enclosed

carton : cardboard ; carton board ; **~ gris :** chipboard ; **~ ondulé :** corrugated cardboard

cartouche *(n. f.)* : cartridge ; **~ antichlore :** chlorine-proof cartridge ; **~ consommable :** expendable cartridge ; **~ de filtre :** filter cartridge ; **~ filtrante :** filtering cartridge ; **fusible à ~ :** cartridge fuse

cartouche *(n. m.)* : title and information panel

cas de figure : hypothetical case

cascade : cascade ; **~ d'aération :** aeration cascade ; **aération par ~ :** cascade aeration ; **bassin à ~s :** cascade tank ; **détente en ~ :** stepped pressure release ; **ouverture en ~ :** cascade opening ; **relais à ~ :** stepping relay

caséine : casein

casier : storage bin *(élec.)* ; **~ judiciaire :** police record

casque : helmet ; **~ de soudeur :** welder's helmet

cassage : breaking ; **~ à chaud :** hot breaking

cassant : brittle

casse-vide : vacuum breaker

casser : break

casseur d'émulsion : emulsion breaker

catalogue publicitaire : sales catalogue

catalyse : catalysis

catalyseur : catalyst

catastrophe : disaster

cathode : cathode

cation : cation ; **~s fortement acides :** strong acid cations ; **~s trivalents :** trivalent cations ; **échangeur de ~s :** cation exchanger

cationique : cationic

caution : security ; guarantee ; bail *(jur.)* ; **~ bancaire :** bank bond ; bank security ; **~ de bonne exécution :** performance bond ; **~ de restitution d'acompte :** advance payment guarantee ; advance payment bond ; **~ de restitution d'avance :** advance payment bond ; **~ de soumission :** bid bond

cautionné : secured

cavalier : rider ; tripper *(interrupteur)*

caverne : crevice

cavitation : cavitation

cavité buccale : buccal cavity

célérité : velocity

cellulaire : cellular

cellule : cell ; **~ à diaphragme :** diaphragm cell ; **~ à membrane :** membrane cell ; **~ à mercure :** mercury cell ; **~ d'électrolyse :** electrolysis cell ; **~ d'extraction :** extraction cell ; **~ de conductimétrie :** conductimetric cell ; **~ de mesure de conductivité :** conductivity measuring cell ; **~ de puissance :** power cell ; **~ de réactivation des boues :** sludge reactivation cell

cellulolytique : cellulolytic

cellulose : cellulose

cémentation : case hardening ; surface hardening ; cementation ; carburizing ; **~ superficielle :** surface hardening

cémenter : carburize

cendre : ash ; **~ d'os :** bone ash ; **~s volantes :** fly ash

centigrade : centigrade ; centrigrade

centilitre : centilitre

centimètre : centimetre ; **~ carré :** square centimetre ; **~ cube :** cubic centimetre

centipoise : centipoise

centrage : centring ; **à ~ automatique** : self-centring

centrale : central office ; **~ à béton :** concrete mixing plant ; **~ de mesures :** data logger ; **~ de surveillance :** central monitoring station ; **~ électrique :** power plant ; power station ; **~ énergétique :** power plant ; **~ hydraulique :** hydraulic unit ; hydroelectric power plant ; **~ nucléaire :** nuclear power plant ; **~ thermique :** thermal power station ; thermal power plant ; **~ thermique à fioul :** oil-fired power plant

centrat : centrate

centre : centre ; middle ; **~ auto :** autocentre ; **~ de commande moteurs :** motor control centre ; **~ de gravité :** centre of gravity ; **~ de recherche :** research centre

centreur : centring device ; spacer

centrifugat : centrifugate

centrifugation : centrifugal separation ; centrifugation ; centrifuging ; **~ des boues :** sludge centrifugation ; **enceinte de ~ :** centrifugation vessel

centrifuge : centrifugal

centrifugeuse : centrifuge ; **~ à boues :** sludge centrifuge

centripète : centripetal

cépage : grape

céramique : ceramics

cercaires à queue fourchue : free-swimming cercariae

cercle : circle ; ~ **de perçage :** bolt pitch circle ; **quart de** ~ : quadrant

certificat : certificate ; ~ **d'actions :** share certificate ; ~ **d'aptitude professionnelle :** certificate of professional competence ; ~ **d'études primaires :** primary leaving certificate ; ~ **d'origine :** certificate of origin ; ~ **de capacité :** company experience sheet ; certificate of performance ; ~ **de conformité :** certificate of compliance ; ~ **de réception :** takeover certificate ; acceptance certificate ; ~ **de réception provisoire :** certificate of completion of works ; provisional takeover certificate

cessible : transferable

cession : transfer

cession-bail : lease-back

cétone : ketone

chaîne : chain ; train ; line ; ~ **à augets :** bucket conveyor ; ~ **à galets :** roller chain ; ~ **à maillons :** link chain ; ~ **alimentaire :** food chain ; ~ **d'ancrage :** anchor chain ; ~ **d'échangeurs d'ions :** ion exchange line ; ~ **d'isolateurs :** insulator string ; ~ **de déminéralisation :** demineralization system ; ~ **de finition :** polishing line ; polishing system ; ~ **de montage :** assembly line ; ~ **de production en série :** production line ; ~ **de relevage :** lift chain ; ~ **de transmission :** drive chain ; ~ **étançonnée :** stud link chain ; ~ **linéaire :** linear chain ; ~ **sans fin :** endless chain ; **~s sans fin munies de raclettes :** flight-and-chain system ; **engrenage à** ~ : chain gear ; **pignon de** ~ : sprocket

chaleur : heat ; ~ **de vaporisation :** steam-generating heat ; ~ **dégagée :** heat released ; ~ **latente :** latent heat ; ~ **massique :** specific heat ; ~ **rayonnante :** radiant heat ; ~ **sensible :** sensible heat ; ~ **spécifique :** specific heat ; **dessiccateur sans** ~ : heatless dryer ; **sécheur sans** ~ : heatless dryer

chalumeau : blowpipe ; ~ **oxycoupeur :** flame cutting torch ; ~ **soudeur :** welding torch

chambranle : casing

chambre : chamber ; ~ **à air :** inner tube *(pneu)* ; air chamber *(pompe)* ; ~ **d'admission :** inlet chamber ; ~ **d'équilibre :** surge chamber ; ~ **d'explosion :** combustion chamber ; ~ **de captage :** chamber of a source ; ~ **de combustion :** combustion chamber ; ~ **de commerce :** chamber of commerce ; ~ **de comptage :** metering chamber ; ~ **de décantation :** settling chamber ; ~ **de dégazage :** deaeration chamber ; ~ **de désaturation :** demister *(ozone)* ; ~ **de dessablage :** degritting chamber ; grit removal chamber ; ~ **de mélange :** mixing chamber ; ~ **de postcombustion :** afterburning chamber ; ~ **de pulvérisation :** spray chamber ; ~ **de surpression :** plenum chamber ; ~ **de tirage :** draw pit ; ~ **de tranquillisation :** stilling chamber ; ~ **des pompes :** pump room ; ~ **des vannes :** valve house ; ~ **froide :** cold storage room ; ~ **syndicale :** employers' federation

champ : field ; ~ **captant :** drainage area ; ~ **centrifuge :** centrifugal field ; ~ **d'épandage :** sewage field ; sewage farm ; ~ **de grille :** bar screen rack ; ~ **de manœuvre :** span area *(pont roulant)* ; ~ **électrique :** electrical field ; ~ **électrique orienté :** oriented electrical field ; ~ **libre :** free field ; ~ **magnétique :** magnetic field ; ~ **pétrolifère :** oil field ; ~ **réduit :** reduced field

champignonnage : surface swelling

champignons : fungi

chanfrein : bevel

change : foreign exchange

changeur automatique : changeover ; switchover *(chlore)*

chantier : work site ; job site ; **essai de** ~ : field test

chanvre : hemp

chape : covering ; concrete flooring ; ~ **d'enfoncement :** driving cap ; ~ **de ciment :** screed ; ~ **femelle :** fork piece ; ~ **mâle :** lug piece ; ~ **protectrice :** protective cover

chapeau : cap ; scum *(digesteur)* ; bonnet *(vanne)* ; ~ **d'ordonnance :** cap *(vanne)* ; ~ **de frappe :** driving cap ; ~ **de roue :** hubcap

charbon : carbon ; coal ; ~ **actif :** activated carbon ; ~ **actif en grains :** granular activated carbon ; ~ **actif en poudre :** powdered activated carbon ; ~ **de terre :** hard coal ; black coal

charbonnage : coal mine

charge : stress ; charge ; head ; load *(élec.)* ; filler *(papier)* ; ~ **alternée :** reverse load ; **~s constatées d'avance :** prepaid accounts *(fin.)* ; ~ **d'aération :** aeration rate ; ~ **d'essai :** test load ; ~ **de courant :** current charge ; ~ **de pointe :** peak load ; ~ **de rupture :** breaking load ; ultimate tensile stress ; breaking stress ; tensile strength ; ~ **de travail :** workload ; ~ **électrique :** electrical charge ; ~ **équilibrée :** balanced load ; ~ **hydraulique :** head ; hydraulic loading ; volumetric loading ; ~ **hydraulique superficielle :** hydraulic surface loading ; ~ **limite :** limit load ; ~ **massique :** F/M ratio ; ~ **nominale :** nominal load ; rated load ;

~ **non-linéaire capacitive :** non-linear capacitive load ; ~ **normale :** normal load ; normal capacity ; ~ **permanente :** dead load ; ~**s sociales :** payroll taxes ; ~ **spatiale en boues :** spatial sludge load ; ~ **sur la tuyauterie d'extraction :** head on draw-off pipe ; ~ **utile :** live load ; ~ **volumique :** BOD loading ; bed load *(échange d'ions)* ; **alimentation en** ~ : gravity feed ; **conditionnement par ~s** : conditioning using additives ; **perte de** ~ : head loss ; **pompe en** ~ : pump with positive suction head ; **tuyauterie en** ~ : pressure pipe

chargement : loading ; charging *(élec.)* ; **pot de** ~ : loading chamber

chargeur de batterie : battery charger

chariot : truck ; wagon ; trolley *(pont roulant)* ; trolley hoist *(porte-palan)* ; ~ **à fourche :** fork-lift truck ; ~ **à moteur hydraulique :** hydraulic motor gear ; ~ **de débâtissage :** frame opening trolley *(filtre-presse)* ; ~ **élévateur :** lift truck ; ~ **porte-palan :** trolley hoist ; ~ **porte-peigne :** rake carriage ; ~ **porte-tourelle :** turret slide

charnière : hinge ; **axe de** ~ : hinge pin

charpente : framework ; ~ **de toiture :** roof frame ; ~ **en acier :** steelwork ; ~ **en bois :** woodwork ; ~ **en fers profilés :** structural steel framework ; ~ **métallique :** steel construction

charpenterie : carpentry

charriage : load carried

chasse : flush ; ~ **rapide :** quick flush ; **réservoir de** ~ : flush tank

chasse-boulons : drift punch

chasse-clous : drift punch

chasse-cônes : Morse taper sleeve ; extracting drift

chasse d'eau : water flushing unit ; water flush

chasse-goupilles : pin punch

chasse-pierres : rail guard ; stone catcher

châssis : frame ; ~ **en tôle emboutie :** pressed steel frame ; ~ **support :** support skid

château d'eau : elevated tank ; water tower

chaud (cassage à ~) : hot breaking

chaudière : boiler ; ~ **à gaz :** gas-fired boiler ; ~ **à mazout :** oil-fired boiler ; ~ **à tubes d'eau :** water-tube boiler ; ~ **à tubes de fumée :** fire-tube boiler ; ~ **à vapeur :** steam boiler ; steam generator ; ~ **à vaporisation instantanée :** flash boiler ; ~ **de détente :** flash boiler ; ~ **de récupération :** recovery boiler

chaudronné (pièces ~es) : hollow ware

chaudronnerie : boilermaking industry ; **atelier de** ~ : boiler sheetmetal shop ; **pièces de** ~ : hollow ware

chaudronnier : boilermaker

chauffage : heating ; ~ **à l'air :** air heating ; ~ **central :** central heating ; ~ **central au mazout :** oil-fired central heating ; ~ **d'un local :** space heating ; ~ **par air pulsé :** warm air heating ; ~ **par rayonnement :** radiant heating ; ~ **urbain :** municipal heating

chauffe (faisceau de ~) : heating-tube bundle

chauffe (surface de ~) : heating surface

chauffe-eau : water heater ; ~ **à accumulation :** storage water heater ; ~ **à immersion :** immersion heater

chaufferie : boiler room ; boiler plant

chaulage : lime treatment

chauler : lime

chaussée : roadway

chaux : lime ; ~ **anhydre :** unslaked lime ; ~ **en poudre :** powdered lime ; ~ **en roche :** crystal lime ; ~ **éteinte :** slaked lime ; ~ **grasse :** hydrated lime ; ~ **hydratée :** calcium hydroxide ; hydrated lime ; ~ **sodée :** soda lime ; ~ **vive :** quick lime ; **eau de** ~ : lime water ; **extinction de ~ vive** : slaking of quick lime ; **incuits de** ~ : lime grits ; **lait de** ~ : milk of lime ; lime slurry ; **pierre à** ~ : limestone ; **suspension de** ~ : lime slurry ; milk of lime

chef : head ; ~ **d'accusation :** charge ; ~ **d'atelier :** foreman ; ~ **de groupe :** head draughtsman *(bureau de dessin)* ; ~ **de quart :** shift supervisor ; ~ **de secteur :** area manager ; ~ **de service :** head of department ; ~ **de station :** superintendent ; ~ **monteur :** chief fitter ; **ingénieur en** ~ : chief engineer

chélatante (résine ~) : chelate resin

chélation : chelation

chemin : path ; ~ **de câble :** cable way ; cable run ; cable tray ; ~ **de roulement :** treadway *(pont)*

cheminée : stack ; chute ; shaft ; well ; ~ **d'aération :** ventilation shaft ; ~ **d'aspiration :** draught tube ; ~ **d'écoulement :** flow shaft ; ~ **d'équilibre :** surge column ; ~ **d'évacuation :** exhaust shaft ; ~ **d'évent :** vent stack ; ~ **d'insonorisation :** sound-proof shaft ; ~ **de mise en charge :** head application column

chemisage : lining

chemise : lining ; sleeve ; ~ **bronze :** bronze sleeve ; ~ **d'arbre :** shaft sleeve *(pompe)* ; ~ **d'eau :** water jacket ; ~ **de cylindre :** cylinder liner ; cylinder lining ; ~ **de distribution :** sleeve valve ; ~ **de vapeur :** steam jacket

chemisé acier : steel-lined

chemiser : case ; cover

chenal : channel ; ~ **à boucle fermée :** closed-loop ditch ; ~ **d'aération :** aeration ditch ; ~ **d'arrêt :** stop box ; ~ **d'oxydation :** oxidation ditch

chéneau : eaves gutter

chevalet : trestle

cheville : plug ; pin ; ~ **autoforeuse :** self-tapping plug ; ~ **de scellement :** anchor plug

chèvre : shearlegs

chevron : herring bone element

chevronné : experienced

chicane : baffle ; **floculateur à** ~**s** : offset baffle flocculator ; **mélangeur à** ~**s** : baffle mixer

chien d'arrêt : latch

chien de garde : watchdog *(électr.)*

chiffon : rag

chiffre d'affaires : turnover *(UK)* ; revenue *(US)* ; sales

chignole : hand drill

chimie : chemistry ; ~ **appliquée :** applied chemistry ; ~ **de synthèse :** synthetic chemistry ; ~ **minérale :** inorganic chemistry ; ~ **nucléaire :** nuclear chemistry ; ~ **organique :** organic chemistry

chimiosynthèse : chemosynthesis

chimique : chemical

chimiquement inerte : chemically inert

chloramine : chloramine

chlorate : chlorate

chloration : chlorination ; ~ **directe :** direct chlorination ; ~ **indirecte :** solution feed

chlore : chlorine ; ~ **actif :** active chlorine ; available chlorine ; ~ **combiné :** bound chlorine ; ~ **gazeux :** chlorine gas ; ~ **libre :** free chlorine ; ~ **libre actif :** free available chlorine ; chlorinated

chlorer : chlorinate

chlorhydrique : hydrochloric

chlorite : chlorite ; ~ **de sodium :** sodium chlorite

chlorocyanuriques : cyanogen chloride family

chloroforme : chloroform

chloromètre : chlorinator

chlorophénol : chlorophenol

chlorosulfate ferrique : chlorinated copperas

chlorure : chloride ; ~ **d'argent :** silver chloride ; ~ **de cyanogène :** cyanogen chloride ; ~ **de magnésium :** magnesium chloride ; ~ **de polyvinyle :** polyvinyl chloride ; ~ **de sodium :** sodium chloride ; ~ **ferreux :** ferrous chloride ; ~ **ferrique :** iron chloride ; ferric chloride ; ~ **ferrique anhydre :** anhydrous ferric chloride ; ~ **ferrique cristallisé :** crystallized ferric chloride

choc : shock ; impact ; ~ **efficace :** efficacious shock ; ~ **électrique :** electric shock ; ~ **thermique :** thermal shock ; **essai au** ~ : impact test ; **essai par** ~ : impact test ; **tension de** ~ : surge voltage

chouleur : front-end loader

chromage : chromium plating

chromate : chromate

chromatographe : chromatograph

chromatographie : chromatography ; ~ **d'espace de tête :** headspace method chromatography ; ~ **d'exclusion :** steric exclusion chromatography ; ~ **en phase gazeuse :** gas chromatography ; ~ **en phase liquide haute pression :** high-pressure liquid chromatography ; ~ **ionique :** ion exchange chromatography ; ionic chromatography ; ~ **sur minces couches :** thin-layer chromatography

chrome : chromium ; ~ **hexavalent :** hexavalent chromium ; ~ **trivalent :** trivalent chromium

chromé : chromium-plated

chronomètre : stopwatch

chute : drop ; fall ; nappe *(déversoir)* ; ~**s** : offcuts *(bois, papier)* ; scrap *(ferraille)* ; ~ **d'eau :** water falling head ; ~ **de potentiel :** potential drop ; ~ **de pression :** pressure drop ; ~ **de tension :** voltage drop ; potential drop ; ~ **de tension active :** resistance drop ; ~ **disponible :** available head ; available head loss ; ~ **géométrique :** geometric fall ; ~ **ohmique :** ohmic loss

ciel gazeux : air space above liquor

cilié : ciliated

ciment : cement ; ~ **à durcissement rapide :** rapid-hardening cement ; ~ **à prise rapide :** quick-setting cement ; ~ **alumineux :** aluminous cement ; ~ **alumineux fondu :** high-alumina cement ; ~ **au laitier :** slag cement ; ~ **expansif :** expanding cement ; ~ **lissé :** smooth cement ; ~ **Portland :** Portland cement

cimentation : cementing ; grouting

cimenterie : cement works

cinématique *(n.)* : kinematics

cinétique *(adj.)* : kinetic

cinétique *(n.)* : kinetics ; ~ **d'échange :** exchange kinetics ; ~ **de réaction :** reaction kinetics

cintrage : rolling ; bending

cintrer : bend

cintreuse : bending machine

circlip extérieur : outside circlip

circonférence : circumference

circuit : system ; circuit *(élec.)* ; ~ **à deux fils :** two-wire circuit ; ~ **bifilaire :** loop circuit ; ~ **d'alimentation :** feed circuit ; ~ **d'utilisation :** load circuit ; ~ **de**

commande : control circuit ; ~ **de compactage :** compacting circuit ; ~ **de dérivation :** by-pass system ; ~ **de distribution :** distribution channel ; ~ **de puissance :** power circuit ; ~ **de refroidissement :** cooling system ; ~ **de sortie :** output circuit ; ~ **de terre :** earth circuit ; ~ **écart de zéro :** off-zero circuit board ; ~ **en dérivation :** shunt circuit ; ~ **en parallèle :** parallel circuit ; ~ **en série :** series circuit ; ~ **fermé :** closed system ; ~ **imprimé :** printed circuit ; ~ **imprimé brochable :** plug-in circuit ; ~ **oscillant :** oscillatory circuit ; ~ **ouvert :** open system ; once-through system *(refroidissement)* ; ~ **porteur :** carrier circuit ; motherboard ; masterboard ; ~ **primaire :** primary circuit ; ~ **semi-fermé :** open recirculating system *(refroidissement)* ; ~ **semi-ouvert :** open recirculating system *(refroidissement)* ; ~ **sous tension :** live circuit

circulateur à flux horizontal : horizontal brush aerator

circulation : circulation ; traffic *(auto.)* ; ~ **d'eau :** turnover *(eaux stagnantes)* ; ~ **forcée :** forced circulation *(chaudière)* ; **vitesse de** ~ **:** flow velocity ; **vitesse de** ~ **transversale :** cross-circulation velocity

circuler : flow *(marchandises)*

cire : wax

cisaillage : shearing

cisaille : shears

cisaillement : shearing ; **contrainte de** ~ : shearing stress ; **déformation par** ~ : shear strain ; **goupille de** ~ : shear pin

ciseau : chisel

ciseaux : scissors

citadin : city dweller

cité ouvrière : site living quarters *(chantier)*

citerne : cistern ; tank ; ~ **d'eau filtrée :** clear well ; filtered water tank ; ~ **d'eau traitée :** treated water reservoir ; treated water tank ; ~ **de chlorure ferrique :** ferric chloride tank ; ~ **de stockage :** storage tank ; ~ **surélevée :** elevated tank ; ~ **tracée :** steam-traced tank

citrate ammoniacal : ammonium citrate

civil (droit ~) : common law *(jur.)*

clabot : claw

claie : screen ; ~ **à sable :** sand screen ; ~ **de dissolution :** dissolving tray

clair : limpid

clapet : clack valve ; check valve ; ~ **à battant :** swing check valve ; flap valve ; ~ **à battant léger :** light flap valve ; ~ **à bille :** ball check valve ; ~ **à charnière :** swing check valve ; ~ **à piston plongeur :** plunger check valve ; ~ **anti-retour :** check valve ; non-return valve ; ~ **casse-vide :** vacuum breaker valve ; ~ **d'admission :** inlet valve ; ~ **d'aspiration :** suction valve ; intake valve ; ~ **d'échappement :** exhaust valve ; ~ **d'entrée de filtre :** filter inlet check valve ; ~ **de crue :** weep hole ; ~ **de décharge :** relief valve ; ~ **de fermeture :** shut-off valve ; ~ **de nez :** nozzle check valve ; ~ **de non-retour :** check valve ; non-return valve ; ~ **de pied :** foot valve (without strainer) ; ~ **de pied-crépine :** foot valve and strainer ; ~ **de refoulement :** delivery valve ; ~ **de retenue :** check valve ; non-return valve ; ~ **de retenue à battant :** swing check valve ; flap valve ; swing-type check valve ; ~ **de retenue à soupape :** lift check valve ; ~ **de sécurité :** safety valve ; ~ **de surpression :** pressure relief valve ; ~ **de ventilation :** damper ; ~ **vibreur :** vibrating valve

claquage : breakdown *(élec.)* ; breakthrough *(électr.)* ; **essai de** ~ : breakdown test ; **tension de** ~ : breakdown voltage

clarificateur : clarifier ; ~ **à disques :** disc centrifuge ; ~ **final :** final clarifier

clarification : clarification ; ~ **d'eau potable :** drinking water clarification ; ~ **d'eaux résiduaires :** wastewater clarification ; ~ **des boues :** sludge settling

clarifier : clarify

classe : grade ; class

classement : grading

classeur : classifier ; ~ **centrifuge :** centrifugal classifier

classificateur : classifier ; ~ **à râteaux alternatifs :** reciprocating rake classifier

classification : classification ; classifying ; ~ **périodique des éléments :** periodic table of elements

clause : term ; clause ; provision ; ~ **de la nation la plus favorisée :** most favoured nation clause

clavetage : keying

clavette : key ; pin ; ~ **à ressort :** spring cotter ; ~ **conique :** taper pin ; ~ **d'arbre :** shaft key ; ~ **fendue :** split pin

clavier : keyboard

clé : wrench *(outil)* ; spanner *(outil)* ; key *(porte)* ; ~ **à béquille :** T-wrench ; T-key ; ~ **à chaîne :** chain wrench ; ~ **à cliquet :** ratchet wrench ; ~ **à crémaillère :** monkey wrench ; ~ **à douilles :** socket wrench ; ~ **à douze pans :** twelve-side wrench ; ~ **à fourche :** open-jaw spanner ; open-end wrench ; ~ **à frapper :** slogging box wrench ; ~ **à griffe :** Stillson-type wrench ; ~ **à molette :** adjustable wrench ; adjustable spanner ; ~ **à pipe :** socket wrench ; box spanner ; ~ **à six pans :** hex nut wrench ; ~ **à tubes :** pipe wrench ; ~ **Allen :** Allen key ; ~ **anglaise :** adjustable spanner ; adjustable wrench ;

monkey wrench ; ~ **de manœuvre :** plug valve wrench ; cock lever ; ~ **dynamométrique :** torque wrench ; ~ **en main :** turnkey *(affaire)* ; ~ **fermée :** ring spanner ; ~ **mixte :** combination wrench ; ~ **plate :** open-end wrench ; ~ **polygonale :** box spanner ; ~ **simple à fourche :** single-ended spanner

climat : climate

climatique : climatic

climatisation : air conditioning

climatiseur : air conditioner

clin : lap ; **joint à** ~ : lap joint ; **soudure à** ~ : lap weld

clinker : clinker

clinoptilolite : clinoptilolite

clinquant : foil

cliquet : dog ; ratchet ; catch ; ~ **d'arrêt :** detent ; ~ **de retenue :** detent ; ~ **réversible :** reversible ratchet

cloche : dome ; bell *(haut-fourneau)* ; ~ **à vide :** vacuum chamber ; ~ **d'inversion de flux :** flow-inversion bell ; **gazomètre à** ~ : bell-type gas holder

cloison : partition ; division ; ~ **de bois :** wooden partition ; ~ **pare-feu :** fire wall ; ~ **siphoïde :** scum baffle ; curtain baffle *(flottateur)* ; scum baffle *(pare-écumes)* ; ~ **tranquillisatrice :** stilling baffle

cloisonnement : partitioning

clôture : fence ; enclosure ; ~ **en fil de fer :** wire fencing ; ~ **en fil métallique :** wire fence

clou : nail ; ~ **de Paris :** wire nail ; ~ **de tapissier :** bullen nail

coagulant : coagulant ; ~ **minéral :** inorganic coagulant

coagulateur : coagulation chamber

coagulation : coagulation ; ~ **directe sur filtre à sable :** rapid coagulation ; in-line coagulation ; ~ **par piégeage :** sweep coagulation ; ~ **sur filtre :** in-line coagulation ; contact filtration ; direct filtration ; **adjuvant de** ~ : coagulation aid

coalescence : coalescence

coalesceur : coalescer

coaxial : coaxial

coconnage : mothballing

co-courant : co-current

code : code ; ~ **administratif :** administrative law ; ~ **des douanes :** import/export & customs powers act *(UK 1939)* ; ~ **pénal :** criminal law ; penal code

codification : coding

coefficient : coefficient ; ~ **d'adhérence :** coefficient of adhesion ; ~ **d'amortissement :** damping coefficient *(élec.)* ; ~ **d'écoulement :** discharge coefficient ; flow coefficient ; ~ **d'uniformité :** coefficient of uniformity ; uniformity coefficient ; ~ **de cohésion des boues :** sludge cohesion coefficient ; ~ **de compressibilité :** compressibility coefficient ; ~ **de contraction :** contraction coefficient ; ~ **de corrélation :** correlation coefficient ; ~ **de débit du déversoir :** weir coefficient ; ~ **de dilatation :** coefficient of cubical expansion ; coefficient of expansion ; coefficient of thermal expansion ; ~ **de dispersion :** dispersion coefficient ; ~ **de frottement :** friction coefficient ; ~ **de frottement interne :** frictional factor ; ~ **de joint :** joint efficiency ; ~ **de partage :** partition coefficient ; distribution ratio ; distribution ratio *(chim.)* ; ~ **de restitution :** coefficient of restitution ; ~ **de rigidité :** stiffness coefficient ; ~ **de rugosité :** roughness coefficient ; ~ **de sécurité :** safety factor ; ~ **de soudure :** joint efficiency ; ~ **de viscosité :** viscosity coefficient ; coefficient of viscosity ; ~ **sismique :** seismic coefficient

co-entreprise : joint venture

cœur : core

coffrage : formwork ; shutter ; form ; framing ; shuttering ; ~ **courbe :** curved form ; ~ **grimpant :** climbing form ; ~ **perdu :** permanent formwork

coffret : box ; cubicle ; case ; ~ **antidéflagrant :** explosion-proof enclosure ; ~ **de commande :** control box ; ~ **de contrôle et de régulation :** control and regulation unit ; ~ **de distribution :** distribution box ; ~ **embrochable :** plug-in box ; ~ **étanche :** water-tight enclosure ; ~ **étanche à la poussière :** dust-proof enclosure ; ~ **local de commande :** remote control unit ; ~ **mural :** wall-mounted box

cogestion : joint management

cogniticien : knowledge engineer

cohésion : cohesion ; ~ **des boues :** sludge cohesion ; **force de** ~ : cohesive force

coiffe de pieu : pile helmet

coin : corner *(angle)* ; wedge *(cale)* ; **passage en** ~ **forcé** : forced wedge-shaped passage

coincement : jamming

coke : coke ; ~ **de pétrole :** petroleum coke ; **four à** ~ : coke oven

cokéfaction : coking

cokerie : coke plant ; coke oven

col : neck *(bouteille)* ; ~ **d'oie :** gooseneck

col-de-cygne : swan-neck

colibacille : colon bacillus

coliforme : coliform ; ~ **fécal :** fecal coliform ; ~ **thermotolérant :** thermoduric coliform

colimétrie : coliform determination

colis : parcel ; package ; packet ; ~ **nu :** bare parcel ; **par** ~ **postal** : by parcel post

colisage : packing specification ; **bordereau de** ~ : packing list ; **liste de** ~ : packing list

collage : bonding ; sticking ; gluing ; fining *(vin)*

colle : glue ; ~ **à bois :** wood glue ; ~ **par vulcanisation à chaud :** hot curing process bonded ; **peinture à la** ~ : distemper

collecte : collection system ; ~ **d'informations :** data gathering ; ~ **d'ordures ménagères :** refuse collection ; ~ **sélective :** kerbside collection ; **bac de** ~ : recovery hopper

collecteur : collector ; main ; header ; manifold ; underdrain *(échangeur)* ; mother liquor *(sucre)* ; ~ **à bagues :** slip ring *(élec.)* ; ~ **d'admission :** intake manifold ; ~ **d'air surpressé de lavage :** air scour header ; ~ **d'aspiration d'air :** air suction header ; ~ **d'eau de lavage :** wash water main ; ~ **d'échappement :** exhaust manifold ; ~ **d'évacuation :** drain manifold ; ~ **d'huile :** oil collector ; ~ **de drainage :** drainage collector ; ~ **de poussière :** dust collector ; dust chamber ; ~ **de refoulement d'air :** air delivery header ; ~ **de refoulement d'eau brute :** raw water delivery main ; ~ **de soufflerie :** air header ; ~ **noyé :** underdrain ; ~ **oléophile :** oil collector ; ~ **oléophile à bande :** belt oil collector ; ~ **oléophile à tambour :** drum oil collector ; ~ **pauvre :** low-grade mother liquor *(sucre)* ; ~ **ramifié :** branched collector ; **égout** ~ : main sewer ; **ensemble de** ~ **s maillés** : grid collector assembly ; **grand** ~ : main sewer ; **puits** ~ : collecting pit

collectivité : community ; ~ **locale :** local community ; ~**s locales :** local authorities

collerette : flange *(tuyau)* ; ~ **d'assemblage :** coupling flange

collet : flange ; collar *(arbre)* ; neck *(vis)* ; ~ **à sceller :** puddle collar ; ~ **rabattu :** flared collar ; **appareil à** ~**s** : flaring tool

collier : ring ; collar ; clip ; ~ **de câble :** cable clip *(Atlas)* ; cable tie *(Colson ou Colring)* ; ~ **de fixation pour tube :** pipe clamp ; ~ **de frein :** brake band ; ~ **de serrage :** hose clamp *(tuyau)*

colloïdal : colloidal ; **solution** ~**e :** sol

colloïde : colloid ; ~ **organique :** organic colloid

colmatage : clogging

colmater : clog ; ~ **une fuite :** caulk a leak

colonisation : opening up *(agric.)*

colonne : column ; ~ **à masse de contact :** packed column ; ~ **à ruissellement :** trickling tower ; ~ **capillaire :** capillary column ; ~ **centrale :** centre column *(décanteur)* ; ~ **centrale d'arrivée d'eau :** influent pipe ; ~ **d'alimentation :** standpipe ; ~ **d'eau :** water column ; ~ **d'équilibre :** buffer column *(flottateur)* ; ~ **d'exhaure :** riser pipe *(pompe immergée)* ; ~ **de contact :** contact column ; ~ **de définage :** fine-removal column ; ~ **de distillation :** distillation column ; ~ **de fixation :** service column ; ~ **de lavage :** scrubbing tower *(gaz)* ; ~ **de lavage-définage :** washing and fines removal column ; ~ **de régénération :** regeneration column ; ~ **de régénération sulfonique :** sulphonic regeneration column ; ~ **de résine compacte :** compacted resin column ; ~ **de séparation :** division column ; ~ **descendante :** downpipe ; ~ **émergente :** emergent stem *(thermomètre)* ; ~ **montante :** riser ; rising main ; ~ **pulsée :** pulsed column

colonnette de manœuvre : operating pillar ; headstock

colophane : rosin

colorant : colouring agent *(alim.)* ; dye *(textil.)*

coloré dans la masse : self-coloured

colorimètre : colorimeter

colorimétrie : colorimetry

colorimétrique : colorimetric

combinaison : combination ; protective suit *(protection)*

combinateur : programmer ; master controller ; ~ **à tambour :** drum controller ; ~ **de lavage :** washing controller ; ~ **séquentiel :** sequence controller

combiné : handset *(télécom.)*

comble : roof ; attic ; ~ **à deux pentes :** span roof ; ~ **brisé :** curb roof ; mansard roof ; ~ **en appentis :** penthouse roof ; ~ **en mansarde :** mansard roof ; curb roof ; ~ **en shed :** lean-to roof ; ~ **sur pignon :** gable roof

comburant : comburent

combustible : fuel ; ~ **antidétonant :** anti-knock fuel ; ~ **d'appoint :** make-up fuel ; ~ **gazeux :** gaseous fuel ; ~ **liquide :** liquid fuel ; ~ **solide :** solid fuel ; **apport calorifique en** ~ : fuel make-up

combustion : combustion ; ~ **humide :** wet combustion ; wet oxidation ; ~ **lente :** slow combustion ; **air de** ~ : combustion air ; **chambre de** ~ : combustion chamber ; **gaz de** ~ : combustion gas

comité d'entreprise : works committee

commande : control ; order *(admin.)* ; control ; ~ **à distance :** remote control ; ~ **automatique :** automatic control ; ~ **électrique :** electric drive ; electric control ; ~ **hydraulique :** hydraulic control ; ~ **locale :** local control ; ~ **manuelle :** manual control ; ~ **mécanique :** mechanical control ;

~ **numérique :** numerical control ; ~ **par bouton-poussoir :** push button control ; ~ **par câbles :** cable drive ; ~ **par courroie :** belt drive ; ~ **par engrenage :** gear drive ; ~ **par perche :** hook operation ; stick operation ; ~ **par thermostat :** thermostat control ; ~ **par tout ou rien :** start/stop operation ; on/off operation ; go/no-go operation ; ~ **par vis sans fin :** worm gear drive ; **à ~ numérique :** numerically controlled ; **à ~ par aimant** : magnet-operated ; **à ~ par clé** : key-operated ; **tête de ~** : central drive

commandé : driven ; controlled ; **arbre ~ :** driven shaft

commanditer : sponsor

commerce extérieur : foreign trade

commissaire : commissioner ; ~ **aux comptes :** official auditor ; ~ **d'avaries :** insurance assessor

commission : commission ; ~ **permanente :** standing committee

commissionnaire en douane : customs agent ; broker

commissionnaires exportateurs : export commission houses

communauté urbaine : conurbation

commune rurale : rural community

communication : connection ; communication ; ~ **avec la terre :** earth circuit ; ~ **téléphonique :** telephone call

communiqué de presse : press release

communs de lavage : common washing equipment

commutateur : selector switch ; ~ **à clé :** key changeover switch ; ~ **à couteau :** knife switch ; ~ **à cylindre :** drum switch ; ~ **à galettes :** wafer switch ; ~ **à levier :** lever switch ; ~ **à ressort :** spring switch ; ~ **à une direction :** one-way switch ; ~ **de phases :** phase selector switch ; ~ **de sélection :** selector switch ; ~ **étoile-triangle :** star-delta starter ; ~ **inverseur :** reversing switch ; ~ **pas à pas :** step-by-step switch ; ~ **va-et-vient :** two-way switch

commutation : switching ; switchover ; changeover ; turn-off *(thyristor)* ; **appareillage de ~** : switchgear ; **armoire de ~** : switchgear cabinet ; **relais de ~** : changeover relay

commutatrice : rotary converter

compacité : compactness ; density *(béton)*

compact : compact ; dense *(métal)*

compactage : compacting ; ~ **de sol :** soil compaction ; **benne à ~ intégré** : integrated compactor skip ; **circuit de ~** : compacting system

compacteur de décharge : landfill roller

compagnie : company ; ~ **de navigation :** shipping company ; ~ **en joint venture :** joint venture ; ~ **maritime :** shipping line

comparateur : comparator ; ~ **avec écrans colorés :** colorimetric kit

compartiment : compartment ; ~ **de réchauffage :** spray-valve heater ; ~ **de tour de contact :** contact chamber ; ~ **doseur :** metering compartment

compas : compass ; ~ **à ressort :** spring callipers ; ~ **d'épaisseur :** outside callipers ; ~ **d'intérieur :** inside callipers ; ~ **de précision :** precision callipers

compensateur : equalizer ; ~ **de phases :** phase equalizer ; phase correcting network ; ~ **de température :** temperature compensation probe ; ~ **synchrone :** synchronous condenser ; synchronous compensator

compensation : balancing ; compensation ; equalization ; ~ **de phases :** phase correction ; ~ **de température :** temperature compensation

compensé : balanced ; compensated

complexant : complexing agent

complexation : complexing ; sequestering ; chelation

complexe : complex *(chim.)* ; compound *(nombre)* ; **~s oléfines :** olefin complexes ; ~ **organomanganeux :** organomanganous complex

complexé : chelated *(métal)*

complexométrie : complexometric titration

comportement : behaviour ; ~ **au feu :** reaction to fire ; ~ **rhéologique :** rheological behaviour

composant : component ; constituent

composante : component ; ~ **active :** active component ; ~ **réactive :** reactive component

composé *(n.)* : compound ; ~ **aldéhydique :** aldehyde compound ; ~ **aromatique cyclique :** cyclic aromatic compound ; ~ **binaire :** binary compound ; ~ **cyclique :** cyclic compound ; ~ **cyclique hydroxylé :** cyclic hydroxyl compound ; ~ **dissous :** dissolved compound ; ~ **du chlore :** chlorine compound ; ~ **humique :** humic compound ; ~ **phénolé :** phenolic compound ; ~ **soufré :** sulphur compound

composé (poutre ~e) : built-up beam ; compound beam

composition : composition ; ~ **chimique :** chemical composition ; ~ **des eaux :** water characteristics

compost : compost

compostage : composting ; ~ **des boues :** sludge composting ; **tour de ~** : compost column

compresseur : compressor ; ~ **à double effet :** double-acting compressor ; ~ **à flux axial :** axial-flow compressor ; ~ **à flux radial :** radial-flow compressor ; ~ **à haricot :** lobe compressor ; ~ **à palettes :** sliding-vane compressor ; ~ **à pistons :** reciprocating piston compressor ; ~ **à plusieurs étages :** multi-stage compressor ; ~ **à vis :** screw compressor ; ~ **à vis sèche :** dry screw compressor ; ~ **centrifuge :** centrifugal compressor ; ~ **d'air :** air compressor ; ~ **d'air des antibéliers :** air compressor for surge tanks ; ~ **d'automaticité :** compressor for automation ; ~ **monoétagé :** single-stage compressor ; ~ **rotatif à simple effet :** single-acting compressor ; ~ **volumétrique :** positive displacement compressor

compressibilité : compressibility

compression : compression ; **déformation par ~ :** compression strain ; **distillation avec ~ de vapeur** : steam compression distillation ; **effort de** ~ : compressive stress ; **essai à la** ~ : compression test ; **essai de** ~ : compression test ; **moulage par** ~ : compression moulding ; **résistance à la** ~ : compression strength ; **soudé par ~ à chaud** : hot pressure welded ; **taux de** ~ : compression ratio

comprimé : compressed ; **air** ~ : compressed air ; **outil à air** ~ : pneumatic tool

comptabilité : book-keeping ; accounts ; ~ **analytique :** cost accounting

comptable : book-keeper ; accountant ; ~ **agréé :** chartered accountant

comptage : numbering ; counting ; count ; metering ; ~ **bactérien :** bacteria count ; ~ **d'événements :** event counting

comptant : cash ; **marché au** ~ : cash transaction ; **paiement au** ~ : cash payment

compte : account *(fin.)* ; ~ **à découvert :** overdrawn account ; ~ **à terme :** deposit account ; ~ **à vue :** checking account ; ~ **client :** account receivable ; ~ **courant :** current account ; ~ **créditeur :** account payable ; ~ **de dépôts :** time deposit account ; ~ **débiteur :** account receivable ; ~ **rendu :** report

compte-gouttes : dropper

compte-tours : revolution counter

compteur : meter ; counter ; flowmeter ; ~ **à dépassement :** excess meter ; ~ **à piston rotatif :** piston meter ; ~ **d'air :** air meter ; ~ **d'eau :** water meter ; ~ **d'énergie active :** watthour meter ; ~ **d'énergie réactive :** varhour meter ; ~ **d'impulsions :** pulse counter ; ~ **de gaz :** gas meter ; ~ **de vitesse :** speedometer ; ~ **de watt-heures :** watthour meter ; ~ **horaire :** hour meter ; ~ **-totalisateur :** integrating meter

concassage : crushing

concassé : crushed ; **gravillon** ~ : broken grit

concasseur : crusher

concentrat : concentrate

concentrateur de boues : sludge concentrator

concentration : concentration ; ~ **d'équilibre :** equilibrium concentration ; ~ **d'ozone dans l'air :** ozone-in-air concentration ; ~ **maximale admissible :** maximum permissible concentration ; ~ **résiduelle :** residual concentration

concentré *(adj.)* : concentrated

concentré *(n.)* : concentrate ; extract

concentrique : concentric

conception : design ; design phase

concevoir : design

conchyliculture : shellfish farming

conciliation : conciliation

conclure : enter into *(contrat)*

concordance de phases : phase coincidence

concrétion : clogging ; concretion

condensat : condensate ; **~s de réchauffage :** heating condensates ; ~ **de retour :** return condensate ; ~ **huileux :** oily condensate

condensateur : capacitor *(élec.)* ; ~ **à ruissellement :** evaporative condenser ; ~ **à surface :** surface condenser ; ~ **de grille :** grid capacitor ; ~ **en série :** series capacitor

condensation : condensation ; **eau de** ~ : condensate ; **tour de** ~ : condensation column ; **traînée de** ~ : condensation trail

condenseur : condenser

conditionnement : conditioning ; packaging *(emballage)* ; processing *(traitement)* ; ~ **au phosphate :** phosphate conditioning ; ~ **des boues :** sludge conditioning ; ~ **électro-acoustique :** electro-acoustic conditioning ; ~ **par charges :** conditioning using additives ; ~ **par solvants ou huiles :** conditioning by solvents or oils ; ~ **thermique :** thermal conditioning

conditionneur d'air : air conditioner

conditions : conditions ; ~ **atmosphériques :** weather conditions ; ~ **contractuelles :** contract conditions ; ~ **de fonctionnement :** service conditions ; operating conditions ; ~ **de marche :** operating conditions ; ~ **de rejet :** discharge standards

conductance : conductance ; ~ **de fuite :** leakage conductance

conducteur : conductor ; lead *(élec.)* ; square drive *(outil)* ; ~ **blindé :** screened conductor ; ~ **de terre :** earth conductor ; ~ **en charge :** live conductor ; ~ **isolé :** insulated conductor ; ~ **neutre :** neutral conductor ; ~ **sous gaine :** sheathed conductor

conductibilité thermique : thermal conductivity ; heat conductivity

conductivimètre : conductimeter ; conductivity meter

conductivité : conductivity ; ~ **électrique :** electrical conductivity ; ~ **spécifique :** specific conductivity ; ~ **thermique :** heat conductivity

conduit : conduit ; duct ; pipe ; channel ; ~ **de balayage :** scavenging pipe ; ~ **de cheminée :** flue ; ~ **de ventilation :** vent stack ; ~ **évacuation filtrat :** drainage channel

conduite : pipe ; ~ **d'adduction :** water main ; ~ **d'aspiration :** suction pipe ; ~ **d'équilibrage :** equalizing line ; ~ **de dérivation :** bypass ; ~ **de refoulement :** delivery conduit ; ~ **de remplissage :** filling duct ; ~ **forcée :** pressure main ; penstock ; ~ **immergée :** underwater pipeline

cône : taper ; cone ; ~ **d'Abrams :** slump cone ; ~ **d'alimentation :** distribution cone ; ~ **de réduction :** taper ; ~ **Morse :** Morse taper ; ~ **primitif :** pitch cone ; **embrayage à** ~ : cone clutch ; **frein à** ~ : cone brake

configuration : configuration

confluent : confluence

conforme (copie ~) : certified true copy

conformité : compliance ; ~ **à :** compliance with

congé : fillet *(constr.)* ; **rayon de** ~ : corner radius

congélation : deep-freezing ; solidification ; freezing

conglomérat : conglomerate

conicité : tapering ; conicity

conique : conical ; cone-shaped ; tapering ; **engrenage** ~ : bevel gear ; **soupape** ~ : mitre valve

connaissement : bill of lading ; ~ **avec réserves :** claused bill of lading ; ~ **direct :** through bill of lading ; ~ **maritime :** ocean bill of lading ; ~ **sans réserves à bord :** clean on-board bill of lading

connecter : connect

connecteur : connector

connexion : connection ; ~ **d'électrode :** lead-in wire ; ~ **de mise à la terre :** earth connection ; ~ **équipotentielle :** equalizer ; **fil de** ~ : connecting wire

conseil d'administration : board of directors

conseiller économique : adviser for economic affairs *(ambassade)*

conservation : preservation ; ~ **d'échantillon :** sample preservation ; ~ **du béton :** curing

conserverie : cannery

consigne : instruction ; **débit de** ~ : set-point rate ; **point de** ~ : set-point value ; **valeur de** ~ : set-point value

consistance : consistency ; **essai de** ~ **:** consistency test ; **terrain sans** ~ : loose ground

console : bracket ; ~ **de programmation :** programming console ; ~ **de visualisation :** display console ; **grue à** ~ : wall crane

consolider : strengthen

consommables : expendables ; consumables

consommation : consumption

constante : constant ; ~ **d'affinité :** affinity constant ; ~ **d'inhibition :** inhibition constant ; ~ **d'ionisation :** ionization constant ; ~ **de Faraday :** Faraday constant ; ~ **de Henry :** Henry's constant ; ~ **de Planck :** Planck's constant ; ~ **de temps :** time constant ; ~ **de vitesse apparente :** apparent rate constant ; ~ **diélectrique :** dielectric constant ; ~ **molaire :** molar constant

constituant : component

constructeur : manufacturer

construction : construction ; building ; ~ **en briques :** brick construction ; ~ **mixte :** composite construction ; **matériaux de** ~ : building materials

contact : contact ; ~ **à fermeture :** normally open contact ; make contact ; ~ **à impulsion :** momentary contact ; ~ **à la terre :** earth fault ; ~ **à ouverture :** normally closed contact ; break contact ; ~ **auxiliaire :** auxiliary contact ; ~ **de déclenchement :** tripping contact ; ~ **de fin de course :** limit switch ; ~ **de passage :** impulse contact ; ~ **de relais :** relay contact ; ~ **de repos :** break contact ; ~ **élastique :** spring contact ; ~ **fixe :** fixed contact ; ~ **glissant :** sliding contact ; wiping contact ; ~ **libre de potentiel :** dry contact ; volt-free contact ; ~ **libre de tension :** dry contact ; volt-free contact ; ~**s pare-étincelles :** arcing contacts ; ~ **rebondissant :** chattering contact ; ~ **redresseur :** contact rectifier ; ~ **repos :** normally closed contact ; break contact ; ~ **repos-travail :** make-break contact ; ~ **sans tension :** volt-free contact ; dry contact ; ~ **sec :** volt-free contact ; dry contact ; ~ **temporisé :** time-delay contact ; time-lag contact ; ~ **travail :** make contact ; normally open contact ; **appareil à** ~ **de boues** : solids contact unit ; **décantation à** ~ **de boues** : solids contact settling ; **décanteur à** ~ **de boues** : solids contact unit

contacteur : contactor ; ~ **à flotteur :** float switch ; ~ **à lame-ressort :** strap key ; ~ **à rupture dans l'air :** air switch ; ~ **disjoncteur :** relay-fitted contactor ; ~ **manométrique :** pressure switch

contamination : contamination ; ~ **fécale :** fecal contamination

conteneur : container ; ~ **de groupage :** less-than-container load ; ~ **dernier voyage :** shipper's own container

contentieux *(adj.)* **:** contentious

contentieux *(n.)* **:** litigation

contingent : quota

contingentement : quota ; quantitative restrictions

contournement : flashover *(élec.)*

contractions (déversoir à ~ latérales) : end contraction weir

contrainte : stress ; ~ **à la rupture :** breaking stress ; ~ **admissible :** allowable stress ; ~ **alternée :** alternating stress ; ~ **d'adhérence :** bond stress ; ~ **de cisaillement :** shearing stress ; ~ **de flexion :** bending stress ; ~ **de traction :** tensile stress ; ~ **diélectrique :** dielectric stress ; ~ **maximum admissible :** maximum permissible stress ; ~ **thermique :** thermal stress ; **jauge de** ~ **:** strain gauge

contrat : agreement ; contract ; ~ **cadre :** framework contract ; ~ **d'assurance :** insurance policy ; ~ **de fournitures :** supply contract ; ~ **de gérance :** management agreement ; ~ **de licence :** licence agreement ; ~ **de prêt :** loan contract ; ~ **de ventes :** sales agreement ; ~ **en bonne et due forme :** formal agreement ; valid and binding agreement ; ~ **en régie :** cost reimbursement contract ; cost-plus contract ; ~ **type :** standard contract

contre-arbre : countershaft

contrebride : companion flange

contre-courant : backflow ; **lavage à** ~ **:** backwashing ; **régénération à** ~ **:** countercurrent regeneration ; **séchage à** ~ **:** countercurrent drying

contre-écrou : lock nut

contre-essai : retest

contrefil (à ~) : across the grain

contrefléau : counterbeam

contreflèche : camber

contre-indiqué : to be avoided

contrelavage : backwashing

contremarche : riser

contre-offre : counterproposal

contreplacage : plywood construction

contreplaqué : plywood

contrepoids : counterweight ; **poids et** ~ **:** checks and balances *(US)*

contre-pression : backpressure ; ~ **osmotique :** osmotic backpressure

contreventement : wind bracing

contrôle : check ; monitoring ; inspection ; testing ; control ; ~ **d'aspect :** visual inspection ; ~ **de la précipitation :** monitoring of precipitation ; ~ **de validité :** validity check *(info.)* ; ~ **des changes :** foreign exchange control ; ~ **des circuits :** system control ; ~ **destructif :** destructive test ; ~ **manuel :** manual check ; ~ **proportionnel et intégral :** proportional-plus-integral control ; ~ **sanitaire des eaux :** sanitary control of water

contrôler : monitor ; inspect

contrôles centralisés : centralized controls

contrôleur aveugle : blind controller

contrôleur de gestion : controller ; comptroller

convection : convection ; **étuve à** ~ **:** air oven ; **sécheur à** ~ **:** convection dryer

convention : convention ; agreement ; ~ **collective :** collective bargaining agreement

convergence : convergence ; ~ **en ET :** AND link ; simultaneous deactivation ; ~ **en OU :** OR link ; end-of-sequence selection

convergent : inlet taper ; converging

convertisseur : converter ; ~ **à extinction naturelle :** natural turn-off converter ; ~ **à thyratrons :** thyratron inverter ; ~ **analogique/numérique :** analog-to-digital converter ; ~ **auto-oscillant :** self-oscillating converter ; ~ **Bessemer :** Bessemer converter *(métall.)* ; ~ **de couple :** torque converter ; ~ **de fréquence :** frequency changer ; frequency converter ; inverter ; ~ **de phases :** phase converter ; ~ **en pont :** bridge-type converter ; ~ **rotatif :** rotary converter ; dynamotor

convoi exceptionnel : abnormal load

convoyage : conveyance

convoyeur : conveyor ; ~ **à bande :** belt conveyor ; ~ **à godets :** bucket conveyor ; ~ **à raclettes à déplacement continu :** continuous conveyor with squeegees ; ~ **à secousses :** vibrating conveyor ; oscillating conveyor ; ~ **à vis sans fin :** screw conveyor ; ~ **aérien :** overhead conveyor ; ~ **en auge :** trough-type conveyor

coordonnées log-log : log-log coordinates

copeau : chip

copeaux de bois : wood chips ; wood shavings

copie : copy ; ~ **certifiée conforme :** authorized copy ; ~ **conforme :** certified true copy

copolymère : copolymer ; ~ **acrylate-maléique :** maleic acrylate copolymer ; ~ **styrène-maléique :** maleic styrene copolymer

copolymérisation : copolymerization

coprécipitation : coprecipitation

coque : shell *(chaudière)*

cordage : rope ; ~ **commis en câble :** cable-laid rope ; ~ **en acier :** wire rope ; ~ **en chanvre :** hemp rope ; ~ **en manille :** Manilla hemp rope

corde : rope ; ~ **en acier :** wire rope ; ~ **lâche :** slack rope ; **cordeau en ~ à piano** : piano wire

cordon : cord ; string ; ~ **chauffant :** line cord resistor ; ~ **d'alimentation :** line cord ; power cord ; ~ **d'ancrage :** puddle flange ; ~ **de soudure :** weld bead ; ~ **prolongateur :** extension cord

corindon : corundum

cornière : angle iron ; ~ **à boudin :** bulb angle

corps : substance ; casing ; body ; shell *(chaudière)* ; casing *(pompe)* ; barrel *(pompe)* ; body *(vanne)* ; ~ **composé :** compound ; ~ **d'état :** works ; ~ **d'état secondaires :** technical and architectural trades ; ~ **de contact :** medium ; ~ **de contact biologique tournant :** rotating biologic contactor ; ~ **de contact immergé :** submerged contact structure ; ~ **de pompe volumétrique :** displacement chamber ; ~ **de rotule :** ball-head ; ~ **dissous :** solute ; ~ **microbien :** microbial body ; ~ **noir :** blackbody *(rayonnement)* ; ~ **pur :** pure substance ; ~ **simple :** element ; **tous ~ d'état** : all trades

correction : adjustment ; ~ **de colonne émergente :** emergent stem correction *(thermomètre)* ; ~ **de pH :** pH correction

corrélateur acoustique : acoustic detector ; correlator

corrodable : corrodible

corrosif : corrosive

corrosion : corrosion ; ~ **accélérée :** accelerated corrosion ; ~ **bactérienne :** bacterial corrosion ; bacteria-induced corrosion ; ~ **caverneuse :** crevice corrosion ; ~ **de trépidation :** fretting corrosion ; ~ **galvanique :** galvanic corrosion ; ~ **intercristalline :** intercrystalline corrosion ; intergranular corrosion ; ~ **par aération différentielle :** differential cell corrosion ; ~ **par piqûres :** corrosion by pitting ; ~ **perforante :** pitting corrosion ; ~ **sous contrainte :** stress corrosion ; ~ **uniforme :** uniform corrosion ; **essai de ~** : corrosion test

corrosivité : corrosiveness

cosinus : power factor *(moteur)* ; cosine *(math.)*

cosse : lug ; socket ; ~ **à œillet :** spade lug ; ~ **à plage ronde :** flat-eye cable lug ; ~ **à sertir :** crimping lug ; ~ **à souder :** soldering lug ; ~ **en cœur :** heart-shaped open thimble

cote : level ; dimension ; ~ **d'arase :** crest level ; ~**s d'encombrement :** overall dimensions ; ~ **de niveau :** spot elevation ; ~ **de triangulation :** triangulation mark ; ~ **sur plats :** width across flats *(écrou)*

côté : slope ; side ; ~ **moteur :** drive end ; ~ **opposé moteur :** non-drive end

cotisations salariales : payroll taxes

coton : cotton ; ~ **minéral :** mineral wool ; mineral cotton ; **bourre de ~** : cotton flock

couche : coating ; coat ; layer ; ~ **d'accrochage :** priming coat ; ~ **d'apprêt :** primer ; ~ **d'enduit :** rendering coat ; ~ **de finition :** finishing coat ; ~ **de fond :** undercoat ; ~ **de fondation :** base course ; ~ **de protection :** protective layer ; ~ **de sable :** blinding *(GC)* ; ~ **de Tillmans :** Tillmans' film ; ~ **isolante :** damp-proof course ; ~ **lâche :** slack substrate ; ~ **passivante :** passivating layer ; ~ **périphérique :** peripheral layer

coude : elbow ; bend *(tuyau)* ; ~ **à grand rayon :** long-radius bend ; ~ **à patin :** duckfoot bend ; ~ **à secteurs :** segmented bend ; ~ **arrondi :** bend ; ~ **brusque :** elbow ; ~ **en U :** return bend

coulage : casting ; burn-out *(bielle)* ; ~ **à la benne :** bucket grouting ; ~ **en talus :** aslope grouting ; **point de ~** : pour point

coulé : cast ; ~ **en matrice :** die cast ; ~ **sur place :** cast in situ

coulée : casting *(métall.)* ; ~ **continue :** continuous casting *(métall.)* ; **orifice de ~** : taphole

couler : pour *(béton)*

couleur : colour ; ~ **de l'eau :** water colour ; ~ **inaltérable :** fast colour ; ~ **résistante :** fast colour

coulisse : groove ; slot ; **pied à ~** : vernier calliper

coulisseau : slide ; ~ **à entaille en V :** V-notch plug

couloir : chute ; channel

coup : blow ; stroke *(moteur)* ; ~ **de bélier :** water hammer ; ~ **de sucre :** sugar entrainment ; sugar carry-over

coupage : diluting ; ~ **à l'arc :** arc cutting

coup-de-poing (bouton ~) : mushroom head button ; emergency off button

coupe : cut ; cross-section ; section ; ~ **aqueuse :** aqueous cutting ; ~ **consistométrique :** flow cup ; ~ **diagonale :** diagonal section ; ~ **en long :** longitudinal section ; ~ **géologique :** log ; ~ **longitudinale :** longitudinal section ; ~ **partielle :** partial section ; ~ **transversale :** cross-section ; transverse section ; section ; ~ **viscosimétrique :** flow cup

coupe-betteraves : slicer

coupe-boulons : bolt cutter

coupe-circuit : cut-out ; ~ **à bain d'huile :** oil cut-out ; ~ **à fusible :** fuse cut-out

coupe-cossettes : slicer

coupe-feu : firebreak ; **porte ~** : fire door

coupe-fil : cable cutter

coupe-froid : weather strip

coupelle : bell cap *(distillation)* ; plate *(ressort)* ; ~ **à bulle :** bubble cap *(distillation)* ; ~ **à graisse :** grease cup ; ~ **de plateau :** bubble cap *(distillation)*

couper : cut ; cut off *(élec.)*

coupe-racines : slicer *(sucre)*

coupe-tout : master switch

coupe-tube : pipe cutter

couplage : connection ; coupling ; interlocking ; ~ **automatique :** automatic interlocking ; ~ **en boucle :** loop coupling ; ~ **en étoile :** star connection ; ~ **en parallèle :** parallel connection ; ~ **en pont :** bridging ; ~ **en série :** series connection ; ~ **en triangle :** delta connection ; ~ **étoile :** Y connection ; ~ **triangle :** delta connection ; **plasma à ~ inductif** : inductive coupling plasma

couple : pair ; couple ; torque ; ~ **accélérateur :** accelerating torque ; ~ **au frein :** locked-rotor torque ; ~ **de démarrage :** starting torque ; ~ **de rappel :** restoring torque ; ~ **de serrage :** tightening torque ; ~ **électrochimique :** electrochemical couple ; ~ **moteur :** drive torque ; engine torque ; ~ **thermoélectrique :** thermocouple ; ~ **voltaïque :** voltaic cell

coupleur : coupler ; ~ **acoustique :** acoustic coupler ; ~ **de communication :** communications controller ; ~ **de régulation :** control coupler

coupole : dome

coupon de métal : metal coupon

coupure : disconnection ; break ; cut-off ; ~ **de chaînes :** chain break ; ~ **visible :** visible contact *(élec.)* ; **pouvoir de** ~ : breaking capacity *(élec.)* ; removal capacity *(filtre)* ; cut-off *(filtre)*

cour d'appel : court of appeal

courant : current ; stream *(liquide)* ; current *(liquide)* ; ~ **à vide :** no-load current ; ~ **alternatif :** alternating current ; ~ **ascendant :** rising current ; ~ **continu :** direct current ; ~ **continu pulsé :** periodic direct current ; pulsating current ; ~**s croisés :** cross-current ; ~ **d'air :** draught ; ~ **d'alimentation :** supply current ; ~ **d'appel :** starting current ; inrush current ; ~ **de charge :** load current ; charging rate *(batterie)* ; ~ **de collage :** holding current ; ~ **de convection :** convection current ; ~ **de coupure :** breaking current ; ~ **de déclenchement :** trip current ; release current ; ~ **de défaut :** fault current ; ~ **de densité :** density current ; ~ **de dépolarisation :** depolarization current ; ~ **de Foucault :** eddy current ; ~ **de repos :** quiescent current ; ~ **déwatté :** reactive current ; ~ **efficace :** root-mean-square current ; ~ **monophasé :** single-phase current ; ~ **nominal :** rated current ; ~ **nul :** nil current ; ~ **parasite :** stray current ; ~ **porteur :** carrier current ; ~ **quadratique :** root-mean-square current ; effective current ; ~ **réactif :** reactive current ; ~ **redressé :** rectified current ; ~ **triphasé :** three-phase current

courbe : curve ; bend ; ~ **à secteurs :** segment bend ; ~ **d'équilibre :** equilibrium curve ; ~ **de débit :** hydrograph ; flow curve ; ~ **de niveau :** contour line ; ~ **de saturation :** exhaustion curve ; ~ **de titrage :** titration curve ; ~ **des pressions :** pressure curve ; ~ **double :** reverse curve ; ~ **en cloche :** bell curve ; **profil de** ~ : fillage graph

courbure : curvature ; sagging *(poutre)* ; ~ **de champ :** curvature of field ; **rayon de** ~ : radius of curvature

couronne : ring ; crown ; thrust roll ; annulus *(math.)* ; ~ **d'alimentation :** slip ring assembly ; ~ **d'orientation :** turntable bearing ; gear ring ; slewing ring ; ~ **de fixation à segments :** segmented ring ; ~ **dentée :** ring gear ; ~ **directrice :** guide ring ; **effet de** ~ : corona

courroie : strap ; belt ; ~ **articulée :** chain belt ; ~ **croisée :** crossed belt ; ~ **d'entraînement :** drive belt ; ~ **dentée :** cogged belt ; ~ **sans fin :** endless belt ; ~ **transporteuse :** belt conveyor ; ~ **trapézoïdale :** V-belt

cours : course ; flow ; rate of exchange *(fin.)* ; ~ **d'eau :** waterway ; stream ; **travaux en** ~ : work in progress

course : stroke ; throw *(excentrique)* ; travel *(outil, tourelle)* ; stroke *(ressort)* ; ~ **du piston :** piston stroke

court-circuit : short circuit

court-circuiteur : crowbar

courtier-juré d'assurance : insurance broker

coussinet : bushing ; bearing ; ~ **à billes :** ball bushing ; ~ **à collet :** collar bearing ; ~ **à galets :** roller bearing ; ~ **de fusée :** journal bearing ; ~ **de pied de bielle :** small-end bearing ; ~ **lisse :** plain bearing

coût : cost ; ~ **assurance fret :** cost insurance freight ; ~ **d'exploitation :** operating cost ; ~ **de l'eau :** water rate ; ~ **de revient :** cost ; ~ **énergétique :** energy cost

couteau : cutter ; blade ; knife ; plough ; ~ **à mastiquer :** putty knife ; ~ **d'électricien :** electrician's knife ; ~ **de fléau :** fulcrum *(balance)* ; ~ **racleur :** scraper knife ; **interrupteur à** ~ : knife switch

couvercle : cover *(pompe)* ; lid ; cap ; ~ **à charnière :** hinged lid ; ~ **de fermeture :** cover plate

couverture : roofing *(constr.)* ; ~ **de tuiles :** tiled roof

couvrant (pouvoir ~) : covering power

couvre-joint : butt-strap

covalence : covalency

covalent : covalent

craie : chalk ; ~ **de Briançon :** steatite

crampon : cramp ; ~ **de fixation :** cleat

cran : notch

crapaud de fixation : clamping plate

crapaudine : step bearing ; strainer *(grille)* ; ~ **de paumelle :** socket

craquage : cracking ; ~ **catalytique :** thermal cracking

craquelé : cracked

cratère : crater

crédit : credit ; loan ; ~ **-bail :** lease ; ~ **bancaire :** bank credit ; ~ **croisé :** swap ; ~ **documentaire :** letter of credit

crémaillère : rack ; ~ **et pignon :** rack and pinion ; **parités à** ~ : crawling peg system

crémone : cremone bolt

créneau : notch ; ~ **d'écrémage :** skimming notch ; **écrou à ~ x :** castellated nut

crénelé : notched ; crenellated ; **déversoir** ~ : notched weir

créosote : creosote

crépi moucheté : pebble dash

crépine : strainer ; screen ; ~ **magnétique :** magnetic strainer

crête : crest *(déversoir)* ; ridge *(toit)* ; ~ **d'onde :** wave crest ; **valeur de** ~ : crest value

creuset : crucible ; hearth *(haut-fourneau)* ; ~ **à calcination :** calcining crucible ; ~ **réducteur :** reducing crucible

creux : recess ; hollow ; clearance *(roue dentée)* ; groove *(vis)* ; ~ **de filetage :** hollow threads

crevaison : breakthrough *(filtre)* ; puncture *(pneu)*

crevasse : crevice

criblage : screening ; separation

crible : screen ; ~ **à gravier :** gravel screen ; ~ **classeur :** sizing screen ; ~ **oscillant :** oscillating screen ; ~ **vibrant :** shaking screen

cric : jack ; ~ **à crémaillère :** rack-and-lever jack ; ~ **à vis :** screw jack ; ~ **de levage :** lifting jack

crin monofibre : monofibre horsehair

crinoline d'échelle : safety cage

crique : cracking *(fissuration)* ; ~ **de retrait :** shrinkage crack ; ~ **longitudinale :** split

cristalliser : crystallize

cristallographique : crystallographic

cristalloïde : crystalloid

croc : hook ; ~ **à émerillon :** swivel hook

crochet : hook ; ~ **à lame ressort :** spring hook ; ~ **de retenue :** latch hook ; ~ **de sûreté :** safety hook ; ~ **double :** double hook ; ~ **pivotant :** swivel hook

croisillon : spoke *(roue)* ; ~**s** : window bars ; glazing bars

croissance : growth ; ~ **des micro-organismes :** microbial growth

croix : cross

croquis : sketch ; ~ **coté :** dimensional sketch

crosse : arm *(candélabre)*

croûtage : crusting

croûte : crust

crue : flood ; ~ **annuelle :** annual flood ; ~ **exceptionnelle :** exceptional flood ; **barrage de** ~ : flood dam ; **rivière en** ~ : river in spate

crustacé : crustacean

cryogénie : cryogenics

cryogénique : cryogenic

cryptogame vasculaire : vascular cryptogam

cube : cube ; **mètre** ~ : cubic metre

cubiteneur : wine cask

cuir : leather

cuire : boil *(sucre)*

cuisson : burning ; heating ; ~ **des boues :** sludge heating

cuivre : copper ; ~ **embouti :** pressed copper ; ~ **en feuilles :** sheet copper ; ~ **jaune :** brass ; ~ **recuit :** annealed copper

cuivreux : cuprous

cuivrique : cupric

culasse : cylinder head *(moteur)* ; **joint de** ~ : cylinder head gasket

culbuteur : rocker arm ; **interrupteur à** ~ : tumbler switch ; **tige de** ~ : pushrod

cul-de-lampe : tailpiece *(serrure)*

culée : abutment

culot : base *(ampoule)* ; ~ **à baïonnette :** bayonet base ; ~ **à vis :** screw base

culotte : Y-branch

culture : cultivation ; ~**s** : crops ; ~ **bactérienne :** bacterial culture ; ~ **fixe :** attached growth ; ~ **fixée :** attached growth ; ~ **libre :** suspended growth ; ~ **microbienne :** microbial culture ; ~ **pure :** pure culture

cumulatif : cumulative

cunette : gutter ; drain

cupro-alliage : copper alloy

cupro-aluminium : aluminium bronze

curseur : slide ; runner

cuve : cistern ; tank ; vat *(bière)* ; stock *(haut-fourneau)* ; ~ **à chicanes :** baffle tank ; ~ **à mazout :** oil storage tank ; ~ **à niveau constant :** float chamber *(carburateur)* ; ~ **de**

décantation : settling tank ; ~ **de filtration :** filtration tank ; ~ **de rétention :** seepage tank ; ~ **de stockage :** storage tank ; ~ **électrolytique :** electrolytic tank ; ~ **sous pression :** pressure vessel ; ~ **sous vide :** vacuum tank

cuvée (traitement par ~s) : batch treatment

cuvelage : casing ; **fondations en** ~ : buoyant foundation ; floating foundation

cuvette : bowl *(lavabo)* ; outer ring *(roulement)* ; ball race *(roulement)* ; pan *(WC)* ; ~ **d'égouttage :** drip pan ; ~ **de comparateur :** measuring glass

cyan : cyan

cyanamide : cyanamide

cyanate : cyanate

cyanophycées : cyanophyceae

cyanure : cyanide ; **~s complexés :** complexed cyanides ; **~s libres :** free cyanides ; **~s vrais :** free cyanides

cyanuré : cyanide-laden

cycle : cycle ; run *(filtre)* ; ~ **aromatique :** aromatic ring ; ~ **continu :** continuous cycle ; ~ **d'épuisement :** service cycle ; ~ **d'hystérésis :** hysteresis loop ; ~ **de fixation :** service cycle ; ~ **de fonctionnement :** operating cycle ; ~ **de l'azote :** nitrogen cycle ; ~ **de surgénération :** breeding cycle *(élec.)* ; ~ **discontinu :** discontinuous cycle ; ~ **du combustible :** fuel cycle ; reactor fuel cycle

cyclique : cyclic

cyclohexylamine : cyclohexylamine

cyclonage : cycloning

cyclone : cyclone

cylindre : drum ; cylinder ; ~ **compresseur :** road roller ; ~ **de piston :** piston cylinder ; ~ **enrouleur :** winding drum ; **alésage du** ~ : cylinder bore ; **bloc-~s :** cylinder block ; **chemise de** ~ : cylinder lining

cylindrée : cubic capacity *(moteur)*

cylindrique : cylindrical

cylindro-conique : cylindroconical ; **ouvrage de forme** ~ : tapered structure

cytotoxicité : cytotoxicity

D

dallage : paving

dalle : slab ; paving stone ; ~ **de béton :** concrete floor slab ; ~ **de câble :** cable tray ; ~ **filtrante :** filtering slab ; floating slab ; ~ **précoulée :** precast slab

dalton : dalton *(unité de mesure de masse atomique)*

dangereux : dangerous ; hazardous

daphnies : daphnia

date d'expiration : expiry date

dauphin : shoe *(descente)*

dé (d'accrochage) : clevis pin

déballastage : deballasting

débarquement : unloading ; **port de** ~ : disembarkation port

débâtir : remove

débâtissage : opening ; frame opening *(filtre-presse)*

débit : capacity ; throughput ; capacity *(pompe)* ; output *(pompe)* ; flow *(rivière)* ; flow rate *(tuyau)* ; ~ **d'air :** air flow ; ~ **d'alimentation :** feed flow ; ~ **d'appoint :** make-up flow ; ~ **d'entraînement vésiculaire :** drift flow ; ~ **d'évaporation :** evaporation flow ; ~ **de boues :** sludge rate ; ~ **de consigne :** set-point rate ; ~ **de déconcentration totale :** total blow-down flow ; ~ **de filtre :** filter rate ; ~ **de pointe :** peak flow ; ~ **de recyclage :** recycling flow ; ~ **de retour :** return flow ; ~ **de temps de pluie :** wet weather flow ; ~ **de temps sec :** dry weather flow ; ~ **entrant :** inflow ; ~ **horaire :** hourly capacity ; hourly flow rate ; hourly output ; ~ **hydraulique :** hydraulic flow rate ; ~ **induit :** induced flow ; ~ **linéaire du déversoir de reprise :** weir loading rate ; ~ **massique :** mass flow rate ; ~ **massique de consigne :** set mass flow rate ; ~ **massique mesuré :** measured mass flow rate ; ~ **maximum :** peak load *(élec.)* ; ~ **moyen :** average flow ; ~ **nul :** zero flow ; ~ **traité :** treated flow ; ~ **unitaire :** unit flow ; ~ **volumique :** volume flow rate ; **courbe de** ~ : flow curve ; **indicateur de** ~ : flowmeter

débitmètre : flowmeter ; ~ **à effet vortex :** vortex velocity flowmeter ; ~ **à induction :** induction flowmeter ; ~ **à organe déprimogène :** differential pressure flowmeter ; ~ **à palettes :** vane flowmeter ; ~ **à turbine :** turbine flowmeter ; ~ **à ultrasons :** ultrasonic flowmeter ; ~ **électromagnétique :** electromagnetic flowmeter

déblai : cut ; **remblai et** ~ : cuts and fills

déblaiement : clearing away

déblocage : freeing ; releasing ; unjamming ; **levier de** ~ : release lever

débloquer : release ; unlock

débobiner : unwind

déboisement : deforestation

débordement : overflow

déborder : overflow *(rivière)*

débouchage : clearing ; uncorking ; unstoppering *(bouteille)* ; unchoking *(tuyau)* ; unclogging *(tuyau)*

débouché : outlet ; market

déboulonnage : unbolting

débourbage : presedimentation ; desludging ; lees removal *(vin)*

débourbeur : desludger ; preliminary sedimentation tank ; silt remover ; desludging tank

débrancher : disconnect

débrayage : release

débris : waste ; ~ **métalliques :** metal scrap

débrochable : plug-in

débugage : debugging

décade logarithmique : logarithmic decade

décalage : discrepancy ; difference ; shifting of zero *(instrument)* ; time lag *(temps)* ; ~ **de phase :** phase shift

décalaminage : decarbonizing ; descaling

décalcification : decalcification *(sucre)*

décantabilité : settleability

décantation : settling ; clarification ; sedimentation ; ~ **à contact de boues :** sludge contact clarification ; solids contact clarification ; ~ **des particules grenues :** free settling ; settling of discrete particles ; ~ **diffuse :** flocculent settling ; ~ **en deux stades :** two-stage settling ; ~ **en piston :** hindered settling ; ~ **en un stade :** single-stage settling ; ~ **freinée :** hindered settling ;

~ **lamellaire :** lamellar settling ; ~ **par cuvée :** batch settling ; ~ **préliminaire :** preliminary settling ; ~ **primaire :** primary settling ; ~ **secondaire :** secondary settling ; ~ **statique :** static settling ; settling ; sedimentation ; ~ **tertiaire :** tertiary settling ; **bac de** ~ : settling tank ; **bassin de** ~ : settling tank ; **zone de** ~ : settling zone

décanter : settle ; **ampoule à** ~ : separatory funnel

décanteur : clarifier *(Pulsator)* ; ~ **statique :** settling tank ; ~ **à chaînes :** settling tank equipped with flight-and-chain scraper system ; ~ **à contact de boues :** solids contact clarifier ; ~ **à extraction fixe répartie :** distributed fixed-extraction settler ; ~ **à flux horizontal :** horizontal flow settling tank ; ~ **à flux transversal :** cross-flow settling tank ; ~ **à flux vertical :** upward flow settling tank ; ~ **à goudron :** tar separator ; tar settler ; ~ **à lit de boues :** sludge blanket clarifier ; ~ **à masse de contact granulaire :** granular contact media clarifier ; ~ **à plaques :** plate-type clarifier ; ~ **à pont transbordeur :** settling tank with scraper gantry ; ~ **à raclage radial :** circular scraper settling tank ; ~ **à recirculation de boues :** sludge recirculation clarifier ; ~ **à succion :** suction settling tank ; ~ **centrifuge :** centrifuging settling tank ; ~ **circulaire à succion :** radial suction settling tank ; ~ **final :** final clarifier ; final settling tank ; ~ **lamellaire :** lamellar clarifier ; lamella-type settler ; lamellar separator ; ~ **primaire :** primary settling tank ; primary sedimentation tank ; ~ **raclé :** scraper settling tank ; ~ **raclé à succion des boues :** suction-type scraper settling tank ; ~ **secondaire :** secondary settling tank ; secondary clarifier ; ~ **simple :** plain settling tank ; ~ **statique :** sedimentation tank ; static settling tank ; settling tank ; ~ **statique à flux horizontal :** horizontal-flow static settling tank ; ~ **superposé :** top-mounted settling tank

décanteur-couloir à étages : two-stage settling tank

décanteuse : centrifuge ; ~ **continue :** continuous centrifuge

décapage : scouring ; pickling ; ~ **au jet de sable :** sand blasting ; ~ **électrolytique :** anodic cleaning ; anodic pickling

décapant : pickling solution

décaper : pickle

décarbonatation : carbonate removal ; ~ **à chaud :** hot-process carbonate removal ; ~ **à la chaux :** lime softening ; ~ **catalytique :** catalytic lime softening ; ~ **sur résine :** ion exchange carbonate removal ; **boues de** ~ : carbonate sludge

décarbonaté : carbonate-free ; decarbonated

décationnée : decationized *(eau)*

déceler : detect

décélérer : decelerate

décentralisation : decentralization ; ~ **des automatismes :** distributed automatic control

décentré : off-centre ; eccentric

décharge : discharge *(élec.)* ; landfill *(déchets)* ; ~ **contrôlée :** controlled tipping ; controlled landfill ; ~ **parasite :** spurious discharge ; ~ **publique :** dump *(UK)* ; ~ **sauvage :** open dumping ; indiscriminate waste disposal ; ~ **sédiment :** sediment discharge ; **espace de** ~ : discharge gap *(élec.)* ; **tuyau de** ~ : exhaust pipe ; waste pipe ; discharge pipe

déchargement : unloading

déchet : waste ; ~**s chimiques :** chemical waste ; ~**s chlorés :** chlorinated waste ; ~**s de carrière :** quarry chips ; ~**s de fabrication :** factory waste ; ~**s de métal :** metal scrap ; ~**s de raffinage :** refinery sludge ; ~**s de tamisage :** screenings ; ~**s industriels :** industrial waste ; ~**s liquides :** liquid waste ; ~**s organiques :** organic waste ; ~**s radioactifs :** radioactive waste ; ~**s radioactifs toxiques :** radioactive toxins ; ~**s toxiques :** toxic waste

déchiquetage : shredding

déchiqueter : shred

déchiqueteur : shredder

déchirure : tear *(papier)*

déchloration : dechlorination ; ~ **en dérivation :** sidestream dechlorination

décibel : decibel

décimal : decimal

déclaration : declaration ; ~ **en douane :** bill of entry ; ~ **simplifiée :** return form ; ~ **sur l'honneur :** statutory declaration

déclenchement : release ; tripping ; ~ **différé :** delayed release

déclencher : set off *(alarme)* ; trip *(relais)*

déclencheur : trip ; release ; ~ **à action retardée :** delayed trip ; delayed release ; ~ **à maxima :** overcurrent trip ; overcurrent release ; ~ **à minima :** undercurrent trip ; undercurrent release

déclic : release

décoconnage : demothballing

décoffrage : striking ; stripping

décoffrer : remove formwork

décollement : separation ; detachment ; **perte par** ~ : head loss by detachment

décolletage : screw turning

décolmatage : clearing ; unclogging

décolorant : bleaching agent ; decolorant

décoloration : decolourizing

décomposer : break up ; break down ; decompose ; **se** ~ : break down ; break up ; decompose

décomposition photochimique : photochemical breakdown

décompression : decompression ; expansion ; **soupape de** ~ : relief valve

déconcentration : blow-down ; **débit de** ~ **totale** : total blow-down flow

décongélation (point de ~) : pour point

déconnecter : disconnect

découpage : cutting

découplage : decoupling

décrassage : cleaning ; scaling ; descaling

décrochage : falling out of step

décroissant : downward

décrotteur : scraper *(moteur)*

décyanuration : cyanide removal

dédouanement : customs clearance

déduction faite de : net of

défaillance mécanique : mechanical failure

défaut : fault ; default ; ~ **d'exécution :** faulty workmanship ; flaw ; ~ **d'isolement :** faulty insulation ; ~ **d'usinage :** defect in machining ; ~ **de fabrication :** manufacturing defect ; ~ **de matière :** defective material ; faulty material ; **traitement de** ~ : fault processing

défécation : defecation *(sucre)*

défectueux : faulty ; defective

défendeur : defendant *(jur.)*

déferrisation : iron removal

déferriser : remove iron

déferriseur : iron removal filter

défeuilleur : leaf and shag remover

défibreur : grinder *(papier)*

déficit d'oxygène : oxygen deficiency

défînage : fines removal ; **colonne de** ~ : fine-removal column

déflecteur : baffle ; ~ **aérodynamique :** spoiler ; ~ **central :** centre baffle ; ~ **noyé :** submerged baffle ; **plaque à** ~ : deflector plate

défloculant : deflocculant

défluoration : defluorination

défluoruration : fluoride removal

défonceuse tractée : dragline *(charbon)* ; rooter *(sol)*

déformabilité : deformability

déformable : ductile *(métal)*

déformation : strain ; deformation ; ~ **élastique :** elastic strain ; ~ **par cisaillement :** shear strain ; ~ **par compression :** compression strain

défrichage : land clearance

dégagement : release ; ~ **de chaleur :** liberation of heat

dégager : set free ; release ; give off *(gaz)*

dégardage : overflow

dégauchisseuse : planer

dégazage : deaeration ; degassing ; air binding *(défaut filtre)* ; ~ **sous vide :** vacuum degassing ; vacuum deaeration ; ~ **thermique :** thermal deaeration

dégazer : outgas *(liquide)*

dégazeur : deaerator ; ~ **à bâche verticale :** vertical deaerating heater ; ~ **à garnissage :** packed-column deaerator ; ~ **combiné :** combined deaerator ; ~ **dôme :** deaerating heater with horizontal storage tank ; ~ **sous vide :** vacuum deaerator ; ~ **thermique :** deaerating heater ; thermal deaerator

dégel : thaw

dégoudronnage : tar removal

dégradation : deterioration ; degradation *(écol.)* ; **produit de** ~ **pyrogène** : pyrogenic degradation product

dégraissage : degreasing ; grease removal ; ~ **sommaire :** rough oil separation

dégraisseur : grease remover

degré : degree ; ~ **d'octane :** octane rating ; ~ **d'ouverture :** opening angle ; ~ **de saprobité :** saprobic degree ; ~ **Dornic :** Dornic degree ; **~s français :** French degrees ; ~ **hydrotimétrique :** hardness ; ~ **hygrométrique :** relative humidity ; ~ **international de dureté du caoutchouc :** international rubber hardness degree

dégrèvement fiscal : tax relief ; tax rebate

dégrillage : screening

dégriller : screen

dégrilleur : bar screen ; ~ **à câbles et grappin :** bar screen with cable-driven grab ; ~ **à câbles et râteau :** rake-cleaned cable-driven bar screen ; ~ **à crémaillère :** rack and pinion bar screen

dégrippant : anti-seize compound

dégripper : release

dégrossissage : roughing treatment ; **grille de** ~ : coarse bar screen

dégrossisseur : roughing filter

dégustateur : taster

dégustation : tasting ; **seuil de** ~ : taste threshold

déionisation : deionization

délai : time ; deadline ; period of time ; ~ **de déclenchement :** release time ; ~ **de fabrication :** processing time ; ~ **de garantie :**

guarantee period ; ~ **de livraison :** delivery time ; ~ **hors congés :** delivery time exclusive of holidays

délayage de chaux : lime dilution

délibérations : proceedings

déliter : slake *(chaux)*

demande : request ; application ; enquiry ; ~ **biochimique en oxygène :** biochemical oxygen demand ; ~ **chimique en oxygène :** chemical oxygen demand ; ~ **d'indemnité :** claim ; ~ **de brevet :** patent application ; ~ **de prix :** request for quotation ; ~ **induite :** induced demand ; ~ **totale théorique en oxygène :** total theoretical oxygen demand ; **sur** ~ : on request

demandeur : applicant *(brevet)* ; plaintiff *(jur.)*

démanganisation : manganese removal

démarrage : starting ; start-up ; ~ **à vide :** no-load starting ; ~ **direct :** across-the-line starting ; direct-on-line starting ; DOL starting ; ~ **étoile-triangle :** star-delta starting ; ~ **hors charge :** no-load starting

démarreur : starter ; ~ **à inertie :** inertia starter ; ~ **automatique :** automatic starter ; ~ **en direct :** direct-on-line starter ; ~ **par autotransformateur :** autotransformer starter ; ~ **statorique :** statoric starter

demi-déchloration (longueur de ~) : half-dechlorination length

demi-disque : half-disc

demi-douce (lime ~) : second-cut file

déminéralisation : demineralization ; **chaîne de** ~ : demineralization line

déminéraliser : demineralize

demi-pont de frein : half-brake bar

demi-raccord symétrique : symmetrical half-coupling

démographie : population

démolition : demolition

démontable : detachable ; removable

démontage : disassembly ; dismantling

démouler : strip *(métall.)*

démultiplicateur : reduction gear ; **engrenage** ~ : reducing gear ; step-down gear

démultiplication : gearing down ; **rapport de** ~ : velocity ratio

dénitrification : denitrification

dénivellation : difference in level

dénombrement : count

denrées alimentaires : foodstuffs

densimètre : densimeter ; density gauge

densité : specific gravity ; relative density ; ~ **absolue :** density ; ~ **apparente :** bulk density ; ~ **de courant :** current density ; ~ **de l'eau :** specific gravity of water ; ~ **gravimétrique :** gravimetric density ; ~ **optique :** absorbance ; optical density ; **flacon à** ~ : specific gravity bottle

dent : tooth ; cog *(engrenage)* ; **en ~s de scie :** saw-toothed

denté : cogged *(roue)*

dentelé : serrated

denture : teeth ; cogs ; gearing ; ~ **à chevrons :** herring-bone gearing ; ~ **de pignon :** cogs ; ~ **en spirale :** spiral teeth ; **rapport des ~s :** gear ratio

dépannage : troubleshooting

départ : outlet ; outgoing line *(élec.)* ; ~ **vers :** to ; **déversoir de** ~ : outlet weir ; **goulotte de** ~ : outlet trough

département : administrative department

dépasser : exceed

dépenses : expenditure ; ~ **d'équipement :** capital expenditure ; ~ **d'exploitation :** operating costs ; running expenses

déperdition : loss *(chaleur)* ; ~ **de gaz :** gas escape ; ~ **par dispersion :** leakage *(élec.)*

déphasage : phase shift

déphasé : out of phase

déphénolage : phenol removal

déphosphatation : phosphate removal

déplacement : shift(ing) ; displacement ; slow rinse *(échange d'ions)* ; tonnage *(poids du volume d'eau)* ; ~ **sélectif :** selective displacement ; **convoyeur à ~ continu** : continuous conveyor ;

déplacer : shift *(dévier)* ; relocate *(mettre ailleurs)*

dépliant : folder

déployé (métal ~) : expanded metal

dépolir : grind ; frost

dépollution : pollution removal ; pollution control

déporté : offset

déporter : remote

déposer : file *(brevet)*

dépôt : sediment ; scale *(chaudière)* ; deposit *(sédiment)* ; ~ **de calamine :** carbon deposit

dépotage : discharge *(chargement)* ; decanting *(liquide)* ; ~ **pneumatique :** pneumatic unloading ; **tuyauterie de** ~ : transfer pipe

dépoussiérage : dust removal ; dedusting ; ~ **humide :** wet process dust removal ; ~ **par le vide :** vacuum cleaning

dépoussiéreur : dust collector ; ~ **à manche :** fabric filter ; ~ **électrostatique :** electrostatic precipitator

dépréciation : depreciation

dépression : depression *(géol.)*

déprimant de mouillage : wetting depressant

déprimogène : pressure reducing ; **débitmètre à organe** ~ : differential pressure flowmeter ; **organe** ~ : primary element

dérangement : trouble ; fault

déréglé : out of order

dérivation : shunt ; parallel circuit ; **circuit de** ~ : by-pass system ; **circuit en** ~ : shunt circuit ; **conduite de** ~ : by-pass ; **déchloration en** ~ : sidestream dechlorination ; **en** ~ : by-pass ; **monté en** ~ : shunt-connected

dérivé *(adj.)* : derived ; **filtration ~e :** sidestream filtration

dérivé *(n.)* : derivative ; ~ **azolé :** azole derivative ; **~e :** derivative

dérochage : scouring ; pickling

dérogation avant production : production permit

déroulement du gâteau : cake break-up *(filtre à boues)*

dés (de repos de cloche de gazomètre) : gas holder stops

désaccoupler : uncouple

désaération : deaeration

désaffection : closure *(usine)*

désaimanter : demagnetize

désaligné : out-of-line

désamorcer : unprime

désargenter : desilver *(métal)* ; desilverize *(minerai)*

désaturation (chambre de ~) : demister *(ozone)*

désaturer : desaturate

désavantage : disadvantage ; drawback

désaxé : eccentric ; offset

descendage (évaporateur à ~) : falling-film evaporator

descendant : daughter product *(nucl.)*

descente : downpipe

descriptif : specification ; ~ **estimatif :** preliminary detailed estimate

désencrage : deinking

désengagement (lame de ~ de gâteau) : flexible scraper

désensacheuse : sack splitter

déséquilibre : imbalance ; lack of balance

désertification : desertification

désexciter : de-energize

désherbant : weed killer

désherbeur : weed separator *(sucre)*

déshuilage : oil removal ; oil separation

déshuileur : oil remover ; ~ **circulaire :** circular oil separator ; ~ **de finition :** polishing separator ; ~ **moyen :** medium separator

déshumidificateur : dehumidifier

déshydratation : dewatering ; ~ **sous vide :** vacuum dewatering ; **équipement de** ~ : dewatering equipment

désignation : description

désiliciage : silica removal

désincrustant : scale inhibitor

désincruster : scale *(chaudière)*

désinfectant : disinfectant

désinfection : disinfection

désobstruer : clear *(tuyau)*

désodation : sodium removal

désodorisation : odour control ; odour removal

désodoriseur d'air : air deodorizing unit

désolidariser : unmesh ; disengage

désorption : desorption

désoxydant : deoxidizer

désoxydation : deoxidation

désoxyder : deoxidize

désoxygénant : deoxygenating

désoxygénation : deoxygenation

dessablage : sand removal ; grit removal ; **organe de** ~ : grit chamber

dessabler : remove grit

dessableur : grit chamber ; degritter ; grit remover ; ~ **circulaire :** circular grit chamber ; ~ **couloir grossier :** rough grit channel ; ~ **couloir simple :** single grit channel ; ~ **rectangulaire aéré :** aerated rectangular grit chamber

dessableur-dégraisseur : grit/grease separator

dessachage (trémie de ~) : sack splitter

dessacheuse : bag opening machine

dessalement : desalination ; **taux de** ~ : desalination rate

dessaler : desalinate

dessaleur : desalter

desséchant *(adj.)* : desiccating

dessécheur : dryer

desserrer : unscrew *(écrou)* ; release *(frein)* ; loosen *(vis)*

dessiccateur : desiccant ; dryer ; ~ **sans chaleur :** heatless dryer

dessin : sketch ; drawing ; ~ **au trait :** outline ; sketch in outline ; ~ **en coupe :** sectional drawing ; ~ **industriel :** engineering drawing ; ~ **linéaire :** linear drawing ; ~ **ombré :** shaded drawing

dessinateur : draughtsman

destinataire : addressee *(lettre)* ; consignee *(paquet)*

destination finale : end use *(boues)*

destruction thermique : thermal destruction

désulfuration : desulphurization

désurchauffeur : desuperheater

détachable : detachable

détachant : stain remover

détachement : detaching ; secondment ; **en ~ :** on secondment

détail : detail

détarage en débit : reduction in flow rate

détartrage : descaling

détassage : bed decompaction ; loosening ; decompaction

détecteur : detector ; **~ à capture d'électrons :** electron capture detector ; **~ à ionisation de flamme :** flame ionization detector ; **~ à photo-ionisation :** photoionization detector ; **~ conductif :** conductimetry cell ; **~ de dioxyde de carbone :** carbon dioxide detector ; **~ de fuite :** leak detector ; **~ de fumée :** smoke detector ; **~ de gaz :** gas detector ; **~ de niveau :** level detector ; **~ de pression :** pressure probe ; **~ de proximité :** proximity detector ; proximity switch ; **~ magnétique :** magnetic detector

détection de flamme : flame detection

détendeur : pressure reducing valve ; pressure reducer ; reducing valve ; **~ à membrane :** diaphragm-operated pressure release system ; **~ de pression :** pressure relief valve ; **~ de vapeur :** steam relief valve

détendre : expand *(gaz)* ; release *(ressort)*

détente : expansion ; pressure release *(pression)* ; **~ en cascade :** stepped pressure release ; **distillation à ~ étagée :** multi-stage flash distillation ; **soupape de ~ :** expansion valve ; **vanne de ~ :** pressure reducing valve

détergent : detergent

détoxication : detoxication

détrempe (peinture en ~) : distemper

détremper : soften *(métal)*

détritiphage : detrivorous organism

détritus : screenings ; **presse à ~ :** screenings press

deuxième jet : second strike

déverminage : debugging

déverrouillage : unbolting ; unlocking ; release

déversante (longueur ~) : length of weir

déversement : discharge ; overflow ; spillage

déversoir : weir ; **~ à contractions latérales :** end contraction weir ; **~ à mince paroi :** sharp-crested weir ; **~ crénelé :** notched weir ; **~ d'entrée :** influent weir ; **~ d'orage :** storm overflow ; **~ de départ :** outlet weir ; **~ de mesure :** metering weir ; measuring weir ; **~ de répartition :** distribution weir ; **~ de sortie :** outlet weir ; **~ de trop-plein :** overflow weir ; **~ émergé :** above-water weir ; **~ frontal :** front-mounted weir ; **~ orientable :** adjustable direction weir ; **~ réglable :** adjustable weir ; **~ submergé :** submerged weir ; **~ triangulaire :** V-notch weir ; **débit linéaire de ~ de reprise** : weir loading rate

dévésiculeur : demister

déviation : deflection ; deviation ; over-travel *(bande de filtre)* ; **~ angulaire :** angular deflection *(joint)*

devis : cost estimate ; **~ d'architecte :** bill of quantities ; **~ descriptif :** specifications ; **~ descriptif et estimatif :** preliminary detailed estimate ; **~ estimatif :** estimate ; **plans et ~ :** draughts and estimates

devises : currencies

dévissage : unscrewing

dévoûteur : flow assister

déwatté (courant ~) : reactive current

déwatté (puissance ~e) : reactive power

dézincification : dezincification

diable : two-wheeled hand truck

diagonale : cross brace

diagramme : diagram ; **~ de Pourbaix :** Pourbaix diagram ; **~ en bâtons :** bar chart ; **enregistreur à ~ circulaire** : circular-chart recorder

dialogue : interaction *(info.)*

dialyse : dialysis

diamétral : diametral ; **passerelle ~e :** full bridge

diamètre : diameter ; **~ d'ouverture :** aperture *(optique)* ; **~ de perçage :** bolt circle diameter ; **~ du trou de boulon :** bolt hole diameter ; **~ extérieur :** outside diameter ; **~ hydraulique :** hydraulic diameter ; **~ intérieur :** inside diameter ; **~ primitif :** diameter before boring *(compresseur)*

diammonique : diammonium

diaphragme : orifice plate ; air actuator *(vanne)* ; **obturateur à ~ :** air plug valve

diarrhées : diarrhoea

diatomée : diatomite

dichloramine : dichloramine

dichlorodiphényltrichloroéthane : dichlorodiphenyltrichloroethane

dièdre (en forme de ~) : dihedral

dieldrine : dieldrin

diélectrique : dielectric

diesel : diesel ; **essence ~ :** diesel oil ; **moteur ~ :** diesel engine

diéthanolamine : diethanolamine

diffamation : libel ; ~ **orale :** slander ; ~ **publique :** diffamation

différé (paiement ~) : deferred payment

différé (relais à action ~e) : time-delay relay

différence de potentiel : potential difference

différentiel : differential ; ~ **conique :** bevel gear differential

diffraction : diffraction

diffus : diffuse ; **décantation ~e :** flocculent settling

diffuser : disseminate

diffuseur : diffuser ; ~ **à membrane :** membrane diffuser ; ~ **annulaire de turbine :** turbine nozzle ring ; ~ **d'air :** air sparger ; ~**-injecteur :** diffuser-injector ; **réacteur à ~s poreux :** porous-diffuser reactor

diffusion : diffusion ; circulation ; ~ **brownienne :** Brownian diffusion ; ~ **des cossettes :** diffusion of cossettes *(sucre)* ; ~ **radiale :** radial diffusion ; **aération par** ~ : diffused air aeration

digesteur : reactor ; digester ; ~ **à brassage au gaz :** digester with gas mixing system ; ~ **à brassage hydraulique :** digester with sludge recirculation ; ~ **à forte charge :** high-rate digester ; ~ **à moyenne charge :** medium-rate digester ; ~ **brassé :** mixed digester ; ~ **primaire :** primary digester ; ~ **secondaire :** secondary digester

digestion : digestion ; ~ **à faible charge :** low-rate digestion ; ~ **à forte charge :** high-rate digestion ; ~ **à moyenne charge :** medium-rate digestion ; ~ **aérobie thermophile :** thermophilic aerobic digestion ; ~ **anaérobie :** anaerobic digestion ; ~ **des boues :** sludge digestion ; ~ **primaire :** primary digestion ; ~ **secondaire :** secondary digestion ; **gaz de** ~ : digestion gas

digue : dike ; embankment ; breakwater

dihydrate : dihydrate

dilacérateur : comminutor ; shredder ; ~ **au fil de l'eau :** gravity-flow comminutor ; ~ **en ligne :** in-line comminutor

dilacération : comminution ; disintegration

dilatation : expansion ; ~ **à la chaleur :** thermal expansion ; ~ **des gaz :** expansion of gases ; **joint de** ~ : expansion joint

diluant : solvent ; diluent *(chim.)* ; thinner *(peinture)*

dilué : diluted ; dilute

diluer : dilute

dilution : dilution ; ~ **en ligne :** in-line dilution ; **eau de** ~ : dilution water

dimension : size ; dimension ; ~s en **plan :** plan dimensions ; ~**s extérieures :** outside dimensions ; ~**s hors tout :** overall dimensions ; ~**s hors tout plats :** width across flats *(écrou)* ; ~**s intérieures :** inside dimensions ; **taillé à la** ~ : cut to size

dimensionné (largement ~) : of ample dimensions

dimensionnement : sizing ; design ; **pleine puissance de** ~ : full-rated power

diméthyl : dimethyl ; ~ **disulfure :** dimethyl disulphide ; ~ **sulfure :** dimethyl sulphide

diméthylamine : dimethylamine

dinitrobenzène : dinitrobenzene

dinitrotoluène : dinitrotoluene

diode : diode ; ~ **de redressement :** rectifier diode ; ~ **de retour :** return diode ; ~ **de tunnel :** tunnel diode *(électr.)* ; ~ **électroluminescente :** light emitting diode

dioxine : dioxin

dioxyde : dioxide ; ~ **de carbone :** carbon dioxide ; ~ **de chlore :** chlorine dioxide ; ~ **de manganèse :** manganese dioxide ; ~ **de soufre :** sulphur dioxide

diphasé : two-phase

diphénol : diphenol

directement proportionnel : directly proportional

directeur : director ; ~ **adjoint :** deputy director ; ~ **de secteur :** area manager ; ~ **de station :** superintendent ; ~ **délégué :** vice-president ; ~ **financier :** vice-president, finance ; ~ **général :** managing director ; general manager

direction : management ; ~ **générale :** directorate general *(CE)*

discontacteur : relay-fitted contactor

discordance : discrepancy *(moteur)*

disjoncter : trip

disjoncteur : cut-out circuit breaker ; mains switch ; circuit breaker

disjonction : tripping

dislocation : breaking up

dismutation : dismutation *(cyanures totaux/cyanures libres)*

dispersant : dispersant ; diffusing agent ; dispersing agent

disperseur : disperser ; centrifugal spreader *(agric.)* ; ~ **à niveau d'eau :** water-jet disperser

dispersion : dispersion ; scattering ; ~ **mécanique :** mechanical mixing

disponibilité : availability ; ~**s** : liquid assets

disposer : arrange ; ~ **en quinconce :** stagger ; ~ **en zigzag :** stagger

dispositif : apparatus ; appliance ; device ; ~ **à fines bulles :** small-bubble device ; ~ **à grosses bulles :** coarse-bubble device ; ~ **à**

matelas d'air : air-cushion device ; ~ **à moyennes bulles :** medium-bubble device ; ~ **à rideau d'eau :** water-curtain device ; ~ **d'alimentation :** feed ; ~ **d'amorçage :** priming device ; ~ **d'étalonnage :** calibration equipment ; ~ **d'inversion :** changeover device ; ~ **de commande :** control device ; ~ **de déclenchement :** release device ; trip device ; ~ **de fixation :** attachment ; ~ **de nettoyage alternatif :** reciprocating cleaning mechanism ; ~ **de raclage à chaînes :** flight-and-chain scraper system ; ~ **de raclage des boues :** sludge scraper mechanism ; ~ **de réchauffage :** reheater ; ~ **de reprise des sables :** grit lifting unit ; ~ **de sécurité :** safety device ; ~ **de synchronisation :** timing mechanism ; synchronizer

disposition : layout ; ~**s :** arrangements ; ~**s particulières :** special provisions ; **mise à** ~ : takeover

disqualité : non-quality

disque : disc ; plate ; ~ **biologique :** rotating biological contactor ; biodisc ; ~ **d'éclatement :** burst disc ; rupture disc ; ~ **d'embrayage :** clutch disc ; ~ **de retenue :** retaining disc ; ~ **de rupture :** rupture disc ; ~ **de Secchi :** Secchi disc ; ~ **de turbine :** turbine disc ; ~ **dur :** hard disc ; ~ **plein :** solid disc ; ~ **poreux :** porous disc ; **obturateur à** ~ : self-centring disc valve

disquette : diskette

dissipation de la chaleur : heat loss ; heat dissipation

dissociation : dissociation ; ~ **électrolytique :** electrolytic dissociation ; ~ **thermodynamique :** thermodynamic dissociation

dissolution : dissolving *(chim.)* ; ~ **de l'oxygène :** oxygen diffusing

dissolvant : solvent

dissous : dissolved ; in solution ; **corps** ~ : solute

dissymétrie : dissymmetry

distance : distance ; ~ **focale :** focal length ; **commande à** ~ : remote control

distillat : distillate

distillateur : distillation column

distillation : distillation ; ~ **à détente étagée :** multi-stage flash distillation ; ~ **à multiples effets :** multi-stage distillation ; ~ **atmosphérique :** atmospheric distillation ; ~ **avec compression de vapeur :** steam compression distillation ; ~ **d'eau de mer :** sea water distillation ; ~ **par détentes successives :** multi-stage flash distillation ; ~ **sèche :** dry distillation ; ~ **sous vide :** vacuum distillation

distillerie : distillery

distorsion : distortion

distributeur : distributor *(moteur)* ; ~ **alvéolaire :** rotary vane feeder ; ~ **rotatif :** rotary distributor

distribution : distribution ; delivery ; ~ **d'eau :** water distribution ; ~ **de Laplace-Gausse :** Laplace-Gausse distribution ; **arbre de** ~ : camshaft ; **circuit de** ~ : distribution channel ; **tableau de** ~ : switchboard ; **tension de** ~ : supply voltage ; **vanne rotative de** ~ : rotary vane feeder

district : district ; region ; ~ **urbain :** urban district

diurne : diurnal

divalent : divalent

divergence : divergence ; ~ **en ET :** AND link ; ~ **en OU :** OR link

divergent *(n.)* : outlet taper

diviseur : divisor *(math.)* ; ~ **de courant :** current divider

division : division ; part ; portion ; section ; ~ **commerciale :** sales and marketing division ; sales division

divulgation : disclosure

document : document ; ~ **de transit :** transit permit ; ~ **de transport combiné :** through waybill ; ~ **remis contre acceptation :** document against acceptance ; ~ **remis contre paiement :** document against payment

doigt : finger ; ~ **de gant :** thermometer pocket *(thermomètre)*

dolomie : dolomite

domaine : field ; scope ; ~ **d'application :** field of application ; ~ **de réglage :** setting range

dôme : dome ; ~ **de dégazage :** deaerator ; ~ **poreux :** porous dome

domicile : residence ; ~ **fiscal :** home country ; **franco à** ~ : carriage paid

domiciliation bancaire : bank domiciliation

dommages : damage ; ~ **et intérêts :** damages

données : data ; ~ **techniques :** technical data

donneur : donor ; ~ **d'électrons :** electron donor ; ~ **d'ordre :** accountee

dopage : doping ; oxygen-enriched air system *(ozone)* ; oxygen/air combination *(ozone)*

dormant : frame *(fenêtre)*

dosable : determinable ; measurable

dosage : feeding ; measuring ; determination of quantity ; ~ **à sec :** dry feeding ; ~ **de réactifs :** reagent metering ; reagent feeding ; ~ **de réactifs par pompe :** pump reagent feeding ; ~ **gravitaire :** gravity metering

dose : amount ; dosage ; ~ **intégrée acceptable par jour :** acceptable daily intake ; ~ **létale :** lethal dose

doseur : feeder ; liquid end *(pompe)* ; ~ **à orifice :** orifice-type feeder ; ~ **à sec :** dry feeder ; ~ **à sole tournante :** revolving disc feeder ; ~ **à vis :** screw-type feeder ; ~ **cyclique :** cycle timer ; ~ **de chlore :** chlorine metering unit ; chlorinator ; chlorimeter ; ~ **gravimétrique :** gravimetric feeder ; ~ **gravitaire :** gravity feeder ; ~ **par perte de poids :** loss-in-weight feeder ; ~ **volumétrique :** volumetric feeder

doseuse (pompe ~) : metering pump ; dosing pump

dosimétrie : dosimetry *(nucl.)*

dosseret : jamb *(porte)*

dossier : file *(documents)* ; ~ **de presse :** press kit ; press book

douane : customs ; **franc de** ~ : duty paid

double : double ; ~ **couche :** double layer ; ~ **effet :** reciprocating ; ~ **floculation :** double flocculation ; ~ **trotteuse :** split seconds hand ; ~ **vitrage :** double glazing ; **à** ~ **effet** : double-acting ; **à** ~ **flux** : biflow ; **buselure à** ~ **tête** : double-head nozzle ; **floculateur à** ~ **cellule** : dual-cell flocculator ; **vis à** ~ **paroi** : double-walled screw

douche : shower

douille : socket ; bushing ; ~ **à baïonnette :** bayonet socket ; ~ **à vis :** screw socket ; ~ **d'entretoise :** spacing ring ; ~ **de coquille :** shell bushing *(pompe)* ; ~ **de prise de courant :** socket ; ~ **de protection :** bulb guard *(thermomètre)* ; **accouplement à** ~ : sleeve coupling

dragage : dredging

dragline : dragline

drague : dredge ; ~ **à benne preneuse :** grab dredge ; ~ **à godets :** bucket dredge ; ~ **stationnaire :** stationary dredge ; ~ **suceuse :** suction dredge

dragueur : dredge ship

drain : drain

drainage : drainage ; **collecteur de** ~ : drainage collector ; **rouleau de** ~ : drainage roller ; **tuyau de** ~ : drain pipe

drèches : draff *(bière)*

dresser : draw up *(bilan)*

droit *(adj.)* **:** straight ; right ; **de** ~ **fil** : along the grain *(bois)*

droit *(n.)* **:** duty ; ~ **ad valorem :** ad valorem duty ; ~ **administratif :** administrative law ; ~ **civil :** civil law ; common law ; ~ **commercial :** commercial law ; ~**s d'auteur :** copyright ; royalties ; ~**s de douane :** customs duties ; ~ **international :** international law ; ~ **interne :** municipal law ; ~ **pénal :** criminal law ; ~**s de port :** port charges ; ~**s préférentiels :** preferential tariffs

droite : straight line ; ~ **de régression :** straight line of regression

ductile : ductile

ductilité : ductility

dudgeonnage : expanding

duplex : duplex

dur : hard

durabilité : durability

durable : durable ; lasting

duralumin : Duralumin

durcir : harden

durcissement : hardening ; ~ **à l'air :** air hardening ; ~ **structural :** age hardening

durcisseur : hardener

durée : duration ; ~ **de cycle :** filter run *(filtre)* ; ~ **de service :** service time ; ~ **de vie :** service life ; **essai de** ~ : endurance test

dureté : hardness ; ~ **nulle :** zero hardness ; ~ **permanente :** permanent hardness ; ~ **Shore :** Shore hardness ; **essai de** ~ : hardness test

dynamique *(adj.)* : dynamic

dynamique *(n.)* : dynamics ; ~ **de réglage :** setting dynamics

dynamo : dynamo ; generator

dynamométrique : dynamometric ; **clé** ~ : torque wrench

dynastat : torque limit switch

dysenterie : dysentery

dysfonctionnement : disfunction ; dysfunction ; malfunction

E

eau : water ; ~ **à l'équilibre :** water in equilibrium ; ~ **affinée :** polished water ; ~ **agressive :** aggressive water ; ~ **ammoniacale :** ammonia liquor ; ~ **bicarbonatée calcique :** water with calcium alkalinity ; ~ **blanche :** white water *(papier)* ; ~ **boueuse :** sludge-laden water ; ~ **brute :** raw water ; ~ **calme :** still water ; ~ **capillaire :** capillary water ; ~ **chaude :** hot water ; ~ **chaude sanitaire :** domestic hot water ; ~ **chaulée :** lime-treated water ; ~ **chlorée :** chlorinated water ; ~ **claire :** clean water ; ~ **concentrée :** concentrated water ; ~ **courante :** running water ; ~ **d'accompagnement des boues :** sludge carrier water ; ~ **d'alimentation :** feed water ; ~ **d'amont :** head water ; ~ **d'appoint :** make-up water ; ~ **d'aval :** tail water ; ~ **d'exhaure :** drainage water ; ~ **d'exhaure de mines :** mine water ; ~ **d'hydratation colloïdale :** colloidal hydration water ; ~ **d'infiltration :** infiltration water ; ~ **d'origine profonde :** deep-source water ; ~ **de ballast :** ballast water ; ~ **de barrage :** reservoir water ; ~ **de blocage :** blocking water ; compaction water *(motrice)* ; buffer water *(motrice)* ; ~ **de boisson :** drinking water ; ~ **de capillarité :** capillary water ; ~ **de chaudière :** boiler water ; ~ **de chaux :** lime water ; ~ **de condensation :** condensate ; ~ **de consommation :** potable water ; ~ **de constitution :** water of constitution *(chim.)* ; ~ **de cristallisation :** water of crystallization ; ~ **de déballastage :** ballast water *(pétro.)* ; ~ **de détassage :** decompaction water ; loosening water ; ~ **de dilution :** dilution water ; ~ **de fabrication :** process water ; ~ **de forage :** drilling water ; well water ; ~ **de gisement :** oil field water ; ~ **de Javel :** sodium hypochlorite ; Javel water ; bleach ; ~ **de lavage :** wash water ; ~ **de lavage de gaz :** gas scrubbing effluent ; ~ **de mer :** sea water ; ~ **de percolation :** trickling water ; ~ **de pluie :** rain water ; ~ **de presse-étoupe :** gland leak-off ; ~ **de procédé :** process water ; ~ **de réfrigération :** cooling water ; ~ **de refroidissement :** cooling water ; ~ **de retour :** return water ; ~ **de rivière :** river water ; ~ **de source :** spring water ; ~ **de surface :** surface water ; ~ **décarbonatée :** softened water ; carbonate-free water ; ~ **décationnée :** cation-free water ; ~ **dégrillée :** screened water ; ~ **dessablée :** grit-free water ; ~ **douce :** fresh water ; soft water ; ~ **dure :** hard water ; ~ **entartrante :** scale-forming water ; ~ **épurée :** purified water ; ~ **filtrée :** filtered water ; ~ **flottée :** floated water ; ~ **fossile :** trapped water ; ~ **gazeuse :** carbonated water ; ~ **incrustante :** scale-forming water ; ~ **industrielle :** industrial water ; ~ **interstitielle :** interstitial water ; ~ **libre :** free water ; ~ **liée :** bound water ; ~ **mère :** mother liquor ; ~ **minérale :** mineral water ; ~ **morte :** stagnant water ; ~ **motrice :** injector water *(chloromètre)* ; service water ; ~ **non potable :** water unfit for drinking ; ~ **osmosée :** permeated water ; ~ **oxygénée :** hydrogen peroxide ; ~**x pluviales :** storm water ; ~ **potable :** drinking water ; ~ **produite :** produced water ; ~ **radioactive :** radioactive water ; ~ **régale :** aqua regia ; ~ **résiduaire :** wastewater ; ~ **résiduaire industrielle :** industrial wastewater ; ~ **saine :** pure water ; ~ **salée :** salt water ; ~ **saline :** salt water ; ~ **saumâtre :** brackish water ; ~ **saumâtre peu minéralisée :** brackish water with low mineral content ; ~ **séléniteuse :** selenitic water ; ~ **sodée :** alkaline water ; ~ **sous pression :** pressure water ; ~ **souterraine :** underground water ; groundwater ; ~ **souterraine fossilisée :** trapped subsurface water ; ~ **stagnante :** stagnant water ; ~ **superficielle :** surface water ; ~ **surchauffée :** superheated water ; ~ **synthétique :** synthetic water ; ~ **tamisée :** strained water ; ~ **tamponnée :** buffered water ; ~ **traitée :** treated water ; ~ **tranquille :** still water ; ~ **tritiée :** tritiated water ; ~ **trouble :** cloudy water ; ~ **ultrapure :** ultrapure water ; ~**x d'égout :** sewage ; ~**x parasites :** infiltration water ; ~**x usées :** wastewater ; ~**x usées industrielles :** industrial wastewater ; ~**x usées municipales :** sewage ; ~**x usées urbaines :** municipal wastewater ; ~**x vives :** running water ; **basses ~x :** low water ; **hautes ~x :** high water ; **lavage à ~ perdue :** once-through water wash ; **sortie d'~ de lavage** : washout ; **taux d'~ liée** : ratio of bound water.

ébarbage : deburring

ébarber : deburr ; trim

ébauche (passe d'~) : rough cut

ébonite : ebonite ; hard rubber

ébonité : ebonite-lined ; hard-rubber-lined ; vulcanized

ébullition : boiling ; **point d'~** : boiling point

écaillage : scaling

écart : difference ; deviation ; ~ **absolu :** absolute deviation ; ~ **admissible :** tolerance ; ~ **moyen :** average deviation ; ~ **type :** standard deviation ; **circuit ~ de zéro** : off-zero circuit board ;

écartement : spacing ; ~ **entre brides :** length between flanges

écarteur : spacer

échafaudage : scaffold(ing) ; ~ **volant :** hanging scaffold(ing) ; hanging scaffold *(GC)* ; **échasse d'~** : scaffold pole

échange : exchange ; ~ **chimique :** chemical exchange ; ~ **d'ions :** ion exchange ; ~ **d'ions continu :** continuous ion exchange ; ~ **substrat-culture :** substrate-culture exchange ; ~ **thermique :** heat transfer ; heat exchange

échangeur : exchanger ; ~ **à circulation d'eau :** water-cooled heat exchanger ; ~ **à lits mélangés :** mixed-bed exchanger ; ~ **aérotherme :** air-cooled heat exchanger ; ~ **continu d'ions :** continuous ion exchanger ; ~ **d'anions :** anion exchanger ; ~ **d'anions faiblement basiques :** weak base anion resin ; ~ **d'anions fortement basiques :** strong base anion resin ; ~ **d'anions moyennement basiques :** intermediate base anion exchanger ; ~ **d'autoroute :** interchange ; ~ **d'ions :** ion exchanger ; ion-exchange resin ; ~ **de cations :** cation exchanger ; ~ **de cations faiblement acides :** weak acid cation resin ; ~ **de cations fortement acides :** strong acid cation resin ; ~ **de chaleur :** heat exchanger ; ~ **de température :** heat exchanger ; ~ **en spirale :** spiral exchanger ; ~ **faiblement basique :** weak base exchanger ; ~ **platulaire :** plate-type heat exchanger ; ~ **tubulaire :** shell-and-tube heat exchanger

échantillon : sample ; ~ **instantané :** grab sample ; ~ **intact :** undisturbed sample ; ~ **moyen :** average sample ; ~ **non remanié :** undisturbed sample ; ~ **type :** representative sample

échantillonnage : sampling

échantillonneur bloqueur : sample-and-hold device

échappement : exhaust ; **pot d'~** : muffler ; **tuyau d'~** : exhaust pipe

échasse d'échafaudage : scaffold pole

échauffement : heating ; **essai d'~ sulfurique** : acid heat test

échéance : due date ; deadline ; maturity ; **venir à ~** : fall due

échelle : scale ; ladder ; ~ **1 :** full-scale ; ~ **à coulisse :** extension ladder ; ~ **à crinoline :** ladder with safety cage ; ~ **d'accès à la passerelle :** access ladder to the gangway ; ~ **d'accès sur l'ouvrage :** access ladder to the structure ; ~ **des couleurs :** colour scale ; ~ **mobile :** escalator clause ; ~ **simple :** standing ladder ; **schéma en ~** : ladder diagram

échelon : rung *(échelle)* ; **~s** : cat ladder

échelonnement : spreading *(paiements)*

éclaboussement : splashing

éclairage : lighting ; ~ **de secours :** emergency lighting ; ~ **extérieur :** outside lighting ; ~ **intérieur :** interior lighting

éclat : chip *(bois)* ; flash *(lumière)*

éclaté (vue ~e) : exploded view

éclatement : bursting ; explosion *(chaudière)* ; **indice d'~** : burst factor

éclateur : spark-gap

éclisse : fish plate ; splice *(bague de joint)* ; ~ **cornière :** angle fish plate ; **joint ~** : fished joint

écluse : lock gate

écologie : ecology

économie : savings ; economics ; ~ **d'échelle :** economy of scale

économique : low-cost ; cost-effective ; economically viable

économiseur : economizer

écoperche : scaffold pole

écorce : bark

écoulement : drainage ; flow ; ~ **en charge :** gravity flow ; ~ **en poche :** slug flow ; ~ **gravitaire :** gravity flow ; ~ **laminaire :** laminar flow ; ~ **sub-fluvial :** subfluvial seepage ; ~ **turbulent :** turbulent flow ; **cheminée d'~** : flow shaft ; **coefficient d'~** : flow coefficient

écouvillon : go-devil *(tuyau)*

écran : screen ; ~ **acoustique :** baffle ; ~ **d'étalonnage :** reference screen ; ~ **de visualisation :** display screen ; ~ **étalon :** reference screen ; ~ **tactile :** touch-sensitive screen

écrasement : crushing

écrémage : skimming

écrêtage : chopping *(élec.)*

écriquage : scarfing ; ~ **de brames :** bloom scarfing

écritures : entries ; items

écrou : nut ; ~ **à ailettes :** wing nut ; ~ **à créneaux :** castellated nut ; ~ **à oreilles :** wing nut ; ~ **borgne :** blind nut ; ~ **carré :** square nut ; ~ **crénelé :** castellated nut ; ~ **d'arrêt :** lock nut ; ~ **de blocage :** lock nut ; ~ **de presse-étoupe :** gland nut ; ~ **hexagonal :** hexagonal nut ; hex-head nut ; ~ **moleté :** thumb nut

écrouissage : hard-drawing ; work-hardening

écru : unbleached *(papier)*

écumage : skimming ; **produits d'**~ : skimmings

écume : froth ; scum ; foam

écumeur : skimmer ; ~ **à palettes :** blade skimmer ; ~ **mécanique à palettes :** mechanical blade skimmer

écureuil (à cage d'~) : squirrel cage

édition : printing

effet : effect ; action ; result ; **~s à recevoir :** notes receivable ; ~ **Coanda :** Coanda effect ; ~ **d'eau :** water effect ; ~ **de commerce :** trade bill *(UK)* ; commercial bill *(US)* ; ~ **de couronne :** corona discharge ; corona ; ~ **de paroi :** wall effect *(élec.)* ; ~ **de pointe :** point effect ; ~ **de seuil :** threshold effect ; ~ **électromagnétique :** electromagnetic effect ; ~ **Joule :** Joule effect ; ~ **rémanent :** remanent effect ; ~ **tampon :** buffer effect ; ~ **thermique :** thermal effect ; ~ **Volta :** Volta effect ; contact potential difference ; **à double** ~ : double-acting ; **à simple** ~ : single-acting ; **débitmètre à ~ vortex** : vortex velocity flowmeter ; **transistor à ~ de champ** : field-effect transistor

efficace : efficient ; **valeur** ~ : root-mean-square value

efficacité : efficiency ; ~ **antitartre :** scale-inhibiting efficiency

effilé : sharp ; pointed

effluent : effluent ; liquid waste ; ~ **brut :** raw water ; ~ **traité :** treated water ; treated effluent ; ~ **urbain :** municipal effluent

effluve : silent discharge *(ozone)*

effondrement : collapse ; subsidence

effort : strain ; stress ; ~ **à la traction :** tensile stress ; ~ **axial :** axial load ; ~ **de cisaillement :** shearing stress ; ~ **de compression :** compressive stress ; ~ **de rupture :** breaking stress ; ~ **de tension :** tensile stress ; ~ **de torsion :** torque

effriter (s'~) : crumble *(bois)* ; weather *(roche)*

égal : equal

égaliser : level ; smooth

égalité : evenness ; regularity ; smoothness

égoïne (scie ~) : small handsaw

égout : drain ; sewer ; main sewer ; ~ **collecteur :** main sewer ; **eaux d'**~ : sewage ; **plaque d'**~ : manhole cover ; **tuyau d'**~ : drain pipe

égouttage : draining ; drainage

égouttures : drippings

éjecteur : ejector ; injector *(chloromètre)* ; ~ **d'aspiration :** intake ejector ; ~ **hydrostatique ajustable :** adjustable discharge pipe

élargissement : enlargement

élasticité : elasticity ; **limite d'**~ : yield stress ; elastic limit ; **module d'**~ : bulk modulus ; bulk modulus of elasticity

élastique : elastic ; flexible ; **accouplement** ~ : flexible coupling ; **limite** ~ : yield stress

élastomère : elastomer

électroagitateur : electric stirrer

électroaimant : electromagnet

électrochimique : electrochemical

électrode : electrode ; ~ **d'entrée :** input electrode ; ~ **de sortie :** output electrode ; ~ **enrobée :** shielded electrode ; ~ **négative :** cathode ; ~ **normale à hydrogène :** standard hydrogen electrode ; ~ **nue :** bare electrode ; ~ **positive :** anode

électrodialyse à inversion de polarité : polarity reversal electrodialysis

électrogène : generating ; **groupe** ~ : generator set

électrolyse : electrolysis

électrolyte : electrolyte

électromagnétique : electromagnetic

électron : electron ; ~ **captif :** captured electron ; ~ **de valence :** valence electron ; ~ **libre :** free electron ; ~ **lié :** bound electron ; ~ **négatif :** negatron ; negative electron ; ~ **positif :** positron ; positive electron

électro-osmose : electro-osmosis

électrophorèse : electrophoresis

électrophorétique : electrophoretic

électroplastie : electroplating

électrovalence : electrovalency

électrovanne : solenoid valve

électrozingué : electrogalvanized

élément : unit ; component ; cell *(batterie)* ; element *(chim.)* ; section *(conduite)* ; length *(conduite)* ; ~ **broché :** plug-in element ; ~ **de chauffe :** heating element ; ~ **de remplacement :** fuse link *(élec.)* ; ~ **de résistance :** resistor element ; ~ **déprimogène :** primary element ; differential pressure element ; ~ **figuré :** detectable element ; **~s minéraux :** mineral elements ; ~ **prédateur :** predatory agent ; ~ **très radioactif :** hot element

élévateur : elevator *(US)* ; lift *(UK)* ; ~ **à fourche :** fork-lift ; ~ **à godets :** bucket elevator ; ~ **de cellule :** cell riser *(turbidimètre)* ; **chariot** ~ : lift truck

élévation : raising ; lifting ; elevation ; ~ **de température :** temperature rise ; ~ **statique :** static head ; **vue en** ~ : elevation

éliminateur de gaz carbonique : decarbonator

élimination : removal ; ~ **de gaz carbonique :** carbon dioxide removal ; ~ **des déchets :** waste disposal

élingue : sling

ellipsoïde : ellipsoid

élongation : elongation

éluant : eluant

éluat : eluate ; ~ **de régénération :** spent resin regenerant

élué : eluted

élution : elution

élutriation : elutriation

éluvion : eluvium

émail : enamel ; glaze ; ~ **vitrifié :** vitrified enamel

émaillé : enamelled

emballage : packing ; wrapping ; packaging ; ~ **consigné :** returnable packaging ; ~ **direct :** wrap-around packaging ; ~ **en vrac :** in-bulk packaging ; ~ **maritime :** seaworthy packing ; ~ **perdu :** expendable packaging ; non-returnable packing ; ~ **terrestre :** rail/road packing ; ~ **thermorétractable :** shrink wrapping

embarquement : loading on board *(marchandises)*

embase : base ; bedplate

emblème : logo

emboîtement : pipe socket ; ~ **de tuyau :** socket ; ~ **double :** tongue-groove facing ; ~ **simple :** male-female facing ; **à** ~ : socket-type

embolie gazeuse : air binding

embouchure : mouth *(rivière)*

embout : terminal *(câble)* ; nozzle *(tuyau)* ; ~ **fileté :** threaded union

embouteillage : bottling

emboutir : stamp ; press ; shape

emboutissage : stamping ; pressing ; ~ **profond :** deep drawing

embranchement : branching ; junction ; division *(plantes)* ; phylum *(règne animal)*

embrasure : reveal *(porte)*

embrayage : clutch ; coupling ; ~ **à clabots :** dog clutch ; ~ **à cône :** cone clutch ; ~ **à courroie :** band clutch ; ~ **à disques :** disc clutch ; ~ **à friction :** friction clutch ; ~ **à griffes :** claw coupling ; claw clutch ; ~ **automatique :** automatic transmission ; ~ **centrifuge :** centrifugal clutch ; ~ **électromagnétique :** electromagnetic clutch ; ~ **en spirale :** spiral gear ; crossed-axis helical gear ; ~ **hydraulique :** hydraulic clutch ; fluid drive ; **disque d'**~ : clutch disc

embruns : spindrift

embryon : embryo

émeri : emery ; **bouché à l'**~ : ground-glass stoppered ; **bouchon** ~ : ground-glass stopper

émerillon : swivel ; **croc à** ~ : swivel hook ; **poulie à** ~ : swivel block

émetteur : transmitter ; emitter ; ~ **d'impulsions :** pulse transmitter

émetteur-récepteur : transceiver

émissaire : outfall sewer ; outfall ; ~ **d'évacuation :** outfall sewer ; ~ **sous-marin :** submarine outfall

émission : issuance *(actions)* ; emission *(gaz)* ; ~ **de couverture :** raising of insurance cover *(assurances)* ; ~ **de flamme :** flame emission

emmagasiner : store

émottage : crushing ; **fléau d'** ~ : tiller

empaillassonnage : packing

empaquetage : packing

empâtage : precoating ; **produit d'**~ : coating product

empâteur : paster *(sucre)*

empattement : footing

empirique : empirical

emplacement : site ; location

emploi : use

empotage (résine d'~) : potting resin

empreinte : imprint ; marking ; mark

émulseur : emulsifier ; ~ **à air :** air lift ; ~ **à vapeur :** steam-lift pump

émulsifiant : emulsifier ; emulsifying agent

émulsion : emulsion ; ~ **chimique :** chemical emulsion ; ~ **mécanique :** mechanical emulsion ; **pompe à** ~ : air-lift pump

émulsionnant : emulsifier

encaissement : receipt *(fin.)*

encastré : flush-mounted

encastrement : flush mounting

enceinte : enclosure ; chamber ; compartment ; ~ **de centrifugation :** centrifugation vessel ; ~ **étanche aux gaz :** gas-tight housing

enclencher : lock ; engage ; trigger ; switch in

encliquetage (pion d'~) : drive fastener

encoche : notch ; **armature à** ~**s** : slotted armature

encollage : gluing

encombrantes (ordures ~) : bulky waste

encombrement : space requirements ; overall dimensions ; ~ **au sol :** floor space requirement ; **de faible** ~ : compact

encorbellement : corbelling

encrassage : fouling

encrassement : choking ; fouling ; clogging ; **filtre à** ~ : inflow splitting filter ; constant rate variable-head filter

encre : ink ; ~ **de Chine :** India ink

endosser : endorse *(jur.)*

enduire : cover ; coat

enduit : plaster ; rendering ; ~ **calorifuge :** non-conducting plaster ; ~ **de ciment :** cement rendering ; ~ **de protection :** protective coating ; ~ **protecteur :** protective coating

énergie : power ; energy ; ~ **cinétique :** kinetic energy ; ~ **consommée :** power consumption ; ~ **de liaison :** binding energy ; ~ **de substitution :** alternative energy source ; ~ **hydroélectrique :** hydroelectricity ; ~ **libre :** free energy ; ~ **nucléaire :** nuclear energy ; ~ **rayonnante :** radiant energy ; ~ **renouvelable :** renewable energy source ; ~ **solaire :** solar energy

enfoncer : drive in ; ~ **un pieu :** drive a pile

enfouissement dans le sous-sol : landfill

engagement : undertaking ; obligation ; commitment

engendré (volume ~) : swept volume *(compresseur)*

engin : engine ; machine ; ~ **de levage :** lifting gear ; hoisting gear

engineering : engineering firm

engorgement : excess flow

engrais : fertilizer

engrenage : gear ; ~ **à chaîne :** chain gear ; ~ **à chevrons :** herring-bone gear ; ~ **à onglet :** mitre gear ; ~ **à satellites :** planet gear ; ~ **à vis sans fin :** worm gear ; ~ **à vitesse variable :** variable speed gear ; ~ **conique :** bevel gear ; ~ **cylindrique :** spur gear ; ~ **démultiplicateur :** step-down gear ; reducing gear ; ~ **droit :** spur gear ; ~ **hélicoïdal :** spiral gear ; ~ **hypoïde :** hypoid gear ; ~ **multiplicateur :** step-up gear ; ~ **planétaire :** planet differential ; planet gear ; **vanne à entraînement par** ~ **droit** : valve with spur gear drive

engrènement : meshing

enlevable : removable ; detachable

en ligne : in line

en panne : out of order

enquête : survey ; enquiry

enregistrement : registration ; entry ; recording ; ~ **avec prémagnétisation :** ac bias recording

enregistreur : recorder ; ~ **à bande :** strip-chart recorder ; ~ **à bande magnétique :** tape recorder ; ~ **à déroulement continu :** strip-chart recorder ; ~ **à plume :** pen recorder ; ~ **à points :** point recorder ; ~ **à tambour :** drum recorder ; ~ **à tracé continu :** chart recorder ; ~ **de débit :** flow recorder ; ~ **de pointe :** peak recorder ; ~ **de pression :** pressure recorder

enrobage : coating ; covering ; ~ **béton :** concrete surrounding ; concrete encasing ; **moulage par** ~ : investment casting

enrochement : rock support ; **barrage en** ~ : rock-fill dam

enroulement : winding ; ~ **d'induit :** armature winding ; ~ **en série :** series winding ; ~ **filamentaire :** filament winding ; ~ **imbriqué :** lap winding ; ~ **inducteur :** field winding ; ~ **primaire :** primary winding ; **à deux ~s :** double-winding

enrouleur : roller ; **cylindre d'**~ : winding drum

ensacheuse : packager

ensemble : unit ; assembly ; set ; ~ **motoréducteur :** reduction gear mechanism ; ~ **réducteur :** reduction gear assembly

ensemblier : full-line supplier

ensemencement : seeding

en service : duty

ensimage (produit d'~) : oiling product

entaille : notch ; groove ; **coulisseau à** ~ **en V** : V-notch plug

entaillé : notched ; slotted

entartrage : scale formation ; scaling ; **inhibiteur d'**~ : scale inhibitor

entartrant : scale-forming ; **eau ~e** : scale-forming water

entente des prix : price fixing

entérobactéries : enterobacter

entérovirus : enterovirus

enthalpie : enthalpy

entonnement : nappe fall *(déversoir)*

entonnoir : funnel ; **en forme d'**~ : bell-mouthed ; **entrée en forme d'**~ : bell mouth

entraîné : carried ; driven *(méc.)*

entraînement : carry-over ; drive *(méc.)* ; ~ **à cardan :** universal transmission ; ~ **à l'air :** air stripping ; ~ **lubrifié sous pression :** pressure-lubricated drive ; ~ **mécanique :** mechanical drive ; ~ **par courroie :** belt drive ; ~ **par engrenage droit :** spur gear drive ; ~ **par la vapeur :** steam carry-over ; ~ **périphérique :** peripheral drive ; ~ **vésiculaire :** drift loss ; **arbre d'**~ : drive shaft ; **clavette d'**~ : driving pin ; **débit d'**~ **vésiculaire** : drift flow ; **gaz d'**~ : stripping gas ; **phase d'**~ : stripping phase ; **pont tournant à** ~ **central** : central drive rotating bridge ; **sommier d'**~ : end carriage ; **tête d'**~ : drive unit

entrait : tie-beam

entrave : barrier

entraxe : distance between centres

entrebride (vanne ~) : wafer valve

entrée : entrance ; admission ; inflow ; inlet ; input *(élec.)* ; ~ **de camions :** truck entrance ; ~ **de serrure :** keyhole ; ~ **tout ou rien :** on-off input ; **déversoir d'**~ : influent weir ; **orifice d'**~ : inlet port ; **raccord d'**~ : inlet fitting ; **siphon d'**~ : inlet siphon

entrées-sorties : inputs-outputs

entrefer : air gap

entrepôt : warehouse ; ~ **d'importation :** bond store ; ~ **public :** public warehouse

entrepreneur : contractor ; ~ **général :** main contractor

entreprise : firm ; company ; business

entresol : entresol

entretien : servicing ; upkeep ; maintenance ; ~ **et réparations :** servicing ; **frais d'**~ : maintenance costs ; **gros** ~ : major maintenance work ; **petit** ~ : minor maintenance work

entretoise : distance piece ; spacer ; spacer ring ; cross bar

entretoisement (boulon d'~) : staybolt

enture : scarf *(joint)*

enveloppe : cover ; case ; sheath ; lagging ; shell ; package *(fin.)* ; ~ **calorifuge :** insulating lagging ; ~ **chauffante :** heating jacket ; ~ **cylindrique fixe :** stationary cylindrical shell

environnement : environment

envoi : dispatch ; consignment ; shipment ; ~ **groupé :** bulk mail ; **lettre d'**~ : covering letter

enzymatique : enzymatic

enzyme : enzyme

épaisseur : ply ; depth ; thickness ; ~ **au centre :** crown radius *(fond bombé)* ; ~ **de seuil :** crest thickness *(déversoir)* ; ~ **de tôle :** plate thickness ; **feuille d'**~ : feeler gauge

épaississant : thickener

épaississement : thickening ; ~ **des boues :** sludge thickening

épaississeur : thickener ; ~ **statique :** static thickener

épandage : spreading ; manuring ; land disposal *(déchets liquides)* ; landfill *(déchets solides)* ; ~ **souterrain :** subsurface disposal

épaufrure : chipping ; spalling

épicé : spicy

épidémie : epidemic ; ~ **d'origine hydrique :** waterborne epidemic

épierrage : stone removal

épifluorescence : epifluorescence

épingle : pin ; binder reinforcement

épissure : splice *(joint)*

éponge : sponge ; ~ **de fer :** sponge iron ; clinker *(haut-fourneau)*

époxyde : epoxide ; epoxy resin *(résine)*

époxydique : epoxy

épreuve : test ; trial ; proof *(impr.)* ; ~ **de réception :** acceptance test ; ~ **hydraulique :** hydraulic test ; ~ **par choc :** impact test

éprouvette : cylinder ; test piece ; test specimen ; ~ **de corrosion :** corrosion coupon

éprouvette-haltère : dumb-bell test piece

épuisement : drainage ; exhaustion *(résines)* ; **pompe d'**~ : drainage pump

épuiser : exhaust

épurateur *(adj.)* : purifying

épurateur *(n.)* : purifier ; ~ **d'air :** air purifier ; ~ **de gaz :** gas cleaning plant ; gas cleaner ; ~ **de vapeur :** steam separator ; steam purifier ; ~ **électrostatique :** electrostatic extractor

épuration : purification ; ~ **de l'air :** air purification ; ~ **de l'eau :** water treatment ; ~ **dérivée :** sidestream treatment ; **station d'**~ : sewage plant ; wastewater treatment plant

épure : working drawing ; full-scale working drawing

équation : equation

équerre : angle iron ; square *(dessin)* ; ~ **à chapeau :** flanged square

équiconcentration : equiconcentration

équilibrage : balancing ; **conduite d'**~ : equalizing line ; **masse d'**~ : counterweight

équilibre : equilibrium ; balance ; ~ **calco-carbonique :** calcium carbonate stability ; carbonate balance ; ~ **de Donnan :** Donnan equilibrium ; ~ **nutritionnel :** nutritional balance ; ~ **osmotique :** osmotic equilibrium ; ~ **thermique :** heat balance

équipage flottant : pontoon-mounted assembly *(aérateur)*

équipe : shift ; crew ; team ; ~ **de nuit :** night shift

équipement : equipment ; piece of equipment ; infrastructure *(admin.)* ; hardware *(info.)* ; **~s collectifs :** public equipment ; ~ **d'essai :** testing equipment ; ~ **de façade :** frontals ; ~ **de mise en circulation :** overturn equipment *(barrage)* ; ~ **péri-informatique :** peripheral equipment

équirépartition : equal distribution

equitox : equitox

équivalent : equivalent ; ~ **de dose efficace :** effective dose equivalent (sievert)

équivalent-habitant : population equivalent

équivalents-grammes : gramme-equivalents

équivoque *(n.)* : misunderstanding

ergonomie : ergonomics ; human factors engineering

ergot : catch ; pin *(ampoule)* ; ~ **central :** locating plug ; ~ **d'arrêt :** stop pin ; ~ **d'entraînement :** drive pin

éroder : erode

érogateurs de lave-yeux : eye-wash heads

érosion : erosion ; ~ **fiscale :** tax drag

erreur : error ; ~ **d'appréciation :** misjudgment ; ~ **de calibrage :** calibration error

escale : stopover ; **port d'**~ : port of call

escalier : stairs ; ~ **d'accès :** access stairway

Escherichia coli : Escherichia coli

escompte : discount ; **taux d'**~ : discount rate

espace : space ; ~ **annulaire :** discharge gap (between inner and outer tubes) ; ~ **de décharge :** discharge gap ; ~ **de tête :** headspace method *(chromatographie)*

espacement : spacing

espaceur : spacer

espèce : species ; ~**s** : cash

esquisse : sketch

essai : trial ; test ; ~ **à grande échelle :** full-scale test ; ~ **à l'aide d'un mégohmmètre :** meggering test ; ~ **à la compression :** compression test ; ~ **à la flexion :** bend test ; ~ **à la perle :** bead test ; ~ **à la traction :** tensile test ; ~ **à vide :** no-load test ; ~ **au choc :** impact test ; ~ **au marbre :** marble test ; ~ **aux ultrasons :** ultrasonic testing ; ~ **d'échauffement sulfurique :** acid heat test ; ~ **d'expansion :** expansion test ; ~ **d'homologation :** certification test ; ~ **de chantier :** field test ; ~ **de claquage :** breakdown test ; ~ **de compression :** compression test ; ~ **de consistance :** consistency test ; ~ **de consommation :** consumption test ; ~ **de corrosion :** corrosion test ; ~ **de durée :** endurance test ; ~ **de dureté :** hardness test ; ~ **de dureté à la bille :** Brinell test ; ~ **de faisabilité :** feasibility test ; ~ **de fiabilité :** reliability test ; ~ **de flexion :** bend test ; ~ **de fluage :** creep test ; ~ **de freinage :** braking test ; ~ **de laboratoire :** laboratory test ; ~ **de pelage :** peeling test ; ~ **de pliage :** bend test ; ~ **de ployage :** bending test ; ~ **de réception :** acceptance test ; ~ **de recette :** acceptance test ; ~ **de rupture :** breaking test ; ~ **de traction :** tensile test ; ~ **non destructif :** non-destructive testing ; ~ **par choc :** impact test ; ~ **sur machine :** mechanical test ; ~ **sur place :** field test ; **banc d'**~ : test bed ; **laboratoire d'**~**s** : test laboratory

esse : S-hook

essence : petrol *(UK)* ; gasoline *(US)* ; ~**s** : petrols *(pétro.)* ; ~ **diesel :** diesel oil ; ~ **super :** premium-grade petrol

essieu : axle ; ~ **arrière :** rear axle ; ~ **avant :** front axle ; ~ **coudé :** crank axle ; ~ **fixe :** dead axle ; ~ **flottant :** floating axle ; ~ **tournant :** live axle ; **flasque d'**~ : axle flange ; **fusée d'**~ : axle journal

essorer : drain

essoreuse : dewatering unit

est : east

estampage : drop forging ; stamping ; punching

ester : ester

esthétique *(n.)* : appearance

estimatif *(adj.)* : estimated ; **devis** ~ : estimate

estimation : assessment ; appraising

estomac : adjustable hub *(pignon)*

établi : work bench

établissement classé : classified establishment

étage : floor ; stage *(méc.)* ; ~ **de filtration :** filter stage ; **bâtiment sans** ~ : single-storey building ; **décanteur-couloir à** ~ **s** : two-stage settling tank ; multi-stage settling tank ; **maison à mi-** ~ : split-level house ; **premier** ~ : first floor *(UK)* ; second floor *(US)*

étai : stay *(constr.)* ; guy rope *(nav.)*

étaiement : staying

étain : tin

étalage : boshes *(haut-fourneau)*

étalon : standard ; ~ **couleur :** colour standard ; **écran** ~ : reference screen

étalonnage : calibration ; **écran d'**~ : reference screen

étamage : tinning

étanchage : sealing off

étanche : water-tight ; air-tight ; sealed ; weather-proof ; totally enclosed fan-cooled *(moteur)* ; ~ **à l'air :** air-tight ; ~ **à l'eau :** water-tight ; ~ **à l'humidité :** damp-proof ; ~ **à la lance :** hose-proof ; ~ **à la poussière :** dust-proof ; ~ **au gaz :** gas-tight ; ~ **aux poussières fines :** fine dust-proof ; ~ **aux projections horizontales :** splash-proof

étanchéité : water-proofing ; tightness ; ~ **dans la masse :** integral water-proofing ; ~ **par asphalte coulé :** asphalt paint water-proofing ; ~ **par feutre bitumé :** bituminized felt water-proofing ; **joint d'**~ : seal ; **joint hydraulique d'**~ : hydraulic seal

étançon : strut

étang : pond

étape : stage ; step ; ~ **de travail :** job step *(info.)*

état : condition ; status ; statement *(admin.)* ; report *(admin.)* ; return *(admin.)* ; ~ **du contrôle :** verification status ; ~ **libre :** free state ; ~ **mensuel :** monthly return ; ~ **périodique :** progress report ; **en tout ~ de cause** : under any circumstances

étau : vice ; ~ **à chaîne :** chain vice ; ~ **à griffes :** yoke vice ; ~ **à main :** hand vice ; ~ **d'établi :** bench vice

étendue : range ; ~ **d'eau :** expanse of water

éther : ether ; ~ **de pétrole :** petroleum ether ; ~**s de glycol :** glycol ethers

éthylbenzène : ethylbenzene

éthyle : ethyl

éthylène : ethylene

étiage : low water ; minimum flow

étincelle : spark

étiquetage : labelling

étiquette : label ; tag

étoile : star ; **montage en** ~ : star connection ; **moteur en** ~ : radial engine

étoile-triangle : star-delta

étoupe : packing ; stuffing ; **boîte à** ~ : stuffing box

étranglement (soupape d'~) : throttle valve

étrier : yoke ; U-bolt ; stirrup ; ~ **pour tuyau :** pipe hanger

ettringite : ettringite

étude : survey ; investigation ; study ; project ; research project ; ~ **cinétique :** kinetic study ; ~ **comparative :** comparative study ; ~ **d'impact :** impact assessment ; ~ **de marché :** market survey ; ~ **de praticabilité :** feasibility study ; ~ **de sol :** soil investigation ; ~ **et réalisation :** design and construction ; ~ **préliminaire :** preliminary study ; ~ **statistique :** statistical assessment

étui : case ; box

étuve : drying oven ; ~ **à air pulsé :** air oven ; ~ **à convection :** air oven ; ~ **à incubation :** incubator ; ~ **à vide :** vacuum dryer

eucilié : euciliate

eutrophe : eutrophic

eutrophisation : eutrophication

évacuateur de crue : spillway

évacuation : discharge ; drain ; ~ **à sec :** dry disposal ; ~ **des boues :** sludge removal ; sludge disposal ; ~ **sous forme humide :** wet disposal ; **canal d'**~ : drainage channel ; **pompe d'**~ : drainage pump ; **tuyauterie d'**~ : outlet pipe ; waste pipe ; **vanne d'**~ : drain valve ; **vis d'~ de boues** : sludge disposal screw

évacuer : discharge

évaluation : assessment ; ~ **des coûts :** cost analysis ; ~ **grossière :** rough estimate

évaporateur : evaporator ; ~ **à descendage :** falling-film evaporator ; ~ **à effets multiples :** multiple-effect evaporator ; ~ **à longs tubes verticaux :** long-tube vertical evaporator ; ~ **à vide :** vacuum evaporator ; ~ **multi-flash :** multi-stage flash evaporator

évaporation : evaporation ; ~ **discontinue :** batch evaporation ; **taux d'**~ : evaporation rate

évapotranspiration : evapotranspiration

évasé : wide-mouthed ; funnel-shaped

évasement : flared mouth ; bell mouth

évasion fiscale : tax avoidance

événement : event ; ~**s anormaux :** abnormal events *(sismiques)*

évent : vent ; **tuyauterie d'**~ : venting pipe

éventail : fan ; ~ **des salaires :** salary range ; **en** ~ : fan-shaped

éventé : spoiled ; aired

évidage : hollowing out

évidement : recess ; cavity ; hollow

évidoir : gouge

évier : sink

examen : examination ; investigation ; ~ **d'une machine :** overhauling

excavateur : excavator

excavation : excavation

excédent : surplus ; ~ **de débit :** excess flow

excentrage : off-centring

excentricité : eccentricity

excentrique : eccentric

excitation : excitation ; energizing

exclusion d'ions : ion exclusion

exécuter : implement ; put into effect ; fulfill *(contrat)* ; **faire** ~ : enforce

exécution : performance *(contrat)* ; implementation *(contrat)*

exécutoire : binding *(jur.)*

exempt de droits : duty-free

exercice : fiscal year *(fin.)* ; financial year *(fin.)*

exhaure : unwatering ; pumping ; ~ **de mine :** mine drainage

exigence : demand ; requirement

exiger : demand ; require

exogène : exogenous

exonération : exemption

exonéré de droits : duty-free

exopolymère : exopolymer

exothermique : exothermic

expansé : expanded

expansif : expansive

expansion : expansion *(gaz)* ; **~ démographique :** population growth ; **essai d'~ :** expansion test

expédier : forward ; ship

expéditeur : shipper ; consigner

expédition : dispatch ; shipment ; consignment

expérience : experience ; test *(essai)* ; experiment *(laboratoire)* ; **~ en blanc :** blank determination

expérimental : experimental

expert : insurance adjuster *(assurances)*

expert-comptable : chartered accountant

expert-conseil : consultant

expertise : expert appraisal ; valuation *(fin.)* ; survey

expiration : expiry ; **date d'~ :** expiry date

exploitant : operator ; operation and maintenance company

exploitation : operation ; running ; **~ des données :** data handling ; **dépenses d'~ :** running expenses

exploration : scanning *(élec.)*

explosif : explosive

explosion : explosion ; **moteur à ~ :** internal combustion engine

exportation : export

exposant : exponent *(math.)*

exposé *(adj.)* : exposed

exposé *(n.)* : statement ; account ; **~ technique :** technical description ; design report

expression : expression

expropriation : expropriation

extensible : extensible ; extendable

extension : extension ; stretching ; **~ d'installation :** plant extension ; expansion ; plant upgrading

extérieur : outside ; outdoor ; external ; exterior ; **à l'~ :** outside

externe : external ; outer

extincteur : extinguisher ; slaking plant *(chaux vive)* ; lime slaker *(chaux vive)* ; **~ à mousse carbonique :** carbon dioxide fire extinguisher ; **~ d'incendie :** fire extinguisher ; **~ de chaux :** lime slaker ; **~ de pâte :** paste slaking plant ; **~ de suspension :** slurry slaking plant

extinction : extinction ; quenching *(métall.)* ; **~ de chaux :** lime slaking ; **~ de chaux vive :** slaking of quick lime ; **~ naturelle :** natural turn-off *(convertisseur)*

extracellulaire : extracellular

extracteur : extractor ; **~ centrifuge :** centrifugal extractor ; **~ de dévasement :** suction dredge ; **~ de fumées :** fume hood ; **~ liquide-liquide :** liquid-liquid extractor

extraction : draw-off ; extraction ; stripping *(strippage)* ; **~ à sec :** dry extraction ; **~s aromatiques :** aromatic extractions *(pétro.)* ; **~ automatique des boues :** automatic sludge draw-off ; **~ de boues :** sludge draw-off ; **~ de racine carrée incorporée :** root-extracting system ; **~ électrochimique :** electrochemical extraction ; **~ électrolytique :** electrowinning ; **~ liquide-liquide :** liquid-liquid extraction ; **~ par distillation en phase vapeur :** steam distillation extraction ; **~ par solvant :** solvent extraction ; **décanteur à ~ fixe répartie** : distributed fixed-extraction settler ; **robinet d'~** : blow-down cock ; **tuyau d'~** : blow-off pipe

extrait : certificate *(admin.)* ; extract *(chim.)* ; **~ de naissance :** birth certificate ; **~ sec :** dry solids content

extrémité : end ; **~ à bride :** flanged end ; **~ bombée :** dished head ; **~ obturée :** sealed end

extrudage : extrusion

extrusion : extrusion

exutoire : outlet ; final discharge

F

fabricant : manufacturer

fabrication : manufacture ; ~ **en grande série :** mass production ; **eau de** ~ : process water

façade : front ; ~ **principale :** main front view ; **équipements de** ~ : frontals

face : face ; ~ **amont :** upstream surface ; ~ **arrière :** back ; ~ **aval :** downstream surface ; ~ **avant :** front ; ~ **coffrante :** form lining ; ~ **plate :** flat face *(bride)* ; ~ **surélevée :** raised face *(bride)*

facilité d'accès : accessibility

facilité d'entretien : serviceability

façonner : shape

facteur : coefficient ; factor ; ~ **d'amortissement :** damping factor ; ~ **d'utilisation :** duty cycle ; duty factor ; ~ **de compressibilité :** compressibility coefficient ; ~ **de concentration :** concentration factor ; ~ **de correction :** correction factor ; ~ **de décontamination :** decontamination factor ; ~**s de production :** inputs ; factors of production ; ~ **de proportionnalité :** proportional factor ; ~ **de puissance :** power factor ; ~ **de puissance avant :** leading power factor ; ~ **de sécurité :** safety factor ; ~ **de service :** service factor

factibilité : feasibility

Factice : Factice *(huile vulcanisée)*

facturation : invoicing

facture : invoice ; ~ **détaillée :** itemized invoice ; ~ **pro forma :** pro forma invoice ; ~ **rectificative :** amended invoice ; ~ **sans paiement :** no charge invoice

Fahrenheit (degré ~) : degree Fahrenheit

faible : weak ; ~ **dose :** small dose ; ~ **profondeur :** shallow depth ; ~ **vitesse :** low speed ; slow speed ; **station à ~ charge** : low-rate plant

faïence : earthenware

faillite : bankruptcy

faire le point : report

faisabilité : feasability ; **essai de** ~ : feasibility test

faisceau : beam ; bundle ; ~ **de câbles :** cable harness ; ~ **d'électrons :** electron beam ; ~ **de chauffe :** bundle of boiler tubes ; ~ **électronique :** electron beam ; ~ **lamellaire :** lamellar pack ; ~ **tubulaire spiralé :** bundle of spiral-wound tubes

fait de commerce : trade bill *(UK)* ; commercial bill *(US)*

faîte : ridge *(toiture)* ; **poutre de** ~ : ridge pole

faîtière (lucarne ~) : skylight ; **panne ~ :** ridge pole ; **tuile ~ :** ridge tile

famille : family *(animale, végétale)* ; ~ **de courbes :** family of curves

fardeau : bundle

farine : flour ; ~ **de bois :** wood flour

fatigue : wear and tear ; fatigue *(méc.)* ; fatigue *(métal)* ; ~ **par vibration :** vibration fatigue

fausser : throw out *(résultats)*

faux : wrong ; ~ **encrassement :** spurious clogging ; ~ **plancher :** false floor ; intermediate floor ; ~ **rond :** off-round ; roundness defect ; twisting *(arbre)*

faux-limon : wall string

féculerie : starch mill

fêlure : crack

fendu : cracked ; split

fenêtre : window ; ~ **à battants :** casement window ; ~ **à guillotine :** sash window ; vertical sash window ; ~ **coulissante :** horizontal sash window ; ~ **de projection :** film gate ; ~ **en saillie :** bay window ; ~ **et porte métalliques :** steel window and door ; ~ **oscillante :** window with pivoted sash

fente : split ; slit ; slot ; **tube étiré sans** ~ : solid-drawn tube

fer : iron ; ~ **à béton :** reinforcement iron ; ~ **à cornière :** angle iron ; ~ **à ruban :** hoop iron ; ~ **à souder :** soldering iron ; ~ **blanc :** tinplate ; ~**s profilés :** sectional irons ; ~ **complexé :** complex iron ; ~ **en S :** S-shaped wall anchor ; ~ **en U :** channel iron ; ~ **ferreux :** ferrous iron ; ~ **ferrique :** ferric iron ; ~ **feuillard :** hoop iron ; ~ **forgé :** wrought iron ; ~ **laminé :** rolled iron ; ~ **plat :** flat ; ~**s en attente :** starter irons ; ~ **zingué :** galvanized iron ; **fil de** ~ : wire ; **oxyde de** ~ : iron oxide ; **sulfure de** ~ : iron sulphide

ferme : truss *(const.)* ; ~ **simple :** king-post truss

fermé : off *(interrupteur)* ; enclosed *(moteur)* ; **bout** ~ : dead end *(tuyau)*

fermentation : fermentation ; ~ **méthanique :** methane-producing fermentation ; méthane fermentation

fermentescible : fermentable

fermenteur : fermenting reactor

fermer : close ; make *(circuit)*

fermeture : shutting ; closing ; ~ **à clé :** locking ; ~ **à glissière :** zip fastener ; zipper ; **pouvoir de** ~ : making capacity

ferraillage : reinforcement

ferraille : metal scrap

ferrailler : reinforce *(béton)*

ferreux : ferrous

ferrique : ferric

ferro-alliage : ferroalloy

ferroïne : phenanthroline ferrous sulphate

ferromagnétique : ferromagnetic

ferronickel : nickel iron

ferrugineux : ferruginous

feu : fire

feuillard : metal strip

feuille : sheet ; leaf *(ressort)* ; ~ **d'épaisseur :** feeler gauge ; ~ **de métal :** sheet of metal ; ~ **de présence :** time sheet

feuillet mobile : loose leaf

feuilleté : laminated

feuillure : rabbet

feutrage des boues : sludge bulking

feutre : felt ; ~ **bitumé :** bituminized felt ; bitumen felt ; ~ **goudronné :** impregnated felt

fiabilité : reliability ; **essai de** ~ : reliability test

fibre : fibre ; grain *(bois)* ; ~ **d'amiante :** asbestos fibre ; ~ **de bois :** wood fibre ; ~ **de synthèse :** synthetic fibre ; ~ **de verre :** glass fibre ; ~ **optique :** optical fibre ; ~ **synthétique :** synthetic fibre ; **module en ~s creuses** : hollow-fibre module

fibrilles : filaments

fibrociment : asbestos concrete ; asbestos cement

ficelle : string

fiche : pin *(élec.)* ; prong *(élec.)* ; ~ **banane :** banana plug ; ~ **de prix :** price sheet ; ~ **mâle :** plug ; ~ **technique :** specification sheet ; data sheet

ficher des pieux : drive piles

fichier : filing cabinet ; file

fidélité : reliability

figeage (point de ~) : pour point

figer : solidify

figure : figure *(dessin)* ; ~ **d'interférence :** interference figure ; ~ **de diffraction :** diffraction pattern ; ~ **de Lichtenberger :** brush discharge ; **cas de** ~ : hypothetical case

fil : thread ; wire ; strand *(câble)* ; ~ **brise-gâteaux :** cake-breaking cable *(filtre-presse)* ; ~ **conducteur :** conductor *(élec.)* ; ~ **d'entrée :** lead-in wire *(élec.)* ; ~ **de connexion :** connecting wire ; ~ **de fer :** wire ; ~ **de fer barbelé :** barbed wire ; ~ **demi-rond :** half-round wire ; ~ **en fibre synthétique :** synthetic fibre thread ; ~ **galvanisé :** galvanized wire ; ~ **métallique :** wire ; ~ **neutre :** neutral conductor ; ~ **nu :** bare wire ; bare conductor ; ~ **sous tension :** live wire ; ~ **tréfilé :** drawn wire ; ~ **tressé :** braided wire ; **à contre-** ~ : across the grain ; **barrage au ~ de l'eau** : river dam ; **clôture en ~ de fer** : wire fencing ; **de droit** ~ : along the grain ; **grillage en ~ de fer** : wire netting

filage : drawing *(métall.)* ; spinning *(textil.)*

filament : filament ; **valve à ~ obscur** : dull-emitter

filamentaire : fibre-reinforced plastic

filamenteux : fibrous

filasse : fibre

filature : spinning

filé : extruded

filerie : wire drawing

filet : thread *(vis)* ; ~ **à droite :** right-handed thread ; ~ **à gauche :** left-handed thread ; ~ **ajouré :** perforated thread

filetage : thread ; threading ; screw cutting *(action)* ; ~ **conique :** taper thread ; ~ **cylindrique :** parallel thread ; ~ **extérieur :** external thread ; **calibre pour** ~ : screw thread gauge

fileté : threaded

fileter : thread

filiale : affiliate ; subsidiary

filière : die ; sector ; **peigne de** ~ : chaser ; **tête de** ~ : die head

filiforme : filiform

filin : rope ; cable ; ~ **d'acier :** steel rope

film : film ; ~ **d'eau :** film of water ; ~ **de Tillmans :** Tillmans' film ; ~ **étanche :** sealing sheet *(béton)* ; water-proof layer *(béton)* ; ~ **isolant :** barrier film ; ~ **superficiel :** outer film *(chaudière)*

filmant : film-forming *(pétro.)*

filtrabilité : filterability

filtrable : filterable

filtrage du courant : current smoothing

filtrat : filtrate

filtration : filtration ; ~ **d'air à sec :** dry-filtration device ; ~ **d'air par voie humide :** wet air filtration ; ~ **de bas en haut :** upward filtration ; ~ **de haut en bas :** downward filtration ; ~ **dérivée :** sidestream filtration ; ~ **des boues :** sludge filtration ; ~ **directe :** direct filtration ; ~ **en profondeur :** in-depth filtration ; ~ **fine :** fine filtration ; ~ **frontale :** filtration in dead-end mode ; dead-end filtration ; ~ **lente :** slow filtration ; ~ **lente sur sable :** slow sand filtration ; ~ **multicouche :** multi-media filtration ; ~ **rapide :** rapid filtration ; ~ **sur membrane :** membrane filtration ; ~ **sur précouche :** precoat filtration ; ~ **sur support à précouche :** precoat filtration ; ~ **tangentielle :** cross-flow filtration ; tangential filtration ; ~ **tertiaire :** tertiary filtration ; **étage de** ~ : filter stage ; **skid de** ~ : filtration skid ; **toile de** ~ : filtering belt

filtre : filter ; ~ **à air :** air filter ; ~ **à bande continue :** belt pressure filter ; ~ **à bandes presseuses :** belt filter ; ~ **à bougies :** candle filter ; ~ **à cadres :** frame filter ; ~ **à cartouches :** cartridge filter ; ~ **à charbon actif :** activated carbon filter ; ~ **à débit constant et compensation de colmatage :** constant rate compensated-clogging filter ; ~ **à débit constant et niveau variable :** constant rate and variable-head filter ; ~ **à diatomées :** diatomaceous earth filter ; ~ **à disques :** disc filter ; ~ **à encrassement :** constant rate variable-head filter ; inflow splitting variable-level filter ; ~ **à flux décroissant :** declining rate filter ; ~ **à haute couche :** deep-bed filter ; ~ **à huile :** oil filter ; ~ **à neutralite :** neutralite filter ; ~ **à poussière :** dust trap ; ~ **à pouzzolane :** pozzuolana filter ; ~ **à précouche :** precoat filter ; ~ **à sable :** sand filter ; ~ **à sortie de toile :** belt discharge filter ; ~ **à tambour sous vide :** rotary vacuum filter ; ~ **à tamis métallique :** Y-strainer ; ~ **à toile sortante :** belt discharge filter ; ~ **à vide :** vacuum filter ; ~ **absolu :** terminal high-efficiency filter ; ~ **bicouche :** dual-media filter ; ~ **biologique :** biological filter ; ~ **coalesceur :** coalescer filter ; ~ **d'air :** air filter ; ~ **déchlorant :** dechlorinating filter ; ~ **déferriseur :** iron removal filter ; ~ **déshuileur à flux ascendant :** upflow oil-separation filter ; ~ **double :** double-bay filter ; ~ **double courant :** biflow filter ; ~ **double flux :** biflow filter ; ~ **en fibre de verre :** glass fibre filter ; ~ **en laine de verre :** glass wool filter ; ~ **étalon :** standard filter ; ~ **fermé :** pressure filter ; ~ **finisseur :** terminal high-efficiency filter ; ~ **granulaire :** granular media filter ; ~ **gravitaire :** gravity filter ; ~ **interférentiel :** interference filter *(spectrophotomètre)* ; ~ **interférentiel continu :** variable interference filter ; ~ **lavé :** backwashed filter ; ~ **lent :** slow filter ; ~ **monocouche :** single-media filter ; ~ **multicouche :** multi-media filter ; mixed media filter ; ~ **ouvert :** gravity filter ; open gravity filter ; ~ **percolateur :** percolating filter ; ~ **rapide :** rapid filter ; ~ **revolver :** Y-strainer *(tuyau)* ; ~ **rotatif :** rotary filter ; ~ **rotatif à régénération :** regeneration rotary filter ; ~ **rotatif sous vide :** vacuum rotary filter ; ~ **sans cendres :** double acid washed filter ; ~ **sans vanne autolaveur :** self-washing valveless filter ; ~ **sec :** dry filter ; ~ **sous pression :** pressure filter ; ~ **sous vide :** vacuum filter ; ~ **tampon :** buffer filter ; **coagulation sur** ~ : in-line coagulation ; contact filtration ; direct filtration ; **pupitre de** ~ : filter washing desk ; filter control desk ; filter console

filtre-presse : filter press ; ~ **à chambres :** plate-and-frame filter press ; ~ **à plateaux :** plate-and-frame filter press ; ~ **à plateaux chambrés :** recessed-plate filter press

fin *(adj.)* : fine ; **dispositif à** ~ **es bulles :** small-bubble device

fin *(n.)* : end ; ~ **de course mécanique :** mechanical limit switch ; **interrupteur de** ~ **de course :** limit switch

fines : fines ; ~ **de résine :** resin fines

finesse : fineness

finition : polishing ; finishing ; ~**s** : finishes ; **atelier de** ~ : finishing shop ; **lagune de** ~ : polishing lagoon ; **traitement de** ~ : polishing treatment

fiole : flask ; phial ; ~ **à vide :** filter flask ; ~ **d'arpentage :** level ; spirit level ; ~ **jaugée :** volumetric flask

fiscalité : tax

fissurabilité : fissurability

fissuration : cracking ; fissuring

fissure : crack ; fissure

fixation : fixing ; fastening ; fastener ; attachment ; drawing up *(norme)* ; ~ **à baïonnette :** bayonet attachment ; ~ **murale :** wall mounting ; **à** ~ **murale** : wall-mounted ; **accessoires de** ~ : attaching parts ; **boulon de** ~ : hold-down bolt ; **colonne de** ~ : service column ; **dispositif de** ~ : attachment ; **flasque de** ~ : attaching flange ; **manchon de** ~ : adapter ; **trou de** ~ : anchor hole

fixe : fixed ; stationary

fixé : attached ; secured ; fixed ; anchored

flacon : bottle ; flask ; ~ **à densité :** specific gravity bottle ; ~ **à large ouverture :** wide-mouthed flask ; ~ **à tare :** weighing bottle ; ~ **bouché :** stoppered flask ; ~ **laveur :** wash bottle

flambage : buckling

flambement : buckling

flamme réductrice : reducing flame

flanc : flank ; side

flaque : oil slick *(pétro.)*

flash : flashover *(élec.)* ; flashlight *(photo.)*

flasque *(n. f.)* : bottle

flasque *(n. m.)* : flange ; ~ **d'aspiration :** suction cover *(pompe)* ; ~ **d'essieu :** axle flange ; ~ **de fixation :** attaching flange ; ~ **de frein :** brake flange

fléau : beam *(balance)* ; ~ **d'émottage :** tiller

flèche : deflection ; out-of-straightness ; pointer *(balance)* ; boom *(grue)*

flegme : phlegma *(distillerie)*

fleuve : river

flexible *(adj.)* : flexible

flexible *(n.)* : flex *(élec.)* ; hose *(tuyau)* ; ~ **amortisseur :** dampening hose

flexion : bending ; **essai à la** ~ : bend test ; **essai de** ~ : bend test ; **moment de** ~ : bending moment

floc : floc ; ~ **abondant :** massive floc ; ~ **d'hydroxyde :** hydroxide floc ; ~ **en tête d'épingle :** pin-head floc ; ~ **grenu :** granular floc ; ~ **hydrophile :** hydrophilic floc

flocon : floccule

floculant : coagulant aid ; flocculant ; flocculating agent

floculateur : flocculator ; floc former ; ~ **à barrières :** reel flocculator ; paddle-type flocculator ; ~ **à chicanes :** offset baffle flocculator ; ~ **à double cellule :** dual-cell flocculator ; ~ **à hélice :** turbine flocculator ; propeller-type flocculator ; ~ **agité :** mechanical flocculator ; ~ **statique :** static flocculator

floculation : flocculation ; ~ **avec contact de boues :** solids contact flocculation ; ~ **des particules grenues :** settling of discrete particles ; ~ **péricinétique :** perikinetic flocculation ; ~ **préalable :** prior flocculation ; ~ **sur filtre :** in-line flocculation ; contact filtration ; direct filtration ; **adjuvant de** ~ : flocculant ; flocculant aid ; **phase de** ~ : flocculation phase

floculer : flocculate

flottabilité : floatability

flottant *(adj.)* : floating ; pontoon-mounted *(aérateur)*

flottants *(n.)* : floating matter ; scum *(dégraissage)*

flottateur : flotation unit ; floating cell ; ~ **à l'air dissous :** dissolved air flotation unit ; ~ **mécanique :** mechanical flotation unit ; ~ **statique :** static flotation unit

flottation : flotation ; floating ; ~ **à l'air dissous :** dissolved-air flotation ; ~ **assistée :** aided flotation ; ~ **mécanique :** mechanical flotation ; ~ **naturelle :** natural flotation ; ~ **provoquée :** induced flotation ; ~ **recyclage :** floating recycling ; **poste de** ~ : flotation unit

flotteur : float ; pontoon ; **interrupteur à** ~ : float switch

fluage : squeeze-out ; creep ; lateral squeeze-out *(pressDeg)* ; ~ **à la presse :** extrusion ; **essai de** ~ : creep test

fluctuation : fluctuation ; variation

fluent (terrain ~) : loose soil

fluide : fluid ; ~ **à viscosité constante :** Newtonian fluid ; ~ **caloporteur :** heat-transfer fluid ; ~ **de coupe aqueux :** aqueous cutting fluid ; ~ **de décolmatage :** flushing water ; ~ **de frein :** brake fluid ; ~ **de refroidissement :** coolant ; ~**s hydrocarbonés :** HC fluids ; ~ **moteur :** service fluid ; working fluid *(élec.)* ; ~ **véhiculé :** conveyed fluid

fluidifiant : fluidifier

fluidisation : fluidization ; **air de** ~ : fluidization air ; **pompe de** ~ : fluidizing pump

fluidisé : fluidized

fluocraquage : fluid bed cracking *(pétro.)* ; ~ **catalytique :** fluid catalytic cracking

fluocraqueur catalytique : fluid catalytic cracking unit

fluor : fluorine

fluoration : fluorination

fluorescence : fluorescence

fluorescent : fluorescent

fluorose : fluorosis

fluoruration : fluoridation

fluorure : fluoride ; ~ **de sodium :** sodium fluoride

fluosilicate : fluosilicate

flux : flux ; flow ; ~ **ascendant :** upflow ; ~ **d'ions :** ion flux ; ~ **de chaleur :** heat flux ; ~ **descendant :** downflow ; ~ **électrique :** electric flux ; ~ **magnétique :** magnetic flux ; ~ **massique :** solids loading ; solids flux rate ; weight per unit of flow ; solids loading *(décanteur, traitement boues)* ; ~ **piston :** plug flow ; ~ **thermique :** heat flow ; ~ **traversier :** throughflow ; ~ **volumique :** sludge volume loading *(boues)* ; **bassin à ~ piston** : plug flow tank ; **décanteur à ~ transversal** : cross-flow settling tank ; **filtre à ~ décroissant** : declining rate filter ; **filtre déshuileur à ~ ascendant** : upflow oil-separation filter ; **réacteur à ~ piston** : plug flow reactor ; **réservoir à ~ piston** : plug flow water tank

focalisation : focusing

foire : trade fair

foisonnement : swelling ; bulking ; filamentous bulking ; **agent de** ~ : swelling agent

fonction : function ; ~ **d'autocorrélation :** autocorrelation function

fonctionnement : running ; operation ; ~ **continu :** continuous operation ; ~ **en mode dégradé :** crippled mode *(info.)* ; ~ **hydraulique :** hydraulics ; ~ **intermittent :** intermittent operation ; ~ **multitâche :** multi-tasking operation ; ~ **par tout ou rien :** on/off operation ; go/no-go operation ; **conditions de** ~ : operating conditions ; **cycle de** ~ : operating cycle ; **en état de** ~ : in working order ; **pression de** ~ : working pressure ; **schéma de** ~ : operating diagram ; **sûreté de** ~ : dependability ; reliability, availability, maintainability ; **temps de** ~ : operating time

fonctionner en même temps : work in unison

fond : bottom ; head ; ~ **à rayon de carre :** spherically dished head ; torispherical head ; ~ **bombé :** dished head ; dished end ; ~ **conique :** conical head ; ~ **conique avec raccord torique :** toriconical head ; ~ **de chaudière :** boiler head ; ~ **de commerce :** goodwill ; ~ **de cuves :** bottom ; ~ **de filet :** root of thread ; ~ **de joint :** jointing base ; ~ **elliptique :** ellipsoidal head ; ~ **embouti :** pressed steel head ; ~ **en anse de panier :** spherically dished head ; torispherical head ; ~ **hémisphérique :** hemispherical head ; ~ **plat :** flat end ; **agitateur de** ~ : bottom stirrer ; **boues de** ~ : bottom sludge ; **puits à** ~ **perdu** : drainage well

fondation : foundation ; ~**s en cuvelage :** buoyant foundation ; floating foundation ; ~ **sur radier :** floating foundation ; buoyant foundation ; buoyant raft ; **semelle de** ~ : raft foundation

fondé de pouvoir : proxy

fondement : substructure ; base

fonderie : foundry

fonds : fund ; ~ **de commerce :** goodwill ; ~ **de roulement :** net current assets ; working capital

fontaine : fountain

fonte : cast iron ; ~ **aciérée :** semisteel ; ~ **blanche :** white iron ; ~ **brute :** pig iron ; ~ **d'acier :** cast steel ; ~ **des neiges :** snow melt ; ~ **ductile :** ductile iron ; ~ **grise :** grey iron ; ~ **liquide :** hot iron ; ~ **malléable :** malleable iron ; ~ **mécanique :** engineering cast iron ; ~ **moulée :** cast iron ; ~ **zinguée :** galvanized cast iron ; **pièce en** ~ : casting

forage : borehole ; drilling ; ~ **à la grenaille :** shot boring ; **eaux de** ~ : drilling water, well water

force : capacity ; force ; ~ **ascensionnelle :** uplift ; ~ **centrifuge :** centrifugal force ; ~ **d'attraction de Van der Waals :** Van der Waals force ; ~ **d'inertie :** inertia ; ~ **de frottement :** frictional force ; ~ **de reflux :** backflow force ; ~ **de répulsion électrostatique :** electrostatic repulsive force ; ~ **électromotrice :** electromotive force ; ~**s interparticulaires :** interparticulate forces ; ~ **réactive :** reactive force

foret : drill ; ~ **à rallonge :** extension drill ; ~ **aléseur :** reaming bit ; ~ **hélicoïdal :** twist drill

foreuse : drill ; drilling machine

forfait : contract ; **à** ~ : on a contract basis ; **prix à** ~ : lump sum ; **travail à** ~ : work by contract

forfaitaire (prix ~) : contract price

forgeage : forging ; ~ **par choc :** impact forging ; ~ **par martelage :** hammer forging ; ~ **par matriçage :** die forging ; ~ **par roulage :** roll forging

forger : forge

formaldéhyde : formaldehyde

format : format *(info.)* ; size *(taille)*

formation : formation ; training ; ~ **continue :** in-job training ; ~ **d'arcs :** arcing

formazine : formazin

forme : shape ; procedure *(admin.)* ; ~ **de pente :** sloped screed ; ~ **libre :** free form ; ~ **solide plastique :** plastic solid state ; **évacuation sous** ~ **humide** : wet disposal ;

formol : formaldehyde

formule : formula ; ~ **de Bazin :** Bazin formula ; ~ **de Colebrook :** Colebrook's formula ; ~ **de Manning-Strickler :** Manning-Strickler formula ; ~ **de révision de prix :** price variation clause

fort : strong ; ~ **encombrement :** highly bulky ; **digesteur à** ~**e charge :** high-rate digester

fosse : hole ; ditch ; trench ; pit ; ~ **à boues :** sludge pit ; sludge hopper ; ~ **à boues fraîches :** fresh sludge sump ; fresh sludge pit ; ~ **de collecte :** collection pit ; ~ **de neutralisation :** neutralisation pit ; ~ **de pompage du sable :** grit pumping sump ; grit pumping pit ; ~ **de réception des huiles :** grease storage sump ; grease storage pit ; ~ **de réparation :** grease pit *(auto.)* ; ~ **de rétention :** seepage pit ; ~ **de stockage :** storage sump ; ~ **de stockage des écumes :** scum storage sump ; scum storage pit ; ~ **intermédiaire :** intermediate sump ; ~ **sèche :** dry well ; ~ **septique :** septic tank

fossé : ditch ; ~ **collecteur :** catch feeder ; ~ **d'irrigation :** irrigation ditch ; ~ **de captage :** catch drain ; ~ **de réception :** catchwater drain

fouille : digging ; excavation ; ~ **à ciel ouvert :** open-pit excavation ; ~ **blindée :** timbered excavation

four : furnace ; ~ **à arc :** arc furnace ; ~ **à chaux :** lime kiln ; ~ **à coke :** coke oven ; ~ **à déchets liquides :** liquid waste furnace ; ~ **à frittage :** sinter plant ; ~ **à griller :** roaster ; ~ **à induction :** induction furnace ; ~ **à infrarouge :** infrared furnace ; ~ **à lit fluidisé :** fluidized-bed furnace ; ~ **à longeron :** walking-beam reheating furnace ; ~ **à moufle :** muffle furnace ; ~ **à pulvérisation :** flash dryer ; ~ **à recuire :** annealing furnace ; ~ **à réverbération :** reverberatory furnace ; ~ **à réverbère :** reverberatory furnace ; ~ **à soles :** multiple-hearth furnace ; ~ **à soles étagées :** multiple-hearth furnace ; ~ **d'incinération :** incinerator ; ~ **de destruction d'ozone :** ozone destruction furnace ; ~ **de réchauffage à balancier :** walking-beam reheating furnace ; ~ **de verrerie :** glass furnace ; ~ **électrique :** electric furnace ; ~ **étagé :** multiple-hearth furnace ; ~ **poussant :** pusher furnace ; ~ **rotatif :** rotary furnace ; ~ **tournant :** rotary kiln

fourche : fork ; **chariot à** ~ : fork-lift truck

fourchette de croissance : target range of growth

fourneau : furnace

fournisseur : supplier

fourreau : case ; sheath ; sleeve ; ~ **de cylindre :** liner of cylinder ; **soupape à** ~ : sleeve valve

fraction molaire : mole fraction

fragile : fragile ; brittle

fragilité : fragility ; brittleness ; ~ **caustique :** caustic embrittlement

frais : expenses ; charges ; ~ **bancaires :** bank charges ; ~ **d'entretien :** maintenance cost ; ~ **d'établissement :** start-up costs ; ~ **d'expertise :** survey fees ; ~ **d'exploitation :** operating costs ; ~ **d'installation :** initial expenses ; ~ **de bureau :** office expenses ; ~ **de chantier :** site expenses ; ~ **de déplacement :** travel expenses ; travel allowance ; ~ **de gestion :** management expenses ; ~ **de magasinage :** warehouse charges ; ~ **de manutention :** handling costs ; ~ **de port :** carriage ; ~ **de premier établissement :** initial capital expenditure ; ~ **de réception :** entertainment allowance ; ~ **de représentation :** entertainment expenses ; entertainment allowance ; ~ **de séjour :** living expenses ; ~ **de transport :** transport charges ; ~ **divers :** sundry costs ; ~ **généraux :** overheads ; **sans** ~ : free of charge

fraisage : milling *(surface)* ; countersinking *(trou)*

fraise : milling cutter ; ~ **à rainurer :** slot milling cutter ; ~ **conique :** countersink drill ; ~ **ébaucheuse :** stocking cutter

fraisé : countersunk

fraiser : mill

franc : free *(adj.)* ; ~ **de douane :** duty paid ; ~ **de tout droit :** duty free

franchisage : franchising

franchise : franchise *(assurances)* ; exemption period *(pénalités)*

franco : free ; ~ **à bord :** free on board ; ~ **à domicile :** carriage paid ; ~ **de port :** carriage paid ; ~ **frontière :** free at border ; ~ **gare :** free on rail ; ~ **quai :** free alongside ship

frappe-devant : sledgehammer

fraude fiscale : tax evasion

frein : brake ; damper ; ~ **à cône :** cone brake ; ~ **à disque :** disc brake ; ~ **à double sabot :** double-block brake ; ~ **à frottement :** friction brake ; ~ **à mâchoires :** shoe brake ; ~ **à mâchoires extérieures :** external shoe brake ; ~ **à mâchoires intérieures :** internal shoe brake ; ~ **à main :** hand brake ; ~ **à patin :** block brake ; ~ **à ruban :** band brake ; ~ **à sabots :** block brake ; ~ **à tambour :** drum brake ; ~ **à un seul sabot :** single-block brake ; ~ **à vide :** vacuum brake ; ~ **d'écrou :** nut lock ; ~ **électromagnétique :** electromagnetic brake

freinage : braking ; **essai de** ~ : braking test

freiné : hindered *(décantation)*

freiner : reduce speed ; slow down ; hamper

fréquence : frequency ; ~ **d'échantillonnage :** sampling frequency ; ~ **de lavage :** frequency of washing ; ~ **de service :** operating frequency ; ~ **nominale :** nominal frequency ; ~ **porteuse :** carrier frequency ; **basse** ~ : low frequency ; **convertisseur de** ~ : frequency converter ; **haute** ~ : high frequency ; **moyenne** ~ : medium frequency

fréquencemètre : frequency meter

fret : freight ; ~ **aérien :** air freight ; ~ **maritime :** sea freight

frettage : hoop reinforcement

frette : binding hoop

friabilité : friability ; brittleness

friable : brittle

friction : friction ; **embrayage à** ~ : friction clutch

frigorifique : refrigerating ; **mélange** ~ : freezing mixture

frigorigène : refrigerant ; **agent** ~ : coolant

frittage : sintering ; ~ **sous pression :** hot pressing ; **four à** ~ : sinter plant

fritte : sintered material

fritté : sintered

froid : cold ; **à** ~ : cold ; **laminage à** ~ : cold rolling ; **martelé à** ~ : cold-hammered

front : front ; ~ **amont :** upstream surface ; ~ **de filtration :** filtration front ; ~ **montant :** rising edge

frontière douanière : customs boundary

frottement : friction ; ~ **de roulement :** rolling friction ; ~ **interne du sol :** soil internal friction ; **usure par** ~ : abrasion

fructose : fructose

fuel-oil : fuel-oil

fugace : fleeting

fuir : leak

fuite : leak ; leakage ; ~ **d'eau :** water leak ; ~ **d'ions :** ion leakage ; ion slippage ; ~ **de gaz :** gas leak ; ~**s magnétiques :** magnetic leakage ; **détecteur de** ~ : leak detector

fumant : fuming *(chim.)*

fumée : smoke ; fume ; flue gas ; ~**s humides :** wet flue gas ; **ventilateur de** ~**s** : flue gas fan

fumier : manure

furanne : furan

fuseau horaire : time zone

fusée d'essieu : axle journal

fusibilité : fusibility

fusible *(adj.)* : fusible

fusible *(n.)* : fuse ; ~ **à cartouche :** cartridge fuse ; ~ **à percuteur incorporé :** plunger fuse ; ~ **de sûreté :** safety fuse ; ~ **interrupteur :** switch fuse ; ~ **sectionneur :** cut-out fuse

fusion : fusion ; melting ; merger *(société)* ; ~**s et prises de participation :** mergers and acquisitions ; ~ **réductrice :** sintering ; **point de** ~ : melting point

fût : drum ; ~ **central :** inlet well ; centre column *(décanteur)* ; influent pipe *(décanteur)* ; ~ **central d'alimentation :** centre feed column ; influent pipe ; ~ **en bois :** barrel ; ~ **en fer :** drum

G

gabarit : jig ; template ; loading gauge *(transport)* ; **hors ~ :** oversize

gâchage : mixing *(GC)* ; **~ international :** dumping

gâcher : mix *(GC)* ; **~ du mortier :** mix mortar

gain : gain ; span *(sur échelle mesure)* ; **~ d'encrassement :** increase in head loss ; head loss due to clogging ; **~ d'étage :** stage gain ; **~ en courant :** current gain ; **~ en tension :** voltage gain

gainage : casing ; sheathing

gaine : case ; duct ; sheath *(élec.)* ; sheath *(microbiol.)* ; **~ de câble :** cable sheath ; **~ de combustible :** fuel duct ; **~ de quartz :** quartz shield ; **~ de ventilation :** ventilation duct ; **~ métallique :** metal sheath ; **~ souple :** flexible sheath

gainé : sheathed

galactomannanes : galactomannans

galerie : gallery ; tunnel ; **~ des filtres :** filter gallery

galet : roller ; bearing ; **~s :** pebbles ; **~ à bandage :** tyred wheel ; **~ de réaction :** guiding wheel ; reaction roller *(débourbeur)* ; **~ de roulement :** running wheel ; **~ latéral de guidage :** lateral guide roller

galette : thin cake

galvanisation : galvanization ; **~ à chaud :** hot galvanization ; **~ au gris de zinc :** sherardizing

galvanisé : galvanized ; **tôle ~e :** galvanized sheet

galvanomètre : galvanometer ; **~ à fil chaud :** hot wire galvanometer ; **~ indicateur de débit :** moving-coil flow indicator

galvanométrique (indicateur ~) : moving-coil indicator

galvanoplastie : electroplating ; **bain de ~ :** electroplating bath

gammagène : gammagenous

gamme : range ; **~ de produits :** line of products

ganglion cérébral : cerebral ganglion

gant : glove ; **~s de sécurité :** safety gloves

garantie : warranty ; guarantee ; **~ bancaire :** bank guarantee

garde : clearance *(hauteur)* ; **~ hydraulique :** water seal ; **pot de ~ :** water seal

garde-corps : handrail

garde-fou : railing ; handrail

gare de triage : marshalling yard

garnissage : packing ; packed column ; **~ basique :** basic lining *(four)* ; **dégazeur à ~ :** packed-column deaerator

garniture : packing ; stuffing ; trim *(métal rapporté)* ; **~ à tresses :** braid packing ; **~ de frein :** brake lining ; **~ de niveau :** level indicator ; **~ de presse-étoupe :** packing ; gland packing

gas-oil : gas-oil ; **~ de chauffe :** fuel-oil

gastro-intestinal : gastrointestinal

gâteau : cake ; **~ de filtration :** filter cake

gauche : left ; **vis à pas à ~ :** left-handed screw

gauchissement : warpage

gaufrage : corrugating

gavage (pompe de ~) : booster pump ; force-feed pump

gaveuse (pompe ~) : booster pump ; force-feed pump

gavo-pompe : force-feed pump

gaz : gas ; **~ carbonique :** carbon dioxide ; **~ chlorhydrique :** hydrogen chloride gas ; **~ combustible :** fuel gas ; **~ d'échappement :** exhaust fumes ; **~ d'éclairage :** illuminating gas ; **~ d'entraînement :** stripping gas ; **~ de combustion :** combustion gas ; **~ de digestion :** digestion gas ; sludge gas ; **~ de fumées :** flue gas ; **~ de haut-fourneau :** blast furnace gas ; **~ de pétrole liquéfié :** liquefied petroleum gas ; **~ de purges :** blown-off gases ; **~ de séchage :** drying gas ; **~ diatomique :** diatomic gas ; **~ humide :** wet gas ; **~ incondensable :** non-condensible gas ; **~ inerte :** inert gas ; **~ liquéfié :** liquefied gas ; **~ monoatomique :** monoatomic gas ; **~ naturel :** natural gas ; **~ parfait :** ideal gas ; **~ polyatomique :** polyatomic gas ; **~ porteur :** carrier gas ; **~ réducteur :** reducing gas ; **~ toxique :** poison gas ; toxic gas ; **~ vecteur :** feed gas ; carrier gas ;

~ **volatil :** volatile gas ; **détecteur de** ~ : gas detector ; **éliminateur de ~ carbonique** : decarbonator ; **épurateur de** ~ : gas cleaner ; **lavage de** ~ : gas scrubbing

gaze : gauze ; ~ **métallique :** wire gauze

gazéification : gasification

gazeux : gaseous ; carbonated *(boisson)*

gazomètre : gas-holder ; ~ **à cloche :** bell-type gas-holder

gel : gel ; freezing ; ~ **de chlorure :** chloride gel

gélatine : gelatin

gélatineux : gelatinous

gelée blanche : white frost ; hoarfrost

gélifiant : gelling agent

générateur : generator ; ~ **d'impulsions :** pulse generator ; ~ **de gaz :** gas generator ; ~ **de vapeur :** steam generator

génératrice : generatrix *(math.)* ; ~ **inférieure de tuyau :** bottom of pipe ; ~ **supérieure de tuyau :** soffit

génie : engineering ; ~ **chimique :** chemical engineering ; ~ **civil :** civil engineering ; civil works ; ~ **logiciel :** software engineering ; ~ **sanitaire :** sanitary engineering ; ~ **urbain :** municipal engineering

genre : genus

géométrie variable : variable sweep *(aile)* ; variable pitch *(hélice)*

géosmine : geosmin

gerbage : stacking

gerbeur : fork-lift truck

germe : germ ; nucleus ; ~ **de cristallisation :** crystal nucleus ; ~ **pathogène :** pathogenic germ

germicide : germicidal *(adj.)* ; germicide *(n.)*

gestion : administration ; management ; ~ **de l'imprévisible :** change management ; ~ **de la qualité :** quality management ; ~ **de stock :** inventory control ; ~ **des chantiers :** site supervision ; ~ **des ressources en eau :** water resources management ; ~ **du personnel :** personnel management ; ~ **technique centralisée :** centralized technical supervision ; centralized technical management

Giardia (kyste de ~) : Giardia cyst

gicleur : spray nozzle

giration (moment de ~) : gyration moment

gisement : bed *(minerai)* ; ~ **de pétrole :** oil field

gîte : deposit *(minerai)*

glaçage : glazing *(papier)*

glace : ice ; mirror

glacière : ice-producing machine

glaise : clay

glissement : slip ; sliding *(sol)* ; ~ **de fréquence :** frequency variation

glissière : slide ; slide bar ; ~**s** : slideways *(vanne murale)* ; slipper bars *(vanne murale)* ; guide bars *(vanne murale)* ; **fermeture à** ~ : zip-fastener ; zipper

globe : globe

globule : corpuscle

glucide : glucide

glucopyranose : glucopyranose

glucoserie : glucose shop

godet : bucket ; cup ; scoop ; ~ **graisseur :** oil cup ; ~ **oscillant :** oscillating scoop ; **roue à ~s** : overshot wheel

gomme : gum ; **papier** ~ : gummed paper

gond : hinge

gonflement : swelling

gonfleur : inflator

gorge : groove ; ~ **de poulie :** pulley groove

goudron : tar ; ~ **de houille :** coal tar

goujon : stud bolt ; dowel pin ; gudgeon *(arbre)* ; ~ **d'assemblage :** dowel

goujonnées (plaques ~) : keyed plates

goulotte : trough ; chute ; ~ **d'eau de balayage :** cross-wash water launder ; ~ **d'eau décantée :** clarified water launder ; ~ **d'évacuation :** discharge channel ; ~ **d'évacuation des boues :** sludge discharge channel ; ~ **de câble :** trunking ; ~ **de collecte d'eau décantée :** clarified water collection launder ; ~ **de départ :** outlet trough ; ~ **de distribution :** distribution channel ; ~ **de lavage :** wash water channel ; ~ **de reprise :** collecting trough ; recovery channel ; ~ **de reprise d'eau aérée :** aerated water collection channel ; ~ **de reprise d'eau traitée :** treated water collection trough ; ~ **de reprise de la surverse :** supernatant collection trough ; ~ **de reprise et de transfert :** grit transfer channel ; ~ **frontale :** front-mounted trough ; ~ **latérale :** side discharge channel ; ~ **orientable :** adjustable direction trough ; ~ **technique :** utility trough

goupille : pin ; ~ **de cisaillement :** shear pin ; ~ **fendue :** split pin ; cotter pin

goupillon : brush *(bouteille)*

gousset : gusset ; gusset plate

goût : taste

goutte : drop ; **séparateur de ~s** : drift eliminator

gouttelette : droplet

gouttière : gutter

gouvernement : government

gradient : gradient ; ~ **de pression :** pressure gradient ; ~ **de vitesse :** velocity gradient ; ~ **thermique :** temperature gradient

graduation : graduation

gradué : graduated ; **verre** ~ : graduate

Graetz (pont de ~) : Graetz bridge

grain : grain ; ~ **de résine :** resin bead ; ~ **rond :** round grain ; **en ~s** : granular

graissage : greasing ; lubrication ; ~ **par bain d'huile :** oil bath lubrication ; ~ **par barbotage :** splash lubrication ; ~ **par gravité :** gravity-feed lubrication ; ~ **sous pression :** pressure lubrication

graisse : lubricant ; grease ; fat *(biol.)* ; ~ **au lithium :** lithium grease ; ~ **graphitée :** graphite grease ; **boîte à** ~ : grease trap

graissé : lubricated ; ~ **à vie :** life-lubricated

graisseur : lubricator ; oil cup ; grease cup ; greaser ; ~ **par gravité :** gravity-feed lubricator ; ~ **sous pression :** forced-feed lubricator

grammage : basis weight *(papier)*

gramme : gramme

grand : large ; **~e vitesse :** high speed ; **bassin de ~e hauteur :** high-head basin

grandeur : size ; ~ **nature :** full-scale ; **en vrai** ~ : full-scale

granulation : granulation ; prilling *(engrais)*

granulé *(n.)* : granule

granulométrie : particle size ; grain size ; particle size distribution

graphe de commande étape transition : sequential function chart

graphique : graph ; ~ **à abscisse logarithmique :** semi-log paper ; ~ **à bandes :** bar graph ; ~ **à barres :** bar graph

graphite : graphite

graphitisation : graphitization

grappin : grab ; ~ **haveur :** elevator-conveyor ; **grille à** ~ : grab bar screen

gras : fat ; **acide** ~ **:** fatty acid

grattoir : scraper

gravier : gravel ; grit ; ~ **filtrant :** filter gravel

gravière : gravel pit

gravillon concassé : broken grit

gravimétrie : gravimetry

gravitairement : by gravity

gravité : gravity ; ~ **spécifique :** specific gravity ; **alimentation par** ~ : gravity feed ; **par** ~ : by gravity

gravure : engraving ; ~ **à l'eau-forte :** etching

gréement longitudinal : fore and aft rig

grenaillage : shot-blasting

grenaille : shot ; **forage à la** ~ : shot boring

grenat : garnet

grenu (floc ~) : granular floc

grenu (décantation des particules ~ es) : free settling ; settling of discrete particles

grès : sandstone ; ~ **à pavés :** paving brick ; ~ **cérame :** stoneware ; ~ **vernissé :** vitrified clay

grève sauvage : wild-cat strike

griffe : claw ; **embrayage à ~s** : claw clutch

grillage : grating ; roasting *(métall.)* ; ~ **avertisseur :** warning grid ; ~ **de présignalisation :** warning grid ; ~ **en fil de fer :** wire netting ; screened

grillagé (protection ~e) : latticed cover

grille : screen ; grating ; grid ; ~ **à barreaux :** bar screen ; ~ **à champ droit incliné :** inclined straight bar screen ; ~ **à champ mobile sans fin :** continuous moving screen ; ~ **à champ vertical :** vertical bar screen ; ~ **à crémaillère :** rack and pinion bar screen ; ~ **à grappin :** grab bar screen ; ~ **à nettoyage manuel :** manual screen ; ~ **automatique :** mechanical screen ; mechanically cleaned screen ; ~ **basculante :** rocking grate ; ~ **courbe :** curved bar screen ; ~ **courbe automatique :** mechanical curved bar screen ; ~ **d'aération :** air grating ; ~ **de combustion :** combustion grate ; ~ **de dégrossissage :** coarse bar screen ; ~ **de tranquillisation :** tranquillizer screen ; ~ **droite :** straight bar screen ; ~ **droite à câbles :** straight bar screen with cables ; ~ **droite hydraulique :** hydraulic straight bar screen ; ~ **fine :** fine bar screen ; ~ **fine manuelle :** manual fine screen ; ~ **fixe :** fixed screen ; ~ **intermédiaire :** interface grid *(échangeur)* ; ~ **manuelle :** manual bar screen ; ~ **mécanique :** mechanical bar screen ; ~ **mobile sans fin :** endless moving bar screen ; ~ **pare-flamme :** flame trap ; **champ de** ~ : bar screen rack ; **refus de** ~ : screenings ; **tamis à** ~ **concave** : concave strainer

grippage : jamming

gris de zinc (galvanisation au ~) : sherardizing

gros : coarse *(grain)* ; ~ **entretien :** major maintenance work ; ~ **œuvre :** fabric ; shell construction ; structural works ; structural works *(GC)* ; ~ **sel :** rock salt

grosses bulles (dispositif à ~) : coarse-bubble device

grossier : coarse

grossiste : wholesaler

groupage : consolidated shipment *(expédition)*

groupe : set ; ~ **d'amorçage :** priming unit ; ~ **d'entraînement :** drive unit ; ~ **de travail :** working group ; ~ **électrogène :** generator ; generating set ; ~ **frigorifique :** chiller ;

~ **motoréducteur :** motor reduction gear ; ~ **semi-fixe :** semi-portable plant

groupement : group ; ~ **d'intérêt économique :** partnership ; ~ **européen d'intérêt économique :** European economic interest grouping

grue : crane ; ~ **à colonne :** pillar crane ; ~ **à console :** wall crane ; ~ **à portique :** gantry crane ; ~ **à potence :** jib crane ; ~ **murale :** wall crane ; ~ **pivotante :** rotary crane ; ~ **roulante :** travelling crane ; **camion-** ~ : crane truck

grumeau : lump

grutier : crane driver

gueulard : top *(haut-fourneau)*

guidage : guidance ; **galet latéral de** ~ : lateral guide roller

guide : guide ; ~ **pour grappin :** grab guide ; ~ **pour refus :** screenings guide

guirlande électrique : festooned cable ; trailing cable

gypse : gypsum

H

habitants desservis : served population

hache : axe

hacher : chop *(élec.)*

hachure : hatching

halage de plateaux : plate separation

hall d'entrée : entrance hall

haloforme : haloform

halogéné : halogenated

halogène *(n.)* : halogen

halogénure : halide ; halogenide

hangar : shed ; ~ **à marchandises :** goods depot

harasse : large crate

harnais : harness ; ~ **de sécurité :** safety harness

hauban : guy ; ~ **raidisseur :** straining tie ; stay

hausse des coûts : cost escalation

haut *(adj.)* **:** high ; **~e fréquence :** high frequency ; **~e pression :** high pressure ; **~e tension :** high voltage ; **~es eaux :** high water ; **pompe ~e pression** : booster pump *(osmose inverse)* ;

haut *(n.)* : top ; **filtré de ~ en bas** : downwardly filtered

hauteur : depth ; height ; ~ **cylindrique :** straight height ; ~ **d'aspiration :** suction head ; ~ **d'eau :** water depth ; ~ **d'unité de transfert :** height of transfer unit ; ~ **de colmatage disponible :** available clogging head ; ~ **de couche :** layer depth ; ~ **de garnissage :** packing height ; ~ **de lame :** head on the weir crest ; head ; ~ **de levage :** lift ; ~ **de refoulement :** discharge head ; ~ **du filet :** height of thread ; ~ **équivalente à un plateau théorique :** height equivalent to one theoretical plate ; ~ **géométrique d'aspiration :** static suction head ; ~ **géométrique de refoulement :** static discharge head ; ~ **libre :** clearance ; ~ **manométrique de refoulement :** total static discharge head ; ~ **manométrique totale :** total head ; ~ **sous plafond :** headroom ; ~ **totale de refoulement :** total discharge head

haut-fourneau : blast furnace

hélianthine : methyl orange ; helianthin

hélice : impeller ; propeller ; screw *(nav.)*

hélico-centrifuge (pompe ~) : mixed flow pump

hélicoïdal : helical ; **mèche ~e :** twist drill

hélico-mélangeur : propeller-operated mixer ; impeller

hélium : helium

hématophage : blood-sucking

hémicellulolytique : hemicellulolytic

hémicellulose : hemicellulose

hémihydrate : hemihydrate

hémodialyse : hemodialysis

hépatite : hepatitis

herbeux : grassy

herbicide : weed killer ; herbicide

hermétique : hermetic ; air-tight

herse : picket fence ; **~-croûte :** scum fence ; ~ **d'épaississement :** picket fence ; ~ **de tranquillisation :** stilling picket fence ; ~ **mobile :** mobile picket fence

hertz : hertz

hétérogène : heterogeneous ; **réseau** ~ : multi-vendor network

hétérogénéité : irregularity

hétérotrophe : heterotrophic

heure : hour ; time ; **~s creuses :** off-peak periods ; off-peak hours ; **~s de pointe :** peak hours ; **~s pleines :** standard hours ; **mettre à l'~** : set the time

hexachlorobenzène : hexachlorobenzene

hexachlorohexane : hexachlorohexane

hexafluorosilicate de sodium : sodium hexafluorosilicate

hexamétaphosphate : hexametaphosphate

hexavalent : hexavalent

histogramme : histogram ; bar chart ; bar graph

homme-heure : man-hour

homogène : homogeneous ; **lit filtrant** ~ : single-media bed

homogénéisation : homogenization

homogénéiser : homogenize

homologation : certification

honoraires : fees

horizontal : horizontal ; **à axe** ~ : with horizontal shaft ; **à joint** ~ : with horizontal split casing

horloge : clock

hors : except ; ~ **axe :** off-centre ; ~ **charge :** no head ; ~ **congés :** exclusive of holidays ; ~ **gabarit :** oversize ; ~ **service :** out of order ; ~ **standard :** not covered by standard ; ~ **taxes :** exclusive of taxes ; exclusive of VAT ; ~ **tension :** dead *(circuit)*

horticulture florale : flower gardening

hôte : host

hotte : bell ; hood *(fourneau)* ; ~ **d'aspiration :** fume hood

houille grasse : soft coal

houillification : coalification

hourdage : rough casting

housse : cover

hublot : porthole ; ~ **de contrôle :** inspection window ; ~ **de signalisation :** signal lamp

huile : oil ; ~ **blanche :** white oil ; ~ **brute :** crude oil ; ~ **de coffrage :** form oil ; shutter oil ; ~ **de coupe :** cutting oil ; ~ **de graissage :** lubricating oil ; ~ **de lubrification :** lube oil ; ~ **de machine :** engine oil ; ~ **de naphte :** naphtha ; ~ **de paraffine :** paraffin oil ; ~ **de vitriol :** concentrated sulphuric acid ; ~**s étrangères :** foreign oils ; ~ **légère :** thin oil ; ~**s lubrifiantes :** lubricating oils ; ~ **minérale :** mineral oil ; ~ **siccative :** drying oil ; ~**s solubles :** soluble oils ; **conditionnement par ~s** : conditioning by oils

huilerie : oil mill

huileux : oily

huis clos : in camera

huisserie : frame

huître : oyster

humate : humate

humecter : damp ; moisten

humidité : moisture ; ~ **absolue :** absolute humidity ; ~ **relative :** relative humidity ; **teneur en** ~ : moisture content

humification : humification

humifié : humified

humique : humic

hydratation : hydration

hydrate : hydrate ; ~ **de carbone :** carbohydrate

hydraulicité : hydraulics ; ~ **inversée :** inverse hydraulics ; ~ **mixte :** mixed hydraulics ; **indice d'**~ : hydraulicity index

hydraulique *(adj.)* : hydraulic ; **bélier ~ :** hydraulic ram ; **commande ~ :** hydraulic control ; **vérin ~ :** hydraulic jack

hydraulique *(n.)* : hydraulics

hydrazine : hydrazine

hydrique : water *(adj.)* ; **épidémie d'origine** ~ : water-borne epidemic ; **virus** ~ : water-borne virus

hydroanthracite : hydroanthracite

hydrocarbure : hydrocarbon ; ~ **aliphatique :** aliphatic hydrocarbon ; ~ **aromatique :** aromatic hydrocarbon ; ~**s polycycliques aromatiques :** polycyclic aromatic hydrocarbons

hydrocureuse : hydrojet system

hydrocyclone : hydrocyclone ; ~ **multitubulaire :** multi-tubular hydrocyclone ; ~ **simple monotubulaire :** mono-tubular hydrocyclone

hydrocyclone-décanteur : hydrocyclone-settling tank

hydro-éjecteur : injector *(chloromètre)*

hydro-électrique : hydroelectric

hydrofuge *(adj.)* : water-repellent

hydrofuge *(n.)* : water repellent

hydrogène : hydrogen ; ~ **sulfuré :** hydrogen sulphide ; **électrode à** ~ : hydrogen electrode ; **peroxyde d'**~ : hydrogen peroxide

hydrogénocarbonate : hydrogen carbonate

hydrographe : hydrographer

hydrolyse : hydrolysis

hydrométallurgie : hydrometallurgy

hydrophile : hydrophilic ; **floc** ~ : hydrophilic floc

hydrophilie particulaire : particulate hydrophily

hydrophilique : hydrophilic

hydrophilisation : hydrophilization

hydrophobe : hydrophobic

hydrophobicité : hydrophobicity

hydrophore (groupe ~) : hydropneumatic system

hydropneumatique : hydropneumatic

hydrotimétrie : hardness determination

hydrotimétrique (degré ~) : hardness

hydrotimétrique (titre ~) : hardness

hydroxycarbonate : hydroxycarbonate

hydroxyde : hydroxide ; ~ **de zinc :** zinc hydroxide ; ~ **ferrique :** ferric hydroxide ; **floc d'**~ : hydroxide floc

hygiénisateur : digester

hygiénisation : sanitization

hygiéniste : hygienist

hygromètre : hygrometer ; ~ **à cheveu :** hair hygrometer ; ~ **à condensation :** dew point hygrometer ; ~ **enregistreur :** hydrograph

hygrométrie : hygrometry

hygrométrique (degré ~) : relative humidity

hygroscopique : hygroscopic

hypalon (joint ~) : hypalon seal

hyperfiltration : hyperfiltration

hyperfréquence : microwave

hypertrempe : overhardening

hypochlorite : hypochlorite ; ~ **de calcium :** calcium hypochlorite ; ~ **de sodium :** sodium hypochlorite

hypoïde (engrenage ~) : hypoid gear

hyposulfite : hyposulphite ; ~ **de sodium :** sodium hyposulphite ; sodium thiosulphate ; ~ **de soude :** sodium hyposulphite ; sodium thiosulphate

hystérésis : hysteresis ; **cycle d'**~ : hysteresis loop

I

ichtyotest : ichthyotest

identique à : identical to

ignifugation : fire-proofing

ignifuge *(adj.)* : fire-retardant

ignifuge *(n.)* : fire retardant

image : image ; ~ **de marque :** corporate image ; ~ **statique :** still frame

imbouchable : non-clog *(pompe)*

immersion : dipping ; **à ~ dans l'huile** : oil-immersed

immobilisations incorporelles : intangible assets

immunité : immunity

immunologique : immunological

impair (nombre ~) : odd number

impédance : impedance

imperméabilité : imperviousness

imperméable *(adj.)* : water-proof ; impermeable ; impervious ; ~ **à l'eau :** water-proof ; ~ **à la lumière :** light-proof ; ~ **à la poussière :** dust-proof ; dust-tight ; ~ **aux gaz :** gas-tight ; ~ **aux intempéries :** weather-proof

implantation : establishment ; ~ **générale :** general layout ; ~ **partielle des ouvrages :** partial layout of the plant

implosion : implosion

impositions variables à l'importation : variable import levies

imposte : fanlight ; transom

impôt : tax ; ~ **foncier :** land tax ; ~ **sur le revenu :** income tax ; ~ **sur les personnes physiques :** personal income tax ; ~ **sur les plus-values :** capital gains tax ; ~ **sur les sociétés :** corporation tax ; corporate income tax

impression : printing ; stamping *(monnaie)* ; ~ **offset :** offset lithography

imprimante : printer

imprimé *(n.)* : printed form ; printed matter

improbable : unlikely

impulseur : impeller

impulsion : pulse ; impulse ; ~ **de tension :** voltage impulse ; ~ **simple :** single pulse ; **compteur d'~s** : pulse counter

impur : impure

impureté : impurity ; ~ **dissoute :** dissolved impurity

imputer : allot

inadaptation technologique : technological inadequacy

inaltérable (couleur ~) : fast colour

inattaquable : corrosion-resistant ; non-corrodible

incandescence : incandescence

incidence : effect ; incidence *(opt.)*

incident : incident ; ~ **de fonctionnement :** malfunction

incinérateur : incinerator

incinération : incineration ; ~ **des boues :** sludge incineration ; **capsule pour** ~ : incinerating dish ; **four d'~** : incinerator

inclinable : tilting

inclinaison : inclination ; slope

incolore : colourless

incombustible : non-combustible

incompressible : incompressible

incondensable : non-condensible

incongelable : non-freezing

inconnu *(adj.)* **:** unknown

inconnue *(n.)* **:** unknown *(math.)*

inconsistance : looseness *(sol)*

incorporé : built-in

incorrect : wrong ; defective ; **montage** ~ : faulty assembly

incrustant : scale-forming

incrustation : scaling ; incrustation

incubateur : incubator

incubation : incubation

incuits : impurities ; grit ; ~ **de chaux :** lime grits

inculpation : indictment *(jur.)*

inculpé : accused *(jur.)*

indécantable : non-settleable

indécelable : non-detectable

indemnité : allowance ; compensation ; ~ **de déplacement :** travel allowance ; ~ **de**

licenciement : severance pay ; redundancy pay

indesserrable : self-locking

indétectable : undetectable

indévissable : self-locking

index : pointer *(instrument)* ; index *(prix)*

indicateur : indicator ; ~ **à affichage analogique :** analog indicator ; ~ **à cadran :** dial indicator ; ~ **à tube de verre :** glass tube indicator ; ~ **coloré :** coloured indicator ; ~ **d'encrassement :** clogging indicator ; ~ **d'ouverture :** position indicator ; ~ **de colmatage :** clogging indicator ; ~ **de débit :** flowmeter ; ~ **de niveau :** level gauge ; ~ **de niveau d'eau :** water level indicator ; ~ **de niveau d'huile :** oil level indicator ; ~ **de perte de charge :** head loss indicator ; ~ **de pression :** pressure gauge ; ~ **de Ryznar :** Ryznar index ; ~ **de vide :** vacuum gauge ; ~ **de vitesse :** speedometer ; ~ **galvanométrique :** moving-coil indicator ; **galvanomètre** ~ **de débit** : moving-coil flow indicator ;

indication (sauf ~ contraire) : unless otherwise specified

indice : index ; **~s biotiques :** biotic indices ; ~ **d'éclatement :** burst factor ; ~ **d'hydraulicité :** hydraulicity index ; ~ **d'iode :** iodine index ; ~ **d'octane :** octane number ; ~ **de colmatage :** fouling index ; silt density index *(osmose inverse)* ; ~ **de dispersion :** dispersion index ; ~ **de Mohlman :** Mohlman index ; sludge volume index ; ~ **de neutralisation :** neutralization number ; ~ **de Ryznar :** Ryznar index ; ~ **de saponification :** saponification number ; ~ **de saturation :** saturation index ; ~ **de stabilité de Ryznar :** Ryznar stability index ; ~ **de vide :** void ratio ; ~ **de viscosité :** viscosity index ; ~ **des prix :** price index

indigo : indigo

indole : indole

inductance : inductor ; inductance ; ~ **à air :** air-core inductor ; air-core coil ; air-core reactor ; ~ **à saturation variable :** continuously adjustable inductor ; ~ **de fuite :** leakage inductance ; ~ **de protection :** current-limiting reactor ; series reactor ; ~ **mutuelle :** mutual inductance ; ~ **propre :** self-inductance

inductif : inductive

induction : induction ; ~ **électrique :** electric induction ; ~ **électromagnétique :** electromagnetic induction ; ~ **électrostatique :** electrostatic induction ; ~ **mutuelle :** mutual induction ; ~ **propre :** self-induction

induit : armature ; ~ **à rainures :** slotted armature ; **enroulement d'**~ : armature winding

industrie : industry ; ~ **agroalimentaire :** agro-food industry ; food processing industry ; ~ **alimentaire :** food industry ; ~ **de pointe :** advanced technology industry ; ~ **de transformation :** processing industry ; ~ **laitière :** dairy industry ; ~ **légère :** light industry ; ~ **lourde :** heavy industry ; ~ **mécanique :** mechanical engineering ; ~ **pétrolière :** petroleum industry ; ~ **sidérurgique :** iron and steel industry

inégal : unequal

inertage : stabilisation/solidification *(froid)* ; vitrification *(chaud)*

inertie : inertia

infiltration : infiltration ; seepage ; **eau d'**~ : infiltration water

inflammable : flammable

informaticien : computer engineer

information : item *(info.)* ; ~ **de retour :** feedback ; ~ **numérique :** data bit

informatique : data processing ; computing ; information technology

informatisation : computerization

informatisé : computerized

infraction : offence

infrastructure : facilities ; infrastructure ; social overhead capital

ingénierie : engineering ; ~ **du traitement d'eau :** water treatment engineering

ingénieur : engineer ; ~ **agréé :** state-qualified engineer ; ~ **chimiste :** chemical engineer ; ~ **d'exécution :** project engineer ; ~ **de projet :** design engineer ; proposals engineer ; ~ **des mines :** mining engineer ; ~ **électricien :** electrical engineer ; ~ **en chef :** chief engineer ; ~ **mécanicien :** mechanical engineer ; ~ **technico-commercial :** sales engineer

ingénieur-conseil : consulting engineer

inhibiteur : inhibitor *(chim.)* ; ~ **anodique :** anodic inhibitor ; ~ **cathodique :** cathodic inhibitor ; ~ **d'entartrage :** scale inhibitor ; ~ **de corrosion :** corrosion inhibitor ; ~ **organique :** organic inhibitor

inhibition : inhibition

initial : initial

injecté : injection-moulded *(plastique)*

injecteur : injector ; ~ **de ciment :** cement gun ; cement injector

injection : injection ; ~ **d'eau sous pression :** pressure water injection ; ~ **gravitaire :** gravity feed ; ~ **sous pression :** pressure feed ; **canne à** ~ : injection pipe ; **moulage par** ~ : injection moulding ; **tête d'**~ : injection head

innocuité : harmlessness

inoffensif : harmless

inox : stainless steel

inoxydable : rust-proof ; stainless

insecte hématophage : blood-sucking insect

in situ : in situ

insolvabilité : insolvency

insonorisation : sound-proofing

instable : unstable

installation : installation ; ~ **anti-bruit :** noise-reducing plant ; ~**s de stockage :** storage facilities ; ~ **industrielle :** full-scale facility

instance : court *(jur.)* ; **deuxième** ~ : higher court ; **première** ~ : lower court

instrument : instrument ; ~ **individuel :** discrete instrument ; ~ **optique :** optical instrument

insufflation d'air : air injection ; **aération par** ~ : diffused aeration ; **système d'**~ : air-injection system

intégration : integration ; ~ **directe :** one-step consolidation *(fin.)* ; ~ **globale :** full consolidation *(fin.)* ; ~ **proportionnelle :** proportional consolidation *(fin.)*

intempéries : harsh weather

intendant : steward

intensité : intensity ; ~ **absorbée :** current input ; ~ **de réglage :** I setting ; ~ **lumineuse :** candle power ; ~ **lumineuse émergente :** intensity of emerging light ; ~ **lumineuse incidente :** intensity of incident light

intérêt : interest ; ~**s composés :** compound interest ; ~ **intercalaire :** interest due during preliminary period ; ~**s minoritaires :** minority interests

interface : interface ; ~ **fibre optique :** optical interface

interférence : interference

intérieur : inside ; inner ; **diamètre** ~ : inside diameter

intermédiaire *(adj.)* **:** intermediary ; intermediate ; **arbre** ~ : countershaft ; **liquide** ~ : conveying fluid

intermédiaire *(n.)* **:** middleman ; intermediary ; intermediate

interne *(adj.)* **:** internal ; inside

interphone : intercom

interrompre : switch off *(élec.)*

interrupteur : switch ; ~ **à bouton-poussoir :** push-button switch ; ~ **à couteau :** knife switch ; ~ **à culbuteur :** tumbler switch ; ~ **à deux circuits :** two-way switch ; ~ **à flotteur :** float switch ; ~ **à lame :** knife switch ; ~ **à levier :** lever switch ; ~ **d'isolement :** disconnecting switch ; isolating switch ; ~ **de démarrage :** starting switch ; ~ **de fin de course :** limit switch ; ~ **de niveau :** level switch ; ~ **de puissance :** power switch ; ~ **de secours :** emergency switch ; ~ **de télécommande :** remote control switch ; ~ **instantané :** quick-break switch ; ~ **principal :** master switch ; ~ **rotatif :** rotary switch

interruption : interruption ; interrupt *(info.)* ; ~ **de débit :** shut-off ; ~ **de service :** outage

interstice : interstice

interstitiel : interstitial

intervalle : distance *(distance)* ; space *(espace)* ; gap *(espace)* ; time period *(temps)* ; ~ **d'ionisation :** discharge gap ; ~ **de confiance :** confidence interval

intimé : respondent *(jur.)*

intrants : inputs

inversement proportionnel : inversely proportional

inverseur : reversing switch *(élec.)* ; flip-flop *(électr.)* ; switchover unit *(méc.)* ; ~ **à mercure :** mercury switch ; ~ **de marche :** reverse gear

inversion : inversion ; ~ **de phase :** phase reversal ; ~ **de polarité :** polarity reversal ; **pipe à** ~ **de flux** : flow-inversion pipe

inverti : inverted

investissements en capital : capital outlay

iode : iodine

iodoforme : iodoform

iodométrie : iodometry

iodure : iodide

ion : ion ; ~ **chlorure :** chloride ion ; ~ **hydroxyle :** hydroxyl ion ; ~ **métallique :** metallic ion

ionisé : ionized

ionométrie : electrometry

ions métalliques : metallic ions

irréversible : irreversible

irrévocable : irrevocable

irrigation : irrigation ; ~ **par aspersion :** spray irrigation ; **canal d'**~ : irrigation canal

irritant *(adj.)* : irritating

irritant *(n.)* : irritant

isochrone : isochronous

isolant *(n.)* **:** insulating material

isolant (ruban ~) : insulating tape

isolateur : insulator ; ~ **à cloche :** petticoat insulator ; ~ **en porcelaine :** porcelain insulator ; ~ **haute tension :** high-voltage insulator

isolation : insulation ; isolation *(séparation)* ; ~ **acoustique :** sound insulation ; ~ **phonique :** sound-proofing ; ~ **thermique :** thermal insulation

isolement : insulation ; ~ **des cellules :** cell isolation ; ~ **galvanique :** galvanic isolation

isoler : insulate *(élec.)* ; isolate *(méc., chim.)*
isométrique *(adj.)* **:** isometric
isométrique *(n.)* **:** isometric drawing
isotherme : isotherm ; isothermal curve

isotope : isotope

issue : exit ; way out ; ~ **de secours :** emergency exit

italienne (à l'~) : landscape *(impr.)*

J

jacinthe d'eau : water hyacinth

jack : jack *(élec.)*

jalon : staff

jalousie (monté en ~) : arranged in echelon

jambage : jamb

jambe : leg

jante : rim

jaquette : casing *(chaudière)*

jauge : gauge ; ~ **à huile :** oil stick ; ~ **de contrainte :** strain gauge ; ~ **de focalisation :** focusing template ; ~ **pneumatique :** air pressure gauge ; ~ **pour fils :** wire gauge

jaugeage (seuil de ~) : calibration threshold

jaune : yellow ; ~ **verdâtre :** greenish yellow

Javel (eau de ~) : bleach ; sodium hypochlorite

jerrican : jerry can

jet : strike *(sucre)* ; ~ **d'eau :** water jet ; **nettoyer au** ~ : spray wash

jetée : pier

jeton : token

jeu : set *(ensemble)* ; clearance *(espace)*

joint : joint ; seal ; gasket ; ~ **à baïonnette :** bayonet joint ; ~ **à clin :** lap joint ; ~ **à lèvre :** lip seal ; ~ **à recouvrement :** lap joint ; ~ **à rotule :** ball-and-socket joint ; ~ **abouté :** butt joint ; ~ **articulé :** knuckle joint ; ~ **autobuté :** locking adjustable coupling ; ~ **automatique :** automatic coupling ; ~ **aveugle :** dummy joint ; ~ **bout à bout :** butt joint ; ~ **caoutchouc :** rubber gasket ; ~ **d'eau :** water seal ; ~ **d'étanchéité :** gasket ; seal ; ~ **d'expansion :** expansion joint ; ~ **d'huile :** oil seal ; ~ **de Cardan :** Cardan joint ; Hooke's joint ; ~ **de contraction :** dummy joint ; ~ **de culasse :** cylinder head gasket ; ~ **de dilatation :** expansion joint ; ~ **de piston :** piston ring ; packing ring ; ~ **de retrait :** dummy joint ; ~ **de rotule :** ball joint seal ; ~ **de sortie d'arbre :** shaft output seal ; ~ **éclissé :** fished joint ; ~ **électrique tournant :** collector ring ; slip-ring assembly ; ~ **en adent :** scarf joint ; ~ **hermétique :** hermetic seal ; ~ **hydraulique d'étanchéité :** hydraulic seal ; ~ **hypalon :** hypalon seal ; ~ **invisible :** blind joint ; ~ **labyrinthe :** labyrinth seal ; ~ **mécanique :** mechanical seal ; ~ **métalloplastique :** copper-asbestos gasket ; ~ **racleur :** scraper ring *(piston)* ; ~ **soudé :** welded joint ; ~ **surépaissi :** reinforced seam *(métall.)* ; ~ **torique :** O-ring ; ~ **union :** union joint ; ~ **universel :** universal joint ; ~ **venture :** joint venture ; **à ~ horizontal** : with horizontal split casing ; **plan de** ~ : joint face

joint-venture : joint venture

jonc : reed

jonction (tube de ~) : junction rod

journalier : daily

journées techniques : technical symposium ; seminar

jour ouvrable : working day

juge : magistrate ; stipendiary magistrate

jumelles : double link *(pompe doseuse)*

jupe : circular baffle ; skirt ; ~ **de piston :** piston skirt ; ~ **de répartition :** inlet well ; ~ **déflectrice :** skirt ; inlet well *(décanteur)*

juridiction : jurisdiction ; ~ **inférieure :** lower court ; ~ **supérieure :** higher court

jurisprudence : case law

jus : liquor ; juice *(sucre)* ; ~ **clair :** clarified juice ; ~ **flashé :** flashed juice ; ~ **léger :** thin juice ; ~ **mélangé :** mixed juice

juste : right

justesse : accuracy

K

kaolin : kaolin
karst : karst
kérosène : kerosene
kieselguhr : kieselguhr
kilo : kilo
kilocalorie : kilocalorie
kilomètre : kilometre
kilowattheure : kilowatt-hour
klaxon : klaxon ; horn
kraft : kraft
krypton : krypton
kyste : cyst ; ~ **de Giardia :** Giardia cyst ; ~ **de protozoaire :** protozoan cyst

L

laboratoire : laboratory ; ~ **d'essais :** test laboratory ; **essai de** ~ : laboratory test

lac : lake ; ~ **artificiel :** artificial lake ; ~ **de barrage :** impounding reservoir

lâche : slack *(structure)*

lactosérum : whey

lagunage : lagooning ; ~ **aéré :** aerated lagooning ; ~ **naturel :** natural lagooning

lagune : lagoon ; ~ **à boues liquides :** liquid sludge lagoon ; ~ **de finition :** polishing lagoon

laine : wool ; ~ **cardée :** carded wool ; ~ **de bois :** wood wool ; ~ **de roche :** rock wool ; ~ **de verre :** glass wool ; ~ **minérale :** mineral wool ; ~ **peignée :** combed wool

lait : milk ; ~ **de chaux :** milk of lime ; lime slurry ; ~ **entier :** whole milk

laitance : laitance *(béton)*

laiterie : dairy

laitier : slag *(haut-fourneau)* ; ~ **granulé :** granulated slag ; **ciment au** ~ : slag cement

laiton : brass ; ~ **amirauté :** Admiralty brass ; ~ **en feuilles :** latten ; brass latten

lamage : spot facing

lame : blade *(couteau)* ; head *(déversoir)* ; nappe *(déversoir)* ; strip *(métal)* ; leaf *(ressort)* ; ~ **bimétallique :** bimetallic strip ; ~ **d'eau :** water sheet ; water film ; ~ **de désengagement de gâteau :** doctor blade ; flexible scraper ; ~ **de raclage :** doctor blade ; ~ **de scie :** saw blade ; ~ **déversante :** weir head ; overflow blade ; ~ **racleuse :** skimmer blade *(surface)* ; ~ **vibrante :** vibrating diaphragm ; **hauteur de** ~ : head ; **interrupteur à** ~ : knife switch

lamelle : lamella ; slide *(microscope)*

lamellé-collé : glued laminated wood sections

lamer : spot-face

laminage : rolling ; ~ **à froid :** cold rolling ; **rouleau de** ~ : squeezing roller

laminaire : laminar

laminé (tôle ~e) : rolled sheet iron

laminoir : rolling mill ; ~ **à chaud :** hot rolling mill ; ~ **à froid :** cold rolling mill ; ~ **à ronds :** rod mill ; bar mill

lampadaire : street-light

lampe : lamp ; ~ **à arc :** arc lamp ; ~ **à baïonnette :** bulb with bayonet base ; ~ **à incandescence :** incandescent lamp ; ~ **à souder :** blowtorch ; ~ **à vapeur de mercure :** mercury vapour lamp ; ~ **au néon :** neon lamp ; ~ **de poche :** flashlight ; ~ **de signalisation :** signal lamp ; indicator lamp ; ~ **flash :** flash lamp ; ~ **halogène :** halogen lamp ; ~ **témoin :** telltale lamp

lance : nozzle ; lance *(fourneau)* ; ~ **d'incendie :** fire hose ; ~ **d'injection :** injection tube

lancer : float *(emprunt)*

lanceur : launch vehicle

lanterne : lantern ring *(presse-étoupe)* ; ~ **de blocage :** seal cage *(presse-étoupe)*

laque : lacquer

lardon : strip ; ~ **d'ajustage :** packing strip ; ~ **de guidage :** packing strip

large : wide

largement dimensionné : of ample dimensions

largeur : width ; ~ **sur pans :** width across flats

larmier : drip *(constr.)*

larve : larva

laser : laser

latence : lag

latent : latent

latéral : lateral

latex : latex

latte : slat

lauryl alkyl sulfonate : lauryl alkyl sulphonate

lavabo : washbasin

lavage : cleaning *(osmose inverse)* ; scrubbing *(gaz)* ; washing ; ~ **à contre-courant :** backwashing ; countercurrent washing ; ~ **à eau perdue :** once-through water wash ; ~ **à l'air :** air scour ; ~ **acide :** acid scrubbing ; ~ **basique :** alkaline scrubbing ; ~ **de charbon :** coal washing ; ~ **de fumées :** smoke scrubbing ; flue-gas cleaning ; ~ **de gaz :** gas scrubbing ; ~ **de solides :** washing of solids ; ~ **des betteraves :** washing of beets ; ~ **humide :** wet scrubbing ; ~ **hydropneumatique :** water + air wash ; air scour + water backwash ; ~ **manuel assisté :** remote manual control of washing steps ;

~ **oxydant :** oxidizing scrubbing ; ~ **par retour d'eau :** backwash ; backwashing ; ~ **par tranches :** washing by sections ; ~ **réducteur :** reducing scrubbing ; ~ **semi-automatique :** automatic sequential control with manual start-up ; **air de** ~ : wash air ; **communs de** ~ : common washing equipment ; **eau de** ~ : wash water ; **liqueur de** ~ : scrubbing liquor ; **siphon de** ~ : washing siphon ; **tour de** ~ : scrubbing tower

lavage-définage (colonne de ~) : washing and fines removal column

lave-œil : eye bath

laveur : scrubber *(gaz)* ; ~ **à plateaux :** impingement scrubber ; tray scrubber ; ~ **à plateaux à pulvérisation d'eau :** impingement scrubber ; ~ **à venturi :** venturi scrubber ; ~ **d'air :** air scrubber *(réfrigérant)* ; ~ **de gaz :** gas scrubber ; scrubber ; ~ **de sable :** grit washer ; ~ **de surface :** surface washer ; **flacon** ~ : wash bottle

lave volcanique : volcanic lava

lavoir : washing plant

lé : strip *(papier)*

lecteur : player *(cassette)* ; drive *(disquette)* ; ~ **optique :** optical reader

légende : key ; legend ; caption

léger : light

légère : thin *(huile)*

légèreté : lightness

lentille : lens

lessivage : lixiviation ; leaching

lessive : detergent ; ~ **à base d'enzymes :** enzyme-based detergent ; ~ **de potasse :** caustic potash ; ~ **de potasse caustique :** potassium lye ; ~ **de soude :** soda lye

lessiver : leach ; lixiviate

lest : ballast

lettre : letter ; ~ **d'accompagnement :** covering letter ; ~ **d'envoi :** covering letter ; ~ **d'intention :** letter of intent ; ~ **de couverture :** covering letter ; ~ **de crédit :** letter of credit ; ~ **de rappel :** letter of reminder ; ~ **de transport aérien :** air waybill ; ~ **de voiture :** waybill ; ~ **de voiture internationale :** railway bill ; ~ **recommandée :** registered letter

levage : lifting ; hoisting ; **anneau de** ~ : hoisting lug ; lifting ring ; **appareil de** ~ : hoist ; **câble de** ~ : hoisting cable ; **cric de** ~ : lifting jack ; **hauteur de** ~ : lift ; **puissance de** ~ : lifting power

levée de caution : release of bond ;

levée de réserves : rectification of remarks ; clearance of goods ; rectification of the remarks ; clearance of goods through inspection ; clearing of reservation *(bordereau)*

lever des réserves : clear goods through inspection

levier : lever ; ~ **à main :** hand lever ; ~ **de commande :** control lever ; actuating lever ; ~ **de déblocage :** release lever

lèvre : groove face *(joint)*

levure : yeast ; **suspension de** ~ : yeast suspension

liaison : bond *(chim.)* ; bonding *(constr.)* ; ~ **de covalence :** covalent bond ; ~ **éthylène :** ethylene bond ; ~ **fil-à-fil :** wire-to-wire connection ; ~ **maître-esclave :** master-slave connection ; **énergie de** ~ : binding energy

liant : binder

libellé : wording

libre : free

licence : licence ; ~ **d'exportation :** export licence ; ~ **d'importation :** import licence

lié : bound *(ion)*

liège : cork

lien : link

lier : bind

lies de vins : wine lees

ligature : splice *(élec.)*

ligne : line ; ~ **à haute tension :** high-voltage line ; ~ **aérienne :** overhead power line ; aerial power line ; ~ **d'alimentation :** feeder ; ~ **d'arbre :** line shafting ; ~ **d'arbre de relevage :** jack-shaft line ; ~ **de champ :** line of force ; ~ **de partage :** watershed ; ~ **de partage des eaux :** divide ; drainage divide ; ~ **de repère :** datum line ; ~ **de soudure :** welding seam ; ~ **de transmission :** transmission line ; ~ **droite :** straight line ; ~ **piézométrique :** hydraulic gradient ; **en** ~ : in-line

lignine : lignin

lignite : lignite

lignosulfonate : lignosulphonate

lime : file ; ~ **à simple taille :** single-cut file ; ~ **bâtarde :** bastard file ; ~ **carrée :** square file ; ~ **couteau :** knife-edge file ; ~ **demi-douce :** second-cut file ; ~ **demi-ronde :** half-round file ; ~ **douce :** smooth-cut file ; ~ **ronde :** round file ; ~ **tiers-point :** three-square file ; ~ **triangulaire :** three-square file

limite : limit ; ~ **d'élasticité :** yield stress ; elastic limit ; ~ **d'inflammabilité :** flammability limit ; ~ **de charge :** load limit ; ~ **de détection :** detection limit ; ~**s de fourniture :** scope of supply ; ~ **de réfrigération :** cooling limit ; ~ **élastique :** yield stress ; ~ **inférieure d'inflammabilité :** minimum flammability limit

limiteur : limiter ; ~ **d'effort :** torque limiter ; ~ **de couple :** torque limiter ; ~ **de courant :** current limiter ; ~ **de croissance :** growth limiter ; ~ **de pression :** pressure regulator ; ~ **de tension :** voltage regulator

limon : silt ; stringer *(escalier)* ; **faux-** ~ : wall string

limpide : limpid

lin : flax ; **anas de** ~ : flax cob

lindane : lindane

linéaire : linear

linéarisateur : linear transmitter *(débitmètre)*

lingot : ingot

lingotière : ingot mould

linoléum : linoleum

linteau : lintel

liquéfacteur : liquefactor

liquéfaction : liquefaction

liqueur : liquor ; solution ; ~ **acidimétrique :** alkaline solution ; ~ **alcalimétrique :** acid solution ; ~ **de boues :** sludge liquor ; ~ **de lavage :** scrubbing liquor ; ~ **noire :** black liquor ; ~ **surnageante :** supernatant liquor ; supernatant

liquide : liquid ; ~ **boueux :** sludge-laden liquid ; ~ **clarifié :** clarified liquid ; ~ **de refroidissement :** coolant ; ~ **intermédiaire :** conveying fluid ; ~ **réfrigérant :** refrigerant

lisier : liquid manure ; **tonne à** ~ : liquid manure tanker

lisse *(adj.)* **:** smooth ; **bout ~ :** plain end

lisse *(n.)* **:** handrail.

liste : listing ; list ; ~ **de colisage :** packing list

listel : fillet *(constr.)*

lit : bed ; ~ **à faible charge :** low-rate filter ; ~ **à forte charge :** high-rate filter ; ~ **à ruissellement :** trickling filter ; ~ **bactérien :** trickling filter ; bacteria bed ; ~ **bactérien à remplissage plastique :** trickling filter with plastic fill ; ~ **de boues :** sludge blanket ; ~ **de résine :** resin bed ; ~ **de sable :** sand bed ; ~ **de séchage :** drying bed ; ~ **de séchage des boues :** sludge drying bed ; ~ **filtrant :** filter bed ; ~ **filtrant homogène :** single-media bed ; ~ **fluidisé :** fluidized-bed ; ~ **granulaire :** granular filter bed ; granular bed ; ~ **granulaire fixe :** fixed granular bed ; ~ **granulaire mobile :** moving granular bed ; ~ **mélangé :** mixed bed ; ~ **multi couche :** multiple-layer bed ; multi-media bed ; ~ **séparé :** separated bed ; ~ **tricouche :** triobed ; ~ **turbulent :** turbulent bed ; **décanteur à ~ de boues** : sludge blanket clarifier ; sludge blanket unit ; **four à ~ fluidisé** : fluidized-bed furnace ; **sécheur à ~ fluidisé** : fluidized-bed dryer

lithine : lithium hydroxide

litiges commerciaux : trade disputes

litre : litre

livraison : delivery ; **délai de** ~ : delivery time

livre d'exploitation : operating logbook

lixiviat : leachate

lixiviation : leaching ; ~ **de chrome :** chromium leaching

local : bay ; room ; ~ **basse tension :** low-voltage station ; ~ **de commande de moteurs :** remote control unit ; ~ **de compression :** compressor room ; ~ **de livraison :** delivery bay ; ~ **de rangement :** closet ; ~ **des compresseurs de gaz :** gas compressor room ; ~ **des pompes :** pump house ; ~ **des réactifs :** chemicals house ; ~ **des surpresseurs :** blowers building ; ~ **technique :** plant room

logement : housing

logiciel : software

logigramme : block diagram

loi : law ; act of parliament *(UK)* ; ~ **d'action de masse :** mass action law ; ~ **de Berthollet :** Berthollet's law ; ~ **de conversion :** conversion law ; ~ **de Faraday :** Faraday's law ; ~ **de Fick :** Fick's law ; ~ **de Freundlich :** Freundlich's equation ; ~ **de Henry :** Henry's law ; ~ **de Mariotte :** Boyle's law ; ~ **exponentielle :** exponential law ; **projet de** ~ : bill

lombricompostage : worm composting

longe de survie : life rope

longeron : stringer ; **four à** ~ : walking-beam reheating furnace

longueur : length ; ~ **cylindrique :** straight length ; ~ **d'onde :** wavelength ; ~ **de demi-déchloration :** half-dechlorination length ; ~ **de rupture :** tensile factor *(papier)* ; ~ **déployée :** total length *(échelle)* ; ~ **développée :** developed length ; ~ **déversante :** length of weir ; ~ **du seuil déversant :** weir crest ; ~ **hors tout :** overall length ; ~ **repliée :** fly length *(échelle)*

loquet : latch

losange : rhombus

lourd : heavy

loyer du capital : income on capital

lubrifiant : lubricant ; ~ **recommandé :** approved lubricant

lubrification : lubrication ; ~ **par barbotage :** splash lubrication ; ~ **par brouillard :** air-mist lubrication ; ~ **sous pression :** pressure lubrication ; forced-feed lubrication ; **huile de** ~ : lube oil

lucarne faîtière : skylight

lucratif (à but non ~) : non-profit

ludion : Cartesian diver

lumière : light ; port *(ouverture)* ; ~ **diffusée :** scattered light

luminaire : luminaire

luminescence : luminescence

lunette : refractor ; refracting telescope ; **~s :** spectacles ; ~ **d'observation :** observation window ; **~s de sécurité :** goggles ; **~s de soudeur :** welder's goggles

lutte contre la corrosion : corrosion control

lux : lux

lyre : bend ; ~ **de dilatation :** expansion bend ; ~ **de protection :** safety loop ; ~ **de protection du surpresseur :** blower protective loop

lyse : lysis

lyser : lyse

M

macadam : macadam

mâchefer : clinker *(haut-fourneau)*

machine : machine ; ~ **à aléser :** boring machine ; ~ **à calculer :** calculator ; ~ **à cintrer :** bending machine ; ~ **à couper :** cutting machine ; ~ **à fileter :** threading machine ; ~ **à fraiser :** milling machine ; ~ **à meuler :** grinding machine ; ~ **à piston sec :** non-lubricated cylinder machine ; ~ **à pistons rotatifs lubrifiés :** lubricated rotary-piston machine ; ~ **à raboter :** planing machine ; ~ **à refouler le métal :** extruding machine ; ~ **à vis lubrifiée :** lubricated-screw machine ; ~ **à vis sèche :** dry-screw machine ; **~-outil :** machine tool ; **~s tournantes :** rotary machines ; **salle des ~s :** plant room

mâchoire : jaw ; ~ **d'étau :** vice jaw ; ~ **de frein :** brake jaw ; ~ **de mandrin :** chuck jaw

maçon : building contractor

maçonnerie : masonry ; ~ **de briques :** brickwork

macrocouple : macrocouple

macromoléculaire : macromolecular

macromolécule : macromolecule

macrophyte : macrophyte

macroporeux : macroporous

macroréticulé : loosely cross-linked

macrotamisage : macrostraining

madrier : plank

magasin : storeroom ; **marchandises en** ~ : stock in hand

magma : magma

magnésie : magnesium oxide ; magnesia ; **sulfate de** ~ : epsom salt ; epsomite

magnésium : magnesium

magnétique : magnetic

magnétite : magnetite

magnéto : magneto

magnétomètre : magnetometer ; ~ **aéroporté :** airborne magnetometer

magnétophone : tape recorder

magnétoscope : video tape recorder

magnétron : magnetron

magnitude : magnitude

maillage : grid *(élec.)*

maille : link *(chaîne)* ; mesh *(grille)* ; ~ **de toile :** wire gauze ; mesh void ; **toile à ~s croisées** : cross-mesh fabric ; **vide de** ~ : mesh spacing ; mesh spacing

maillé : meshed ; **réseau** ~ : grid ; **ensemble de collecteurs ~s** : grid collector assembly

maillet : mallet

maillon : link

main : hand ; ~ **courante :** handrail ; ~ **-d'œuvre :** manpower ; labour ; **trou de** ~ : access hole

maintenance : maintenance ; servicing ; ~ **assistée par ordinateur :** computer-assisted maintenance ; ~ **curative :** corrective maintenance ; ~ **périodique :** routine maintenance ; ~ **préventive :** preventive maintenance ; **facilité de** ~ : maintainability

maintien : upkeep

maïs (rafle de ~) : maize cob

maître : master ; ~ **d'œuvre :** contractor ; prime contractor ; consulting engineer ; ~ **d'ouvrage :** customer ; client ; owner ; ~ **de conférence :** assistant professor ; ~ **flottant :** floating master

maître-cylindre : master cylinder *(grue)*

maîtrise : control ; ~ **de l'énergie :** energy management ; ~ **de la qualité :** quality control

maîtriser : control ; harness

mal *(adv.)* **:** badly

malaxeur : mixer ; ~ **à ciment :** mortar mill ; ~ **à palettes :** pug mill

mâle : male ; **bout** ~ : spigot *(tuyau)* ; **fiche** ~ : plug ; **raccord** ~ **+ femelle** : plug and socket connection ;

malfaçon : defect

malléabilité : malleability

malléable : malleable

malodorant : foul-smelling

mamelon : nipple

manche *(n. f.)* **:** sleeve ; ~ **à incendie :** fire hose ; **dépoussiéreur à ~s** : fabric filter

manche *(n. m.)* **:** handle

manchette : sleeve ; connector ; neck ; ~ **à sceller :** puddle pipe ; ~ **de raccordement :** coupling sleeve ; ~ **de scellement :** puddle pipe ; ~ **élastique :** flexible sleeve

manchon : sleeve ; socket ; coupling ; flexible tube *(vanne à manchon)* ; ~ **de fixation :** adapter ; **vanne à** ~ : pinch valve

mandat : money order *(fin.)* ; power of attorney *(jur.)* ; proxy *(jur.)*

mandataire : agent *(brevet)*

mandrin : chuck ; mandrel ; ~ **à serrage concentrique :** self-centring chuck

maneton : crankpin *(vilebrequin)*

manette : handle ; ~ **de blocage :** arrestment lever *(balance)*

manganate : manganate

manganèse : manganese

maniabilité : workability *(béton)*

manille : shackle

manipulable : manageable

manivelle : crank

manœuvre *(n. f.)* : manœuvre ; **station de** ~ **:** control station ; **tringle de** ~ **:** control rod

manœuvre *(n. m.)* : labourer

manomètre : manometer ; pressure gauge ; ~ **à cadran :** dial pressure gauge ; ~ **à membrane :** diaphragm gauge ; diaphragm-type manometer ; ~ **à soufflets :** bellows gauge ; ~ **à tube de bourdon :** bourdon pressure gauge ; ~ **à tube en U :** U-tube manometer ; ~ **à vapeur :** steam gauge ; ~ **de bourdon :** bourdon tube ; ~ **différentiel :** differential pressure gauge ; ~ **piézo-électrique :** piezoelectric manometer

manométrie : manometry

manométrique (hauteur ~ totale) : total head

manostat : pressure switch

manque : lack ; ~ **à gagner :** loss ; shortfall ; ~ **d'eau :** water shortage ; ~ **de place :** lack of space ; ~ **de tension :** voltage failure

mansarde : attic ; **comble en** ~ : mansard roof ; curb roof ; **toit en** ~ : mansard roof ; curb roof

manuel *(adj.)* : manual ; hand-operated

manuel *(n.)* : manual ; handbook ; ~ **d'entretien :** maintenance manual ; ~ **d'utilisation :** user manual ; operator's handbook ; ~ **qualité :** quality manual

manutention : material handling ; ~ **à distance :** remote handling ; **appareil de** ~ : handling machine

manutentionnable : shovellable

manutentionnaire : stevedore *(port)*

maquette : model

maraîchage : market gardening

marais : marshland ; marsh ; ~ **tourbeux :** peat bog

marbre : marble ; **essai au** ~ : marble test ; **test au** ~ : marble test

marc de raisin : grape marc

marchandises : goods ; ~ **en magasin :** stock in hand

marche : ~**-arrêt :** on/off ; ~ **continue :** continuous operation ; ~ **dégradée :** crippled-mode operation ; ~ **droite :** flier ; flyer ; ~ **tournante :** winder ; **en ordre de** ~ **:** in working order ; **mise en** ~ **:** starting

marché : market ; contract ; ~ **au comptant :** cash transaction ; spot market ; ~ **domestique :** home market ; ~ **financier :** capital market ; ~ **intérieur :** domestic market ; ~ **monétaire :** money market ; ~ **porteur :** growth market ; ~ **public de travaux :** public works contract

marécage : swamp

marée : tide ; ~ **basse :** low tide ; ~ **descendante :** ebb tide ; ~ **haute :** high tide ; ~ **montante :** flood tide ; ~ **noire :** oil spill ; **bassin de** ~ : tidal basin

marge : margin ; ~ **bénéficiaire :** profit margin ; ~ **brute d'autofinancement :** cash flow ; ~ **de sécurité :** safety margin

marginal : marginal

maritime (agent ~) : shipping agent

marnage (volume de ~) : differential volume

marquage : marking

marque : trade mark ; brand ; make ; ~ **déposée :** trade mark ; ~ **des colis :** shipping marks

marquer : mark

marqueté : inlaid

marqueterie : marquetry

marteau : hammer ; ~ **à boucharder :** bush hammer ; ~ **à piquer :** chipping hammer *(métall.)* ; ~ **perforateur :** hammer drill ; ~ **piqueur :** hammer pick ; hammer drill ; ~ **pneumatique :** pneumatic hammer ; ~ **rivoir :** riveting hammer

martelage (forgeage par ~) : hammer forging

martelé : hammer finish *(peinture)* ; hammer-tone finish *(peinture)* ; ~ **à froid :** cold-hammered

martensite : martensite

martensitique (acier à structure ~) : martensitic steel

masquage : shielding

masque : mask ; ~ **à gaz :** gas mask ; ~ **à grand champ de visibilité :** wide-field vision mask ; ~ **à oxygène :** oxygen mask ; ~ **de soudure :** face shield ; ~ **panoramique :** wide-field vision mask ; ~ **respiratoire :** oxygen mask

masse : body *(appareil)* ; frame *(appareil)* ; ground *(élec.)* ; earth *(élec.)* ; sledge-hammer *(outil)* ; weight *(poids)* ; ~ **atomique :** atomic mass ; ~ **bactérienne :** bacterial mass ; ~ **critique :** critical mass ; ~ **d'équilibrage :** counterweight ; ~ **de contact :** contact mass ; ~ **filtrante :** filter medium ; filter bed ; ~ **molaire :** gramme-molecular weight ; molecular weight ; ~ **moléculaire :** molecular weight ; ~ **monétaire :** money supply ; ~ **spécifique :** density ; ~ **volumique :** density ; ~ **volumique apparente :** bulk density ; **aérateur à ~ de contact** : contact-media aerator ; **à la** ~ : earthed *(UK)* ; grounded *(US)* ; **colonne à ~ de contact** : packed column ; **coloré dans la** ~ : self-coloured ; **décanteur à ~ de contact granulaire** : granular contact-media clarifier ; **électrode de ~ métallique** : metal earth electrode ; **étanchéité dans la** ~ : integral water-proofing ; **mis à la** ~ : earthed ; **plan de** ~ : location drawing ; **ruissellement sur ~ de contact** : trickling over contact media

masselotte : mallet

massette : lump hammer

massif : block ; concrete base ; plinth *(support)* ; ~ **support :** concrete base

mastax : mastax

mastic : filler ; putty ; mastic *(constr.)* ; ~ **à vitres :** glazier's putty ; ~ **bitumineux :** asphalt mastic

masticage : cementing ; puttying

masticatoire (organe ~) : masticatory organ

mastiquer (couteau à ~) : putty knife

mât : mast ; matt ; ~ **de charge :** self-loader

matelas : cushion ; ~ **d'air :** air blanket *(filtre)* ; **dispositif à ~ d'air** : air-cushion device

matériau : material ; ~ **calcaire :** calcareous material ; **~x de construction :** building materials ; ~ **de contact :** contact material ; ~ **de remplissage :** filter medium ; fill material ; ~ **filtrant :** filtering media ; filtering material ; ~ **filtrant précouche :** precoat filtering medium ; ~ **granulaire :** granular material ; ~ **pulvérulent :** powdered material ; ~ **support :** support material

matériel : equipment ; hardware *(info.)* ; ~ **de stockage :** storage equipment ; ~ **sanitaire :** sanitary ware

matière : material ; ~**s** : matter ; ~**s azotées :** nitrogenous matter ; ~ **cellulosique :** cellulosic matter ; ~**s colloïdales :** colloidal matter ; colloids ; ~**s consommables :** consumable goods ; consumables ; ~**s décantables :** settleable solids ; ~ **de vidange :** night soil ; ~**s dissoutes :** dissolved substances ; ~**s en suspension :** suspended solids ; ~**s fécales :** fecal matter ; ~**s flottantes :** floating matter ; ~**s grenues :** grainy material ; ~**s huileuses :** oily substance ; ~**s humiques :** humic matter ; ~ **isolante :** insulating material ; ~**s organiques :** organic matter ; ~ **plastique :** plastics ; ~**s premières :** raw materials ; ~**s sèches :** mixed liquor suspended solids ; dry solids ; ~**s sèches totales :** total dry solids ; ~**s volatiles :** volatile solids ; ~**s volatiles sèches :** mixed liquor volatile suspended solids

matriçage : stamping ; ~ **à double pression :** coining ; **forgeage par** ~ : die forging

matrice : stamping tool ; die ; ~ **d'étirage :** drawing die ; **coulé en** ~ : die cast

matte : matte *(métall.)*

maturation : ripening ; ageing

mauvais : bad ; ~ **état :** poor condition ; ~ **goût :** unpleasant taste ; ~**e odeur :** bad odour ; ~**e qualité :** low grade

maximum : maximum

mazout : fuel-oil ; **chauffage central au** ~ : oil-fired central heating

mécanicien : mechanic ; **ingénieur** ~ : mechanical engineer

mécanique *(adj.)* : mechanical

mécanique *(n.)* : mechanical engineering ; mechanics ; ~ **quantique :** quantum mechanics

mécanisme : mechanism ; ~ **de sûreté :** fool-proof mechanism ; ~ **de transfert :** transfer mechanism

mèche : bit ; drill ; ~ **de centrage :** centre bit ; ~ **hélicoïdale :** twist drill ; ~ **universelle :** expanding bit

médian : median

médiane : median

médiation : mediation

médium : medium *(peinture)*

mégavolt : megavolt

mégawatt : megawatt

mégisserie : tawery

mégohm : megohm

mégohmmètre : megohmmeter ; **essai à l'aide d'un** ~ : meggering test

mélange : mixing *(action)* ; mixture ; mix ; ~ **frigorifique :** freezing mixture ; ~ **intime eau-boue :** intimate water-sludge mixture ; **bassin à ~ intégral** : complete mixing tank ; **chambre de** ~ : mixing chamber ; **pot de** ~ : mixing chamber ; **trémie de** ~ : mixing hopper ; **vis de** ~ : mixing screw ; **zone de** ~ : mixing zone

mélangeur : mixer ; ~ **à chicanes :** baffle mixer ; ~ **rapide :** flash mixer ; ~ **rapide à hélice :** impeller-type flash mixer ; ~ **statique :** static mixer ; ~ **statique cyclonique :** cyclonic static mixer

mélasse : molasses

membrane : membrane ; diaphragm *(pompe, vanne)* ; ~ **asymétrique :** asymmetrical membrane ; ~ **biologique :** biological membrane ; ~ **composite :** composite membrane ; ~ **d'acétate :** acetate membrane ; ~ **d'osmose :** osmosis membrane ; ~ **homogène :** homogeneous membrane ; ~ **hydrophile :** hydrophilic membrane ; ~ **plissée :** pleated membrane ; ~ **poreuse :** porous membrane ; ~ **synthétique :** synthetic membrane ; **bioréacteur à** ~ : membrane bioreactor ; **cellule à** ~ : diaphragm cell ; **détendeur à** ~ : diaphragm-operated pressure release system ; **diffuseur à** ~ : membrane diffuser ; **pompe à** ~ : diaphragm pump ; **régulateur à** ~ : diaphragm-operated regulator ; **système à** ~ : diaphragm-box system

membre : member

mémoire : memory ; ~ **centrale :** main storage unit ; ~ **de travail :** work area ; working storage ; working memory ; ~ **morte :** read-only memory ; ~ **tampon :** buffer store ; ~ **vive à accès sélectif :** random-access memory

ménage : household

menant (brin ~) : driving side *(courroie)*

Mendeleieff : Mendeleev

mené : driven ; **brin** ~ : slack side *(courroie)*

meneau : mullion

menuiserie : joinery

mercaptan : mercaptan

mercerisage du coton : cotton mercerizing

mercure : mercury ; **lampe à vapeur de** ~ : mercury-vapour lamp

mère : mother ; **bande** ~ : master tape ; **carte** ~ : masterboard ; carrier circuit ; mother-board ; **roche** ~ : parent rock

mésophile : mesophilic

mésoporosité : mesoporosity

mésotrophe : mesotrophic

mesure : metering ; measurement ; ~ **de bruit :** acoustic measurement ; ~ **de débit :** flow measurement ; ~ **de débit d'air :** air flowmeter ; ~ **en continu :** continuous measurement ; ~**s protectionnistes :** tariff barriers ; **appareil de** ~ : measuring apparatus ; **baie de** ~ : measurement rack ; **boucle de** ~ : measurement loop ; **électrode de** ~ : measuring electrode ; **piquage de** ~ : sample tapping

mesurer par bulle à bulle : measure by the air-bubbling method

métabisulfite de sodium : sodium metabisulphite

métabolisation : metabolization

métabolite : metabolite

métal : metal ; ~ **compact :** dense metal ; ~ **d'apport :** filler metal ; ~ **de base :** base metal ; parent metal ; ~ **déployé :** expanded metal ; ~ **fritté :** sintered metal ; ~ **lourd :** heavy metal ; ~ **noble :** noble metal ; ~ **plaqué :** plated metal ; ~ **précieux :** precious metal ; ~ **tréfilé :** extruded metal ; ~ **trempé :** hardened metal

métallifère : metalliferous ; metal-containing

métallique : metallic ; metal ; **câble** ~ : wire rope ; **sel** ~ : metallic salt

métallisation : metallizing

métallisé (couleur ~e) : metallic colour

métalloïde : metalloid

métalloplastique (joint ~) : copper-asbestos gasket

métallurgie : metallurgy ; ~ **des poudres :** powder metallurgy ; ~ **en poche :** ladle metallurgy ; ~ **par voie ignée :** pyrometallurgy

méthane : methane

méthanisation : methane fermentation

méthanogène : methane-producing

méthanogénèse : methanogenesis

méthionine : methionine

méthode : method ; ~ **de Langelier :** Langelier's method ; ~ **de terrain :** spot method ; ~ **des moindres carrés :** least squares method ; ~ **opératoire :** procedure

méthyl : methyl ; ~ **mercaptan :** methyl mercaptan

méthylorange : methyl orange

métier : discipline

mètre : metre ; ~ **à ruban :** tape measure ; ~ **linéaire :** linear metre

métreur : quantity surveyor

métrique : metric

metteur en route : start-up operator

mettre : put ; ~ **à jour :** update ; ~ **à l'heure :** set the time ; ~ **au point :** devise ; finalize ; adjust *(équipement)* ; develop *(études)* ; ~ **en contact :** bring into contact ; ~ **en court-circuit :** short-circuit ; shunt ; ~ **en marche :** start ; ~ **en route :** start up ; ~ **fin à un contrat :** terminate a contract ; ~ **hors tension :** de-energize ; ~ **sous tension :** energize ; ~ **sous vide :** place under a vacuum ; put under vacuum

meuble (terre ~) : loose ground

meulage : grinding

meule : grinding wheel ; grindstone

meulé (acier ~) : ground steel

meuler : grind

mho : mho

micellaire (solution ~) : micellar solution

micelle : micelle

microanalyse : microanalysis

microbalance : microbalance

microbe : microbe

microbicide *(adj.)* : microbicidal

microbicide *(n.)* : microbicide

microbiologie : microbiology

microbulle : microbubble

microchimie : microchemistry

microcircuit : microcircuit

microcontact : microswitch

microéléments : microelements

microencapsulation : microencapsulation

microfaune : microfauna

microfilm : microfilm

microfiltration : microfiltration

microflore : microflora

microfuite : microleak

microhm : microhm

micro-interrupteur : microswitch

micromètre : micrometer ; micron *(unité de mesure)*

micrométrique : micrometric ; **vis ~** : micrometer screw

micron : micron

micro-onde : microwave

micro-organisme : microorganism

microphone unidirectionnel : unidirectional microphone

microphyte : microphyte

microplaquette : chip

micropolluant : microcontaminant ; micropollutant

microrésine : microresin

microrupteur : microswitch

microscope : microscope ; ~ **à champ émissif :** field-emission microscope ; ~ **composé :** compound microscope ; ~ **électronique :** electron microscope ; ~ **optique :** optical microscope ; ~ **simple :** simple microscope

microseringue : microsyringe

microsiemens : microsiemens ; micromho

microtamis : microstrainer ; ~ **à bande :** band microstrainer ; ~ **rotatif :** rotating microstrainer

microtamisage : microstraining ; microscreening

microvolt : microvolt

mi-étage (maison à ~) : split-level house

mi-fini : semi-finished

migration : migration ; ~ **des ions :** ion migration

milieu : middle *(centre)* ; medium *(écol.)* ; ~ **de culture :** culture medium ; ~ **filtrant :** filtering material ; ~ **naturel :** natural environment ; ~ **récepteur :** receiving water ; medium

milliampère : milliampere

milliéquivalent : milliequivalent

milliéquivalent/l : milliequivalent/l ; 5 French degrees

milligramme : milligramme

millilitre : millilitre

millimètre : millimetre

millimétrique (papier ~) : graph paper

milliseconde : millisecond

millivolt : millivolt

milliwatt : milliwatt

mince : thin

mine : mine ; ~ **à ciel ouvert :** open-cast mine ; **eaux d'exhaure de ~s** : mine water

minerai : ore ; ~ **à haute teneur :** high-grade ore ; ~ **de fer :** iron ore ; ~ **de haute teneur :** high-grade ore ; ~ **pauvre :** low-grade ore ; ~ **riche :** rich ore

minéral : mineral ; inorganic ; **chimie ~e :** inorganic chemistry ; **eau ~e :** mineral water

minimum : minimum ; ~ **de facturation :** small order charges

mini-ordinateur : minicomputer

minirupteur : microswitch

minium : minium ; red lead ; **peinture au ~** : red lead paint

mini-usine : mini-mill

minute : minute

minuterie : time switch ; timer ; ~ **multi-gamme :** multi-range timer

mire de nivellement : levelling staff

miroir : mirror

miscibilité : miscibility

miscible : miscible

mise : setting ; ~ **à disposition :** takeover ; ~ **à disposition à quai :** wharf delivery ; ~ **à l'arrêt :** shut-down ; ~ **à l'atmosphère :** vent ; ~ **à la terre :** earthing ; ~ **à niveau :** levelling ; ~ **à quai :** wharf delivery ; ~ **à repos retardée :** delayed drop-out ; ~ **au travail retardée :** delayed pick-up ; ~ **en décharge contrôlée :** sanitary landfill ; ~ **en eau :** filling *(barrage)* ; ~ **en équivalence :** consolidation under equity method *(société)* ; ~ **en expansion :** expansion ; ~ **en marche :** starting ; ~ **en œuvre :** implementation ; ~ **en phase :** phasing ; ~ **en route :** commissioning ; ~ **en vitesse :** change in momentum ; ~ **hors circuit :** disconnection ;

bac de ~ en charge : head tank ; **bassin de ~ en charge** : forebay *(hydroélec.)* ; **câble de ~ à la terre** : earth cable ; **cheminée de ~ en charge** : head application column ; **ouvrage de ~ en charge** : head tank ; **pot de ~ en charge** : head application chamber ; head chamber ; **réacteur de ~ en contact** : contact reactor

mission (en ~) : on detachment

mitigeur : mixer valve

mitoyen (mur ~) : party wall

mobile : mobile

mobilité : mobility ; ~ **d'un ion :** ion mobility

mode *(n. m.)* : mode ; ~ **d'emploi :** instructions for use ; ~ **de fonctionnement :** mode of operation ; ~ **opératoire :** procedure

modèle : model ; ~ **de Monod :** Monod's model ; ~ **réduit :** scale model

modélisation : modelling

modem : modem

modernisation de station : plant upgrading

modification : alteration ; modification

modifier (à ~) : to be modified

modulaire : modular

modulateur-démodulateur : modulator-demodulator

modulation : modulation ; ~ **d'amplitude :** amplitude modulation ; ~ **de fréquence :** frequency modulation ; ~ **de phase :** phase modulation ; ~ **par impulsions :** pulse modulation ; ~ **par impulsions codées :** pulse-code modulation ; ~ **parasite :** spurious modulation ; **bande de** ~ : sideband

module : module ; ~ **à enroulement spiral :** spiral-wound module ; ~ **à plaques :** plate-type module ; ~ **d'élasticité :** bulk modulus of elasticity ; bulk modulus ; ~ **Du Pont de Nemours :** permeator ; ~ **en fibres creuses :** hollow-fibre module ; ~ **en nid d'abeille :** honeycomb module ; ~**s lamellaires :** lamellar modules ; ~ **tubulaire :** tubular module

moduler : modulate

moelleux : mellow *(bière)*

moellon brut : rubble

moindre (méthode des ~s carrés) : least squares method

moins : less ; minus

moins-value : deduction ; depreciation

moisi : musty

molaire *(adj.)* : molar ; molal

molarité : molarity

mole : mole ; jetty

moléculaire : molecular

molécule : molecule ; ~ **polaire :** polar molecule

moletage : knurling

molette : cutting wheel ; ~ **d'entraînement :** gripper wheel ; **clé à** ~ : adjustable spanner ; adjustable wrench

mollusques : mollusks

molybdate : molybdate ; ~ **d'ammonium :** ammonium molybdate

molybdène : molybdenum

moment : moment ; ~ **angulaire :** angular momentum ; ~ **d'inertie :** moment of inertia ; ~ **de flexion :** bending moment ; ~ **de giration :** gyration moment ; ~ **de renversement :** bending moment ; overturning moment ; ~ **de torsion :** torque

monnaie de facturation : contract currency

monobasique : monobasic

monobloc : package ; solid-forged ; made in one piece ; integral ; monobloc

monocellulaire (pompe ~) : single-stage pump

monochloramine : monochloramine

monochromateur : monochromator

monochromatique : monochromatic

monoéthylamine : monoethylamine

monomère : monomer

monomoléculaire : monomolecular

monophasé : single-phase

monorail : travelling hoist ; monorail

monovalent : monovalent

montage : assembly ; erection ; ~ **en dérivation :** shunting *(élec.)* ; ~ **en étoile :** star connection ; Y-connection ; ~ **en jalousie :** echelon arrangement ; ~ **en parallèle :** parallel connection ; ~ **en série :** series connection *(élec.)* ; ~ **en triangle :** delta connection ; ~ **en Y :** Y-connection *(élec.)* ; ~ **encastré :** flush-mounting ; ~ **étoile :** star connection ; ~ **étoile-triangle :** star-delta connection ; ~ **incorrect :** faulty assembly ; ~ **mural :** wall mounting ; ~ **triangle :** delta connection

montant : sum *(fin.)* ; amount *(fin.)* ; stile *(porte)* ; upright *(rampe)*

monte-charge : goods lift ; elevator

monté en dérivation : shunt-connected

monteur : fitter

montmorillonite : montmorillonite

montre : watch

moralité fiscale : creditworthiness

morpholine : morpholine

mors : jaw

mort (zone ~e) : still zone

mortaise : mortise ; **assemblage à** ~ : mortise and tenon

mortel : fatal

mortier : mortar ; cement ; ~ **de chaux :** lime mortar ; ~ **de ciment :** cement mortar ; ~ **gras :** fat mortar ; ~ **liquide :** grout ; ~ **maigre :** lean mortar ; ~ **ordinaire :** lime mortar ; ~ **peu épais :** slurry

moteur : engine *(à combustion)* ; motor *(élec.)* ; ~ **à air chaud :** hot-air engine ; ~ **à bagues :** slip-ring motor ; ~ **à cage d'écureuil :** squirrel-cage motor ; ~ **à carcasse à pattes :** pad-mounted motor ; ~ **à combustion interne :** internal combustion engine ; ~ **à cylindres en V :** V-type engine ; ~ **à deux temps :** two-stroke engine ; ~ **à essence :** petrol engine ; ~ **à explosion :** internal combustion engine ; ~ **à induction :** induction motor ; ~ **à pistons :** piston engine ; ~ **à réaction :** jet engine ; ~ **à rotor en court-circuit :** squirrel-cage motor ; ~ **à vapeur :** steam engine ; ~ **à vitesses multiples :** multiple-speed motor ; ~ **asynchrone :** asynchronous motor ; ~ **couple :** torque motor ; ~ **d'inférence :** inference engine ; ~ **diesel :** diesel engine ; ~ **en étoile :** radial engine ; ~ **en ligne :** in-line engine ; ~ **en V :** V-type engine ; ~ **étanche :** totally enclosed fan-cooled motor ; ~ **frein :** brake motor ; ~ **hydraulique :** hydraulic motor ; ~ **protégé :** drip-proof motor ; ~ **rotatif :** rotary engine ; ~ **thermique :** heat engine ; **chariot à ~ hydraulique** : hydraulic motor gear

motopompe : motor pump

motoréducteur : motor reducer ; reduction gear ; speed-reduction motor ; ~ **à variateur :** reduction gear with variable-speed drive

motovariateur : variable-speed motor ; ~ **d'entraînement :** variable-speed drive

mou (brin ~) : slack side

moufle *(n. m.)* **:** block ; pulley block

moufler un câble : reeve a wireline

mouillabilité : wettability

mouillage : wetting

mouillé : wet ; wetted ; **périmètre ~** : wetted perimeter

moulage : moulding ; ~ **en coquille :** die casting ; ~ **par air comprimé :** blow moulding ; ~ **par compression :** compression moulding ; ~ **par enrobage :** investment casting ; ~ **par injection :** injection moulding ; ~ **par pression :** compression moulding ; ~ **par soufflage :** blow moulding

moule *(n. f.)* **:** mussel

moule *(n. m.)* **:** mould

moulure : moulding

moussage : foaming ; froth

mousse : foam ; moss ; sponge *(caoutchouc)* ; lather *(savon)* ; ~ **de plastique :** expanded plastic ; foamed plastic ; plastic foam ; ~ **de platine :** platinum sponge ; ~ **persistante :** persistent foam ; **extincteur à ~ carbonique** : carbon dioxide fire extinguisher ; **rabattement de ~ s** : foam reduction

moût : must *(vin)* ; wort *(bière)* ; ~ **brut :** raw must *(vin)* ; ~ **de raisin :** grape must ; ~ **pré-décanté :** presettled must

mouton de frappe : pile hammer

mouvant (sables ~s) : quicksand

mouvement : movement *(montre)*

moyen *(adj.)* : average ; mean ; medium ; **~ne fréquence :** medium frequency ; **~ne tension :** medium voltage ; **digesteur à ~ne charge :** medium-rate digester

moyenne *(n.)* : mean ; average ; ~ **arithmétique :** arithmetic mean ; ~ **logarithmique :** logarithmic mean ; ~ **pondérée :** weighted average ; ~ **quadratique :** root-mean-square value

moyennement (anion ~ basique) : intermediate-base anion

moyens *(n.)* : resources ; means

moyeu : hub ; ~ **d'embrayage :** clutch hub

mucus : mucus

multicouche (filtre ~) : multi-media filter

multicyclonage : multi-cycloning

multimètre : multimeter ; multi-purpose tester ; circuit analyzer

multiple : multiple ; **appareil à ~s effets** : multiple-effect device

multiplexage : multiplexing

multiplicateur : multiplier ; ~ **d'électrons :** electron multiplier ; ~ **de tension :** voltage multiplier ; **engrenage ~** : step-up gear

multiplication : multiplication

multipolaire : multi-polar

mur : wall ; ~ **de soutènement :** retaining wall ; ~ **double :** cavity wall ; ~ **du son :** sound barrier ; ~ **en pisé :** cob wall ; ~ **en torchis :** cob wall ; ~ **mitoyen :** party wall

mural : mural ; **montage ~** : wall mounting ; **vanne ~e :** penstock

muriate : muriate

mûrissement : maturation

mur-rideau : curtain wall

musqué : musky

mutagénicité : mutagenicity

N

naissant : nascent

nanofiltration : nanofiltration

nanoplancton : nanoplankton

nanoseconde : nanosecond

naphta : naphtha

naphtaline : naphthalene

naphte : naphtha ; ~ **de première distillation :** straight-run naphtha ; virgin naphtha

nappe : sheet ; ~ **captive :** confined groundwater ; ~ **de butyl :** butyl film ; ~ **de réalimentation :** recharge aquifer ; ~ **déprimée :** depressed nappe ; ~ **phréatique :** water table ; aquifer ; ~ **souterraine :** water table ; **réalimentation de** ~ : artificial recharge of aquifer

nature : nature ; ~ **du sol :** nature of the soil

navigable : navigable

navigation : navigation ; shipping ; ~ **côtière :** coastal shipping ; ~ **fluviale :** inland navigation ; **compagnie de** ~ : shipping company

navire : ship ; ~ **au long cours :** ocean liner ; ~ **de charge :** cargo ship ; ~ **de ligne :** liner ; ~ **frigorifique :** refrigerated ship ; ~ **marchand :** merchant ship ; ~ **minéralier :** ore carrier ; ~ **pétrolier :** oil tanker ; tanker ; ~ **vracquier :** bulk carrier

négociant exportateur : export merchant

négocier : negotiate

neige : snow

nématode : nematode

néodyme : neodymium

néoformé : neoformed

néon : neon ; **tube au** ~ : neon tube

néoprène : neoprene

néphélométrie : nephelometric analysis ; nephelometry

néphélométrique (unité ~) : nephelometric turbidity unit

nervure : rib ; ~ **de renforcement :** stiffening rib

nervuré : ribbed

nettoyage : cleaning ; ~ **à sec :** dry cleaning ; ~ **au jet :** spray washing ; ~ **des gaz :** gas scrubbing ; ~ **par l'aval :** back-cleaning ; ~ **par le vide :** vacuum cleaning ; **dispositif de ~ alternatif** : reciprocating cleaning mechanism

neutralisant : neutralizing

neutralisation : neutralization ; **indice de** ~ : neutralization number ; **tour de** ~ : neutralization tower

neutralisé : neutralized

neutralité : neutrality

neutre : neutral ; **fil** ~ : neutral conductor

neutron : neutron

newton : newton

nez : smell *(vin)* ; ~ **de marche :** step nosing

nickel : nickel

nitratation : nitrate production

nitrate : nitrate ; ~ **d'ammonium :** ammonium nitrate ; ~ **d'argent :** silver nitrate

nitraté : nitrated

nitreux : nitrous

nitrificateur : nitrifying filter

nitrification : nitrification ; ~ **tertiaire :** tertiary nitrification

nitrificatrice : nitrifying *(bactérie)*

nitrique : nitric

nitrite : nitrite

nitrure : nitride ; ~ **de sodium :** sodium nitride

nitruré : nitrided

niveau : level ; ~ **à bulle d'air :** level ; spirit level ; ~ **à glace :** level gauge ; ~ **bas :** low level ; ~ **d'eau :** water level ; ~ **d'eau maxi :** top water level ; ~ **d'eau supérieur :** top water level ; ~ **d'éclairement :** lighting level ; ~ **d'énergie :** energy level ; ~ **d'étiage :** low water ; ~ **d'huile :** oil gauge ; dipstick ; ~ **de bruit :** noise level ; ~ **de la mer :** sea level ; ~ **de maçon :** mason's level ; ~ **de référence :** datum plane ; reference level ; ~ **de restitution :** outlet level *(filtre)* ; downstream level *(filtre)* ; ~ **de son :** sound level ; ~ **des basses eaux :** low water ; ~ **des remblais :** formation level ; ~ **guide :** guide level ; ~ **haut :** high level ; ~ **maximum admissible :** maximum permissible level ; ~ **résiduel :** residual level

niveler : level

niveleuse : grader

nivellement : levelling ; **mire de ~ :** levelling staff ; **repère de ~ :** bench mark

noble : noble *(métal)*

nodule : nodule

nœud : knot

noir : black ; **~ animal :** animal black ; **~ de carbone :** carbon black ; **~ de fumée :** lampblack

noisette : broken lump *(sulfate d'alumine)*

nombre : number ; **~ atomique :** atomic number ; **~ complexe :** compound number ; complex number ; **~ d'Avogadro :** Avogadro's number ; **~ d'étages de transfert :** number of transfer units ; **~ d'unités de transfert :** number of transfer units ; **~ de Froude :** Froude number ; **~ de Reynolds :** Reynolds number ; **~ de tours :** number of revolutions ; **~ entier :** integer ; **~ imaginaire :** imaginary number ; **~ impair :** odd number ; **~ irrationel :** irrational number ; **~ pair :** even number ; **~ parfait :** perfect number ; **~ premier :** prime number ; **~ quantique :** quantum number ; **~ rationnel :** rational number ; **~ réel :** real number ; **~ sans dimension :** dimensionless number

nomenclature : parts list ; **~ des aciers de ferraillage :** re-bar schedule ; **~ plan :** parts list with drawing

nominal : rated ; nominal ; **courant ~ :** rated current

nomogramme : nomograph

non allié : unalloyed

non aromatique : non-aromatic

non-conformité : non-conformity

non ferreux : non-ferrous

non ionisé : non-ionized

non métallique : non-metallic

non plein : partly full

non polaire : non-polar

non-qualité : non-quality

non raffiné : unrefined

non tissé : unwoven

non travaillé : rough

non usiné : rough

non valable : non-applicable ; non-valid

nord : north

nord-est : north-east

nord-ouest : north-west

normal : normal

normalisation : standardization

normal-secours : duty and stand-by

norme : standard ; **~s de rejet :** discharge standards

notaire : solicitor

note : memo ; note *(commentaire)* ; **~ d'honoraires :** bill ; **~ de frais :** expense account ; **~ de transmission :** forwarding memo ; **~ interne :** in-house memo ; **~ manuscrite :** handwritten memo ; **~ technique :** technical memo

notice : manual ; instructions booklet ; **~ d'entretien :** maintenance manual ; **~ de fonctionnement :** operating manual

nourrice : feeder ; **~ d'air :** air feeder ; **~ d'alimentation :** feed pipe

noyau : nucleus *(biol.)* ; **~ atomique :** atomic nucleus ; **~ central :** central feed duct *(filtre-presse)* ; **~ d'électroaimant :** electromagnet core ; **~ de relais :** relay core

noyé : submerged ; **~ dans le béton :** embedded in concrete

nu : bare *(électrode)* ; **fil ~ :** bare conductor

nuage : scatter *(math.)*

nuance : grade *(acier)* ; shade *(couleur)*

nucléaire : nuclear ; **rayonnement ~ :** nuclear radiation

nucléide : nuclide

nuisance : nuisance

nuisible : detrimental ; **~ à la santé :** detrimental to health

numérateur : numerator

numération : count ; **~ bactérienne :** bacteria count ; **~ globulaire :** blood count

numéro : number ; **~ atomique :** atomic number ; **~ d'ordre :** serial number ; **~ de déclaration en douane :** entry number ; **~ de lot :** lot number ; **~ de série :** serial number

numérotage : numbering

nutriment : nutrient

nutritif (apport ~) : nutritive input

nylon : nylon

O

objectif : aim ; goal ; objective *(opt.)* ; **~ composé :** compound lens ; **~ simple :** simple lens

oblique : oblique

oblong : oblong ; **trou ~ :** slotted hole

obscurité : darkness

observation : remark ; **~s :** comments ; **lunette d'~ :** observation window

obstruction : blockage

obstrué (tuyau ~) : blocked pipe

obturateur : shutter ; isolating device ; **~ à diaphragme :** air plug valve ; **~ à disque :** self-centring disc valve ; **~ à tiroir :** slide shutter ; **~ à vessie :** air plug valve ; **~ pneumatique :** air plug valve

obturation : blanking off *(tuyau)* ; **bride d'~ :** blank flange ; blind flange ; **plaque d'~ :** blanking plate

occlusion : occlusion *(gaz)*

octane : octane ; **degré d'~ :** octane rating ; **indice d'~ :** octane number

octet : byte *(info.)*

octodécylamine : octodecylamine

octroi : grant

octroyer : grant

oculaire : eyepiece ; **~ micrométrique :** eyepiece micrometer

odeur : odour

œil : eye ; **~ de tuyère :** tuyere hole ; **piton à ~ :** eyebolt

œil-de-bœuf : bull's eye

œillet : eye

œilleton : spyglass

œuf : egg ; **~ d'Ascaris :** Ascaris egg

œuvre *(n. m.)* **:** works ; **gros ~ :** structural works ; **second ~ :** technical and architectural trades

offre : tender ; bid ; offer ; proposal ; **~ publique d'achat :** takeover bid ; **faire une ~ :** make an offer

offset : offset ; **impression ~ :** offset lithography

ohm : ohm

ohmmètre : ohmmeter

oléagineux : oleaginous

oléfine : olefin

olfactométrique : olfactometric

oligo-élément : trace element

oligotrophe : oligotrophic

ombre : shade ; **à l'~ :** in the shade

ombré : shaded ; **partie ~e :** shaded area

omnibus (barre ~) : busbar

onde : wave ; **~ calorifique :** heat wave ; **~s centimétriques :** centimetric waves ; **~s courtes :** short waves ; **~ de choc :** shock wave ; **~ de marée :** tidal wave ; **~ décimétrique :** decimetric wave ; **~ hertzienne :** Hertzian wave ; **~s longues :** long waves ; **~ lumineuse :** light wave ; **~ millimétrique :** millimetre wave ; **~s moyennes :** medium waves ; **~ plane :** plane wave ; **~ porteuse :** carrier wave ; carrier ; **~ sismique :** seismic wave ; **~ sonore :** sound wave ; **~s ultracourtes :** ultrashort waves

ondulation de courant : current ripple

ondulé (tôle ~e) : corrugated iron

onduleur : inverter ; dc-ac converter ; dc-ac inverter

onglet : mitre *(constr.)* ; **boîte à ~s :** mitre block ; mitre box

opacité : opacity

opale : opal ; **ampoule ~ :** opal lamp ; **verre ~ :** opal glass

ope : wall box *(constr.)*

opérateur : operator

opération : operation

opercule : disc *(vanne)* ; gate *(vanne)* ; **~ double :** double disc ; **~ monobloc :** solid wedge disc *(coin)* ; **~ simple :** single wedge disc ; **vanne à ~ :** gate valve

optimisation : optimization

option : option ; **en ~ :** optional

optique *(adj.)* : optical ; **instrument ~ :** optical instrument ; **verre ~ :** optical glass

optique *(n.)* : optics

or : gold

orange : orange

orbite : orbit ; ~ **circulaire :** circular orbit ; ~ **d'attente :** parking orbit ; ~ **synchrone :** synchronous orbit ; **placer sur ~ :** put into orbit

ordinateur : computer ; ~ **de secours :** backup computer ; ~ **numérique :** digital computer ; ~ **principal :** main computer

ordonnancement : scheduling ; **service ~ :** expenditure accounting department

ordonnée : ordinate ; **axe des ~s :** Y-axis

ordre : order ; ~ **de grandeur :** order of magnitude ; **billet à ~ :** promissory note

ordures : refuse ; ~ **encombrantes :** bulky waste ; ~ **ménagères :** household refuse

oreille : lug ; ~ **de levage :** lifting lug ; **écrou à ~s :** wing nut

organe : component ; sub-assembly ; ~ **d'agitation :** mixer unit ; ~ **de dessablage :** grit chamber ; ~ **déprimogène :** primary element ; ~ **masticatoire :** masticatory organ

organigramme : organization chart

organique : organic

organisme aquatique : aquatic organism

organo-azolé : organo-azole

organochloré : organochlorine ; organochlorinated

organoleptique : organoleptic

organométallique : organometallic

organosoufré (composé ~) : organosulphur compound

orientable : swivelling ; directional ; steerable ; **raccord ~ :** swivel connection ; **tuyère ~ :** directional nozzle

orientation : direction

orienté : oriented ; facing

orifice : hole ; orifice ; opening ; **~s à brides :** flanged ends ; ~ **anti flottaison :** weep hole ; safety stability port ; ~ **calibré :** orifice plate ; calibrated orifice ; ~ **d'entrée :** inlet port ; ~ **d'évacuation :** outlet ; ~ **de coulée :** taphole ; ~ **de trou d'homme :** manhole ; ~ **de trou de poing :** hand-hole ; ~ **de visite :** inspection hole ; ~ **renforcé :** reinforced opening ; **doseur à ~ :** orifice-type feeder

origine : origin ; **certificat d'~ :** certificate of origin

orthophosphate : orthophosphate

orthotolidine : orthotolidine

oscillateur : oscillator ; ~ **à arc :** arc converter ; ~ **à quartz :** quartz oscillator ; ~ **à réaction :** feedback oscillator

oscillation : oscillation

oscillographe : oscillograph

osmose : osmosis ; ~ **directe :** natural osmosis ; ~ **inverse :** reverse osmosis ; ~ **parfaite :** perfect osmosis

osmotique : osmotic

ossature : framework ; skeleton

OU (divergence en ~) : OR link

ouest : west

ouïe d'aération : louver

outil : tool ; ~ **à air comprimé :** pneumatic tool ; ~ **à main :** hand tool ; ~ **à pastilles ou plaquettes rapportées :** tipped tool ; ~ **tailleur :** drilling bit ; **boîte à ~s :** tool box ; **trousse à ~s :** tool kit

outillage : tools

ouvert : open ; ~ **aux deux extrémités :** open-ended ; ~ **en grand :** wide-open

ouverture : opening ; aperture *(photo.)* ; ~ **en cascade :** cascade opening ; **flacon à large ~ :** wide-mouthed flask ; **indicateur d'~ :** position indicator

ouvrable (jour ~) : working day

ouvrage : structure ; ~ **d'arrivée :** inlet structure ; ~ **de comptage :** metering structure ; metering unit ; ~ **de contenance :** retaining structure ; ~ **de dépotage :** discharge facility ; ~ **de dérivation :** diversion work ; ~ **de mise en charge :** head tank ; ~ **de prise d'eau :** water intake structure ; ~ **de répartition :** splitting chamber ; flow splitting tank ; distribution structure ; ~ **de retenue :** dam

ouvrier : worker ; ~ **qualifié :** skilled worker ; ~ **spécialisé :** semi-skilled worker

ouvrir : open

ovalisation : out-of-roundness

oxalate : oxalate ; ~ **de fer :** iron oxalate ; ferrous oxalate

oxhydrique : oxyhydrogen

oxyacétylénique : oxyacetylene

oxycoupage : flame-cutting

oxycoupeur (chalumeau ~) : flame-cutting torch

oxydabilité au permanganate : permanganate value ; permanganate demand

oxydable : oxidizable

oxydant *(adj.)* : oxidizing

oxydant *(n.)* : oxidizing agent

oxydation : oxidation ; **chenal d'~ :** oxidation ditch

oxyde : oxide ; ~ **d'aluminium :** aluminium oxide ; ~ **d'amine :** amine oxide ; ~ **d'azote :** nitrogen oxide (NOx) ; ~ **de carbone :** carbon monoxide ; ~ **de cuivre :** copper oxide ; cuprous oxide ; cupric oxide ; ~ **de fer :** iron oxide ; ~ **de phénol :** diphenyl oxide ; ~ **de phénylarsène :** phenylarsine oxide ; arsenobenzene ; oxophenylarsine ; ~ **de potassium :** potassium oxide ; ~ **rouge de fer :** red ferric oxide ; colcothar ; ~ **vert :** green oxide

oxyder : oxidize

oxydoréduction : oxidation-reduction

oxyduc : oxygen duct ; oxygen line

oxygénation : oxygenation ; **rendement d'**~ : oxygen transfer efficiency

oxygène : oxygen ; ~ **d'appoint :** oxygen top-up ; ~ **dissous :** dissolved oxygen ; ~ **liquide :** liquid oxygen ; ~ **non-limitant :** dissolved oxygen ; ~ **perdu :** non-recycled oxygen ; **boucle à** ~ : oxygen loop ; oxygenated

oxygéné (eau ~e) : hydrogen peroxide

oxygènemètre : oxygen meter

ozonation : ozonization *(ozoneur)* ; ozonation *(tour de contact)*

ozone : ozone ; ~ **résiduel :** residual ozone ; off-gas ozone ; **concentration d'**~ **dans l'air :** ozone-in-air concentration

ozoné : ozonated ; ozonized

ozoner : ozonize ; ozonate

ozoneur : ozone generator ; ~ **à plaques :** plate-type ozone generator ; ~ **à tubes diélectriques fermés :** closed-tube ozone generator ; ~ **à tubes diélectriques ouverts :** open-tube ozone generator ; ~ **courte longueur :** short-model ozone generator ; ~ **grande longueur :** long-model ozone generator ; ~ **tubulaire :** tube-type ozone generator

ozonide : ozonide

ozoniseur : ozonizer ; ozone generator

P

Pachuca : Pachuca tank

paiement : payment ; ~ **au comptant :** cash payment ; ~ **au prorata :** pro rata payment ; ~ **d'avance :** payment in advance ; ~ **différé :** deferred payment ; ~**s échelonnés :** instalments ; ~ **suivant avancement des travaux :** payment according to progress of works ; **conditions de** ~ : terms of payment ; **différer le** ~ : postpone the payment

paillasse de laboratoire : laboratory bench

paille : straw

paillette : flake

paire : pair ; ~ **d'ions :** ion pair ; ~ **torsadée :** twisted pair

palan : block and tackle ; hoist ; ~ **à chaîne :** chain hoist ; chain block ; ~ **d'embarcation :** boat fall ; ~ **différentiel :** differential pulley ; **chariot porte-** ~ : trolley hoist

pale : blade *(agitateur, hélice)* ; paddle *(floculateur)* ; vane *(ventilateur)* ; ~ **à profil fuyant :** streamlined blade ; ~ **de raclage :** scraper blade ; ~ **de rotor :** rotor blade ; ~ **orientable :** feathering blade ; ~ **réglable :** adjustable blade

palette : blade ; pallet *(manutention)* ; ~ **oscillante :** oscillating blade ; **compresseur à** ~**s** : sliding-vane compressor ; **roue à** ~**s** : undershot wheel

palier : bearing ; plateau *(courbe)* ; landing *(escalier)* ; plummer block *(méc.)* ; ~ **à aiguilles :** needle bearing ; ~ **à billes :** ball bearing ; ~ **à rouleaux :** roller bearing ; ~ **à semelles :** bearing plate ; ~ **autoalignant :** self-aligning bearing ; ~ **autolubrifiant :** self-lubricating bearing ; ~ **de butée :** thrust bearing ; ~ **de tourillon :** journal bearing ; ~ **lisse :** plain cylindrical bearing ; plain bearing ; ~ **usé :** scuffed bearing ; **arbre à** ~ **lisse** : sleeve bearing shaft

palière (porte ~) : landing door

palissade : fence

palonnier : lifting beam ; equalizer *(frein)* ; equalizer brake *(frein)*

palpeur à va-et-vient : reciprocating sensor

palplanche : sheet pile ; **rideau de** ~**s** : sheet-pile wall ; sheet piling

paludisme : marsh fever

panaches : streamers *(effet de couronne)*

panier : tray ; ~ **de dégrillage :** cage screen ; ~ **de dissolution :** dissolving tray

panne : failure ; purlin *(constr.)* ; peen *(marteau)* ; ~ **bombée :** ball peen ; ~ **de courant :** power cut ; power outage ; ~ **de secteur :** mains failure ; ~ **faîtière :** ridge pole ; ~ **fendue :** claw ; ~ **mécanique :** mechanical breakdown ; **en** ~ : out of order

panneau : panel ; ~ **de commande :** control panel ; ~ **de contrôle :** test board ; ~ **de visite :** inspection panel

papeterie : paper mill

papier : paper ; ~ **à en-tête :** headed paper ; ~ **brillant :** glossy paper ; ~ **calque :** tracing paper ; ~ **carbone :** carbon paper ; ~ **d'emballage :** wrapping paper ; ~ **de chiffon :** rag paper ; ~ **de verre :** sandpaper ; ~ **Durieux :** Durieux paper ; ~ **émerisé :** emery paper ; ~ **filtre :** filter paper ; ~ **glacé :** glossy paper ; ~ **impression :** newsprint ; ~ **journal :** newsprint ; ~ **kraft :** kraft paper ; ~ **libre :** plain paper ; ~ **losangé :** wadded wrapping paper ; ~ **millimétré :** graph paper ; ~ **millimétrique :** graph paper ; ~ **négatif pelliculaire :** stripping film ; ~ **pelure :** India paper ; ~ **positif :** printout paper ; **pâte à** ~ : paper pulp

papier-carton : paperboard

papillon : disc *(vanne)* ; **vanne** ~ : disc valve

paquet poste : parcel post

par : by ; per ; ~ **défaut :** by default ; ~ **gravité :** by gravity ; ~ **habitant :** per capita ; ~ **trimestre :** quarterly

parabole : parabola

paraboloïde : paraboloid

paradis fiscal : tax haven

paraffine : paraffin ; **huile de** ~ : paraffin oil

parafoudre : lightning arrester

parallèle : parallel ; **alimentation en** ~ : shunt feed ; **en** ~ : parallel ; shunt

parallélépipède : parallelepiped

parallélépipédique : parallelepipedal

paramètre : parameter ; ~**s de pollution :** pollution factors

parasite *(adj.)* : spurious ; **courant** ~ **:** stray current ; **modulation** ~ **:** spurious modulation

parasite *(n.)* : parasite

parasurtenseur : surge diverter ; overvoltage arrester ; surge arrester

paratonnerre : lightning rod

parc : fleet *(auto.)* ; installed base ; ~ **aquatique :** leisure pool complex ; ~ **sous douane :** bonded warehouse ; ~ **touristique :** amusement park

parcours : route *(conduite)* ; course *(rivière)*

pardevant notaire : before a lawyer

pare-écumes : scum remover ; scum baffle

pare-étincelles : arcing contact *(électrode)*

pare-feu : firebreak ; **cloison** ~ : fire wall

pare-flamme : flame trap ; **grille** ~ : flame trap

pare-lumière : light shield

parement (brique de ~) : facing brick

pare-soleil : sun shield

parfait : perfect ; **gaz** ~ : ideal gas ; **nombre** ~ : perfect number

parkérisation : parkerizing

parking : car park *(UK)* ; parking lot *(US)* ; ~ **couvert :** parking garage

paroi : wall ; ~ **à rabattement :** hinged side ; drop side ; ~ **anti-bruit :** sound-absorbing wall ; ~**s bactériennes :** bacterial walls ; ~ **double pour insonorisation :** double wall for sound-proofing ; ~ **fixe :** fixed wall ; ~ **siphoïde :** scum baffle ; ~**s unies :** smooth walls

parpaing creux en ciment : hollow concrete block

parquet : parquet floor

part : share

partage : division ; **coefficient de** ~ : partition coefficient ; distribution ratio *(chim.)* ; **ligne de** ~ : watershed ; **ligne de ~ des eaux** : divide ; drainage divide

partialisation : partialization ; **air de ~ :** partialization air ; **boîte de ~ :** partialization box

particule : particle ; ~**s** : particulates *(pollution)* ; ~ **floculée :** flocculent particle ; ~ **grenue :** discrete particle

partie : part ; ~ **aliquote :** aliquot ; aliquot part ; ~ **notifiée :** notify party ; ~ **ombrée :** shaded area ; ~ **par million :** part per million

pas : pitch *(dents d'engrenage, hélice)* ; thread *(filetage)* ; ~ **à gauche :** left-hand thread ; ~ **conique :** taper thread ; ~ **de gaz :** BSP thread *(British Standard Pipe)* ; ~ **de vis femelle :** female thread ; ~ **de vis mâle :** male thread ; ~ **diamétral :** diametral pitch ; ~ **du racleur :** scraper pitch ; ~ **exact :** even pitch ; ~ **fin :** fine pitch ; ~ **NPT :** Briggs thread ; ~ **optique :** optical path *(spectrophotomètre)* ; cell path *(spectrophotomètre)* ; ~ **Whitworth :** Whitworth thread *(profil)* ; **à ~ dégressif** : decreasing pitch

passage : passage ; ~ **à niveau :** level crossing ; ~ **de câble :** cable run ; ~ **de sel :** salt passage *(osmose inverse)* ; ~ **de transformation :** pathway ; ~ **en coin forcé :** forced wedge-shaped passage ; ~ **préférentiel :** preferential path ; ~ **restreint :** restricted passageway ; ~ **sélectif :** selective passage ; ~ **souterrain :** underground passage ; subway ; **vanne à ~ direct** : straight-through passage valve ; **vanne à ~ intégral** : fullway valve

passe : pass *(soudure)* ; cut *(tour)* ; ~ **d'ébauche :** rough cut ; ~ **de finition :** finish cut ; **profondeur de** ~ : depth of cut

passe-câbles : socket ; bush

passe-fils : grommet

passeport technique : technical documents

passer (une commande) : place an order

passerelle : foot-bridge ; walkway ; ~ **avec garde-corps :** walkway with handrail ; ~ **avec porte-à-faux :** bridge with overhang ; ~ **diamétrale :** full bridge ; ~ **en porte-à-faux :** walkway in cantilever ; ~ **fixe avec garde-corps :** fixed walkway with handrail ; ~ **radiale :** half-way bridge

passif : liabilities ; ~ **à court terme :** current liabilities

passivation : passivation

passivité stable : stable passivity

pasteurisation : pasteurization

pastillage : pelletization

pastille : pellet *(chim.)* ; tip *(plaquette rapportée)* ; ~ **pour fermeture d'extrémité :** blank end

pastilleur : pelletizer

pâte : compound *(joint)* ; pulp *(papier)* ; ~ **à joints :** sealing compound ; ~ **à la soude :** soda pulp ; ~ **à papier :** paper pulp ; ~ **chimicomécanique :** chemimechanical pulp ; ~ **chimicothermomécanique :** chemithermomechanical pulp ; ~ **de bois :** wood pulp ; ~ **isolante :** insulating compound ; ~ **mécanique :** mechanical pulp ; ~ **semi-mécanique :** semimechanical pulp ; ~ **semi-chimique :** semichemical pulp ; ~ **thermomécanique :** thermomechanical pulp ; **extincteur de** ~ : paste slaking plant

pathogène : pathogenic ; **agents ~s** : pathogenic germs

patin : skid ; shoe *(frein)* ; **coude à** ~ : duckfoot bend

patinage : skidding *(dérapage)* ; slipping *(embrayage)* ; ~ **de courroie :** belt slip

patrimoine : assets

patte : strap ; ~ **à vis :** screw clamp ; ~ **d'accrochage :** fixing clamp ; ~s

d'araignée : oil grooves ; oil ways ; ~ **de fixation :** fixing strap ; ~ **support :** support leg *(échelle)* ; pad *(moteur)*

paumelle : hinge

pavage : paving ; **pierre de** ~ : paving stone

pavé *(adj.)* : paved

pavé *(n.)* : paving stone ; ~ **en verre :** glassblock ; glass pavement

pavillon : house ; ~ **jumelé :** semi-detached house

pays : country ; ~ **d'expédition :** country of shipment ; ~ **d'origine :** country of origin

peau : skin

peaux : hides

pédale : pedal

pédiluve : footbath

pédoncules : stalks *(microbiol.)*

peigne : rake *(grille)* ; ~ **à fileter :** chaser ; ~ **de filière :** chaser

peinture : paint ; ~ **à émulsion :** emulsion paint ; ~ **à l'aquarelle :** water colour paint ; ~ **à l'huile :** oil paint ; ~ **à la colle :** distemper ; ~ **antirouille :** rust-preventive paint ; anti-rust paint ; ~ **au latex :** rubber paint ; ~ **au minium :** red lead paint ; ~ **au pistolet :** spray painting ; ~ **bitumineuse :** asphalt paint ; bituminous paint ; ~ **caoutchoutée :** rubber-base paint ; ~ **d'apprêt :** primer paint ; ~ **en détrempe :** distemper ; ~ **martelée :** hammer finish ; ~ **métallique :** metallic paint ; ~ **résistant aux acides :** acid-proof paint ; ~ **texturée :** texture paint ; **cabine de** ~ : paint booth

pelage (essai de ~) : peeling test

pelle : shovel ; height of weir crest above floor of channel *(déversoir)* ; door *(vanne murale)* ; ~ **à écumes :** scum scraper ; ~ **à écumes articulée :** hinged scraper blade ; ~ **mécanique :** power shovel

pelletable : shovellable ; truckable ; truckable consistency

pelletage : shovelling

pellicule : film ; ~ **isolante :** insulating film

pénal (code ~) : criminal law ; penal code

pénalité : non-performance penalty ; ~**s de retard :** liquidated damages

pendard : pipe hanger

pendule *(n. f.)* : clock

pendule *(n. m.)* : pendulum

pêne : bolt ; **serrure à** ~ **dormant** : dead lock

pénétration : penetration ; indentation ; **coefficient de** ~ **dans l'air** : drag coefficient

pente : slope *(courbe)* ; pitch *(toit)* ; ~ **ascendante :** uphill slope ; ~ **descendante :** downhill slope ; **en** ~ : sloping

pentode : pentode

pénurie : shortage ; ~ **d'eau :** water shortage

pépinière : nursery

peptisant : peptizer

peptisation : peptization

perborate : perborate

Perbunan : Perbunan

perçage : drilling ; bolt hole ; ~ **hors axe :** drillings off centre ; bolt holes off centre ; **diamètre de** ~ : bolt circle diameter

percé : punctured *(ozoneur)*

percée technologique : technological breakthrough

perceuse : drilling machine ; ~ **à main :** hand drill ; ~ **à percussion :** percussion drill ; hammer drill ; ~ **électrique :** electric drill

perche d'échafaudage : scaffold pole

percolation : percolation ; ~ **en profondeur :** in-depth percolation

percussion : percussion ; hammering

percuteur : plunger *(fusible)*

perdu (emballage ~) : non-returnable packing

perforant (corrosion ~e) : pitting corrosion

perforation : pitting *(corrosion)* ; drilling *(trou)* ; ~ **Y :** Y-punch *(info.)*

perforatrice : rock drill

perforé : drilled ; **bande ~e :** punch tape ; **carte ~e :** punch card

performances : performance ; performance level

périmètre : perimeter ; periphery ; ~ **de consolidation :** reporting entity ; ~ **mouillé :** wetted perimeter

période : period ; ~ **creuse :** off-peak hours ; slack period ; ~ **d'arrêt :** shut-down time ; ~ **d'une onde :** period of a wave ; ~ **de panne :** downtime ; ~ **de pointe :** peak period ; ~ **de pointe tarifaire :** peak-rate period ; ~ **de régénération :** regeneration period

périphérie : periphery ; outer tube

periphérique : peripheral

péristaltique : peristaltic

perle : pearl ; **essai à la** ~ : bead test

perlite : perlite

permanganate : permanganate ; ~ **de potassium :** potassium permanganate ; **oxydabilité au** ~ : permanganate value

perméabilité : permeability

perméat : permeate

perméation : permeation ; ~ **gazeuse :** gas permeation

permis de feu : hot work permit

permsélectif : permselective

permutation : permutation

permuter : change over *(élec.)*

peroxydation : peroxidation

peroxyde : peroxide ; ~ **d'hydrogène :** hydrogen peroxide

perpendiculaire : perpendicular

perron : steps

persiennes : shutters ; ~ **de ventilation :** ventilation grid

persistance : persistence ; ~ **d'écran :** afterglow ; ~ **optique :** persistence of vision

personnel *(adj.)* : personal

personnel *(n.)* : personnel ; staff ; employees

perspective : outlook ; ~ **de la station :** plant perspective

persulfurique : persulphuric

perte : loss ; ~ **à l'acide :** loss in acid ; **~s à la terre :** current leakage ; ~ **calorifique :** heat loss ; ~ **de chaleur :** heat loss ; ~ **de charge :** head loss ; pressure drop ; ~ **de charge linéaire :** friction loss ; ~ **de charge par frottement :** friction loss ; ~ **de charge singulière :** minor loss ; ~ **en ligne :** line loss ; ~ **par décollement :** head loss by detachment ; **dispositif de dosage gravimétrique à ~ de poids** : loss-in-weight gravity-feed system ;

pertinent : relevant

perturbation : disturbance ; **~s hydrauliques :** hydraulic turbulence

pervaporation : pervaporation

pesage : weighing ; **appareil de** ~ : weighing machine

pesanteur : gravity

peson : balance ; scale ; ~ **à ressort :** spring balance

pesticide : pesticide

petit : small ; ~ **entretien :** minor maintenance work ; ~ **lait :** whey

petite vitesse : low speed

pétrochimie : petrochemical industry

pétrole : petroleum ; oil ; ~ **brut :** crude oil ; ~ **brut à base paraffinique :** paraffin-base crude ; ~ **brut doux :** sweet crudes ; ~ **lampant :** lamp oil ; **coke de** ~ : petroleum coke ; **éther de** ~ : petroleum ether

pétrolier : tanker

pétrolière (industrie ~) : petroleum industry

pétrolifère (champ ~) : oil field

peu *(adv.)* : little ; ~ **dangereux :** fairly safe ; ~ **polaire :** slightly polar ; ~ **profond :** shallow ; ~ **soluble :** sparingly soluble

pH : pH ; ~ **d'équilibre :** saturation pH ; ~ **de floculation :** flocculation pH ; ~ **de saturation :** saturation pH

phase : phase ; ~ **colloïdale :** colloidal phase ; ~ **d'entraînement :** stripping phase ; ~ **de floculation :** flocculation phase ; ~ **gazeuse :** gaseous phase ; gas phase ; ~ **inverse :** reverse phase ; ~ **légère :** light phase ; ~ **liquide :** liquid phase ; ~ **solide :** solid phase ; ~ **vapeur :** vapour phase ; **en** ~ : in phase ; phased

phasemètre : phase meter

phénate : phenolate

phénol : phenol

phénolate : phenolate

phénolé : phenolated

phénomène : phenomenon

pH-mètre : pH meter ; pH analyzer ; ~ **à électrode de verre :** glass electrode pH meter

phosphatant : phosphatizing

phosphate : phosphate ; ~ **de calcium :** calcium phosphate ; ~ **monopotassique :** monopotassium phosphate ; ~ **trisodique :** trisodium phosphate

phosphore : phosphorus ; ~ **blanc :** white phosphorus ; yellow phosphorus

photocathode : photocathode

photocellule : photocell

photocolorimètre : photocolorimeter

photocolorimétrie : photocolorimetry

photoconduction : photoconduction

photodiode : photodiode

photoélectrique : photoelectric

photogravure : photoengraving

photo-ionisation (détecteur à ~) : photoionization detector

photomètre : photometer

photomultiplicateur : multiplier phototube ; photomultiplier

photon : photon

photonique (bande ~) : sound track

photopile : photovoltaic cell

photorésistance : photoresistor ; photoconductive cell ; photoresistive cell

photosensible : light-sensitive ; photosensitive

photostabilisation : photostabilization

photosynthèse : photosynthesis

phototype : phototype ; photogelatin printing plate

phréatique (nappe ~) : water table ; aquifer

phtalate acide : acid phthalate

physico-chimique : physical-chemical

physiologique : physiological ; **solution** ~ : physiological salt solution ; normal saline

phytoplancton : phytoplankton

pi : pi

picot : pick hammer *(outil)*

pic pneumatique : pneumatic drill

pièce : room *(salle)* ; ~ **d'usure :** wear part ; ~ **de fonte :** casting ; ~ **de rechange :** spare part ; replacement part ; ~**s de rechange de première urgence :** top priority spare parts ; ~ **détachée :** spare part ; ~ **en fonte :** casting ; ~ **en T :** pipe tee ; ~ **forgée :** forging ; ~ **moulée :** casting ; ~ **profilée :** shaped piece

pied : foot ; base *(base)* ; leg *(chaise)* ; foot *(unité de mesure)* ; ~ **à coulisse :** vernier calliper ; ~ **carré :** square foot ; ~ **cube :** cubic foot ; ~ **d'assise :** discharge connection *(pompe)* ; ~ **de biche :** crowbar ; ~ **de bielle :** crosshead ; crankpin ; **amener à ~ d'œuvre :** move into position ; **mise à ~ d'œuvre :** moving into position

piège : trap ; ~ **à pétrole :** oil trap

pierre : stone ; ~ **à bâtir :** building stone ; ~ **à chaux :** limestone ; ~ **à plâtre :** gypsum ; ~ **angulaire :** cornerstone ; ~ **de pavage :** paving stone ; ~ **de taille :** ashlar ; cut stone ; ~ **maçonnée :** masoned stonework ; ~ **ponce :** pumice stone ; ~ **taillée :** dressed stone ; cut stone

pieu : post ; pile ; ~ **portant :** end bearing pile ; ~ **travaillant en pointe :** end bearing pile ; **enfoncer un ~ :** drive a pile

piézodialyse : piezodialysis

piézo-électrique : piezoelectric

piézométrique (ligne ~) : hydraulic gradient

pigment : pigment

pignon : gable *(constr.)* ; pinion *(méc.)* ; ~ **à estomac :** pinion with adjustable hub ; ~ **d'attaque :** driving pinion ; ~ **de chaîne :** sprocket wheel

pile : battery ; ~ **à combustible :** fuel cell ; ~ **atomique :** atomic pile ; nuclear reactor ; ~ **couveuse :** breeder reactor ; ~ **de concentration :** concentration cell ; ~ **galvanique :** galvanic battery ; ~ **humide :** wet cell ; ~ **sèche :** dry cell ; ~ **solaire :** solar cell ; ~ **thermoélectrique :** thermopile

pilier : pillar

pilon à vapeur : steam hammer

pilote : process development unit ; pilot plant ; pilot

pince : tongs ; pliers ; ~ **à cintrer :** tube bender ; ~ **à manchonner :** crimping pliers ; ~ **à ressort :** spring clip ; ~**s à sertir :** crimping pliers ; ~ **à souder :** electrode holder ; ~ **à talon :** crowbar ; ~ **ampèremétrique :** clip-on transformer ; ~ **crocodile :** alligator clip ; crocodile clip ; ~ **levier :** crowbar ; ~ **multi-prise :** adjustable pliers ; ~ **thermoélectrique :** thermocouple ; ~ **transfo :** clip-on transformer ; ~ **universelle :** combination pliers

pinceau : brush ; ~ **électronique :** electron beam ; ~ **queue de morue :** flat paint brush ; ~ **radar :** radar strobe

pincement : narrowing

pince-étau : quick-grip pliers

pion d'encliquetage : drive fastener

pipe à inversion de flux : flow-inversion pipe

pipette : pipette ; ~ **bâton :** measuring pipette ; ~ **de précision :** calibrated pipette ; ~ **graduée :** graduated pipette ; ~ **jaugée :** transfer pipette ; graduated pipette ; ~ **réservoir :** transfer pipette

piquage : branch connection ; pitting *(corrosion)* ; branch *(tuyau)* ; ~ **de mesure :** sample tapping

piquet : stake

piquetage : staking out

piqûres (corrosion par ~) : corrosion by pitting

piscine : swimming pool ; pool *(nucl.)* ; ~ **couverte :** indoor swimming pool ; ~ **de stock :** storage pool ; ~ **en plein air :** open-air swimming pool ; ~ **nucléaire :** nuclear pool ; **réacteur à ~ :** pool-type reactor

pisé : cob ; **mur en ~ :** cob wall

pissette : wash bottle

piste : track ; ~ **sonore :** sound track

pistolet : spraygun ; ~ **graisseur :** grease gun

piston : piston ; plunger ; ~ **plongeur :** plunger *(pompe)* ; ram *(presse)* ; **axe de ~ :** piston pin ; **course du ~ :** piston stroke ; **décantation en ~ :** hindered settling ; **jupe de ~ :** piston skirt ; **machine à ~ rotatif lubrifié :** lubricated rotary-piston machine ; **machine à ~ sec :** non-lubricated cylinder machine ; **moteur à ~s :** piston engine ; **pompe doseuse à ~ :** plunger metering pump ; **tête de ~ :** piston head ; **tige de ~ :** piston rod

piton : eyebolt ; ~ **à boucle :** ringbolt ; ~ **à œil :** eyebolt

pivot : pivot *(passerelle de décanteur central)*

pivotant : pivoting ; swivelling

placage : veneer *(bois)* ; plating *(métal)* ; **bois de ~ :** veneer

plafond : ceiling

plage : range *(étendue)* ; beach *(mer)* ; ~ **d'essorage :** drying zone ; ~ **de fonctionnement :** operating range ; ~ **de fréquences :** frequency range ; ~ **de mesure :** measuring range ; ~ **de réglage :** setting range ; ~ **morte :** dead zone

plaine : plain ; ~ **abyssale :** abyssal plain *(sismique)*

plan *(adj.)* **:** flat ; **onde ~e :** plane wave

plan *(n.)* **:** plan ; drawing ; ~ **axial :** axial plane ;

~ **conforme à l'exécution :** as-built drawing ; ~ **d'eau :** sheet of water ; water level ; expanse of water ; ~ **d'encombrement :** dimension drawing ; ~ **d'ensemble :** assembly drawing ; ~ **d'équipement :** equipment drawing ; component drawing ; ~ **d'étude :** design drawing ; ~ **d'implantation :** layout drawing ; ~ **d'installation :** datum plane *(pompe)* ; ~ **de câblage :** wiring diagram ; ~ **de coffrage :** formwork drawing ; shuttering drawing ; ~ **de contrôle :** inspection plan ; ~ **de joint :** joint face ; ~ **de masse :** location drawing ; ~ **de pose :** track-laying level ; bed level ; ~ **de principe :** basic drawing ; ~ **de récolement :** as-built drawing ; ~ **de redressement :** recovery plan ; ~ **de référence :** datum plane ; ~ **de restitution :** water line ; ~ **en coupe :** sectional drawing ; ~ **en courbes de niveau :** contour map ; ~ **focal :** focal plane *(opt.)* ; ~ **général :** master plan ; ~ **horizontal :** horizontal plane ; ~ **incliné :** inclined plane ; ~ **instrumentation :** piping and instrumentation drawing ; ~ **préliminaire :** preliminary drawing ; ~ **qualité :** quality plan ; ~ **tangent :** tangent plane ; **vue en ~ :** top view ; plan

planage : planing

planche : board ; ~ **à dessin :** drawing board ; ~ **à voile :** sailboard ; windsurfing

plancher : floor ; ~ **à buselures :** nozzle floor ; ~ **en ciment :** cement floor ; ~ **filtrant :** filter floor

plancton : plankton

planctonique : planktonic

planéité : inherent flatness

planétaire (engrenage ~) : planet differential ; planet gear

planétaire (réducteur à ~s) : planetary reducing gear

planeuse : planer *(outil)*

planification : planning

planorbe : planorbis snail

plaque : plate ; ~ **à bornes :** terminal board ; ~ **à circuit imprimé :** printed circuit card ; ~ **à déflecteur :** deflector plate ; ~ **à trous :** aperture plate ; ~ **brochée :** plug-in card ; ~ **d'ancrage :** anchor plate ; ~ **d'appui :** support plate ; ~ **d'arrêt :** lock washer ; ~ **d'assise :** bedplate ; ~ **d'égout :** manhole cover ; ~ **d'identification :** badge ; ~ **d'obturation :** blanking plate ; ~ **de constructeur :** name plate ; ~ **de fermeture :** cover ; ~ **de recouvrement :** covering plate ; ~ **de séchage :** drying zone ; ~ **de support :** support plate ; ~ **de terre :** ground plate ; ~ **goujonnée :** keyed plate ; ~ **ondulée :** corrugated plate ; ~ **pleine :** blank flange ; ~ **signalétique :** data plate *(élec.)* ; ~ **support :** support plate ; ~ **tubulaire :** tube sheet *(ozoneur)* ; **ozoneur à ~s :** plate-type ozone generator

plaqué : plated ; **bois ~ :** veneered wood ; **métal ~ :** plated metal

plaquer : veneer *(bois)* ; plate *(métal)*

plaquette : pad *(frein à disques)* ; ~ **couleur :** colour standard ; **~s sanguines :** blood platelets ; **outil à ~s rapportées** : tipped tool

plasma à couplage inductif : inductive coupling plasma

plasma froid : cold plasma ; **réacteur à ~ :** cold plasma reactor

plasticité : workability *(béton)*

plastifiant *(adj.)* : plasticizing

plastifiant *(n.)* : plasticizer

plastique : plastic ; ~ **armé fibre de verre :** fibre-glass reinforced plastic ; ~ **mousse :** expanded plastic ; plastic foam ; ~ **stratifié :** laminated plastic ; ~ **surchloré :** post-chlorinated plastic ; ~ **technique :** engineering plastic ; ~ **thermodurcissable :** thermosetting plastic

plastron : front panel ; plate *(commutateur)* ; front plate *(disjoncteur)*

plat *(adj.)* : flat

plat *(n.)* : flat ; ~ **de fer :** flat iron

plateau : pan *(balance)* ; impingement plate *(tour de lavage)* ; ~ **à buselures :** nozzle plate ; ~ **chambré :** chamber plate *(filtre-presse)* ; ~ **de manutention :** dolly ; ~ **de table :** table top ; ~ **de tour :** table of a lathe ; ~ **de turbine :** rotor ; **filtre-presse à ~x :** plate-and-frame filter press ; **filtre-presse à ~x chambrés :** recessed-plate filter press ; **halage de ~x :** plate separation ; **laveur à ~x à pulvérisation d'eau :** impingement scrubber ; **ruissellement sur ~x :** trickling over trays

plate-forme : platform ; ~ **d'essais :** test-bed ; ~ **de desserte d'ouvrages :** operating platform ; ~ **de forage :** oil rig ; ~ **offshore :** off-shore platform

platelage : planking

platine *(n. m.)* **:** platinum ; **mousse de ~ :** platinum sponge

platine *(n. f.)* : mounting plate ; circuit board *(électr.)*

platinées (vis ~) : points ; contact breaker points

plâtrage : plastering

plâtre : plaster

plâtrer : plaster

platulaire (échangeur de type ~) : plate-type heat exchanger

plein : full ; ~ **tarif :** full fare *(transport)*

pleine puissance de dimensionnement : full-rated power

plenum : plenum chamber ; plenum

plexiglas : perspex

pli : fold ; ply *(épaisseur)* ; ~ **d'huissier :** design registration

pliage : folding ; bending *(métall.)* ; **essai de ~ :** bend test

plié accordéon : fanfold

plinthe : plinth *(colonne)* ; skirting board *(mur)*

plomb : lead ; ~ **fusible :** fuse ; ~ **première fusion :** commercially pure lead

plongeant : immersion tip *(thermomètre)*

plongeoir : diving board

plonger : immerse ; plunge

plongeur : plunger *(échangeur)* ; **piston ~ :** plunger ; **pompe à piston ~ :** plunger pump

plot : pad ; ~ **antivibratoire :** vibration absorber ; silent block

ployage : bending ; **essai de ~ :** bending test

pluie : rain

plume (enregistreur à ~) : pen recorder

plurispécifiques : mixed *(cultures)*

plus basses eaux : lowest water level

plus hautes eaux : top water level

plus-value : extra price ; optional extra ; **impôt sur les ~s :** capital gains tax

pluviomètre : rain gauge

pluviométrie : rainfall

pneu : tyre ; ~ **à carcasse métallique :** metallic-cord tyre ; ~ **à carcasse radiale :** cross-ply tyre ; ~ **sans chambre :** tubeless tyre

pneumatique *(adj.)* : pneumatic

pneumatique *(n.)* : tyre *(n.)*

poche : pocket ; ladle *(métall.)* ; ~ **à couler :** casting ladle ; ~ **élastique :** isolating diaphragm ; ~ **gazeuse :** gas pocket ; ~ **pivotante :** swivelling ladle ; ~ **poreuse :** porous pocket

pochette : packet

poids : weight ; ~ **atomique :** atomic weight ; ~ **brut :** gross weight ; ~ **et contrepoids :** checks and balances *(US)* ; ~ **moléculaire :** molecular weight ; ~ **mort :** dead load ; ~ **net :** net weight ; ~ **sec :** dry weight ; ~ **spécifique :** specific weight ; density

poignée : handle

poinçon : punch *(outil)* ; ~ **de contrôle :** inspection stamp ; ~ **de garantie :** hallmark

poinçonnage : stamping

point : point ; ~ **bas :** trough *(onde)* ; ~ **chaud :** hot point ; ~ **critique :** critical point ; breakpoint ; ~ **d'ébullition :** boiling point ; ~ **d'éclair :** flash point ; ~ **d'injection :** injection point ; ~ **de bulle :** bubble point ; ~ **de combustion :** burning point ; ~ **de congélation :** freezing point ; ~ **de congélation de l'eau :** freezing point ; ~ **de consigne :** set-point value ; ~ **de coulage :** pour point ; ~ **de coupure :** removal threshold *(filtre)* ; ~ **de cristallisation :** crystallization point ; ~ **de décongélation :** pour point ; ~ **de départ :** starting date ; ~ **de figeage :** pour point *(paraffine)* ; ~ **de fonctionnement :** duty point ; ~ **de fusion :** melting point ; ~ **de liquéfaction :** boiling point ; ~ **de puisage :** point of withdrawal ; ~ **de repère :** benchmark ; ~ **de reprise :** recovery point ; ~ **de rosée :** dew point ; ~ **de rupture :** breakpoint ; ~ **de soudure :** tack weld ; ~ **de trouble :** cloud point ; ~ **fixe :** fixed point ; ~ **haut :** crest *(onde)*

pointage : check *(articles)* ; tack welding *(soudage)*

pointe : point *(couteau)* ; ~ **à tracer :** scriber ; ~ **d'une charge :** load peak ; ~ **de choc :** lightning rod ; ~ **de courant :** current peak ; ~ **de débit :** flow peak ; ~ **de paratonnerre :** lightning rod ; ~ **de pollution :** pollution peak ; ~ **de tour :** lathe centre ; ~ **sans tête :** brad ; **à ~ de zircon** : zircon-spiked ; **charge de ~ :** peak load ; **effet de ~ :** point effect ; **enregistreur de ~ :** peak recorder ; **période de ~ tarifaire** : peak-rate period ; **puissance de ~ :** peak power

pointeau : centre punch ; needle *(vanne)*

pointer : tack *(soudure)*

pointillé *(n.)* : dotted line

poire de contrôle : level controller *(Flygt)*

poisse (sec hors ~) : surface-dry

poix : pitch

polaire : polar ; **molécule ~ :** polar molecule

polarisable : polarizable

polarisation : polarizing ; ~ **de cathode :** cathode bias ; ~ **de concentration :** concentration polarization ; ~ **de grille :** grid bias ; ~ **nulle :** zero bias ; **tension de ~ :** bias voltage

polarité : polarity ; ~ **inverse :** reverse polarity ; ~ **normale :** straight polarity

polarographie : polarography

pôle : pole *(aimant)*

poli : polished

police : policy *(assurances)*

poliomyélite : poliomyelitis

polissage : polishing ; ~ **des condensats :** condensate polishing ; ~ **électrolytique :** electropolishing

politique : policy ; ~ **commerciale commune :** common trade policy ; ~ **d'incitation des exportations :** export incentive policy ; ~ **de l'eau :** water management policy ; ~ **de qualité :** quality policy

polluant : contaminant ; pollutant

pollution : pollution ; ~ **accidentelle :** accidental pollution ; ~ **atmosphérique :** atmospheric pollution ; ~ **chimique :** chemical pollution ; ~ **des cours d'eau :** river pollution ; ~ **des eaux :** water pollution ; ~ **induite :** induced pollution ; ~ **industrielle :** industrial pollution ; ~ **insoluble :** insoluble pollution ; ~ **organique carbonée :** carbonaceous organic pollution ; ~ **par les aérosols :** aerosol pollution ; ~ **particulaire :** particle pollution ; ~ **photochimique :** algal bloom

polyacrylamide : polyacrylamide

polyacrylate : polyacrylate

polyaromatique : polyaromatic

polychlorobiphényl : polychlorobiphenyl

polychlorotriphényl : polychlorotriphenyl

polychlorure : polychloride ; ~ **basique d'aluminium :** basic polyaluminium chloride ; ~ **d'aluminium :** polyaluminium chloride ; ~ **de vinyle :** polyvinyl chloride

polycondensation : condensation polymerization

polyélectrolyte : polyelectrolyte ; ~ **de synthèse :** synthetic polyelectrolyte

polyester : polyester ; ~ **armé :** reinforced polyester

polyéthylène : polyethylene ; ~ **basse densité :** low-density polyethylene ; ~ **haute densité :** high-density polyethylene

polyfluorure de vinyldène : polyvinyldene fluoride

polyfusé : hot pressure welded *(plastique)*

polygonal : polygonal

polygone : polygon

polyhydroxy butyrate : polyhydroxy butyrate

polymère : polymer

polymétaphosphate : polymetaphosphate

polyphasé : polyphase

polyphosphate : polyphosphate

polypropylène : polypropylene

polystyrène : polystyrene ; ~ **choc :** heavy-duty polystyrene ; ~ **sulfonate :** polystyrene sulphonate ; ~ **sulfoné :** sulphonated polystyrene

polytétrafluoroéthylène : polytetrafluoroethylene *(Téflon)*

polyvalent : versatile ; multi-purpose

polyvinyle : polyvinyl ; **acétate de** ~ : polyvinyl acetate ; **chlorure de** ~ : polyvinyl chloride

pomme : rose *(arrosoir)* ; shower head *(douche)*

pompage : pumping ; hunting *(élec.)* ; ~ **d'exhaure :** dewatering pump ; ~ **de surpression :** booster pumping *(osmose inverse)* ; ~ **magnétique :** magnetic pumping ; **câble de** ~ : pumping line ; **station de** ~ : pumping station

pompe : pump ; ~ **à accouplement direct :** direct-coupled pump ; ~ **à ailettes :** vane pump ; ~ **à amorçage automatique :** self-priming pump ; ~ **à anneau liquide :** liquid-ring pump ; ~ **à aspiration en charge :** flooded suction pump ; ~ **à béton :** concrete pump ; ~ **à boues :** sludge pump ; ~ **à boues en excès :** excess sludge pump ; ~ **à canal latéral :** side channel pump ; ~ **à carburant :** fuel pump ; ~ **à chaleur :** heat pump ; ~ **à combustible :** fuel pump ; ~ **à commande électrique :** electric pump ; ~ **à deux étages :** two-stage pump ; ~ **à deux voies :** two-way pump ; ~ **à eau :** water pump ; ~ **à émulsion :** air-lift pump ; air lift ; ~ **à engrenages :** gear pump ; ~ **à essence :** petrol pump ; ~ **à hélice :** propeller pump ; axial flow pump ; axial pump ; ~ **à huile :** pressure oil pump ; ~ **à induction :** induction pump ; ~ **à jet :** jet pump ; ~ **à main :** hand pump ; ~ **à membrane :** diaphragm pump ; ~ **à moteur :** motor pump ; ~ **à mouvement alternatif :** reciprocating pump ; ~ **à piston :** piston pump ; reciprocating pump ; ~ **à piston creux :** hollow plunger pump ; ~ **à piston plongeur :** plunger pump ; ~ **à plan de joint horizontal :** horizontally split casing pump ; ~ **à plan de joint vertical :** vertically split casing pump ; ~ **à rotor excentré :** eccentric rotor pump ; ~ **à sable :** grit pump ; ~ **à turbine :** turbine pump ; ~ **à un étage :** one-stage pump ; ~ **à vapeur :** steam pump ; ~ **à vide :** vacuum pump ; ~ **à vide à anneau liquide :** liquid-ring vacuum pump ; ~ **à vis :** screw pump ; ~ **à vortex :** vortex pump ; ~ **alimentaire :** feed pump ; ~ **alternative :** reciprocating pump ; ~ **aspirante :** suction pump ; ~ **basse pression :** low lift pump ; ~ **centrifuge :** centrifugal pump ; ~ **d'alimentation :** feed pump ; ~ **d'alimentation à moteur :** motor feed pump ; ~ **d'alimentation à vapeur :** steam feed pump ; ~ **d'alimentation de chaudière :** boiler feed pump ; ~ **d'alimentation électrique :** electric feed pump ; ~ **d'alimentation en eau :** water supply pump ; ~ **d'amorçage :** priming pump ; ~ **d'eau brute :** raw water pump ; ~ **d'épuisement :** drainage pump ; dewatering pump ; sump pump ; exhaust pump ; ~ **d'évacuation :** drainage pump ; ~ **d'extraction :** extraction pump ; ~ **d'injection :** injection pump ; ~ **d'injection des réactifs :** chemicals injection pump ; ~ **de ballast :** ballast pump ; ~ **de fluidisation :** fluidizing pump ; ~ **de gavage :** force-feed pump ; booster pump ; ~ **de lavage :** wash water pump ; membrane cleaning pump *(osmose inverse)* ; ~ **de recirculation :** recirculation pump ; ~ **de recirculation des boues :** sludge recirculation pump ; ~ **de refoulement :** discharge pump ; delivery pump ; ~ **de relevage :** lift pump ; ~ **de**

relèvement : lift pump ; ~ **de reprise :** lift pump ; ~ **de reprise des boues :** sludge draw-off pump ; ~ **de surpression :** booster pump ; ~ **doseuse :** metering pump ; dosing pump ; ~ **doseuse à membrane :** diaphragm metering pump ; ~ **doseuse à membrane attelée :** mechanically actuated diaphragm pump ; ~ **doseuse à piston :** plunger metering pump ; ~ **doseuse à vis excentrée :** metering pump with eccentric screw ; ~ **doseuse hydromotrice :** water-driven metering pump ; ~ **en charge :** pump with positive suction head ; ~ **en secours :** stand-by pump ; ~ **gaveuse :** booster pump ; force feed pump ; ~ **haute pression :** high lift pump ; high pressure pump ; booster pump *(osmose inverse)* ; ~ **hélico-centrifuge :** mixed flow pump ; ~ **hydraulique :** hydraulic pump ; ~ **monocellulaire :** single-stage pump ; ~ **multicellulaire :** multi-stage pump ; ~ **pour balai de piscine :** sweeper pump ; ~ **rotative :** rotary pump ; ~ **submersible :** submersible pump ; ~ **suceuse :** suction pump ; ~ **vide-cave :** dewatering pump ; ~ **vide-tourie :** acid pump ; ~ **volumétrique :** positive-displacement pump ; controlled volume pump

pomper : hunt *(élec.)*

ponce (pierre ~) : pumice stone

poncer : sand

ponceuse à bande : belt grinder

pondéré : weighted

pondérer : weight *(indice)*

pont : bridge ; ~ **à entraînement périphérique :** peripheral-drive bridge ; ~ **bâche :** pontoon bridge ; ~ **basculant :** bascule bridge ; ~ **de Graetz :** Graetz bridge ; ~ **de redressement :** rectifier bridge ; ~ **de Wheatstone :** Wheatstone bridge ; ~ **diamétral :** full bridge ; ~**-grue :** bridge-crane ; ~ **laveur :** washing bridge *(filtre-presse)* ; ~**-levis :** lift bridge ; ~ **mobile :** travelling bridge ; ~ **mobile alternatif :** reciprocating travelling bridge ; ~ **onduleur :** inverter bridge ; ~ **portique :** transporter crane ; ~ **pour piétons :** foot bridge ; ~ **racleur :** scraper bridge ; ~ **radial :** radial bridge ; ~ **redresseur :** bridge rectifier ; ~ **roulant :** overhead-travelling crane ; travelling bridge ; overhead crane ; ~ **suceur :** suction bridge ; ~ **suceur et écrémeur :** suction and skimming bridge ; ~ **suspendu :** suspension bridge ; ~ **tournant :** swing bridge ; ~ **tournant à entraînement central :** central drive rotating bridge ; ~ **transbordeur :** scraper gantry ; ~ **transversal :** cross-bridge ; ~ **volant :** flying bridge ; **décanteur à ~ transbordeur** : settling tank with scraper gantry ; **racleur à** ~ : bridge scraper

pontage : bridging ; ~ **de maille :** bridging over *(par les huiles)* ; ~ **interparticulaire :** interparticular bridging

porcelaine : china ; porcelain

porcherie : piggery

pore : pore

poreux : porous

porosimétrie mercure : mercury porosimetry

porosité : porosity ; **taux de** ~ : void ratio

port : port *(mer)* ; ~ **d'embarquement :** embarkation port ; ~ **d'entrée :** port of entry *(douane)* ; ~ **d'escale :** port of call ; ~ **de débarquement :** disembarkation port ; ~ **de départ :** port of departure ; ~ **de destination :** port of destination ; ~ **dû :** freight collect ; ~ **en lourd :** deadweight capacity ; **droits de** ~ : port charges

portance : lift *(avion)*

porte : door ; ~ **à barre anti-panique :** panic bolt door ; ~ **à bascule :** swing door ; ~ **à claire-voie :** gate ; ~ **à deux battants :** double door ; ~ **à tambour :** revolving door ; ~ **battante :** swing door ; ~ **coulissante :** sliding door ; ~ **coulissante-pliante :** sliding-folding door ; ~ **coupe-feu :** fire door ; ~ **d'écluse :** lock gate ; ~ **d'entrée :** entrance door ; ~ **de chargement :** fire door *(four)* ; ~ **de foyer :** fire door ; ~ **de visite :** inspection door ; ~ **isoplane :** flush door ; ~ **palière :** landing door ; ~ **vitrée :** glazed door

porte-à-faux : overhang ; **passerelle en** ~ : walkway in cantilever

porte-chariot : trolley hoist ; hoist trolley

portée : reach *(grue)* ; bearing surface *(méc.)* ; span *(pont)* ; ~ **de joint :** flange facing *(bride)* ; boss *(surélévation)* ; ~ **de rondelle :** washer seat

porte-fenêtre : French window

porte-filière : diestock

porte-palan : hoist trolley

porte-peigne (chariot ~) : rake carriage

porter sur : bear upon ; relate to

porteur : carrier ; **courant** ~ : carrier current ; **marché** ~ : growth market

porteuse : carrier *(électr.)* ; **fréquence** ~ : carrier frequency ; **onde** ~ : carrier wave ; carrier

portière : door

portion : portion ; share ; part

portique : gantry ; ~ **mobile :** travelling gantry crane ; **grue à** ~ : gantry crane

pose : exposure *(photo.)* ; ~ **d'équipements :** installation of equipment ; ~ **de canalisation :** pipe laying

positif : positive ; **papier** ~ : printout paper

position : position ; ~ **de fonctionnement :** "on" position ; ~ **de repos :** "off" position ; ~ **fermée :** "off" position

positionneur : positioner

postcombustion : afterburning ; **chambre de ~ :** afterburning chamber

poste : item *(bilan)* ; duty *(emploi)* ; position *(emploi)* ; station *(endroit)* ; **~ à barges :** barge berth ; barge wharf ; **~ à grande profondeur :** deep-water berth ; **~ Bidondo :** Bidondo unit ; **~ budgétaire :** item ; **~ d'abonné :** subscriber station ; **~ d'hypochlorite :** hypochlorite dosing station ; **~ d'incendie :** fire hydrant ; **~ de chloration :** chlorination unit ; **~ de dégrillage :** screening unit ; **~ de déminéralisation :** demineralization plant ; **~ de dosage :** feeder ; **~ de flottation :** flotation unit ; **~ de garde :** watchman room ; **~ de jour :** day shift ; **~ de nuit :** night shift ; **~ de pompage :** pump house ; **~ de relèvement :** lifting station ; lifting unit ; pumping station ; **~ de soudure :** welding set ; **~ de soudure autogène :** autogenous welding set ; **~ de stérilisation :** disinfection unit ; **~ de télétransmission :** transmission station ; **~ de transformation :** transformer substation ; **~ de travail :** work station ; **~ émetteur :** transmitter ; **~ émetteur-récepteur :** transceiver ; **~ intérieur :** extension ; **~ opérateur :** workstation ; **~ radio :** radio set ; **~ récepteur :** receiver ; **~ téléphonique :** telephone set

postozonation : postozonation

pot : chamber ; **~ d'échappement :** muffler ; exhaust pipe ; **~ de chargement :** loading chamber ; **~ de garde :** water seal ; **~ de garde hydraulique :** water seal ; **~ de mélange :** mixing chamber ; **~ de mise en charge :** head chamber ; **~ de purge :** moisture trap *(digestion)* ; **~ de régulation :** level-control chamber

potabilité : potability

potable (eau ~) : drinking water

potasse : potash ; **lessive de ~ caustique** : potassium lye

potassium : potassium ; **permanganate de ~ :** potassium permanganate

poteau : post ; column

potence : jib crane ; jib *(grue)* ; **~ de levage :** hoisting derrick

potentiel : potential ; **~ d'équilibre :** equilibrium potential ; **~ d'oxydoréduction :** oxidation-reduction potential ; **~ hydrogène :** hydrogen potential ; **~ redox :** redox potential ; **~ thermodynamique :** thermodynamic potential ; **~ zeta :** zeta potential

potentiomètre : potentiometer ; **~ de réaction :** feedback potentiometer ; **~ de recopie :** positioning potentiometer

potentiométrie : potentiometry

potentiométrique : potentiometric

pouce : inch

poudre : powder ; **~ abrasive :** grinding powder ; **~ d'os :** powdered bone ; **brûleur à ~ :** spray burner ; **charbon actif en ~ :** powdered activated carbon ; **chaux en ~ :** powdered lime ; **en ~ :** powdered

poudreux : powdery ; dusty

poudrier : crucible

poulie : pulley ; **~ à cône :** cone pulley ; step pulley ; **~ à émerillon :** swivel block ; **~ à gorge :** sheave ; **~ amovible :** removable pulley ; **~ d'entraînement :** driving pulley ; **~ de tension :** tension pulley ; idler pulley ; **~ étagée :** step pulley ; cone pulley ; **~ folle :** loose pulley

poupée : roll *(caoutchouc)* ; **~ fixe :** headstock *(tour)* ; **~ mobile :** tailstock *(tour)*

pourcentage : percentage ; rate ; **rampe à fort ~ :** steep gradient

poursuites : legal action ; **engager des ~ :** take legal action

pourtour : periphery ; mount *(photo.)*

poussage : displacement *(échange d'ions)* ; slow rinse *(échange d'ions)*

poussée : buoyancy *(liquide)* ; thrust *(méc.)* ; **~ d'Archimède :** buoyant force ; **~ latérale d'une voûte :** lateral thrust of an arch

pousser : push on

poussière : dust ; **~ de charbon :** coal dust ; **~s d'amiante :** asbestos particles ; **~s métalliques :** metallic dust

poussiéreux : dusty

poussoir : pushrod *(soupape)* ; **bouton- ~ :** push button

poutre : girder ; beam ; **~ à âme pleine :** plate girder ; **~ armée :** trussed girder ; **~ composée :** compound beam ; built-up beam ; **~ de faîte :** ridge pole ; **~ en bois :** wooden beam ; **~ porteuse :** load-bearing beam ; **~ profilée :** structural beam

poutre-caisson : box girder

poutrelle : small beam

pouvoir : power ; capacity ; power of attorney *(jur.)* ; **~ absorbant :** absorptive power ; **~ adsorbant :** adsorptive capacity ; **~ agglutinant :** bonding strength ; **~ antidétonant :** anti-knock rating ; **~ calorifique :** calorific value ; **~ calorifique inférieur :** lower heat value ; net calorific value ; **~ calorifique supérieur :** gross calorific value ; **~ calorifique sur brut :** as-received calorific value ; **~ calorifique sur pur :** moisture-and-ash-free calorific value ; **~ calorifique sur sec :** moisture-free calorific value ; **~ colmatant :** fouling potential ; **~ comburivore :** combustion capacity ;

~ **couvrant :** covering power ; ~ **d'échange :** exchange capacity ; ~ **de coupure :** interrupting capacity ; breaking capacity *(élec.)* ; removal capacity *(filtre)* ; cut-off ; ~ **de déchloration :** dechlorinating capacity ; ~ **de fermeture :** making capacity *(élec.)* ; ~ **de rétention d'eau :** water retention properties ; ~ **dispersant :** dispersing capacity ; ~ **encrassant :** fouling potential ; ~ **fermentescible :** fermenting capacity ; ~ **fumigène :** smoke-generating capacity ; ~ **grossissant :** magnifying power ; ~ **oxydant rémanent :** residual oxidizing capacity ; ~ **radiant :** radiating power ; emittance ; ~ **rémanent :** residual power ; ~ **séparateur :** resolving power ; ~ **tampon :** buffer power ; buffering power

pouzzolane : pozzolan ; pozzuolana ; **filtre à** ~ : pozzuolana filter

praticabilité (étude de ~) : feasibility study

praticable : feasible ; passable *(route)*

pratique *(adj)* **:** handy ; practical ; useful

pratique *(n.)* **:** practice ; ~**s restrictives :** restrictive practices

préadjuvant : preadjuvant

préallumage : preignition

préamplificateur : preamplifier

préassemblé : preassembled

préavis : notice ; prior notice

précédent : previous

préchauffage : preheating

préchloration : prechlorination

précipitant : precipitant

précipitation : precipitation ; ~ **à la chaux :** precipitation by lime

précipité : precipitate ; ~ **amorphe :** amorphous precipitate

préciser : stipulate ; specify

précision : accuracy

précombustion : precombustion

précompactage : preliminary compacting

précontraint : prestressed

précouche (filtre à ~) : precoat filter

précoulé : precast

précurseur : precursor *(chim.)*

prédécanté : presettled

prédécanteur : presettler

prédégrillage : preliminary screening

prédéshuileur : preliminary oil separator

préfabriqué : préfabricated

préférence (système des ~s généralisées) : generalized system of preferences

préfiltre : prefilter

préformage : preforming

prégrille : coarse screen

préhumique : prehumic

préjudice : damage ; **subir un** ~ : suffer damage

prélavage : preliminary washing

prélèvement : sampling ; ~ **composite :** composite sampling ; ~ **d'échantillons :** sample taking

préleveur-rejeteur en continu : continuous sampler

prémagnétisation (enregistrement avec ~) : ac bias recording

premier : first ; ~ **étage :** first floor *(UK)* ; second floor *(US)* ; ~ **versement :** first instalment

première fusion : commercially pure *(plomb)*

première urgence : top priority

premières (matières ~) : raw materials

préozonation : preozonation

préparation : preparation ; **bac de** ~ : preparation tank

prépressage : preliminary pressing

préréglage : presetting

préréglé : preset

prescriptions : specifications

préséchage : preliminary drying

présécheur : predryer

présélecteur : preselector

présélection : preselection

présentation : presentation *(facture)* ; display *(info.)*

président : president ; ~ **de conseil d'administration :** chairman of board

président-directeur général : chairman and managing director ; chairman and chief executive officer

présignalisation : presignalling ; **grillage de** ~ : warning grid

presqu'île : peninsula

pressage : pressing ; **rouleau de** ~ : pressing roller ; **surface active de** ~ : active pressing surface

presse : press *(machine)* ; ~ **à détritus :** screenings press ; ~ **à emballer :** baler ; ~ **à emboutir :** stamping press ; ~ **à forger :** forging press ; ~ **à imprimer :** printing press ; ~ **à main :** hand press ; ~ **à platine :** platen press ; ~ **à sertir :** crimping press ; ~ **à vis :** screw press ; ~ **rotative :** rotary press

pressée : pressing *(filtre-presse)* ; **temps de** ~ : pressing time

presse-étoupe : compression gland ; stuffing box ; **garniture de** ~ : packing

pression : pressure ; ~ **absolue :** absolute pressure ; ~ **anormale :** abnormally high pressure ; ~ **artérielle :** blood pressure ; ~ **atmosphérique :** atmospheric pressure ; ~ **d'éclatement :** burst pressure ; bursting pressure ; ~ **d'épreuve :** test pressure ; ~ **de calcul :** design pressure ; ~ **de dégazage :** deaeration pressure ; ~ **de fonctionnement :** working pressure ; ~ **de réglage :** pressure setting ; ~ **de service :** working pressure ; ~ **de tarage :** pressure rating ; ~ **de travail :** working pressure ; ~ **de vapeur saturée :** saturated vapour pressure ; ~ **différentielle :** pulse pressure *(méd.)* ; ~ **due au vent :** wind pressure ; velocity pressure ; ~ **hydraulique :** hydraulic pressure ; ~ **inverse :** backpressure ; ~ **locale :** local pressure ; ~ **nominale :** rated pressure ; pressure rating ; nominal pressure ; ~ **osmotique :** osmotic pressure ; ~ **partielle :** partial pressure ; ~ **relative :** gauge pressure ; **aérateur sous** ~ : pressurized aerator ; **alimenté sous** ~ : pressure-fed ; **entraînement lubrifié sous** ~ : pressure-lubricated drive ; **moulage par** ~ : compression moulding ; **réacteur gaz-liquide sous** ~ : pressurized gas-liquid reactor

pressostat : pressure switch

pressurisation : pressurization ; ~ **directe :** full-flow pressurization ; ~ **indirecte :** recycle pressurization ; **ballon de** ~ : saturation vessel ; air saturation tank

prestataire de services : service provider

prestation : service

prêt : loan ; ~ **participatif :** soft loan ; ~ **relais :** bridging loan

prétraitement : pretreatment

prévenir : give notice ; notify

prévenu *(n.)* **:** accused *(jur.)*

prévision : forecast

prévoir : foresee ; make provision for

primage : priming ; carry-over

primaire : primary ; **couleur** ~ : primary colour ; **enroulement** ~ : primary winding

prime : bonus ; premium *(assurances)*

primitif : primitive

principal *(adj.)* : main ; chief

prise : socket *(élec.)* ; ~ **d'air :** air intake ; ~ **d'eau :** water outlet ; water intake ; ~ **d'échantillons :** sampling ; sampling point ; ~ **de courant :** socket *(femelle)* ; plug *(mâle)* ; ~ **de masse :** earth clamp *(soudage)* ; ~ **de pression :** pressure tap ; ~ **de puissance :** power take-off ; ~ **de terre :** earth connection ; earthing outlet ; ~**s en compte :** invoicing ; ~**s en compte comptables :** validations ; ~ **en masse :** compaction ; ~ **en surface :** surface collector ; ~ **femelle :** socket ; ~ **mâle :** plug ; ~ **multiple :** multiple plug ; ~ **murale :** wall outlet ; ~ **rapide :** quick-fit connector ; **certificat de** ~ **en charge** : takeover certificate ; **ciment à** ~ **rapide** : quick-setting cement ; **mettre en** ~ : engage ; **ouvrage de** ~ **d'eau** : water intake structure ; **raccord à** ~ **rapide** : quick-fit connector ;

prisme : prism ; ~ **d'accrétion :** accretional prism ; accretion prism *(sismique)*

prix : price ; cost ; ~ **à forfait :** lump sum ; ~ **au comptant :** cash price ; ~ **de gros :** wholesale price ; ~ **de vente :** selling price ; ~ **de vente contractuel :** contract selling price ; ~ **forfaitaire :** contract price ; overall price ; ~ **intérieur :** domestic selling price ; ~ **net :** net price

procédé : process ; ~ **à l'oxygène pur :** basic oxygen process ; ~ **accusatoire :** adversary system *(jur.)* ; ~ **adsorption-bioaération :** adsorption-bioaeration process ; ~ **chimique :** chemical process ; ~ **contact-stabilisation :** contact-stabilization process ; ~ **d'affinage :** polishing process ; ~ **de fabrication :** production process ; ~ **de soudage :** welding procedure ; ~ **kraft :** kraft process ; ~ **NSSC :** neutral sulphite semi-chemical process ; ~ **Quentin :** Quentin process *(sucre)* ; ~ **Sendzimir :** Sendzimir process ; **eau de** ~ : process water

procès : law suit ; litigation

processus : process ; ~ **épuratoire :** purification process

procès-verbal : report ; record ; ~ **d'essais :** test report ; ~ **de réunion :** minutes of meeting

proche en proche (de ~) : domino theory

Proctor modifié : modified Proctor test *(essai de compacité)*

procuration : proxy ; power of attorney ; **par** ~ : for and on behalf of

procureur de la république : solicitor general

production : production ; generation ; ~ **de boues :** sludge production ; ~ **en masse :** mass production

produit : product ; substance ; ~ **azoté :** nitrogen compound ; ~ **caustique :** caustic agent ; ~ **chargé :** must with high suspended solids content *(vin)* ; ~ **chimique :** chemical ; chemical product ; ~ **commercial :** commercial grade product ; ~ **d'addition :** additive ; ~**s d'écumage :** skimmings ; ~ **d'empâtage :** coating product ; ~ **d'ensimage :** oiling product ; ~ **d'étanchéité :** sealing compound ; ~ **de beauté :** cosmetic ; ~ **de conditionnement :** conditioning chemical ; ~**s de consommation :** consumer goods ; ~ **de dégradation pyrogène :** pyrogenic degradation product ; ~ **de nettoyage :** cleaning material ; ~ **de rejet :** waste products ; ~ **de solubilité :** solubility product ; ~ **de vidange :** night soil ; ~ **dérivé :**

derivative ; ~ **dispersant :** dispersing agent ; disperser ; ~ **exceptionnel :** extraordinary income ; ~**s finis :** finished goods ; ~ **fusant :** liquid-like product ; ~ **s grand public :** consumer goods ; ~ **hydrocarboné :** hydrocarbon product ; ~**s manufacturés :** manufactured goods ; ~ **mixte :** mixed product ; ~ **net :** net earnings ; ~ **permutant :** exchange material ; ~ **peu chargé :** must with low suspended solids content ; ~ **phytosanitaire :** phytosanitary product ; ~ **prohibé :** restricted good ; ~**s semi-finis :** semi-finished goods ; semi-manufactured goods ; ~ **soufré :** sulphur compound

profil : profile *(math.)* ; ~ **de courbe :** fillage graph ; ~ **de flaveur :** flavour profile ; ~ **fuyant :** streamlined ; ~ **hydraulique :** hydraulic gradient ; **type** ~ : edgewise

profilage : streamlining

profilé *(adj.)* : streamlined ; **fer ~ :** sectional iron ; **pièce ~e :** shaped piece ; **poutre ~e :** structural beam

profilé *(n.)* **:** beam ; structural section ; section ; ~ **de roulement :** track beam ; ~ **en acier :** steel section ; ~ **en T :** T section ; ~ **en U :** channel iron

profond : deep

profondeur : depth ; ~ **de passe :** depth of cut

pro forma (facture ~) : pro forma invoice

progiciel : application software

programmation : programming *(info.)*

programme : schedule ; programme *(info.)* ; ~ **accéléré :** fast-track project ; ~ **d'entretien courant :** servicing schedule ; ~ **de fabrication :** production schedule ; ~ **général :** master programme ; ~ **général d'assainissement :** master plan for sewage removal

programmeur : programmer ; ~ **horaire :** time switch

progression : progress ; ~ **arithmétique :** arithmetic progression ; ~ **géométrique :** geometric progression

projecteur : projector ; floodlight ; ~ **de diapositives :** slide projector ; ~ **électrique :** searchlight ; ~ **orientable :** spotlight

projecteur-pulvérisateur : spray-painting nozzle

projection : projection ; spatter *(éclaboussure)* ; splatter *(éclaboussure)* ; projection *(math.)* ; ~ **de Mercator :** Mercator projection ; ~ **de sable :** sand blasting ; grit blasting ; ~ **par transparence :** rear projection

projet : project ; draft *(brouillon)* ; ~ **de contrat :** draft contract ; draft agreement ; ~ **de loi :** bill

prolifération : proliferation ; growth ; ~ **d'algues :** algae growth ; algal bloom

prolongateur (cordon ~) : extension cord

propane : propane

propionate : propionate

propionique : propionic

propipette : pipette filler

proportion : percentage ; ratio ; proportion *(math.)* ; ~ **directe :** direct proportion ; ~ **inverse :** inverse proportion ; **régulateur de** ~ : proportioner

proportionnalité (facteur de ~) : proportional factor

proportionnel : proportional ; ~ **intégral dérivé :** proportional-plus-integral-plus-derivative ; **directement** ~ : directly proportional ; **inversement** ~ : inversely proportional

proposition : proposition *(math.)* ; offer *(offre)* ; proposal *(offre)*

propre : clean

propriété : property ; characteristic

propulseur : propeller ; ~ **à hélice :** screw propeller

propulsion : propulsion ; propelling ; ~ **électrique :** electric propulsion ; ~ **nucléaire :** nuclear propulsion ; ~ **par plasma :** plasma propulsion ; ~ **par réaction :** jet propulsion

prorata (au ~) : pro rata ; **paiement** ~ : pro rata payment

prospection : prospecting

protecteur *(adj.)* : protective

protection : protection ; ~ **anticorrosion :** protection against corrosion ; ~ **antirouille :** rust prevention ; ~ **cathodique :** cathodic protection ; ~ **contre le feu :** fire protection ; ~ **grillagée :** latticed cover ; ~ **sociale :** social security ; ~ **thermique :** heat shield ; **enduit de** ~ : protective coating ; **lyre de** ~ : safety loop

protégé : protected ; ~ **contre l'humidité :** moisture-proof ; ~ **contre les jets d'eau :** hose-proof ; ~ **contre les poussières :** dust-proof ; ~ **contre les projections d'eau latérales :** splash-proof ; **moteur** ~ : drip-proof motor

protéine : protein

protidique : protide

protocole d'accord : draft agreement ; memorandum of understanding

proton : proton

protozoaire : protozoan

provision : provision *(fin.)* ; ~ **pour clients douteux et litigieux :** allowance for doubtful accounts

provoqué : induced

proximité (détecteur de ~) : proximity detector

publicité sur lieux de vente : point-of-sale advertising

puce : chip *(électr.)*

puddler : puddle *(métall.)*

puisard : sump ; collecting pit ; cesspool ; ~ **de reprise :** drainage pit

puissance : power ; ~ **absorbée :** power input ; input power ; ~ **active :** active power ; ~ **apparente :** apparent power ; ~ **au frein :** brake horsepower ; ~ **brute aux bornes du moteur :** motor input power ; ~ **d'entrée :** input power ; ~ **d'un nombre :** power of a number ; ~ **de levage :** lifting power ; ~ **de pointe :** peak power ; ~ **de sortie :** output power ; ~ **déwattée :** reactive power ; ~ **effective :** actual power ; ~ **en chevaux :** horsepower ; ~ **installée :** rated power ; ~ **mécanique :** mechanical power ; ~ **nominale :** rated power ; ~ **réactive :** reactive power ; ~ **réelle :** actual power ; ~ **sur l'arbre :** shaft horsepower ; ~ **utile :** operating power ; useful power ; ~ **vive :** kinetic energy

puits : well ; shaft ; ~ **à boues flottées :** floated sludge pit ; ~ **à fond perdu :** drainage well ; ~ **absorbant :** cesspool ; ~ **artésien :** Artesian well ; ~ **central de boues :** central sludge hopper ; ~ **collecteur :** collecting pit ; ~ **d'élévateur :** elevator well ; ~ **d'injection :** injection well *(pétro.)* ; ~ **de forage :** borehole well ; ~ **de production :** production well ; ~ **de réinjection :** recharge well *(nappe)* ; ~ **de ventilation :** air vent pipe ; ventilation shaft ; ~ **ordinaire :** dug well ; ~ **sec :** dry well ; **réacteur à ~ profond** : deep-shaft reactor ; **technique du ~ profond** : deep-shaft technique ; **tête de ~** : well head

pulpe : pulp ; ~ **à papier :** paper pulp ; ~ **de minerais :** ore pulp

pulpeur : pulper

pulsation : pulsation

Pulsator : Pulsator

pulsé (chauffage par air ~) : warm-air heating

pulvérisateur : spray ; atomizer *(atomiseur)* ; spray nozzle *(atomiseur)* ; pulverizer *(broyeur)*

pulvérisation : spray aeration ; spraying *(atomisation)* ; pulverizing *(broyage)* ; ~ **de l'eau :** water spraying ; **four à** ~ : flash dryer ; **rampe de** ~ : sprayer ; **tour de** ~ : spray-type tower

pulvériser : spray *(atomiser)* ; pulverize *(broyer)*

pulvérulent : powdered

pupitre : desk ; ~ **de commande :** control desk ; control console ; ~ **de filtre :** filter washing desk ; filter control desk ; filter console ; ~ **opérateur :** operator console

pur : pure

pureté : purity

purge : blow-down ; ~ **chaudière :** boiler blow-down ; ~ **d'air :** air blow-down ; air vent blow-down ; air bleed ; ~ **de déconcentration :** blow-down ; ~ **de dégazage :** deaeration blow-down ; ~ **des boues :** sludge blow-down ; sludge draw-off ; **~s des générateurs de vapeur :** steam generator blow-down ; ~ **simple :** drain ; ~ **volontaire :** deliberate blow-down ; **pot de** ~ : moisture trap ; **robinet de** ~ : blow-down cock ; **soupape de** ~ : blow-down valve ; **tuyau de** ~ : blow-down pipe

purger : blow off ; blow down

purgeur (robinet ~) : drain cock

purgeur d'air : air trap

purin : liquid manure

pustule : pimple

putréfaction : putrefaction

putrescibilité : putrescibility

putrescible : putrescible

pycnomètre : specific gravity bottle

pylône : pylon *(métallique)*

pyralène : polychlorinated biphenol

pyrex : pyrex

pyroélectricité : pyroelectricity

pyrolysat : pyrolysate

pyrolyse : pyrolysis

pyromètre : pyrometer ; ~ **à cadran :** dial pyrometer ; ~ **à lunette :** optical pyrometer ; ~ **à radiation totale :** radiation pyrometer

pyrométrique : pyrometric

Q

quadrant : quadrant

quadratique : root-mean-square ; **courant** ~ : root-mean-square current ; **moyenne** ~ : root-mean-square value

quadripolaire : quadrupole

quai : platform *(chemin de fer)* ; quay *(port)* ; ~ **de chargement :** loading dock ; ~ **de déchargement :** off-loading dock ; unloading platform

qualitatif : qualitative

qualité : quality ; ~ **alimentaire :** non-toxic ; food grade ; ~ **de l'eau :** water quality ; ~ **export :** export standard ; ~ **moyenne :** average quality

quantitatif : quantitative

quantité : quantity ; amount ; ~ **d'eau tombant annuellement :** annual rainfall ; ~ **d'eau tombée :** rainfall

quantum : quantum

quark : quark

quart : quarter ; ~ **de cercle :** quadrant ; ~ **de tour :** quarter turn

quartation : inquartation

quartier : quarter

quartz : quartz ; ~ **piézo-électrique :** piezoelectric crystal ; **gaine de** ~ : quartz shield ; **oscillateur à** ~ : quartz oscillator ; crystal driver

quasi-cylindrique : quasi-cylindrical

queue : shank *(perceuse)* ; ~ **conique :** taper shank ; ~ **d'aronde :** dovetail ; ~ **de buselure :** nozzle stem ; ~ **de carpe :** Lewis bolt *(boulon)* ; ~ **de cochon :** auger bit ; ~ **de rat :** rat-tail file ; ~ **de renard :** firmer chisel ; **assemblage à** ~ **d'aronde** : dovetail joint ; **buselure à** ~ : stemmed nozzle ; **pinceau** ~ **de morue** : flat paint brush

quincaillerie : hardware ; ironmongery

quincaillier maritime : ship chandler

quinconce (en ~) : staggered

quinhydrone (électrode à ~) : quinhydrone electrode

quote-part : share

quotient : quotient

quotités d'assurance : insurance cover

R

rabattement : lowering *(nappe phréatique)* ; ~ **de mousses :** foam reduction

raboter : plane

raboteuse : planer ; planing machine

raccord : fitting ; connection ; coupling ; coupler ; ~ **à brides :** flanged fitting ; ~ **à prise rapide :** quick-fit connector ; ~ **conique :** tapered connection ; ~ **d'entrée :** inlet fitting ; ~ **de pompe :** pump connection ; ~ **de tuyaux :** pipe union ; ~ **en Y :** Siamese joint ; Siamese connection ; ~ **flexible de tuyauterie :** flexible hose connection ; ~ **mâle :** male connection ; ~ **mâle + femelle :** plug and socket connection ; ~ **manchon :** joint union ; ~ **orientable :** swivel connection ; ~ **pompier :** instantaneous connection ; quick-fit pipe union ; ~ **rapide :** instantaneous connection ; quick union ; ~ **souple :** flexible coupling

raccordement : connection ; ~ **par manchon :** sleeve coupling ; **boîte de** ~ : connection box ; **câble de** ~ : connecting cable

raccorder : connect ; ~ **à la masse :** earth ; ~ **à la terre :** earth ; ground

rachat : takeover ; acquisition

rack : rack ; ~ **de commutation :** switching rack

raclage : raking ; scraping ; ~ **de surface :** surface skimming ; **bras de** ~ : scraper arm ; **décanteur à** ~ **radial** : circular scraper settling tank ; **dispositif de** ~ **à chaînes** : flight-and-chain scraper system ; **effort de** ~ : scraping torque ; **lame de** ~ : doctor blade

racler : scrape

raclette : squeegee *(bras racleur)* ; **chaînes sans fin munies de ~s** : flight-and-chain system

racleur : scraper ; doctor blade ; ~ **à chaîne :** chain scraper ; ~ **à pont :** bridge scraper ; ~ **d'écumes :** scum scraper ; ~ **d'huile :** scraper ring ; ~ **de fond :** floor scraper ; bottom scraper ; ~ **de surface :** surface skimmer ; ~ **diamétral :** diametral scraper ; ~ **hélicoïdal :** helical scraper ; ~ **suspendu :** suspended scraper ; ~ **transversal :** cross-bridge scraper unit

racloir : doctor blade

radier : floor ; bottom ; invert *(tuyau)* ; ~ **de fondation :** raft *(GC)* ; **fondation sur** ~ : floating foundation ; buoyant foundation ; buoyant raft

radioactif : radioactive ; **élément très** ~ : hot element

radioactivité : radioactivity

radiographie : radiography ; radiograph

radionucléide : radionuclide

radium : radium

raffinage : refining

raffiner : refine

raffinerie : refinery ; ~ **de sucre :** sugar refinery

rafle de maïs : maize cob

raidisseur : stiffener ; stay bar *(hauban)* ; **hauban** ~ : straining tie ; stay

rail : rail ; ~ **à ornière :** grooved rail

rainurage : slotting

rainure : groove ; ~ **annulaire :** piston-ring groove *(piston)* ; ~ **de clavette :** keyway ; ~ **de graissage :** oil groove ; ~ **en T :** T-slot ; ~ **en V :** V-shaped groove ; ~ **guide :** guide slot ; **à ~s** : grooved ; fluted ; **arbre à ~s** : splined shaft

raisin : grape ; **marc de** ~ : grape marc ; **moûts de** ~ : grape must

ralenti : idling *(moteur)*

ralentissement : slowing down

ralentisseur : speed reducer

rallonge : extension lead *(élec.)* ; extension cord *(télécom.)* ; extension spindle *(vanne)* ; **foret à** ~ : extension drill

ramassage : collection

ramasse-pâte : save-alls *(papeterie)*

ramification : lateral ; **~s inférieures :** lower branch pipes ; lower laterals ; **~s supérieures :** top laterals

ramonage des tubes de chaudières : boiler tube cleaning

rampe : handrail *(escalier)* ; ramp *(plan incliné)* ; ~ **à fort pourcentage :** steep gradient ; ~ **au néon :** neon strip light ; ~ **d'accès :** ramp ; ~ **de pulvérisation :** sprayer ; ~ **de soufflage :** hot-air blower

râpe : rasp

rappel (ressort de ~) : return spring

rapport : ratio *(proportion)* ; report *(récit)* ; ~ **d'absorption de sodium :** sodium absorption ratio ; ~ **DCO/DBO :** COD/BOD ratio ; ~ **de démultiplication :** velocity ratio ; ~ **de réduction :** reduction ratio *(broyage)* ; ~ **de transformation :** voltage ratio *(élec.)* ; ~ **des dentures :** gear ratio ; ~ **des engrenages :** gear ratio ; ~ **entre cours et bénéfice par action :** price earnings ratio ; ~ **massique de la masse molaire :** ratio of molar mass ; ~ **volumétrique :** compression ratio *(taux de compression)*

rapporter : correlate *(calcul)*

rapporteur : rapporteur *(conférence)*

rapprochement : reconciliation of accounts *(fin.)* ; **soudage par** ~ : butt welding

ras (au ~ du sol) : at floor level

râteau : rake ; ~ **alternatif :** reciprocating rake

rationalisation budgétaire : programme planning and budgeting system

rationnel (nombre ~) : rational number

rayer les mentions inutiles : delete as appropriate

rayon : radius ; ~ **au centre :** crown radius *(fond bombé)* ; ~ **de carre :** knuckle radius ; ~ **de courbure :** radius of curvature ; ~ **hydraulique :** hydraulic radius ; ~ **lumineux :** light ray

rayonnement : radiation ; ~ **ionisant :** ionizing radiation ; ~ **nucléaire :** nuclear radiation ; ~ **solaire :** sunlight ; ~ **ultraviolet :** ultraviolet radiation ; ~ **X :** X-rays

rayure : scratching *(défaut)*

réa : sheave

réactance : reactance ; ~ **de capacité :** capacitive reactance

réacteur : reactor ; reaction tank ; ~ **à eau bouillante :** boiling-water reactor ; ~ **à eau pressurisée :** pressurized water reactor ; ~ **à eau sous pression :** pressurized water reactor ; ~ **à fission :** fission reactor ; nuclear reactor ; ~ **à flux piston :** plug flow reactor ; ~ **à piscine :** pool-type reactor ; ~ **à plasma froid :** cold plasma reactor ; ~ **à puits profond :** deep-shaft reactor ; ~ **autogénérateur :** breeder reactor ; ~ **de mélange rapide :** flash-mix reactor ; ~ **de mise en contact :** contact reactor ; ~ **équipé de diffuseurs poreux :** porous-diffuser reactor ; ~ **gaz-liquide sous pression :** pressurized gas-liquid reactor ; ~ **gaz-solide :** gas-solid reactor ; ~ **sous pression :** pressurized water reactor ; ~ **triphasique :** three-phase reactor

réactif : reagent ; chemical ; ~ **chimique :** chemical reagent ; ~ **coagulant :** coagulant reagent ; ~ **d'attaque :** etching solution ; ~ **de conditionnement :** conditioning reagent ; ~ **de Fenton :** Fenton reagent ; ~ **de Nessler :** Nessler's reagent ; ~ **floculant :** flocculant reagent ; ~ **gazeux :** gaseous reagent ; ~ **organique :** organic reagent ; ~ **solide :** solid reagent ; **courant** ~ : reactive current *(élec.)*

réaction : reaction *(chim.)* ; feedback *(élec.)* ; ~ **chimique :** chemical reaction ; ~ **covalente :** covalent reaction ; ~ **du marché :** market feedback ; ~ **en chaîne :** chain reaction ; ~**s enzymatiques :** enzymatic reactions ; ~ **globale :** overall reaction ; ~**s parasites :** parasitic reactions ; ~ **selfique :** self-inductive reaction ; **moteur à** ~ : jet engine ; **oscillateur à** ~ : feedback oscillator ; **potentiomètre de** ~ : feedback potentiometer ; **régulateur à** ~ : feedback controller ; **turbine à** ~ : reaction turbine

réalésage : reboring *(métall.)*

réalimentation : recharge ; ~ **de nappe :** artificial aquifer recharge ; **bassin de** ~ : recharge basin

réalisation et travaux : construction and works

réaménagement des dettes : debt rescheduling

réarmement : resetting ; reset *(élec.)*

rebord : sill *(fenêtre)* ; **à** ~ : with raised edge ; flanged

rebouchage : back filling *(GC)*

rebut : waste ; scrap

recalage : retiming

récapitulation : recapitulation

recarburation : recarburizing

récépissé : receipt ; ~ **d'entrepôt :** warehouse receipt ; ~ **de marchandises en attente de chargement :** dock receipt

récepteur : receiver ; ~ **d'huile :** oil saver ; ~ **téléphonique :** telephone receiver ; **arbre** ~ : driven shaft

réception : acceptance ; handover ; takeover ; receipt *(paquet)* ; ~ **provisoire :** provisional takeover ; preliminary handing-over ; **accusé de** ~ : acknowledgement of receipt ; **certificat de** ~ : acceptance certificate ; takeover certificate ; **essai de** ~ : acceptance test ; **frais de** ~ : entertainment allowance

réceptionner : take delivery of

réceptivité : transition condition

recette : acceptance ; ~ **marginale :** marginal revenue ; **essai de** ~ : acceptance test

recevable : acceptable *(brevet)*

receveur des douanes : collector of public income

réchampi : paint border of contrasting colour

rechange (pièce de ~) : spare part ; replacement part

recharge : recharging *(batterie)* ; refill *(stylo)*

réchauffage : reheating ; **compartiment de** ~ : spray-valve heater ; **condensats de** ~ :

heating condensates ; **four de ~ à balancier :** walking-beam reheating furnace

réchauffeur : heater ; reheater ; **~ à condensation :** condenser heater

recherche : prospection *(mines)* ; **~ appliquée :** applied research ; **~ de sites :** location of sites ; **~ et développement :** research and development ; **~ fondamentale :** basic research ; **~ sur le terrain :** field investigation ; **centre de ~ :** research centre

récipient : container ; receptacle ; **~ métallique :** metal container ; **~ sous pression :** pressure vessel

recirculation : recycling ; recirculation ; **~ des boues :** sludge recirculation

réclamant : claimant

réclamation : claim ; complaint

récolement (plan de ~) : as-built drawing

recommandé : recommended ; **lettre ~e :** registered letter ; **lubrifiant ~ :** approved lubricant

recomposer : recombine elements *(chim.)*

reconnaissance : recognition ; **~ de dettes :** IOU ; **~ des caractères :** character recognition ; **~ du terrain :** soil study ; foundation testing ; site exploration

recopie (potentiomètre de ~) : positioning potentiometer

recouper : cut to fit ; **à ~ au montage** : to be cut at erection

recouvrement : covering ; **à ~ :** overlapping ; lapped ; lap-jointed ; **joint à ~ :** lap joint ; **plaque de ~ :** covering plate ; **résine de ~ :** covering resin ; **soudage par ~ :** lap welding ; **soudure à ~ :** lap weld

rectangulaire : rectangular

rectification : correction *(correction)* ; trueing *(méc.)*

rectificative (facture ~) : amended invoice

rectifier : correct *(erreur)* ; true *(méc.)*

rectiligne : straight line

recuire : anneal

recuisson : refiring

recuit *(adj.)* : annealed ; **~ au blanc :** bright annealed ; **~ au bleu :** blue annealed

recuit *(n.)* : annealing

récupération : recovery ; reclamation ; **~ d'eau de lavage :** wash water recovery ; **~ d'énergie :** energy recovery ; **~ de chaleur :** heat recovery ; **~ de méthane :** methane recovery ; **~ de pétrole :** oil recovery ; **~ électrolytique de métaux :** electrolytic metals recovery

récurage : scouring ; cleaning

recyclable : recyclable

recyclage : recirculation ; recycling ; **~ de l'eau :** water recycling ; **débit de ~ :** recycling flow ; **vis de ~ :** recycling screw

recycler : recycle

redevance : royalty

rédhibitoire : prohibitive

rédiger : draw up

redissolution : redissolution ; redissolving

redistillation (appareil de ~) : secondary still

redondance : redundancy

redox (potentiel ~) : redox potential

redressement (pont de ~) : bridge rectifier

redresseur : rectifier ; **~ en pont :** bridge rectifier

réducteur *(adj.)* : reducing ; **agent ~ :** reducing agent ; **gaz ~ :** reducing gas

réducteur *(n.)* : speed-reduction gear ; taper ; reducer ; **~ à engrenages parallèles :** spur gear *(droits)* ; **~ à planétaires :** planetary reducing gear ; **~ à satellites :** epicyclic gear ; **~ à vis sans fin :** worm gear ; **~ à vis tangente :** worm gear ; **~ d'oxygène :** oxygen scavenger ; **~ de pression :** pressure reducer ; **~ de vitesse :** speed reducer

réduction : reduction ; taper ; stepping down *(tension)* ; reducer *(tuyau)* ; **~ concentrique :** inlet taper ; **~ excentrique :** outlet taper ; **~ femelle-femelle :** reducing coupling

réductrice (flamme ~) : reducing flame

Reemay : Reemay

réenclenchement : reset ; **~ à la main :** hand reset ; **~ automatique :** self-reset

réfectoire : refectory ; canteen

référence : reference ; **électrode de ~ :** reference electrode

réflecteur : reflector *(lampe)*

reflux : reflux ; backflow

refoulement : discharge ; delivery ; output ; **hauteur de ~ :** discharge head ; **pompe à ~ :** lift pump ; **soudage par ~ :** upset welding

refouler : refuse *(boulon)* ; extrude *(métall.)* ; discharge *(pompe)*

refouleur : compressor ; force pump

réfractaire : refractory ; **brique ~ :** firebrick

réfracter : refract

réfrigérant *(adj.)* : cooling

réfrigérant *(n.)* : cooler ; **~ à tirage naturel :** natural-draught cooler ; **~ atmosphérique :** cooling tower ; **~ humide :** wet cooling tower ; **~ intermédiaire :** intercooler ; **~ sec :** dry cooling tower

réfrigérateur : refrigerator ; **~ à absorption :** absorption refrigerator ; **~ à compression :** compression refrigerator

réfrigération : refrigeration ; **eau de ~ :** cooling water

refroidissement : cooling ; quenching ; ~ **canalisé :** ducted cooling ; ~ **naturel :** self-cooling ; **air de ~ :** cooling air ; **tour de ~ :** cooling tower

refus : refusal ; ~ **d'exécuter un ordre du tribunal :** contempt of court ; ~ **de broyage :** tailings ; ~ **de dégrillage :** screenings ; ~ **de grille :** screenings ; screening waste

regard : pit ; shaft ; ~ **d'accès :** inspection hole ; ~ **d'alimentation :** feed sump ; inlet sump ; ~ **de réception :** delivery sump ; ~ **de reprise :** collecting sump ; ~ **de visite :** inspection hole ; inspection chamber

régénérant : regenerant

régénérateur : regenerator ; ~ **d'huile :** oil conditioner ; ~ **d'impulsions :** pulse regenerator

régénération : regeneration ; ~ **à co-courant :** cocurrent regeneration ; ~ **à contre-courant :** countercurrent regeneration ; ~ **à la vapeur :** steam regeneration ; ~ **de signaux :** signal regeneration ; ~ **thermique :** thermal regeneration ; **colonne de ~ :** regeneration column ; **colonne de ~ sulfonique** : sulphonic regeneration column

régie : cost-plus contract ; **travaux en ~ :** prime cost items

régime : flow ; rate ; ~ **continu monoétagé :** single-stage continuous flow ; ~ **continu multiétagé :** multi-stage continuous flow ; ~ **de fonctionnement :** operating conditions ; ~ **de vaporisation :** steaming rate *(chaudière)* ; ~ **discontinu :** intermittent flow ; ~ **laminaire :** laminar flow ; ~ **normal de marche :** normal working ; ~ **semi-continu :** semi-continuous flow

registre : register ; logbook ; damper *(méc.)* ; ~ **à guillotine :** sliding damper ; ~ **d'aérage :** ventilation flap ; ~ **d'isolement :** isolating shutter

réglable : adjustable ; variable ; ~ **en fonctionnement :** adjustable while in motion ; adjustable while working

réglage : adjustment ; ~ **automatique :** automatic control ; ~ **de consigne :** set-point adjustment ; ~ **de course :** stroke adjustment ; ~ **de précision :** fine adjustment ; ~ **micrométrique de course :** micrometer stroke adjustment ; ~ **pas à pas :** step-by-step regulating

règle : rule ; ~ **à calcul :** slide rule ; ~ **ferme :** binding rule ; **~s et usances :** uniform customs and practices ; **selon les ~s de l'art** : according to recognized good practice

règlement : settlement ; **~s** : regulations ; **~s administratifs :** regulatory requirements ; ~ **à l'amiable :** amicable settlement ; out-of-court settlement ; **~s financiers :** finance regulations ; ~ **intérieur :** by-laws ; **~s tarifaires :** tariff regulations

réglementaire : official ; regulatory

réglementation de l'eau : water regulations

réglette : strip ; ~ **bloc fluorescente :** fluorescent lamp fitting

réglette-jauge : dipstick

règne : kingdom ; ~ **animal :** animal kingdom ; ~ **bactérien :** bacterial kingdom ; ~ **végétal :** vegetable kingdom

régulateur : controller ; governor *(pompe)* ; ~ **à membrane :** diaphragm-operated regulator ; ~ **à réaction :** feedback controller ; ~ **de débit :** flow controller ; ~ **de débit du filtre :** filter-rate controller ; ~ **de filtre :** filter level controller ; ~ **de niveau :** level controller ; ~ **de proportion :** proportioner ; ratio controller ; ~ **de tension :** voltage regulator ; ~ **numérique :** numerical controller ; ~ **programmé :** programmed controller

régulation : control ; ~ **amont :** upstream control ; ~ **aval :** downstream control ; ~ **de tendance :** rate action ; ~ **de tension :** voltage regulation ; ~ **par réaction :** feedback control ; ~ **par tout ou rien :** all-or-nothing regulation ; on/off regulation ; **algorithme de ~ :** control algorithm ; **coupleur de ~ :** control coupler ; **pot de ~ :** level-control chamber ; **taux de réaction de la ~ :** reset rate ; **vanne de ~ :** control valve

réhabilitation : remediation *(sol)* ; refurbishment *(station)*

réhabiliter : refurbish

réinjection : water flooding ; recharge *(nappe)* ; waterflooding *(pétro.)* ; ~ **dans le sol :** reinjection into the ground

rejet : discharge ; ~ **d'eaux usées :** wastewater discharge ; ~ **des déchets de dégrillage :** screenings discharge ; **~s occasionnels :** intermittent effluents

relâchement de contrainte : stress relief

relais : relay ; ~ **à accrochage :** latch-in relay ; ~ **à action différée :** time-delay relay ; ~ **à action lente :** slow-acting relay ; ~ **à cascade :** stepping relay ; ~ **à commande électromagnétique :** electromagnetic relay ; ~ **à commande magnétoélectrique :** magnetoelectric relay ; ~ **à contact :** impulse relay ; ~ **à disque à induction :** induction-disc relay ; ~ **à maximum d'intensité :** overload relay ; ~ **à minimum :** undercurrent relay ; ~ **à réenclenchement :** self-reset relay ; ~ **à retardement :** slow-release relay ; ~ **à seuil de courant :** current monitor ; ~ **à temps inversé :** inverse-time relay ; ~ **auxiliaire :** auxiliary relay ; ~ **capacitif :** capacitance relay ; ~ **d'intensité :** current relay ; ~ **d'inversion de phases :** phase-reversal relay ; ~ **de commande :** control relay ; ~ **de commutation :** change-over relay ; ~ **de déclenchement :** tripping relay ; ~ **de protection :** protective relay ; protection relay ; ~ **de surcharge :** overload relay ; ~ **de surintensité :** overload relay ; overcurrent relay ; ~ **de tension :** voltage relay ; ~ **débrochable :** plug-in relay ; ~ **différentiel :** differential relay ; ~ **direct :** primary relay ; ~ **électrique :** electric relay ; ~ **électromagnétique :** electromagnetic relay ; ~ **instantané :** instantaneous relay ; ~ **magnétoélectrique :** magnetoelectric relay ; ~ **non polarisé :** neutral relay ; non-polarized relay ; ~ **pas à pas :** step-by-step relay ; ~ **polarisé :** polar relay ; polarized relay ; ~ **synchronisé :** synchronizing relay ; ~ **téléphonique :** telephone relay ; ~ **temporisateur :** delay relay ; time-delay relay ; ~ **temporisé :** time-delay relay ; ~ **thermique :** thermal relay ; ~ **thermique différentiel :** differential thermal relay ; **schéma à** ~ : relay diagram

relance : reminder

relancer : send a reminder ; ~ **la production :** boost production

relargage : salting out *(savon)* ; **test de** ~ : oil-rising test

relation : equation *(math.)* ; ~ **de base :** fundamental relationship ; ~ **de Nernst :** Nernst equation

relaxation : loss of tensile stress *(acier)*

relayage : relay system

relevage : lifting ; **pompe de** ~ : lifting pump

relevé de compte : statement of account

relèvement (poste de ~) : lifting station

relever : record *(mesures)* ; ~ **un terrain :** survey land

relié à : connected to

relier au sol : earth *(élec.)*

rémanence : remanence

remblai : backfill ; embankment ; backfilled unit ; ~**s et déblais :** cuts and fills ; **route en** ~ : embanked road ;

remblayé à la cote n : backfilled at level n

remettre : postpone ; defer

reminéralisation : remineralization

remise : handing over ; delivery ; discount *(fin.)* ; ~ **à zéro :** reset ; ~ **d'offres :** submission of tenders ; ~ **en état :** overhauling ; reconditioning *(moteur)* ; ~ **en marche :** restarting

remontage : reassembly

remontée : rise ; ~ **de boues :** sludge rise ; sludge uprising

remorque : trailer ; **semi-** ~ : semi-trailer

remous : eddy

remplacer et annuler : supersede

remplissage : filling ; ~ **en vrac :** random fill ; ~ **ordonné :** ordered packing ; ~ **plastique :** plastic fill ; ~ **traditionnel :** traditional fill ; **conduite de** ~ : filling duct ; **matériau de** ~ : filter medium

renard : channel

renardage : channelling

rendement : performance ; efficiency ; yield ; ~ **d'oxygénation :** oxygen transfer efficiency ; oxygenation efficiency ; ~ **d'une pompe :** pump efficiency ; ~ **de courant :** current efficiency ; ~ **de décantation :** settling efficiency ; ~ **de séparation :** separation efficiency ; ~ **énergétique :** energy efficiency ; ~ **mécanique :** mechanical efficiency

renforçateur : reinforcing agent

renforcé : reinforced ; strengthened

renforcement : reinforcement ; strengthening ; **nervure de** ~ : stiffening rib

renformis : rendering

reniflard : snifter valve

renouvellement : renewal *(contrat)* ; replacement *(équipement)*

renseignements techniques : technical data

rentabilité : rate of return ; profitability

rentrant : reentrant

renversement : overturning ; **moment de** ~ : bending moment ; overturning moment

renvoi (arbre de ~) : countershaft

renvoi (rouleau de ~) : return roller

renvoi d'angle : bevel gear *(méc.)*

renvoi d'une alarme : transfer of alarm

répandage : spreading

réparation : repair

réparer : repair

répartir : spread *(risques)*

répartiteur : flow-splitting system

répartition : distribution ; **jupe de** ~ : inlet well

répercuter : pass on

repère : mark ; ~ **de montage :** assembly mark ; ~ **de nivellement :** bench mark ; **ligne de** ~ : datum line

répéteur : repeater *(élec.)* ; ~ **d'impulsions :** pulse repeater

repos (temps de ~) : recovery time *(caoutchouc)*

représentation symbolique : block diagram

reprise : pumping ; recovery ; lifting ; ~ **de bétonnage :** construction joint ; ~ **de filtrat :** filtrate pumping ; ~ **des boues :** sludge collection ; ~ **des sables :** grit recovery ; ~ **en**

sous-œuvre : underpinning ; ~ **mécanique :** mechanical recovery ; **point de** ~ : recovery point ; **puisard de** ~ : drainage pit ; **temps de** ~ : recovery time *(caoutchouc)*

reproductible : reproducible

répulsif : repulsive

répulsion : repulsion

résazurine : resazurin

réseau : network ; ~ **à voie multipoint :** multi-point network ; ~ **autocommuté :** switched network ; ~ **cristallin :** crystalline structure ; ~ **d'assainissement :** sewer system ; ~ **d'eau :** water supply network ; ~ **d'éclairage :** lighting system ; ~ **d'égouts :** sewer system ; ~ **de communication :** communications network ; ~ **de distribution :** distribution network ; distribution system ; ~ **de terrain :** fieldbus network ; ~ **électrique :** electrical network ; electrical system ; ~ **en boucle :** closed-loop network ; ~ **hétérogène :** multi-vendor network ; ~ **maillé :** grid ; ~ **pseudo-séparatif :** partially separate system ; ~ **ramifié :** manifold ; ~ **séparatif :** separate system ; ~ **unitaire :** combined system

réservation : box-out *(GC)* ; **faire des ~s** : box out

réserve : reserve ; **~s** : exceptions *(contrat)* ; ~ **de change :** foreign exchange reserves ; ~ **de marche :** stand-by power source ; ~ **liquide :** liquid assets *(fin.)* ; **en** ~ : standby ; **faire des ~s** : make comments ; **levée de ~s** : rectification of remarks ; clearance of goods

réservoir : tank ; vessel ; ~ **à flux piston :** plug-flow water tank ; ~ **à gaz :** gas holder ; ~ **à graisse :** grease box ; ~ **à huile :** oil tank ; ~ **brise-charge :** break-pressure tank ; ~ **d'air :** air receiver *(compresseur)* ; ~ **d'alimentation :** supply tank ; ~ **de chasse :** flush tank ; ~ **de stockage :** storage tank ; ~ **surélevé :** elevated tank ; water tower ; ~ **tampon :** buffer tank

résidu : residue ; ~ **de distillation :** tower bottoms ; ~ **sec :** dry solids content ; ~ **urbain :** town refuse

résiduel : residual ; **eau ~le :** wastewater

résiliation : termination

résilience : resilience

résilier : cancel ; terminate *(contrat)*

résine : resin ; ~ **acrylique :** acrylic resin ; ~ **adsorbante :** adsorbent resin ; ~ **anionique :** anionic resin ; ~ **anionique fortement basique :** strong base anionic resin ; ~ **anionique moyenne :** intermediate base anionic resin ; ~ **au palladium :** palladium resin ; ~ **carboxylique :** carboxylic resin ; ~ **cationique :** cationic resin ; cation-exchange resin ; ~ **chélatante :** chelate resin ; ~ **d'empotage :** potting resin ; ~ **de recouvrement :** covering resin ; ~ **échangeuse :** exchanger resin ; ~ **échangeuse d'ions :** ion exchange resin ; ~ **époxy :** epoxy resin ; ~ **macroporeuse :** macroporous resin ; ~ **monosphère :** monosphere resin ; ~ **organique :** organic resin ; ~ **phénolique :** phenolic resin ; ~ **polyuréthane :** polyurethane resin ; ~ **saturée :** exhausted resin ; ~ **thermodurcissable :** thermosetting resin ; **bille de** ~ : resin bead ; **colonne de** ~ **compacte** : compacted resin column ; **fines de** ~ : resin fines ; **lit de** ~ : resin bed

résinique (acide ~) : resinic acid ; resin acid

résistance : resistor *(élec.)* ; strength *(méc.)* ; resistance *(méc.)* ; ~ **à l'éclatement :** bursting strength ; ~ **à l'écrasement :** crushing strength ; ~ **à l'extension :** tensile strength ; ~ **à la compression :** compression strength ; compressive strength ; ~ **à la corrosion :** corrosion resistance ; ~ **à la déformation :** yield strength ; ~ **à la fatigue :** fatigue strength ; ~ **à la rupture :** breaking strength ; compression strength *(compression)* ; ~ **à la tension :** tensile strength ; ~ **à la traction :** tensile strength ; ~ **au choc :** impact strength ; ~ **au choc d'éprouvette entaillée :** notch strength ; ~ **au cisaillement :** shear strength ; ~ **au flambage :** buckling strength ; ~ **chauffante :** heating element ; ~ **d'entrée :** input resistance ; ~ **d'équilibrage :** ballast resistor ; ~ **dans les tuyaux :** friction loss ; ~ **de contact :** contact resistance ; ~ **de fuite :** leakage resistance ; ~ **de rupture :** ultimate strength ; ~ **élastique :** yield strength ; ~ **spécifique :** specific resistance ; electrical resistivity *(élec.)* ; ~ **spécifique à la filtration :** resistance to filtration ; ~ **spécifique à la séparation :** cohesion strength ; **acier à haute** ~ : high-tensile steel ; **élément de** ~ : resistor element

résistant : fast *(couleur)* ; ~ **à l'acide :** acid-proof ; ~ **au choc :** shock-proof ; ~ **aux intempéries :** weather-proof

résister : resist *(méc.)*

résistivimètre : resistivity meter

résistivité : resistivity *(élec.)*

résolution : resolution *(élec.)*

résonance magnétique nucléaire : nuclear magnetic resonance

respirateur autonome : self-contained respirator

respiration : respiration ; ~ **endogène :** endogenous respiration

respiratoire (masque ~) : oxygen mask

responsabilité : responsibility ; ~ **civile vis-à-vis des tiers :** third-party liability ; ~ **conjointe :** joint liability

responsable : responsible officer ; manager ; ~**s conjointement et solidairement :** jointly and severally liable

ressort : spring ; ~ **à boudin :** spiral spring ; ~ **à double sens :** two-way spring ; ~ **à lames :** leaf spring ; ~ **de compression :** compression spiral ; ~ **de rappel :** return spring ; ~ **elliptique :** elliptic spring ; ~ **en spirale :** spiral spring ; ~ **hélicoïdal :** helical spring ; ~ **taré :** calibrated spring

ressuage : bleeding ; liquid penetrant test ; sweating test

restrictions : restrictions ; ~ **de sortie :** restricted goods export ; ~ **de sortie quantitatives :** quantitative restrictions ; ~ **quantitatives :** quantitative restrictions ; quotas

restructuration : restructuring

résultante : resultant *(math.)*

résultat : result

résumé : summary ; abstract

retard : delay

retardateur : retarding agent ; retarder *(béton)*

rétentat : retentate

rétention (fosse de ~) : seepage pit

retenue : impounding reservoir ; reservoir ; ~ **à la source :** PAYE *(pay as you earn) (UK) (impôt)* ; ~ **de garantie :** retention money ; **barrage de** ~ : dam ; **clapet de** ~ : check valve ; non-return valve ; **disque de** ~ : retaining disc ; **ouvrage de** ~ : dam

retombée : fall-out *(nucl.)*

retour : return *(voyage)* ; ~ **à zéro :** reset ; ~ **automatique :** automatic reset ; ~ **d'eau :** backflow ; ~ **d'expérience :** feedback ; ~ **d'information :** feedback ; ~ **de condensats :** condensate return ; ~ **des eaux d'égouttage :** dripping water return ; ~ **rapide :** quick return ; **diode de** ~ : return diode ; **lavage par** ~ **d'eau** : backwash ; **transporteur de** ~ : return conveyor

retrait : shrinkage ; **crique de** ~ : shrinkage crack

retraitement nucléaire : nuclear waste reprocessing

retransmettre : retransmit

rétrécissement : bottleneck

rétrodiffusion : back diffusion

rétrolavage : backflushing ; backflush ; backwash

rétroprojecteur : overhead projector

réunion : meeting ; ~ **d'avancement :** expediting meeting ; ~ **d'enclenchement :** kick-off meeting

réunir la caution : raise bail

revalorisation : maximization ; reclamation *(terrain)*

revanche : freeboard

revendications : claims

revenu : income ; ~ **du capital :** unearned income ; ~ **du travail :** earned income

réverbère : street-lamp ; **four à** ~ : reverberatory furnace

revêtement : coating ; covering ; overlay ; ~ **antirouille :** rust-proof coating ; ~ **bitumineux :** bituminous coating ; asphalt coating ; ~ **de protection :** protective coating ; ~ **en caoutchouc :** rubber lining ; ~ **en émail :** enamel coating ; ~ **métallique :** metal coating ; ~ **par immersion :** dip coating ; ~ **plastique :** plastic liner ; ~ **réfractaire :** refractory lining

révision de prix (formule de ~) : price variation clause ; price escalation clause

reviviscence : regrowth ; revivification

revoir : revise

révolution : revolution

revue : review ; ~ **de conception :** design review ; ~ **du système qualité :** quality system review

rez-de-chaussée : ground floor *(UK)* ; first floor *(US)*

rhéostat : rheostat ; ~ **de champ :** field rheostat

rhizome : rhizome

riche : rich ; **béton** ~ : rich concrete

rideau : curtain ; ~ **de fermeture :** shutter ; ~ **de palplanches :** sheet-pile wall ; sheet piling ; ~ **lumineux de sécurité :** photoelectric safety curtain *(filtre-presse)* ; **dispositif à** ~ **d'eau** : water-curtain device

rigidité : stiffness ; ~ **à la torsion :** torsional rigidity ; ~ **diélectrique :** dielectric strength ; **coefficient de** ~ : stiffness coefficient

rigole : trench ; gutter ; ~ **de captage d'écoulement :** catch drain ; ~ **de chargement :** loading trough ; conveyor trough ; ~ **de déversement :** chute drain

rigueur : stringency

rinçage : rinsing ; ~ **de surface :** surface rinsing ; ~ **des modules :** flushing *(osmose inverse)* ; ~ **en cascade :** cascade rinsing ; ~ **rapide :** fast rinse

ringardage : raking

ring-lace : ring-lace

risque : hazard ; ~**s** : contingencies ; risks ; ~ **de :** danger of ; ~**s de change :** foreign exchange risks ; exchange rate fluctuations ; ~ **sanitaire :** health hazard

ristourne : discount

rive : bank *(rivière)* ; ~ **de tête :** edge *(tôle)*

river : rivet

rivet : rivet ; ~ **à fleur :** flush rivet ; ~ **à recouvrement :** lap rivet ; ~ **à tête bombée :**

button-head rivet ; ~ **à tête ronde :** button-head rivet ; **tête de** ~ : rivet head

rivetage : riveting ; ~ **en quinconce :** staggered riveting

riveter : rivet ; lap-rivet *(joint à recouvrement)*

rivière en crue : river in spate

robinet : tap ; faucet *(US)* ; cock ; valve ; ~ **à aiguille :** needle valve ; ~ **à bec courbe :** bib cock ; ~ **à boisseau :** plug valve ; ~ **à boisseau lubrifié :** lubricated plug valve ; ~ **à boisseau renversé :** inverted plug valve ; ~ **à boisseau sphérique :** spherical plug valve ; ball valve ; ~ **à boule :** ball valve ; ~ **à clef :** plug cock ; ~ **à deux voies :** two-way cock ; ~ **à flotteur :** float cock ; float valve ; ~ **à manœuvre rapide :** quick operating valve ; ~ **à membrane :** diaphragm valve ; ~ **à moteur :** motor-operated valve ; ~ **à papillon :** butterfly valve ; ~ **à piston :** piston valve ; ~ **à pointeau** : needle valve ; ~ **à quatre voies :** four-way valve ; ~ **à soufflet :** bellows valve ; ~ **à soupape :** screw-down stop valve ; globe valve ; ~ **à soupape d'équerre :** angle-type stop valve ; ~ **à soupape double :** double seat valve ; ~ **à soupape droit :** straight screw-down valve ; ~ **à soupape simple :** single seat valve ; ~ **à tournant sphérique :** ball valve ; ~ **à trois voies :** three-way valve ; ~ **d'alimentation :** feed cock ; ~ **d'arrêt :** stop cock ; ~ **d'entrée :** inlet valve ; ~ **d'équerre :** angle valve ; ~ **d'extraction :** blow-down cock ; blow-off valve ; ~ **d'isolement :** shut-off valve ; ~ **de baignoire :** bath mixing tap ; ~ **de bouteille :** cylinder valve *(gaz comprimé)* ; ~ **de commande :** control valve ; ~ **de douche :** shower tap ; ~ **de fond de cuve :** bottom drain valve ; drain cock ; ~ **de jauge :** gauge valve ; gauge cock ; ~ **de prise d'échantillons :** sampling cock ; ~ **de puisage :** bibcock ; ~ **de purge :** blow-down cock ; blow-off cock ; ~ **de radiateur :** radiator valve ; ~ **de sortie :** outlet valve ; ~ **de soutirage :** draw-off cock ; ~ **de trop-plein :** overflow cock ; ~ **de vidange :** drain cock ; ~ **distributeur :** multiple-port valve ; ~ **droit :** globe valve ; ~ **électromagnétique :** solenoid valve ; ~ **mélangeur :** mixer valve ; mixing valve ; ~ **purgeur :** drain cock ; blow-off cock ; ~ **régulateur à membrane :** diaphragm-operated control valve ; ~ **sans presse-étoupe :** packless valve

robinetterie : valves and fittings

robinet-vanne : sluice valve ; gate valve

robot : robot

robotique : robotics

rocade : by-pass *(UK)* ; ring road *(UK)* ; beltway *(US)*

rochage : root porosity *(soudage)* ; cauliflowering *(soudage)*

roche : rock ; ~ **mère :** parent rock ; ~ **pétrolifère :** oil rock ; **chaux en** ~ : crystal lime

roche-réservoir : reservoir rock

rochet : ratchet *(palan)*

roder : run in *(moteur)* ; grind in *(soupape)*

rodeuse : grinding machine

rondelle : washer ; ~ **à fente :** split washer ; ~ **caoutchouc :** rubber washer ; ~ **d'appui :** thrust washer ; ~ **d'arrêt :** lock washer ; ~ **d'épaisseur :** shim ; ~ **d'étanchéité :** sealing washer ; ~ **de blocage :** lock washer ; ~ **de butée :** thrust washer ; ~ **de calage :** shim ; ~ **de garniture :** packing washer ; ~ **de piston :** piston washer ; ~ **de robinet :** tap washer ; ~ **élastique cintrée :** curved spring washer ; ~ **éventail :** anti-turn washer ; toothlock washer ; ~ **frein :** lock washer ; ~ **Grower :** lock washer ; ~ **plate :** plain washer

ronflement : hum *(haut-parleur)*

ronfleur à interruption : rhythmic buzzer

ronger : corrode *(acide)*

rosace : rose ; ~ **de plafond :** ceiling rose

rosée (point de ~) : dew point

rotamètre : rotameter

rotatif : rotary ; **commutateur** ~ : rotary switch ; **moteur** ~ : rotary engine

rotation : rotation

rotor : impeller ; rotor ; ~ **à ailettes :** rotor with blades ; ~ **à cage :** squirrel-cage rotor ; ~ **bobiné à bagues :** wound rotor ; ~ **en court-circuit :** squirrel-cage rotor ; ~ **mono-arbre :** single-shaft rotor ; **aube de** ~ : rotor blade ; **pompe à** ~ **excentré** : eccentric rotor pump

rotule : ball joint ; ball-and-socket joint ; ~ **d'attache :** trunnion

roue : pinion *(pignon)* ; impeller *(pompe)* ; pulley *(poulie)* ; wheel *(voiture)* ; ~ **à aubes :** paddle wheel ; ~ **à augets :** bucket wheel ; ~ **à bandage caoutchouc :** rubber-tyred wheel ; ~ **à bandage élastomère :** elastomer-tyred wheel ; ~ **à canal :** channel impeller ; ~ **à godets :** overshot wheel ; ~ **à gorge :** sheave ; ~ **à palettes :** undershot wheel ; ~ **à patin :** caterpillar wheel ; ~ **à vis sans fin :** worm wheel ; ~ **centrifuge :** centrifugal impeller ; ~ **codeuse :** thumbwheel switch ; ~ **d'engrenage :** gear wheel ; ~ **d'entraînement :** driving wheel ; ~ **de commande :** control wheel ; driving wheel ; ~ **de turbine :** turbine impeller ; turbine wheel ; ~ **dentée :** cogged wheel ; cogwheel ; ~ **dentée d'entraînement :** sprocket wheel ; ~ **droite :** spur wheel ; ~ **en hélice :** screw impeller ; ~ **hydraulique :** water wheel ; ~ **libre :** over-running clutch ; one-way clutch ; free wheel ; ~ **motrice :** driving wheel ; ~ **pivotante :** castor wheel ; ~ **planétaire :** planet gear ; ~ **porteuse :** carrying wheel

rouille : rust

roulage (forgeage par ~) : roll forging

roulé : wound ; ~ **en couplage :** wound in mesh

rouleau : roll *(papier)* ; roller *(roue)* ; ~ **à axe fixe :** fixed-spindle roller ; ~ **à axe mobile :** moving-spindle roller ; ~-**brosse :** roller brush ; ~ **compresseur :** roller ; ~ **d'égalisation :** equalizing roller ; ~ **d'entraînement :** drive roller ; ~ **de contact :** contact roller ; ~ **de drainage :** drainage roller ; ~ **de guidage :** supporting path of rolls *(coulée continue)* ; ~ **de laminage :** squeezing roller ; ~ **de pressage :** pressing roller ; ~ **de redressage :** straightening roll ; ~ **de renvoi :** return roller

roulement : bearing ; ~ **à billes :** ball bearing ; ~ **à billes à contact oblique :** angular-contact ball bearing ; ~ **à rouleaux :** roller bearing ; ~ **à rouleaux coniques :** tapered roller bearing ; ~ **à rouleaux cylindriques :** parallel roller bearing ; ~ **côté moteur :** inboard bearing ; ~ **côté pompe :** outboard bearing ; ~ **de butée :** thrust bearing ; ~ **lisse :** journal bearing ; **anneau de** ~ : riding ring ; **bande de** ~ : tread *(pneu)* ; **chemin de** ~ : treadway *(pont)* ; **frottement de** ~ : rolling friction ; **galet de** ~ : running wheel

roulé-soudé : roll-bent and welded

roulette : roller ; small wheel ; ~ **pivotante :** castor wheel

route : road ; ~ **en remblai :** embanked road ; ~ **pavée :** paved road ; ~ **praticable :** passable road

ruban : tape ; band ; ribbon ; ~ **adhésif :** adhesive tape ; ~ **encreur :** inking ribbon ; ~ **isolant :** insulating tape ; ~ **perforé :** perforated tape ; **fer à** ~ : hoop iron ; **scie à** ~ : band saw

rubrique : heading

rugosité : roughness

ruisseler : trickle

ruissellement : trickling ; ~ **contrôlé :** controlled run-off ; ~ **sur masse de contact :** trickling over contact media ; ~ **sur plateaux :** trickling over trays ; **lit à** ~ : trickling filter

rupteur : breaker ; ~ **de fin de course :** limit switch

rupture : breaking ; failure ; ~ **dans l'air :** air break *(élec.)* ; ~ **de charge :** air gap *(bac)* ; ~ **de contrat :** breach of contract ; ~ **par flexion :** failure under bending ; **bac de** ~ **de charge** : break-pressure tank ; **charge de** ~ : breaking stress ; tensile strength ; **essai de** ~ : breaking test ; **longueur de** ~ : tensile factor ; **longueur de** ~ : tensile factor *(papier)*

rythme d'allumage : order of firing

rythmeur : interval timer

Ryznar (indicateur de ~) : Ryznar index

S

sablage : sand blasting ; grit blasting ; blast cleaning *(avant peinture)* ; ~ **à sec :** dry sand blasting

sable : sand ; grit ; ~ **à grain fin :** fine sand ; ~ **à gros grains :** coarse sand ; ~ **bitumineux :** bituminous sand ; ~ **de concassage :** crushed sand ; ~ **encrassé :** clogged sand ; ~ **gros :** coarse sand ; ~ **liant :** sharp sand ; ~ **moyen :** medium sand ; ~ **quartzeux :** quartz sand ; ~**s mouvants :** quicksand

sablière : sand pit ; gravel pit

sabot : shoe ; ~ **de frein :** brake shoe ; ~ **de pieu :** pile shoe *(GC)*

sac : bag ; ~ **de minerai :** pocket of ore

sachet : small packet

saignée : cut ; groove

saillant : projecting

saillie : projection ; **en** ~ : projecting ; **fenêtre en** ~ : bay window

salarié *(adj.)* : salaried ; staff ; in-house

salé : salty ; salted

salin : saline

salinité : salinity ; salt content ; total dissolved solids content

salissures : fouling ; ~ **organiques :** organic fouling

salle : room ; ~ **blanche :** clean room ; ~ **de bains :** bathroom ; ~ **de chloration :** chlorine room ; ~ **de commande :** control room ; ~ **de contrôle :** control room ; ~ **de dessin :** drawing office ; ~ **de filature :** spinning room ; ~ **de pompage :** pump room ; ~ **de réunion :** conference room ; ~ **des chaudières :** boiler room ; ~ **des machines :** plant room ; power building ; ~ **des moteurs :** engine room

salmonelles : salmonella

salon : trade fair

salpêtre : potassium nitrate

sandwich : sandwich ; **bobiné en** ~ : sandwich-wound ; **vanne** ~ : wafer valve ; **verre** ~ : laminated glass ; non-shattering glass

sangle de sûreté : safety belt

sanitaire (matériel ~) : sanitary ware

sanitaires *(n.)* **:** sanitary facilities

sans : without ; ~ **cendre :** ashless ; ~ **dimension :** dimensionless ; ~ **frais :** free of charge ; ~ **goût :** tasteless ; ~ **préavis :** without notice ; ~ **soudure :** seamless ; ~ **tension :** dead

santé publique : public health

sapide : sapid ; palatable

sapin : fir

saponification (indice de ~) : saponification number

saponifié : saponified

saprobité (degré de ~) : saprobic degree

sas à air : air lock

satellite : satellite ; planet wheel ; ~ **d'observation de la terre :** earth observation satellite ; ~ **géostationnaire :** geostationary satellite ; **engrenage à ~s** : planet gear ; **réducteur à ~s** : epicyclic gear

satisfaire les exigences : meet requirements

saturateur : saturator ; ~ **à turbine :** turbine saturator ; ~ **de chaux :** lime saturator

saturation : saturation

saturé : saturated

sauf indication contraire : unless otherwise specified

saumâtre : brackish

saumure : brine

sauterelle : portable conveyor ; unloader ; mobile belt conveyor

savoir-faire : know-how

savon : soap ; ~ **de Marseille :** Marseille soap ; household soap ; ~ **minéral :** sand soap

scatole : skatole

scellé : anchored ; sealed

scellement : anchoring ; sealing ; **bague de** ~ : sealing ring ; **manchette de** ~ : puddle pipe

sceller : anchor *(GC)*

schéma : diagram ; sketch ; ~ **à contact :** contact diagram ; ~ **à relais :** relay diagram ; ~ **animé :** animated diagram ; ~ **d'enroulement :** winding diagram ; ~ **de branchement :** connection diagram ; wiring diagram ; ~ **de circuit :** circuit diagram ; ~ **de fonctionnement :** operating diagram ; flow sheet ; working diagram ; flow diagram ; ~ **de graissage :** lubrication chart ; ~ **de**

principe : general diagram ; schematic diagram ; wiring diagram *(élec.)* ; ~ **de raccordement :** wiring diagram ; ~ **de traitement :** treatment principle ; ~ **directeur :** master plan ; ~ **électrique :** wiring diagram ; ~ **en échelle :** ladder diagram ; ~ **hydraulique :** hydraulic layout ; ~ **lumineux :** illuminated diagram ; ~ **synoptique :** block diagram ; mimic diagram *(élec.)*

schiste : schist ; ~**s bitumineux :** oil shale ; ~ **expansé :** expanded schist

schoopage : Schoop process *(métall.)*

sciage : sawing

scie : saw ; ~ **à chaînette :** chainsaw ; ~ **à cloche :** cylinder saw ; ~ **à main :** handsaw ; ~ **à métaux :** metal saw ; hacksaw ; ~ **à ruban :** band saw ; ~ **circulaire :** circular saw ; ~ **cloche :** crown saw ; hole saw ; cylinder saw ; ~ **égoïne :** small handsaw ; ~ **mécanique :** power saw ; ~ **rotative :** crown saw ; hole saw ; cylinder saw

sciure : sawdust

scories : slag ; dross ; ~ **de laminoir :** mill scale ; ~ **vitreuses :** clinker

scrutation : scan

sec : dry ; ~ **hors poisse :** surface-dry ; ~ **hors poussière :** dust-dry ; **doseur à** ~ : dry feeder ; **évacuation à** ~ : dry disposal

séchage : drying ; ~ **à co-courant :** cocurrent drying ; ~ **à contre-courant :** countercurrent drying ; ~ **à l'étuve :** stove drying ; ~ **atmosphérique :** atmospheric drying ; ~ **des boues :** sludge drying ; ~ **par le vide :** vacuum drying ; **vitesse de** ~ : drying rate

sécher : dewater ; dry ; ~ **préalablement :** pre-dewater

sécheresse : dryness ; drought

sécheur : dryer ; ~ **à convection :** convection dryer ; ~ **à lit fluidisé :** fluidized bed dryer ; ~ **à vide :** vacuum dryer ; ~ **de vapeur :** steam dryer ; ~ **direct :** direct dryer ; ~ **indirect :** indirect dryer ; ~ **mixte :** mixed dryer ; ~ **rotatif tubulaire :** rotary dryer ; ~ **sans chaleur :** heatless dryer

séchoir : dryer

secondaire *(n.)* : secondary winding *(élec.) (n.)*

second œuvre : technical and architectural trades ; finishings ; finishes

secondaire *(adj.)* : secondary

secours : help ; **brûleur de** ~ : standby burner ; **en** ~ : on standby

sécrété : secreted

secteur : mains *(élec.)* ; power mains *(élec.)* ; ~**s auxiliaires :** supporting sectors ; ~ **de transformation :** manufacturing industry ; ~ **lumière :** lighting mains ; ~ **secondaire :** secondary sector ; manufacturing industry ; ~ **tertiaire :** tertiary sector ; ~ **triphasé :** three-phase supply network

section : section ; ~ **de câble :** cable section ; ~ **mouillée :** wetted section

sectionneur : isolator ; isolating switch ; disconnecting switch

sécurité : safety ; security ; ~ **civile :** civil defence ; **bassin de** ~ : safety tank ; **clapet de** ~ : safety valve ; **coefficient de** ~ : safety factor ; **dispositif de** ~ : safety device ; **marge de** ~ : safety margin

sédiment : sediment ; ~ **à texture fluante :** creeping sediment

sédimentable : settleable

sédimomètre : sedimometer

segment : segment ; ~ **de piston :** piston ring ; ~ **racleur :** scraper ring

ségrégation : segregation

séisme : earthquake

séjour : stay ; **frais de** ~ : living expenses ; **temps de** ~ : retention time

sel : salt ; ~ **alcalino-terreux :** alkaline-earth salt ; ~ **blanc :** table salt ; ~**s d'acides forts :** salts of strong acids ; ~**s d'acides gras :** fatty acid salts ; ~**s d'aluminium :** aluminium salts ; ~ **de Mohr :** Mohr's salt ; ~ **de potasse :** potassium salt ; ~ **de Seignette :** Rochelle salt ; ~**s dissous :** dissolved salts ; ~ **double :** double salt ; ~ **en sursaturation :** supersaturated salt ; ~ **ferreux :** ferrous salt ; ~ **ferrique :** ferric salt ; ~ **gemme :** rock salt ; ~ **métallique :** metallic salt ; metal salt ; ~ **minéral :** mineral salt ; ~ **tampon :** buffering salt ; ~ **triple :** triple salt ; **gros** ~ : rock salt

sélecteur : selector ; selector switch ; ~ **à cames :** cam switch ; cam-type selector switch ; ~ **de commutation :** selector switch

sélénium : selenium

self : inductor ; inductance coil

semblable : similar

semelle : sole ; ~ **de fondation :** raft foundation ; ~ **de lancement :** skid ; ~ **isolée :** pad footing ; spread footing *(GC)* ; **palier à** ~**s :** bearing plate

semi-combiné : half-bound

semi-conducteur : semiconductor

semi-fini : semi-finished

semi-fixe : semi-fixed ; semi-portable

semi-noble : semi-noble *(métal)*

semi-perméable : semi-permeable

semi-remorque : semi-trailer ; trailer

sens : direction ; ~ **de marche :** running direction ; **à deux** ~ **de marche** : dual-direction

sensibilisation (campagne de ~) : public awareness campaign

sensibilité : sensitivity

sentence arbitrale : award

séparateur : separator ; ~ **à assiettes :** disc centrifuge ; ~ **à chicanes :** baffle separator ; ~ **centrifuge :** centrifugal separator ; centrifuging separator ; ~ **d'air :** air separator ; ~ **d'eau de condensation :** steam trap ; ~ **de gouttes :** drift eliminator ; ~ **de suie :** soot remover ; ~ **de vapeur :** steam separator ; ~ **lamellaire :** lamellar separator ; ~ **longitudinal :** longitudinal separator ; ~ **tangentiel :** tangential separator ; ~ **triphasique :** water knockout tank ; three-phase separator ; ~ **triphasique du brut :** water knockout tank ; **pouvoir** ~ : resolving power

séparation : separation ; ~ **des courants :** flow separation ; ~ **par membranes :** separation by membranes ; **colonne de** ~ : division column

septique : septic

septum : septum

séquence : step *(étape)* ; sequence *(suite d'étapes)* ; ~ **d'impulsions :** pulse train ; ~ **de phase :** phase sequence

séquestrant *(adj.)* **:** sequestering ; chelating ; **agent** ~ : chelating agent

séquestrant *(n.)* **:** sequestering agent ; chelating agent

séquestration : hide-out *(chaudière)*

séquestrer : sequester *(précipité)*

série : series ; ~ **d'opérations :** sequence of operations ; **branché en** ~ : series-connected ; **chaîne de production en** ~ : production line ; **en** ~ : in series *(élec.)* ; **enroulement en** ~ : series winding ; **fabrication en grande** ~ : mass production ; **montage en** ~ : series connection *(élec.)*

série-rejet : reject staging *(osmose inverse)*

seringue : syringe ; ~ **à graisse :** grease gun ; ~ **volumée :** graduated syringe

séro-agglutination : sero-agglutinating

serpentin : coil ; ~ **métallique :** coil of metal piping ; ~ **réchauffeur :** heating coil

serrage : clamping *(joint)* ; tightening *(vis)* ; **mandrin à** ~ **concentrique** : self-centring chuck ; **vis de** ~ : clamp screw

serre-câble : cable clamp

serre-clip : snap ring

serre-joint : clamp

serre-tube : tube wrench ; pipe wrench

serrure : lock ; ~ **à pêne dormant :** dead lock ; ~ **de sûreté :** safety lock

sertir : crimp ; ~ **à chaud :** shrink on ; **pinces à** ~ : crimping pliers ; **presse à** ~ : crimping press

servante : work stand *(machine-outil)*

service : department ; service ; duty ; ~ **après-vente :** after-sales service ; ~ **continu :** continuous duty ; ~ **des achats :** purchasing department ; ~ **des Mines :** Bureau of Mines *(US)* ; ~ **intensif :** heavy duty ; ~ **intermittent :** intermittent duty ; ~ **ordonnancement :** expenditure accounting department ; **durée de** ~ : service time ; **en** ~ : on duty ; **hors** ~ : out of order

servocommande : servo-control

servomoteur : servo-motor

sesqui-oxyde : sesquioxide

seuil : threshold ; crest *(déversoir)* ; ~ **de commutation :** switching threshold ; ~ **de dégustation :** taste threshold ; ~ **de goût :** taste threshold ; ~ **de jaugeage :** calibration threshold ; ~ **de mesure :** measuring weir ; measuring sill ; ~ **de porte :** door sill ; ~ **de rentabilité :** break-even point ; ~ **de rétention nominal :** nominal removal threshold ; ~ **de tamisage :** straining threshold ; ~ **déversant :** weir crest ; ~ **épais :** broad-crested weir

shed (toit en ~) : shed roof

shellac : shellac

shérardisation : sherardizing

shunt : shunt

siccatif : siccative ; dryer *(peinture)*

siccité : dryness ; dry solids content ; consistency *(papier)* ; ~ **limite :** dryness limit

sidérurgie : iron and steel metallurgy ; steel industry

sidérurgique (industrie ~) : iron and steel industry

siège : seat ; ~ **de soupape :** valve seat ; ~**s obliques :** taper seats ; ~**s parallèles :** parallel seats ; ~ **social :** headquarters ; head office

siemens : siemens

sifflet : whistle

sigle : acronym

signal : signal ; ~ **clignotant :** blinker light signal ; ~ **d'alarme :** alarm signal ; ~ **lumineux :** light ; ~ **parasite :** spurious signal ; ~ **sonore :** audio signal

signalétique (plaque ~) : data plate *(élec.)*

signalisation : signalling ; ~ **à distance :** remote signalling ; ~ **routière :** signage

signataire : contracting party *(contrat)*

signe : sign

silencieux *(adj.)* : noiseless

silencieux *(n.)* : silencer

silex : silex ; ~ **volcanique :** obsidian

silicate : silicate ; ~ **de sodium :** sodium silicate ; ~ **de soude :** sodium silicate

silice : silica ; ~ **activée :** activated silica

silicemètre : silica meter

siliceux : siliceous

silicium : silicon

silico-aluminate : aluminosilicate

silicone : silicone

silo : silo ; bin ; ~ **de chaux :** lime silo ; ~ **de stockage :** silo ; ~ **de stockage de billes :** grain storage silo

similitude : similitude *(phys.)*

simultanément : simultaneously

sintérisation : sintering

sinusoïde amortie : damped sine curve

siphoïde (cloison ~) : scum baffle *(pare-écumes)*

siphon : siphon ; trap *(évier)* ; ~ **à deux branches :** two-branch siphon ; ~ **comprimé limiteur de débit :** flow-limiting pressure siphon ; ~ **d'entrée :** inlet siphon ; ~ **d'évacuation des boues :** sludge removal siphon ; ~ **de fermeture hydraulique :** liquid seal ; ~ **de lavage :** washing siphon ; ~ **de régulation :** control siphon ; ~ **déprimé :** vacuum siphon ; ~ **isolateur :** water seal ; ~ **partialisé :** partialized siphon ; ~ **partialisé asservi :** slaved partialized-control siphon

siphonner : siphon off

sirène : siren

sirop : syrup ; ~**s de refonte :** remelts *(sucre)*

site : site ; ~ **de maîtrise :** harnessing site *(hydroélec.)* ; ~ **réducteur :** reduction site *(chim.)*

situation nette : net assets

skid de filtration : filtration skid

skip : skip ; ~ **à déversement automatique :** self-dumping skip ; ~ **basculant :** tilting skip

société : company ; ~ **à responsabilité limitée :** private limited company *(UK)* ; closed corporation *(US)* ; ~ **anonyme :** public limited company *(UK)* ; corporation *(US)* ; ~ **de capitaux :** company with share capital ; ~ **de personnes :** partnership ; ~ **en commandite par actions :** limited partnership with share capital ; ~ **en commandite simple :** limited partnership ; ~ **en nom collectif :** partnership

socle : base ; bed plate *(moteur)* ; outlet *(prise de courant)* ; ~ **à bornes :** terminal plate ; ~ **acoustique** : acoustic basement ; ~ **isolant :** insulating base *(élec.)*

soie : silk

soins esthétiques : cosmetic treatment

sol : ground ; floor ; ~ **renforcé :** reinforced soil ; ~ **sablonneux :** sandy soil ; ~ **stabilisé :** stabilized soil

solarimètre : solarimeter

solde : balance ; ~ **exportateur :** net exporter balance ; ~ **exportateur/importateur :** net exporter/importer balance ; ~ **importateur :** net importer balance ; **pour** ~ : in full settlement ; **pour ~ de tout compte** : in full settlement

sole : hearth *(four)* ; **brûleur sur** ~ : hearth burner ; **doseur à ~ tournante** : revolving-disc feeder ; **four à ~s étagées** : multiple-hearth furnace

solénoïde : solenoid

solidaire : jointly responsible ; jointly liable *(jur.)* ; ~ **de :** integral with *(méc.)*

solides décantés : settled solids

solidité : fastness *(couleur)*

solifluer : creep *(géol.)*

solin : fillet ; gutter

solive : joist

solubilisant : solubilizer

solubilité : solubility

soluté : solute

solution : solution ; ~ **aqueuse :** aqueous solution ; ~ **colloïdale :** sol ; colloidal solution ; ~ **concentrée :** concentrated solution ; ~ **de comparaison :** comparative solution ; ~ **diluée :** dilute solution ; ~ **électrolytique :** electrolytic solution ; ~ **étalon :** reference solution ; ~ **étendue :** diluted solution ; ~ **idéale :** ideal solution ; ~ **mère :** stock solution ; ~ **micellaire :** micellar solution ; ~ **neutre :** neutral solution ; ~ **normale :** standard solution ; ~ **physiologique :** normal saline ; physiological salt solution ; ~ **régénérante :** regenerant solution ; ~ **saline :** saline solution ; ~ **saturée :** saturated solution ; ~ **sursaturée :** supersaturated solution ; ~ **tampon :** buffer solution ; ~ **titrée :** titrated solution

solvable : solvent

solvant : solvent ; ~ **chloré :** chlorinated solvent ; **conditionnement par ~s :** conditioning by solvents

sommation : summation *(math.)*

somme : sum

sommet : angle *(math.)*

sommier : bed *(machine)* ; ~ **d'entraînement :** end carriage

sondage : boring ; ~ **à fil chaud :** hot-wire anemometer ; ~ **aléatoire :** random sampling ; ~ **de reconnaissance :** test boring

sonde : probe ; ~ **à écoulement :** flow-type probe ; ~ **à immersion :** dip-type probe ; ~ **de température :** temperature sensor ; ~ **spatiale :** space probe

sonnerie : bell

sonomètre : sound-level meter

sorbonne : hood cupboard

sortie : outlet ; output *(élec.)* ; ~ **cône :** cone outlet ; ~ **d'eau de lavage :** washout ; ~ **de câbles :** cable outlet ; ~ **impulsionnelle :** output pulse generator ; ~ **monophasée :** single-phase output ; ~ **papier :** hard copy ; ~ **siphoïde :** outlet scum baffle ; **circuit de** ~ : output circuit ; **déversoir de** ~ : outlet weir ; **puissance de** ~ : output power ; **température de** ~ : outlet temperature ; **tubulure de** ~ : outlet piping

soubassement : sub-frame *(auto.)*

souche : stock ; strain

soudable : weldable

soudage : welding ; ~ **à l'arc au tungstène :** TIG welding ; ~ **à l'arc sous flux :** submerged arc welding ; ~ **à l'électrode de charbon :** carbon arc welding ; ~ **à l'électrode métallique :** metal-arc welding ; ~ **aluminothermique :** thermit welding ; ~ **au chalumeau :** torch welding ; ~ **au gaz :** gas welding ; ~ **autogène :** autogenous welding ; ~ **continu :** seam welding ; ~ **électrique :** resistance welding ; ~ **en atmosphère de gaz inerte :** gas-shielded arc welding ; ~ **en bouchon :** plug welding ; ~ **en haute fréquence :** high-frequency welding ; ~ **oxyacétylénique :** oxyacetylene welding ; ~ **par bombardement électronique :** electron-beam welding ; ~ **par bossages circulaires :** projection welding ; ~ **par courant pulsé :** multiple impulse welding ; pulsation welding ; ~ **par étincelles :** flash welding ; ~ **par forgeage :** forge welding ; ~ **par fusion :** fusion welding ; ~ **par percussion :** percussion welding ; ~ **par points :** spot welding ; ~ **par pression :** pressure welding ; ~ **par rapprochement :** butt welding ; ~ **par recouvrement :** lap welding ; ~ **par refoulement :** upset welding ; ~ **par résistance :** resistance welding ; **cahier de** ~ : welding specifications ; **procédé de** ~ : welding procedure

soude : caustic soda ; sodium hydroxide ; ~ **carbonatée :** natron ; ~ **caustique :** caustic soda ; ~ **usée :** spent caustic soda ; **azotate de** ~ : sodium nitrate ; **bicarbonate de** ~ : sodium bicarbonate ; **carbonate de** ~ : sodium carbonate ; **lessive de** ~ : soda lye ; **silicate de** ~ : sodium silicate

soudé : welded ; ~ **à franc bord :** butt-welded ; ~ **bord à bord :** butt-welded ; ~ **bout à bout :** butt-welded ; ~ **par compression à chaud :** hot-pressure-welded ; ~ **par recouvrement :** lap-welded

souder (fer à ~) : soldering iron

soudeur : welder ; **agrément de** ~ : welders' specification records

soudo-brasage : braze welding

soudure : weld ; ~ **à clin :** lap weld ; ~ **à l'arc sous flux :** submerged-arc weld ; ~ **à rapprochement :** butt weld ; ~ **à recouvrement :** lap weld ; ~ **alternée :** staggered weld ; ~ **aluminothermique :** thermit weld ; ~ **bord à bord :** butt weld ; ~ **bout à bout :** butt weld ; ~ **d'agrafage :** tack weld ; ~ **d'angle :** fillet weld ; ~ **discontinue :** intermittent weld ; ~ **en bout :** butt weld ; ~ **par bossages :** projection weld ; ~ **par forgeage :** forge weld ; ~ **par fusion :** fusion weld ; ~ **par points :** spot weld ; ~ **par pression :** pressure weld ; ~ **par recouvrement :** lap weld ; ~ **sur chanfrein :** groove weld ; **baguette de** ~ : welding rod ; **cordon de** ~ : weld bead ; welding bead

soufflage : air scour ; blowing ; **moulage par** ~ : blow moulding

soufflante : blower ; ~ **centrifuge :** centrifugal blower ; ~ **de suralimentation :** supercharger

souffle : blast *(four)*

soufflerie (collecteur de ~) : air header

soufflet : bellows

souffleur magnétique : magnetic blow-out *(élec.)*

soufflure : blister *(peinture)*

soufre : sulphur

souhaitable : acceptable

soulèvement : loosening *(échange d'ions)*

souligner : underline ; emphasize

soumission : submittal ; tender ; bid ; ~ **cachetée :** sealed tender

soupape : valve ; relief value ; ~ **à fourreau :** sleeve valve ; ~ **à pointeau :** needle valve ; ~ **à tiroir :** slide valve ; ~ **conique :** mitre valve ; ~ **d'admission :** intake valve ; ~ **d'arrêt :** stop valve ; ~ **d'échappement :** exhaust valve ; ~ **d'étranglement :** throttle valve ; ~ **de contrepression :** counterpressure valve ; ~ **de décompression :** relief valve ; ~ **de détente :** expansion valve ; ~ **de purge :** blow-down valve ; ~ **de retenue :** check valve ; ~ **de sécurité :** relief valve ; ~ **de sécurité à ressort :** spring-loaded safety valve ; ~ **de sûreté :** safety valve ; ~ **de sûreté à contrepoids :** weight-loaded safety valve ; ~ **de sûreté à ressort :** spring-loaded safety valve ; ~ **de surpression :** pressure relief valve ; ~ **en champignon :** mushroom-type valve ; ~ **pression-dépression :** pressure-negative pressure valve

soupente : supporting beam *(treuil)*

souple : flexible

souplesse : flexibility ; ~ **de fonctionnement :** operating flexibility

source : origin ; source *(rivière)* ; ~ **d'énergie :** energy supply ; ~ **d'ions :** ion source ; ~ **lumineuse :** light source ; ~ **naturelle :** natural spring

sous : under ; ~ **pression :** pressurized ; high-pressure ; under pressure ; ~ **pressoir :** below press ; ~ **réserve de :** subject to ; ~ **tension :** live *(élec.)* ; energized *(élec.)* ; **filtre** ~ **pression** : pressure filter

sous-couche : substratum *(géol.)* ; primer *(peinture)* ; prime coat *(peinture)*

sous-dosage : insufficient dosing

sous-ensemble : sub-assembly ; sub-unit

sous-jacent : underlying ; subjacent *(géol.)*

sous-œuvre : underpinning *(GC)* ; **reprise en** ~ : underpinning

sous-pression : underpressure

sous-produit : by-product

sous-sol : subsoil ; basement ; subsoil *(géol.)*

sous-tension : undervoltage

sous-toile : sub-cloth

sous-traiter : subcontract

sous-verse : underflow *(flottateur)*

soutènement (mur de ~) : retaining wall

souterrain : underground ; **câble** ~ : underground cable

soutirage : withdrawal ; extraction ; **tube de** ~ : draught tube

spécification : specification

spectre : spectrum ; ~ **Raman :** Raman spectrum

spectrocolorimètre : spectrophotometer

spectrographie : spectrography ; ~ **d'émission :** emission spectrography ; ~ **de masse :** mass spectrography

spectromètre : spectrometer ; ~ **de masse :** mass spectrometer

spectrométrie : spectrometry ; ~ **d'absorption :** absorption spectrometry ; ~ **de masse :** mass spectrometry

spectrométrique : spectrometric

spectrophotocolorimètre : spectrophotometer

spectrophotomètre : spectrophotometer

spectrophotométrie : spectrophotometry

sphère de gaz : gas sphere

sphéricité : sphericity

sphéroïdal *(adj.)* : spheroid

spirale : spiral ; helix ; ~ **métallique :** cat whisker *(élec.)* ; ~ **transporteuse :** screw conveyor ; **échangeur en** ~ : spiral exchanger

spire : thread ; turn ; coil ; ~ **morte :** idle turn *(bobine)* ; dead turn *(bobine)*

spongieux : porous

sprinkler : sprinkler

squelette : framework *(constr.)*

stabilisant : stabilizer

stabilisateur : stabilizer ; ~ **de sol :** soil stabilizer ; ~ **de tension :** voltage regulator

stabilisation : stabilization ; ~ **aérobie :** aerobic stabilization ; ~ **de la tension :** voltage regulation *(élec.)* ; ~ **des boues :** sludge stabilization ; ~ **des prix des produits de base :** stabex ; ~ **du sol :** soil stabilization ; ~ **par rotation :** spin stabilization

stabilité : stability ; ~ **chimique :** chemical stability ; ~ **physique :** physical stability ; ~ **thermique :** thermal stability

stable : stable

stabulation : stabulation

stade : stage ; **décantation en deux ~s** : two-stage settling ; **décantation en un** ~ : single-stage settling

stage : training course

stagiaire : trainee

standard : standard

standardisation : standardization

starter : choke

station : plant ; ~ **à aération prolongée :** extended aeration unit ; ~ **à faible charge :** low-rate plant ; ~ **centrale de stockage :** central storage station ; ~ **d'alerte :** warning station ; ~ **d'eau potable :** drinking water works ; drinking water treatment plant ; ~ **d'épuration :** sewage plant ; wastewater treatment plant ; ~ **d'épuration biologique :** biological treatment plant ; ~ **de manœuvre :** control station ; ~ **de pompage :** pumping station ; ~ **de relevage :** lifting station ; ~ **de traitement des eaux usées :** sewage treatment plant ; wastewater treatment plant ; ~ **gravitaire :** gravity unit ; ~ **pilote :** pilot plant

statique : static

stator : stator

statuts : by-laws ; articles of company

stellite : stellite

stercoraire : stercoraceous

stérile : sterile

stérilisant *(n.)* : disinfecting agent

stérilisateur : sterilizer

stérilisation : disinfection *(eau)* ; sterilization *(méd.)*

stimulant *(n.)* : incentive ; stimulant

stochastique : stochastic

stock : inventory ; ~ **tampon :** buffer stock ; **~s** : inventories

stockage : storage ; ~ **chauffé :** storage in heated premises ; ~ **de données :** data storage ; ~ **des réactifs :** chemicals storage ; ~ **en local fermé :** storage in closed premises ;

~ **liquide :** liquid storage tank ; ~ **réfrigéré :** storage in refrigerated premises ; ~ **sous abri :** storage under shelter ; ~ **sur parc :** storage on open storage area ; ~ **sur parc couvert :** storage on covered storage area ; **benne de** ~ : storage skip ; **cuve de** ~ : storage tank ; **installations de** ~ : storage facilities ; **matériel de** ~ : storage equipment ; **réservoir de** ~ : storage tank ; **silo de** ~ **de billes** : grain storage silo

stockeur de boues digérées : digested sludge storage tank

stoechiométrie : stoichiometry

store : blind *(UK)* ; window shade *(US)* ; ~ **vénitien :** Venetian blind

stratification : stratification

stratifié : laminated *(bois)*

strié : chequered ; **tôle ~e :** chequered plate

strippage : stripping ; ~ **à l'atmosphère :** air stripping ; ~ **à la vapeur :** steam stripping ; steam distillation ; ~ **en boucle fermée :** closed loop stripping ; **analyse par** ~ **en boucle fermée** : closed loop stripping analysis

strippeur : stripper ; ~ **à l'air :** air stripper ; ~ **au gaz :** gas stripper

structure : structure ; ~ **cristalline :** crystal lattice ; ~ **en treillis :** unit made of truss elements

stuc : stucco

stylo optique : light pen

styrène : styrene

substance : substance ; **~s extractibles au chloroforme :** substances extractible with chloroform ; ~ **isolante :** insulating material *(élec.)*

substrat : substrate

successivement : in succession

succion : suction ; ~ **capillaire :** capillary suction ; **tube de** ~ : draught tube

succursale : branch

suceuse : suction dredger *(égouts)*

sucrase : sucrase ; saccharase

sucre : sugar ; ~ **de betterave :** beet sugar ; ~ **liquide :** liquid sugar ; ~ **réducteur :** reducing sugar

sucrerie : sugar mill ; ~ **de betteraves :** beet sugar factory ; ~ **de canne :** cane sugar mill

sucrose : sucrose

sud : south ; **~-est :** south-east ; **~-ouest :** south-west

suffisant : adequate

suif : tallow ; ~ **minéral :** mineral tallow

suinter : seep

suintine : suint *(laine)*

suivi : follow-up ; monitoring

sujétion : constraint ; disadvantage ; **~s** : contingencies

sulfatage : sulphating ; ~ **des bornes :** corrosion on battery terminals

sulfatation : sulphation *(échange d'ions)*

sulfate : sulphate ; ~ **d'alumine :** alum ; ~ **d'aluminium :** aluminium sulphate ; ~ **de baryum :** barium sulphate ; ~ **de calcium :** calcium sulphate ; ~ **de cuivre :** copper sulphate ; ~ **de fer :** iron sulphate ; ~ **de magnésie :** epsom salt ; epsomite ; ~ **de magnésium :** magnesium sulphate ; ~ **de soude :** sodium sulphate ; ~ **de zinc :** zinc sulphate ; ~ **ferreux :** ferrous sulphate ; ~ **ferrique :** ferric sulphate ; ~ **heptahydrate :** sulphate heptahydrate

sulfite : sulphite ; ~ **de sodium :** sodium sulphite ; ~ **pur anhydre :** pure anhydrous sulphite

sulfure : sulphide ; **~s d'amines :** diamino sulphides ; ~ **de fer :** iron sulphide ; ~ **ferreux :** ferrous sulphur

sulfureux : sulphurous ; **acide** ~ : sulphurous acid ; **anhydride** ~ : sulphur dioxide

superphosphate : superphosphate

superposé : superimposed

superviseur : supervisor

suppléant (commissaire aux comptes ~) : alternate auditor

support : support ; girder ; support leg *(échelle)* ; ~ **à trois pieds :** tripod ; ~ **antivibratoire :** rubber mounting ; ~ **bobiné :** wound support ; ~ **carboné :** carbonaceous support ; ~ **de filtre :** filter holder ; ~ **de microfilm :** aperture card ; ~ **de toile métallique :** gauze frame ; ~ **de tube :** tube socket ; ~ **élastique :** elastic bracket ; ~ **en V :** V-block ; ~ **mince :** thin support ; ~ **poreux :** porous support ; ~ **pour tube à essais :** test tube stand ; ~ **régénérable :** regenerable support ; ~ **soufré :** sulphur-enriched support ; ~ **vertical :** vertical pillar *(perceuse)* ; **berceau** ~ : saddle ; **plaque** ~ : support plate

suppression : removal ; elimination

sur : on ; ~ **demande :** on request ; ~ **palettes :** palletized ; ~ **pied :** free-standing *(chloromètre)* ; ~ **place :** on site

suralimentation : supercharging *(moteur)*

surcharge : overload ; ~ **autorisée :** permissible overload ; **relais de** ~ : overload relay

surchargeur : compressor

surchauffage : superheating *(vapeur)*

surchauffé : superheated

surchauffeur : superheater

surchloration : superchlorination ; high chlorination

surchloré : post-chlorinated *(plastique)*

surcompression : abnormally high pressure

surcouple : excess torque

surdimensionné : oversized

surélévation : raising *(GC)*

surépaisseur : excessive thickness ; extra thickness ; ~ **de corrosion :** corrosion allowance

sûreté : safety ; ~ **de fonctionnement :** dependability ; **mécanisme de ~ :** fool-proof mechanism ; **serrure de ~ :** safety lock ; **soupape de ~ :** safety valve

surface : area ; surface area ; surface *(plan)* ; ~ **active de pressage :** active pressing surface ; ~ **commerciale :** commercial standing ; ~ **de chauffe :** heating surface ; ~ **de décantation :** settling area ; ~ **de révolution :** surface of revolution *(math.)* ; ~ **de séparation :** interface *(liquides)* ; ~ **filtrante :** filtering surface area ; ~ **financière :** creditworthiness ; ~ **libre :** free surface ; ~ **mouillée :** wetted area ; ~ **rugueuse :** rough surface ; ~ **spécifique :** specific surface area ; specific area ; ~ **utile :** net area ; **aérateur à ~ libre** : non-pressurized aerator ; **aérateur de** ~ : surface aerator ; **défaut de** ~ : surface defect ; **tension de** ~ : surface tension

surfusion : overmelting

surintensité : overcurrent ; **relais de** ~ : overcurrent relay

surnageant *(adj.)* **:** supernatant ; **liqueur ~e :** supernatant liquor

surnageant *(n.)* **:** supernatant

suroxydation : peroxidization

surpresseur : blower ; ~ **d'air :** air blower ; ~ **d'air de brassage :** mixing air blower ; ~ **de gaz :** gas blower ; ~ **de lavage :** air scour blower *(filtre)* ; ~ **volumétrique système Roots :** Roots blower

surpression : excess pressure ; overpressure ; **pompage de** ~ : booster pumping *(osmose inverse)* ; **volet de** ~ : damper

surrégénérateur : fast-breeder reactor

sursaturation : supersaturation ; oversaturation ; **sel en** ~ : supersaturated salt

sursaturé : supersaturated

surtaxe : surcharge ; ~ **à l'importation :** import surcharge ; ~ **anti-dumping :** dumping duties ; ~ **de sauvegarde :** protective duties

surtension : overvoltage

surveillance : supervision ; monitoring ; **appareil de** ~ : monitoring device ; **centrale de** ~ : central monitoring station

surverse : overflow ; supernatant ; **tubulure axiale de** ~ : axial overflow pipe

survolteur : booster ; ~ **d'induction :** induction voltage regulator ; induction regulator

survolteur-dévolteur : reversible booster

susceptible : liable

sus-dénommé : aforenamed *(jur.)*

suspension : slurry *(chim.)* ; ~ **à cardan :** Cardan suspension ; ~ **boueuse :** sludge suspension ; ~ **colloïdale :** colloidal suspension ; ~ **de chaux :** milk of lime ; lime slurry ; ~ **de levure :** yeast suspension ; ~ **diluée :** dilute suspension ; ~ **huileuse :** oily suspension ; ~ **libre :** free suspension ; **en** ~ : in suspension ; **extincteur de** ~ : slurry slaking plant

sylviculture : sylviculture

symbole : symbol

symétrie : symmetry

symétrique : symmetrical

synchrone : synchronous

synchronisation (dispositif de ~) : synchronizer

synchronisme : synchronism

syncopage : syncopation

syncoper : syncopate

syncristalliser : co-crystallize

syndic : official receiver ; legal representative

synoptique *(adj.)* **:** mimic ; **schéma** ~ : block diagram ; mimic diagram *(élec.)*

synoptique *(n.)* **:** mimic panel *(tableau)*

synthèse : synthesis *(chim.)* ; summary *(rapport)* ; ~ **bactérienne :** bacterial synthesis ; ~ **de l'ammoniac :** ammonia synthesis ; ~ **de matière vivante :** synthesis of living matter ; **adjuvant de** ~ : synthetic aid ; **fibre de** ~ : synthetic fibre ; **polyélectrolyte de** ~ : synthetic polyelectrolyte

système : system ; ~ **à membrane :** diaphragm-box system ; ~ **capacitif :** capacitance-type system ; ~ **CGS :** CGS system ; ~ **combiné :** combined sewage system ; ~ **d'aération :** aeration system ; ~ **d'aide à la décision :** decision support system ; ~ **d'éclairage :** lighting system ; ~ **d'insufflation d'air :** air injection system ; ~ **d'unités :** system of units ; ~ **de redressement double alternance :** full-wave rectifier ; ~ **de réduction :** gear-down mechanism ; ~ **déprimogène :** negative pressure system ; primary element ; negative pressure element ; ~ **des préférences généralisées :** generalized system of preferences ; ~ **expert :** expert system ; ~ **fréon-glycol :** freon-glycol system ; ~ **primaire :** primary system *(chaudière)* ; ~ **pseudo-séparatif :** partially separate system ; ~ **respiratoire :** respiratory system ; ~ **self-capacité :** inductor ; ~ **séparatif :** separate sewage system ; separate system ; ~ **unitaire :** combined system

T

table : table ; ~ **d'égouttage :** draining table ; ~ **de défilement :** backing plate *(enregistreur)*

tableau : board ; ~ **comparatif :** comparative table ; ~ **de commande :** control panel ; ~ **de contrôle :** monitoring board ; ~ **de distribution :** switchboard ; ~ **de graissage :** lubrication chart ; ~ **de puissance :** motor control centre ; ~ **électrique :** electric switchboard ; ~ **général de contrôle :** switchboard ; ~ **puissance :** motor control centre ; ~ **synoptique :** mimic panel

tablier : apron ; ~ **de pont :** deck of a bridge

tache d'huile : oil slick

tâche routinière : routine task

tachymètre : tachometer

taille : size *(dimension)* ; dressing *(pierre)* ; ~ **effective :** effective size ; ~ **effective nominale :** nominal effective size ; **lime à simple** ~ : single-cut file

taillé à la dimension : cut to size

talc : talc

taloche : hawk

talus : embankment

tambour : drum ; cylinder ; spool *(laitier)* ; ~**-cribleur :** drum separator ; ~ **d'enroulement à empreinte monocouche :** single-layer grooved drum ; single-layer grooved cable drum ; ~ **d'enroulement monospire :** single-spire cable drum ; ~ **de câble :** cable drum ; ~ **de frein :** brake drum ; ~ **de moteur :** drive drum ; ~ **de renvoi :** idler drum *(bande transporteuse)* ; guide drum *(bande transporteuse)* ; ~ **de tension :** take-up drum ; take-up roller ; ~ **de type sécheur à ciment :** cement kiln-type cylinder ; ~ **dérouleur :** feed sprocket ; ~ **filtrant :** filtering drum ; ~ **rentrant :** retractable drum *(trou d'homme)* ; **came à** ~ : drum cam ; **enregistreur à** ~ : drum recorder

tamis : sieve ; screen ; strainer *(liquides)* ; ~ **à grille concave :** concave strainer ; ~ **filtrant :** filter sieve ; ~ **moléculaire :** molecular sieve ; ~ **oscillant :** vibrating screen ; ~ **rotatif :** rotating strainer ; **filtre à** ~ **métallique** : Y-strainer

tamisage : straining ; screening ; filtering *(air)* ; ~ **mécanique :** mechanical straining

tamisé : strained

tamiseuse : sifter

tampon : buffer *(bac)* ; stopper *(bouchon)* ; ~ **d'égout :** manhole cover ; ~ **de visite :** inspection manhole ; ~ **obturateur :** sealing pad ; **bague** ~ : go/no-go ring gauge ; **solution** ~ : buffer solution

tamponner : buffer *(chim.)*

tangent (réducteur à vis ~e) : worm gear

tanin : tannin

tank à chlore : chlorine tank ; chlorine container ; chlorine drum

tannage : tanning

tannerie : tannery

tannin : tannin

tantale : tantalum

tapis transporteur : conveyor belt

taquet : tripper *(minuteur)* ; ~ **de sûreté :** safety stop

tarage : calibration *(ressort)* ; valve pressure rating *(soupape)* ; ~ **à main :** hand tap ; **pression de** ~ : pressure rating

taraud conique : taper tap

taraudage intérieur : internal thread

taraudé : tapped

taré : calibrated ; rated *(soupape)*

tarière : auger

tarif : price list ; ~ **d'usage :** annotated tariff ; ~ **des droits de douane :** customs duties tariff ; ~ **douanier :** customs tariff ; ~ **intégré :** annotated tariff ; ~ **uniforme :** flat rate

tarifaire (barrières ~s) : tariff barriers

tarification : rate schedule ; ~ **d'une police :** premium rates

tartre : scale ; ~ **carbonaté :** carbonate scale ; ~ **dur :** hard scale

tas aéré : aerated heap

tassage : tamping down

tassé : compacted

tassement : subsidence *(fondations)*

taux : rate ; ~ **d'eau liée :** ratio of bound water ; ~ **d'escompte :** discount rate ; ~ **d'évaporation :** evaporation rate ;

~ **d'intérêt :** interest rate ; ~ **d'ouverture :** switching rate *(thyristor)* ; ~ **de base :** prime rate ; ~ **de capture :** percentage recovery ; ~ **de change :** exchange rate ; ~ **de charge :** load per unit area ; allowable stress ; ~ **de compression :** compression ratio ; ~ **de concentration :** concentration ratio ; ~ **de conversion :** conversion ; conversion level *(osmose inverse)* ; ~ **de croissance :** growth rate ; ~ **de dessalement :** desalination rate ; ~ **de distorsion :** distortion factor ; ~ **de porosité :** void ratio ; ~ **de réaction de la régulation :** reset rate ; ~ **de recyclage :** recycling rate ; ~ **de ré-escompte :** minimum lending rate *(UK)* ; discount rate *(US)* ; ~ **de traitement :** treatment rate ; dosage ; ~ **de travail :** allowable stress ; ~ **de travail de sécurité :** safe working load ; ~ **de vide :** void ratio ; ~ **légal de réserve :** reserve asset ratio ; ~ **préférentiel :** prime rate ; ~ **uniforme :** flat rate ; ~ **unique :** flat rate

tavaillon : shingle

taxe : tax ; ~ **à la valeur ajoutée :** value-added tax ; ~**s de port :** port charges ; ~ **de prélèvement :** abstraction fees ; ~ **de rejet :** discharge fees

té : tee ; ~ **à dessin :** T-square ; ~ **à deux emboîtements :** double-socket tee ; ~ **égal :** equal tee ; ~ **réduit :** reducing tee ; **en** ~ : T-shaped

technicien de traitement d'eau : water treatment technician

technico-commercial : sales engineer

technique *(adj.)* : technical

technique *(n.)* : ~**s commerciales :** marketing techniques ; ~ **de froid :** refrigeration engineering ; ~ **de la construction :** structural engineering ; ~ **de vente :** salesmanship ; ~ **du puits profond :** deep-shaft technique ; ~ **électrique :** electrical engineering

technologie : technology ; ~ **câblée :** wired technology ; ~ **pneumatique :** compressed-air technology

teinte : shade

teinture : dyeing

téléalarme : remote alarm

télécommande : remote control

télécomptage : remote counting

téléconsigne : remote instruction

télédétection : remote sensing

télémesure : telemetering ; remote measurement

télémètre : telemeter

télémétrie : telemetering

télérelais : distance relay

télésignalisation : remote indicating

télésurveillance : remote monitoring

téléthermomètre : distant reading thermometer

télétransmission (poste de ~) : transmission station

témoin : indicator lamp ; ~ **de moralité :** character witness

température : temperature ; ~ **absolue :** absolute temperature ; ~ **critique :** critical temperature ; ~ **d'ébullition :** boiling point ; ~ **de calcul :** design temperature ; ~ **de congélation :** freezing point ; ~ **de la glace fondante :** freezing point ; ~ **de ramollissement :** softening point ; ~ **de service :** operating temperature ; ~ **de sortie :** outlet temperature ; ~ **des couleurs :** colour temperature ; ~ **humide :** wet-bulb temperature *(gaz)* ; ~ **retour :** return temperature

temporaire : temporary ; provisional

temps : weather *(climat)* ; time *(période)* ; ~ **d'accès :** access time ; ~ **d'égouttage :** drip time ; ~ **de chasse :** flush period *(Pulsator)* ; ~ **de contact :** contact time ; retention time ; ~ **de contact à vide :** empty bed contact time ; ~ **de décantation :** settling time ; ~ **de demi-séjour :** half-life ; holding time ; ~ **de doublement :** doubling time ; generation time *(bactérie)* ; ~ **de floculation :** flocculation time ; ~ **de fonctionnement :** operating time ; running time ; ~ **de génération :** generation time ; ~ **de germination :** growing time ; ~ **de marche :** duty period ; ~ **de maturation :** maturation *(ageing)* ; ~ **de pressée :** pressing time *(filtre-presse)* ; ~ **de réponse :** reaction time ; ~ **de repos :** recovery time *(caoutchouc)* ; ~ **de reprise :** recovery time *(caoutchouc)* ; ~ **de résidence :** half-life ; holding time ; residence time ; ~ **de retour :** payback time *(fin.)* ; ~ **de séjour :** contact time ; retention time ; ~ **de stabilisation :** stabilization time ; ~ **de vidange :** drainage time ; ~ **différé :** batch processing ; ~ **mort :** waiting time ; idle time ; ~ **moyen de Greenwich :** Greenwich Mean Time ; ~ **moyen local :** local mean time ; ~ **partagé :** time-sharing ; ~ **réel :** real time ; ~ **sec :** dry weather ; **moteur à deux** ~ : two-stroke engine

ténacité : toughness *(méc.)*

tenailles : pincers

tendance : trend ; ~ **hydrophile :** hydrophilic tendency ; **régulation de** ~ : rate action

tendeur : tightener ; ~ **à lanterne :** turnbuckle ; ~ **à vis :** turnbuckle

tendre : soft

teneur : content ; rate ; ratio ; concentration ; loading ; strength *(solution)* ; ~ **en eau :** water content ; ~ **en humidité :** moisture content ; ~ **en imbrûlés :** unburned residue content ; ~ **en métaux :** metal content ; ~ **moyenne :** average grade *(minerai)* ;

~ **payante :** payable grade *(minerai)* ; ~ **qualitative :** qualitative content ; **minerai de haute** ~ : high-grade ore

tensio-actif *(adj.)* : surface-active

tensio-actif *(n.)* : surfactant ; surface-active agent ; **~s anioniques réagissant au bleu de méthylène :** methylene blue anionic surfactants

tension : voltage ; ~ **d'alimentation :** supply voltage ; ~ **d'électrolyse :** electrolysis voltage ; ~ **d'entrée :** input voltage ; ~ **de choc :** surge voltage ; ~ **de cisaillement :** shear stress ; ~ **de claquage :** breakdown voltage ; ~ **de courroie :** belt tension ; ~ **de crête :** crest voltage ; ~ **de distribution :** supply voltage ; ~ **de polarisation :** bias voltage ; ~ **de rupture :** breaking stress ; breakdown voltage ; ~ **de sortie :** output voltage ; ~ **de surface :** surface tension ; ~ **de vapeur :** vapour pressure ; ~ **de vapeur de chlore :** chlorine vapour pressure ; ~ **efficace :** root-mean-square voltage ; effective voltage ; ~ **minimale d'alimentation :** minimum rated input voltage ; ~ **nominale :** voltage rating ; ~ **superficielle :** surface tension ; ~ **triphasée :** three-phase voltage ; **acier à haute** ~ : high-tensile steel ; **basse** ~ : low voltage ; **chute de** ~ : potential drop ; **haute** ~ : high voltage ; **moyenne** ~ : medium voltage ; **régulateur de** ~ : voltage regulator ; **sans** ~ : dead ; **sous** ~ : live ; **transformateur de** ~ : voltage transformer

tenue : strength ; ~ **diélectrique :** insulating strength ; ~ **en fatigue :** fatigue strength ; ~ **en service :** resistance in service

térébenthine : turpentine

terrain : ground ; ~ **en pente :** sloping ground ; ~ **fluent :** loose soil ; ~ **naturel :** natural ground ; ~ **sans consistance :** loose ground ; ~ **vague :** wasteland ; **réseau de** ~ : fieldbus network ; **sur le** ~ : in the field

terrasse : terrace *(constr.)* ; **toit en** ~ : flat roof

terrassement : earth moving ; earthworks

terre : earth ; ~ **à poêle :** fireclay ; ~ **cuite :** terra-cotta ; ~ **jaune :** loess ; ~ **meuble :** loose ground ; ~ **naturelle :** natural earth ; **~s rares :** rare earths ; ~ **végétale :** topsoil ; **mise à la** ~ : earthing ; **plaque de** ~ : ground plate ; **prise de** ~ : earth connection ; **raccorder à la** ~ : earth

terreau commercialisable : commercial grade compost

test : test ; ~ **au marbre :** marble test ; ~ **biologique :** bioassay ; ~ **d'affaissement :** slump test ; ~ **de conduite :** network test ; ~ **poisson :** ichthyotest

tête : head *(clou)* ; ~ **d'allumeur :** distributor head ; ~ **d'entraînement :** drive unit ; ~ **d'injection :** injection head ; ~ **de bouche à clé :** surface box lid ; ~ **de commande :** central drive ; ~ **de filière :** die head ; ~ **de piston :** piston head ; ~ **de puits :** well head ; ~ **de rivet :** rivet head ; ~ **de station :** plant inlet ; ~ **doseuse :** metering head ; ~ **ronde :** round head

tétrapolaire : four-pole

texture fluente (sédiment à ~) : creeping sediment

théodolite : theodolite

théorie chimique : chemical theory

thermie : thermie

thermique : thermal ; **centrale** ~ : thermal power station ; **relais** ~ : thermal relay ; **rendement** ~ : heat efficiency ; **traitement** ~ : heat treatment

thermistor : thermistor

thermocollage : heat sealing

thermocontact : heat switch

thermocouple : thermocouple

thermodurcissable : thermosetting ; **plastique** ~ : thermosetting plastic ; **résine** ~ : thermosetting resin

thermoélectrique : thermoelectric ; **pile** ~ : thermopile

thermogramme : thermograph

thermogravimétrie : thermogravimetry

thermogravimétrique : thermogravimetric

thermomètre : thermometer ; ~ **à gaz :** gas thermometer ; ~ **à immersion :** immersion thermometer ; ~ **à immersion partielle :** partial immersion thermometer ; ~ **à immersion totale :** total immersion thermometer ; ~ **à mercure :** mercury thermometer ; ~ **bimétallique :** bimetal thermometer ; ~ **de verre :** glass thermometer ; ~ **différentiel :** differential thermometer ; bimetallic thermometer ; ~ **enregistreur :** recording thermometer ; thermograph ; ~ **médical :** clinical thermometer ; ~ **mouillé :** wet-bulb thermometer ; ~ **sec :** dry-bulb thermometer

thermophile : thermophilic

thermoplongeur : immersion heater

thermopompe : heat pump

thermopostage : thermoposting

thermorétractable (emballage ~) : shrink wrapping

thermosoudé : heat-welded

thermosoudure : heat fusing

thermostat : thermostat

thermotolérant : thermoduric

thiol : thiol

thiosulfate : thiosulphate ; hyposulphite ; ~ **de sodium :** sodium thiosulphate

thio-urée : thiourea

thixotropie : thixotropy

thixotropique : thixotropic

thyristor : thyristor

tiède : lukewarm *(eau)*

tiers : third party ; ~ **bénéficiaire du transfert :** assignee *(contrat)*

tiers-point : three-square file

tige : rod ; stem ; spindle ; ~ **à œil :** rod with eye ; ~ **à vis extérieure :** outside-screw stem ; ~ **à vis intérieure :** inside-screw stem ; ~ **d'ancrage :** anchor rod ; ~ **de commande :** spindle *(vanne)* ; ~ **de commande de clapet :** pushrod of a valve ; ~ **de culbuteur :** pushrod ; ~ **de manœuvre :** extension rod *(vanne)* ; extension spindle *(vanne)* ; ~ **de piston :** piston rod ; ~ **de soupape :** valve stem ; valve spindle ; ~ **filetée :** stud bolt ; threaded rod ; ~ **fixe :** non-rising stem ; ~ **montante :** rising stem

timbrage : testing *(chaudière)*

timbre : stamp *(cachet)* ; ~ **dateur :** date stamp

tirage : draught *(cheminée)* ; print-run *(impr.)* ; ~ **avion :** air-mail print ; ~ **forcé :** forced draught ; ~ **mécanique :** mechanical draught ; ~ **naturel :** natural draught ; ~ **par contact :** contact print ; **ventilateur de** ~ : draught fan

tirant : tie *(constr.)* ; tie-bolt ; ~ **d'eau :** draught

tirette : pull knob

Tirfor : friction winch *(marque déposée)*

tiroir : rack *(élec.)* ; drawer *(meuble)* ; slide valve *(vanne)* ; ~ **de réglage :** control slide valve ; **obturateur à** ~ : slide shutter

tissage : weaving

tissu : fabric ; ~ **de verre :** glass cloth ; ~ **métallique :** wire gauze ; ~ **synthétique :** synthetic fabric

titrage : titration

titre : titre *(solution)* ; ~ **alcalimétrique complet :** alkalinity ; methyl orange alkalinity (m-alk) ; ~ **alcalimétrique simple :** phenolphthalein alkalinity (p-alk) ; ~ **calcique :** calcium hardness ; ~ **de placement :** investment ; ~ **hydrotimétrique :** hardness ; titration for hardness ; ~ **hydrotimétrique calcique :** calcium hardness ; ~ **hydrotimétrique magnésien :** magnesium hardness ; ~ **magnésien :** magnesium hardness

titrer : titrate ; ~ **en retour :** back-titrate

titrimètre : titrimetric analyzer

titrimétrie : titrimetry

titulaire (commissaire aux comptes ~) : statutory auditor

toboggan : overpass

toile : cloth ; filter belt *(filtre)* ; ~ **à mailles croisées :** cross-mesh fabric ; ~ **d'émeri :** emery cloth ; ~ **de filtration :** filtering belt ; ~ **de filtre :** filter belt ; ~ **de verre :** glass cloth ; ~ **émeri :** emery cloth ; ~ **huilée :** oil-cloth ; ~ **métallique :** wire gauze ; ~ **multi-filament :** multi-filament weave cloth

toilettes : lavatory ; sanitary facilities

toit : roof ; ~ **en mansarde :** mansard roof ; curb roof ; ~ **en shed :** shed roof ; ~ **en terrasse :** flat roof

tôle : sheet ; plate ; ~ **brise-jet :** anti-splash plate ; ~ **cintrée :** curved sheet ; ~ **déflectrice :** baffle plate ; ~ **déployée :** expanded metal sheet ; ~ **émaillée :** enamelled iron ; ~ **emboutie :** pressed steel ; formed sheet iron ; ~ **étamée :** tinned sheet ; ~ **galvanisée :** galvanized sheet ; galvanized iron ; ~ **galvanisée par immersion à chaud :** hot-dip galvanized sheet ; ~ **laminée :** rolled sheet iron ; rolled plate ; ~ **ondulée :** corrugated iron ; ~ **pliée :** folded steel plate ; ~ **striée :** chequered plate ; chequer plate

tolérance : allowance ; tolerance

toluène : toluene

tonnage : tonnage ; ~ **brut :** gross tonnage ; ~ **réel :** deadweight

tonne : metric ton ; tonne ; ~ **à lisier :** liquid manure tanker ; ~ **courte :** short ton ; ~ **d'équivalent pétrole :** tonne of oil equivalent ; ~ **de vidange :** waste disposal tanker ; ~ **forte :** long ton

tonneau : barrel

topographie : topography

torche : torch

torchère : waste gas burner

torchis (mur en ~) : cob wall

tore : torus ; ~ **secondaire :** secondary toric current transformer *(élec.)*

torique (joint ~) : O-ring

toron : strand *(corde)* ; **à trois ~s** : three-stranded

torsion : torsion ; **balance de** ~ : torsion balance *(phys.)* ; **barre de** ~ : torsion bar ; **moment de** ~ : torque ; **rigidité à la** ~ : torsional rigidity

totalisateur : totalizer ; totalizing unit ; ~ **de débit :** integrating flowmeter ; **compteur-** ~ : integrating meter

totalisation : totalizing

touche : key ; ~ **de commutation :** switching key

tour *(n. m.)* : lathe ; revolution ; ~ **à rectifier :** grinding lathe ; ~ **alésoir :** boring and turning mill ; ~ **vertical :** vertical boring mill

tour *(n. f.)* : tower ; ~ **d'adsorption :** adsorption tower ; ~ **d'oxydation :** oxidation column ; ~ **de compostage :** compost column ; ~ **de condensation :** condensation column ; ~ **de contact :** contacting room ; contactor tank ; contact column ; contact chamber ; contact tower ; ~ **de contact de préozonation :** pre-ozonation contact column ; ~ **de dissolution :** dissolving tower ; ~ **de fractionnement :** fractionating column ; ~ **de Gay-Lussac :** Gay-Lussac tower ; ~ **de Glover :** Glover tower ; ~ **de lavage :** scrubbing tower ; scrubber ; ~ **de lavage à plateaux :** impingement-plate scrubbing tower ; ~ **de neutralisation :** neutralization tower ; ~ **de prise d'eau :** water intake structure ; ~ **de pulvérisation :** spray-type tower ; spraying column ; ~ **de réfrigération :** cooling tower ; ~ **de refroidissement :** cooling tower

tourbe : peat

tourbière : peat bog

tourbillon : eddy ; vortex

touret : reel *(câbles)*

tourie : carboy

tourillon : journal ; **palier de** ~ : journal bearing

tournant : plug

tourne-à-gauche : tap-wrench

tournevis : screwdriver ; ~ **à frapper :** impact screwdriver ; ~ **cruciforme :** Phillips screwdriver

tournure de cuivre (bac à ~) : copper turnings tank

tours/minute : revolutions per minute

tous risques chantier : contractor's all risks *(CAR)*

tout : all ; ~ **ou rien :** on/off ; all or nothing ; **bonde siphoïde à ~ ou rien** : open-and-shut pressure siphon

tout-à-l'égout : main drain(age) ; direct-to-sewer

tout-venant *(adj.)* : unsorted

tout-venant *(n.)* : run-of-the-mine

toxicité : toxicity ; ~ **aiguë :** acute toxicity ; ~ **chronique :** chronic toxicity

toxique : toxic ; **gaz** ~ : toxic gas

traçage : tracing *(tuyau)*

tracé : routing

tracer : plot *(courbe)*

traceur : tracer ; ~ **de courbes :** plotter

tracteur : prime-mover ; tractor

traction : traction ; tensile force ; ~ **au crochet :** drawer-bar pull ; ~ **sur rails :** track haulage ; **effort à la** ~ : tensile stress ; **essai à la** ~ : tensile test ; **essai de** ~ : tensile test ; **résistance à la** ~ : tensile strength

tractus digestif : digestive tract

train : train ; ~ **à bande :** hot-strip mill ; strip mill ; ~ **à chaud :** hot mill ; ~ **baladeur :** sliding gear ; ~ **d'engrenages :** gear train ; ~ **d'impulsions :** pulse group ; pulse train ; ~ **d'ondes :** wave train ; ~ **de laminage à chaud :** hot-rolling mill ; ~ **de mesures :** package ; ~ **de roues :** set of wheels ; ~ **ébaucheur :** blooming mill

traînée : drag ; ~ **de condensation :** condensation trail ; ~ **du fluide :** fluid drag ; **coefficient de** ~ : drag coefficient

trait : line ; ~ **d'union :** hyphen

traitabilité : treatability

traite bancaire : bank draft

traité thermiquement : heat-treated

traitement : treatment ; processing *(info.)* ; emoluments *(salaire)* ; ~ **chimique :** chemical treatment ; ~ **d'affinage :** polishing treatment ; ~ **de choc :** shock treatment ; ~ **de défaut :** fault processing ; ~ **de finition :** polishing treatment ; ~ **de signal :** signal processing ; ~ **de surface(s) :** surface treatment ; surface finishing ; ~ **des boues :** sludge treatment ; ~ **des eaux :** water treatment ; ~ **des effluents liquides usés :** liquid waste treatment system ; ~ **des minerais :** treatment of ores ; ~ **par cuvées :** batch treatment ; ~ **par membranes :** membrane treatment ; ~ **par ordinateur :** computerisation ; ~ **par voie humide :** wet treatment ; ~ **par voie sèche :** dry treatment ; ~ **physico-chimique :** physical-chemical treatment ; ~ **tertiaire :** tertiary treatment ; ~ **thermique :** heat treatment ; **capacité de** ~ : handling capacity ; treatment capacity

traiteur d'eau : water specialist

tranche : edge *(planche)* ; ~ **d'eau :** layer of water

tranchée : trench

tranquillisateur : stilling baffle *(Pulsator)*

tranquillisation : stilling ; **chambre de** ~ : stilling chamber ; **grille de** ~ : tranquillizer screen ; **herse de** ~ : stilling picket fence

transbordement : transshipment

transfert : transfer ; bushing *(ozoneur)* ; ~ **convectif :** convective transfer ; ~ **de chaleur :** heat transfer ; ~ **de masse :** mass transfer

transformateur : transformer ; ~ **à compensation parallèle :** feedback compensation transformer ; parallel feedback transformer ; ~ **à huile :** oil-immersed transformer ; ~ **abaisseur :** step-down transformer ; ~ **d'intensité :** current transformer ; ~ **de courant :** current transformer ; ~ **de potentiel :** potential transformer ; voltage transformer ; ~ **de tension :** voltage transformer ; potential transformer ; ~ **haute tension :** high-voltage transformer ; ~ **rotatif :** rotary transformer ; ~ **série :** series transformer

transformateur-élévateur à compensation intégrée : parallel-compensated step-up transformer

transformateur-élévateur de tension : step-up voltage transformer

transformation : processing ; **industrie de ~ :** processing industry ; **secteur de ~ :** manufacturing industry

transistor : transistor ; ~ **à effet de champ :** field-effect transistor

transit : transit

transitaire : forwarding agent

translation : translation *(math.)*

translucide : translucent

transmetteur : transmitter ; ~ **de débit à cible :** target flow transmitter ; ~ **de données :** data transmitter ; ~ **de mesure :** measuring transducer ; ~ **de pression absolue :** absolute pressure transmitter ; ~ **pneumatique :** pneumatic measuring transducer

transmission : transmission ; ~ **à cardan :** Cardan drive ; ~ **à friction :** friction drive ; ~ **automatique :** automatic transmission ; ~ **flexible :** flexible shaft *(méc.)* ; ~ **intermédiaire :** countershaft ; ~ **par chaîne :** chain drive ; ~ **par courroie :** belt transmission ; ~ **par engrenage :** gear drive ; ~ **principale :** main shaft ; ~ **secondaire :** countershaft ; **arbre de ~ :** drive shaft

transpalette : pallet stacker ; pallet transporter

transport : conveying ; transportation ; haulage *(marchandises)* ; ~ **d'énergie :** power transmission *(élec.)* ; ~ **par avion :** air transportation ; ~ **par voie de terre :** land transportation ; ~ **pneumatique :** pneumatic conveying

transporteur : carrier ; conveyor *(méc.)* ; ~ **à augets :** bucket conveyor ; ~ **à bande :** belt conveyor ; ~ **à chaînes :** chain conveyor ; ~ **à deux sens de marche :** dual-direction conveyor ; ~ **à godets :** bucket conveyor ; ~ **à rouleaux :** live roller conveyor *(métall.)* ; ~ **à vis :** spiral conveyor ; screw conveyor ; ~ **d'alimentation du réacteur :** reactor feed conveyor ; ~ **d'extraction du réacteur :** reactor extraction conveyor ; ~ **de boues :** sludge conveyor ; ~ **de retour :** return conveyor ; ~ **par câbles :** cableway

transposition en fréquence : frequency translation *(élec.)*

transvasement : transfer ; decanting *(liquide)*

transversal : transverse

trapézoïdal (courroie ~e) : V-belt

trappe : trap door ; ~ **d'isolement :** stop log ; ~ **de visite :** inspection manhole

travail : work ; ~ **au forfait :** work by contract ; ~ **commun repos :** make-break contact ; **pression de ~ :** working pressure

travaux : work ; ~ **en cours :** work in progress ; ~ **en régie :** prime cost items ; cost-plus contract ; ~ **publics :** public works ; civil engineering ; ~ **sous-marins :** off-shore exploration ; off-shore construction ; off-shore development ; ~ **sous-traités :** subcontracted work

travée : bay

travers (en ~) : across ; crosswise

traversée : cross-over *(ozoneur)* ; bushing *(transformateur)* ; ~ **de cloison étanche :** grommet ; ~ **de route :** road underpass *(élec.)*

tréfilé : extruded

trèfle : clover-leaf interchange

treillis : lattice ; ~ **métallique :** wire netting ; **structure en ~ :** unit made of truss elements

trémie : hopper ; ~ **d'alimentation :** feed hopper ; ~ **d'écumage :** scum trough ; ~ **de dessachage :** sack splitter ; ~ **de mélange :** mixing hopper ; ~ **de réception des écumes :** scum collection hopper ; ~ **de stockage :** storage hopper ; ~ **de stockage des cendres :** ash storage hopper ; ~ **de stockage du sable :** grit storage hopper ; ~ **doseuse :** feed hopper ; ~ **intermédiaire :** intermediate hopper ; ~ **journalière :** day hopper ; ~ **peseuse :** weighing hopper ; ~ **vide-sac :** sack-splitter hopper ; loading hatch

trempabilité : hardenability

trempage : soaking ; dipping

trempe : hardening ; ~ **à l'huile :** oil-quenching ; oil-hardening ; ~ **au chalumeau :** flame hardening ; ~ **de charbon :** carbon quenching ; ~ **par cémentation :** case hardening ; ~ **par induction :** induction hardening ; ~ **superficielle :** surface hardening

trempér : quenched ; hardened *(acier)*

tremper : quench *(métall.)*

tremplin : springboard

trépidation (corrosion de ~) : fretting corrosion

tresse : braid ; ~ **de métallisation :** bonding jumper *(élec.)* ; ~ **de mise à la masse :** bonding jumper *(élec.)*

treuil : winch ; ~ **à bras :** hand winch ; ~ **d'applique :** wall hoist ; ~ **de levage :** hoisting winch

tri : sorting ; ~ **automatique des ordures :** automatic waste sorting ; ~ **des déchets :** waste sorting

triage par voie humide : wet separation

triangle : triangle ; **couplage en ~ :** delta connection

tribu : tribe *(plusieurs genres)*

tribunal : court ; **~ de commerce :** bankruptcy court ; **~ de police :** magistrates court

tribunaux : law courts

tricalcique : tricalcium *(aluminate)* ; tricalcium *(phosphate)*

trichloramine : trichloramine

tricot cuivre : copper inlet filter *(groupe électrogène)*

trigonométrie : trigonometry

trihalométhanes : trihalomethanes

trimestre : quarter

tringle : rod ; link ; **~ à rideaux :** curtain rail ; **~ de manœuvre :** control rod

triphasé : three-phase

triphasique (séparateur ~) : water knockout tank

triple : threefold ; triple

trivalent : trivalent

trompe à vide : filter pump

tronc : trunk ; **~ de cône :** truncated cone ; **~ de pyramide :** truncated pyramid

tronçon : length *(tuyau)*

tronconique : truncated cone-shaped

tronçonneuse : chain-saw

tronqué : truncated *(cône)*

tropicalisation : tropicalizing

tropicalisé : tropicalized

trop-plein : overflow ; **~ circulaire :** circular overflow ; **~ de digestion :** digester overflow ; **tuyau de ~ :** overflow pipe

trotteuse : second hand

trottoir : pavement ; **bordure de ~ :** kerbside

trou : hole ; **~ borgne :** blind hole ; **~ d'évidement :** recess ; **~ d'homme :** manhole ; **~ de boulon :** bolt hole ; **~ de coulée :** taphole *(four)* ; **~ de fixation :** anchor hole ; **~ de graissage :** oil hole ; **~ de main :** access hole ; **~ de purge :** bleed hole ; **~ de serrure :** keyhole ; **~ de sondage :** borehole *(GC)* ; **~ de visite :** manhole ; **~ fileté :** threaded hole ; **~ fraisé :** countersunk hole ; **~ traversant :** through hole ; **orifice de ~ d'homme** : manhole ; **orifice de ~ de poing** : hand-hole ;

trouble *(adj.)* **:** turbid ; cloudy *(eau)* ;

trouble *(n.)* **:** cloud ; **point de ~ :** cloud point

trousse : case ; kit ; **~ à outils :** tool kit ; **~ de contrôle :** test kit ; **~ de réparation :** repair outfit

trousser : screed

truelle : trowel ; **~ langue de chat :** jointer

tube : tube ; pipe ; **~ à ailettes :** finned tube ; **~ à essais :** test tube ; **~ à gaz :** gas tube ; **~ à vide :** vacuum tube ; **~ au néon :** neon tube ; **~ capillaire :** capillary tube ; **~ cathodique :** cathode-ray tube ; **~ coudé :** bent tube ; **~ d'acier :** steel pipe ; **~ d'eau :** water tube *(chaudière)* ; **~ de branchement :** branch pipe ; **~ de chaudière :** boiler tube ; **~ de condenseur :** condenser tube ; **~ de dosage :** measuring tube ; **~ de fumée :** fire tube *(chaudière)* ; **~ de jonction :** junction rod ; **~ de pitot :** pitot tube ; **~ de soutirage :** draught tube ; **~ de succion :** draught tube ; **~ de sûreté :** safety tube ; **~ de torsion :** torque tube ; Torr tube ; **~ de Venturi :** Venturi tube ; **~ de verre gradué :** graduated glass tube *(chim.)* ; **~ diélectrique :** dielectric tube ; **d'insufflation de gaz :** gas injection tube ; **~ électronique :** electron tube ; **~ émulseur d'air :** air-lift tube ; **~ en U :** U-tube ; **~ entretoise :** spacer pipe ; **~ étiré :** drawn tube ; **~ étiré à froid :** cold-drawn tube ; **~ étiré sans fente :** solid-drawn tube ; **~ filtrant :** filter tube ; **~ fluorescent :** fluorescent tube ; **~ indicateur de niveau :** gauge glass ; **~ laminé :** rolled tube ; **~ manométrique :** glass-tube manometer ; **~ sans soudure :** seamless pipe ; **~ soudé :** welded pipe ; **~ suceur :** draught tube ; **~ télescopique :** telescopic tube ; **~ verre :** glass tube ; **ozoneur à ~s diélectriques fermés** : closed-tube ozone generator ; **ozoneur à ~s diélectriques ouverts** : open-tube ozone generator

tube-allonge : protecting tube

tubercule : tubercule

tubulaire (circuit de refroidissement ~ à plaques) : shell-and-tube cooling system

tubulure : tube ; nozzle ; **~ à bride :** flanged branch ; **~ axiale de surverse :** axial overflow pipe ; **~ d'admission :** intake manifold ; **~ d'aspiration :** suction pipe ; **~ d'échappement :** exhaust manifold ; **~ de sortie :** outlet piping ; **~ en Y :** Siamese connection ; **~ en Y :** Siamese joint

tuf volcanique : tuff

tuile : tile ; **~ céramique :** ceramic tile ; **~ faîtière :** ridge tile ; **~ plate :** plain tile ; **~s rapportées :** added tiles ; **~ romaine :** Roman tile

tulipe : bell mouth ; **~ d'aspiration d'air :** bell-mouth pipe

tunnel : tunnel ; **~ aérodynamique :** wind tunnel ; **~ de câbles :** cable subway ; **diode ~ :** tunnel diode *(électr.)*

turbide : turbid

turbidimètre : turbidimeter

turbidité : turbidity ; **unité néphélométrique de** ~ : nephelometric turbidity unit

turbine : turbine ; ~ **à action :** impulse turbine ; ~ **à eau :** water wheel ; ~ **à écoulement radial :** radial-flow turbine ; ~ **à engrenages :** geared turbine ; ~ **à gaz :** gas turbine ; ~ **à hélice :** propeller turbine ; ~ **à pales mobiles :** feathering propeller turbine ; ~ **à réaction :** reaction turbine ; ~ **à vapeur :** steam turbine ; ~ **à ventilateur auxiliaire :** ducted-fan turbine ; ~ **d'aération :** turbine aerator ; ~-**hélice :** propeller ; ~ **sur flotteur :** pontoon-mounted turbine ; floating aerator ; **aération par** ~ : turbine aeration ; **débitmètre à** ~ : turbine flowmeter ; **saturateur à** ~ : turbine saturator

turbo-alternateur : turbo-alternator

turbocompresseur : turbo-blower ; turbo-charger

turbosoufflante : turbo-blower

turbulence : turbulence

tuyau : pipe ; tube ; ~ **à ailettes :** finned tube ; ~ **à brides :** flanged pipe ; ~ **autoflottant :** floating hose ; ~ **caoutchouc :** rubber hose ; ~ **d'arrivée :** inlet pipe ; ~ **d'arrosage :** garden hose ; ~ **d'aspiration :** suction pipe ; ~ **d'eau :** water pipe ; ~ **d'échappement :** exhaust pipe ; ~ **d'égout :** drain pipe ; ~ **d'évacuation :** discharge pipe ; ~ **d'extraction :** blow-off pipe ; ~ **d'incendie :** fire hose ; ~ **de décharge :** exhaust pipe ; waste pipe ; discharge pipe ; ~ **de descente :** downpipe ; ~ **de drainage :** drain pipe ; ~ **de gaz :** gas pipe ; ~ **de purge :** blow-down pipe ; ~ **de sortie :** outgoing pipe ; ~ **de trop-plein :** overflow pipe ; ~ **de vidange :** drain pipe ; ~ **en béton :** concrete pipe ; ~ **en caoutchouc :** rubber tube ; ~ **en fonte :** cast iron pipe ; ~ **flexible :** hose ; ~ **métallique flexible :** flexible metal pipe ; ~ **normalisé :** standard pipe ; ~ **noyé :** embedded pipe ; ~ **obstrué :** blocked pipe ; ~ **souple à gaz :** flexible gas pipe

tuyautage de transport : conveyor pipeline

tuyauterie : piping ; pipe ; ~**s :** piping ; ~ **d'entrée :** inlet pipe ; ~ **d'évacuation :** outlet pipe ; waste pipe ; ~ **d'évent :** venting pipe ; air vent pipe ; ~ **de dépotage :** transfer pipe ; ~ **de descente :** downpipe ; ~ **de sortie :** outlet pipe ; ~ **en charge :** pressure pipe ; **charge sur la** ~ **d'extraction** : head on draw-off pipe

tuyère : nozzle ; nozzle pipe ; tuyere *(haut-fourneau)* ; jet *(haut-fourneau)* ; ~ **d'injecteur :** injector nozzle ; ~ **de pulvérisation :** spray nozzle ; ~ **orientable :** directional nozzle ; ~ **tournante :** rotating nozzle *(filtre)*

tympe : tymp *(haut-fourneau)*

type : type

typon : offset film ; film *(impr.)*

U

U (fer en ~) : channel iron

U à ailes parallèles : standard U-beam with flanges ; parallel flange channel

U à profil normalisé : standard channel iron

ultracourt : ultrashort

ultrafiltration : ultrafiltration

ultrapur : ultrapure

ultrason : ultrasound ; **débitmètre à ~s** : ultrasonic flowmeter ; **essai aux ~s :** ultrasonic testing

ultraviolets : ultraviolet rays

unidirectionnel : one-way ; **microphone** ~ : unidirectional microphone

unifilaire : single-wire *(élec.)*

uniforme *(adj.)* : even ; uniform ; **tarif ~ :** flat rate

union : union *(raccord)*

unipolaire : single-pole

unité : unit *(mesure)* ; ~ **autonome :** self-contained unit ; ~ **centrale de traitement :** central processing unit *(info.)* ; ~ **compacte :** package unit ; ~ **de base :** base unit ; ~ **de fabrication :** production unit ; ~ **de masse :** unit of mass ; ~ **de mesure :** unit of measurement ; ~ **dérivée :** derived unit ; ~ **néphélométrique de turbidité :** nephelometric turbidity unit ; ~ **supplémentaire :** supplementary unit

universel : all-purpose ; **joint** ~ : universal joint

urée : urea

usages : practices ; ~ **commerciaux :** trading practices ; **à** ~ **multiples** : multi-purpose

usé : worn ; spent

usinabilité : machinability

usinage : machining

usine : factory ; ~ **d'eau :** water works ; ~ **d'incinération :** incineration plant ; ~ **de laminage :** rolling mill ; ~ **électrique :** electric power station ; ~ **élévatoire :** pumping station ; ~ **hydraulique :** hydroelectric power station ; hydroelectric power plant ; ~ **thermique :** thermal power plant ; thermal power station ; machined

usiné : machined ; **pièces ~es :** machined hardware

usure : wear and tear ; wearing ; wear ; ~ **par frottement :** abrasion ; attrition *(résine)* ; **pièce d'**~ : wear part

utilance : utilance ; coefficient of utilization

utile : useful ; **surface** ~ : net area

utilisateur : user ; ~ **final :** end user

utilisation : use ; utilization

utilités : utilities

V

V (moteur à cylindres en ~) : V-type engine

vaccination : vaccination ; ~ **acide :** acid dosing

vacuomètre : vacuum gauge

vacuostat : vacuum switch

va-et-vient : two-way ; **commutateur** ~ : two-way switch ; **palpeur à** ~ : reciprocating sensor ; **porte** ~ : swing door

vague *(n.)* : wave

vague (terrain ~) : wasteland

valable : valid

valence : valency ; valence *(chim.)* ; **électron de** ~ : valence electron

valet de laboratoire : laboratory stand

valeur : worth ; value ; ~**s** : equities *(actions)* ; securities *(bourse)* ; bonds *(obligations)* ; ~ **ajoutée :** added value ; ~ **approximative :** approximate value ; ~ **calorifique :** heat value ; heating value *(phys.)* ; heat of combustion *(phys.)* ; ~ **comptable :** book value ; ~ **d'état :** gilt-edged security ; ~ **de consigne :** set-point value ; ~ **de crête :** crest value ; peak value ; ~ **de pointe :** peak value ; ~ **de seuil :** threshold value ; ~ **efficace :** root-mean-square value ; ~ **en douane :** value of goods for customs purposes ; ~ **moyenne :** mean value ; ~ **nominale :** nominal value

validité : validity

valoir ce que de droit (pour ~) : to whom it may concern

valorisation : re-use ; recovery *(chaleur)* ; process *(déchets)* ; reprocess *(déchets)* ; reclamation *(terrain)* ; ~ **des boues :** sludge re-use ; ~ **énergétique des déchets :** energy production from waste

valve : valve ; ~ **à filament obscur :** dull emitter ; ~ **à vent chaud :** hot-blast valve ; ~ **électronique :** thermionic tube ; hot-cathode tube

vanadium : vanadium

vannage : sluicing *(eau)* ; gating *(turbine)* ; ~ **pneumatique :** pneumatic control device

vanne : valve ; ~ **à aiguille :** needle valve ; ~ **à bille :** ball valve ; ~ **à boisseau conique :** taper plug valve ; ~ **à boisseau sphérique :** spherical plug valve ; ball valve ; ~ **à carotte :** taper plug valve ; ~ **à coin :** wedge valve ; ~ **à commande hydraulique :** hydraulic valve ; ~ **à corps tampon :** wafer valve ; sandwich wafer valve ; ~ **à déformation élastique :** flexible throat valve ; ~ **à entraînement par engrenage droit :** valve with spur gear drive ; ~ **à enveloppe chauffante :** jacketed valve ; ~ **à étrier :** stirrup-mounted valve ; ~ **à fermeture par manque d'air :** pressure-opening control valve ; ~ **à gaz :** gas valve ; ~ **à glissière :** sluice valve ; ~ **à jet creux :** cone valve *(divergent)* ; hollow jet valve *(parallèle)* ; ~ **à joint hydraulique :** water-seal valve ; ~ **à libre dilatation :** parallel seat valve with spring ; ~ **à manchon :** pinch valve ; ~ **à manchon à déformation élastique :** pinch valve ; ~ **à manchon taraudé :** screwed-connection valve ; ~ **à manœuvre rapide :** quick-opening valve ; ~ **à membrane :** diaphragm valve ; ~ **à niveau constant :** constant level gate ; ~ **à obturateur :** gate valve ; ~ **à obturateur à faces parallèles :** parallel slide valve ; ~ **à opercule :** gate valve ; wedge gate valve ; sluice valve ; ~ **à opercule coulissant :** sliding stem gate valve ; ~ **à ouverture par manque d'air :** pressure-closing control valve ; ~ **à ouverture rapide :** quick-opening valve ; ~ **à papillon :** butterfly valve ; ~ **à passage direct :** straight-through passage valve ; gate valve ; ~ **à passage intégral :** fullway valve ; straight-through passage valve ; ~ **à plusieurs voies :** multi-way valve ; ~ **à pointeau :** needle valve ; ~ **à sièges obliques :** wedge gate valve ; taper seat gate valve ; ~ **à sièges parallèles :** parallel seat gate valve ; ~ **à soupape :** globe valve ; ~ **à tige fixe :** non-rising stem gate valve ; ~ **à tige montante :** rising stem valve ; ~ **à trois voies :** three-way valve ; ~ **à vérin :** cylinder valve ; ~ **à vérin pneumatique :** pneumatic cylinder valve ; ~ **à vis extérieure :** outside screw gate valve ; ~ **à vis intérieure :** inside screw gate valve ; ~ **à vis montante :** rising stem valve ; ~ **alvéolaire :** rotary-vane feeder ; ~ **automatique :** automatic valve ; ~ **automatique à déformation élastique :** automatic pinch valve ; ~ **automatique d'isolement :** automatic shut-off valve ; ~-**batardeau :** sluice gate ; ~ **casse-vide :** air release valve ; ~ **compensatrice :** equalizing valve ; ~ **d'angle :** angle valve ; ~ **d'arrêt :** shut-off valve ; ~ **d'égalisation :**

by-pass valve ; ~ **d'entrée :** inlet valve ; ~ **d'entrée d'air surpressé :** air scour admission valve ; ~ **d'entrée d'eau de lavage :** wash water admission valve ; ~ **d'évacuation :** drain valve ; ~ **d'extraction :** blow-off valve ; ~ **d'extraction de boues :** sludge draw-off valve ; ~ **d'isolement :** isolation valve ; ~ **d'isolement de l'ouvrage :** structure isolating valve ; ~ **de contrôle :** diaphragm-operated control valve *(régulateur à membrane)* ; ~ **de dérivation :** by-pass valve ; ~ **de détente :** pressure reducing valve ; ~ **de fuite :** throttle valve *(Pulsator)* ; ~ **de laminage :** throttling valve ; throttle valve *(vapeur)* ; ~ **de lavage du décanteur :** clarifier wash water valve ; ~ **de mise à l'atmosphère :** air relief valve ; ~ **de non-retour à battant :** swing check valve ; ~ **de purge d'air :** air bleed valve ; ~ **de réglage :** control valve ; ~ **de réglage de débit :** flow control valve ; ~ **de régulation :** control valve ; ~ **de régulation par tout ou rien :** on/off valve ; ~ **de sortie d'eau de lavage :** wash water outlet valve ; washout valve ; ~ **de transvasement :** transfer valve ; ~ **de vidange :** drain valve ; ~ **détendeur :** pressure release valve ; ~ **déversoir :** weir penstock ; ~ **électromagnétique :** solenoid valve ; ~ **entre brides :** wafer valve ; ~ **mélangeuse :** mixing valve ; ~ **motorisée :** motor-operated valve ; ~ **murale :** penstock ; single-faced sluice ; ~ **murale d'isolement :** isolating penstock ; ~ **papillon :** butterfly valve ; ~ **pilote :** pilot valve ; ~ **pneumatique :** pneumatic gate ; ~ **pneumatique à passage intégral :** pneumatic straight-through passage valve ; ~ **Pronal :** air plug valve ; ~ **régulatrice de débit :** flow regulating valve ; ~ **rideau :** penstock ; ~ **rotative de distribution :** rotary-vane feeder ; ~ **sandwich :** wafer valve ; ~ **sans bride :** flangeless valve ; ~ **sas :** corporation cock ; ~ **télescopique :** telescopic valve ; ~ **thermostatique :** thermostat valve ; ~ **tournante :** rotary valve ; **chambre des ~s** : valve house ; valve chamber

vanne-batardeau : sluice gate

vannelle : sluice valve ; paddle

vannette : micro-valve ; mini-valve

vapeur : vapour ; steam ; ~ **d'eau :** water vapour ; steam ; ~ **saturante :** saturated vapour ; ~ **saturée :** saturated steam ; ~ **surchauffée :** superheated steam ; ~ **vive :** live steam ; **émulseur à ~** : steam-lift pump ; **tension de ~** : vapour pressure

vapocraquage : fluid cracking

vapocraqueur : steam cracking unit

vaporéformage : steam reforming

vaporisateur : atomizer

vaporisation : steam ; spraying

variable : variable

variance : variance

variante : alternative

variateur : automatic voltage controller *(élec.)* ; ~ **à courroie :** variable-speed belt ; ~ **de vitesse :** speed regulator ; variable-speed drive

variation : variation ; ~ **continue :** continuous variation ; ~ **de fréquence :** frequency variation ; ~ **de phase :** phase shift ; phase change ; ~ **par bonds :** discrete-step variation

varlope : jointer

vase *(n. f.)* : silt ; sludge

vase *(n. m.)* : flask ; ~ **de Dewar :** Dewar flask ; ~ **de Mariotte :** Mariotte bottle ; ~ **florentin :** Florence flask ; ~ **gradué :** graduated beaker *(chim.)* ; **~s communicants :** communicating vessels

vaseline : Vaseline *(UK)* ; petroleum jelly *(UK)* ; petrolatum *(US)*

vasque : chamber ; ~ **d'alimentation :** feed basin ; ~ **de restitution d'eau filtrée :** filtered water chamber

vecteur : vector ; **gaz ~** : carrier gas ; feed gas

végétation : vegetation

véhicule : vehicle ; carrier *(méd.)*

véhiculer : convey

veille technologique : technology watch

veilleuse (mettre en ~) : put on standby

veine : vein *(géol.)* ; ~ **fluide :** water stream ; gas stream ; ~ **liquide :** liquid jet ; ~ **liquide à son étranglement maximal :** throat *(tuyau)*

venant de : from

venir à échéance : fall due

vent : wind ; **~s de sable :** airborne sand ; ~ **dominant :** prevailing wind ; **boîte à ~** : wind box ; **lit du ~** : eye of the wind

vente : sale ; ~ **aux enchères :** auction ; **technique de ~** : salesmanship

ventilateur : fan ; blower ; ~ **axial :** axial fan ; ~ **de mise sous vide :** vacuum fan ; vacuum blower *(Pulsator)* ; ~ **de tirage :** draught fan ; ~ **des fumées :** flue-gas fan ; ~ **électrique :** electric fan ; ~ **hélicoïdal :** axial fan

ventilation : ventilation *(aération)* ; ~ **artificielle :** artificial ventilation ; ~ **forcée :** forced ventilation ; **persiennes de ~** : ventilation grid

ventouse : air valve *(vanne)*

venturi : venturi ; **canal ~** : venturi flume

ver : worm ; ~ **de terre :** earthworm ; ~ **plat :** flatworm ; ~ **solitaire :** tapeworm

verdal : pavement glass ; basement light ; pavement light *(GC)*

verdâtre : greenish

verge de piston : piston rod
vérificateur : checker ; ~ **de comptes :** auditor
vérification : checking ; ~ **en douane :** customs examination
vérin : cylinder ; jack ; actuator ; ~ **à double effet :** double-acting cylinder ; ~ **à double tige :** double-rod end cylinder ; ~ **à vis :** screw jack ; jackscrew ; ~ **hydraulique :** hydraulic jack ; ~ **hydropneumatique :** hydropneumatic jack
vermiculture : worm culture
verni : varnished
vernis : varnish ; ~ **à l'alcool :** spirit varnish ; ~ **gras :** oil varnish ; ~ **japonais :** japan
verre : glass ; ~ **armé :** wire glass ; ~ **au plomb :** lead glass ; ~ **cellulaire :** cellular glass ; ~ **dalle :** pavement light ; ~ **de sûreté :** safety glass ; ~ **dépoli :** ground glass ; frosted glass ; ~ **double :** double-thickness sheet glass ; ~ **feuilleté :** shatter-proof glass ; non-shatter glass ; laminated glass ; safety glass ; ~ **gradué :** graduate ; ~ **opale :** opal glass ; ~ **optique :** optical glass ; ~ **organique :** organic glass ; ~ **sandwich :** laminated glass ; non-shattering glass ; **fibre de** ~ : glass fibre ; **papier de** ~ : sandpaper ; **toile de** ~ : glass cloth
verrou : bolt ; latch ; ~ **à ressort :** spring bolt
verrouillage : locking ; ~ **de clavier :** keyboard lock-out ; ~ **de sécurité :** protective locking mechanism ; ~ **mécanique :** mechanical latching
verrouiller : lock ; bolt *(porte)*
versant : bank *(canal)* ; slope *(toit)*
versement : payment ; instalment ; ~ **partiel :** instalment ; **premier** ~ : first instalment
verseur (bec ~) : spout
vertical : vertical ; upright
vésicule : blister *(métall.)*
vessie : bladder *(ballon)* ; air plug valve *(obturateur pneumatique)* ; ~ **pneumatique :** air-plug valve ; **obturateur à** ~ : air plug valve
vestiaire : cloakroom
vêtements de protection : protective clothing
viaduc : viaduct
vibrage : vibrating ; ~ **du béton :** vibrating of concrete
Vibrair : Vibrair
vibrateur : vibrator *(élec.)* ; ~ **de béton :** concrete vibrator
vibration : vibration ; ~ **acoustique :** acoustic vibration
vibreur : buzzer *(élec.)*
vibrion : vibrion
Vicat (appareil ~) : Vicat needle
vice : defect ; ~ **caché :** latent defect
vidange : drain ; ~ **du décanteur :** settling tank drainage ; ~ **par chasse hydraulique :** hydraulic flushing ; **matières de** ~ : night soil ; **robinet de** ~ : draincock ; **tuyau de** ~ : drain pipe
vidanger : empty
vide : vacuum ; empty space ; gap ; **~-cave :** sump pump ; **de maille :** mesh void ; mesh spacing ; mesh size *(tamis)* ; **à ~ :** no-load ; **cloche à** ~ : vacuum chamber ; **courant à** ~ : no-load current ; **essai à** ~ : no-load test ; **frein à** ~ : vacuum brake ; **indice de ~ :** void ratio ; **marche à ~ :** no-load running ; **pompe à ~ :** vacuum pump ; **tube à ~ :** vacuum tube ;
vide-cave : sump pump ; **pompe ~ :** dewatering pump
vider : drain
vide-sac (machine ~) : sack splitter
vide-tourie : carboy tilter ; **pompe ~ :** acid pump
vieillissement : ageing ; ~ **climatique :** weathering
vilebrequin : crankshaft ; **bras de** ~ : crank web
ville : town
vinasse : vinasse
vinification : vinification
vinyle : vinyl
virement bancaire : bank transfer
virer au rouge : turn red
virole : shell *(réservoir)*
virologie : virology
virulicide : virucidal ; viricidal
virus : virus
vis : screw ; bolt ; scroll *(centrifugeuse)* ; ~ **à ailettes :** thumbscrew ; ~ **à auge fermée :** closed-tank screw ; ~ **à bois :** wood screw ; ~ **à double paroi :** double-walled screw ; ~ **à droite :** right-hand screw ; ~ **à épaulement :** shoulder screw ; ~ **à gauche :** left-hand screw ; ~ **à métaux :** sheet-metal screw ; ~ **à pas à gauche :** left-handed screw ; ~ **à pas inversé :** reciprocating feed screw ; ~ **à six pans creux :** hexagonal socket head screw ; ~ **à tête carrée :** square-head bolt ; ~ **à tête fendue :** slotted-head screw ; ~ **à tête ronde :** round-head screw ; ~ **à tôle :** self-tapping screw ; sheet-metal screw ; ~ **auto-taraudeuse :** self-tapping screw ; ~ **d'Archimède :** Archimedes' screw ; Archimedean screw ; ~ **d'assemblage :** connecting screw ; ~ **d'évacuation de boues :** sludge disposal screw ; ~ **d'extraction :** scroll ; extraction scroll ; ~ **de blocage :** locking screw ; ~ **de fixation :** fastening screw ; ~ **de mélange :** mixing screw ; ~ **de**

purge : blow-down screw ; ~ **de recyclage :** recyling screw ; ~ **de réglage :** adjusting screw ; ~ **de relevage :** screw elevator ; ~ **de relèvement :** screw pump ; lifting screw ; ~ **de serrage :** clamp screw ; ~ **de transport :** spiral conveyor ; screw conveyor ; **doseur à** ~ : screw-type feeder ; ~ **doseuse :** feed screw ; ~ **excentrée :** eccentric screw *(pompe)* ; ~ **filetée à droite :** right-hand screw ; ~ **filetée à gauche :** left-hand screw ; ~ **H :** hex head screw ; ~ **imperdable :** captive screw ; ~ **micrométrique :** micrometer screw ; ~ **platinées :** points ; contact breaker points ; ~ **sans fin :** Archimedes' screw ; ~ **sans tête :** headless screw ; ~ **sans tête fendue :** grub screw ; ~ **transporteuse à pas inversé :** reciprocating feed screw ; countercurrent feed screw ; ~ **vérin :** levelling screw ; jacking screw ; ~ **violon :** thumbscrew ; **arbre d'entraînement à** ~ **sans fin** : worm drive shaft ; **compresseur à** ~ : screw compressor ; **filet de** ~ : screw thread ; **machine à** ~ **lubrifiées** : lubricated-screw machine ; **machine à** ~ **sèches** : dry-screw machine ; **presse à** ~ : screw press ; **réducteur à** ~ **tangente** : worm gear ; **réducteur à** ~ **sans fin** : worm gear ; **vitesse de** ~ : speed of scroll

visa : visa *(passeport)* ; signature *(signature)*

viscosimètre : viscosimeter

viscosité : viscosity ; ~ **apparente :** apparent viscosity ; ~ **cinématique :** kinematic viscosity ; ~ **dynamique :** dynamic viscosity ; absolute viscosity ; ~ **magnétique :** magnetic viscosity ; **coefficient de** ~ : viscosity coefficient ; coefficient of viscosity ; **fluide à** ~ **constante** : Newtonian fluid ; **indice de** ~ : viscosity index

viseur : viewfinder *(photo.)*

visière de protection : protective visor

visite : visit ; ~ **de surveillance :** inspection visit ; ~ **périodique :** periodic inspection ; **panneau de** ~ : inspection panel ; **porte de** ~ : inspection door ; **tampon de** ~ : inspection manhole

visqueux : viscous

visser : screw ; ~ **à fond :** screw home

visserie : screws and bolts

visualisation : display ; **console de** ~ : display console

vitesse : speed ; velocity ; ~ **à l'épuisement :** service flow velocity *(échange d'ions)* ; ~ **absolue :** absolute velocity ; ~ **angulaire :** angular speed ; angular velocity ; ~ **ascensionnelle :** rising velocity ; upward velocity ; ~ **autorisée :** legal speed limit ; ~ **circonférentielle :** peripheral speed ; ~ **contractée :** velocity at the vena contracta ; ~ **d'approche :** approach velocity ; ~ **d'échange :** exchange rate ; ~ **d'écoulement :** flow velocity ; ~ **de balayage :** sweeping velocity ; ~ **de capture :** substrate uptake rate *(boues activées)* ; substrate utilization rate *(boues activées)* ; ~ **de chute :** falling velocity ; ~ **de chute de particules :** settling speed ; ~ **de circulation :** flow velocity ; circulation velocity ; ~ **de circulation transversale :** cross-circulation velocity ; ~ **de colmatage :** clogging rate ; ~ **de décantation :** settling rate ; settling velocity ; ~ **de filtration :** filtration rate ; ~ **de passage :** speed of passage *(Aquazur)* ; ~ **de réaction :** rate of reaction ; ~ **de réponse :** response time ; ~ **de rotation :** speed of rotation ; angular velocity ; ~ **de séchage :** drying rate ; ~ **de sédimentation :** settling velocity ; ~ **de vis :** speed of scroll ; ~ **du bol :** bowl speed ; ~ **périphérique :** peripheral speed ; ~ **relative :** relative velocity ; ~ **tangentielle :** tangential velocity ; **boîte de ~s** : gearbox ; **indicateur de** ~ : speedometer *(auto.)* ; **variateur de** ~ : variable speed drive

viticulture : viniculture

vitrage : glazing ; **double** ~ : double glazing

vitre : window pane

vitré (porte ~e) : glazed door

vitreux : vitreous

vitrification : vitrification

vitrifié : vitrified

vitriol (huile de ~) : concentrated sulphuric acid

vivipare : viviparous

voie : way ; pathway *(passage de transformation)* ; lane *(route)* ; ~ **d'accélération :** acceleration lane ; ~ **de décélération :** deceleration lane ; ~ **express :** throughway ; ~ **ferrée :** railway ; ~ **fluviale :** waterway ; ~ **humide :** wet process ; ~ **sèche :** dry process ; **filtration d'air par** ~ **humide** : wet air filtration ; **réseau à** ~ **multi point** : multi-point network ; **robinet à deux ~s** : two-way cock

voilage : buckling *(roue)*

voile : warping *(surface plane)* ; deck *(toit de réservoir)* ; ~ **de boue :** top level of sludge *(épaississeur)* ; ~ **de verre :** glass cloth

voirie et réseaux divers : roads and other networks

voiture (lettre de ~) : waybill

volant *(adj.)* **:** flying ; **échafaudage** ~ : hanging scaffold *(GC)* ; **pont** ~ : flying bridge *(GC)*

volant *(n.)* **:** handwheel ; ~ **à chaîne :** chainwheel ; ~ **à main :** handwheel ; ~ **calorifique :** calorific reserve ; ~ **d'inertie :** flywheel ; inertia governor ; ~ **de direction :** steering wheel ; ~ **de vanne :** valve handwheel

volatil : volatile

volée d'escalier : flight of stairs

volet : flap ; shutter *(fenêtre)* ; ~ **de surpression :** damper ; ~ **de ventilation :** air louvre ; ~ **répartiteur :** distributor flap ; ~ **roulant :** rolling shutter

volige : batten *(GC)*

volt : volt

voltamètre : coulometer

voltampère : volt-ampere ; ~ **réactif :** volt-ampere reactive

voltampèremètre : voltammeter

voltmètre : voltmeter ; ~ **à cadre mobile :** galvanometer ; ~ **à lampe :** vacuum-tube voltmeter ; tube voltmeter ; ~ **numérique :** numerical voltmeter

volume : volume ; ~ **de marnage :** differential volume ; ~ **engendré :** swept volume *(compresseur)* ; ~ **mort :** dead zone ; ~ **passé :** fed volume ; ~ **total :** gross volume ; gross capacity ; ~ **utile :** net volume ; net capacity ; **en** ~ : by volume

volumétrique : volumetric ; **pompe** ~ : positive-displacement pump

volumineux : bulky

volute : volute ; volute casing *(pompe centrifuge)*

volutine : volutin

vortex : vortex ; **pompe à** ~ : vortex pump

voûte : arch

voyant : signal lamp ; indicator lamp ; sight glass *(vitre)* ; ~ **lumineux :** indicator light ; signal light

vrac : bulk ; **emballage en** ~ : in-bulk packaging ; **en** ~ : in bulk ; **remplissage en** ~ : random fill

vracquier : bulk carrier ; **navire** ~ : bulk carrier

vue : view ; appearance ; ~ **aérienne :** aerial view ; ~ **arrière :** rear view ; ~ **d'en haut :** top view ; ~ **d'ensemble :** general view ; ~ **d'ensemble schématique :** schematic layout ; ~ **de côté :** side view ; ~ **de dessous :** bottom view ; ~ **de dessus :** top view ; ~ **de face :** front view ; ~ **de profil :** profile view ; ~ **éclatée :** exploded view ; ~ **écorchée :** cut-away view ; ~ **en coupe :** cross-section ; section drawing ; ~ **en élévation :** elevation ; ~ **en perspective :** perspective ; perspective view ; ~ **en plan :** top view ; plan view ; plan ; ~ **partielle :** partial view ; ~ **suivant axe :** view along axis

vulcanisation : vulcanization

vulgarisation agricole : agricultural extension

W

wagon : wagon ; **~-citerne :** tank car ; ~ **de marchandises :** freight car ; ~ **de terrassement :** ballast truck ; **~-drill :** wagon drill machine

watt : watt

watt-heure : watt-hour

wattmètre : wattmeter

WC à la turque : Eastern pattern WC

X

X : X ; **perforation** ~ : X punch *(info.)*
xylène : xylene

Y

Y : Y ; **montage en** ~ : Y-connection *(élec.)* ; **perforation** ~ : Y-punch *(info.)* ; **raccord en** ~ : Siamese joint ; Siamese connection ; **tubulure en** ~ : Siamese connection

Z

zéolite : zeolite

zéolithe : zeolite

zéro : zero ; **remise à** ~ : reset

zêta : zeta ; **potentiel** ~ : zeta potential

zétamètre : zetameter

zigzag : zigzag ; **disposés en** ~ : staggered

zinc : zinc

zingage : galvanizing ; ~ **électrolytique :** electro-galvanizing

zingué : galvanized ; ~ **à chaud :** hot-dip galvanized ; **fer** ~ : galvanized iron

zinguer : galvanize

zircone : zirconium oxide

zone : zone ; ~ **d'agitation :** mixing zone ; ~ **d'égouttage :** drainage zone ; ~ **d'épaississement des boues :** sludge thickening zone ; ~ **de clarification :** clarification zone ; ~ **de contact :** contact zone ; ~ **de décantation :** settling zone ; ~ **de décantation lamellaire :** lamellae settling zone ; lamellar settling zone ; ~ **de dégazage :** deaeration zone ; ~ **de mélange :** mixing zone ; ~ **de mémoire :** storage area *(info.)* ; ~ **de réaction :** reaction zone ; ~ **de stockage :** stockyard ; ~ **de suspension :** suspension zone ; ~ **de transition :** transition zone ; ~ **dunaire :** dune zone ; ~ **fondue :** fusion zone *(soudage)* ; ~ **marécageuse :** swamp ; ~ **morte :** still zone ; dead zone ; ~ **verte :** green belt

zooflagellé : zooflagellate

zooglée : zoogloea

zooplancton : zooplankton

zymohydrolyse : hydrolysis by fermentation

A

abatement : abattement

abattoir : abattoir

aberration : aberration

abnormal : anormal ; **~ events :** événements anormaux ; **~ load :** convoi exceptionnel

abnormally high pressure : pression anormale ; surcompression

above-water weir : déversoir émergé

abrasion : abrasion ; usure par frottement

abrasive : abrasif

abscissa : abscisse

absolute : absolu ; **~ deviation :** écart absolu ; **~ humidity :** humidité absolue ; **~ pressure :** pression absolue ; **~ pressure transmitter :** transmetteur de pression absolue ; **~ temperature :** température absolue ; **~ velocity :** vitesse absolue ; **~ viscosity :** viscosité dynamique

absorbance : absorption ; densité optique

absorber : absorbeur ; **carbon dioxide ~ :** absorbeur de dioxyde de carbone ; **shock ~ :** amortisseur ; **vibration ~ :** plot antivibratoire

absorption : absorption ; **~ refrigerator :** réfrigérateur à absorption ; **~ spectrometry :** spectrométrie d'absorption ; **atomic ~ :** absorption atomique ; **chlorine ~ :** absorption de chlore ; **water ~ :** absorption de l'eau

absorptive power : pouvoir absorbant

abstract : résumé

abstraction fees : taxe de prélèvement

abutment : butée ; culée

abyssal : abyssal ; **~ plain :** plaine abyssale *(sismique)*

ac bias recording : enregistrement avec prémagnétisation

accelerated corrosion : corrosion accélérée

accelerating torque : couple accélérateur

acceleration : accélération ; **~ lane :** voie d'accélération ; **~ of gravity :** accélération de la pesanteur

accelerator : accélérateur

accelerometer : accéléromètre

acceptable : recevable *(brevet)* ; souhaitable ; **~ daily intake :** dose intégrée acceptable par jour

acceptance : réception ; recette ; **~ certificate :** certificat de réception ; **~ of goods :** acceptation de marchandises ; **~ test :** épreuve de réception ; essai de réception ; essai de recette

acceptor (electron ~) : accepteur d'électrons

access : accès ; **~ hole :** trou de main ; **~ ladder :** échelle d'accès ; **~ stairway :** escalier d'accès ; **~ time :** temps d'accès

accessibility : facilité d'accès

accessories : appareillage

accessory : accessoire

accident : accident

accidental pollution : pollution accidentelle

acclimatization : acclimatation ; adaptation

according to recognized good practice : selon les règles de l'art

account : compte *(fin.)* ; exposé ; **~ payable :** compte créditeur ; **~ receivable :** compte client ; compte débiteur ; **current ~ :** compte courant ; **deposit ~ :** compte à terme ; **expense ~ :** note de frais ; **overdrawn ~ :** compte à découvert ; **statement of ~ :** relevé de compte ; **time deposit ~ :** compte de dépôts

accountant : comptable ; **chartered ~ :** comptable agréé ; expert-comptable

accountee : donneur d'ordre

accounting (cost ~) : comptabilité analytique

accounts : comptabilité ; **prepaid ~ :** charges constatées d'avance *(fin.)*

accretion prism : prisme d'accrétion *(sismique)*

accretional prism : prisme d'accrétion

accumulator : accumulateur ; **hydraulic ~ :** accumulateur hydraulique ; **lead ~ :** accumulateur au plomb

accuracy : justesse ; précision

accused : inculpé *(jur.)* ; prévenu *(jur.)*

acetaldehyde : acétaldéhyde

acetate : acétate ; **~ membrane :** membrane d'acétate

acetate-producing : acétogène

acetic : acétique ; **~ acid :** acide acétique

acetylene : acétylène

ac generator : alternateur

acid : acide ; **~ bath :** bain acide ; bain d'acide ; **~ dosing :** vaccination acide ; **~ heat test :** essai d'échauffement sulfurique ; **~ phthalate :** phtalate acide ; **~ pump :** pompe vide-tourie ; **~ scrubbing :** lavage acide ; **~ solution :** liqueur alcalimétrique ; **acetic ~ :** acide acétique ; **alginic ~ :** acide alginique ; **amino ~ :** acide aminé ; **amino trimethylene phosphonic ~ :** acide amino-triméthylène phosphonique ; **ascorbic ~ :** acide ascorbique ; **boric ~ :** acide borique ; **carbonic ~ :** acide carbonique ; **carboxylic ~ :** acide carboxylique ; **Caro's ~ :** acide de Caro ; acide monopersulfurique ; **citric ~ :** acide citrique ; **deoxyribonucleic ~ :** acide désoxyribonucléique ; **ethylene diamine tetra-acetic ~ :** acide éthylène-diamine-tétracétique ; **fatty ~ :** acide gras ; **formic ~ :** acide formique ; **fulvic ~ :** acide fulvique ; **hexafluorosilicic ~ :** acide hexafluorosilicique ; **humic ~ :** acide humique ; **hydrochloric ~ :** acide chlorhydrique ; **hydrofluoric ~ :** acide fluorhydrique ; **hypobromous ~ :** acide hypobromeux ; **hypochlorous ~ :** acide hypochloreux ; **lactic ~ :** acide lactique ; **mineral ~ :** acide minéral ; **nitric ~ :** acide azotique ; **oxalic ~ :** acide oxalique ; **permonosulphuric ~ :** acide de Caro ; acide monopersulfurique ; **phosphoric ~ :** acide phosphorique ; **preservative ~ :** acide préservateur ; **resin ~ :** acide résinique ; **resinic ~ :** acide résinique ; **ribonucleic ~ :** acide ribonucléique ; **silicic ~ :** acide silicique ; **stearic ~ :** acide stéarique ; **sulphamic ~ :** acide sulfamique ; **sulphuric ~ :** acide sulfurique ; **sulphurous ~ :** acide sulfureux ; **tartaric ~ :** acide tartrique ; **volatile fatty ~ :** acide gras volatil ; **volatile ~ :** acide volatil

acidification : acidification

acidity : acidité ; **free ~ :** acidité libre ; **total ~ :** acidité totale ; **volatile ~ :** acidité volatile

acidogenesis : acidogénèse

acid-proof : antiacide ; résistant à l'acide ; **~ paint :** peinture résistant aux acides

acid-resistant : antiacide

acknowledgement of receipt : accusé de réception

acoustic : acoustique ; **~ basement :** socle acoustique ; **~ coupler :** coupleur acoustique ; **~ detector :** corrélateur acoustique ; **~ measurement :** mesure de bruit ; **~ vibration :** vibration acoustique

acquisition : rachat

acrolein : acroléine

acronym : sigle

across : en travers ; **~ the grain :** à contrefil

across-the-line starting : démarrage direct

acrylic : acrylique ; **~ resin :** résine acrylique

acrylonitrile butadiene styrene : acrylonitrile butadiène styrène

act : acte ; **~ of parliament :** loi

actinomycetes : actinomycètes

action : effet ; **conditional ~ :** action conditionnelle

activate : actionner

activated : activé ; **~ alumina :** alumine activée ; **~ carbon :** charbon actif ; **~ carbon filter :** filtre à charbon actif ; **~ silica :** silice activée ; **~ sludge :** boues activées ; **granular ~ carbon :** charbon actif en grains ; **low-load ~ sludge :** boues activées à faible charge ; **powdered ~ carbon :** charbon actif en poudre

activation : activation

activator : activateur

active : actif ; **~ chlorine :** chlore actif ; **~ component :** composante active ; **~ power :** puissance active ; **~ pressing surface :** surface active de pressage ; **~ reinforcement :** armature active

activity : activité ; **surface ~ :** activité superficielle

actual : effectif ; **~ oxygen transfer capacity :** apport spécifique effectif ; **~ power :** puissance effective ; puissance réelle

actuated : actionné

actuating lever : levier de commande

actuating nut : carré de manœuvre

actuator : actionneur ; vérin ; **air ~ :** diaphragme *(vanne)* ; **pneumatic ~ :** actionneur pneumatique

acute toxicity : toxicité aiguë

adaptability : adaptabilité

adapter : adaptateur ; manchon de fixation ; **~ plug :** bouchon de raccord

added : ajouté ; **~ tiles :** tuiles rapportées ; **~ value :** valeur ajoutée

addendum : avenant *(contrat)*

additive : additif ; adjuvant ; produit d'addition

addressee : destinataire *(lettre)*

adenosine : adénosine ; **~ diphosphate :** adénosine diphosphate ; **~ monophosphate :** adénosine monophosphate ; **~ triphosphate :** adénosine triphosphate

adequate : suffisant

adherence : adhérence

adhesion : adhérence ; **coefficient of ~ :** coefficient d'adhérence ; **concrete ~ :** adhérence du béton

adhesive : adhérent ; adhésif ; **~ tape :** bande adhésive ; ruban adhésif

adjust : mettre au point *(équipement)*

adjustable : réglable ; **~ blade :** pale réglable ; **~ direction trough :** goulotte orientable ; **~ direction weir :** déversoir orientable ; **~ discharge pipe :** éjecteur hydrostatique ajustable ; **~ hub :** estomac *(pignon)* ; **~ pliers :** pince multi-prise ; **~ spanner :** clé à molette ; clé anglaise ; **~ weir :** déversoir réglable ; **~ while in motion :** réglable en fonctionnement ; **~ wrench :** clé à molette ; clé anglaise

adjuster (insurance ~) : expert

adjusting ring : bague de réglage

adjusting screw : vis de réglage

adjustment : correction ; réglage ; **fine ~ :** réglage de précision ; **micrometer stroke ~ :** réglage micrométrique de course ; **set-point ~ :** réglage de consigne ; **stroke ~ :** réglage de course

administration : gestion ; **~ building :** bâtiment administratif

administrative : administratif ; **~ department :** département ; **~ law :** code administratif ; droit administratif

admiralty brass : laiton amirauté

admission : admission ; entrée

admixture : adjuvant *(béton)*

adsorbate : adsorbat

adsorbent : adsorbant ; **~ resin :** résine adsorbante

adsorbing agent : agent adsorbant

adsorption : adsorption ; **~ tower :** tour d'adsorption

adsorption-bioaeration process : procédé adsorption-bioaération

adsorptive capacity : pouvoir adsorbant

ad valorem duty : droit ad valorem

advance payment : avance *(fin.)* ; avance à la commande ; avance de démarrage ; **~ bond :** caution de restitution d'acompte ; caution de restitution d'avance ; **~ guarantee :** caution de restitution d'acompte

advanced technology industry : industrie de pointe

advantage : avantage

adversary system : procédé accusatoire *(jur.)*

advertising (point-of-sale ~) : publicité sur lieux de vente

adviser for economic affairs : conseiller économique *(ambassade)*

advising bank : banque notificatrice

aerated : aéré ; **~ concrete :** béton aéré ; **~ heap :** tas aéré ; **~ lagooning :** lagunage aéré ; **~ rectangular grit chamber :** dessableur rectangulaire aéré ; **~ water :** eau aérée

aeration : aération ; **~ cascade :** cascade d'aération ; **~ ditch :** chenal d'aération ; **~ rate :** charge d'aération ; **~ system :** système d'aération ; **~ tank :** bassin d'aération ; **bubble ~ :** bullage ; **cascade ~ :** aération par cascade ; **differential cell ~ :** aération différentielle ; **diffused ~ :** aération par insufflation d'air ; **diffused air ~ :** aération par diffusion ; **extended ~ :** aération prolongée ; **mixed ~ :** aération mixte ; **spray ~ :** pulvérisation ; **step ~ :** aération étagée ; **surface ~ :** aération de surface ; **turbine ~ :** aération par turbine

aerator : aérateur ; **bubbling ~ :** aérateur par barbotage ; **cascade ~ :** aérateur en cascade ; **contact-media ~ :** aérateur à masse de contact ; **floating ~ :** turbine sur flotteur ; **horizontal-axis ~ :** aérateur à axe horizontal ; **horizontal brush ~ :** circulateur à flux horizontal ; **non-pressurized ~ :** aérateur à surface libre ; **pressurized ~ :** aérateur sous pression ; **surface ~ :** aérateur de surface ; **turbine ~ :** turbine d'aération ; **vertical-axis ~ :** aérateur à axe vertical

aerial : aérien ; **~ cable :** câble aérien ; **~ power line :** ligne aérienne ; **~ view :** vue aérienne ; **directional ~ :** antenne directionnelle

aerobic : aérobie ; **~ sludge :** boues aérobies ; **~ stabilization :** stabilisation aérobie

aerobiosis : aérobiose

aerodynamic : aérodynamique

aeromonas : aéromonas

aerosol : aérosol ; **~ pollution :** pollution par les aérosols

affiliate : filiale

affinity constant : constante d'affinité

aforenamed : sus-dénommé *(jur.)*

after : après

afterburning : postcombustion ; **~ chamber :** chambre de postcombustion

afterglow : persistance d'écran

after-sales service : service après-vente

age : âge ; **~ hardening :** durcissement structural ; **sludge ~ :** âge des boues

ageing : maturation ; vieillissement

agent : agent ; mandataire *(brevet)* ; **customs ~ :** commissionnaire en douane ; **deodorizing ~ :** agent désodorisant

aggregate : aggloméré ; agrégat

aggregation : agrégation

aggressiveness : agressivité

aggressive water : eau agressive

agitation : agitation ; brassage

agitator : agitateur

agreement : accord ; contrat ; convention ; **collective bargaining ~ :** convention collective ; **draft ~ :** projet de contrat ;

protocole d'accord ; **formal ~ :** contrat en bonne et due forme ; **licence ~ :** contrat de licence ; **management ~ :** contrat de gérance ; **sales ~ :** contrat de ventes ; **valid and binding ~ :** contrat en bonne et due forme

agricultural : agricole ; **~ extension :** vulgarisation agricole ; **~ re-use :** bénéficiation agricole

agri-food : agroalimentaire

agro-food : agroalimentaire ; **~ industry :** industrie agroalimentaire

aid : aide ; **coagulant ~ :** floculant ; **coagulation ~ :** adjuvant de coagulation ; **flocculant ~ :** adjuvant de floculation ; **operating ~ :** aide à la conduite ; **state ~ :** aide publique ; **synthetic ~ :** adjuvant de synthèse ; **tied ~ :** aide conditionnelle

aided flotation : flottation assistée

aim : objectif

air : air ; **~ actuator :** diaphragme *(vanne)* ; **~ binding :** embolie gazeuse ; dégazage *(défaut filtre)* ; **~ blanket :** matelas d'air *(filtre)* ; **~ bleed :** purge d'air ; **~ bleed valve :** vanne de purge d'air ; **~ blocking :** blocage à l'air ; **~ blow-down :** purge d'air ; **~ blower :** surpresseur d'air ; **~ blowers building :** bâtiment des surpresseurs ; **~ break :** rupture dans l'air *(élec.)* ; **~ bubble system :** bulle à bulle ; **~ bubble tube :** canne de bullage ; **~ chamber :** antibélier ; chambre à air *(pompe)* ; **~ compressor :** compresseur d'air ; **~ conditioner :** climatiseur ; conditionneur d'air ; **~ conditioning :** climatisation ; **~ delivery header :** collecteur de refoulement d'air ; **~ deodorizing unit :** désodoriseur d'air ; **~ feeder :** nourrice d'air ; **~ filter :** filtre à air ; filtre d'air ; **~ flow :** débit d'air ; **~ flowmeter :** mesure de débit d'air ; **~ freight :** fret aérien ; **~ gap :** entrefer ; rupture de charge *(bac)* ; **~ grating :** grille d'aération ; **~ hardening :** durcissement à l'air ; **~ header :** collecteur de soufflerie ; **~ heating :** chauffage à l'air ; **~ injection :** insufflation d'air ; **~ intake :** amenée d'air ; prise d'air ; **~ lift :** émulseur à air ; pompe à émulsion ; **~ lift for grit :** béduwé de relèvement du sable ; **~ -lift pump :** pompe à émulsion ; **~ lock :** bouchon d'air ; sas à air ; **~ louvre :** volet de ventilation ; **~ meter :** compteur d'air ; **~ oven :** étuve à air pulsé ; étuve à convection ; **~ plug valve :** obturateur à diaphragme ; obturateur à vessie ; obturateur pneumatique ; vanne Pronal ; **~ pressure gauge :** jauge pneumatique ; **~ purge rod :** canne de bullage ; **~ purification :** épuration de l'air ; **~ purifier :** épurateur d'air ; **~ receiver :** ballon d'air comprimé ; réservoir d'air *(compresseur)* ; **~ release valve :** vanne casse-vide ; **~ relief valve :** vanne de mise à l'atmosphère ; **~ saturation tank :** ballon de pressurisation ; **~ scour :** lavage à l'air ; soufflage ; **~ scour + water backwash :** lavage hydropneumatique ; **~ scour admission valve :** vanne d'entrée d'air surpressé ; **~ scour blower :** surpresseur de lavage *(filtre)* ; **~ scour header :** collecteur d'air surpressé de lavage ; **~ scrubber :** laveur d'air *(réfrigérant)* ; **~ separator :** séparateur d'air ; **~ space above liquor :** ciel gazeux ; **~ sparger :** diffuseur d'air ; **~ stripper :** strippeur à l'air ; **~ stripping :** entraînement à l'air ; strippage à l'atmosphère ; **~ suction header :** collecteur d'aspiration d'air ; **~ switch :** contacteur à rupture dans l'air ; **~ transportation :** transport par avion ; **~ trap :** purgeur d'air ; **~ valve :** ventouse *(vanne)* ; **~ vent blow-down :** purge d'air ; **~ vent pipe :** puits de ventilation ; tuyauterie d'évent ; **~ waybill :** lettre de transport aérien ; **ambient ~ :** air ambiant ; air atmosphérique ; **buffer ~ :** air de blocage ; **combustion ~ :** air de combustion ; **compressed ~ :** air comprimé ; **cooling ~ :** air de refroidissement ; **drive ~ :** air moteur ; **drying ~ :** air de séchage ; **entrapped ~ :** air occlus ; **fluidization ~ :** air de fluidisation ; **instrument ~ :** air instrument ; **ozonized ~ :** air ozoné ; **partialization ~ :** air de partialisation ; **pressurized ~ :** air surpressé ; **stripping ~ :** air d'entraînement ; **wash ~ :** air de lavage *(filtre)*

airborne : aéroporté ; **~ magnetometer :** magnétomètre aéroporté ; **~ sand :** vents de sable

air-cooled heat exchanger : échangeur aérotherme

air-core coil : inductance à air

air-core inductor : inductance à air

air-core reactor : inductance à air

air-cushion device : dispositif à matelas d'air

aired : éventé

air-hardening steel : acier auto-trempant

air-injection system : système d'insufflation d'air

air-lift pump : pompe à émulsion

air-lift tube : tube émulseur d'air

air-mail print : tirage avion

air-mist : brouillard *(lubrification)* ; **~ lubrication :** lubrification par brouillard

air-plug valve : vessie *(obturateur pneumatique)* ; vessie pneumatique

air-tight : étanche ; étanche à l'air

alarm : alarme ; **~ signal :** signal d'alarme ; **high level ~ :** alarme de niveau haut ; **low level ~ :** alarme de niveau bas ; **remote ~ :** téléalarme

alcohol : alcool ; **ethyl ~ :** alcool éthylique

aldehyde : aldéhyde ; **~ compound :** composé aldéhydique

aldrin : aldrine

algae : algues ; **~ growth :** prolifération d'algues

algal bloom : pollution photochimique ; prolifération d'algues

algebra : algèbre ; **Boolean ~ :** algèbre de Boole

algicide : algicide

alginate : alginate

alginic acid : acide alginique

algology : algologie

algorithm (control ~) : algorithme de régulation

align : aligner

aliphatic : aliphatique ; **~ hydrocarbon :** hydrocarbure aliphatique

aliquot : partie aliquote ; **~ part :** partie aliquote

alkaline : alcalin ; basique ; **~ scrubbing :** lavage basique ; **~ solution :** liqueur acidimétrique ; **~ water :** eau sodée

alkaline-earth bicarbonate : bicarbonate alcalino-terreux

alkaline-earth salt : sel alcalino-terreux

alkalinity : titre alcalimétrique complet ; **methyl orange ~ :** titre alcalimétrique complet (TAC) ; **phenolphthalein ~ :** titre alcalimétrique simple (TA)

alkalizing agent : alcalinisant

alkylbenzene sulphonate : alkyl benzène sulfonate

all : tout ; **~ or nothing :** tout ou rien ; **~ trades :** tous corps d'état

Allen key : clé Allen

alligator clip : pince crocodile

allocation : affectation *(coûts)*

all-or-nothing regulation : régulation par tout ou rien

allot : imputer

allotropic : allotropique

allowable stress : contrainte admissible ; taux de charge ; taux de travail

allowance : allocation ; indemnité ; tolérance ; **~ for doubtful accounts :** provision pour clients douteux et litigieux ; **corrosion ~ :** surépaisseur de corrosion ; **entertainment ~ :** frais de réception ; frais de représentation ; **tax ~ :** abattement fiscal ; **travel ~ :** frais de déplacement ; indemnité de déplacement

alloy : alliage ; **~ steel :** acier allié ; acier spécial ; **cuprous ~ :** alliage cuivreux

all-purpose : universel

alluvia : alluvions

along the grain : de droit fil *(bois)*

alphagenous : alphagène

alteration : modification

alternate auditor : commissaire aux comptes suppléant

alternating current : courant alternatif

alternating stress : contrainte alternée

alternative : variante ; **~ energy source :** énergie de substitution

alternator : alternateur

alum : sulfate d'alumine

alumina : alumine ; **activated ~ :** alumine activée

aluminium : aluminium ; **~ bronze :** cupro-aluminium ; **~ oxide :** oxyde d'aluminium ; **~ salts :** sels d'aluminium ; **~ sulphate :** sulfate d'aluminium ; **anodized ~ :** aluminium anodisé ; **die cast ~ :** aluminium coulé sous pression

aluminosilicate : silico-aluminate

aluminous cement : ciment alumineux

ambient air : air ambiant ; air atmosphérique

amended invoice : facture rectificative

amendment : avenant *(contrat)*

amicable settlement : règlement à l'amiable

amine : amine ; **~ oxide :** oxyde d'amine ; **fatty ~s :** amines grasses ; **film-forming ~ :** amine filmante ; **neutralizing ~ :** amine neutralisante

amino acid : acide aminé

aminodiacetic : aminodiacétique

aminodioxime : aminodioxime

aminophosphoric : aminophosphorique

amino trimethylene phosphonic acid : acide amino-triméthylène phosphonique

ammeter : ampèremètre

ammonia : ammoniaque ; ammoniac *(gaz)* ; **~ liquor :** eau ammoniacale ; **~ synthesis :** synthèse de l'ammoniac ; **free ~ :** ammoniaque ammoniacale ; **liquid ~ :** ammoniaque

ammonification : ammonification ; ammonisation

ammonium : ammonium ; **~ bisulphite :** bisulfite d'ammonium ; **~ citrate :** citrate ammoniacal ; **~ molybdate :** molybdate d'ammonium ; **~ nitrate :** nitrate d'ammonium ; **inorganic ~ :** ammonium minéral ; **quaternary ~ :** ammonium quaternaire

amoeba : amibe

amorphous precipitate : précipité amorphe

amortization : amortissements

amount : dose ; montant *(fin.)* ; quantité

amperage : ampérage

ampere : ampère

amperometric : ampérométrique ; **~ analyzer :** ampéromètre ; **~ apparatus :** appareil ampérométrique ; **~ device :** appareil ampérométrique

amperometry : ampérométrie

amplifier : amplificateur ; **dc ~ :** amplificateur de courant continu

amplitude modulation : modulation d'amplitude

amusement park : parc touristique

anaerobe (facultative ~) : bactérie anaérobie facultative

anaerobic digestion : digestion anaérobie

anaerobiosis : anaérobiose

analog indicator : indicateur à affichage analogique

analog-to-digital converter : convertisseur analogique/numérique

analysis : analyse ; **~ of water :** analyse de l'eau ; **chemical ~ :** analyse chimique ; **closed-loop stripping ~ :** analyse par strippage en boucle fermée ; **cost ~ :** évaluation des coûts ; **nephelometric ~ :** néphélométrie ; **stress ~ :** calcul de résistance ; **volumetric ~ :** analyse volumétrique

analyzer : analyseur ; **amperometric ~ :** ampéromètre ; **circuit ~ :** multimètre ; **pH ~ :** pH-mètre ; **titrimetric ~ :** titrimètre

anchor : sceller *(GC)* ; **~ bolt :** boulon d'ancrage ; boulon de scellement ; **~ chain :** chaîne d'ancrage ; **~ hole :** trou de fixation ; **~ plate :** plaque d'ancrage ; **~ plug :** cheville de scellement ; **~ rod :** tige d'ancrage ; **~ tie :** anille

anchored : fixé ; scellé

anchoring : ancrage ; scellement

ancillaries : auxiliaires

AND link : convergence en ET ; divergence en ET

anemometer (hot-wire ~) : sondage à fil chaud

anfractuosity : anfractuosité

angle : angle ; sommet *(math.)* ; **~ fish plate :** éclisse cornière ; **~ flange :** bride angulaire ; **~ iron :** cornière ; équerre ; fer à cornière ; **~ of conicity :** angle de conicité ; **~ of contact :** angle de contact ; **~ of curvature :** angle de courbure ; **~ valve :** robinet d'équerre ; vanne d'angle ; **apex ~ :** angle au sommet ; **bending ~ :** angle de flexion ; **bulb ~ :** cornière à boudin ; **opening ~ :** degré d'ouverture ; **right ~ :** angle droit ; **straight ~ :** angle plat ; **taper apex ~ :** angle au sommet du divergent

angle-type stop valve : robinet à soupape d'équerre

angular : angulaire ; **~ momentum :** moment angulaire ; **~ speed :** vitesse angulaire ; **~ velocity :** vitesse angulaire ; vitesse de rotation

angular-contact ball bearing : roulement à billes à contact oblique

anhydration : anhydrisation

anhydride : anhydride

anhydrite : anhydrite

anhydrous : anhydre ; **~ ferric chloride :** chlorure ferrique anhydre

animal black : noir animal

animated diagram : schéma animé

anion : anion ; **~ exchanger :** échangeur d'anions ; **intermediate-base ~ :** anion moyennement basique ; **monovalent silicic ~ :** anion silicique monovalent

anionic : anionique ; **~ resin :** résine anionique

anneal : recuire

annealed : recuit ; **~ copper :** cuivre recuit ; **~ steel :** acier recuit ; **blue ~ :** recuit au bleu ; **bright ~ :** recuit au blanc

annealing : recuit ; **~ furnace :** four à recuire

annotated tariff : tarif d'usage ; tarif intégré

annual : annuel ; **~ flood :** crue annuelle ; **~ rainfall :** quantité d'eau tombant annuellement

annuities : annuités

annular : annulaire

annulus : couronne *(math.)*

anode : anode ; électrode positive ; **sacrificial ~ :** anode sacrificielle ; anode soluble

anodic : anodique ; **~ cleaning :** décapage électrolytique ; **~ inhibitor :** inhibiteur anodique ; **~ pickling :** décapage électrolytique

anodized aluminium : aluminium anodisé

anoxia : anoxie

anthracite : anthracite

anti-algae : algicide

anti-foam agent : antimousse

anti-freeze : antigel

anti-freezing compound : antigel

anti-hammer : antibélier

anti-knock : antidétonant ; **~ fuel :** combustible antidétonant ; **~ rating :** pouvoir antidétonant

anti-magnetic : antimagnétique

antimony : antimoine

anti-oxidant : antioxydant

anti-oxidizing agent : agent antioxydant

anti-priming : antiprimage

anti-rickets : antirachitiques

anti-rust paint : peinture antirouille

anti-seize : antigrippant ; **~ compound :** dégrippant

antiseptic : antiseptique

anti-splash plate : tôle brise-jet

anti-turn back device : antidévireur

anti-turn washer : rondelle éventail

anti-water hammer : antibélier

apatite : apatite

aperture : diamètre d'ouverture *(optique)* ; ouverture *(photo.)* ; **~ card :** support de microfilm ; carte support *(microfilm)* ; **~ plate :** plaque à trous

apex angle : angle au sommet

apolar : apolaire

apparatus : appareil ; dispositif

apparent : apparent ; **~ power :** puissance apparente ; **~ rate constant :** constante de vitesse apparente ; **~ viscosity :** viscosité apparente

appeal (court of ~) : cour d'appel

appearance : esthétique ; vue

appellant : appelant *(jur.)*

appliance : appareil ; dispositif

applicant : demandeur *(brevet)*

application : demande ; **~ software :** progiciel ; **field of ~ :** domaine d'application ; **industrial ~ :** application industrielle ; **patent ~ :** demande de brevet

applied : appliqué ; **~ chemistry :** chimie appliquée ; **~ research :** recherche appliquée

appraisal (expert ~) : expertise

appraising : estimation

approach velocity : vitesse d'approche

approved lubricant : lubrifiant recommandé

approximately : approximativement

apron : tablier

apyrogenic : apyrogène

aquaculture : aquaculture

aqua regia : eau régale

aquatic organism : organisme aquatique

aqueduct : aqueduc

aqueous : aqueux ; **~ cutting :** coupe aqueuse ; **~ cutting fluid :** fluide de coupe aqueux ; **~ solution :** solution aqueuse

aquifer : nappe phréatique ; **artificial ~ recharge :** réalimentation de nappe ; **recharge ~ :** nappe de réalimentation

arbitration : arbitrage

arbitrator : arbitre

arboriculture : arboriculture

arc : arc ; **~ converter :** oscillateur à arc ; **~ cutting :** coupage à l'arc ; **~ furnace :** four à arc ; **~ lamp :** lampe à arc

arch : arc ; voûte ; **~ dam :** barrage-voûte

Archimedes' screw : vis d'Archimède ; vis sans fin

arcing : formation d'arcs ; **~ contact :** pare-étincelles *(électrode)* ; contact pare-étincelles

area : aire ; surface ; **~ manager :** chef de secteur ; directeur de secteur ; **~ water board :** agence de bassin ; **catchment ~ :** bassin hydrographique ; bassin versant ; **drainage ~ :** aire d'égouttage ; bassin hydrographique ; bassin versant ; champ captant ; **handling ~ :** aire de manutention ; **net ~ :** surface utile ; **settling ~ :** surface de décantation ; **shaded ~ :** partie ombrée ; **sludge drying ~ :** aire de séchage des boues ; **span ~ :** champ de manœuvre *(pont roulant)* ; **specific ~ :** surface spécifique ; **storage ~ :** aire de dépôt ; aire de stockage ; zone de mémoire *(info.)* ; **surface ~ :** surface ; **wetted ~ :** surface mouillée ; **work ~ :** mémoire de travail

argon arc welded steel : acier soudé sous argon

arithmetic : moyenne arithmétique ; **~ mean :** arithmétique ; **~ progression :** progression arithmétique

arm : bras ; crosse *(candélabre)* ; **crank ~ :** bras de manivelle ; **rocker ~ :** basculeur ; culbuteur ; **scraper ~ :** bras de raclage ; **surface skimmer ~ :** bras racleur d'écumes ; **trussed ~ :** bras triangulé

armature : armature *(élec.)* ; induit ; **~ winding :** enroulement d'induit ; **slotted ~ :** armature à encoches ; induit à rainures

armoured : blindé ; **~ cable :** câble armé

aromatic : aromatique ; **~ extractions :** extractions aromatiques *(pétro.)* ; **~ hydrocarbon :** hydrocarbure aromatique ; **~ ring :** cycle aromatique ; **cyclic ~ compound :** composé aromatique cyclique

arrange : disposer

arranged in echelon : monté en jalousie

arrangement : arrangement ; **~s :** dispositions ; **echelon ~ :** montage en jalousie

arrest : bloquer *(réaction chimique)*

arrester : arrête-flamme ; **lightning ~ :** parafoudre ; **overvoltage ~ :** parasurtenseur ; **surge ~ :** parasurtenseur

arrestment lever : manette de blocage *(balance)*

arsenate : arséniate

arsenic : arsenic

arsenobenzene : oxyde de phénylarsène

Artesian well : puits artésien

articles of company : statuts

artificial : artificiel ; **~ aquifer recharge :** réalimentation de nappe ; **~ lake :** lac artificiel ; **~ ventilation :** ventilation artificielle

asbestos : amiante ; **~ cement :** fibro-ciment ; **~ concrete :** fibro-ciment ; **~ fibre :** fibre d'amiante ; **~ particles :** poussières d'amiante

asbestos-cement : amiante-ciment

as-built drawing : plan conforme à l'exécution ; plan de récolement

Ascaris egg : œuf d'Ascaris

ascidian : ascidie

ascorbic acid : acide ascorbique

ash : cendre ; **~ storage hopper :** trémie de stockage des cendres ; **bone ~ :** cendre d'os ; **fly ~ :** cendres volantes

ashlar : pierre de taille

ashless : sans cendre

aslope grouting : coulage en talus

asphalt : asphalte ; **~ coating :** revêtement bitumineux ; **~ mastic :** mastic bitumineux ; **~ paint :** asphalte coulé ; peinture bitumineuse ; **~ paint water-proofing :** étanchéité par asphalte coulé

as-received : brut ; **~ calorific value :** pouvoir calorifique sur brut

assembling : assemblage ; **~ nut :** bague écrou

assembly : ensemble ; montage ; **~ bench :** banc de montage ; **~ drawing :** plan d'ensemble ; **~ line :** chaîne de montage ; **~ mark :** repère de montage ; **faulty ~ :** montage incorrect ; **reduction gear ~ :** ensemble réducteur

assessment : estimation ; évaluation ; **impact ~ :** étude d'impact ; **statistical ~ :** étude statistique

assessor (insurance ~) : commissaire d'avaries

assets : actif ; patrimoine ; **current ~ :** actif à court terme ; actif circulant ; **fixed ~ :** actif immobilisé ; actif incorporel ; **intangible ~ :** immobilisations incorporelles ; actif incorporel ; **liquid ~ :** disponibilités ; réserve liquide *(fin.)* ; **net ~ :** situation nette ; **net current ~ :** fonds de roulement

assign : affecter

assignee : tiers bénéficiaire du transfert *(contrat)*

assimilable : assimilable ; **~ nitrogen :** azote assimilable ; **~ organic carbon :** carbone organique assimilable

assimilation : assimilation ; **bacterial ~ :** assimilation bactérienne

assistant professor : maître de conférence

assister (flow ~) : dévoûteur

associate : associé

asymmetrical : asymétrique ; **~ membrane :** membrane asymétrique

asymptotic : asymptotique

asynchronous : asynchrone ; **~ motor :** moteur asynchrone

atmosphere : ambiance

atmospheric : atmosphérique ; **~ cooling tower :** aéroréfrigérant ; **~ distillation :** distillation atmosphérique ; **~ drying :** séchage atmosphérique ; **~ pollution :** pollution atmosphérique ; **~ pressure :** pression atmosphérique

atom : atome

atomic : atomique ; **~ absorption :** absorption atomique ; **~ mass :** masse atomique ; **~ nucleus :** noyau atomique ; **~ number :** nombre atomique ; numéro atomique ; **~ pile :** pile atomique ; **~ weight :** poids atomique

atomizer : pulvérisateur *(atomiseur)* ; vaporisateur

attached : fixé ; **~ growth :** culture fixe ; culture fixée

attaching flange : flasque de fixation

attaching parts : accessoires de fixation

attachment : dispositif de fixation ; fixation ; **bayonet ~ :** fixation à baïonnette

attack : attaque ; **carbonic ~ :** agressivité carbonique ; **chemical ~ :** attaque chimique

attic : comble ; mansarde

attorney : avocat ; **power of ~ :** procuration ; mandat *(jur.)* ; pouvoir *(jur.)*

attrition : attrition ; usure par frottement *(résine)*

auction : vente aux enchères

audio signal : signal sonore

audiometer : audiomètre

audit (quality ~) : audit qualité

auditor : vérificateur de comptes ; **alternate ~ :** commissaire aux comptes suppléant ; **official ~ :** commissaire aux comptes ; **statutory ~ :** commissaire aux comptes titulaire

auger : tarière ; **~ bit :** queue de cochon

austenitic : austénitique ; **~ steel :** acier au manganèse

austeno-ferritic : austénoferritique

authorities (local ~) : collectivités locales

authority : autorité ; **river ~ :** agence de bassin ; autorité de bassin

authorized : autorisé ; **~ capital :** capital social ; **~ copy :** copie certifiée conforme

autocentre : centre auto

autocleaner : autodébourbeur *(centrifugeuse)*

autocorrelation function : fonction d'autocorrélation

autogenous welding : soudage autogène

autolysis : autolyse

automate : automatiser

automatic : automatique ; **~ burette :** burette automatique ; **~ control :** commande automatique ; réglage automatique ; **~ control system :** automatisme ; **~ coupling :** joint automatique ; **~ interlocking :** couplage automatique ; **~ pinch valve :** vanne automatique à déformation élastique ; **~ quality analyzer :** automate chimique ; **~ reset :** retour automatique ; **~ shut-off valve :** vanne automatique d'isolement ; **~ starter :** démarreur automatique ; **~ transmission :** embrayage automatique ; transmission automatique ; **~ valve :** vanne automatique ; **~ voltage controller :** variateur *(élec.)* ; **~ waste sorting :** tri automatique des ordures ; **distributed ~ :** décentralisation des automatismes

automation : automatisation ; **~ specialist :** automaticien

autonomy : autonomie de fonctionnement

auto-oxidation : auto-oxydation

autotransformer : autotransformateur ; **~ starter :** démarreur par auto-transformateur

autotrophic : autotrophe

auxiliary : auxiliaire ; **~ contact :** contact auxiliaire ; **~ relay :** relais auxiliaire

availability : disponibilité

available : disponible ; **~ chlorine :** chlore actif ; **~ clogging head :** hauteur de colmatage disponible ; **~ head :** chute disponible ; **~ head loss :** chute disponible

average *(adj.)* **:** moyen ; **~ deviation :** écart moyen ; **~ flow :** débit moyen ; **~ grade :** teneur moyenne *(minerai)* ; **~ quality :** qualité moyenne ; **~ sample :** échantillon moyen

average *(n.)* **:** moyenne ; **weighted ~ :** moyenne pondérée

Avogadro's number : nombre d'Avogadro

avoidance (tax ~) : évasion fiscale

award : sentence arbitrale ; **~ of a contract :** adjudication d'un contrat

axe : hache

axial : axial ; **~ fan :** ventilateur axial ; ventilateur hélicoïdal ; **~ flow pump :** pompe à hélice ; **~ load :** effort axial ; **~ overflow pipe :** tubulure axiale de surverse ; **~ plane :** plan axial ; **~ pump :** pompe à hélice

axial-flow compressor : compresseur à flux axial

axis : axe *(math.)* ; **~ of rotation :** axe de rotation ; **bearing ~ :** axe d'appui ; **geometrical ~ :** axe géométrique ; **X-~ :** axe des abscisses ; **Y-~ :** axe des ordonnées

axle : axe *(roue)* ; essieu ; **~ flange :** flasque d'essieu ; **~ journal :** fusée d'essieu ; **crank ~ :** essieu coudé ; **dead ~ :** essieu fixe ; **floating ~ :** essieu flottant ; **front ~ :** essieu avant ; **live ~ :** essieu tournant ; **rear ~ :** essieu arrière

azole derivative : dérivé azolé

B

bacillus (colon ~) : colibacille

back : face arrière ; **~ diffusion :** rétrodiffusion

back-cleaning : nettoyage par l'aval

backfill : remblai

backfilled at level n : remblayé à la cote n

backfilled unit : remblai

backfilling : rebouchage *(GC)*

backflow : contre-courant ; reflux ; retour d'eau ; **~ force :** force de reflux

backflush : rétrolavage

backflushing : rétrolavage

background noise : bruit de fond

backing plate : table de défilement *(enregistreur)*

backlog (order ~) : carnet de commandes

backpressure : contre-pression ; pression inverse ; **osmotic ~ :** contre-pression osmotique

back-titrate : titrer en retour

backup computer : ordinateur de secours

backwash : lavage par retour d'eau ; rétrolavage

backwashed filter : filtre lavé

backwashing : contrelavage ; lavage à contre-courant ; lavage par retour d'eau

bacteria : bactéries ; **~ bed :** lit bactérien ; **~ count :** comptage bactérien ; numération bactérienne ; **free ~ :** bactéries libres ; **iron ~ :** bactéries ferrugineuses ; **nitrifying ~ :** bactéries nitrifiantes ; **sulphur-reducing ~ :** bactéries sulfatoréductrices

bacteria-induced corrosion : corrosion bactérienne

bacterial : bactérien ; **~ assimilation :** assimilation bactérienne ; **~ corrosion :** corrosion bactérienne ; **~ culture :** culture bactérienne ; **~ kingdom :** règne bactérien ; **~ mass :** masse bactérienne ; **~ synthesis :** synthèse bactérienne ; **~ walls :** parois bactériennes

bactericidal : bactéricide

bacteriostatic : bactériostatique

bacterium : bactérie ; **fast-growing ~ :** bactérie à développement rapide ; **nitrifying ~ :** bactérie nitrificatrice ; **obligate ~ :** bactérie stricte ; **purifying ~ :** bactérie épuratrice ; **slow-growing ~ :** bactérie à développement lent

bad : mauvais ; **~ odour :** mauvaise odeur

badge : plaque d'identification

baffle : chicane ; déflecteur ; écran acoustique ; **~ mixer :** mélangeur à chicanes ; **~ plate :** tôle déflectrice ; **~ separator :** séparateur à chicanes ; **~ tank :** cuve à chicanes ; **centre ~ :** déflecteur central ; **circular ~ :** jupe ; **curtain ~ :** cloison siphoïde *(flottateur)* ; **outlet scum ~ :** sortie siphoïde ; **scum ~ :** cloison siphoïde ; pare-écumes ; paroi siphoïde ; cloison siphoïde *(pare-écumes)* ; **stilling ~ :** cloison tranquillisatrice ; tranquillisateur *(Pulsator)* ; **submerged ~ :** déflecteur noyé

bag : sac ; **~ opening machine :** dessacheuse

bagasse (sugar cane ~) : bagasse de canne à sucre

bail : caution *(jur.)* ; **raise ~ :** réunir la caution

balance : équilibre ; peson ; solde ; **~ of payments :** balance des paiements ; **carbonate ~ :** équilibre carbonique ; **heat ~ :** bilan thermique ; équilibre thermique ; **heat and material ~ :** bilan matière/énergie ; **net exporter ~ :** solde exportateur ; **net exporter/importer ~ :** solde exportateur/importateur ; **net importer ~ :** solde importateur ; **nutritional ~ :** équilibre nutritionnel ; **spring ~ :** peson à ressort ; **thermodynamic ~ :** bilan thermodynamique ; **torsion ~ :** balance de torsion *(phys.)* ; **trade ~ :** balance commerciale

balanced : compensé ; **~ load :** charge équilibrée

balance sheet : bilan ; **energy ~ :** bilan énergétique

balancing : compensation ; équilibrage

baler : presse à emballer

ball : bille ; boule ; **~ and socket joint :** articulation à rotule ; rotule ; **~ bearing :** roulement à billes ; palier à billes ; **~ bushing :** coussinet à billes ; **~ check valve :** clapet à bille ; **~ hardness test :** billage ; **~ joint :** rotule ; **~ joint seal :** joint de rotule ; **~ mill :** broyeur à boulets ; **~ peen :** panne bombée ; **~ race :** bague de roulement ; cuvette *(roulement)* ; **~ thrust bearing :** butée à billes ; **~ valve :** robinet à boisseau sphérique ; robinet à boule ; robinet à tournant sphérique ; vanne à bille ; vanne à boisseau sphérique ; **mud ~ :** boule de boue ; **zircon-spiked ~ :** boule à pointe de zircon

ball-and-socket joint : joint à rotule

ballast : lest ; **~ pump :** pompe de ballast ; **~ resistor :** résistance d'équilibrage ; **~ truck :** wagon de terrassement ; **~ water :** eau de ballast ; eau de déballastage *(pétro.)*

ball-head : corps de rotule

balling : bouletage *(métall.)*

banana plug : fiche banane

band : bande ; ruban ; **~ brake :** frein à ruban ; **~ clutch :** embrayage à courroie ; **~ microstrainer :** microtamis à bande ; **~ saw :** scie à ruban ; **brake ~ :** bande de frein ; collier de frein ; **frequency ~ :** bande de fréquence ; **transmission ~ :** bande passante

bank : banquette ; rive *(rivière)* ; versant *(canal)* ; **~ bond :** caution bancaire ; **~ charges :** frais bancaires ; **~ credit :** crédit bancaire ; **~ domiciliation :** domiciliation bancaire ; **~ draft :** traite bancaire ; **~ guarantee :** garantie bancaire ; **~ of capacitors :** batterie de condensateurs ; **~ security :** caution bancaire ; **~ transfer :** virement bancaire ; **advising ~ :** banque notificatrice

bankruptcy : faillite ; **~ court :** tribunal de commerce

bar : barre ; **~ chart :** diagramme en bâtons ; histogramme ; **~ graph :** graphique à bandes ; graphique à barres ; histogramme ; **~ mill :** laminoir à ronds ; **connection ~ :** barre de raccordement ; **curved ~ :** barre courbe ; **cutter ~ :** arbre d'alésage ; **half-brake ~ :** demi-pont de frein ; **slide ~ :** glissière ; **small ~ :** barreau ; **starter ~ :** armature d'attente ; **stay ~ :** raidisseur *(hauban)* ; **torsion ~ :** barre de torsion *(ressort)*

barbed wire : fil de fer barbelé

bare : nu ; **~ cable :** câble nu ; **~ conductor :** fil nu ; **~ copper cable :** câble en cuivre nu ; **~ electrode :** électrode nue ; **~ parcel :** colis nu ; **~ steel :** acier nu ; **~ wire :** fil nu

barge : barge ; **~ berth :** poste à barges ; **~ wharf :** poste à barges

barium : baryum ; **~ oxide :** baryte ; **~ sulphate :** sulfate de baryum

bark : écorce

barometer : baromètre ; **cistern ~ :** baromètre à cuvette ; **siphon ~ :** baromètre à siphon ; **wheel ~ :** baromètre à cadran

barrel : baril *(emballage)* ; corps *(pompe)* ; fût en bois ; tonneau

barrier : entrave ; **~ film :** film isolant ; **customs ~ :** barrières douanières ; **non-tariff ~ :** barrières non tarifaires ; **sound ~ :** mur du son ; **tariff ~s :** barrières tarifaires ; mesures protectionnistes

bar screen : dégrilleur ; grille ; grille à barreaux ; **~ rack :** champ de grille ; **~ with cable-driven grab :** dégrilleur à câbles et grappin ; **coarse ~ :** grille de dégrossissage ; **curved ~ :** grille courbe ; **endless moving ~ :** grille mobile sans fin ; **fine ~ :** grille fine ; **grab ~ :** grille à grappin ; **hydraulic straight ~ :** grille droite hydraulique ; **inclined straight ~ :** grille à champ droit incliné ; **manual ~ :** grille manuelle ; **mechanical ~ :** grille automatique ; **mechanical curved ~ :** grille courbe automatique ; **rack and pinion ~ :** grille à crémaillère ; **rake-cleaned cable-driven ~ :** dégrilleur à câbles et râteau ; **straight ~ :** grille droite ; **vertical ~ :** grille à champ vertical

bars : barres ; **glazing ~ :** croisillons ; **guide ~ :** glissières *(vanne murale)* ; **slipper ~ :** glissières *(vanne murale)* ; **window ~ :** croisillons

basalt : basalte

bascule bridge : pont basculant

base : base *(chim.)* ; base *(pied)* ; culot *(ampoule)* ; embase ; fondement ; pied *(base)* ; socle ; **~ course :** couche de fondation ; **~ metal :** métal de base ; **~ unit :** unité de base ; **bayonet ~ :** culot à baïonnette ; **concrete ~ :** massif ; massif support ; **installed ~ :** parc ; **insulating ~ :** socle isolant *(élec.)* ; **jointing ~ :** fond de joint ; **knowledge ~ :** base de connaissances ; **screw ~ :** culot à vis

baseband : bande de base *(électr.)*

basement : sous-sol ; **~ light :** verdal ; **acoustic ~ :** socle acoustique

basic : basique ; **~ drawing :** plan de principe ; **~ lining :** garnissage basique *(four)* ; **~ needs :** besoins fondamentaux ; **~ oxygen process :** procédé à l'oxygène pur ; **~ polyaluminium chloride :** polychlorure basique d'aluminium ; **~ research :** recherche fondamentale

basicity : basicité

basin : bassin ; **catchment ~ :** bassin hydrographique ; bassin versant ; **circular ~ :** bassin circulaire ; **detention ~ :** bassin de rétention ; **drainage ~ :** bassin hydrographique ; bassin versant ; **feed ~ :** vasque d'alimentation ; **high-head ~ :** bassin de grande hauteur ; **recharge ~ :** bassin de réalimentation ; **river ~ :** bassin hydrographique ; bassin versant ; **storage ~ :** bassin de stockage ; **tidal ~ :** bassin de marée

basis : base *(fondement)* ; **~ weight :** grammage *(papier)*

basket : bol perforé ; panier

bastard file : lime bâtarde

batch : lot ; **~ evaporation :** évaporation discontinue ; **~ processing :** temps différé ; **~ settling :** décantation par cuvée ; **~ treatment :** traitement par cuvées

bath : bain ; bain *(mortier)* ; **~ mixing tap :** robinet de baignoire ; **acid ~ :** bain acide ; **electrolytic ~ :** bain électrolytique ; **electroplating ~ :** bain d'électroplastie ; bain de galvanoplastie ; **eye ~ :** lave-œil ; **hydrochloric acid pickling ~ :** bain chlorhydrique de décapage ; **pickling ~ :** bain de décapage ; **water ~ :** bain-marie

bathing place : baignade

bathroom : salle de bains

batten : volige *(GC)* ; **half-round ~ :** baguette demi-ronde

battery : batterie ; pile ; **~ charger :** chargeur de batterie ; **~ mould :** batterie de coffrage ; **filter ~ :** batterie de filtres ; **galvanic ~ :** pile galvanique ; **storage ~ :** accumulateur

bauxite : bauxite

bay : local ; travée ; **~ window :** fenêtre en saillie ; **delivery ~ :** local de livraison

bayonet : baïonnette ; **~ attachment :** fixation à baïonnette ; **~ base :** culot à baïonnette ; **~ joint :** joint à baïonnette ; **~ socket :** douille à baïonnette ; **bulb with ~ :** lampe à baïonnette ;

Bazin formula : formule de Bazin

beach : plage *(mer)*

bead : bille ; **~ test :** essai à la perle ; **resin ~ :** bille de résine ; grain de résine ; **weld ~ :** cordon de soudure ; **welding ~ :** cordon de soudure

beaded tyre : bandage à talons

beaker : bécher ; **graduated ~ :** vase gradué *(chim.)*

beam : faisceau ; fléau *(balance)* ; poutre ; profilé ; **built-up ~ :** poutre composée ; **compound ~ :** poutre composée ; **electron ~ :** faisceau d'électrons ; faisceau électronique ; pinceau électronique ; **lifting ~ :** palonnier ; **load-bearing ~ :** poutre porteuse ; **small ~ :** poutrelle ; **structural ~ :** poutre profilée ; **supporting ~ :** soupente *(treuil)* ; **track ~ :** profilé de roulement ; **wooden ~ :** poutre en bois

beard : barbure

bearing : appui ; coussinet ; galet ; palier ; roulement ; **~ axis :** axe d'appui ; **~ plate :** palier à semelles ; **~ race :** bague de roulement ; **~ surface :** portée *(méc.)* ; **ball ~ :** palier à billes ; roulement à billes ; **collar ~ :** coussinet à collet ; **inboard ~ :** roulement côté moteur ; **journal ~ :** coussinet de fusée ; palier de tourillon ; roulement lisse ; **needle ~ :** palier à aiguilles ; **outboard ~ :** roulement côté pompe ; **parallel roller ~ :** roulement à rouleaux cylindriques ; **plain ~ :** coussinet lisse ; palier lisse ; **plain cylindrical ~ :** palier lisse ; **roller ~ :** coussinet à galets ; palier à rouleaux ; roulement à rouleaux ; **scuffed ~ :** palier usé ; **self-aligning ~ :** palier autoalignant ; **self-lubricating ~ :** palier autolubrifiant ; **small-end ~ :** coussinet de pied de bielle ; **step ~ :** crapaudine ; **tapered roller ~ :** roulement à rouleaux coniques ; **thrust ~ :** butée ; palier de butée ; roulement de butée ; **turntable ~ :** couronne d'orientation

bear upon : porter sur

bed : lit ; gisement *(minerai)* ; sommier *(machine)* ; **~ decompaction :** détassage ; **~ level :** plan de pose ; **~ load :** charge volumique *(échange d'ions)* ; **bacteria ~ :** lit bactérien ; **drying ~ :** lit de séchage ; **filter ~ :** bassin filtrant ; lit filtrant ; masse filtrante ; **fluidized ~ :** lit fluidisé ; **gap ~ :** banc rompu ; **granular ~ :** lit granulaire ; **mixed ~ :** lit mélangé ; **moving granular ~ :** lit granulaire mobile ; **multiple-layer ~ :** lit à multi-couche ; **pump ~ :** auge de pompe ; **resin ~ :** lit de résine ; **sand ~ :** lit de sable ; **separated ~ :** lit séparé ; **single-media ~ :** lit filtrant homogène ; **sludge drying ~ :** lit de séchage des boues ; **test ~ :** banc d'essai ; plate-forme d'essais ; **turbulent ~ :** lit turbulent

bedplate : base ; embase ; plaque d'assise ; socle *(moteur)*

beer : bière

beet sugar : sucre de betterave ; **~ factory :** sucrerie de betteraves

behaviour : comportement ; **rheological ~ :** comportement rhéologique

bell : cloche *(haut-fourneau)* ; hotte ; sonnerie ; **~ cap :** coupelle *(distillation)* ; **~ curve :** courbe en cloche ; **~ mouth :** entrée en forme d'entonnoir ; évasement ; tulipe ; **flow-inversion ~ :** cloche d'inversion de flux

bell-mouth pipe : tulipe d'aspiration d'air

bell-mouthed : en forme d'entonnoir

bellows : soufflet ; **~ gauge :** manomètre à soufflets ; **~ valve :** robinet à souffle

bell-type gas-holder : gazomètre à cloche

below press : sous pressoir

belt : courroie ; **~ conveyor :** convoyeur à bande ; courroie transporteuse ; transporteur à bande ; **~ discharge filter :** filtre à sortie de toile ; filtre à toile sortante ; **~ drive :** commande par courroie ; entraînement par courroie ; **~ fastener :** agrafe de courroie ; **~ filter :** filtre à bandes presseuses ; **~ grinder :** ponceuse à bande ; **~ oil collector :** collecteur oléophile à bande ; **~ slip :** patinage de courroie ; **~ tension :** tension de courroie ; **~ transmission :** transmission par courroie ; **chain ~ :** courroie articulée ; **cogged ~ :** courroie dentée ; **conveyor ~ :** bande transporteuse ; tapis transporteur ; **crossed ~ :** courroie croisée ; **drive ~ :** courroie d'entraînement ; **endless ~ :** courroie sans fin ; **filter ~ :** toile de filtre ; **filtering ~ :** toile de filtration ; **green ~ :** zone verte ; **safety ~ :** sangle de sûreté ; **variable-speed ~ :** variateur à courroie

beltway : rocade

bench : banc ; **~ mark :** repère de nivellement ; **~ vice :** étau d'établi ; **assembly ~ :** banc de montage ; **laboratory ~ :** paillasse de laboratoire ; **work ~ :** établi

benchmark : point de repère

bend *(n.)* **:** boucle ; coude ; courbe ; lyre ; **~ test :** essai à la flexion ; essai de flexion ; essai de pliage ; **duckfoot ~ :** coude à patin ; **expansion ~ :** lyre de dilatation ; **long-radius ~ :** coude à grand rayon ; **return ~ :** coude en U ; **segment ~ :** courbe à secteurs ; **segmented ~ :** coude à secteurs

bend *(v.)* **:** cintrer

bender (tube ~) : pince à cintrer

bending : cintrage ; flexion ; pliage *(métall.)* ; ployage ; **~ angle :** angle de flexion ; **~ machine :** cintreuse ; machine à cintrer ; **~ moment :** moment de flexion ; moment de renversement ; **~ stress :** contrainte de flexion ; **~ test :** essai de ployage ; **failure under ~ :** rupture par flexion

benefit : avantage ; **fringe ~ :** avantage extra-salarial ; avantage social

bentonite : bentonite

bent tube : tube coudé

benzene, toluene, xylene : benzène, toluène, xylène

berth : poste ; **barge ~ :** poste à barges ; **deep-water ~ :** poste à grande profondeur

Berthollet's law : loi de Berthollet

Bessemer converter : convertisseur Bessemer *(métall.)*

Bessemer steel : acier Bessemer

bevel : chanfrein ; **~ gear :** engrenage conique ; renvoi d'angle *(méc.)* ; **~ gear differential :** différentiel conique

bias : polarisation ; **~ voltage :** tension de polarisation ; **cathode ~ :** polarisation de cathode ; **grid ~ :** polarisation de grille ; **zero ~ :** polarisation nulle

bibcock : robinet à bec courbe ; robinet de puisage

bicarbonate : bicarbonate ; **alkaline-earth ~ :** bicarbonate alcalino-terreux

bid : offre ; soumission ; **~ bond :** caution de soumission ; **invitation to ~ :** appel d'offres ; **takeover ~ :** offre publique d'achat

Bidondo unit : poste Bidondo

biflow : à double flux ; **~ filter :** filtre double courant ; filtre double flux

bill : note d'honoraires ; projet de loi ; **~ of entry :** déclaration en douane ; **~ of lading :** connaissement ; **~ of quantities :** devis d'architecte ; **claused ~ of lading :** connaissement avec réserves ; **clean on-board ~ of lading :** connaissement sans réserves à bord ; **ocean ~ of lading :** connaissement maritime ; **commercial ~ :** effet de commerce ; fait de commerce ; **railway ~ :** lettre de voiture internationale ; **through ~ of lading :** connaissement direct ; **trade ~ :** effet de commerce ; fait de commerce

billet : billette *(fourneau)*

bimetallic : bimétallique ; **~ element :** bilame ; **~ strip :** lame bimétallique ; **~ thermometer :** thermomètre différentiel

bimetal thermometer : thermomètre bimétallique

bin : silo ; **storage ~ :** bac ; casier *(élec.)*

binary compound : composé binaire

bind : lier

binder : agglomérant ; liant ; **~ reinforcement :** épingle

binding *(adj.)* **:** exécutoire *(jur.)* ; **~ energy :** énergie de liaison ; **~ hoop :** frette ; **~ material :** agglomérant ; **~ rule :** règle ferme ; **~ strength :** adhérence

binding *(n.)* **:** bandage ; **air ~ :** embolie gazeuse ; dégazage *(défaut filtre)*

bioassay : test biologique

biocenose : biocénose

biocenosis : biocénose

biochemical oxygen demand : demande biochimique en oxygène

biocide : biocide

biocoenosis : biocénose

biodegradability : biodégradabilité

biodisc : disque biologique

biofilm : biofilm

biofiltration : biofiltration

bioflocculation : biofloculation

biogas : biogaz

biolite : biolite

biological : biologique ; **~ filter :** filtre biologique ; **~ filtration :** biofiltration ; **~ membrane :** membrane biologique ; **~ treatment plant :** station d'épuration biologique

biomass : biomasse

bioreactor : bioréacteur ; **membrane ~ :** bioréacteur à membrane

biosorption : biosorption

biosynthesis : biosynthèse

biotic indices : indices biotiques

biotope : biotope

birth certificate : extrait de naissance

bismuth : bismuth

bistable : bistable

bisulphate : bisulfate

bisulphite : bisulfite

bit : mèche ; **auger ~ :** queue de cochon ; **centre ~ :** mèche de centrage ; **data ~ :** information numérique ; **drilling ~ :** outil tailleur ; **expanding ~ :** mèche universelle ; **reaming ~ :** foret aléseur

bitterness : âcreté

bitumen : bitume ; **~ felt :** feutre bitumé

bituminized felt : feutre bitumé ; **~ water-proofing :** étanchéité par feutre bitumé

bituminous : bitumineux ; **~ coating :** revêtement bitumineux ; **~ paint :** peinture bitumineuse ; **~ sand :** sable bitumineux

bivalent : bivalent

black : noir ; **~ coal :** charbon de terre ; **~ liquor :** liqueur noire ; **animal ~ :** noir animal ; **carbon ~ :** noir de carbone

blackbody : corps noir *(rayonnement)*

bladder : vessie *(ballon)*

blade : ailette *(rotor)* ; bavette ; couteau ; lame *(couteau)* ; pale *(agitateur, hélice)* ; palette ; **~ skimmer :** écumeur à palettes ; **adjustable ~ :** pale réglable ; **doctor ~ :** lame de désengagement de gâteau ; lame de raclage ; racleur ; racloir ; **feathering ~ :** pale orientable ; **oscillating ~ :** palette oscillante ; **overflow ~ :** lame déversante ; **rotor ~ :** aube de rotor ; pale de rotor ; **saw ~ :** lame de scie ; **scraper ~ :** pale de raclage ; **skimmer ~ :** lame racleuse *(surface)* ; **streamlined ~ :** pale à profil fuyant

blank : espace ; **~ determination :** expérience en blanc ; **~ end :** pastille pour fermeture d'extrémité ; **~ flange :** bride d'obturation ; bride pleine ; plaque pleine

blanket : couverture ; **air ~ :** matelas d'air *(filtre)* ; **sludge ~ :** lit de boues

blanking : obturation ; **~ off :** obturation *(tuyau)* ; **~ plate :** plaque d'obturation

blast : souffle *(four)* ; **~ cleaning :** sablage *(avant peinture)* ; **~ furnace :** haut-fourneau ; **~ furnace gas :** gaz de haut-fourneau

blasting : projection ; **grit ~ :** projection de sable ; sablage ; **sand ~ :** projection de sable ; sablage

bleach *(n.)* **:** eau de Javel ; **optical ~ :** azurant optique

bleach *(v.)* **:** blanchir

bleaching : blanchiment *(textil.)* ; **~ agent :** agent de blanchiment ; décolorant

bleed : purge ; **~ hole :** trou de purge ; **air ~ :** purge d'air

bleeding : ressuage

blind : store ; **~ controller :** contrôleur aveugle ; **~ flange :** bride d'obturation ; **~ hole :** trou borgne ; **~ joint :** joint invisible ; **~ nut :** écrou borgne ; **Venetian ~ :** store vénitien

blinding : couche de sable *(GC)* ; **~ concrete :** béton de propreté

blinker light signal : signal clignotant

blister : boursouflure ; soufflure *(peinture)* ; vésicule *(métall.)* ; **~ steel :** acier cémenté ; acier de cémentation

block *(n.)* **:** bloc ; massif ; moufle ; **~ and tackle :** palan ; **~ brake :** frein à patin ; frein à sabots ; **~ diagram :** logigramme ; représentation symbolique ; schéma synoptique ; **chain ~ :** palan à chaîne ; **contact ~ :** bloc de contact ; **cylinder ~ :** bloc cylindre ; bloc-cylindres ; **mitre ~ :** boîte à onglets ; **plummer ~ :** palier *(méc.)* ; **pulley ~ :** moufle ; **silent ~ :** plot antivibratoire ; **swivel ~ :** poulie à émerillon ; **terminal ~ :** bornier ; **thrust ~ :** bloc de butée

block *(v.)* **:** bloquer

blockage : obstruction

blocked pipe : tuyau obstrué

blocking : blocage ; **~ water :** eau de blocage ; **air ~ :** blocage à l'air ; **mechanical ~ :** blocage mécanique

blood : sang ; **~ count :** numération globulaire ; **~ platelets :** plaquettes sanguines ; **~ pressure :** pression artérielle

blood-sucking : hématophage

bloom : brame *(fourneau)* ; **~ scarfing :** écriquage de brames ; **algal ~ :** pollution photochimique ; prolifération d'algues

blooming mill : train ébaucheur

blow : coup ; **~ down :** purger ; **~ moulding :** moulage par air comprimé ; moulage par soufflage ; **~ off :** purger

blow-down : déconcentration ; purge ; purge de déconcentration ; **~ cock :** robinet d'extraction ; robinet de purge ; **~ pipe :** tuyau de purge ; **~ screw :** vis de purge ; **~ valve :** soupape de purge ; **air ~ :** purge d'air ; **air vent ~ :** purge d'air ; **boiler ~ :** purge chaudière ; **deaeration ~ :** purge de dégazage ; **deliberate ~ :** purge volontaire ; **sludge ~ :** purge des boues ; **steam generator ~ :** purge des générateurs de vapeur

blower : barboteur ; soufflante ; surpresseur ; ventilateur ; **~s building :** bâtiment des soufflantes ; local des surpresseurs ; **~ protective loop :** lyre de protection du surpresseur ; **air ~ :** surpresseur d'air ; **air scour ~ :** surpresseur de lavage *(filtre)* ;

centrifugal ~ : soufflante centrifuge ; **gas ~ :** surpresseur de gaz ; **hot-air ~ :** rampe de soufflage ; **mixing air ~ :** surpresseur d'air de brassage ; **Roots ~ :** surpresseur volumétrique système Roots ; **vacuum ~ :** ventilateur de mise sous vide *(Pulsator)*

blowing : soufflage

blown-off gases : gaz de purges

blow-off cock : robinet de purge ; robinet purgeur

blow-off pipe : tuyau d'extraction

blow-off valve : robinet d'extraction ; vanne d'extraction ; **magnetic ~ :** souffleur magnétique *(élec.)*

blowpipe : chalumeau

blowtorch : lampe à souder

blue : bleu ; **~ annealed :** recuit au bleu ; **electric ~ :** bleu électrique *(peinture)* ; **methylene ~ :** bleu de méthylène

board : carte *(électr.)* ; conseil d'administration ; planche ; tableau ; **~ computer :** calculateur ; **~ of directors :** conseil d'administration ; **area water ~ :** agence de bassin ; **carton ~ :** carton ; **circuit ~ :** platine *(électr.)* ; **distribution ~ :** armoire de distribution ; **diving ~ :** plongeoir ; **drawing ~ :** planche à dessin ; **monitoring ~ :** tableau de contrôle ; **printed circuit ~ :** plaque à circuit imprimé ; **skirting ~ :** plinthe *(mur)* ; **terminal ~ :** boîte à bornes ; bornier ; plaque à bornes ; **test ~ :** panneau de contrôle

boat fall : palan d'embarcation

boat-shaped receptacle : barquette

boat-shaped trough : barquette

BOD loading : charge volumique

body : carrosserie ; corps ; masse *(appareil)* ; corps *(vanne)* ; **microbial ~ :** corps microbien

bog (peat ~) : marais tourbeux ; tourbière

boil : cuire *(sucre)*

boiler : chaudière ; **~ blow-down :** purge chaudière ; **~ feed pump :** pompe d'alimentation de chaudière ; **~ feed water supply :** alimentation des chaudières ; **~ head :** fond de chaudière ; **~ plant :** chaufferie ; **~ room :** chaufferie ; salle des chaudières ; **~ sheetmetal shop :** atelier de chaudronnerie ; **~ tube :** tube de chaudière ; **~ tube cleaning :** ramonage des tubes de chaudières ; **~ water :** eau de chaudière ; **flash ~ :** chaudière à vaporisation instantanée ; chaudière de détente ; **gas-fired ~ :** chaudière à gaz ; **oil-fired ~ :** chaudière à mazout ; **recovery ~ :** chaudière de récupération ; **steam ~ :** chaudière à vapeur

boilermaker : chaudronnier

boiling : ébullition ; **~ pan :** appareil à cuire *(sucre)* ; **~ point :** point d'ébullition ; point de liquéfaction ; température d'ébullition

boiling-water reactor : réacteur à eau bouillante

bolt *(n.)* **:** boulon ; pêne ; verrou ; vis ; **~ circle diameter :** diamètre de perçage ; **~ cutter :** coupe-boulons ; **~ hole :** perçage ; trou de boulon ; **~ hole diameter :** diamètre du trou de boulon ; **~ holes off centre :** perçage hors axe ; **~ pitch circle :** cercle de perçage ; **anchor ~ :** boulon d'ancrage ; boulon de scellement ; **check ~ :** boulon d'arrêt ; **countersunk head ~ :** boulon à tête fraisée ; **cremone ~ :** crémone ; **eye ~ :** boulon à œil ; **fish-tail ~ :** boulon à queue de carpe ; **foundation ~ :** boulon d'ancrage ; boulon de scellement ; **hold-down ~ :** boulon de fixation ; **hook ~ :** boulon à crosse ; **Lewis ~ :** queue de carpe *(boulon)* ; **machine ~ :** boulon mécanique ; **panic ~ :** barre anti-panique ; **rag ~ :** boulon de scellement à crans ; **spring ~ :** verrou à ressort ; **square-head ~ :** vis à tête carrée ; **stud ~ :** goujon ; tige filetée ; **through ~ :** boulon traversant

bolt *(v.)* **:** verrouiller *(porte)*

bolted connection : assemblage par boulons

bolting : boulonnage

bombardment : bombardement

bond : liaison *(chim.)* ; **~ store :** entrepôt d'importation ; **~ stress :** contrainte d'adhérence ; **advance payment ~ :** caution de restitution d'acompte ; caution de restitution d'avance ; **bank ~ :** caution bancaire ; **bid ~ :** caution de soumission ; **covalent ~ :** liaison de covalence ; **ethylene ~ :** liaison éthylène ; **performance ~ :** caution de bonne exécution ; **rubber-to-fabric ~ :** adhérence caoutchouc/tissu

bonded : aggloméré *(collé)* ; **~ warehouse :** parc sous douane ; **hot curing process ~ :** collé par vulcanisation à chaud

bonding : collage ; liaison *(constr.)* ; **~ agent :** agent de collage ; **~ jumper :** tresse de métallisation *(élec.)* ; tresse de mise à la masse *(élec.)* ; **~ strength :** pouvoir agglutinant

bonds : valeurs *(obligations)*

bone : os ; **~ ash :** cendre d'os ; **powdered ~ :** poudre d'os

bonnet : chapeau *(vanne)* ; **~ flange :** bride de chapeau

bonus : prime

book : livre ; **~ value :** valeur comptable ; **log ~ :** registre ; **order ~ :** carnet de commandes ; **press ~ :** dossier de presse

book-keeper : comptable

book-keeping : comptabilité

booklet (instructions ~) : notice

Boolean algebra : algèbre de Boole

boom : flèche *(grue)*

booster : survolteur ; **~ pump :** pompe de gavage ; pompe de surpression ; pompe gaveuse ; pompe haute pression *(osmose inverse)* ; **~ pumping :** pompage de surpression *(osmose inverse)* ; **reversible ~ :** survolteur-dévolteur

boost production : relancer la production

booth (paint ~) : cabine de peinture

bore *(n.)* **:** alésage ; **cylinder ~ :** alésage de cylindre ; alésage du cylindre ; **smooth ~ :** alésage lisse ; **straight ~ :** alésage cylindrique

bore *(v.)* **:** aléser

borehole : forage ; trou de sondage *(GC)* ; **~ well :** puits de forage

boric acid : acide borique

boring : sondage ; **~ and turning mill :** tour alésoir ; **~ machine :** machine à aléser ; **core ~ :** carottage ; **shot ~ :** forage à la grenaille ; **test ~ :** sondage de reconnaissance

boron : bore ; **~ steel :** acier au bore

boshes : étalage *(haut-fourneau)*

boss : bossage ; portée de joint *(surélévation)*

bottle : bouteille ; flacon ; flasque ; **Mariotte ~ :** vase de Mariotte ; **specific gravity ~ :** flacon à densité ; pycnomètre ; **wash ~ :** barboteur pour lavage ; flacon laveur ; pissette ; **weighing ~ :** flacon à tare

bottleneck : rétrécissement

bottling : embouteillage

bottom : base ; fond ; fond de cuves ; radier ; **~ drain :** bonde de fond ; **~ drain valve :** robinet de fond de cuve ; **~ of pipe :** génératrice inférieure de tuyau ; **~ plug :** bonde de fond ; **~ scraper :** racleur de fond ; **~ sludge :** boues de fond ; **~ stirrer :** agitateur de fond ; **~ view :** vue de dessous ; **tower ~s :** résidu de distillation

bound : lié *(ion)* ; **~ chlorine :** chlore combiné ; **~ electron :** électron lié ; **~ water :** eau liée ; **ratio of ~ :** taux d'eau liée

boundary (customs ~) : frontière douanière

bourdon : bourdon ; **~ pressure gauge :** manomètre à tube de Bourdon ; **~ tube :** manomètre de Bourdon

bowl : bassin ; bol ; cuvette *(lavabo)* ; **~ speed :** vitesse du bol ; **solid ~ :** bol plein

box : boîte ; coffret ; étui ; **~ girder :** poutre-caisson ; **~ out :** faire des réservations ; **~ spanner :** clé à pipe ; clé polygonale ; **connection ~ :** boîte de raccordement ; **control ~ :** boîtier de commande ; coffret de commande ; **cut-out ~ :** boîte à fusibles ; **distribution ~ :** coffret de distribution ; **feed ~ :** boîte d'alimentation ; **fire ~ :** boîte à feu *(chaudière)* ; **fuse ~ :** boîte à fusibles ; **grease ~ :** réservoir à graisse ; **inlet ~ :** boîte d'entrée *(chaudière)* ; **junction ~ :** boîte à bornes ; boîte de jonction ; boîte de dérivation *(élec.)* ; **mitre ~ :** boîte à onglets ; **partialization ~ :** boîte de partialisation ; **plug-in ~ :** coffret embrochable ; **resistance ~ :** boîte de résistance ; **spring ~ :** barillet de ressort ; **stop ~ :** chenal d'arrêt ; **stuffing ~ :** boîte à étoupe ; boîte d'étanchéité ; presse-étoupe ; **tool ~ :** boîte à outils ; **wall ~ :** ope *(constr.)* ; **wall-mounted ~ :** coffret mural ; **water ~ :** boîte à eau ; **wind ~ :** boîte à vent *(haut-fourneau)*

box-out : réservation *(GC)*

Boyle's law : loi de Mariotte

brace : bracon ; **wind ~ :** contreventement

bracket : console ; **elastic ~ :** support élastique ; **wall ~ :** applique

brackish : saumâtre ; **~ water :** eau saumâtre ; **~ water with low mineral content :** eau saumâtre peu minéralisée

brad : pointe sans tête

braid : tresse ; **~ packing :** garniture à tresses

braided wire : fil tressé

brake : frein ; **~ band :** bande de frein ; collier de frein ; **~ drum :** tambour de frein ; **~ flange :** flasque de frein ; **~ fluid :** fluide de frein ; **~ horsepower :** puissance au frein ; **~ jaw :** mâchoire de frein ; **~ lining :** garniture de frein ; **~ motor :** moteur frein ; **~ shoe :** sabot de frein ; **band ~ :** frein à ruban ; **block ~ :** frein à patin ; frein à sabots ; **cone ~ :** frein à cône ; **disc ~ :** frein à disque ; **double-block ~ :** frein à double sabot ; **drum ~ :** frein à tambour ; **electromagnetic ~ :** frein électromagnétique ; **equalizer ~ :** palonnier ; **external shoe ~ :** frein à mâchoires extérieures ; **friction ~ :** frein à frottement ; **hand ~ :** frein à main ; **internal shoe ~ :** frein à mâchoires intérieures ; **shoe ~ :** frein à mâchoires ; **single-block ~ :** frein à un seul sabot ; **vacuum ~ :** frein à vide

braking : freinage ; **~ test :** essai de freinage

branch : branchement ; piquage *(tuyau)* ; succursale ; **~ connection :** piquage ; **~ pipe :** tube de branchement ; **flanged ~ :** tubulure à bride

branched collector : collecteur ramifié

branching : embranchement

brand : marque

brass : cuivre jaune ; laiton ; **~ latten :** laiton en feuilles ; **~ soldering :** brasure ; **Admiralty ~ :** laiton amirauté

brazed : brasé ; **~ joint :** brasure

braze welding : brasage ; soudo-brasage

brazing : brasage

breach of contract : rupture de contrat

break *(n.)* **:** coupure ; **~ contact :** contact à ouverture ; contact de repos ; contact repos ;

~ **tank :** bac tampon ; **air ~ :** rupture dans l'air *(élec.)* ; **chain ~ :** coupure de chaînes

break *(v.)* **:** casser ; **~ down :** se décomposer ; **~ up :** se décomposer ;

breakdown : altération ; avarie ; bilan ; claquage *(élec.)* ; **~ of ionic contents :** bilan ionique ; **~ test :** essai de claquage ; **~ voltage :** tension de claquage ; tension de rupture ; **energy ~ :** bilan énergétique ; **mechanical ~ :** panne mécanique ; **photochemical ~ :** décomposition photochimique ; **sludge ~ :** bilan des boues

breaker : rupteur ; **circuit ~ :** disjoncteur ; **emulsion ~ :** casseur d'émulsion ; **scum ~ :** brise-chapeau ; **vacuum ~ :** casse-vide

break-even point : seuil de rentabilité

breaking : cassage ; rupture ; **~ capacity :** pouvoir de coupure *(élec.)* ; **~ current :** courant de coupure ; **~ load :** charge de rupture ; **~ strength :** résistance à la rupture ; **~ stress :** charge de rupture ; contrainte à la rupture ; effort de rupture ; tension de rupture ; **~ test :** essai de rupture ; **~ up :** dislocation ; **hot ~ :** cassage à chaud

breakpoint : point critique ; point de rupture

break-pressure tank : bac brise-charge ; bac de rupture de charge ; réservoir brise-charge

breakthrough : claquage *(électr.)* ; crevaison *(filtre)* ; **~ capacity :** capacité utile *(résine)* ; **technological ~ :** percée technologique

break-up (cake ~) : déroulement du gâteau *(filtre à boues)*

breakwater : brise-lame ; digue

breeder reactor : pile couveuse ; réacteur autogénérateur

breeding cycle : cycle de surgénération *(élec.)*

brewery : brasserie

brick : brique ; **~ construction :** construction en briques ; **facing ~ :** brique de parement ; **paving ~ :** grès à pavés

brickwork : maçonnerie de briques

bridge : pont ; **~ rectifier :** pont de redressement ; pont redresseur ; redresseur en pont ; **~ scraper :** racleur à pont ; **~ with overhang :** passerelle avec porte-à-faux ; **bascule ~ :** pont basculant ; **flying ~ :** pont volant *(GC)* ; **foot ~ :** pont pour piétons ; **full ~ :** passerelle diamétrale ; pont diamétral ; **Graetz ~ :** pont de Graetz ; **half-way ~ :** passerelle radiale ; **inverter ~ :** pont onduleur ; **lift ~ :** pont-levis ; **peripheral-drive ~ :** pont à entraînement périphérique ; **pontoon ~ :** pont bâche ; **radial ~ :** pont radial ; **reciprocating ~ :** pont mobile alternatif ; **rectifier ~ :** pont de redressement ; **scraper ~ :** pont racleur ; **suction ~ :** pont suceur ; **suspension ~ :** pont suspendu ; **swing ~ :** pont tournant ; **travelling ~ :** pont mobile ; pont roulant ; **washing ~ :** pont laveur *(filtre-presse)* ; **Wheatstone ~ :** pont de Wheatstone

bridge-crane : pont-grue

bridge-type converter : convertisseur en pont

bridging : couplage en pont ; pontage ; **~ loan :** prêt relais ; **~ over :** pontage de maille *(par les huiles)* ; **interparticular ~ :** pontage interparticulaire

Briggs thread : pas NPT

bright : brillant ; **~ annealed :** recuit au blanc

brightness : blancheur *(papier)*

brine : saumure

Brinell test : essai de dureté à la bille

bring into contact : mettre en contact

brittle : cassant ; fragile ; friable

brittleness : fragilité ; friabilité

Brix-volume : Brix-volume

Brix-weight : Brix-poids

broadband : bande large *(électr.)*

broad-crested weir : seuil épais

brochure : brochure

broken : cassé ; **~ grit :** gravillon concassé ; **~ lump :** noisette *(sulfate d'alumine)*

broker : commissionnaire en douane ; **insurance ~ :** courtier-juré d'assurance

bromate : bromate

bromide : bromure

brominated : bromé

bromine : brome

bromoform : bromoforme

bronze : bronze ; **aluminium ~ :** cupro-aluminium ; **~ sleeve :** chemise bronze

Brownian diffusion : diffusion brownienne

browse : brouter

brucite : brucite

brush : balai ; brosse ; goupillon *(bouteille)* ; pinceau ; **~ discharge :** figure de Lichtenberger ; **roller ~ :** rouleau-brosse ; **wire ~ :** brosse métallique ; carde métallique

brushed concrete : béton brossé

brushing : brossage

BSP thread : pas de gaz

bubble : bulle ; **~ aeration :** bullage ; **~ cap :** coupelle à bulle *(distillation)* ; coupelle de plateau *(distillation)* ; **~ point :** point de bulle

bubbler : barboteur

bubbling : barbotage ; **~ aerator :** aérateur par barbotage

buccal cavity : cavité buccale

Büchner funnel : Büchner

bucket : godet ; **~ conveyor :** chaîne à augets ; convoyeur à godets ; transporteur à augets ; transporteur à godets ; **~ dredge :** drague à godets ; **~ elevator :** élévateur à godets ; **~ grouting :** coulage à la benne ; **~ wheel :** roue à augets ; **concrete ~ :** benne à béton

buckling : flambage ; flambement ; voilage *(roue)* ; **~ strength :** résistance au flambage

budget : budget

buffer *(n.)* **:** tampon *(bac)* ; **~ air :** air de blocage ; **~ column :** colonne d'équilibre *(flottateur)* ; **~ effect :** effet tampon ; **~ filter :** filtre tampon ; **~ power :** pouvoir tampon ; **~ solution :** solution tampon ; **~ stock :** stock tampon ; **~ store :** mémoire tampon ; **~ tank :** bac tampon ; bâche tampon ; ballon amortisseur ; ballon tampon ; réservoir tampon ; **~ water :** eau de blocage *(motrice)*

buffer *(v.)* **:** tamponner *(chim.)*

buffered water : eau tamponnée

buffering : tamponnage ; **~ power :** pouvoir tampon ; **~ salt :** sel tampon

building : bâtiment ; construction ; **~ contractor :** maçon ; **~ materials :** matériaux de construction ; **~ stone :** pierre à bâtir ; **administration ~ :** bâtiment administratif ; **air blowers ~ :** bâtiment des surpresseurs ; **blowers ~ :** bâtiment des soufflantes ; local des surpresseurs ; **chemicals ~ :** bâtiment des réactifs ; **control ~ :** bâtiment de contrôle ; **operators' ~ :** bâtiment d'exploitation ; **power ~ :** salle des machines ; **reagents ~ :** bâtiment des réactifs ; **single-storey ~ :** bâtiment sans étage ; **sludge dewatering ~ :** bâtiment de déshydratation des boues ; **steel-frame ~ :** bâtiment à ossature métallique

built-in : incorporé

built onto : accolé à

built-up beam : poutre composée

bulb : ampoule ; **~ angle :** cornière à boudin ; **~ guard :** douille de protection *(thermomètre)* ; **~ with bayonet base :** lampe à baïonnette ; **fluorescent ~ :** ballon fluorescent

bulk : vrac ; **~ carrier :** navire vracquier ; vracquier ; **~ density :** densité apparente ; masse volumique apparente ; **~ mail :** envoi groupé ; **~ modulus :** module d'élasticité ; **~ modulus of elasticity :** module d'élasticité ; **in ~ :** en vrac

bulking : bulking ; foisonnement ; **filamentous ~ :** foisonnement ; **sludge ~ :** feutrage des boues

bulky : volumineux ; **~ waste :** ordures encombrantes

bullen nail : clou de tapissier

bull's eye : œil-de-bœuf

bundle : faisceau ; fardeau ; **~ of boiler tubes :** faisceau de chauffe ; **~ of spiral-wound tubes :** faisceau tubulaire spiralé ; **heating-tube ~ :** faisceau de chauffe

Bunsen burner : bec Bunsen

buoyancy : poussée *(liquide)*

buoyant : flottant ; **~ force :** poussée d'Archimède ; **~ foundation :** fondation sur radier ; fondations en cuvelage ; **~ raft :** fondation sur radier

Bureau of Mines : Service des Mines

burette : burette ; **automatic ~ :** burette automatique ; **~ with stopcock :** burette à robinet

buried : enterré ; **~ cable :** câble enterré ; **~ pipe :** canalisation enterrée

burner : brûleur ; **Bunsen ~ :** bec Bunsen ; **gas ~ :** brûleur à gaz ; **hearth ~ :** brûleur sur sole ; **oil ~ :** brûleur à mazout ; **spray ~ :** brûleur à poudre ; **stand-by ~ :** brûleur de secours ; **submerged ~ :** brûleur immergé ; **waste gas ~ :** torchère

burning : cuisson ; **~ point :** point de combustion

burn-off : brûlage

burn-out : coulage *(bielle)*

burr : barbe ; barbure

burst : éclatement ; **~ disc :** disque d'éclatement ; **~ factor :** indice d'éclatement ; **~ pressure :** pression d'éclatement

bursting : éclatement ; **~ pressure :** pression d'éclatement ; **~ strength :** résistance à l'éclatement

busbar : barre omnibus ; **copper ~ :** barre de cuivre

bush : passe-câbles ; **~ hammer :** marteau à boucharder

bush-hammer : boucharde

bush-hammered concrete : béton bouchardé

bushing : baguage *(roulement)* ; bague ; coussinet ; douille ; transfert *(ozoneur)* ; traversée *(transformateur)* ; **ball ~ :** coussinet à billes ; **shell ~ :** douille de coquille *(pompe)*

business : entreprise ; **~ systems :** bureautique

butane : butane

butt : bout ; **~ joint :** joint abouté ; joint bout à bout ; **~ weld :** soudure à rapprochement ; soudure bord à bord ; soudure bout à bout ; soudure en bout ; **~ welding :** soudage par rapprochement

butterfly valve : robinet à papillon ; vanne à papillon ; vanne papillon

button : bouton ; **mushroom head ~ :** bouton

coup-de-poing ; **on/off ~ :** bouton marche/arrêt ; **push-on push-off ~ :** bouton-poussoir à contact maintenu ; **reset ~ :** bouton de remise à zéro

button-head rivet : rivet à tête bombée ; rivet à tête ronde

butt-strap : couvre-joint

butt-welded : soudé à franc bord ; soudé bord à bord ; soudé bout à bout

butyl : butyl

butyrate : butyrate

butyric : butyrique

buzzer : vibreur *(élec.)* ; **rhythmic ~ :** ronfleur à interruption

by : par ; **~ default :** par défaut ; **~ gravity :** gravitairement ; par gravité ; **~ parcel post :** par colis postal ; **~ volume :** en volume

by-laws : règlement intérieur ; statuts

by-pass : by-pass ; conduite de dérivation ; en dérivation ; rocade ; **~ system :** circuit de dérivation ; **~ valve :** vanne d'égalisation ; vanne de dérivation

by-product : sous-produit

byte : octet *(info.)*

C

cabinet : armoire ; baie *(élec.)* ; **control ~ :** armoire de contrôle ; **electrical ~ :** armoire électrique ; **filing ~ :** fichier ; **flush-mounted ~ :** armoire encastrée ; **switchgear ~ :** armoire de commutation ; **totally enclosed ~ :** armoire étanche

cable : câble ; filin ; **~ clamp :** serre-câble ; **~ clip :** collier de câble *(Atlas)* ; **~ cutter :** coupe-fil ; **~ drive :** commande par câbles ; **~ drum :** tambour de câble ; **~ harness :** faisceau de câbles ; **~ outlet :** sortie de câbles ; **~ run :** chemin de câble ; passage de câble ; **~ section :** section de câble ; **~ sheath :** gaine de câble ; **~ subway :** tunnel de câbles ; **~ tie :** collier de câble *(Colson ou Colring)* ; **~ tray :** chemin de câble ; dalle de câble ; **~ way :** chemin de câble ; **aerial ~ :** câble aérien ; **armoured ~ :** câble armé ; **bare ~ :** câble nu ; **buried ~ :** câble enterré ; **cake-breaking ~ :** câble brise-tourteaux ; **coaxial ~ :** câble coaxial ; **connecting ~ :** câble de raccordement ; **earth ~ :** câble de mise à la terre ; **festooned ~ :** câble en guirlande ; guirlande électrique ; **flat-eye ~ lug :** cosse à plage ronde ; **hoisting ~ :** câble de levage ; **insulated ~ :** câble isolé ; **overhead ~ :** câble aérien ; **steel ~ :** câble en acier ; **trailing ~ :** câble en guirlande ; guirlande électrique ; **twin ~ :** câble à deux conducteurs ; **underground ~ :** câble souterrain

cable-laid rope : cordage commis en câble

cableway : transporteur par câbles

cabling : câblage

cadmium : cadmium ; **~ plating :** cadmiage

cadmium-plated : cadmié ; **~ steel :** acier cadmié

cage : cage *(roulement)* ; **~ screen :** panier de dégrillage ; **Faraday ~ :** cage de Faraday ; **filter ~ :** cage filtrante ; **safety ~ :** crinoline *(échelle)* ; **seal ~ :** lanterne de blocage ; lanterne *(presse-étoupe)* ; **squirrel ~ :** cage d'écureuil

cake : boues desséchées ; gâteau ; **~ break-up :** déroulement du gâteau *(filtre à boues)* ; **filter ~ :** gâteau de filtration ; **thin ~ :** galette

cake-breaking cable : câble brise-tourteaux ; fil brise-gâteaux *(filtre-presse)*

calcareous : calcaire *(adj.)* ; **~ material :** matériau calcaire

calcein : calcéine

calcine : calciner

calcined : calciné

calcining : calcination ; **~ crucible :** creuset à calcination

calcium : calcium ; **~ carbonate :** carbonate de calcium ; **~ carbonate stability :** équilibre calco-carbonique ; **~ hardness :** titre calcique ; titre hydrotimétrique calcique ; **~ hydroxide :** chaux hydratée ; **~ hypochlorite :** hypochlorite de calcium ; **~ phosphate :** phosphate de calcium ; **~ sulphate :** sulfate de calcium

calculation : calcul

calculator : calculatrice ; machine à calculer ; **pocket ~ :** calculatrice de poche ; calculette

calibrated : taré ; **~ orifice :** orifice calibré ; **~ pipette :** pipette de précision ; **~ spring :** ressort taré

calibration : calibrage ; étalonnage ; tarage *(ressort)* ; **~ equipment :** dispositif d'étalonnage ; **~ error :** erreur de calibrage ; **~ threshold :** seuil de jaugeage

call : appel ; **~ for tenders :** appel d'offres ; **telephone ~ :** communication téléphonique

calliper : compas ; **inside ~s :** compas d'intérieur ; **outside ~s :** compas d'épaisseur ; **precision ~s :** compas de précision ; **spring ~s :** compas à ressort ; **vernier ~ :** pied à coulisse

calomel : calomel ; **~ reference electrode :** électrode de référence au calomel

calorific : calorifique ; **~ reserve :** volant calorifique ; **~ value :** pouvoir calorifique ; **as-received ~ value :** pouvoir calorifique sur brut

calorimeter : calorimètre

calorimetry : calorimétrie

cam : came ; **~ switch :** sélecteur à cames ; **drum ~ :** came à tambour

camber : contreflèche

cameraman : cadreur

campaign (public awareness ~) : campagne de sensibilisation

camshaft : arbre à cames ; arbre de distribution ; axe de came

cam-type selector switch : sélecteur à cames

can : bidon

canal : canal *(cours d'eau)* ; **irrigation ~ :** canal d'irrigation

cancel : annuler ; résilier

candle : bougie ; **~ filter :** filtre à bougies ; **~ power :** intensité lumineuse ; **filtering ~ :** bougie filtrante

cane : canne *(sucre)* ; **~ sugar mill :** sucrerie de canne

cannery : conserverie

canteen : réfectoire

canvas-lined rubber : caoutchouc toilé

cap : bouchon femelle ; chapeau ; chapeau d'ordonnance *(vanne)* ; couvercle ; **bell ~ :** coupelle *(distillation)* ; **bubble ~ :** coupelle à bulle *(distillation)* ; coupelle de plateau *(distillation)* ; **driving ~ :** chape d'enfoncement ; chapeau de frappe ; **filler ~ :** bouchon de remplissage

capacitance : capacitance ; capacité *(élec.)* ; **~ relay :** relais capacitif

capacitance-type system : système capacitif

capacitive reactance : réactance de capacité

capacitor : condensateur *(élec.)* ; **grid ~ :** condensateur de grille ; **series ~ :** condensateur en série

capacity : capacité ; débit *(pompe)* ; force ; pouvoir ; ; **exchange ~ :** pouvoir d'échange ; **gross ~ :** volume total ; **making ~ :** pouvoir de fermeture ; pouvoir de fermeture *(élec.)* ; **net ~ :** volume utile

cape chisel : bédane

capillarity : capillarité

capillary : capillaire ; **~ column :** colonne capillaire ; **~ rise :** ascension capillaire ; **~ suction :** succion capillaire ; **~ tube :** tube capillaire ; **~ water :** eau capillaire ; eau de capillarité

capita (per ~) : par habitant

capital : capital ; **~ expenditure :** dépenses d'équipement ; **~ gains tax :** impôt sur les plus-values ; **~ goods and machinery :** biens d'équipement ; **~ market :** marché financier ; **~ outlay :** investissements en capital ; **~ stock :** capital social ; **authorized ~ :** capital social ; **loan ~ :** capitaux d'emprunt ; **share ~ :** capital propre ; **social overhead ~ :** infrastructure ; **working ~ :** fonds de roulement

caption : légende

captive screw : vis imperdable

captured electron : électron captif

car : voiture ; **~ park :** parking ; **freight ~ :** wagon de marchandises ; **tank ~ :** wagon-citerne

carbide : carbure

carbohydrate : hydrate de carbone

carbon : carbone ; charbon ; **~ arc welding :** soudage à l'électrode de charbon ; **~ black :** noir de carbone ; **~ deposit :** calamine ; dépôt de calamine ; **~ dioxide :** anhydride carbonique ; dioxyde de carbone ; gaz carbonique ; **~ dioxide absorber :** absorbeur de dioxyde de carbone ; **~ dioxide detector :** détecteur de dioxyde de carbone ; **~ dioxide fire extinguisher :** extincteur à mousse carbonique ; **~ dioxide removal :** élimination de gaz carbonique ; **~ monoxide :** oxyde de carbone ; **~ paper :** papier carbone ; **~ quenching :** trempe de charbon ; **~ ring :** bague en charbon ; **~ rod :** baguette de charbon ; **~ steel :** acier au carbone ; acier noir ; **~ stick :** baguette de charbon ; **activated ~ :** charbon actif ; **assimilable organic ~ :** carbone organique assimilable ; **total organic ~ :** carbone organique total

carbonaceous : carboné ; **~ organic pollution :** pollution organique carbonée ; **~ support :** support carboné

carbonate : carbonate ; **~ balance :** équilibre carbonique ; **~ removal :** décarbonatation ; **~ scale :** tartre carbonaté ; **~ sludge :** boues de décarbonatation ; **lime ~ :** carbonate de chaux

carbonated : gazeux *(boisson)* ; **~ drink :** boisson gazeuse ; **~ water :** eau gazeuse

carbonate-free : décarbonaté ; **~ water :** eau décarbonatée

carbonation : carbonatation ; **cold ~ :** carbonatation à froid

carbonic : carbonique ; **~ acid :** acide carbonique ; **~ attack :** agressivité carbonique

carboxylic : carboxylique ; **~ acid :** acide carboxylique ; **~ resin :** résine carboxylique

carboy : tourie ; **~ tilter :** vide-tourie

carburettor : carburateur

carburize : carburer ; cémenter

carburizing : cémentation

carcase : carcasse *(constr.)*

carcinogenic : cancérigène

card : carte *(électr.)* ; **aperture ~ :** support de microfilm ; carte support *(microfilm)* ; **plug-in ~ :** plaque brochée ; **punch ~ :** carte perforée

Cardan coupling : cardan

Cardan drive : transmission à cardan

Cardan joint : accouplement à cardan ; joint de cardan

Cardan shaft : arbre à cardan

Cardan suspension : suspension à cardan

cardboard : carton ; **corrugated ~ :** carton ondulé

carded wool : laine cardée

cargo : cargaison ; **~ ship :** navire de charge

Caro's acid : acide de Caro ; acide monopersulfurique

carpentry : charpenterie

carpet (felt ~) : aiguilleté

carriage : chariot ; frais de port ; **~ paid :** franco à domicile ; franco de port ; **end ~ :** sommier d'entraînement ; **rake ~ :** chariot porte-peigne

carried : entraîné ; **load ~ :** charriage

carrier : onde porteuse ; porteur ; porteuse *(électr.)* ; transporteur ; véhicule *(méd.)* ; **~ circuit :** carte mère ; circuit porteur ; **~ current :** courant porteur ; **~ frequency :** fréquence porteuse ; **~ gas :** gaz porteur ; gaz vecteur ; **~ wave :** onde porteuse ; **bulk ~ :** navire vracquier ; vracquier ; **ore ~ :** navire minéralier

carrot wedge : broche conique

carrying wheel : roue porteuse

carry-over : entraînement ; primage ; **steam ~ :** entraînement par la vapeur ; **sugar ~ :** coup de sucre

Cartesian diver : ludion

carton board : carton

cartridge : cartouche ; **~ filter :** filtre à cartouches ; **~ fuse :** fusible à cartouche ; **chlorine-proof ~ :** cartouche antichlore ; **expendable ~ :** cartouche consommable ; **filter ~ :** cartouche de filtre ; **filtering ~ :** cartouche filtrante

cascade : cascade ; **~ aeration :** aération par cascade ; **~ aerator :** aérateur en cascade ; **~ opening :** ouverture en cascade ; **~ rinsing :** rinçage en cascade ; **~ tank :** bassin à cascades ; **aeration ~ :** cascade d'aération

case *(n.)* **:** boîtier ; caisse *(emballage)* ; coffret ; enveloppe ; étui ; fourreau ; gaine ; trousse ; **~ hardening :** cémentation ; trempe par cémentation ; **~ law :** jurisprudence

case *(v.)* **:** chemiser

casein : caséine

casement window : fenêtre à battants

cash : comptant ; espèces ; caisse *(fin.)* ; **~ flow :** autofinancement ; **~ flow from operations :** marge brute d'autofinancement ; **~ payment :** paiement au comptant ; **~ price :** prix au comptant ; **~ transaction :** marché au comptant

casing : boîtier ; carénage *(filtre)* ; carter ; chambranle ; corps *(pompe)* ; cuvelage ; gainage ; jaquette *(chaudière)* ; **horizontal split ~ :** joint horizontal ; **volute ~ :** volute *(pompe centrifuge)*

cask (wine ~) : cubiteneur

cast : coulé ; **~ in situ :** coulé sur place ; **~ iron :** fonte ; fonte moulée ; **~ iron pipe :** tuyau en fonte ; **~ steel :** acier coulé ; acier fondu ; acier moulé ; fonte d'acier ; **die ~ :** coulé en matrice ; **engineering ~ iron :** fonte mécanique ; **galvanized ~ iron :** fonte zinguée

castellated nut : écrou à créneaux ; écrou crénelé

casting : coulage ; coulée *(métall.)* ; pièce en fonte ; pièce moulée ; **~ ladle :** poche à couler ; **~ steel :** acier de moulage ; **continuous ~ :** coulée continue *(métall.)* ; **die ~ :** moulage en coquille ; **investment ~ :** moulage par enrobage ; **rough ~ :** hourdage

castor wheel : roue pivotante ; roulette pivotante

catalogue (sales ~) : catalogue publicitaire

catalysis : catalyse

catalyst : catalyseur

catalytic lime softening : décarbonatation catalytique

catch : arrêtoir *(chaîne)* ; cliquet ; ergot ; **~ drain :** fossé de captage ; rigole de captage d'écoulement ; **~ feeder :** fossé collecteur

catcher stone ~ : chasse-pierres

catching : accrochage

catchment : bassin versant ; captage ; **~ area :** bassin hydrographique ; bassin versant ; **~ basin :** bassin hydrographique ; bassin versant

catchwater drain : fossé de réception

caterpillar wheel : roue à patin

cathode : cathode ; électrode négative ; **~ bias :** polarisation de cathode

cathode-ray tube : tube cathodique

cathodic : cathodique ; **~ inhibitor :** inhibiteur cathodique ; **~ protection :** protection cathodique

cation : cation ; **~ exchanger :** échangeur de cations ; **strong acid ~s :** cations fortement acides ; **trivalent ~s :** cations trivalents

cation-exchange resin : résine cationique

cation-free water : eau décationnée

cationic : cationique ; **~ resin :** résine cationique

cat ladder : échelons

cat whisker : spirale métallique *(élec.)*

cauliflowering : rochage *(soudage)*

caulk a leak : colmater une fuite

caustic : caustique ; **~ agent :** produit caustique ; **~ embrittlement :** fragilité caustique ; **~ potash :** lessive de potasse ; **~ soda :** soude ; soude caustique

cavitation : cavitation

cavity : évidement ; **~ wall :** mur double ; **buccal ~ :** cavité buccale

ceiling : plafond ; **~ rose :** rosace de plafond

cell : cellule ; élément *(batterie)* ; **~ isolation :** isolement des cellules ; **~ path :** pas optique *(spectrophotomètre)* ; **~ riser :** élévateur de cellule *(turbidimètre)* ; **~ wall :** carapace ; **concentration ~ :** pile de concentration ; **conductimetric ~ :** cellule de conductimétrie ; **conductimetry ~ :** détecteur conductif ; **diaphragm ~ :** cellule à diaphragme ; cellule à membrane ; **differential pressure ~ :** capsule manométrique ; **dry ~ :** pile sèche ; **electrolysis ~ :** cellule d'électrolyse ; **extraction ~ :** cellule d'extraction ; **floating ~ :** flottateur ; **fuel ~ :** pile à combustible ; **measuring ~ :** cellule de mesure ; **membrane ~ :** cellule à membrane ; **mercury ~ :** cellule à mercure ; **photoconductive ~ :** photorésistance ; **photoresistive ~ :** photorésistance ; **photovoltaic ~ :** photopile ; **power ~ :** cellule de puissance ; **sludge reactivation ~ :** cellule de réactivation des boues ; **solar ~ :** pile solaire ; **voltaic ~ :** couple voltaïque ; **wet ~ :** pile humide

cellular : cellulaire ; **~ concrete :** béton cellulaire ; **~ glass :** verre cellulaire ; **~ pattern :** alvéolaire

cellulolytic : cellulolytique

cellulose : cellulose ; **~ acetate :** acétate de cellulose

cellulosic matter : matière cellulosique

cement : ciment ; mortier ; **~ floor :** plancher en ciment ; **~ gun :** canon à ciment ; injecteur de ciment ; **~ injector :** injecteur de ciment ; **~ kiln-type cylinder :** tambour de type sécheur à ciment ; **~ mortar :** mortier de ciment ; **~ rendering :** enduit de ciment ; **~ works :** cimenterie ; **aluminous ~ :** ciment alumineux ; **asbestos ~ :** fibro-ciment ; **expanding ~ :** ciment expansif ; **high-alumina ~ :** ciment alumineux fondu ; **Portland ~ :** ciment Portland ; **quick-setting ~ :** ciment à prise rapide ; **rapid-hardening ~ :** ciment à durcissement rapide ; **slag ~ :** ciment au laitier ; **smooth ~ :** ciment lissé

cementation : cémentation

cementing : cimentation ; masticage

centigrade : centigrade

centilitre : centilitre

centimetre : centimètre ; **cubic ~ :** centimètre cube ; **square ~ :** centimètre carré

centimetric wave : onde centimétrique

centipoise : centipoise

central : central ; **~ drive :** tête de commande ; **~ drive rotating bridge :** pont tournant à entraînement central ; **~ feed duct :** noyau central *(filtre-presse)* ; **~ heating :** chauffage central ; **~ office :** centrale ; **~ processing unit :** unité centrale de traitement *(info.)* ; **~ sludge hopper :** puits central de boues ; **~ storage station :** station centrale de stockage

centralized : centralisé ; **~ controls :** contrôles centralisés ; **~ technical management :** gestion technique centralisée ; **~ technical supervision :** gestion technique centralisée

centrate : centrat

centre : centre ; entraxe ; **~ baffle :** déflecteur central ; **~ bit :** mèche de centrage ; **~ column :** colonne centrale *(décanteur)* ; fût central *(décanteur)* ; **~ feed column :** fût central d'alimentation ; **~ line :** axe *(conduite)* ; **~ of gravity :** centre de gravité ; **~ punch :** pointeau ; **lathe ~ :** pointe de tour ; **motor control ~ :** centre de commande moteurs ; tableau de puissance ; tableau puissance ; **research ~ :** centre de recherche ; **urban ~ :** agglomération

centrifugal : centrifuge ; **~ blower :** soufflante centrifuge ; **~ classifier :** classeur centrifuge ; **~ clutch :** embrayage centrifuge ; **~ compressor :** compresseur centrifuge ; **~ extractor :** extracteur centrifuge ; **~ field :** champ centrifuge ; **~ force :** force centrifuge ; **~ impeller :** roue centrifuge ; **~ pump :** pompe centrifuge ; **~ separation :** centrifugation ; **~ separator :** séparateur centrifuge ; **~ spreader :** disperseur *(agric.)*

centrifugate : centrifugat

centrifugation : centrifugation ; **~ vessel :** enceinte de centrifugation ; **sludge ~ :** centrifugation des boues

centrifuge : centrifugeuse ; décanteuse ; **continuous ~ :** décanteuse continue ; **disc ~ :** clarificateur à disques ; séparateur à assiettes ; **sludge ~ :** centrifugeuse à boues

centrifuging : centrifugation ; **~ separator :** séparateur centrifuge ; **~ settling tank :** décanteur centrifuge

centring : centrage ; **~ device :** centreur ; **~ ring :** bague de centrage

centripetal : centripète

ceramic : céramique ; **~ tile :** tuile céramique ; céramique

cercariae (free-swimming ~) : cercaires à queue fourchue

cerebral ganglion : ganglion cérébral

certificate : attestation ; certificat ; extrait *(admin.)* ; **~ of completion of works :** certificat de réception provisoire ; **~ of compliance :** certificat de conformité ; **~ of origin :** certificat d'origine ; **~ of performance :** certificat de capacité ; **~ of professional competence :** certificat d'aptitude professionnelle ; **acceptance ~ :** certificat de réception ; **birth ~ :** extrait de naissance ; **forwarding ~ :** attestation de prise en charge ; **insurance ~ :** attestation d'assurance ; **primary leaving ~ :** certificat d'études primaires ; **professional training ~ :** brevet d'études professionnelles ; **provisional takeover ~ :** certificat de réception provisoire ; **share ~ :** certificat d'actions ; **takeover ~ :** certificat de prise en charge ; certificat de réception

certification : homologation ; **~ test :** essai d'homologation

certified true copy : copie conforme

cesspool : puisard ; puits absorbant

CGS system : système CGS

chain : chaîne ; **~ belt :** courroie articulée ; **~ block :** palan à chaîne ; **~ break :** coupure de chaînes ; **~ conveyor :** transporteur à chaînes ; **~ drive :** transmission par chaîne ; **~ gear :** engrenage à chaîne ; **~ hoist :** palan à chaîne ; **~ pulley :** barbotin ; **~ reaction :** réaction en chaîne ; **~ scraper :** racleur à chaîne ; **~ vice :** étau à chaîne ; **~ wrench :** clé à chaîne ; **anchor ~ :** chaîne d'ancrage ; **drive ~ :** chaîne de transmission ; **endless ~ :** chaîne sans fin ; **food ~ :** chaîne alimentaire ; **lift ~ :** chaîne de relevage ; **linear ~ :** chaîne linéaire ; **link ~ :** chaîne à maillons ; **roller ~ :** chaîne à galets ; **stud link ~ :** chaîne étançonnée

chainsaw : scie à chaînette ; tronçonneuse

chainwheel : volant à chaîne

chairman : président ; **~ and chief executive officer :** président-directeur général ; **~ and managing director :** président-directeur général ; **~ of board :** président de conseil d'administration

chalk : craie

chamber : ballon *(chaudière)* ; chambre ; enceinte ; pot ; vasque ; **~ of a source :** chambre de captage ; **~ of commerce :** chambre de commerce ; **~ plate :** plateau chambré *(filtre-presse)* ; **afterburning ~ :** chambre de postcombustion ; **air ~ :** antibélier ; chambre à air *(pompe)* ; **coagulation ~ :** coagulateur ; **combustion ~ :** chambre d'explosion ; chambre de combustion ; **contact ~ :** compartiment de tour de contact ; tour de contact ; **deaeration ~ :** chambre de dégazage ; **degritting ~ :** chambre de dessablage ; **displacement ~ :** corps de pompe volumétrique ; **dust ~ :** collecteur de poussière ; **filtered water ~ :** vasque de restitution d'eau filtrée ; **float ~ :** cuve à niveau constant *(carburateur)* ; **grit ~ :** dessableur ; **grit removal ~ :** chambre de dessablage ; organe de dessablage ; **head ~ :** pot de mise en charge ; **head application ~ :** pot de mise en charge ; **inlet ~ :** chambre d'admission ; **inspection ~ :** regard de visite ; **level-control ~ :** pot de régulation ; **loading ~ :** pot de chargement ; **metering ~ :** chambre de comptage ; **mixing ~ :** bac de mélange ; chambre de mélange ; pot de mélange ; **plenum ~ :** chambre de surpression ; plenum ; **settling ~ :** chambre de décantation ; **splitting ~ :** ouvrage de répartition ; **spray ~ :** chambre de pulvérisation ; **stilling ~ :** chambre de tranquillisation ; **surge ~ :** chambre d'équilibre ; **vacuum ~ :** cloche à vide ; **valve ~ :** chambre des vannes

chandler (ship ~) : quincaillier maritime

change : changement ; **~ in momentum :** mise en vitesse ; **~ management :** gestion de l'imprévisible ; **~ over :** permuter *(élec.)* ; **phase ~ :** variation de phase

changeover : changeur automatique ; commutation ; **~ device :** dispositif d'inversion ; **~ relay :** relais de commutation ; **frequency ~ :** convertisseur de fréquence

channel : canal *(conduit)* ; chenal ; conduit ; couloir ; renard ; **~ impeller :** roue à canal ; **~ iron :** barre en U ; fer en U ; profilé en U ; **collection ~ :** goulotte de reprise ; **delivery ~ :** canal d'amenée ; **discharge ~ :** canal de décharge ; goulotte d'évacuation ; **distribution ~ :** canal de distribution ; circuit de distribution ; goulotte de distribution ; **drainage ~ :** canal d'évacuation ; **feed ~ :** canal d'alimentation ; **grit transfer ~ :** goulotte de reprise et de transfert ; **open ~ :** canal découvert ; **outlet ~ :** canal de fuite ; **parallel flange ~ :** U à ailes parallèles ; **recovery ~ :** goulotte de reprise ; **return sludge ~ :** canal des boues en retour ; **rough grit ~ :** dessableur couloir grossier ; **side-discharge ~ :** goulotte latérale ; **single grit ~ :** dessableur couloir simple ; **sludge discharge ~ :** goulotte d'évacuation des boues ; **standard ~ :** U à profil normalisé ; **wash water ~ :** goulotte de lavage

channelling : renardage

character : caractère ; **~ recognition :** reconnaissance des caractères ; **~ witness :** témoin de moralité ; **sound moral ~ :** bonne moralité

characteristic : propriété ; **water ~ :** composition des eaux

charge : chef d'accusation ; **current ~ :** charge de courant ; **electrical ~ :** charge électrique

charger (battery ~) : chargeur de batterie

charges : frais ; **bank ~ :** frais bancaires ; **port ~ :** droits de port ; taxes de port ; **small order ~ :** minimum de facturation ; **transport ~ :** frais de transport ; **warehouse ~ :** frais de magasinage

charging : chargement *(élec.)* ; **~ rate :** courant de charge *(batterie)*

chart : abaque ; **~ recorder :** enregistreur à tracé continu ; **bar ~ :** diagramme en bâtons ; histogramme ; **flow ~ :** alimentation hydraulique ; **lubrication ~ :** schéma de graissage ; tableau de graissage ; **organization ~ :** organigramme ; **sequential function ~ :** graphe de commande étape transition

chartered accountant : comptable agréé ; expert-comptable

chaser : peigne à fileter ; peigne de filière

chattering : broutage ; **~ contact :** contact rebondissant

check : contrôle ; pointage *(articles)* ; **~ bolt :** boulon d'arrêt ; **manual ~ :** contrôle manuel ; **validity ~ :** contrôle de validité *(info.)*

checker : vérificateur

checking : vérification ; **~ account :** compte à vue

checks and balances : poids et contrepoids

check valve : clapet ; clapet anti-retour ; clapet de non-retour ; clapet de retenue ; soupape de retenue ; **ball ~ :** clapet à bille ; **lift ~ :** clapet de retenue à soupape ; **nozzle ~ :** clapet de nez ; **plunger ~ :** clapet à piston plongeur ; **swing ~ :** clapet à battant ; clapet à charnière ; clapet de retenue à battant ; vanne de non-retour à battant

chelated : complexé *(métal)*

chelate resin : résine chélatante

chelating agent : agent séquestrant ; séquestrant

chelation : chélation ; complexation

chemical *(adj.)* **:** chimique ; **~ agent :** agent chimique ; **~ analysis :** analyse chimique ; **~ attack :** attaque chimique ; **~ composition :** composition chimique ; **~ emulsion :** émulsion chimique ; **~ engineer :** ingénieur chimiste ; **~ engineering :** génie chimique ; **~ exchange :** échange chimique ; **~ oxygen demand :** demande chimique en oxygène ; **~ pollution :** pollution chimique ; **~ process :** procédé chimique ; **~ product :** produit chimique ; **~ reaction :** réaction chimique ; **~ reagent :** réactif chimique ; **~ stability :** stabilité chimique ; **~ theory :** théorie chimique ; **~ treatment :** traitement chimique ; **~ waste :** déchets chimiques

chemical *(n.)* **:** produit chimique ; réactif

chemically inert : chimiquement inerte

chemicals building : bâtiment des réactifs

chemicals house : local des réactifs

chemicals injection pump : pompe d'injection des réactifs

chemicals storage : stockage des réactifs

chemimechanical pulp : pâte chimicomécanique

chemistry : chimie ; **applied ~ :** chimie appliquée ; **inorganic ~ :** chimie minérale ; **nuclear ~ :** chimie nucléaire ; **organic ~ :** chimie organique ; **synthetic ~ :** chimie de synthèse

chemithermomechanical pulp : pâte chimicothermomécanique

chemosynthesis : chimiosynthèse

chequered : strié ; **~ plate :** tôlé striée

chequer plate : tôle striée

chief : principal *(adj.)* ; **~ engineer :** ingénieur en chef ; **~ executive officer :** directeur général ; **~ fitter :** chef monteur

chiller : groupe frigorifique

china : porcelaine

chip : copeau ; éclat *(bois)* ; microplaquette ; puce *(électr.)*

chipboard : aggloméré de bois ; carton gris

chipping : épaufrure ; **~ hammer :** marteau à piquer *(métall.)*

chips (quarry ~) : déchets de carrière

chips (wood ~) : copeaux de bois

chisel : burin ; ciseau ; **cape ~ :** bédane ; **crosscut ~ :** bédane ; **firmer ~ :** queue de renard

chloramine : chloramine

chlorate : chlorate

chloride : chlorure ; **~ gel :** gel de chlorure ; **~ ion :** ion chlorure

chlorimeter : doseur de chlore

chlorinate : chlorer

chlorinated : chloré ; **~ copperas :** chlorosulfate ferrique ; **~ solvent :** solvant chloré ; **~ waste :** déchets chlorés ; **~ water :** eau chlorée

chlorination : chloration ; **~ unit :** poste de chloration ; **direct ~ :** chloration directe

chlorinator : chloromètre ; doseur de chlore

chlorine : chlore ; **~ absorption :** absorption de chlore ; **~ compound :** composé du chlore ; **~ container :** tank à chlore ; **~ cylinder :** bouteille de chlore ; **~ dioxide :** dioxyde de chlore ; **~ drum :** tank à chlore ; **~ gas :** chlore gazeux ; **~ metering unit :** doseur de chlore ; **~ room :** salle de chloration ; **~ tank :** tank à chlore ; **~ vapour pressure :** tension de vapeur de chlore ; **active ~ :** chlore actif ; **available ~ :** chlore actif ; **bound ~ :** chlore combiné ; **free ~ :** chlore libre ; **free available ~ :** chlore libre actif

chlorine-proof cartridge : cartouche antichlore

chlorite : chlorite

chloroform : chloroforme

chlorophenol : chlorophénol

choke : bobine de réactance ; buse *(carburateur)* ; starter

choking : encrassement

chop : hacher *(élec.)*

chopping : écrêtage *(élec.)*

chromate : chromate

chromatograph : chromatographe

chromatography : chromatographie ; **gas ~ :** chromatographie en phase gazeuse ; **high-pressure liquid ~ :** chromatographie en phase liquide haute pression ; **ion exchange ~ :** chromatographie ionique ; **ionic ~ :** chromatographie ionique ; **steric exclusion ~ :** chromatographie d'exclusion ; **thin-layer ~ :** chromatographie sur minces couches

chromic acid bath : bain d'acide chromique

chromium : chrome ; **~ leaching :** lixiviation de chrome ; **~ plating :** chromage ; **~ steel :** acier au chrome ; **trivalent ~ :** chrome trivalent

chromium-plated : chromé ; **~ galvanized steel :** acier chromé-zingué ; **~ steel :** acier chromé

chromium-vanadium steel : acier au chrome-vanadium

chronic toxicity : toxicité chronique

chuck : mandrin ; **~ jaw :** mâchoire de mandrin ; **self-centring ~ :** mandrin à serrage concentrique

chute : cheminée ; couloir ; goulotte ; **~ drain :** rigole de déversement

ciliated : cilié

circle : cercle

circlip (outside ~) : circlip extérieur

circuit : circuit *(élec.)* ; **~ analyzer :** multimètre ; **~ board :** platine *(électr.)* ; **~ breaker :** disjoncteur ; **cut-out ~ breaker :** disjoncteur ; **~ diagram :** schéma de circuit ; **carrier ~ :** carte mère ; circuit porteur ; **compacting ~ :** circuit de compactage ; **control ~ :** circuit de commande ; **earth ~ :** circuit de terre ; communication avec la terre ; **feed ~ :** circuit d'alimentation ; **live ~ :** circuit sous tension ; **load ~ :** circuit d'utilisation ; **loop ~ :** circuit bifilaire ; **oscillatory ~ :** circuit oscillant ; **output ~ :** circuit de sortie ; **parallel ~ :** circuit en parallèle ; dérivation ; **plug-in ~ :** circuit imprimé brochable ; **power ~ :** circuit de puissance ; **primary ~ :** circuit primaire ; **printed ~ :** circuit imprimé ; **series ~ :** circuit en série ; **short ~ :** court-circuit ; **shunt ~ :** circuit en dérivation ; **two-wire ~ :** circuit à deux fils

circular : circulaire ; **~ baffle :** jupe ; **~ basin :** bassin circulaire ; **~ grit chamber :** dessableur circulaire ; **~ oil separator :** déshuileur circulaire ; **~ orbit :** orbite circulaire ; **~ overflow :** trop-plein circulaire ; **~ saw :** scie circulaire ; **~ scraper settling tank :** décanteur à raclage radial ; **~ tank :** bassin circulaire

circular-chart recorder : enregistreur à diagramme circulaire

circulation : circulation ; diffusion ; **~ velocity :** vitesse de circulation ; **forced ~ :** circulation forcée *(chaudière)* ; **gas ~ :** balayage des gaz

circumference : circonférence

cistern : bâche ; citerne ; cuve ; **~ barometer :** baromètre à cuvette

citric acid : acide citrique

city dweller : citadin

civil : civil ; **~ defence :** sécurité civile ; **~ engineering :** génie civil ; travaux publics ; **~ law :** droit civil ; **~ liability insurance :** assurance responsabilité civile ; **~ works :** génie civil

clack valve : clapet

claim : demande d'indemnité ; réclamation

claimant : réclamant

claims : revendications

clamp : agrafe ; agrafe de fixation ; attache-fil ; serre-joint ; **~ screw :** vis de serrage ; **cable ~ :** serre-câble ; **earth ~ :** prise de masse *(soudage)* ; **fixing ~ :** patte d'accrochage ; **hose ~ :** collier de serrage *(tuyau)* ; **pipe ~ :** collier de fixation pour tube ; **safety ~ :** bride de sécurité ; **screw ~ :** patte à vis

clamping : agrafage ; blocage ; serrage *(joint)* ; **~ plate :** crapaud de fixation

clarification : clarification ; décantation ; **~ zone :** zone de clarification ; **drinking water ~ :** clarification d'eau potable ; **sludge contact ~ :** décantation à contact de boues ; **solids contact ~ :** décantation à contact de boues ; **wastewater ~ :** clarification d'eaux résiduaires

clarified : clarifié ; **~ juice :** jus clair ; **~ liquid :** liquide clarifié ; **~ water launder :** goulotte d'eau décantée

clarifier : clarificateur ; décanteur *(Pulsator)* ; **~ wash water valve :** vanne de lavage du décanteur ; **final ~ :** clarificateur final ; décanteur final ; **granular contact-media ~ :** décanteur à masse de contact granulaire ; **lamellar ~ :** décanteur lamellaire ; **plate-type ~ :** décanteur à plaques ; **secondary ~ :** décanteur secondaire ; **sludge blanket ~ :** décanteur à lit de boues ; **sludge recirculation ~ :** décanteur à recirculation de boues ; **solids contact ~ :** décanteur à contact de boues

clarify : clarifier

class : classe

classification : classification

classified establishment : établissement classé

classifier : classeur ; classificateur ; **centrifugal ~ :** classeur centrifuge ; **reciprocating rake ~ :** classificateur à râteaux alternatifs

classifying : classification

clause : clause ; **escalator ~ :** échelle mobile ; **price escalation ~ :** formule de révision de prix ; **price variation ~ :** formule de révision de prix

claused bill of lading : connaissement avec réserves

claw : clabot ; griffe ; panne fendue ; **~ clutch :** embrayage à griffes ; **~ coupling :** embrayage à griffes

clay : argile ; glaise ; **expanded ~ :** argile expansée ; **non-compacted ~ :** argile non compactée ; **vitrified ~ :** grès vernissé

clean : propre ; **~ on-board bill of lading :** connaissement sans réserves à bord ; **~ room :** salle blanche ; **~ water :** eau claire

cleaner : épurateur ; **contact ~ :** bombe à thermocontact ; **gas ~ :** épurateur de gaz

cleaning : décrassage ; lavage *(osmose inverse)* ; nettoyage ; récurage ; **~ material :** produit de nettoyage ; **anodic ~ :** décapage électrolytique ; **blast ~ :** sablage *(avant peinture)* ; **boiler tube ~ :** ramonage des tubes de chaudières ; **dry ~ :** nettoyage à sec ; **flue-gas ~ :** lavage de fumées ; **vacuum ~ :** dépoussiérage par le vide ; nettoyage par le vide

clear : désobstruer *(tuyau)* ; **~ goods through inspection :** lever des réserves ; **~ well :** citerne d'eau filtrée

clearance : creux *(roue dentée)* ; garde *(hauteur)* ; hauteur libre ; jeu *(espace)* ; **~ of goods :** levée de réserves ; **customs ~ :** dédouanement ; **land ~ :** défrichage

clearing : débouchage ; décolmatage ; **~ away :** déblaiement ; **~ of reservation :** levée de réserves *(bordereau)*

cleat : crampon de fixation

clevis pin : dé d'accrochage

client : client ; maître d'ouvrage

climate : climat

climatic : climatique

climbing form : coffrage grimpant

clinical thermometer : thermomètre médical

clinker : clinker ; éponge de fer *(haut-fourneau)* ; mâchefer *(haut-fourneau)* ; scories vitreuses

clinoptilolite : clinoptilolite

clip : collier ; **alligator ~ :** pince crocodile ; **cable ~ :** collier de câble *(Atlas)* ; **crocodile ~ :** pince crocodile ; **spring ~ :** pince à ressort

clip-fastening terminal : borne à clip

clip-on transformer : pince ampèremétrique ; pince transfo

cloakroom : vestiaire

clock : horloge ; pendule

clog : colmater

clogged : bouché ; **~ sand :** sable encrassé

clogging : bouchage ; colmatage ; concrétion ; encrassement ; **~ head :** hauteur de colmatage ; **~ indicator :** indicateur d'encrassement ; indicateur de colmatage ; **~ rate :** vitesse de colmatage ; **head loss due to ~ :** gain d'encrassement ; **spurious ~ :** faux encrassement

close : fermer

closed : fermé ; **~ corporation :** société à responsabilité limitée ; **~ system :** circuit fermé

closed-loop ditch : chenal à boucle fermée

closed-loop network : réseau en boucle

closed-loop stripping : strippage en boucle fermée ; **~ analysis :** analyse par strippage en boucle fermée

closed-loop tank : bassin à boucle fermée

closed-tank screw : vis à auge fermée

closed-tube ozone generator : ozoneur à tubes diélectriques fermés

closet : local de rangement

closing : fermeture

closure : désaffection *(usine)*

cloth : toile ; **emery ~ :** toile d'émeri ; toile émeri ; **glass ~ :** tissu de verre ; toile de verre ; voile de verre ; **multi-filament weave ~ :** toile multi-filament

clothing (protective ~) : vêtements de protection

cloud point : point de trouble

cloudy : trouble *(eau)* ; **~ water :** eau trouble

clover-leaf interchange : trèfle

clutch : embrayage ; **~ disc :** disque d'embrayage ; **~ hub :** moyeu d'embrayage ; **band ~ :** embrayage à courroie ; **centrifugal ~ :** embrayage centrifuge ; **claw ~ :** embrayage à griffes ; **cone ~ :** embrayage à cône ; **disc ~ :** embrayage à disques ; **dog ~ :** embrayage à clabots ; **electromagnetic ~ :** embrayage électromagnétique ; **friction ~ :** embrayage à friction ; **hydraulic ~ :** embrayage hydraulique ; **one-way ~ :** roue libre ; **over-running ~ :** roue libre

coagulant : coagulant ; **~ aid :** floculant ; **~ reagent :** réactif coagulant ; **inorganic ~ :** coagulant minéral

coagulation : coagulation ; **~ aid :** adjuvant de coagulation ; **~ chamber :** coagulateur ; **in-line ~ :** coagulation directe sur filtre à sable ; coagulation sur filtre ; **rapid ~ :** coagulation directe sur filtre à sable ; **sweep ~ :** coagulation par piégeage

coal : charbon ; **~ dust :** poussière de charbon ; **~ mine :** charbonnage ; **~ tar :** goudron de houille ; **~ washing :** lavage de charbon ; **black ~ :** charbon de terre ; **hard ~ :** charbon de terre ; **soft ~ :** houille grasse

coalesce : agglutiner

coalescence : coalescence

coalescer : coalesceur ; **~ filter :** filtre coalesceur

coalification : houillification

Coanda effect : effet Coanda

coarse : gros *(grain)* ; grossier ; **~ bar screen :** grille de dégrossissage ; **~ grinding :** broyage grossier ; **~ sand :** sable à gros grains ; sable gros ; **~ screen :** prégrille

coarse-bubble device : dispositif à grosses bulles

coastal shipping : navigation côtière

coat *(n.)* **:** couche ; **finishing ~ :** couche de finition ; **prime ~ :** sous-couche *(peinture)* ; **priming ~ :** couche d'accrochage ; **rendering ~ :** couche d'enduit

coat *(v.)* **:** enduire

coating : couche ; enrobage ; revêtement ; **~ product :** produit d'empâtage ; **asphalt ~ :** revêtement bitumineux ; **bituminous ~ :** revêtement bitumineux ; **dip ~ :** revêtement par immersion ; **enamel ~ :** revêtement en émail ; **metal ~ :** revêtement métallique ; **protective ~ :** enduit de protection ; enduit protecteur ; revêtement de protection ; **rust-proof ~ :** revêtement antirouille

coaxial : coaxial ; **~ cable :** câble coaxial

cob : pisé ; **~ wall :** mur en pisé ; mur en torchis ; **flax ~ :** anas de lin ; **maize ~ :** rafle de maïs

cock : robinet ; **~ lever :** clé de manœuvre ; **blow-down ~ :** robinet d'extraction ; robinet de purge ; **blow-off ~ :** robinet de purge ; robinet purgeur ; **corporation ~ :** vanne sas ; **drain ~ :** robinet de fond de cuve ; robinet de vidange ; robinet purgeur ; **draw-off ~ :** robinet de soutirage ; **feed ~ :** robinet d'alimentation ; **float ~ :** robinet à flotteur ; **gauge ~ :** robinet de jauge ; **overflow ~ :** robinet de trop-plein ; **plug ~ :** robinet à clef ; **sampling ~ :** robinet de prise d'échantillons ; **stop ~ :** robinet d'arrêt ; **two-way ~ :** robinet à deux voies

co-crystallize : syncristalliser

co-current : co-courant ; **~ drying :** séchage à co-courant ; **~ regeneration :** régénération à co-courant

COD/BOD ratio : rapport DCO/DBO

code : code ; **penal ~ :** code pénal

coding : codification

coefficient : coefficient ; facteur ; **~ of adhesion :** coefficient d'adhérence ; **~ of cubical expansion :** coefficient de dilatation ; **~ of expansion :** coefficient de dilatation ; **~ of restitution :** coefficient de restitution ; **~ of thermal expansion :** coefficient de dilatation ; **~ of uniformity :** coefficient d'uniformité ; **~ of utilization :** utilance ; **~ of viscosity :** coefficient de viscosité ; **compressibility ~ :** coefficient de compressibilité ; facteur de compressibilité ; **contraction ~ :** coefficient de contraction ; **correlation ~ :** coefficient de corrélation ; **damping ~ :** coefficient d'amortissement *(élec.)* ; **discharge ~ :** coefficient d'écoulement ; **dispersion ~ :** coefficient de dispersion ; **drag ~ :** coefficient de pénétration dans l'air ; coefficient de traînée ; **flow ~ :** coefficient d'écoulement ; **friction ~ :** coefficient de frottement ; **partition ~ :** coefficient de partage ; **roughness ~ :** coefficient de rugosité ; **seismic ~ :** coefficient sismique ; **sludge cohesion ~ :** coefficient de cohésion des boues ; **stiffness ~ :** coefficient de rigidité ; **uniformity ~ :** coefficient d'uniformité ; **viscosity ~ :** coefficient de viscosité ; **weir ~ :** coefficient de débit du déversoir

coffer : bassin

cofferdam : batardeau

cog : dent *(engrenage)* ; **~s :** denture de pignon

cogged : denté *(roue)* ; **~ belt :** courroie dentée ; **~ wheel :** roue dentée

cogwheel : roue dentée

cohesion : cohésion ; **~ strength :** résistance spécifique à la séparation ; **sludge ~ :** cohésion des boues

cohesive force : force de cohésion

coil : bobine ; serpentin ; spire ; **~ of metal piping :** serpentin métallique ; **air-core ~ :** inductance à air ; **encapsulated ~ :** bobine surmoulée ; **heating ~ :** serpentin réchauffeur ; **inductance ~ :** self ; **magnetizing ~ :** bobine excitatrice ; **reactance ~ :** bobine de réactance ; **reaction ~ :** bobine de réaction

coincidence (phase ~) : concordance de phases

coining : matriçage à double pression

coke : coke ; **~ oven :** cokerie ; four à coke ; **~ plant :** cokerie ; **petroleum ~ :** coke de pétrole

coking : cokéfaction

colcothar : oxyde rouge de fer

cold : à froid ; froid ; **~ carbonation :** carbonatation à froid ; **~-hammered :** martelé à froid ; **~ plasma :** plasma froid ; **~ plasma reactor :** réacteur à plasma froid ; **~ rolling :** laminage à froid ; **~ rolling mill :** laminoir à froid ; **~ soda process :** procédé carbonate de sodium à froid ; **~ storage room :** chambre froide

cold-drawn tube : tube étiré à froid

cold-hammered : martelé à froid

Colebrook's formula : formule de Colebrook

coliform : coliforme ; **~ determination :** colimétrie ; **fecal ~ :** coliforme fécal ; **thermoduric ~ :** coliforme thermotolérant

collapse : effondrement

collar : anneau ; bague ; collet *(arbre)* ; collier ; **~ bearing :** coussinet à collet ; **flared ~ :** collet rabattu ; **puddle ~ :** collet à sceller

collect (freight ~) : port dû

collecting pit : puisard ; puits collecteur

collecting sump : regard de reprise

collecting trough : goulotte de reprise

collection : ramassage ; **~ channel :** goulotte de reprise ; **~ pit :** fosse de collecte ; **~ system :** collecte ; **~ tank :** bâche de récupération ; **dust ~ :** captage des poussières ; **kerbside ~ :** collecte sélective ; **refuse ~ :** collecte d'ordures ménagères ; **sludge ~ :** reprise des boues

collective bargaining agreement : convention collective

collector : collecteur ; **~ of public income :** receveur des douanes ; **~ ring :** anneau collecteur ; bague ; joint électrique tournant ; **branched ~ :** collecteur ramifié ; **drainage ~ :** collecteur de drainage ; **dust ~ :** collecteur de poussière ; dépoussiéreur ; **oil ~ :** collecteur d'huile ; collecteur oléophile ; **surface ~ :** prise en surface

colloid : colloïde ; **~ concrete :** béton colloïdal ; **organic ~ :** colloïde organique ; **~s :** matières colloïdales

colloidal : colloïdal ; **~ hydration water :** eau d'hydratation colloïdale ; **~ matter :** matières colloïdales ; **~ phase :** phase colloïdale ; **~ solution :** solution colloïdale ; **~ suspension :** suspension colloïdale

colon bacillus : colibacille

colorimeter : colorimètre

colorimetric : colorimétrique ; **~ kit :** comparateur avec écrans colorés

colorimetry : colorimétrie

colour : couleur ; **~ scale :** échelle des couleurs ; **~ standard :** étalon couleur ; plaquette couleur ; **~ temperature :** température des couleurs ; **fast ~ :** couleur inaltérable ; couleur résistante ; **primary ~ :** couleur primaire ; **water ~ :** couleur de l'eau

coloured indicator : indicateur coloré

colouring agent : colorant *(alim.)*

colourless : incolore

column : colonne ; poteau ; **buffer ~ :** colonne d'équilibre *(flottateur)* ; **capillary ~ :** colonne capillaire ; **centre ~ :** colonne centrale *(décanteur)* ; fût central *(décanteur)* ; **compacted resin ~ :** colonne de résine compacte ; **compost ~ :** tour de compostage ; **condensation ~ :** tour de condensation ; **contact ~ :** colonne de contact ; tour de contact ; **distillation ~ :** colonne de distillation ; distillateur ; **division ~ :** colonne de séparation ; **fine-removal ~ :** colonne de définage ; **fractionating ~ :** tour de fractionnement ; **head application ~ :** cheminée de mise en charge ; **oxidation ~ :** tour d'oxydation ; **packed ~ :** colonne à masse de contact ; garnissage ; **pulsed ~ :** colonne pulsée ; **regeneration ~ :** colonne de régénération ; **service ~ :** colonne de fixation ; **spraying ~ :** tour de pulvérisation ; **surge ~ :** cheminée d'équilibre ; **washing and fines removal ~ :** colonne de lavage-définage ; **water ~ :** colonne d'eau

combed wool : laine peignée

combination : combinaison ; **~ pliers :** pince universelle ; **~ wrench :** clé mixte ; **oxygen/air ~ :** dopage *(ozone)*

combinational controller : automatisme combinatoire

combined : combiné ; **~ deaerator :** dégazeur combiné ; **~ sewage system :** système unitaire ; **~ system :** réseau unitaire ; système unitaire ; **~ tank :** bassin combiné

comburent : comburant

combustible (spontaneously ~) : autocombustible

combustion : combustion ; **~ air :** air de combustion ; **~ capacity :** pouvoir comburivore ; **~ chamber :** chambre d'explosion ; chambre de combustion ; **~ gas :** gaz de combustion ; **~ grate :** grille de combustion ; **slow ~ :** combustion lente ; **spontaneous ~ :** autocombustion ; **wet ~ :** combustion humide

comments : observations

commercial : commercial ; **~ bill :** effet de commerce ; fait de commerce ; **~ grade compost :** terreau commercialisable ; **~ grade product :** produit commercial ; **~ law :** droit commercial ; **~ standing :** surface commerciale

commercially pure : première fusion *(plomb)*

comminution : dilacération

comminutor : dilacérateur ; **gravity-flow ~ :** dilacérateur au fil de l'eau ; **in-line ~ :** dilacérateur en ligne

commission : commission

commissioner : commissaire

commissioning : mise en route

commitment : engagement

committee : commission ; **standing ~ :** commission permanente ; **works ~ :** comité d'entreprise

commodity market : bourse de commerce

common law : droit civil *(jur.)*

common stock : action ordinaire *(fin.)*

common trade policy : politique commerciale commune

common washing equipment : communs de lavage

communicating vessels : vases communicants

communication : communication ; **~s controller :** coupleur de communication ; **~s network :** réseau de communication

community : collectivité ; **local ~ :** collectivité locale ; **rural ~ :** commune rurale

compact : compact ; de faible encombrement

compacted : tassé ; **~ resin column :** colonne de résine compacte

compacting : compactage ; **~ circuit :** circuit de compactage ; **~ system :** circuit de compactage ; **preliminary ~ :** précompactage

compaction : prise en masse ; **~ water :** eau de blocage *(motrice)* ; **soil ~ :** compactage de sol

compactness : compacité

companion flange : contrebride

company : compagnie ; entreprise ; société ; **~ experience sheet :** certificat de capacité ; **~ with share capital :** société de capitaux ; **articles of ~ :** statuts ; **operation and maintenance ~ :** exploitant ; **private limited ~ :** société à responsabilité limitée ; **public limited ~ :** société anonyme ; **shipping ~ :** compagnie de navigation

comparative : comparatif ; **~ solution :** solution de comparaison ; **~ study :** étude comparative ; **~ table :** tableau comparatif

comparator : comparateur

compartment : compartiment ; enceinte ; **metering ~ :** compartiment doseur

compass : compas

compensated : compensé

compensation : compensation ; indemnité ; **temperature ~ :** compensation de température

compensator (synchronous ~) : compensateur synchrone

complaints : réclamations

complete mixing tank : bassin à mélange intégral

completion of works : achèvement des travaux ; **certificate of ~ :** certificat de réception provisoire

complex : complexe *(chim.)* ; **~ iron :** fer complexé ; **~ number :** nombre complexe ; **olefin ~es :** complexes oléfines ; **organomanganous ~ :** complexe organomanganeux ; **power ~ :** alimentation électrique générale

complexed cyanides : cyanures complexés

complexing : complexation ; **~ agent :** complexant

complexometric titration : complexométrie

compliance : conformité ; **~ with :** conformité à ; **certificate of ~ :** certificat de conformité

component : composant ; composante ; constituant ; élément ; organe ; **~ drawing :** plan d'équipement ; **active ~ :** composante active ; **reactive ~ :** composante réactive

composite : attelage *(flottation)* ; **~ construction :** construction mixte ; **~ membrane :** membrane composite ; **~ sampling :** prélèvement composite

composition : composition ; **chemical ~ :** composition chimique

compost : compost ; **~ column :** tour de compostage ; **commercial grade ~ :** terreau commercialisable

composting : compostage ; **sludge ~ :** compostage des boues ; **worm ~ :** lombricompostage

compound : complexe *(nombre)* ; composé ; corps composé ; pâte *(joint)* ; **~ beam :** poutre composée ; **~ interest :** intérêts composés ; **~ lens :** objectif composé ; **~ microscope :** microscope composé ; **~ number :** nombre complexe ; **aldehyde ~ :** composé aldéhydique

compressed : comprimé ; **~ air :** air comprimé ; **~ air dryer :** assécheur d'air comprimé ; **~ steel :** acier comprimé

compressed-air technology : technologie pneumatique

compressibility : compressibilité ; **~ coefficient :** coefficient de compressibilité ; facteur de compressibilité

compressible sludge : boues compressibles

compression : compression ; **~ gland :** presse-étoupe ; **~ moulding :** moulage par compression ; moulage par pression ; **~ ratio :** rapport volumétrique *(taux de compression)* ; taux de compression ; **~ refrigerator :** réfrigérateur à compression ; **~ reinforcement :** armature de compression ; **~ spiral :** ressort de compression ; **~ strain :** déformation par compression ; **~ strength :** résistance à la compression ; résistance à la rupture *(compression)* ; **~ test :** essai à la compression ; essai de compression

compressive : compressif ; **~ strength :** résistance à la compression ; **~ stress :** effort de compression

compressor : compresseur ; refouleur ; surchargeur ; **~ for automation :** compresseur d'automaticité ; **~ room :** local de compression ; **air ~ :** compresseur d'air ; **axial-flow ~ :** compresseur à flux axial ; **centrifugal ~ :** compresseur centrifuge ; **double-acting ~ :** compresseur à double effet ; **dry screw ~ :** compresseur à vis sèche ; **lobe ~ :** compresseur à haricot ; **multi-stage ~ :** compresseur à plusieurs étages ; **positive**

displacement ~ : compresseur volumétrique ; **radial-flow ~ :** compresseur à flux radial ; **reciprocating piston ~ :** compresseur à pistons ; **screw ~ :** compresseur à vis ; **single-acting ~ :** compresseur rotatif à simple effet ; **single-stage ~ :** compresseur monoétagé ; **sliding-vane ~ :** compresseur à palettes

comptroller : contrôleur de gestion

computation (scientific ~) : calcul scientifique

computer : calculateur ; ordinateur ; **~ engineer :** informaticien ; **backup ~ :** ordinateur de secours ; **board ~ :** calculateur ; **digital ~ :** ordinateur numérique

computer-assisted maintenance : maintenance assistée par ordinateur

computerization : informatisation

computerized : informatisé

computing : informatique

concave strainer : tamis à grille concave

concentrate : concentrat ; concentré *(n.)*

concentrated : concentré *(adj.)* ; **~ solution :** solution concentrée ; **~ water :** eau concentrée

concentration : concentration ; teneur ; **~ cell :** pile de concentration ; **~ factor :** facteur de concentration ; **~ polarization :** polarisation de concentration ; **~ ratio :** taux de concentration ; **equilibrium ~ :** concentration d'équilibre ; **maximum permissible ~ :** concentration maximale admissible ; **ozone-in-air ~ :** concentration d'ozone dans l'air ; **residual ~ :** concentration résiduelle ; **sludge ~ :** concentrateur de boues

concentric : concentrique

conciliation : conciliation

concrete : béton ; **~ adhesion :** adhérence du béton ; **~ base :** massif ; massif support ; **~ bucket :** benne à béton ; **~ encasing :** enrobage béton ; **~ filling :** bourrage en béton ; **~ floor slab :** dalle de béton ; **~ flooring :** chape ; **~ mixer :** bétonnière ; **~ mixing plant :** centrale à béton ; **~ pipe :** tuyau en béton ; **~ pump :** pompe à béton ; **~ surrounding :** enrobage béton ; **~ vibrator :** vibrateur de béton ; **~ work :** bétonnage ; **aerated ~ :** béton aéré ; **asbestos ~ :** fibro-ciment ; **blinding ~ :** béton de propreté ; **brushed ~ :** béton brossé ; **cellular ~ :** béton cellulaire ; **colloid ~ :** béton colloïdal ; **dipped ~ :** béton immergé ; **foam ~ :** béton mousse ; **lean ~ :** béton maigre ; **prestressed ~ :** béton précontraint ; **ready-mixed ~ :** béton prêt à l'emploi ; **reinforced ~ :** béton armé ; **rich ~ :** béton riche ; **shot ~ :** béton projeté

concreting : bétonnage

concretion : concrétion

condensate : condensat ; eau de condensation ; **~ polishing :** polissage des condensats ; **~ return :** retour de condensats ; **heating ~s :** condensats de réchauffage ; **oily ~ :** condensat huileux ; **return ~ :** condensat de retour

condensation : condensation ; **~ column :** tour de condensation ; **~ polymerization :** polycondensation ; **~ trail :** traînée de condensation

condenser : condenseur ; **~ heater :** réchauffeur à condensation ; **~ tube :** tube de condenseur ; **evaporative ~ :** condensateur à ruissellement ; **surface ~ :** condensateur à surface ; **synchronous ~ :** compensateur synchrone

condition : condition ; état ; **poor ~ :** mauvais état ; **transition ~ :** réceptivité

conditional action : action conditionnelle

conditioner : conditionneur ; **air ~ :** climatiseur ; conditionneur d'air ; **oil ~ :** régénérateur d'huile

conditioning : conditionnement ; **~ by oils :** conditionnement par huiles ; **~ by solvents :** conditionnement par solvants ; **~ chemical :** produit de conditionnement ; **~ reagent :** réactif de conditionnement ; **~ using additives :** conditionnement par charges ; **air ~ :** climatisation ; **electro-acoustic ~ :** conditionnement électro-acoustique ; **phosphate ~ :** conditionnement au phosphate ; **sludge ~ :** conditionnement des boues ; **thermal ~ :** conditionnement thermique

conductance : conductance ; **leakage ~ :** conductance de fuite

conductimeter : conductivimètre

conductimetric cell : cellule de conductimétrie

conductimetry cell : détecteur conductif

conductivity : conductivité ; **~ measuring cell :** cellule de mesure de conductivité ; **~ meter :** conductivimètre ; **electrical ~ :** conductivité électrique ; **heat ~ :** conductibilité thermique ; conductivité thermique ; **specific ~ :** conductivité spécifique ; **thermal ~ :** conductibilité thermique

conductor : conducteur ; fil conducteur *(élec.)* ; **bare ~ :** fil nu ; **earth ~ :** conducteur de terre ; **insulated ~ :** conducteur isolé ; **live ~ :** conducteur en charge ; **neutral ~ :** conducteur neutre ; fil neutre ; **sheathed ~ :** conducteur sous gaine

conduit : conduit ; **delivery ~ :** conduite de refoulement ; **gravity ~ :** canal en écoulement libre ; **overhead ~ :** canalisation aérienne

cone : cône ; **~ brake :** frein à cône ; **~ clutch :** embrayage à cône ; **~ outlet :** sortie cône ; ~

pulley : poulie à cône ; poulie étagée ; **~ valve :** vanne à jet creux *(divergent)* ; **distribution ~ :** cône d'alimentation ; **pitch ~ :** cône primitif ; **slump ~ :** cône d'Abrams ; **truncated ~ :** tronc de cône

cone-shaped : conique ; **truncated ~ :** tronconique

conference room : salle de réunion

confidence interval : intervalle de confiance

configuration : configuration

confined groundwater : nappe captive

confirmed and irrevocable letter of credit : accréditif irrévocable et confirmé

confluence : confluent

conglomerate : conglomérat

conical : conique ; **~ head :** fond conique ; **~ tank :** bac conique

conicity : conicité ; **angle of ~ :** angle de conicité

connect : connecter ; raccorder

connected to : relié à

connecting cable : câble de raccordement

connecting pipe : canalisation de liaison

connecting rod : bielle

connecting screw : vis d'assemblage

connecting strip : barrette

connecting terminal : borne de branchement

connecting wire : fil de connexion

connection : branchement ; communication ; connexion ; couplage ; raccord ; raccordement ; **~ bar :** barre de raccordement ; **~ box :** boîte de raccordement ; **~ diagram :** schéma de branchement ; **bolted ~ :** assemblage par boulons ; **branch ~ :** piquage ; **delta ~ :** couplage en triangle ; couplage triangle ; montage en triangle ; montage triangle ; **discharge ~ :** pied d'assise *(pompe)* ; **earth ~ :** connexion de mise à la terre ; prise de terre ; **house ~ :** branchement de conduite ; **instantaneous ~ :** raccord pompier ; raccord rapide ; **male ~ :** raccord mâle ; **master-slave ~ :** liaison maître-esclave ; **outlet ~ :** branchement de départ ; **parallel ~ :** couplage en parallèle ; montage en parallèle ; **plug and socket ~ :** raccord mâle + femelle ; **pump ~ :** raccord de pompe ; **series ~ :** couplage en série ; montage en série *(élec.)* ; **Siamese ~ :** raccord en Y ; tubulure en Y ; **star ~ :** couplage en étoile ; montage en étoile ; montage étoile ; **star-delta ~ :** montage étoile-triangle ; **swivel ~ :** raccord orientable ; **tapered ~ :** raccord conique ; **tee ~ :** branchement en T ; **wire-to-wire ~ :** liaison fil-à-fil

connector : connecteur ; manchette ; **quick-fit ~ :** prise rapide ; raccord à prise rapide

consignee : destinataire *(paquet)*

consigner : expéditeur

consignment : envoi ; expédition

consistency : consistance ; siccité *(papier)* ; **~ test :** essai de consistance ; **truckable ~ :** pelletable

console : console ; **control ~ :** pupitre de commande ; **display ~ :** console de visualisation ; **filter ~ :** pupitre de filtre ; **operator ~ :** pupitre opérateur ; **programming ~ :** console de programmation

consolidated shipment : groupage *(expédition)*

consolidation : intégration ; **~ under equity method :** mise en équivalence *(société)* ; **full ~ :** intégration globale *(fin.)* ; **one-step ~ :** intégration directe *(fin.)* ; **proportional ~ :** intégration proportionnelle *(fin.)*

constant *(adj.)* **:** constant ; **~ level gate :** vanne à niveau constant ; **~ rate and variable-head filter :** filtre à débit constant et niveau variable ; **~ rate compensated-clogging filter :** filtre à débit constant et compensation de colmatage ; **~ rate variable-head filter :** filtre à encrassement

constant *(n.)* **:** constante ; **affinity ~ :** constante d'affinité ; **apparent rate ~ :** constante de vitesse apparente ; **dielectric ~ :** constante diélectrique ; **Faraday ~ :** constante de Faraday ; **Henry's ~ :** constante de Henry ; **inhibition ~ :** constante d'inhibition ; **ionization ~ :** constante d'ionisation ; **molar ~ :** constante molaire ; **Planck's ~ :** constante de Planck ; **time ~ :** constante de temps

constituent : composant

constitution : constitution ; **water of ~ :** eau de constitution *(chim.)*

constraint : sujétion

construction : construction ; **~ and works :** réalisation et travaux ; **~ joint :** reprise de bétonnage ; **brick ~ :** construction en briques ; **composite ~ :** construction mixte ; **off-shore ~ :** travaux sous-marins ; **plywood ~ :** contre-plaquage ; **shell ~ :** gros œuvre ; **steel ~ :** charpente métallique

consultant : expert-conseil

consulting engineer : ingénieur-conseil ; maître d'œuvre

consulting firm : bureau d'études

consumable goods : matières consommables

consumables : consommables ; matières consommables

consumer good : produit de consommation ; bien de consommation ; produit grand public

consumption : consommation ; **~ test :** essai de consommation ; **power ~ :** énergie consommée

contact : contact ; **~ block :** bloc de contact ; **~ breaker points :** vis platinées ; **~ chamber :**

compartiment de tour de contact ; tour de contact ; ~ **column :** colonne de contact ; tour de contact ; ~ **diagram :** schéma à contact ; ~ **filtration :** coagulation sur filtre ; floculation sur filtre ; ~ **mass :** masse de contact ; ~ **material :** matériau de contact ; ~ **pin :** broche de contact ; ~ **potential difference :** effet Volta ; ~ **print :** tirage par contact ; ~ **reactor :** réacteur de mise en contact ; ~ **rectifier :** contact redresseur ; ~ **resistance :** résistance de contact ; ~ **roller :** rouleau de contact ; ~ **tank :** bassin de contact ; ~ **time :** temps de contact ; temps de séjour ; ~ **tower :** tour de contact ; ~ **zone :** zone de contact ; **angle of ~ :** angle de contact ; **arcing ~ :** contact pare-étincelles ; pare-étincelles *(électrode)* ; **auxiliary ~ :** contact auxiliaire ; **break ~ :** contact à ouverture ; contact de repos ; contact repos ; **bring into ~ :** mettre en contact ; **chattering ~ :** contact rebondissant ; **dry ~ :** contact libre de potentiel ; contact libre de tension ; contact sans tension ; contact sec ; **electronic ~ cleaner :** bombe à thermocontact ; **empty bed ~ time :** temps de contact à vide ; **fixed ~ :** contact fixe ; **impulse ~ :** contact de passage ; **make-break ~ :** contact repos-travail ; travail commun repos ; **momentary ~ :** contact à impulsion ; **normally closed ~ :** contact à ouverture ; contact repos ; **normally open ~ :** contact à fermeture ; contact travail ; **preozonation ~ column :** tour de contact de préozonation ; **relay ~ :** contact de relais ; **sliding ~ :** contact glissant ; **spring ~ :** contact élastique ; **time-delay ~ :** contact temporisé ; **time-lag ~ :** contact temporisé ; **tripping ~ :** contact de déclenchement ; **visible ~ :** coupure visible ; **volt-free ~ :** contact libre de potentiel ; contact libre de tension ; contact sans tension ; contact sec ; **wiping ~ :** contact glissant

contacting room : tour de contact

contact-media aerator : aérateur à masse de contact

contactor : contacteur ; ~ **tank :** tour de contact ; **relay-fitted ~ :** contacteur disjoncteur ; discontacteur ; **rotating biologic ~ :** corps de contact biologique tournant ; **rotating biological ~ :** disque biologique

contact-stabilization process : procédé contact-stabilisation

container : conteneur ; récipient ; **chlorine ~ :** tank à chlore ; **metal ~ :** récipient métallique

contaminant : polluant

contamination : contamination ; **fecal ~ :** contamination fécale

contempt of court : refus d'exécuter un ordre du tribunal

content : teneur ; **dry solids ~ :** extrait sec ; résidu sec ; siccité ; **metal ~ :** teneur en métaux ; **qualitative ~ :** teneur qualitative ; **salt ~ :** salinité ; **total dissolved solids ~ :** salinité ; **unburned residue ~ :** teneur en imbrûlés ; **water ~ :** teneur en eau

contentious : contentieux *(adj.)*

contingencies : risques ; sujétions

continuous : continu ; ~ **casting :** coulée continue *(métall.)* ; ~ **centrifuge :** décanteuse continue ; ~ **controller :** automatisme continu ; ~ **conveyor :** convoyeur à déplacement continu ; ~ **cycle :** cycle continu ; ~ **duty :** service continu ; ~ **feed :** alimentation en continu ; ~ **flow :** régime continu ; ~ **ion exchange :** échange d'ions continu ; ~ **ion exchanger :** échangeur continu d'ions ; ~ **measurement :** mesure en continu ; ~ **moving screen :** grille à champ mobile sans fin ; ~ **operation :** fonctionnement continu ; marche continue ; ~ **sampler :** préleveur-rejeteur en continu ; ~ **variation :** variation continue

continuously adjustable inductor : inductance à saturation variable

contour : profil ; ~ **line :** courbe de niveau ; ~ **map :** plan en courbes de niveau

contract : contrat ; forfait ; marché ; ~ **conditions :** conditions contractuelles ; ~ **currency :** monnaie de facturation ; ~ **No. :** affaire n° ; ~ **price :** prix forfaitaire ; ~ **selling price :** prix de vente contractuel ; **cost reimbursement ~ :** contrat en régie ; **cost-plus ~ :** contrat en régie ; régie ; travaux en régie ; **draft ~ :** projet de contrat ; **framework ~ :** contrat cadre ; **loan ~ :** contrat de prêt ; **public works ~ :** marché public de travaux ; **standard ~ :** contrat type ; **supply ~ :** contrat de fournitures

contracting party : signataire *(contrat)*

contraction coefficient : coefficient de contraction

contractor : entrepreneur ; maître d'œuvre ; **building ~ :** maçon ; **main ~ :** entrepreneur général ; **prime ~ :** maître d'œuvre

contractor's all risks : tous risques chantier

control *(n.)* **:** commande ; contrôle ; maîtrise ; régulation ; ~ **algorithm :** algorithme de régulation ; ~ **and regulation unit :** coffret de contrôle et de régulation ; ~ **box :** boîtier de commande ; coffret de commande ; ~ **building :** bâtiment de contrôle ; ~ **cabinet :** armoire de contrôle ; ~ **circuit :** circuit de commande ; ~ **console :** pupitre de commande ; ~ **coupler :** coupleur de régulation ; ~ **desk :** pupitre de commande ; ~ **device :** dispositif de commande ; ~ **equipment :** appareil de contrôle ; ~ **knob :** bouton de commande ; ~ **lever :** levier de commande ; ~ **panel :** armoire de commande ; armoire de signalisation ; panneau de commande ; tableau de commande ; ~ **relay :** relais de commande ; ~ **rod :** tringle de manœuvre ; ~ **room :** salle de commande ; salle de contrôle ; ~ **siphon :** siphon de régulation ; ~ **slide valve :** tiroir de réglage ; ~ **station :** station de manœuvre ; ~ **valve :** robinet de commande ; vanne de réglage ; vanne de régulation ; ~ **wheel :** roue de commande ; **automatic ~ :** commande automatique ; réglage automatique ; **centralized ~ :** contrôles centralisés ; **corrosion ~ :** lutte contre la corrosion ; **diaphragm-operated ~ valve :** vanne de contrôle à membrane ; **downstream ~ :** régulation aval ; **electric ~ :** commande électrique ; **feedback ~ :** régulation par réaction ; **filter ~ desk :** pupitre de filtre ; **hydraulic ~ :** commande hydraulique ; **inventory ~ :** gestion de stock ; **local ~ :** commande locale ; **manual ~ :** commande manuelle ; **mechanical ~ :** commande mécanique ; **numerical ~ :** commande numérique ; **odour ~ :** désodorisation ; **pollution ~ :** dépollution ; **proportional-plus-integral ~ :** contrôle proportionnel et intégral ; **push-button ~ :** commande par bouton-poussoir ; **quality ~ :** maîtrise de la qualité ; **remote ~ :** commande à distance ; télécommande ; **sanitary ~ :** contrôle sanitaire ; **system ~ :** contrôle des circuits ; **thermostat ~ :** commande par thermostat ; **upstream ~ :** régulation amont

control *(v.)* **:** maîtriser

controlled : commandé ; ~ **landfill :** décharge contrôlée ; ~ **run-off :** ruissellement contrôlé ; ~ **tipping :** décharge contrôlée ; ~ **volume pump :** pompe volumétrique ; **numerically ~ :** à commande numérique

controller : contrôleur de gestion ; régulateur ; **blind ~ :** contrôleur aveugle ; **combinational ~ :** automatisme combinatoire ; **communications ~ :** coupleur de communication ; **continuous ~ :** automatisme continu ; **drum ~ :** combinateur à tambour ; **feedback ~ :** régulateur à réaction ; **filter level ~ :** régulateur de filtre ; **filter-rate ~ :** régulateur de débit du filtre ; **flow ~ :** régulateur de débit ; **level ~ :** régulateur de niveau ; poire de contrôle *(Flygt)* ; **logic ~ :** automatisme logique ; **master ~ :** combinateur ; **numerical ~ :** régulateur numérique ; **programmable logic ~ :** automate ; automate programmable industriel ; **programmed ~ :** régulateur programmé ; **ratio ~ :** régulateur de proportion ; **sequence ~ :** combinateur séquentiel ; **sequential ~ :** automatisme séquentiel ; **washing ~ :** combinateur de lavage

conurbation : communauté urbaine

convection : convection ; ~ **current :** courant de convection ; ~ **dryer :** sécheur à convection

convective transfer : transfert convectif

convention : convention

convergence : convergence

converging : convergent

conversion : conversion ; taux de conversion ; ~ **law :** loi de conversion ; ~ **level :** taux de conversion *(osmose inverse)*

converter : convertisseur ; **analog-to-digital ~ :** convertisseur analogique/numérique ; **arc ~ :** oscillateur à arc ; **Bessemer ~ :** convertisseur Bessemer *(métall.)* ; **bridge-type ~ :** convertisseur en pont ; **dc-ac ~ :** onduleur ; **frequency ~ :** convertisseur de fréquence ; **natural turn-off ~ :** convertisseur à extinction naturelle ; **phase ~ :** convertisseur de phases ; **rotary ~ :** commutatrice ; convertisseur rotatif ; **self-oscillating ~ :** convertisseur auto-oscillant ; **torque ~ :** convertisseur de couple

convey : véhiculer

conveyance : convoyage

conveyed fluid : fluide véhiculé

conveying : transport ; ~ **fluid :** liquide intermédiaire ; **pneumatic ~ :** transport pneumatique

conveyor : convoyeur ; transporteur *(méc.)* ; ~ **belt :** bande transporteuse ; tapis transporteur ; ~ **pipeline :** tuyautage de transport ; ~ **trough :** rigole de chargement ; **belt ~ :** convoyeur à bande ; courroie transporteuse ; transporteur à bande ; **bucket ~ :** chaîne à augets ; convoyeur à godets ; transporteur à augets ; transporteur à godets ; **chain ~ :** transporteur à chaînes ; **continuous ~ :** convoyeur à déplacement continu ; **dual-direction ~ :** transporteur à deux sens de marche ; **live roller ~ :** transporteur à rouleaux *(métall.)* ; **mobile belt ~ :** sauterelle ; **oscillating ~ :** convoyeur à secousses ; **overhead ~ :** convoyeur aérien ; **portable ~ :** sauterelle ; **reactor extraction ~ :** transporteur d'extraction du réacteur ; **reactor feed ~ :** transporteur d'alimentation du réacteur ; **return ~ :** transporteur de retour ; **screw ~ :** convoyeur à vis sans fin ; spirale transporteuse ; transporteur à vis ; vis de transport ; **sludge ~ :** transporteur de boues ; **spiral ~ :** transporteur à vis ; vis de transport ; **trough-type ~ :** convoyeur en auge ; **vibrating ~ :** convoyeur à secousses

coolant : agent frigorigène ; fluide de refroidissement ; liquide de refroidissement

cooler : réfrigérant *(n.)* ; **atmospheric ~ :** aéroréfrigérant ; **dry ~ :** réfrigérant sec ; **natural-draught ~ :** réfrigérant à tirage naturel ; **wet ~ :** réfrigérant humide ;

cooling : de refroidissement ; réfrigérant *(adj.)* ; ~ **agent :** agent de refroidissement ; ~ **air :**

air de refroidissement ; ~ **fin :** ailette de refroidissement ; ~ **limit :** limite de réfrigération ; ~ **system :** circuit de refroidissement ; ~ **tower :** réfrigérant atmosphérique ; tour de réfrigération ; tour de refroidissement ; ~ **water :** eau de réfrigération ; eau de refroidissement ; **ducted ~ :** refroidissement canalisé

coordinates : coordonnées ; **log-log ~ :** coordonnées log-log

copolymer : copolymère ; **maleic acrylate ~ :** copolymère acrylate-maléique ; **maleic styrene ~ :** copolymère styrène-maléique

copolymerization : copolymérisation

copper : cuivre ; ~ **acetate :** acétate de cuivre ; ~ **alloy :** cupro-alliage ; ~ **busbar :** barre de cuivre ; ~ **inlet filter :** tricot cuivre *(groupe électrogène)* ; ~ **oxide :** oxyde de cuivre ; ~ **sulphate :** sulfate de cuivre ; ~ **turnings tank :** bac à tournure de cuivre ; **annealed ~ :** cuivre recuit ; **pressed ~ :** cuivre embouti ; **sheet ~ :** cuivre en feuilles

copperas (chlorinated ~) : chlorosulfate ferrique

copper-asbestos gasket : joint métalloplastique

coprecipitation : coprécipitation

copy : copie ; **authorized ~ :** copie certifiée conforme ; **certified true ~ :** copie conforme ; **hard ~ :** sortie papier

copyright : droits d'auteur

corbelling : encorbellement

cord : câble ; cordon ; **extension ~ :** cordon prolongateur ; rallonge *(télécom.)* ; **line ~ :** cordon d'alimentation ; **power ~ :** cordon d'alimentation

core : âme ; cœur ; ~ **boring :** carottage ; ~ **drilling :** carottage ; ~ **sample :** carotte ; **electromagnet ~ :** noyau d'électroaimant ; **relay ~ :** noyau de relais

cork : liège ; ~ **stopper :** bouchon de liège

corkboard : aggloméré de liège

corner : coin *(angle)* ; ~ **radius :** rayon de congé

cornerstone : pierre angulaire

corn starch : amidon de maïs

corona : effet de couronne ; ~ **discharge :** effet de couronne

corporate : constitué *(en corporation)* ; ~ **image :** image de marque ; ~ **income tax :** impôt sur les sociétés

corporation : société anonyme ; ~ **cock :** vanne sas ; ~ **tax :** impôt sur les sociétés ; **closed ~ :** société à responsabilité limitée

corpuscle : globule

correct : rectifier *(erreur)*

correction : rectification *(correction)* ; ~ **factor :** facteur de correction ; **emergent stem ~ :** correction de colonne émergente *(thermomètre)* ; **pH ~ :** correction de pH ; **phase ~ :** compensation de phases

corrective maintenance : maintenance curative

correlate : rapporter *(calcul)*

correlation coefficient : coefficient de corrélation

correlator : corrélateur acoustique

corrode : ronger *(acide)* ; attaquer *(chim.)*

corrodible : corrodable

corrosion : corrosion ; ~ **agent :** agent de corrosion ; ~ **allowance :** surépaisseur de corrosion ; ~ **by pitting :** corrosion par piqûres ; ~ **control :** lutte contre la corrosion ; ~ **coupon :** éprouvette de corrosion ; ~ **inhibitor :** inhibiteur de corrosion ; ~ **on battery terminals :** sulfatage des bornes ; ~ **resistance :** résistance à la corrosion ; ~ **test :** essai de corrosion ; **accelerated ~ :** corrosion accélérée ; **bacteria-induced ~ :** corrosion bactérienne ; **bacterial ~ :** corrosion bactérienne ; **crevice ~ :** corrosion caverneuse ; **differential cell ~ :** corrosion par aération différentielle ; **fretting ~ :** corrosion de trépidation ; **galvanic ~ :** corrosion galvanique ; **intercrystalline ~ :** corrosion intercristalline ; **intergranular ~ :** corrosion intercristalline ; **pitting ~ :** corrosion perforante ; **stress ~ :** corrosion sous contrainte ; **uniform ~ :** corrosion uniforme

corrosion-proof : anticorrosion

corrosion-resistant : inattaquable

corrosive : corrosif ; ~ **action :** agressivité

corrosiveness : corrosivité

corrugated : ondulé ; ~ **cardboard :** carton ondulé ; ~ **iron :** tôle ondulée ; ~ **plate :** plaque ondulée

corrugating : gaufrage

corundum : corindon

cosmetic : produit de beauté ; ~ **treatment :** soins esthétiques

cost : coût ; coût de revient ; prix ; ~ **accounting :** comptabilité analytique ; ~ **analysis :** évaluation des coûts ; ~ **escalation :** hausse des coûts ; ~ **estimate :** devis ; ~ **insurance freight :** coût assurance fret ; ~ **reimbursement contract :** contrat en régie ; **energy ~ :** coût énergétique ; **operating ~ :** coût d'exploitaion

cost-effective : économique

cost-plus contract : contrat en régie ; régie ; travaux en régie

costs (handling ~) : frais de manutention

costs (maintenance ~) : frais d'entretien

costs (operating ~) : dépenses d'exploitation ; frais d'exploitation

costs (start-up ~) : frais d'établissement

costs (sundry ~) : frais divers

cotter : clavette ; **~ pin :** goupille fendue ; **spring ~ :** clavette à ressort

cotton : coton ; **~ flock :** bourre de coton ; **~ mercerizing :** mercerisage du coton ; **mineral ~ :** coton minéral

coulometer : voltamètre

count : comptage ; dénombrement ; numération ; **bacteria ~ :** comptage bactérien ; numération bactérienne ; **blood ~ :** numération globulaire

counter : compteur ; **pulse ~ :** compteur d'impulsions ; **revolution ~ :** compte-tours

counterbeam : contrefléau

countercurrent : contre-courant ; **~ drying :** séchage à contre-courant ; **~ feed screw :** vis transporteuse à pas inversé ; **~ regeneration :** régénération à contre-courant ; **~ washing :** lavage à contre-courant

counterpressure valve : soupape de contrepression

counterproposal : contre-offre

countershaft : arbre de renvoi ; arbre intermédiaire ; contre-arbre ; transmission intermédiaire ; transmission secondaire

countersink drill : fraise conique

countersinking : fraisage *(trou)*

countersunk : fraisé ; **~ head bolt :** boulon à tête fraisée ; **~ hole :** trou fraisé

counterweight : contrepoids ; masse d'équilibrage

counting : comptage ; **event ~ :** comptage d'événements ; **remote ~ :** télécomptage

country : pays ; **~ of origin :** pays d'origine ; **~ of shipment :** pays d'expédition ; **home ~ :** domicile fiscal

couple *(n.)* **:** couple ; **electrochemical ~ :** couple électrochimique

couple *(v.)* **:** accoupler ; coupler

coupler : coupleur ; raccord ; **acoustic ~ :** coupleur acoustique ; **control ~ :** coupleur de régulation ; **wire ~ :** attache-fil

coupling : accouplement ; accrochage ; couplage ; embrayage ; manchon ; raccord ; **~ flange :** collerette d'assemblage ; **~ loop :** boucle de couplage ; **~ shaft :** arbre d'accouplement ; **~ sleeve :** manchette de raccordement ; **automatic ~ :** joint automatique ; **cardan ~ :** cardan ; **claw ~ :** embrayage à griffes ; **electric ~ :** accouplement électrique ; **flanged ~ :** accouplement à plateaux ; **flanged-face ~ :** accouplement à plateaux ; **flexible ~ :** accouplement élastique ; raccord souple ; **locking adjustable ~ :** joint autobuté ; **loop ~ :** couplage en boucle ; **reducing ~ :** réduction femelle-femelle ; **rubber flexible ~ :** accouplement élastique à tampon caoutchouc ; **sleeve ~ :** accouplement à douille ; raccordement par manchon ; **universal ~ :** accouplement à cardan

coupon : éprouvette ; **corrosion ~ :** éprouvette de corrosion ; **metal ~ :** coupon de métal

course : cours ; parcours *(rivière)* ; **base ~ :** couche de fondation ; **damp-proof ~ :** couche isolante ; **training ~ :** stage

court : instance *(jur.)* ; tribunal ; **~ of appeal :** cour d'appel ; **bankruptcy ~ :** tribunal de commerce ; **higher ~ :** deuxième instance ; juridiction supérieure ; **law ~s :** tribunaux ; **magistrates ~ :** tribunal de police

covalency : covalence

covalent : covalent ; **~ bond :** liaison de covalence ; **~ reaction :** réaction covalente

cover *(n.)* **:** capot ; couvercle *(pompe)* ; enveloppe ; housse ; plaque de fermeture ; **~ plate :** couvercle de fermeture ; **insurance ~ :** quotités d'assurance ; **latticed ~ :** protection grillagée ; **manhole ~ :** plaque d'égout ; tampon d'égout ; **protective ~ :** chape protectrice ; **sound-proof ~ :** capot d'insonorisation ; **suction ~ :** flasque d'aspiration *(pompe)*

cover *(v.)* **:** chemiser ; enduire

covering : chape ; enrobage ; recouvrement ; revêtement ; **~ letter :** lettre d'accompagnement ; lettre d'envoi ; lettre de couverture ; **~ plate :** plaque de recouvrement ; **~ power :** pouvoir couvrant ; **~ resin :** résine de recouvrement

crack : fêlure ; fissure ; **shrinkage ~ :** crique de retrait

cracked : craquelé ; fendu

cracking : craquage ; crique *(fissuration)* ; fissuration ; **fluid ~ :** vapocraquage ; **fluid bed ~ :** fluocraquage *(pétro.)* ; **fluid catalytic ~ :** fluocraquage catalytique ; **thermal ~ :** craquage catalytique

cramp : crampon

crane : grue ; **~ driver :** grutier ; **~ truck :** camion-grue ; **gantry ~ :** grue à portique ; portique ; **jib ~ :** grue à potence ; potence ; **overhead ~ :** pont roulant ; **overhead-travelling ~ :** pont roulant ; **rotary ~ :** grue pivotante ; **transporter ~ :** pont portique ; **travelling ~ :** grue roulante ; **wall ~ :** grue à console ; grue murale

crank : manivelle ; **~ arm :** bras de manivelle ; **~ axle :** essieu coudé ; **~ web :** bras de vilebrequin

crankcase : carter *(moteur)*

crankpin : pied de bielle ; maneton *(vilebrequin)*

crankshaft : vilebrequin

crate : caisse à claire-voie ; **large ~ :** harasse

crater : cratère

crawling peg system : parités à crémaillère

credit : crédit ; **bank ~ :** crédit bancaire ; **letter of ~ :** accréditif ; crédit documentaire ; lettre de crédit ; **tax ~ :** avoir fiscal

creditworthiness : moralité fiscale ; surface financière

creep *(n.)* **:** fluage ; **~ test :** essai de fluage

creep *(v.)* : solifluer *(géol.)*

creeping : fluent ; **~ sediment :** sédiment à texture fluente ; **~ sludge :** boues fluentes

cremone bolt : crémone

crenellated : crénelé

creosote : créosote

crest : crête *(déversoir)* ; point haut *(onde)* ; seuil *(déversoir)* ; **~ level :** cote d'arase ; **~ thickness :** épaisseur de seuil *(déversoir)* ; **~ value :** valeur de crête ; **~ voltage :** tension de crête ; **wave ~ :** crête d'onde ; **weir ~ :** seuil déversant

crevice : caverne ; crevasse ; **~ corrosion :** corrosion caverneuse

crew : équipe

criminal law : code pénal ; droit pénal

crimp : sertir

crimping : sertissage ; **~ lug :** cosse à sertir ; **~ pliers :** pince à manchonner ; pince à sertir ; **~ press :** presse à sertir

crippled mode : fonctionnement en mode dégradé *(info.)*

crippled-mode operation : marche dégradée

critical : critique ; **~ mass :** masse critique ; **~ point :** point critique ; **~ temperature :** température critique

crocodile clip : pince crocodile

crops : cultures

cross : croix ; **~ bar :** barre de connexion ; entretoise ; **~ brace :** diagonale

cross-bridge : pont transversal ; **~ scraper unit :** racleur transversal

cross-circulation velocity : vitesse de circulation transversale

cross-current : courants croisés

crosscut chisel : bédane

crossed-axis helical gear : embrayage en spirale

crossed belt : courroie croisée

cross flow : flux transversal

cross-flow filtration : filtration tangentielle

cross-flow settling tank : décanteur à flux transversal

crosshead : pied de bielle

crossing (level ~) : passage à niveau

cross-mesh fabric : toile à mailles croisées

cross-over : traversée *(ozoneur)*

cross-ply tyre : pneu à carcasse radiale

cross-section : coupe ; coupe transversale ; vue en coupe

crosswash : balayage *(filtre)* ; balayage de surface

crosswash water : eau de balayage

crosswise : en travers

crowbar : court-circuiteur ; pied de biche ; pince à talon ; pince levier

crown : couronne ; **~ radius :** épaisseur au centre *(fond bombé)* ; rayon au centre *(fond bombé)* ; **~ saw :** scie rotative ; scie cloche *(rotative)*

crucible : creuset ; poudrier ; **~ steel :** acier fondu au creuset ; **reducing ~ :** creuset réducteur

crude : brut ; **~ oil :** huile brute ; pétrole brut ; **paraffin-base ~ :** pétrole brut à base paraffinique ; **sweet ~ :** pétrole brut doux

crumble : s'effriter *(bois)*

crushed : concassé ; **~ sand :** sable de concassage

crusher : concasseur ; **refuse ~ :** broyeur de déchets ; **roll ~ :** broyeur à cylindres

crushing : broyage ; concassage ; écrasement ; émottage ; **~ of lining :** broyage de brasques *(métall.)* ; **~ rolls :** broyeur à boulets ; **~ strength :** résistance à l'écrasement ; **dry ~ :** broyage à sec ; **wet ~ :** broyage à l'eau

crust : croûte

crustacean : crustacé

crusting : croûtage

cryogenic : cryogénique ; **~s :** cryogénie

cryptogam (vascular ~) : cryptogame vasculaire

crystal : cristal ; **~ driver :** oscillateur à quartz ; **~ lattice :** structure cristalline ; **~ lime :** chaux en roche ; **~ nucleus :** germe de cristallisation ; **piezoelectric ~ :** quartz piézo-électrique

crystalline structure : réseau cristallin

crystallization : cristallisation ; **~ point :** point de cristallisation ; **water of ~ :** eau de cristallisation

crystallize : cristalliser

crystallographic : cristallographique

crystalloid : cristalloïde

cube : cube

cubic : cubique ; **~ capacity :** cylindrée *(moteur)* ; **~ centimetre :** centimètre cube ; **~ foot :** pied cube ; **~ metre :** mètre cube

cubical expansion (coefficient of ~) : coefficient de dilatation

cubicle : coffret

cultivation : culture

culture : culture ; **~ medium :** milieu de culture ; **bacterial ~ :** culture bactérienne ; **microbial ~ :** culture microbienne ; **pure ~ :** culture pure ; **worm ~ :** vermiculture

cumulative : cumulatif

cup : godet ; **flow ~ :** coupe consistométrique ; coupe viscosimétrique ; **grease ~ :** coupelle à graisse ; graisseur ; **oil ~ :** godet graisseur ; graisseur

cupboard (hood ~) : sorbonne

cupric : cuivrique ; **~ oxide :** oxyde de cuivre

cuprous : cuivreux ; **~ alloy :** alliage cuivreux ; **~ oxide :** oxyde de cuivre

curb roof : comble brisé ; comble en mansarde ; toit en mansarde

curing : conservation du béton

currencies : devises

currency (contract ~) : monnaie de facturation

current : courant ; **~ account :** compte courant ; **~ assets :** actif à court terme ; actif circulant ; **~ charge :** charge de courant ; **~ density :** densité de courant ; **~ divider :** diviseur de courant ; **~ efficiency :** rendement de courant ; **~ gain :** gain en courant ; **~ input :** intensité absorbée ; **~ leakage :** pertes à la terre ; **~ liabilities :** passif à court terme ; **~ limiter :** limiteur de courant ; **~ monitor :** relais à seuil de courant ; **~ peak :** pointe de courant ; **~ relay :** relais d'intensité ; **~ ripple :** ondulation de courant ; **~ smoothing :** filtrage du courant ; **~ surge :** appel de courant ; **~ transformer :** transformateur d'intensité ; transformateur de courant ; **alternating ~ :** courant alternatif ; **breaking ~ :** courant de coupure ; **carrier ~ :** courant porteur ; **convection ~ :** courant de convection ; **density ~ :** courant de densité ; **depolarization ~ :** courant de dépolarisation ; **direct ~ :** courant continu ; **eddy ~ :** courant de Foucault ; **effective ~ :** courant quadratique ; **fault ~ :** courant de défaut ; **holding ~ :** courant de collage ; **inrush ~ :** courant d'appel ; **load ~ :** courant de charge ; **nil ~ :** courant nul ; **no-load ~ :** courant à vide ; **periodic direct ~ :** courant continu pulsé ; **pulsating ~ :** courant continu pulsé ; **quiescent ~ :** courant de repos ; **rated ~ :** courant nominal ; **reactive ~ :** courant déwatté ; courant réactif ; **rectified ~ :** courant redressé ; **release ~ :** courant de déclenchement ; **rising ~ :** courant ascendant ; **root-mean-square ~ :** courant efficace ; courant quadratique ; **single-phase ~ :** courant monophasé ; **starting ~ :** courant d'appel ; **stray ~ :** courant parasite ; **supply ~ :** courant d'alimentation ; **three-phase ~ :** courant triphasé ; **trip ~ :** courant de déclenchement

current-limiting reactor : inductance de protection

curtain : rideau ; **~ baffle :** cloison siphoïde *(flottateur)* ; **~ rail :** tringle à rideaux ; **~ wall :** mur-rideau

curvature : courbure ; **~ of field :** courbure de champ ; **angle of ~ :** angle de courbure ; **radius of ~ :** rayon de courbure

curve : courbe ; **~ fitting :** ajustement d'une courbe ; **bell ~ :** courbe en cloche ; **equilibrium ~ :** courbe d'équilibre ; **exhaustion ~ :** courbe de saturation ; **flow ~ :** courbe de débit ; **isothermal ~ :** isotherme ; **pressure ~ :** courbe des pressions ; **reverse ~ :** courbe double ; **sine ~ :** sinusoïde ; **titration ~ :** courbe de titrage

curved bar : barre courbe ; **~ screen :** grille courbe

curved form : coffrage courbe

curved sheet : tôle cintrée

curved spring washer : rondelle élastique cintrée

cushion : matelas

customer : abonné ; maître d'ouvrage

customs : douane ; **~ agent :** commissionnaire en douane ; **~ barriers :** barrières douanières ; **~ boundary :** frontière douanière ; **~ bureau :** bureau de douane ; **~ clearance :** dédouanement ; **~ duties :** droits de douane ; **~ duties tariff :** tarif des droits de douane ; **~ examination :** vérification en douane ; **~ officer :** agent du service des douanes ; **~ tariff :** tarif douanier ; **uniform ~ and practices :** règles et usances

cut *(n.)* **:** coupe ; déblai ; passe *(tour)* ; saignée ; **~ stone :** pierre de taille ; pierre taillée ; **~ to size :** taillé à la dimension ; **finish ~ :** passe de finition ; **power ~ :** panne de courant ; **rough ~ :** passe d'ébauche

cut *(v.)* **:** couper ; **~ off :** couper *(élec.)* ; **~ to fit :** recouper

cut-away view : vue écorchée

cut-off : coupure ; pouvoir de coupure *(filtre)* ; **river ~ :** bras mort de rivière

cut-out : coupe-circuit ; **~ box :** boîte à fusibles ; **~ circuit breaker :** disjoncteur ; **~ fuse :** fusible sectionneur ; **fuse ~ :** coupe-circuit à fusible ; **oil ~ :** coupe-circuit à bain d'huile

cuts and fills : remblais et déblais

cutter : couteau ; **~ bar :** arbre d'alésage ; **bolt ~ :** coupe-boulons ; **cable ~ :** coupe-fil ; **milling ~ :** fraise ; **pipe ~ :** coupe-tube ; **stocking ~ :** fraise ébaucheuse

cutting : découpage ; **~ machine :** machine à couper ; **~ oil :** huile de coupe ; **~ wheel :** molette ; **aqueous ~ :** coupe aqueuse ; **arc ~ :** coupage à l'arc ; **screw ~ :** filetage *(action)*

cyan : cyan

cyanamide : cyanamide

cyanate : cyanate

cyanide : cyanure ; **~ removal :** décyanuration ; **complexed ~s :** cyanures complexés ; **free ~s :** cyanures libres ; cyanures vrais

cyanide-laden : cyanuré

cyanogen chloride : chlorure de cyanogène ; **~ family :** chlorocyanuriques

cyanophyceae : cyanophycées

cycle : cycle ; **~ timer :** doseur cyclique ; **breeding ~ :** cycle de surgénération *(élec.)* ; **continuous ~ :** cycle continu ; **discontinuous ~ :** cycle discontinu ; **duty ~ :** facteur d'utilisation ; **fuel ~ :** cycle du combustible ; **nitrogen ~ :** cycle de l'azote ; **operating ~ :** cycle de fonctionnement ; **reactor fuel ~ :** cycle du combustible ; **service ~ :** cycle d'épuisement ; cycle de fixation

cyclic : cyclique ; **~ aromatic compound :** composé aromatique cyclique ; **~ compound :** composé cyclique ; **~ hydroxyl compound :** composé cyclique hydroxylé

cyclohexylamine : cyclohexylamine

cyclone : cyclone

cyclonic static mixer : mélangeur statique cyclonique

cycloning : cyclonage

cylinder : canon *(serrure)* ; cylindre ; éprouvette ; tambour ; vérin ; **~ block :** bloc cylindre ; bloc-cylindres ; **~ bore :** alésage du cylindre ; **~ head :** culasse *(moteur)* ; **~ head gasket :** joint de culasse ; **~ liner :** chemise de cylindre ; **~ lining :** chemise de cylindre ; **~ saw :** scie à cloche ; scie rotative ; scie cloche *(rotative)* ; **~ valve :** vanne à vérin ; robinet de bouteille *(gaz comprimé)* ; **cement kiln-type ~ :** tambour de type sécheur à ciment ; **chlorine ~ :** bouteille de chlore ; **double-acting ~ :** vérin à double effet ; **gas ~ :** bouteille à gaz ; **master ~ :** maître-cylindre *(grue)* ; **piston ~ :** cylindre de piston

cylindrical : cylindrique

cylindroconical : cylindro-conique

cyst : kyste ; **Giardia ~ :** kyste de Giardia ; **protozoan ~ :** kyste de protozoaire

cytotoxicity : cytotoxicité

D

daily : journalier

dairy : laiterie ; **~ industry :** industrie laitière

dalton : dalton *(unité de mesure de masse atomique)*

dam : barrage ; barrage de retenue ; ouvrage de retenue ; **arch ~ :** barrage-voûte ; **flood ~ :** barrage de crue ; **gravity ~ :** barrage-poids ; **river ~ :** barrage au fil de l'eau ; **rock-fill ~ :** barrage en enrochement ; **storage ~ :** barrage-réservoir

damage *(n.)* **:** avarie ; dommages ; **~s :** dommages et intérêts ; préjudice ; **suffer ~ :** subir un préjudice ; **liquidated ~s :** pénalités de retard

damage *(v.)* **:** avarier ; endommager

damp : humecter

damped sine curve : sinusoïde amortie

dampening hose : flexible amortisseur

damper : amortisseur *(élec.)* ; clapet de ventilation ; frein ; registre *(méc.)* ; volet de surpression ; **pulse ~ :** accumulateur anti-pulsations ; ballon anti-pulsations ; **sliding ~ :** registre à guillotine ; **vibration ~ :** amortisseur de vibrations

damping : amortissement ; **~ coefficient :** coefficient d'amortissement *(élec.)* ; **~ factor :** facteur d'amortissement

damp-proof : étanche à l'humidité ; **~ course :** couche isolante

danger of : risque de

dangerous : dangereux

daphnia : daphnies

darkness : obscurité

dash (pebble ~) : crépi moucheté

dashpot : amortisseur *(méc.)* ; amortisseur à piston

data : données ; **~ base :** base de données ; **~ bit :** information numérique ; **~ gathering :** collecte d'informations ; **~ handling :** exploitation des données ; **~ logger :** centrale de mesures ; **~ plate :** plaque signalétique ; **~ processing :** informatique ; **~ sheet :** fiche technique ; **~ storage :** stockage de données ; **~ transmitter :** transmetteur de données ; **technical ~ :** caractéristiques techniques ; données techniques ; renseignements techniques

date : date ; **~ stamp :** timbre dateur ; **due ~ :** échéance ; **expiry ~ :** date d'expiration ; **starting ~ :** point de départ

datum line : ligne de repère

datum plane : niveau de référence ; plan de référence ; plan d'installation *(pompe)*

daughter product : descendant *(nucl.)*

day : jour ; **~ hopper :** trémie journalière ; **~ shift :** poste de jour ; **working ~ :** jour ouvrable

dc-ac converter : onduleur

dc-ac inverter : onduleur

dc amplifier : amplificateur de courant continu

deactivation (simultaneous ~) : convergence en ET

dead : hors tension *(circuit)* ; sans tension ; **~ axle :** essieu fixe ; **~ end :** bout fermé *(tuyau)* ; bout mort *(élec.)* ; **~ load :** charge permanente ; poids mort ; **~ lock :** serrure à pêne dormant ; **~ turn :** spire morte *(bobine)* ; **~ zone :** plage morte ; volume mort ; zone morte

dead-end filtration : filtration frontale

deadline : délai ; échéance

deadweight : tonnage réel ; **~ capacity :** port en lourd

deaerating heater : dégazeur thermique ; **~ with horizontal storage tank :** dégazeur dôme

deaerating tank : bâche désaératrice

deaeration : dégazage ; désaération ; **~ blow-down :** purge de dégazage ; **~ chamber :** chambre de dégazage ; **~ pressure :** pression de dégazage ; **~ zone :** zone de dégazage ; **thermal ~ :** dégazage thermique ; **vacuum ~ :** dégazage sous vide

deaerator : dégazeur ; dôme de dégazage ; **combined ~ :** dégazeur combiné ; **packed-column ~ :** dégazeur à garnissage ; **thermal ~ :** dégazeur thermique ; **vacuum ~ :** dégazeur sous vide

deballasting : déballastage

debt rescheduling : réaménagement des dettes

debugging : débugage ; déverminage

deburr : ébarber

deburring : ébarbage

decade (logarithmic ~) : décade logarithmique

decalcification : décalcification *(sucre)*

decanting : dépotage *(liquide)* ; transvasement *(liquide)*

decarbonated : décarbonaté

decarbonator : éliminateur de gaz carbonique

decarbonizing : décalaminage

decationized : décationnée *(eau)*

decelerate : décélérer

deceleration lane : voie de décélération

decentralization : décentralisation

dechlorinating capacity : pouvoir de déchloration

dechlorinating filter : filtre déchlorant

dechlorination : déchloration ; **sidestream ~ :** déchloration en dérivation

decibel : décibel

decimal : décimal

decimetric wave : onde décimétrique

decision support system : système d'aide à la décision

deck : tablier *(pont)* ; voile *(toit de réservoir)*

declaration : déclaration ; **statutory ~ :** attestation sur l'honneur ; déclaration sur l'honneur

declining rate filter : filtre à flux décroissant

decolorant : décolorant

decolourizing : décoloration

decompaction : détassage ; **~ water :** eau de détassage ; **bed ~ :** détassage

decompose : se décomposer

decompression : décompression

decontamination factor : facteur de décontamination

decoupling : découplage

decrease : abaissement ; **~ in current :** abaissement de courant

decreasing pitch : à pas dégressif

deduction : moins-value

dedusting : dépoussiérage

de-energize : désexciter ; mettre hors tension

deep : profond ; **~ drawing :** emboutissage profond

deep-bed filter : filtre à haute couche

deep-freezing : congélation

deep-shaft reactor : réacteur à puits profond

deep-shaft technique : technique du puits profond

deep-source water : eau d'origine profonde

deep-water berth : poste à grande profondeur

default : carence ; défaut ; **by ~ :** par défaut

defecation : défécation *(sucre)*

defect : malfaçon ; vice ; **latent ~ :** vice caché ; **machining ~ :** défaut d'usinage ; **manufacturing ~ :** défaut de fabrication ; **roundness ~ :** faux rond ; **surface ~ :** défaut de surface

defective : défectueux ; incorrect ; **~ material :** défaut de matière

defendant : accusé *(jur.)* ; défendeur *(jur.)*

defer : remettre

deferment : ajournement

deferred payment : paiement différé

deficiency (oxygen ~) : déficit d'oxygène

deflection : déviation ; flèche

deflector plate : plaque à déflecteur

deflocculant : défloculant

defluorination : défluoration

deforestation : déboisement

deformability : déformabilité

deformation : déformation

degassing : dégazage ; **vacuum ~ :** dégazage sous vide

degradation : dégradation *(écol.)*

degreasing : dégraissage

degree : degré ; **~ Fahrenheit :** degré Fahrenheit ; **Dornic ~ :** degré Dornic ; **French ~ :** degré français ; **international rubber hardness ~ :** degré international de dureté du caoutchouc ; **saprobic ~ :** degré de saprobité

degritter : dessableur

degritting chamber : chambre de dessablage

dehumidifier : déshumidificateur

dehydration : anhydrisation

deinking : désencrage

deionization : déionisation

delay : retard ; **~ relay :** relais temporisateur

delayed : retardé ; **~ action :** action temporisée ; **~ drop-out :** mise à repos retardée ; **~ pick-up :** mise au travail retardée ; **~ release :** déclenchement différé ; déclencheur à action retardée ; **~ trip :** déclencheur à action retardée

delete as appropriate : rayer les mentions inutiles

deliberate blow-down : purge volontaire

delivery : distribution ; livraison ; refoulement ; remise ; **~ bay :** local de livraison ; **~ channel :** canal d'amenée ; **~ conduit :** conduite de refoulement ; **~ docket :** bulletin de livraison ; **~ pipe :** tuyau d'amenée ; **~ pump :** pompe de refoulement ; **~ sump :** regard de réception ; **~ time :** délai de livraison ; **~ time exclusive of holidays :** délai hors congés ; ~ **valve :** clapet de refoulement ; **wharf ~ :** mise à disposition à quai ; mise à quai

delta connection : couplage en triangle ; couplage triangle ; montage en triangle ; montage triangle

demagnetize : désaimanter

demand *(n.)* **:** exigence ; **induced ~ :** demande induite ; **oxygen ~ :** demande en oxygène ; **permanganate ~ :** oxydabilité au permanganate

demand *(v.)* : exiger

demineralization : déminéralisation ; **~ line :** chaîne de déminéralisation ; **~ plant :** poste de déminéralisation

demineralize : déminéraliser

demineralized : bipermuté ; déminéralisé

demister : chambre de désaturation *(ozone)* ; dévésiculeur

demolition : démolition

demothballing : décoconnage

denitrification : dénitrification

dense : compact ; **~ metal :** métal compact

densimeter : densimètre

density : compacité *(béton)* ; densité absolue ; masse spécifique ; masse volumique ; poids spécifique ; **~ current :** courant de densité ; **~ gauge :** densimètre ; **bulk ~ :** densité apparente ; masse volumique apparente ; **current ~ :** densité de courant ; **gravimetric ~ :** densité gravimétrique ; **optical ~ :** densité optique ; **relative ~ :** densité

deodorizing agent : agent désodorisant

deodorizing unit (air ~) : désodoriseur d'air

deoxidation : désoxydation

deoxidize : désoxyder

deoxidizer : désoxydant

deoxygenating : désoxygénant

deoxygenation : désoxygénation

deoxyribonucleic acid : acide désoxyribonucléique

department : service ; **administrative ~ :** département ; **expenditure accounting ~ :** service ordonnancement ; **head of ~ :** chef de service ; **purchasing ~ :** service des achats

dependability : sûreté de fonctionnement

depolarization current : courant de dépolarisation

deposit : dépôt *(sédiment)* ; gîte *(minerai)* ; **~ account :** compte à terme ; **carbon ~ :** dépôt de calamine

depot : dépôt ; **goods ~ :** hangar à marchandises

depreciate : amortir *(fin.)*

depreciation : amortissement ; dépréciation ; moins-value

depressant (wetting ~) : déprimant de mouillage

depressed nappe : nappe déprimée

depression : dépression *(géol.)*

depressor : abaisseur

depth : épaisseur ; hauteur ; profondeur ; **~ gauge :** calibre de profondeur ; **~ of cut :** profondeur de passe ; **layer ~ :** hauteur de couche ; **shallow ~ :** faible profondeur

deputy director : directeur adjoint

derivative : dérivé ; dérivée ; produit dérivé ; **~ action :** action dérivée

derived : dérivé *(adj.)* ; **~ unit :** unité dérivée

derrick (hoisting ~) : potence de levage

desalinate : dessaler

desalination : dessalement ; **~ rate :** taux de dessalement

desalter : dessaleur

desaturate : désaturer

descaling : décalaminage ; décrassage ; détartrage

description : désignation ; **technical ~ :** exposé technique

desertification : désertification

desiccant : dessiccateur

desiccating : desséchant *(adj.)*

design *(n.)* **:** conception ; dimensionnement ; **~ and construction :** étude et réalisation ; **~ drawing :** plan d'étude ; **~ engineer :** ingénieur de projet ; **~ office :** bureau d'études ; **~ phase :** conception ; **~ pressure :** pression de calcul ; **~ registration :** pli d'huissier ; **~ report :** exposé technique ; **~ review :** revue de conception ; **~ temperature :** température de calcul ; **hydraulic pipe ~ :** calcul hydraulique des conduites ; **pipe network ~ :** calcul d'un réseau de conduites

design *(v.)* **:** concevoir

designer (ship ~) : architecte naval

desilver : désargenter *(métal)*

desilverize : désargenter *(minerai)*

desk : pupitre ; **control ~ :** pupitre de commande ; **filter washing ~ :** pupitre de filtre

desludger : débourbeur

desludging : débourbage ; **~ tank :** débourbeur

desorption : désorption

destruction (thermal ~) : destruction thermique

destructive test : contrôle destructif

desulphurization : désulfuration

desuperheater : désurchauffeur

detachable : démontable ; détachable ; enlevable

detaching : détachement

detachment : décollement ; **head loss by ~ :** perte par décollement ; **on ~ :** en mission

detail : détail

detect : déceler

detectable element : élément figuré

detection : détection ; **~ limit :** limite de détection ; **flame ~ :** détection de flamme

detector : détecteur ; **carbon dioxide ~ :** détecteur de dioxyde de carbone ; **electron capture ~ :** détecteur à capture d'électrons ; **flame ionization ~ :** détecteur à ionisation de flamme ; **gas ~ :** détecteur de gaz ; **holiday ~ :** balai électrique ; **leak ~ :** détecteur de fuite ; **level ~ :** détecteur de niveau ; **magnetic ~ :** détecteur magnétique ; **photoionization ~ :** détecteur à photo-ionisation ; **proximity ~ :** détecteur de proximité ; **smoke ~ :** détecteur de fumée

detent : cliquet d'arrêt ; cliquet de retenue

detention basin : bassin de rétention

detergent : détergent ; lessive ; **enzyme-based ~ :** lessive à base d'enzymes

deterioration : altération ; dégradation

determinable : dosable

determination : détermination ; **~ of quantity :** dosage ; **blank ~ :** expérience en blanc ; **coliform ~ :** colimétrie ; **hardness ~ :** hydrotimétrie

detoxication : détoxication

detrimental : nuisible ; **~ to health :** nuisible à la santé

detrivorous organism : détritiphage

develop : mettre au point *(études)*

developed length : longueur développée

development : aménagement ; **off-shore ~ :** travaux sous-marins

deviation : déviation ; écart ; **absolute ~ :** écart absolu ; **average ~ :** écart moyen ; **standard ~ :** écart type

device : appareil ; dispositif ; **trip ~ :** dispositif de déclenchement

devise : mettre au point

Dewar flask : vase de Dewar

dewatering : assèchement ; déshydratation ; **~ equipment :** équipement de déshydratation ; **~ pump :** pompe d'épuisement ; pompe d'exhaure ; pompe vide-cave ; **~ unit :** appareil de déshydratation ; essoreuse ; **vacuum ~ :** déshydratation sous vide

dew point : point de rosée ; **~ hygrometer :** hygromètre à condensation

dezincification : dézincification

diagonal section : coupe diagonale

diagram : diagramme ; schéma ; **animated ~ :** schéma animé ; **block ~ :** logigramme ; représentation symbolique ; schéma synoptique ; **circuit ~ :** schéma de circuit ; **connection ~ :** schéma de branchement ; **contact ~ :** schéma à contact ; **flow ~ :** schéma de fonctionnement ; **general ~ :** schéma de principe ; **illuminated ~ :** schéma lumineux ; **ladder ~ :** schéma en échelle ; **mimic ~ :** schéma synoptique *(élec.)* ; **operating ~ :** schéma de fonctionnement ; **Pourbaix ~ :** diagramme de Pourbaix ; **relay ~ :** schéma à relais ; **schematic ~ :** schéma de principe ; **winding ~ :** schéma d'enroulement ; **wiring ~ :** plan de câblage ; schéma de branchement ; schéma de câblage ; schéma de principe *(élec.)* ; schéma de raccordement ; schéma électrique ; **working ~ :** schéma de fonctionnement

dial : cadran ; **~ indicator :** indicateur à cadran ; **~ pressure gauge :** manomètre à cadran ; **~ pyrometer :** pyromètre à cadran ; **graduated ~ :** cadran gradué

dialysis : dialyse

diameter : diamètre ; **~ before boring :** diamètre primitif *(compresseur)* ; **hydraulic ~ :** diamètre hydraulique ; **inside ~ :** diamètre intérieur ; **outside ~ :** diamètre extérieur

diametral : diamétral ; **~ pitch :** pas diamétral ; **~ scraper :** racleur diamétral

diamino sulphides : sulfures d'amines

diammonium : diammonique

diaphragm : membrane *(pompe, vanne)* ; **~ cell :** cellule à diaphragme ; cellule à membrane ; **~ gauge :** manomètre à membrane ; **~ metering pump :** pompe doseuse à membrane ; **~ pump :** pompe à membrane ; **~ valve :** robinet à membrane ; vanne à membrane ; **isolating ~ :** poche élastique ; **vibrating ~ :** lame vibrante

diaphragm-box system : système à membrane

diaphragm-operated control valve : vanne de contrôle *(régulateur à membrane)*

diaphragm-operated pressure release system : détendeur à membrane

diaphragm-operated regulator : régulateur à membrane

diaphragm-type manometer : manomètre à membrane

diarrhoea : diarrhées

diatomaceous earth filter : filtre à diatomées

diatomic gas : gaz diatomique

diatomite : diatomée

dichloramine : dichloramine

dichloride : bichlorure

dichlorodiphenyltrichloroethane : dichlorodiphényltrichloroéthane

dichromate : bichromate

die : filière ; matrice ; **~ cast :** coulé en matrice ; **~ cast aluminium :** aluminium coulé sous pression ; ~ **casting :** moulage en coquille ; ~ **forging :** forgeage par matriçage ; ~ **head :** tête de filière ; ~ **steel :** acier matricé ; **drawing ~ :** matrice d'étirage

dieldrin : dieldrine

dielectric : diélectrique ; ~ **constant :** constante diélectrique ; ~ **strength :** rigidité diélectrique ; ~ **stress :** contrainte diélectrique ; ~ **tube :** tube diélectrique

diesel : diesel ; ~ **engine :** moteur diesel ; ~ **oil :** essence diesel

diestock : porte-filière

diethanolamine : diéthanolamine

diffamation : diffamation publique

difference : décalage ; écart ; ~ **in level :** dénivellation ; **potential ~ :** différence de potentiel

differential : différentiel ; ~ **cell aeration :** aération différentielle ; ~ **cell corrosion :** corrosion par aération différentielle ; ~ **pressure cell :** capsule manométrique ; ~ **pressure element :** élément déprimogène ; ~ **pressure flowmeter :** débitmètre à organe déprimogène ; ~ **pressure gauge :** manomètre différentiel ; ~ **pulley :** palan différentiel ; ~ **relay :** relais différentiel ; ~ **thermal relay :** relais thermique différentiel ; ~ **thermometer :** thermomètre différentiel ; ~ **volume :** volume de marnage ; **bevel gear ~ :** différentiel conique ; **planet ~ :** engrenage planétaire

diffraction : diffraction ; ~ **pattern :** figure de diffraction

diffuse : diffus

diffused : diffusé ; ~ **aeration :** aération par insufflation d'air ; ~ **air aeration :** aération par diffusion

diffuser : diffuseur ; **membrane ~ :** diffuseur à membrane

diffuser-injector : diffuseur-injecteur

diffusing (oxygen ~) : dissolution de l'oxygène

diffusing agent : dispersant

diffusion : diffusion ; ~ **of cossettes :** diffusion des cossettes *(sucre)* ; ~ **reinforcement :** armature de diffusion ; **back ~ :** rétrodiffusion ; **Brownian ~ :** diffusion brownienne ; **radial ~ :** diffusion radiale

digested sludge : boues digérées ; ~ **storage tank :** stockeur de boues digérées

digester : digesteur ; hygiénisateur ; ~ **overflow :** trop-plein de digestion ; ~ **with gas mixing system :** digesteur à brassage au gaz ; **high-rate ~ :** digesteur à forte charge ; **medium-rate ~ :** digesteur à moyenne charge ; **mixed ~ :** digesteur brassé ; **primary ~ :** digesteur primaire ; **secondary ~ :** digesteur secondaire

digestion : digestion ; ~ **gas :** gaz de digestion ; **anaerobic ~ :** digestion anaérobie ; **high-rate ~ :** digestion à forte charge ; **low-rate ~ :** digestion à faible charge ; **primary ~ :** digestion primaire ; **secondary ~ :** digestion secondaire ; **sludge ~ :** digestion des boues ; **thermophilic aerobic ~ :** digestion aérobie thermophile

digestive tract : tractus digestif

digging : fouille

digital computer : ordinateur numérique

dihedral : en forme de dièdre

dihydrate : dihydrate

dike : digue

diluent : diluant *(chim.)*

dilute *(adj.)* **:** dilué ; ~ **solution :** solution diluée ; ~ **suspension :** suspension diluée

dilute *(v.)* **:** diluer

diluted : dilué ; ~ **solution :** solution diluée ; solution étendue

diluting : coupage ; ~ **agent :** agent diluant

dilution : dilution ; ~ **tank :** bac de dilution ; bac délayeur ; ~ **water :** eau de dilution ; **in-line ~ :** dilution en ligne ; **lime ~ :** délayage de chaux

dimension : cote ; dimension ; ~ **drawing :** plan d'encombrement ; **inside ~s :** dimensions intérieures ; **outside ~s :** dimensions extérieures ; **overall ~s :** cote d'encombrement ; dimensions hors tout ; encombrement ; **plan ~s :** dimensions en plan

dimensional sketch : croquis coté

dimensionless : adimensionnel ; sans dimension ; ~ **number :** nombre sans dimension

dimethyl : diméthyl ; ~ **disulphide :** diméthyl disulfure ; ~ **sulphide :** diméthyl sulfure

dimethylamine : diméthylamine

dinitrobenzene : dinitrobenzène

dinitrotoluene : dinitrotoluène

diode : diode ; **light emitting ~ :** diode électroluminescente ; **rectifier ~ :** diode de redressement ; **return ~ :** diode de retour ; **tunnel ~ :** diode de tunnel *(électr.)* ; diode tunnel *(électr.)*

dioxide : bioxyde ; dioxyde

dioxin : dioxine

dip coating : revêtement par immersion

diphenol : diphénol

diphenyl oxide : oxyde de phénol

dipped concrete : béton immergé

dipping : immersion ; trempage

dipstick : niveau d'huile ; réglette-jauge

dip-type probe : sonde à immersion

direct : direct ; **~ chlorination :** chloration directe ; **~ current :** courant continu ; **~ drive :** accouplement direct ; **~ dryer :** sécheur direct ; **~ filtration :** coagulation sur filtre ; filtration directe ; floculation sur filtre ; **~ proportion :** proportion directe

direct-coupled pump : pompe à accouplement direct

direction : orientation ; sens ; **running ~ :** sens de marche

directional : orientable ; **~ aerial :** antenne directionnelle ; **~ nozzle :** tuyère orientable

directly proportional : directement proportionnel

direct-on-line starter : démarreur en direct

direct-on-line starting : démarrage direct

director : directeur ; **deputy ~ :** directeur adjoint ; **managing ~ :** directeur général

directorate general : direction générale *(CEE)*

direct-to-sewer : tout-à-l'égout

disadvantage : désavantage ; sujétion

disassembly : démontage

disaster : catastrophe

disc : disque ; opercule *(vanne)* ; papillon *(vanne)* ; **~ brake :** frein à disque ; **~ centrifuge :** clarificateur à disques ; séparateur à assiettes ; **~ clutch :** embrayage à disques ; **~ filter :** filtre à disques ; **~ valve :** vanne papillon ; **burst ~ :** disque d'éclatement ; **clutch ~ :** disque d'embrayage ; **double ~ :** opercule double ; **hard ~ :** disque dur ; **porous ~ :** disque poreux ; **retaining ~ :** disque de retenue ; **rupture ~ :** disque d'éclatement ; disque de rupture ; **Secchi ~ :** disque de Secchi ; **single wedge ~ :** opercule simple ; **solid ~ :** disque plein ; **solid wedge ~ :** opercule monobloc *(coin)* ; **turbine ~ :** disque de turbine

discharge *(n.)* **:** décharge *(élec.)* ; dépotage *(chargement)* ; déversement ; évacuation ; refoulement ; rejet ; **~ channel :** canal de décharge ; goulotte d'évacuation ; **~ coefficient :** coefficient d'écoulement ; **~ connection :** pied d'assise *(pompe)* ; **~ facility :** ouvrage de dépotage ; **~ fees :** taxe de rejet ; **~ gap :** espace annulaire *(ozoneur)* ; espace de décharge *(élec)* ; intervalle d'ionisation ; **~ head :** hauteur de refoulement ; **~ pipe :** tuyau d'évacuation ; tuyau de décharge ; **~ pump :** pompe de refoulement ; **~ standards :** conditions de rejet ; normes de rejet ; **brush ~ :** figure de Lichtenberger ; **corona ~ :** effet de couronne ; **final ~ :** exutoire ; **screenings ~ :** rejet des déchets de dégrillage ; **sediment ~ :** décharge sédiment ; **silent ~ :** effluve *(ozone)* ; **spurious ~ :** décharge parasite ; **wastewater ~ :** rejet d'eaux usées

discharge *(v.)* **:** évacuer ; refouler *(pompe)*

discipline : métier

disclosure : divulgation

disconnect : débrancher ; déconnecter

disconnecting switch : interrupteur d'isolement ; sectionneur

disconnection : coupure ; mise hors circuit

discontinuous cycle : cycle discontinu

discount : escompte ; remise *(fin.)* ; ristourne ; **~ rate :** taux d'escompte ; taux de ré-escompte

discrepancy : décalage ; discordance *(moteur)*

discrete : discret ; **~ instrument :** instrument individuel ; **~ particle :** particule grenue

discrete-step variation : variation par bonds

disembarkation port : port de débarquement

disengage : désolidariser

disfunction : dysfonctionnement

dish : capsule *(chim.)* ; **evaporating ~ :** capsule d'évaporation *(chim.)* ; **incinerating ~ :** capsule pour incinération

dished : bombé ; **~ end :** fond bombé ; **~ head :** extrémité bombée ; fond bombé

disinfectant : désinfectant

disinfecting agent : stérilisant

disinfection : désinfection ; stérilisation *(eau)* ; **~ unit :** poste de stérilisation

disintegration : dilacération

diskette : disquette

dismantling : démontage

dismutation : dismutation *(cyanures totaux/cyanures libres)*

dispatch : envoi ; expédition ; **~ note :** bordereau d'expédition

dispersant : dispersant

disperser : disperseur ; produit dispersant ; **water-jet ~ :** disperseur à niveau d'eau ; disperseur à rideau d'eau

dispersing agent : dispersant ; produit dispersant

dispersing capacity : pouvoir dispersant

dispersing tank : bac disperseur

dispersion : dispersion ; **~ coefficient :** coefficient de dispersion ; **~ index :** indice de dispersion

displacement : déplacement ; poussage *(échange d'ions)* ; **~ chamber :** corps de pompe volumétrique ; **~ transducer :** capteur de déplacement ; **selective ~ :** déplacement sélectif

display : affichage ; visualisation ; présentation ; **~ console :** console de visualisation ; **~ screen :** écran de visualisation ; **lighted ~ :** boîtier multicase ; **liquid crystal ~ :** affichage à cristaux liquides

disposal : évacuation ; **dry ~ :** évacuation à sec ; **land ~ :** épandage *(déchets liquides)* ; **sludge ~ :** évacuation des boues ; **subsurface ~ :** épandage souterrain ; **waste ~ :** élimination des déchets ; **wet ~ :** évacuation sous forme humide

disputes (trade ~) : litiges commerciaux

disseminate : diffuser

dissipation (heat ~) : dissipation de la chaleur

dissociation : dissociation ; **electrolytic ~ :** dissociation électrolytique ; **thermodynamic ~ :** dissociation thermodynamique

dissolved : dissous ; **~ air flotation unit :** flottateur à l'air dissous ; **~ compound :** composé dissous ; **~ impurity :** impureté dissoute ; **~ oxygen :** oxygène dissous ; oxygène non-limitant ; **~ salts :** sels dissous ; **~ substances :** matières dissoutes

dissolved-air flotation : flottation à l'air dissous

dissolving : dissolution *(chim.)* ; **~ tower :** tour de dissolution ; **~ tray :** claie de dissolution ; panier de dissolution

dissymmetry : dissymétrie

distance : distance ; intervalle ; **~ between centres :** entraxe ; **~ piece :** entretoise ; **~ relay :** télérelais

distant reading thermometer : téléthermomètre

distemper : peinture à la colle ; peinture en détrempe

distillate : distillat

distillation : distillation ; **~ column :** colonne de distillation ; distillateur ; **~ flask :** ballon de distillation *(chim.)* ; **atmospheric ~ :** distillation atmosphérique ; **dry ~ :** distillation sèche ; **multi-stage ~ :** distillation à multiples effets ; **multi-stage flash ~ :** distillation à détente étagée ; distillation par détentes successives ; **sea water ~ :** distillation d'eau de mer ; **steam ~ :** strippage à la vapeur ; **steam compression ~ :** distillation avec compression de vapeur ; **vacuum ~ :** distillation sous vide

distillery : distillerie

distortion : distorsion ; **~ factor :** taux de distorsion

distributed : distribué ; **~ automatic control :** décentralisation des automatismes ; **~ fixed-extraction settler :** décanteur à extraction fixe répartie

distribution : distribution ; répartition ; **~ board :** armoire de distribution ; **~ box :** coffret de distribution ; **~ channel :** canal de distribution ; circuit de distribution ; goulotte de distribution ; **~ cone :** cône d'alimentation ; **~ network :** réseau de distribution ; **~ ratio :** coefficient de partage *(chim.)* ; **~ structure :** ouvrage de répartition ; **~ system :** réseau de distribution ; **~ tank :** bac de distribution ; bac de partage ; **~ weir :** déversoir de répartition ; **equal ~ :** équirépartition ; **Laplace-Gausse ~ :** distribution de Laplace-Gausse ; **particle size ~ :** granulométrie ; **water ~ :** distribution d'eau

distributor : distributeur *(moteur)* ; **~ flap :** volet répartiteur ; **~ head :** tête d'allumeur ; **rotary ~ :** distributeur rotatif

district : district ; **urban ~ :** district urbain

disturbance : perturbation

disulphide : bisulfure

ditch : fosse ; fossé ; **aeration ~ :** chenal d'aération ; **closed-loop ~ :** chenal à boucle fermée ; **irrigation ~ :** fossé d'irrigation ; **oxidation ~ :** chenal d'oxydation

diurnal : diurne

divalent : divalent

diver (Cartesian ~) : ludion

divergence : divergence

diversion work : ouvrage de dérivation

diverter (surge ~) : parasurtenseur

divide : ligne de partage des eaux ; **drainage ~ :** ligne de partage des eaux

divider (current ~) : diviseur de courant

diving board : plongeoir

division : cloison ; division ; embranchement *(plantes)* ; partage ; **~ column :** colonne de séparation ; **sales ~ :** division commerciale ; **sales and marketing ~ :** division commerciale

divisor : diviseur *(math.)*

dock : bassin ; **~ receipt :** récépissé de marchandises en attente de chargement ; **loading ~ :** quai de chargement ; **off-loading ~ :** quai de déchargement

docker (delivery ~) : bulletin de livraison

doctor blade : lame de désengagement de gâteau ; lame de raclage ; racleur ; racloir

document : document ; **~ against acceptance :** document remis contre acceptation ; **~ against payment :** document remis contre paiement ; **technical ~ :** passeport technique ; **tender ~ :** cahier des charges

dog : cliquet ; **~ clutch :** embrayage à clabots

dolly : plateau de manutention

dolomite : dolomie

DOL starting : démarrage direct

dome : cloche ; coupole ; dôme ; **porous ~ :** dôme poreux

domestic : intérieur ; **~ hot water :** eau chaude sanitaire ; **~ market :** marché intérieur ; **~ selling price :** prix intérieur

domiciliation (bank ~) : domiciliation bancaire

domino theory : de proche en proche

Donnan equilibrium : équilibre de Donnan

donor : donneur ; **electron ~ :** donneur d'électrons

door : pelle *(vanne murale)* ; porte ; portière ; **~ sill :** seuil de porte ; **~ stop :** arrêt de porte ; **double ~ :** porte à deux battants ; **entrance ~ :** porte d'entrée ; **fire ~ :** porte coupe-feu ; porte de chargement *(four)* ; porte de foyer ; **flush ~ :** porte isoplane ; **glazed ~ :** porte vitrée ; **inspection ~ :** porte de visite ; **landing ~ :** porte palière ; **panic bolt ~ :** porte à barre anti-panique ; **revolving ~ :** porte à tambour ; **sliding ~ :** porte coulissante ; **sliding-folding ~ :** porte coulissante-pliante ; **swing ~ :** porte à bascule ; porte battante ; porte va-et-vient

doping : dopage

Dornic degree : degré Dornic

dosage : dose ; taux de traitement

dose : dose ; **lethal ~ :** dose létale ; **small ~ :** faible dose

dosimetry : dosimétrie *(nucl.)*

dosing : dosage ; **~ pump :** doseuse ; pompe doseuse ; **acid ~ :** vaccination acide ; **insufficient ~ :** sous-dosage

dotted line : pointillé

double : double ; **~ acid washed filter :** filtre sans cendres ; **~ agent :** agent double ; **~ disc :** opercule double ; **~ door :** porte à deux battants ; **~ flocculation :** double floculation ; **~ glazing :** double vitrage ; **~ hook :** crochet double ; **~ layer :** double couche ; **~ link :** jumelles *(pompe doseuse)* ; **~ salt :** sel double ; **~ seat valve :** robinet à soupape double ; **~ wall for sound-proofing :** paroi double pour insonorisation

double-acting : à double effet ; **~ compressor :** compresseur à double effet ; **~ cylinder :** vérin à double effet

double-bay filter : filtre double

double-block brake : frein à double sabot

double-head nozzle : buselure à double tête

double-rod end cylinder : vérin à double tige

double-socket tee : té à deux emboîtements

double-thickness sheet glass : verre double

double-walled screw : vis à double paroi

double-winding : à deux enroulements

doubling time : temps de doublement

doubtful accounts (allowance for ~) : provision pour clients douteux et litigieux

dovetail : queue d'aronde ; **~ joint :** assemblage à queue d'aronde

dowel : goujon d'assemblage ; **~ pin :** goujon

down : bas ; **~ payment :** acompte ; **gearing ~ :** démultiplication

downflow : flux descendant

downhill slope : pente descendante

downpipe : colonne descendante ; descente ; tuyau de descente ; tuyauterie de descente

downstream : aval ; **~ control :** régulation aval ; **~ level :** niveau de restitution *(filtre)* ; **~ surface :** face aval

downtime : période de panne ; **machine ~ :** arrêt machine pour entretien

downward : décroissant ; **~ filtration :** filtration de haut en bas

downwardly filtered : filtré de haut en bas

draff : drèches *(bière)*

draft : projet *(brouillon)* ; **~ agreement :** projet de contrat ; protocole d'accord ; **~ contract :** projet de contrat ; **~ project :** avant-projet ; **bank ~ :** traite bancaire

drafting office : bureau d'études

drag : traînée ; **~ coefficient :** coefficient de pénétration dans l'air ; coefficient de traînée ; **fluid ~ :** traînée du fluide ; **tax ~ :** érosion fiscale

dragline : défonceuse tractée *(charbon)* ; dragline

drain *(n.)* **:** cunette ; drain ; égout ; évacuation ; purge simple ; **~ cock :** robinet de fond de cuve ; robinet de vidange ; robinet purgeur ; **~ manifold :** collecteur d'évacuation ; **~ pipe :** tuyau d'égout ; tuyau de drainage ; tuyau de vidange ; **~ plug :** bouchon de vidange ; **~ valve :** vanne d'évacuation ; vanne de vidange ; **bottom ~ :** bonde de fond ; **bottom ~ valve :** robinet de fond de cuve ; **catch ~ :** fossé de captage ; rigole de captage d'écoulement ; **catchwater ~ :** fossé de réception ; **chute ~ :** rigole de déversement

drain *(v.)* **:** essorer ; vidanger ; vider

drainage : assèchement ; drainage ; écoulement ; égouttage ; épuisement ; **~ area :** aire d'égouttage ; bassin hydrographique ; bassin versant ; champ captant ; **~ basin :** bassin hydrographique ; bassin versant ; **~ channel :** canal d'évacuation ; conduit évacuation filtrat ; **~ collector :** collecteur de drainage ; **~ divide :** ligne de partage des eaux ; **~ pit :** puisard de reprise ; **~ pump :** pompe d'épuisement ; pompe d'évacuation ; **~ roller :** rouleau de drainage ; **~ time :** temps de vidange ; **~ water :** eau d'exhaure ; **~ well :** puits à fond perdu ; **~ zone :** zone d'égouttage ; **main ~ :** tout-à-l'égout ; **mine ~ :** exhaure de mine ; **settling tank ~ :** vidange du décanteur

draincock : robinet de vidange

draining : égouttage ; **~ table :** table d'égouttage

draught : courant d'air ; tirage *(cheminée)* ; tirant d'eau ; **~ fan :** ventilateur de tirage ; **~ tube :** cheminée d'aspiration ; tube de soutirage ; tube de succion ; tube suceur ; **forced ~ :** aération forcée ; tirage forcé ;

mechanical ~ : aération mécanique ; tirage mécanique ; **natural ~ :** tirage naturel

draughts and estimates : plans et devis

draughtsman : dessinateur ; **head ~ :** chef de groupe *(bureau de dessin)*

drawback : désavantage

drawer : tiroir *(meuble)*

drawer-bar pull : traction au crochet

drawing : dessin ; filage *(métall.)* ; plan ; **~ board :** planche à dessin ; **~ die :** matrice d'étirage ; **~ office :** bureau de dessin ; salle de dessin ; bureau d'études ; **~ up :** aspiration ; fixation *(norme)* ; **as-built ~ :** plan conforme à l'exécution ; plan de récolement ; **assembly ~ :** plan d'ensemble ; **basic ~ :** plan de principe ; **component ~ :** plan d'équipement ; **deep ~ :** emboutissage profond ; **design ~ :** plan d'étude ; **dimension ~ :** plan d'encombrement ; **engineering ~ :** dessin industriel ; **equipment ~ :** plan d'équipement ; **formwork ~ :** plan de coffrage ; **full-scale working ~ :** épure ; **isometric ~ :** isométrique ; **layout ~ :** plan d'implantation ; **linear ~ :** dessin linéaire ; **location ~ :** plan de masse ; **preliminary ~ :** plan préliminaire ; **section ~ :** vue en coupe ; **sectional ~ :** dessin en coupe ; plan en coupe ; **shaded ~ :** dessin ombré ; **shuttering ~ :** plan de coffrage ; **wire ~ :** filerie ; **working ~ :** épure

drawn : étiré ; **~ steel :** acier étiré ; **~ tube :** tube étiré ; **~ wire :** fil tréfilé

draw-off : extraction ; **~ cock :** robinet de soutirage ; **sludge ~ :** extraction de boues

draw pit : chambre de tirage

draw up : rédiger ; dresser *(bilan)*

dredge : drague ; **~ ship :** dragueur ; **bucket ~ :** drague à godets ; **grab ~ :** drague à benne preneuse ; **stationary ~ :** drague stationnaire ; **suction ~ :** drague suceuse ; extracteur de dévasement

dredger (suction ~) : suceuse *(égouts)*

dredging : dragage

dressed stone : pierre taillée

dressing : taille *(pierre)*

drift (extracting ~) : chasse-cônes

drift eliminator : séparateur de gouttes

drift flow : débit d'entraînement vésiculaire

drift loss : entraînement vésiculaire

drift punch : arrache-clou ; chasse-boulons ; chasse-clous

drill : foret ; foreuse ; mèche ; **~ steel :** acier à fleurets ; acier pour mèches ; **countersink ~ :** fraise conique ; **electric ~ :** perceuse électrique ; **extension ~ :** foret à rallonge ; **hammer ~ :** marteau perforateur ; marteau-piqueur ; perceuse à percussion ; **hand ~ :** chignole ; perceuse à main ; **percussion ~ :** perceuse à percussion ; **pneumatic ~ :** pic pneumatique ; **rock ~ :** perforatrice ; **twist ~ :** foret hélicoïdal ; mèche hélicoïdale

drilled : perforé

drilling : forage ; perçage ; perforation *(trou)* ; **~ bit :** outil tailleur ; **~ machine :** foreuse ; perceuse ; **~s off centre :** perçage hors axe ; **~ sludge :** boues de forage ; **~ water :** eau de forage ; eaux de forage ; **core ~ :** carottage

drink (carbonated ~) : boisson gazeuse

drinking water : eau de boisson ; eau potable ; **~ clarification :** clarification d'eau potable ; **~ treatment plant :** station d'eau potable ; **~ works :** station d'eau potable

drip : larmier *(constr.)* ; **~ pan :** cuvette d'égouttage ; **~ time :** temps d'égouttage

drip-flap : bavette

drippings : égouttures

dripping water return : retour des eaux d'égouttage

drip-proof : abrité ; **~ motor :** moteur protégé

drip-proof, screen-protected : abrité et grillagé

drive *(n.)* **:** entraînement *(méc.)* ; lecteur *(disquette)* ; **~ air :** air moteur ; **~ belt :** courroie d'entraînement ; **~ chain :** chaîne de transmission ; **~ drum :** tambour de moteur ; **~ end :** côté moteur ; **~ fastener :** pion d'encliquetage ; **~ in :** enfoncer ; **~ piles :** enfoncer des pieux ; ficher des pieux ; **~ pin :** ergot d'entraînement ; **~ roller :** rouleau d'entraînement ; **~ shaft :** arbre d'entraînement ; arbre de transmission ; axe de manœuvre ; **~ torque :** couple moteur ; **~ unit :** groupe d'entraînement ; tête d'entraînement ; **belt ~ :** commande par courroie ; entraînement par courroie ; **cable ~ :** commande par câbles ; **Cardan ~ :** transmission à cardan ; **central ~ :** tête de commande ; **chain ~ :** transmission par chaîne ; **direct ~ :** accouplement direct ; **electric ~ :** commande électrique ; **fluid ~ :** embrayage hydraulique ; **friction ~ :** transmission à friction ; **gear ~ :** commande par engrenage ; transmission par engrenage ; **mechanical ~ :** entraînement mécanique ; **peripheral ~ :** entraînement périphérique ; **pressure-lubricated ~ :** entraînement lubrifié sous pression ; **spur gear ~ :** entraînement par engrenage droit ; **square ~ :** carré conducteur *(clé)* ; conducteur *(outil)* ; **variable-speed ~ :** motovariateur d'entraînement ; variateur de vitesse ; **worm gear ~ :** commande par vis sans fin

drive *(v.)* **:** actionner ; attaquer

driven : commandé ; entraîné *(méc.)* ; mené ; **~ shaft :** arbre commandé ; arbre récepteur

driver : pignon d'entraînement ; **crane ~ :** grutier ; **crystal ~ :** oscillateur à quartz ; **fork-lift ~ :** cariste ; **pile ~ :** bélier à pilotage

driving cap : chape d'enfoncement ; chapeau de frappe

driving pin : clavette d'entraînement

driving pinion : pignon d'attaque

driving pulley : poulie d'entraînement

driving side : brin menant *(courroie)*

driving wheel : roue d'entraînement ; roue de commande ; roue motrice

drop : chute ; goutte ; **~ forging :** estampage ; **~ side :** paroi à rabattement ; **potential ~ :** chute de potentiel ; **pressure ~ :** chute de pression ; perte de charge ; **resistance ~ :** chute de tension active ; **voltage ~ :** chute de tension

droplet : gouttelette

drop-out (delayed ~) : mise à repos retardée

dropper : compte-gouttes

dross : scories

drought : sécheresse

drum : barillet *(indicateur de pression)* ; barillet de ressort ; bidon ; cylindre ; fût ; fût en fer ; tambour ; **~ brake :** frein à tambour ; **~ cam :** came à tambour ; **~ controller :** combinateur à tambour ; **~ oil collector :** collecteur oléophile à tambour ; **~ recorder :** enregistreur à tambour ; **~ separator :** tambour-cribleur ; **~ switch :** commutateur à cylindre ; **brake ~ :** tambour de frein ; **cable ~ :** tambour de câble ; **chlorine ~ :** tank à chlore ; **drive ~ :** tambour de moteur ; **filtering ~ :** tambour filtrant ; **guide ~ :** tambour de renvoi *(bande transporteuse)* ; **idler ~ :** tambour de renvoi *(bande transporteuse)* ; **retractable ~ :** tambour rentrant *(trou d'homme)* ; **single-layer grooved ~ :** tambour d'enroulement à empreinte monocouche ; **single-spire cable ~ :** tambour d'enroulement monospire ; **storage ~ :** bidon de stockage ; **take-up ~ :** tambour de tension ; **winding ~ :** cylindre d'enrouleur ; cylindre enrouleur

dry : sec ; **~ cell :** pile sèche ; **~ cleaning :** nettoyage à sec ; **~ contact :** contact libre de potentiel ; contact libre de tension ; contact sans tension ; contact sec ; **~ cooling tower :** réfrigérant sec ; **~ crushing :** broyage à sec ; **~ disposal :** évacuation à sec ; **~ distillation :** distillation sèche ; **~ extraction :** extraction à sec ; **~ feeder :** doseur à sec ; **~ feeding :** dosage à sec ; **~ filter :** filtre sec ; **~ grinding :** broyage à sec ; **~ process :** voie sèche ; **~ sand blasting :** sablage à sec ; **~ screw compressor :** compresseur à vis sèche ; **~ solids :** matières sèches ; **~ solids content :** extrait sec ; résidu sec ; siccité ; **~ treatment :** traitement par voie sèche ; **~ weather :** temps sec ; **~ weather flow :** débit de temps sec ; **~ weight :** poids sec ; **~ well :** fosse sèche ; puits sec

dry-bulb thermometer : thermomètre sec

dryer : dessécheur ; dessiccateur ; sécheur ; séchoir ; siccatif *(peinture)* ; **compressed air ~ :** assécheur d'air comprimé ; **convection ~ :** sécheur à convection ; **direct ~ :** sécheur direct ; **flash ~ :** four à pulvérisation ; **fluidized-bed ~ :** sécheur à lit fluidisé ; **heatless ~ :** dessiccateur sans chaleur ; sécheur sans chaleur ; **indirect ~ :** sécheur indirect ; **mixed ~ :** sécheur mixte ; **rotary ~ :** sécheur rotatif tubulaire ; **steam ~ :** sécheur de vapeur ; **vacuum ~ :** étuve à vide ; sécheur à vide

dry-filtration device : filtration d'air à sec

drying : séchage ; **~ air :** air de séchage ; **~ bed :** lit de séchage ; **~ gas :** gaz de séchage ; **~ oil :** huile siccative ; **~ oven :** étuve ; **~ rate :** vitesse de séchage ; **~ zone :** plage d'essorage ; plaque de séchage ; **atmospheric ~ :** séchage atmosphérique ; **co-current ~ :** séchage à co-courant ; **countercurrent ~ :** séchage à contre-courant ; **preliminary ~ :** préséchage ; **sludge ~ :** séchage des boues ; **stove ~ :** séchage à l'étuve ; **vacuum ~ :** séchage par le vide

dryness : sécheresse ; siccité ; **~ limit :** siccité limite

dry-screw machine : machine à vis sèche

dual-cell flocculator : floculateur à double cellule

dual-direction : à deux sens de marche ; **~ conveyor :** transporteur à deux sens de marche

dual-media filter : filtre bicouche

duckfoot bend : coude à patin

duct : conduit ; gaine ; **filling ~ :** conduite de remplissage ; **fuel ~ :** gaine de combustible ; **oil ~ :** canalisation d'huile ; **oxygen ~ :** oxyduc ; **ventilation ~ :** canal de ventilation ; gaine de ventilation

ducted cooling : refroidissement canalisé

ducted-fan turbine : turbine à ventilateur auxiliaire

ductile : déformable *(métal)* ; ductile ; **~ iron :** fonte ductile

ductility : ductilité

due (fall ~) : venir à échéance

due date : échéance

dug well : puits ordinaire

dull-emitter : valve à filament obscur

dumb-bell test piece : éprouvette-haltère

dummy joint : joint aveugle ; joint de contraction ; joint de retrait

dump : décharge publique

dumping : gâchage international ; **~ duties :** surtaxe anti-dumping ; **open ~ :** décharge sauvage

dune zone : zone dunaire

duplex : duplex

durability : durabilité

durable : durable

Duralumin : duralumin

duration : durée

Durieux paper : papier Durieux

dust : poussière ; **~ chamber :** collecteur de poussière ; **~ collection :** captage des poussières ; **~ collector :** collecteur de poussière ; dépoussiéreur ; **~ removal :** dépoussiérage ; **~ shield :** cache-poussières ; **~ trap :** filtre à poussière ; **coal ~ :** poussière de charbon ; **metallic ~ :** poussières métalliques

dust-dry : sec hors poussière

dust-proof : étanche à la poussière ; imperméable à la poussière ; protégé contre les poussières ; **~ enclosure :** coffret étanche à la poussière ; **fine ~ :** étanche aux poussières fines

dust-tight : imperméable à la poussière

dusty : poudreux ; poussiéreux

duties (customs ~) : droits de douane

duties (dumping ~) : surtaxe anti-dumping

duties (protective ~) : surtaxe de sauvegarde

duty : droit ; poste *(emploi)* ; service ; **~ and stand-by :** normal-secours ; **~ cycle :** facteur d'utilisation ; **~ factor :** facteur d'utilisation ; **~ free :** franc de tout droit ; **~ paid :** franc de douane ; **~ period :** temps de marche ; **~ point :** point de fonctionnement ; **ad valorem ~ :** droit ad valorem ; **continuous ~ :** service continu ; **heavy ~ :** service intensif ; **intermittent ~ :** service intermittent ; **on ~ :** en service

duty-free : exempt de droits ; exonéré de droits

dye : colorant *(textil.)*

dyeing : teinture

dynamic : dynamique *(adj.)* ; **~ viscosity :** viscosité dynamique ; ~**s :** dynamique *(n.)* ; **setting ~s :** dynamique de réglage

dynamo : dynamo

dynamometric : dynamométrique

dynamotor : convertisseur rotatif

dysentery : dysenterie

dysfunction : dysfonctionnement

E

earned income : revenu du travail

earnings (net ~) : bénéfice net ; produit net

earth *(n.)* **:** masse *(élec.)* ; terre ; **~ cable :** câble de mise à la terre ; **~ circuit :** circuit de terre ; communication avec la terre ; **~ clamp :** prise de masse *(soudage)* ; **~ conductor :** conducteur de terre ; **~ connection :** connexion de mise à la terre ; prise de terre ; **~ embankment :** butte de terre ; **~ fault :** contact à la terre ; **~ moving :** terrassement ; **~ observation satellite :** satellite d'observation de la terre ; **~ terminal :** borne de terre ; **natural ~ :** terre naturelle

earth *(v.)* **:** raccorder à la masse ; raccorder à la terre ; relier à la terre

earthed : mis à la masse ; à la masse

earthenware : faïence

earthing : mise à la terre ; **~ outlet :** prise de terre

earthquake : séisme

earths (rare ~) : terres rares

earthworks : terrassement

earthworm : ver de terre

easily filtered sludge : boues facilement filtrables

east : est

Eastern pattern WC : WC à la turque

eaves gutter : chéneau

ebb tide : marée descendante

ebonite : ébonite

ebonite-lined : ébonité

eccentric : décentré ; désaxé ; excentrique ; **~ rotor pump :** pompe à rotor excentré ; **~ screw :** vis excentrée *(pompe)* ; **~ shaft :** arbre excentré

eccentricity : excentricité

echelon (arranged in ~) : monté en jalousie

echelon arrangement : montage en jalousie

ecology : écologie

economically viable : économique

economics : économie

economizer : économiseur

economy of scale : économie d'échelle

eddy : remous ; tourbillon ; **~ current :** courant de Foucault

edge : arête ; rive de tête *(tôle)* ; tranche *(planche)* ; **raised ~ :** rebord ; **rising ~ :** front montant

edgewise : type profil

effect : effet ; incidence ; **buffer ~ :** effet tampon ; **Coanda ~ :** effet Coanda ; **electromagnetic ~ :** effet électromagnétique ; **Joule ~ :** effet Joule ; **point ~ :** effet de pointe ; **remanent ~ :** effet rémanent ; **thermal ~ :** effet thermique ; **threshold ~ :** effet de seuil ; **Volta ~ :** effet Volta ; **wall ~ :** effet de paroi *(élec.)* ; **water ~ :** effet d'eau

effective : effectif, réel ; **~ current :** courant quadratique ; **~ dose equivalent :** équivalent de dose efficace *(sievert)* ; **~ size :** taille effective ; **~ voltage :** tension efficace

efficacious shock : choc efficace

efficiency : efficacité ; rendement ; **current ~ :** rendement de courant ; **energy ~ :** rendement énergétique ; **heat ~ :** rendement thermique ; **joint ~ :** coefficient de joint ; coefficient de soudure ; **mechanical ~ :** rendement mécanique ; **oxygen transfer ~ :** rendement d'oxygénation ; **oxygenation ~ :** rendement d'oxygénation ; **pump ~ :** rendement d'une pompe ; **scale-inhibiting ~ :** efficacité antitartre ; **separation ~ :** rendement de séparation ; **settling ~ :** rendement de décantation

efficient : efficace

effluent : effluent ; **gas scrubbing ~ :** eau de lavage de gaz ; **intermittent ~s :** rejets occasionnels ; **municipal ~ :** effluent urbain ; **polishing of ~s :** affinage des effluents ; **treated ~ :** effluent traité

egg : œuf ; **Ascaris ~ :** œuf d'Ascaris

ejector : éjecteur ; **intake ~ :** éjecteur d'aspiration

elastic : élastique *(adj.)* ; **~ bracket :** support élastique ; **~ limit :** limite d'élasticité ; **~ strain :** déformation élastique

elasticity : élasticité ; **bulk modulus of ~ :** module d'élasticité

elastomer : élastomère

elastomer-tyred wheel : roue à bandage élastomère

elbow : coude ; coude brusque

electric : électrique ; **~ appliance :** appareil électrique ; **~ blue :** bleu électrique *(peinture)* ; **~ control :** commande électrique ; **~ coupling :** accouplement électrique ; **~ drill :** perceuse électrique ; **~ drive :** commande électrique ; **~ fan :** ventilateur électrique ; **~ feed pump :** pompe d'alimentation électrique ; électro-pompe doseuse ; **~ flux :** flux électrique ; **~ furnace :** four électrique ; **~ induction :** induction électrique ; **~ light :** ampoule ; **~ power balance :** bilan de puissance électrique ; **~ power station :** usine électrique ; **~ propulsion :** propulsion électrique ; **~ pump :** pompe à commande électrique ; **~ relay :** relais électrique ; **~ shock :** choc électrique ; **~ steel :** acier électrique ; **~ stirrer :** agitateur électrique ; électroagitateur ; **~ switchboard :** tableau électrique

electrical : électrique ; **~ cabinet :** armoire électrique ; **~ charge :** charge électrique ; **~ conductivity :** conductivité électrique ; **~ engineer :** ingénieur électricien ; **~ engineering :** technique électrique ; **~ field :** champ électrique ; **~ fitting :** accessoire électrique ; **~ network :** réseau électrique ; **~ resistivity :** résistance spécifique ; **~ shop :** atelier électrique ; **~ system :** réseau électrique

electrician's knife : couteau d'électricien

electro-acoustic conditioning : conditionnement électro-acoustique

electrochemical : électrochimique ; **~ couple :** couple électrochimique ; **~ extraction :** extraction électrochimique

electrode : électrode ; **~ holder :** pince à souder ; **bare ~ :** électrode nue ; **calomel reference ~ :** électrode de référence au calomel ; **hydrogen ~ :** électrode à hydrogène ; **input ~ :** électrode d'entrée ; **output ~ :** électrode de sortie ; **quinhydrone ~ :** électrode à quinhydrone ; **reference ~ :** électrode de référence ; **shielded ~ :** électrode enrobée ; **standard hydrogen ~ :** électrode normale à hydrogène

electrodialysis : électrodialyse ; **polarity reversal ~ :** électrodialyse à inversion de polarité

electrogalvanized : électrozingué

electrogalvanizing : zingage électrolytique

electrolysis : électrolyse ; **~ cell :** cellule d'électrolyse ; **~ voltage :** tension d'électrolyse

electrolyte : électrolyte

electrolytic : électrolytique ; **~ bath :** bain électrolytique ; **~ dissociation :** dissociation électrolytique ; **~ metals recovery :** récupération électrolytique de métaux ; **~ solution :** solution électrolytique ; **~ tank :** cuve électrolytique

electromagnet : électroaimant ; **~ core :** noyau d'électroaimant

electromagnetic : électromagnétique ; **~ brake :** frein électromagnétique ; **~ clutch :** embrayage électromagnétique ; **~ effect :** effet électromagnétique ; **~ flowmeter :** débitmètre électromagnétique ; **~ induction :** induction électromagnétique ; **~ relay :** relais à commande électromagnétique ; relais électromagnétique

electrometry : ionométrie

electromotive force : force électromotrice

electron : électron ; **~ acceptor :** accepteur d'électrons ; **~ beam :** faisceau d'électrons ; faisceau électronique ; pinceau électronique ; **~ capture detector :** détecteur à capture d'électrons ; **~ donor :** donneur d'électrons ; **~ microscope :** microscope électronique ; **~ multiplier :** multiplicateur d'électrons ; **~ tube :** tube électronique ; **bound ~ :** électron lié ; **captured ~ :** électron captif ; **free ~ :** électron libre ; **negative ~ :** électron négatif ; **positive ~ :** électron positif ; **valence ~ :** électron de valence

electron-beam welding : soudage par bombardement électronique

electronic contact cleaner : bombe à thermocontact

electro-osmosis : électro-osmose

electrophoresis : électrophorèse

electrophoretic : électrophorétique

electroplating : électroplastie ; galvanoplastie ; **~ bath :** bain d'électroplastie ; bain de galvanoplastie

electropolishing : polissage électrolytique

electrostatic : électrostatique ; **~ extractor :** épurateur électrostatique ; **~ induction :** induction électrostatique ; **~ precipitator :** dépoussiéreur électrostatique ; **~ repulsive force :** force de répulsion électrostatique

electrovalency : électrovalence

electrowinning : extraction électrolytique

element : corps simple ; élément *(chim.)* ; **heating ~ :** élément de chauffe ; résistance chauffante ; **mineral ~s :** éléments minéraux ; **plug-in ~ :** élément broché ; **trace ~ :** oligo-élément

elevated tank : château d'eau ; citerne surélevée ; réservoir surélevé

elevation : élévation ; vue en élévation ; **spot ~ :** cote de niveau

elevator : monte-charge ; élévateur ; **~ well :** puits d'élévateur ; **bucket ~ :** élévateur à godets ; **screw ~ :** vis de relevage

elevator-conveyor : grappin haveur

elimination : suppression

eliminator (drift ~) : séparateur de gouttes

ellipsoid : ellipsoïde

ellipsoidal head : fond elliptique

elliptic spring : ressort elliptique

elongation : allongement ; élongation

eluant : éluant

eluate : éluat

eluted : élué

elution : élution

elutriation : élutriation

eluvium : éluvion

embanked road : route en remblai

embankment : digue ; remblai ; talus ; **earth ~ :** butte de terre

embarkation port : port d'embarquement

embedded : noyé ; **~ in concrete :** noyé dans le béton ; **~ pipe :** tuyau noyé

embrittlement (caustic ~) : fragilité caustique

embryo : embryon

emergency : urgence ; **~ exit :** issue de secours ; **~ lighting :** éclairage de secours ; **~ off button :** bouton coup-de-poing ; **~ stop :** arrêt d'urgence ; **~ switch :** interrupteur de secours

emergent stem : colonne émergente *(thermomètre)* ; **~ correction :** correction de colonne émergente *(thermomètre)*

emery : émeri ; **~ cloth :** toile d'émeri ; toile émeri ; **~ paper :** papier émerisé

emission : émission *(gaz)* ; **~ spectrography :** spectrographie d'émission ; **flame ~ :** émission de flamme

emittance : pouvoir radiant

emitter : émetteur

emoluments : traitement *(salaire)*

emphasize : souligner

empirical : empirique

employees : personnel

employers' federation : chambre syndicale

empty : vidanger ; **~ bed contact time :** temps de contact à vide ; **~ space :** vide

emulsifier : émulseur ; émulsifiant ; émulsionnant

emulsifying agent : émulsifiant

emulsion : émulsion ; **~ breaker :** casseur d'émulsion ; **~ paint :** peinture à émulsion ; **chemical ~ :** émulsion chimique ; **mechanical ~ :** émulsion mécanique

enabling signal : autorisation *(électr.)*

enamel : émail ; **~ coating :** revêtement en émail ; **vitrified ~ :** émail vitrifié

enamelled : émaillé ; **~ iron :** tôle émaillée ; **~ steel :** acier laqué ; acier peint

encapsulated coil : bobine surmoulée

encasing : enrobage ; **concrete ~ :** enrobage béton

enclosed : blindé ; fermé *(moteur)* ; **~ apparatus :** appareil fermé ; **fully ~ :** sous carter étanche

enclosure : baie *(élec.)* ; capotage ; clôture ; enceinte ; **dust-proof ~ :** coffret étanche à la poussière ; **explosion-proof ~ :** coffret antidéflagrant ; **water-tight ~ :** coffret étanche

end : bout ; extrémité ; fin ; **~ bearing pile :** pieu portant ; pieu travaillant en pointe ; **~ carriage :** sommier d'entraînement ; **~ contraction weir :** déversoir à contractions latérales ; **~ of sequence selection :** convergence en OU ; **~ piece :** bout ; **~ use :** destination finale *(boues)* ; **~ user :** utilisateur final ; **blank ~ :** pastille pour fermeture d'extrémité ; **dead ~ :** bout mort *(élec.)* ; bout fermé *(tuyau)* ; **dished ~ :** fond bombé ; **drive ~ :** côté moteur ; **flanged ~ :** extrémité à bride ; orifice à brides ; **flat ~ :** fond plat ; **liquid ~ :** doseur *(pompe)* ; **non-drive ~ :** côté opposé moteur ; **plain ~ :** bout lisse ; **sealed ~ :** extrémité obturée

endless : sans fin ; **~ belt :** courroie sans fin ; **~ chain :** chaîne sans fin ; **~ moving bar screen :** grille mobile sans fin

endogenous respiration : respiration endogène

endorse : endosser *(jur.)*

endurance : autonomie ; **~ test :** essai de durée

energize : mettre sous tension

energized : sous tension *(élec.)*

energizing : excitation

energy : énergie ; **~ balance sheet :** bilan énergétique ; **~ breakdown :** bilan énergétique ; **~ cost :** coût énergétique ; **~ efficiency :** rendement énergétique ; **~ level :** niveau d'énergie ; **~ management :** maîtrise de l'énergie ; **~ production from waste :** valorisation énergétique des déchets ; **~ recovery :** récupération d'énergie ; **~ supply :** source d'énergie ; **alternative ~ :** énergie de substitution ; **binding ~ :** énergie de liaison ; **free ~ :** énergie libre ; **kinetic ~ :** énergie cinétique ; puissance vive ; **nuclear ~ :** énergie nucléaire ; **radiant ~ :** énergie rayonnante ; **renewable ~ :** énergie renouvelable ; **solar ~ :** énergie solaire

enforce : faire exécuter

engage : enclencher ; mettre en prise

engine : engin ; moteur *(à combustion)* ; **~ oil :** huile de machine ; **~ room :** salle des moteurs ; **~ torque :** couple moteur ; **diesel ~ :** moteur diesel ; **heat ~ :** moteur thermique ; **hot-air ~ :** moteur à air chaud ; **in-line ~ :** moteur en ligne ; **inference ~ :** moteur d'inférence ; **internal combustion ~ :** moteur à combustion interne ; moteur à explosion ; **jet ~ :** moteur à réaction ; **petrol ~ :** moteur à essence ; **piston ~ :** moteur à pistons ; **radial ~ :** moteur en étoile ; **rotary ~ :** moteur rotatif ; **steam ~ :** moteur à vapeur ; **two-stroke ~ :** moteur à deux temps ; **V-type ~ :** moteur à cylindres en V ; moteur en V

engineer : ingénieur ; **chemical ~ :** ingénieur chimiste ; **chief ~ :** ingénieur en chef ; **computer ~ :** informaticien ; **consulting ~ :** ingénieur-conseil ; maître d'œuvre ; **design ~ :** ingénieur de projet ; **electrical ~ :** ingénieur électricien ; **knowledge ~ :** cogniticien ; **mechanical ~ :** ingénieur mécanicien ; **mining ~ :** ingénieur des mines ; **project ~ :** ingénieur d'exécution ; **proposals ~ :** ingénieur de projet ; **sales ~ :** ingénieur technico-commercial ; **state-qualified ~ :** ingénieur agréé

engineering : génie ; ingénierie ; **~ cast iron :** fonte mécanique ; **~ drawing :** dessin industriel ; **~ firm :** engineering ; **~ plastic :** plastique technique ; **chemical ~ :** génie chimique ; **civil ~ :** génie civil ; travaux publics ; **electrical ~ :** technique électrique ; **human factors ~ :** ergonomie ; **hydraulic ~ :** aménagement hydraulique ; **mechanical ~ :** industrie mécanique ; mécanique ; **municipal ~ :** génie urbain ; **refrigeration ~ :** technique de froid ; **sanitary ~ :** génie sanitaire ; **software ~ :** génie logiciel ; **structural ~ :** technique de la construction ; **water treatment ~ :** ingénierie du traitement d'eau

engine-pump transmission : accouplement moteur-pompe

engraving : gravure

enlargement : élargissement

enquiry : demande ; enquête

enter into : conclure *(contrat)*

enterobacter : entérobactéries

enterovirus : entérovirus

entertainment allowance : frais de réception ; frais de représentation

entertainment expenses : frais de représentation

enthalpy : enthalpie

entity (reporting ~) : périmètre de consolidation

entrainment (sugar ~) : coup de sucre

entrance : entrée ; **~ door :** porte d'entrée ; **~ hall :** hall d'entrée ; **~ ramp :** bretelle d'accès ; **rounded ~ :** à bords arrondis ; **truck ~ :** entrée de camions

entrapped air : air occlus

entresol : entresol

entries : écritures

entry : admission ; enregistrement ; **~ number :** numéro de déclaration en douane ; **bill of ~ :** déclaration en douane

environment : ambiance ; environnement ; **natural ~ :** milieu naturel

enzymatic : enzymatique ; **~ reaction :** réaction enzymatique

enzyme : enzyme

enzyme-based detergent : lessive à base d'enzymes

epicyclic gear : réducteur à satellites

epidemic : épidémie ; **water-borne ~ :** épidémie d'origine hydrique

epifluorescence : épifluorescence

epikote pitch : brai épikote

epoxide : époxyde

epoxy : époxydique ; **~ resin :** résine époxy ; époxyde *(résine)*

epsomite : sulfate de magnésie

epsom salt : sulfate de magnésie

equal : égal ; **~ distribution :** équirépartition ; **~ tee :** té égal

equalization : compensation

equalizer : compensateur ; connexion équipotentielle ; palonnier *(frein)* ; **~ brake :** palonnier *(frein)* ; **phase ~ :** compensateur de phases

equalizing line : conduite d'équilibrage

equalizing roller : rouleau d'égalisation

equalizing tank : bac d'équilibre

equalizing valve : vanne compensatrice

equation : équation ; relation *(math.)* ; **Freundlich's ~ :** loi de Freundlich ; **Nernst ~ :** relation de Nernst

equiconcentration : équiconcentration

equilibrium : équilibre ; **~ concentration :** concentration d'équilibre ; **~ curve :** courbe d'équilibre ; **~ potential :** potentiel d'équilibre ; **Donnan ~ :** équilibre de Donnan ; **osmotic ~ :** équilibre osmotique

equipment : appareillage ; équipement ; matériel ; **~ drawing :** plan d'équipement ; **peripheral ~ :** équipement péri-informatique

equities : valeurs *(actions)*

equitox : equitox

equity : action ordinaire ; capital propre ; capital social ; **consolidation under ~ method :** mise en équivalence *(société)*

equivalent : équivalent ; **effective dose ~ :** équivalent de dose efficace *(sievert)* ; **population ~ :** équivalent-habitant

erection : montage

ergonomics : ergonomie

erode : éroder

erosion : érosion

error : erreur ; **calibration ~ :** erreur de calibrage

escalation (cost ~) : hausse des coûts

escalator clause : échelle mobile

escape (gas ~) : déperdition de gaz

Escherichia coli : Escherichia coli

establishment : implantation

ester : ester

estimate : devis estimatif ; **cost ~ :** devis ; **preliminary detailed ~ :** devis descriptif et estimatif ; **rough ~ :** évaluation grossière

estimated : estimatif *(adj.)*

estimation (visual ~) : appréciation visuelle

etching : gravure à l'eau-forte ; **~ solution :** réactif d'attaque

ether : éther ; **petroleum ~ :** éther de pétrole ; **glycol ~s :** éthers de glycol

ethyl : éthyle ; **~ alcohol :** alcool éthylique

ethylbenzene : éthylbenzène

ethylene : éthylène ; **~ bond :** liaison éthylène ; **~ diamine tetra-acetic acid :** acide éthylène-diamine-tétracétique

ettringite : ettringite

euciliate : eucilié

European economic interest grouping : groupement européen d'intérêt économique

eutrophic : eutrophe

eutrophication : eutrophisation

evaporating dish : capsule d'évaporation *(chim.)*

evaporation : évaporation ; **~ flow :** débit d'évaporation ; **~ rate :** taux d'évaporation ; **batch ~ :** évaporation discontinue

evaporative condenser : condensateur à ruissellement

evaporator : bouilleur ; évaporateur ; **falling-film ~ :** évaporateur à descendage ; **long-tube vertical ~ :** évaporateur à longs tubes verticaux ; **marine single-effect ~ :** bouilleur marine ; **multiple-effect ~ :** évaporateur à effets multiples ; **multi-stage flash ~ :** évaporateur multi-flash ; **vacuum ~ :** évaporateur à vide

evapotranspiration : évapotranspiration

evasion (tax ~) : fraude fiscale

even : uniforme *(adj.)* ; **~ number :** nombre pair ; **~ pitch :** pas exact

evenness : égalité

event : événement ; **~ counting :** comptage d'événements ; **abnormal ~ :** événements anormaux

examination : examen ; **customs ~ :** vérification en douane

excavation : excavation ; fouille ; **open-pit ~ :** fouille à ciel ouvert ; **timbered ~ :** fouille blindée

excavator : excavateur

exceed : dépasser

except : hors

exceptional flood : crue exceptionnelle

exceptions : réserves *(contrat)*

excess : excès, excédent ; **~ flow :** engorgement ; excédent de débit ; **~ meter :** compteur à dépassement ; **~ pressure :** surpression ; **~ sludge :** boues en excès ; **~ sludge pump :** pompe à boues en excès ; **~ torque :** surcouple

excessive thickness : surépaisseur

exchange : échange ; **~ capacity :** pouvoir d'échange ; **~ kinetics :** cinétique d'échange ; **~ material :** produit permutant ; **~ rate :** taux de change ; vitesse d'échange ; **~ rate fluctuations :** risques de change ; **chemical ~ :** échange chimique ; **foreign ~ :** change ; **heat ~ :** échange thermique ; **ion ~ :** échange d'ions ; **labour ~ :** bourse du travail ; **stock ~ :** bourse ; bourse des valeurs ; **substrate-culture ~ :** échange substrat-culture

exchanger : échangeur ; **~ resin :** résine échangeuse ; **anion ~ :** échangeur d'anions ; **cation ~ :** échangeur de cations ; **heat ~ :** échangeur de chaleur ; échangeur de température ; **ion ~ :** échangeur d'ions ; **mixed-bed ~ :** échangeur à lits mélangés ; **spiral ~ :** échangeur en spirale ; **weak base ~ :** échangeur faiblement basique

excitation : excitation ; **oxygen ~ :** activation de l'oxygène

exclusion (ion ~) : exclusion d'ions

exclusive : exclusif ; **~ of holidays :** hors congés ; **~ of taxes :** hors taxes ; **~ of VAT :** hors taxes

executive : cadre *(personnel)* ; **junior ~ :** cadre jeune ; **senior ~ :** cadre confirmé ; cadre supérieur

exemption : exonération ; **~ period :** franchise *(pénalités)*

exhaust *(n.)* **:** échappement ; **~ fumes :** gaz d'échappement ; **~ manifold :** collecteur d'échappement ; tubulure d'échappement ; **~ pipe :** pot d'échappement ; tuyau d'échappement ; tuyau de décharge ; **~ pump :** pompe d'épuisement ; **~ shaft :** cheminée d'évacuation ; **~ valve :** clapet d'échappement ; soupape d'échappement

exhaust *(v.)* **:** épuiser

exhausted resin : résine saturée

exhaustion : épuisement *(résines)* ; **~ curve :** courbe de saturation

exit : issue ; **emergency ~ :** issue de secours

exogenous : exogène

exopolymer : exopolymère

exothermic : exothermique

expand : détendre *(gaz)*

expanded : expansé ; **~ clay :** argile expansée ; **~ metal :** métal déployé ; **~ metal sheet :** tôle déployée ; **~ plastic :** mousse de plastique ; plastique mousse ; **~ schist :** schiste expansé

expanding : dudgeonnage ; **~ bit :** mèche universelle ; **~ cement :** ciment expansif

expanse of water : étendue d'eau ; plan d'eau

expansion : décompression ; détente ; dilatation ; expansion *(gaz)* ; extension d'installation ; mise en expansion ; **~ bend :** lyre de dilatation ; **~ joint :** joint d'expansion ; joint de dilatation ; **~ of gases :** dilatation des gaz ; **~ test :** essai d'expansion ; **~ valve :** soupape de détente ; **coefficient of ~ :** coefficient de dilatation ; **thermal ~ :** dilatation à la chaleur

expansive : expansif ; **~ agent :** agent expansif

expediting meeting : réunion d'avancement

expendable : consommable ; **~ cartridge :** cartouche consommable ; **~ packaging :** emballage perdu

expenditure : dépenses ; **~ accounting department :** service ordonnancement ; **capital ~ :** dépenses d'équipement

expense account : note de frais

expenses : frais ; **entertainment ~ :** frais de représentation ; **initial ~ :** frais d'installation ; **living ~ :** frais de séjour ; **management ~ :** frais de gestion ; **office ~ :** frais de bureau ; **running ~ :** dépenses d'exploitation ; **site ~ :** frais de chantier ; **travel ~ :** frais de déplacement

experience : expérience

experienced : chevronné

experiment : expérience *(laboratoire)*

experimental : expérimental

expert : spécialiste ; **~ appraisal :** expertise ; **~ system :** système expert

expiry : expiration ; **~ date :** date d'expiration

exploded view : vue éclatée

exploration : exploration ; **off-shore ~ :** travaux sous-marins ; **site ~ :** reconnaissance du terrain

explosion : éclatement *(chaudière)* ; explosion

explosion-proof : antidéflagrant ; **~ enclosure :** coffret antidéflagrant ; **~ equipment :** appareil antidéflagrant

explosive : explosif

exponent : exposant *(math.)*

exponential law : loi exponentielle

export : exportation ; **~ commission houses :** commissionnaires exportateurs ; **~ incentive policy :** politique d'incitation des exportations ; **~ licence :** licence d'exportation ; **~ merchant :** négociant exportateur ; **~ standard :** qualité export

exposed : exposé *(adj.)*

exposure : pose *(photo.)*

expression : expression

expropriation : expropriation

extendable : extensible

extended : allongé ; **~ aeration :** aération prolongée ; **~ aeration unit :** station à aération prolongée

extensible : extensible

extension : extension ; poste intérieur ; **~ cord :** cordon prolongateur ; rallonge *(télécom.)* ; **~ drill :** foret à rallonge ; **~ ladder :** échelle à coulisse ; **~ lead :** rallonge *(élec.)* ; **~ rod :** tige de manœuvre *(vanne)* ; **~ spindle :** rallonge *(vanne)* ; tige de manœuvre *(vanne)* ; **agricultural ~ :** vulgarisation agricole ; **plant ~ :** extension d'installation

exterior : extérieur

external : extérieur ; externe ; **~ shoe brake :** frein à mâchoires extérieures ; **~ thread :** filetage extérieur

extinction : extinction

extinguisher : extincteur ; **fire ~ :** extincteur d'incendie

extra : supplémentaire ; **~ price :** plus-value ; **~ thickness :** surépaisseur

extracellular : extracellulaire

extract : concentré ; extrait *(chim.)*

extracting drift : chasse-cônes

extraction : extraction ; soutirage ; **~ cell :** cellule d'extraction ; **~ pump :** pompe d'extraction ; **~ scroll :** vis d'extraction ; **aromatic ~s :** extractions aromatiques *(pétro.)* ; **dry ~ :** extraction à sec ; **electrochemical ~ :** extraction électrochimique ; **liquid-liquid ~ :** extraction liquide-liquide ; **solvent ~ :** extraction par solvant ; **steam distillation ~ :** extraction par distillation en phase vapeur

extractor : extracteur ; **~ fan :** aspirateur de buées ; **centrifugal ~ :** extracteur centrifuge ; **electrostatic ~ :** épurateur électrostatique ; **liquid-liquid ~ :** extracteur liquide-liquide

extraordinary income : produit exceptionnel

extrude : refouler *(métall.)*

extruded : filé ; tréfilé ; **~ metal :** métal tréfilé

extruding machine : machine à refouler le métal

extrusion : extrudage ; extrusion ; fluage à la presse

eye : œil ; œillet ; **~ bath :** lave-œil ; **~ bolt :** boulon à œil ; **~ of the wind :** lit du vent

eyebolt : piton ; piton à œil

eyepiece : oculaire ; **~ micrometer :** oculaire micrométrique

eye-wash heads : érogateurs de lave-yeux

F

fabric : carcasse *(constr.)* ; gros œuvre ; tissu ; **~ filter :** dépoussiéreur à manches ; **cross-mesh ~ :** toile à mailles croisées ; **synthetic ~ :** tissu synthétique

face : face ; **~ shield :** masque de soudure ; **flat ~ :** face plate *(bride)* ; **groove ~ :** lèvre *(joint)* ; **joint ~ :** plan de joint ; **raised ~ :** face surélevée *(bride)*

facility : infrastructure ; installation ; **discharge ~ :** ouvrage de dépotage ; **full-scale ~ :** installation industrielle ; **sanitary ~ :** sanitaires ; toilettes

facing : orienté ; **~ brick :** brique de parement ; **flange ~ :** portée de joint *(bride)* ; **male-female ~ :** emboîtement simple ; **spot ~ :** lamage ; **tongue-groove ~ :** emboîtement double

Factice : Factice *(huile vulcanisée)*

factor : facteur ; **burst ~ :** indice d'éclatement ; **concentration ~ :** facteur de concentration ; **correction ~ :** facteur de correction ; **damping ~ :** facteur d'amortissement ; **decontamination ~ :** facteur de décontamination ; **distortion ~ :** taux de distorsion ; **duty ~ :** facteur d'utilisation ; **frictional ~ :** coefficient de frottement interne ; **power ~ :** cosinus ; facteur de puissance ; **proportional ~ :** facteur de proportionnalité ; **safety ~ :** coefficient de sécurité ; facteur de sécurité ; **service ~ :** facteur de service ; **tensile ~ :** longueur de rupture *(papier)*

factoring : affacturage

factors (pollution ~) : paramètres de pollution

factors of production : facteurs de production

factory : usine ; **~ waste :** déchets de fabrication

facts (initial ~) : base de faits

facultative anaerobe : bactérie anaérobie facultative

failure : panne ; rupture ; **~ under bending :** rupture par flexion ; **mains ~ :** panne de secteur ; **mechanical ~ :** défaillance mécanique ; **voltage ~ :** manque de tension

fair (trade ~) : foire ; salon

fall : chute ; **~ due :** venir à échéance ; **~ out of step :** décrocher ; **boat ~ :** palan d'embarcation ; **geometric ~ :** chute géométrique ; **nappe ~ :** entonnement *(déversoir)*

falling-film evaporator : évaporateur à descendage

falling velocity : vitesse de chute

fall-out : retombée *(nucl.)*

false floor : faux plancher

family : famille *(animale, végétale)* ; **~ of curves :** famille de courbes

fan : éventail ; ventilateur ; **axial ~ :** ventilateur axial ; ventilateur hélicoïdal ; **draught ~ :** ventilateur de tirage ; **electric ~ :** ventilateur électrique ; **extractor ~ :** aspirateur de buées ; **flue-gas ~ :** ventilateur des fumées ; **vacuum ~ :** ventilateur de mise sous vide

fanfold : plié accordéon

fanlight : imposte

fan-shaped : en éventail

Faraday cage : cage de Faraday

Faraday constant : constante de Faraday

Faraday shield : cage de Faraday

Faraday's law : loi de Faraday

fare (full ~) : plein tarif *(transport)*

farm (sewage ~) : champ d'épandage

farming : agriculture ; **fish ~ :** activité piscicole ; **shellfish ~ :** conchyliculture

fast-breeder reactor : surrégénérateur

fast colour : couleur inaltérable ; couleur résistante

fastener : fixation ; **belt ~ :** agrafe de courroie ; **drive ~ :** pion d'encliquetage ; **zip ~ :** fermeture à glissière

fastening : fixation ; **~ screw :** vis de fixation

fast-growing bacterium : bactérie à développement rapide

fastness : solidité *(couleur)*

fast rinse : rinçage rapide

fast-track project : programme accéléré

fat : gras *(adj.)* ; graisse *(biol.)* ; **~ mortar :** mortier gras

fatal : mortel

fatigue : fatigue *(méc.)* ; fatigue *(métal)* ; **~ strength :** résistance à la fatigue ; tenue en fatigue ; **vibration ~ :** fatigue par vibration

fatty : gras ; **~ acid :** acide gras ; **~ acid salts :** sels d'acides gras ; **~ amines :** amines grasses

faucet : robinet

fault : défaut ; dérangement ; **~ current :** courant de défaut ; **~ processing :** traitement de défaut ; **earth ~ :** contact à la terre

faulty : défectueux ; **~ assembly :** montage incorrect ; **~ insulation :** défaut d'isolement ; **~ material :** défaut de matière ; **~ workmanship :** défaut d'exécution

feasibility : factibilité ; faisabilité ; **~ study :** étude de praticabilité ; **~ test :** essai de faisabilité

feasible : praticable

feathering blade : pale orientable

feathering propeller turbine : turbine à pales mobiles

feature : caractéristique

fecal : fécal ; **~ coliform :** coliforme fécal ; **~ contamination :** contamination fécale ; **~ matter :** matières fécales

fed : alimenté ; **~ volume :** volume passé ; **pressure ~ :** alimenté sous pression

federation (employers' ~) : chambre syndicale

feed : alimentation ; dispositif d'alimentation ; **~ basin :** vasque d'alimentation ; **~ box :** boîte d'alimentation ; **~ channel :** canal d'alimentation ; **~ circuit :** circuit d'alimentation ; **~ cock :** robinet d'alimentation ; **~ flow :** débit d'alimentation ; **~ gas :** gaz vecteur ; **~ hopper :** trémie d'alimentation ; trémie doseuse ; **~ pipe :** nourrice d'alimentation ; **~ pump :** pompe alimentaire ; pompe d'alimentation ; **~ screw :** vis doseuse ; vis transporteuse ; **~ sprocket :** tambour dérouleur ; **~ sump :** regard d'alimentation ; **~ tank :** bâche alimentaire ; **~ water :** eau d'alimentation ; **centre ~ column :** fût central d'alimentation ; **central ~ duct :** noyau central *(filtre-presse)* ; **continuous ~ :** alimentation en continu ; **countercurrent ~ screw :** vis transporteuse à pas inversé ; **gravity ~ :** alimentation en charge ; alimentation par gravité ; injection gravitaire ; **pressure ~ :** injection sous pression ; **pressurized air ~ :** alimentation en air surpressé ; **reciprocating ~ screw :** vis transporteuse à pas inversé ; **shunt ~ :** alimentation en parallèle ; **solution ~ :** chloration indirecte ; **suction ~ :** alimentation par aspiration

feedback : information de retour ; retour d'expérience ; réaction *(élec.)* ; retour d'information ; **~ compensation transformer :** transformateur à compensation parallèle ; **~ control :** régulation par réaction ; **~ controller :** régulateur à réaction ; **~ oscillator :** oscillateur à réaction ; **~ potentiometer :** potentiomètre de réaction ; **market ~ :** réaction du marché

feeder : doseur ; ligne d'alimentation ; nourrice ; poste de dosage ; **air ~ :** nourrice d'air ; **catch ~ :** fossé collecteur ; **dry ~ :** doseur à sec ; **gravimetric ~ :** doseur gravimétrique ; **gravity ~ :** doseur gravitaire ; **loss-in-weight ~ :** doseur par perte de poids ; **orifice-type ~ :** doseur à orifice ; **revolving-disc ~ :** doseur à sole tournante ; **rotary-vane ~ :** distributeur alvéolaire ; vanne alvéolaire ; vanne rotative de distribution ; **screw-type ~ :** doseur à vis ; **volumetric ~ :** doseur volumétrique

feeding : dosage ; **dry ~ :** dosage à sec ; **pump reagent ~ :** dosage de réactifs par pompe ; **reagent ~ :** dosage de réactifs

feedthrough terminal : borne traversante

feeler gauge : feuille d'épaisseur

fees : honoraires ; **abstraction ~ :** taxe de prélèvement ; **discharge ~ :** taxe de rejet ; **survey ~ :** frais d'expertise

felt : feutre ; **~ carpet :** aiguilleté ; **bitumen ~ :** feutre bitumé ; **bituminized ~ :** feutre bitumé ; **impregnated ~ :** feutre goudronné

female thread : pas de vis femelle

fence : clôture ; palissade ; **mobile picket ~ :** herse mobile ; **picket ~ :** herse ; herse d'épaississement ; **scum ~ :** herse-croûte ; **wire ~ :** barrière grillagée ; clôture en fil métallique

fencing (wire ~) : clôture en fil de fer

Fenton reagent : réactif de Fenton

fermentable : fermentescible

fermentation : fermentation ; **hydrolysis by ~ :** zymohydrolyse ; **methane ~ :** méthanisation

fermenting capacity : pouvoir fermentescible

fermenting reactor : fermenteur

ferric : ferrique ; **~ chloride :** chlorure ferrique ; **~ chloride tank :** citerne de chlorure ferrique ; **~ hydroxide :** hydroxyde ferrique ; **~ iron :** fer ferrique ; **~ salt :** sel ferrique ; **~ sulphate :** sulfate ferrique

ferroalloy : ferro-alliage

ferromagnetic : ferromagnétique

ferrous : ferreux ; **~ chloride :** chlorure ferreux ; **~ iron :** fer ferreux ; **~ oxalate :** oxalate de fer ; **~ salt :** sel ferreux ; **~ sulphate :** sulfate ferreux ; **~ sulphur :** sulfure ferreux

ferruginous : ferrugineux

fertilizer : engrais

festooned cable : câble en guirlande ; guirlande électrique

fever (marsh ~) : paludisme

fibre : fibre ; filasse ; **asbestos ~ :** fibre d'amiante ; **glass ~ :** fibre de verre ; **optical ~ :** fibre optique ; **synthetic ~ :** fibre de synthèse ; fibre synthétique ; **wood ~ :** fibre de bois

fibre-glass reinforced plastic : plastique armé fibre de verre

fibre-reinforced plastic : filamentaire ; **~ flange :** bride filamentaire

fibrous : filamenteux ; **~ sludge :** boues fibreuses

Fick's law : loi de Fick

field : champ ; domaine ; **~ investigation :** recherche sur le terrain ; **~ of application :** domaine d'application ; **~ rheostat :** rhéostat de champ ; **~ test :** essai de chantier ; essai sur place ; **~ winding :** enroulement inducteur ; **centrifugal ~ :** champ centrifuge ; **electrical ~ :** champ électrique ; **free ~ :** champ libre ; **magnetic ~ :** champ magnétique ; **oil ~ :** champ pétrolifère ; gisement de pétrole ; **oriented electrical ~ :** champ électrique orienté ; **reduced ~ :** champ réduit ; **sewage ~ :** champ d'épandage

fieldbus network : réseau de terrain

field-effect transistor : transistor à effet de champ

field-emission microscope : microscope à champ émissif

figure : figure *(dessin)* ; **interference ~ :** figure d'interférence

filament : fibrille ; filament ; **~ winding :** enroulement filamentaire

filamentous bulking : foisonnement

file *(n.)* **:** dossier *(documents)* ; fichier ; lime ; **bastard ~ :** lime bâtarde ; **half-round ~ :** lime demi-ronde ; **knife-edge ~ :** lime couteau ; **rat-tail ~ :** queue de rat ; **round ~ :** lime ronde ; **second-cut ~ :** lime demi-douce ; **single-cut ~ :** lime à simple taille ; **smooth-cut ~ :** lime douce ; **square ~ :** lime carrée ; **three-square ~ :** lime tiers-point ; lime triangulaire ; tiers-point

file *(v.)* **:** déposer *(brevet)*

filiform : filiforme

filing cabinet : fichier

fill (plastic ~) : remplissage plastique

fill (random ~) : remplissage en vrac

fill (traditional ~) : remplissage traditionnel

fillage graph : profil de courbe

filler : charge *(papier)* ; mastic ; **~ cap :** bouchon de remplissage ; **~ metal :** métal d'apport ; **pipette ~ :** propipette

fillet : congé *(constr.)* ; listel *(constr.)* ; solin ; **~ weld :** soudure d'angle

filling : mise en eau *(barrage)* ; remplissage ; **~ duct :** conduite de remplissage ; **concrete ~ :** bourrage en béton

fill material : matériau de remplissage

fills (cuts and ~) : remblais et déblais

film : film ; pellicule ; typon *(impr.)* ; **~ gate :** fenêtre de projection ; **~ of water :** film d'eau ; **butyl ~ :** nappe de butyl ; **insulating ~ :** pellicule isolante ; **offset ~ :** typon ; **outer ~ :** film superficiel *(chaudière)* ; **stripping ~ :** papier négatif pelliculaire ; **Tillmans' ~ :** couche de Tillmans ; film de Tillmans ; **water ~ :** lame d'eau

film-forming : filmant *(pétro.)* ; **~ amine :** amine filmante

filter : filtre ; **~ battery :** batterie de filtres ; **~ bed :** bassin filtrant ; lit filtrant ; masse filtrante ; **~ belt :** toile de filtre ; **~ cage :** cage filtrante ; **~ cake :** gâteau de filtration ; **~ cartridge :** cartouche de filtre ; **~ console :** pupitre de filtre ; **~ control desk :** pupitre de filtre ; **~ flask :** fiole à vide ; **~ floor :** plancher filtrant ; **~ gallery :** galerie des filtres ; **~ gravel :** gravier filtrant ; **~ holder :** support de filtre ; **~ level controller :** régulateur de filtre ; **~ medium :** masse filtrante ; matériau de remplissage ; **~ paper :** papier filtre ; **~ press :** filtre-presse ; **~ pump :** trompe à vide ; **~ rate :** débit de filtre ; **~ run :** durée de cycle ; **~ sieve :** tamis filtrant ; **~ stage :** étage de filtration ; **~ tube :** tube filtrant ; **~ washing desk :** pupitre de filtre ; **activated carbon ~ :** filtre à charbon actif ; **air ~ :** filtre à air ; filtre d'air ; **belt ~ :** filtre à bandes presseuses ; **belt discharge ~ :** filtre à sortie de toile ; filtre à toile sortante ; **biflow ~ :** filtre double courant ; filtre double flux ; **biological ~ :** filtre biologique ; **buffer ~ :** filtre tampon ; **cartridge ~ :** filtre à cartouches ; **coalescer ~ :** filtre coalesceur ; **constant rate and variable-head ~ :** filtre à débit constant et niveau variable ; **constant rate compensated-clogging ~ :** filtre à débit constant et compensation de colmatage ; **constant rate variable-head ~ :** filtre à encrassement ; **dechlorinating ~ :** filtre déchlorant ; **declining rate ~ :** filtre à flux décroissant ; **deep-bed ~ :** filtre à haute couche ; **diatomaceous earth ~ :** filtre à diatomées ; **disc ~ :** filtre à disques ; **double acid washed ~ :** filtre sans cendres ; **double-bay ~ :** filtre double ; **dry ~ :** filtre sec ; **dual-media ~ :** filtre bicouche ; **fabric ~ :** dépoussiéreur à manches ; **fixed ~ cage :** cage filtrante fixe ; **frame ~ :** filtre à cadres ; **glass fibre ~ :** filtre en fibre de verre ; **glass wool ~ :** filtre en laine de verre ; **granular media ~ :** filtre granulaire ; **gravity ~ :** filtre gravitaire ; filtre ouvert ; **high-rate ~ :** lit à forte charge ; **inflow splitting ~ :** filtre à encrassement ; **inflow splitting variable-level ~ :** filtre à encrassement ; **interference ~ :** filtre interférentiel *(spectrophotomètre)* ; **iron removal ~ :** déferriseur ; filtre déferriseur ; **low-rate ~ :** lit à faible charge ; **mixed media ~ :** filtre multicouche ; **multi-media ~ :** filtre multicouche ; **neutralite ~ :** filtre à neutralite ; **nitrifying ~ :** nitrificateur ; **oil ~ :** filtre à huile ; **open gravity ~ :** filtre ouvert ; **percolating ~ :** filtre percolateur ;

plate-and-frame ~ : filtre-presse à chambres ; filtre-presse à plateaux ; **pozzuolana ~ :** filtre à pouzzolane ; **precoat ~ :** filtre à précouche ; **pressure ~ :** filtre fermé ; filtre sous pression ; **rapid ~ :** filtre rapide ; **rotary ~ :** filtre rotatif ; **rotary vacuum ~ :** filtre à tambour sous vide ; **roughing ~ :** dégrossisseur ; **sand ~ :** filtre à sable ; **self-washing ~ :** filtre autolaveur ; **single-media ~ :** filtre monocouche ; **slow ~ :** filtre lent ; **standard ~ :** filtre étalon ; **terminal high-efficiency ~ :** filtre absolu ; filtre finisseur ; **trickling ~ :** lit à ruissellement ; lit bactérien ; **upflow oil-separation ~ :** filtre déshuileur à flux ascendant ; **vacuum ~ :** filtre à vide ; filtre sous vide ; **variable interference ~ :** filtre interférentiel continu

filterability : filtrabilité ; **mathematical representation of ~ :** caractérisation numérique de la filtrabilité

filterable : filtrable

filtered : filtré ; **~ water :** eau filtrée ; **~ water chamber :** vasque de restitution d'eau filtrée ; **~ water tank :** citerne d'eau filtrée ; **downwardly ~ :** filtré de haut en bas

filtering : tamisage *(air)* ; **~ agent :** adjuvant de filtration ; **~ belt :** toile de filtration ; **~ candle :** bougie filtrante ; **~ cartridge :** cartouche filtrante ; **~ drum :** tambour filtrant ; **~ material :** matériau filtrant ; milieu filtrant ; **~ media :** matériau filtrant ; **~ slab :** dalle filtrante ; **~ surface area :** surface filtrante

filter press (recessed-plate ~) : filtre-presse à plateaux chambrés

filter-rate controller : régulateur de débit du filtre

filtrate : filtrat ; **~ pumping :** reprise de filtrat ; **~ receiver :** ballon séparateur

filtration : filtration ; **~ front :** front de filtration ; **~ in dead-end mode :** filtration frontale ; **~ rate :** vitesse de filtration ; **~ skid :** skid de filtration ; **~ tank :** cuve de filtration ; **biological ~ :** biofiltration ; **contact ~ :** coagulation sur filtre ; floculation sur filtre ; **cross-flow ~ :** filtration tangentielle ; **dead-end ~ :** filtration frontale ; **direct ~ :** coagulation sur filtre ; filtration directe ; floculation sur filtre ; **downward ~ :** filtration de haut en bas ; **fine ~ :** filtration fine ; **membrane ~ :** filtration sur membrane ; **multi-media ~ :** filtration multicouche ; **precoat ~ :** filtration sur précouche ; filtration sur support à précouche ; **rapid ~ :** filtration rapide ; **sidestream ~ :** filtration dérivée ; **slow ~ :** filtration lente ; **slow sand ~ :** filtration lente sur sable ; **sludge ~ :** filtration des boues ; **tangential ~ :** filtration tangentielle ; **tertiary ~ :** filtration tertiaire ; **upward ~ :** filtration de bas en haut ; **wet air ~ :** filtration d'air par voie humide

fin : ailette ; **cooling ~ :** ailette de refroidissement

final : final ; **~ clarifier :** clarificateur final ; décanteur final ; **~ discharge :** exutoire ; **~ settling tank :** décanteur final

finalize : mettre au point

finance regulations : règlements financiers

financial year : exercice *(fin.)*

fine : fin *(adj.)* ; **~ adjustment :** réglage de précision ; **~ bar screen :** grille fine ; **~ dust-proof :** étanche aux poussières fines ; **~ filtration :** filtration fine ; **~ grinding :** broyage fin ; **~ pitch :** pas fin ; **~ sand :** sable à grain fin ; **manual ~ screen :** grille fine manuelle

fineness : finesse

fine-removal column : colonne de définage

fines : fines ; **~ removal :** définage ; **resin ~ :** fines de résine

finger : doigt

fining : collage *(vin)*

finish : peinture ; **~ cut :** passe de finition ; **hammer ~ :** peinture martelée ; martelé *(peinture)* ; **hammer-tone ~ :** martelé *(peinture)*

finished goods : produits finis

finishes : finitions ; second œuvre

finishing : finition ; **~s :** second œuvre ; **~ coat :** couche de finition ; **~ shop :** atelier de finition ; **surface ~ :** traitement de surfaces

finned tube : tube à ailettes ; tuyau à ailettes

fir : sapin

fire : feu ; **~ box :** boîte à feu *(chaudière)* ; **~ door :** porte coupe-feu ; porte de chargement *(four)* ; porte de foyer ; **~ extinguisher :** extincteur d'incendie ; **~ hose :** lance d'incendie ; manche à incendie ; tuyau d'incendie ; **~ hydrant :** bouche d'incendie ; poste d'incendie ; **~ protection :** protection contre le feu ; **~ retardant :** ignifuge ; **~ tube :** tube de fumée *(chaudière)* ; **~ wall :** cloison pare-feu ; **reaction to ~ :** comportement au feu

firebreak : coupe-feu ; pare-feu

firebrick : brique réfractaire

fireclay : terre à poêle

fireproof lining : brasque *(métall.)*

fire-proofing : ignifugation

fire-retardant : ignifuge *(adj.)*

fire-tube boiler : chaudière à tubes de fumée

firing : allumage *(thyristor)* ; **order of ~ :** rythme d'allumage

firm : entreprise ; **consulting ~ :** bureau d'études ; **engineering ~ :** engineering

firmer chisel : queue de renard

first : premier ; **~ floor** *(US)* **:** premier étage ; **~ floor** *(UK)* **:** rez-de-chaussée ; **~ instalment :** premier versement

fiscal year : exercice *(fin.)*

fished joint : joint éclissé

fish farming : activité piscicole

fish plate : éclisse ; **angle ~ :** éclisse cornière

fish-tail bolt : boulon à queue de carpe

fission reactor : réacteur à fission

fissurability : fissurabilité

fissure : fissure

fissuring : fissuration

fit : ajustage ; **cut to ~ :** recouper ; **loose ~ :** ajustage lâche ; **tight ~ :** ajustage serré

fitter : ajusteur ; monteur ; **chief ~ :** chef monteur

fitting : accessoire ; ajustage ; raccord ; **~s :** appareillage ; **curve ~ :** ajustement d'une courbe ; **electrical ~ :** accessoire électrique ; **flanged ~ :** raccord à brides ; **inlet ~ :** raccord d'entrée ; **installation ~ :** accessoire de pose ; **overhead line ~ :** accessoire de ligne aérienne ; **shop ~ :** agencement de magasins

fixed : fixe ; fixé ; **~ assets :** actif immobilisé ; actif incorporel ; **~ contact :** contact fixe ; **~ filter cage :** cage filtrante fixe ; **~ granular bed :** lit granulaire fixe ; **~ point :** point fixe ; **~ screen :** grille fixe ; **~ walkway :** passerelle fixe ; **~ walkway with handrail :** passerelle fixe avec garde-corps ; **~ wall :** paroi fixe

fixed-extraction settler : décanteur à extraction fixe ; **distributed ~ :** décanteur à extraction fixe répartie

fixed-spindle roller : rouleau à axe fixe

fixing : fixation ; **~ clamp :** patte d'accrochage ; **~ strap :** patte de fixation ; **price ~ :** entente des prix

fixture : appareil

flake : paillette

flame : flamme ; **~ detection :** détection de flamme ; **~ emission :** émission de flamme ; **~ hardening :** trempe au chalumeau ; **~ ionization detector :** détecteur à ionisation de flamme ; **~ trap :** arrête-flamme ; grille pare-flamme ; pare-flamme ; **reducing ~ :** flamme réductrice

flame-cutting : oxycoupage ; **~ torch :** chalumeau oxycoupeur

flammability limit : limite d'inflammabilité

flammable : inflammable

flange *(n)* **:** aile *(poutre)* ; bride ; collerette *(tuyau)* ; collet ; flasque ; **~ facing :** portée de joint *(bride)* ; **angle ~ :** bride angulaire ; **attaching ~ :** flasque de fixation ; **axle ~ :** flasque d'essieu ; **blank ~ :** bride d'obturation ; bride pleine ; plaque pleine ; **blind ~ :** bride d'obturation ; **bonnet ~ :** bride de chapeau ; **brake ~ :** flasque de frein ; **companion ~ :** contrebride ; **coupling ~ :** collerette d'assemblage ; **fibre-reinforced plastic ~ :** bride filamentaire ; **packing gland ~ :** bride de presse-étoupe ; **plain face ~ :** bride dressée ; **puddle ~ :** cordon d'ancrage ; **raised-face ~ :** bride à face surélevée ; bride à portée de joint surélevée ; **riveted ~ :** bride rivée ; **rolling ~ :** bride à mandriner ; **screwed ~ :** bride à visser ; **sealing ~ :** bride d'étanchéité ; **socket ~ :** bride-emboîtement ; **spigot ~ :** bride-uni ; **welding-neck ~ :** bride à collerette

flange *(v.)* **:** brider

flanged : à rebord ; bridé ; **~ branch :** tubulure à bride ; **~ coupling :** accouplement à plateaux ; **~ end :** extrémité à bride ; orifice à brides ; **~ fitting :** raccord à brides ; **~ pipe :** tuyau à brides ; **~ square :** équerre à chapeau ; **~ tyre :** bandage à boudin

flanged-face coupling : accouplement à plateaux

flangeless valve : vanne sans bride

flank : flanc

flap : abattant ; aileron ; battant *(clapet)* ; volet ; **~ valve :** clapet à battant ; clapet de retenue à battant ; **distributor ~ :** volet répartiteur ; **ventilation ~ :** registre d'aérage

flare : battre les collets ; **~ tool :** appareil à collets

flared : évasé ; **~ collar :** collet rabattu ; **~ mouth :** évasement

flaring tool : appareil à battre les collets ; appareil à collets ; appareil pour collets battus

flash : éclat *(lumière)* ; **~ boiler :** chaudière à vaporisation instantanée ; chaudière de détente ; **~ dryer :** four à pulvérisation ; **~ lamp :** lampe flash ; **~ mixer :** agitateur rapide ; mélangeur rapide ; **~ point :** point d'éclair ; **~ welding :** soudage par étincelles ; **impeller-type ~ mixer :** mélangeur rapide à hélice

flashed juice : jus flashé

flashlight : flash *(photo.)* ; lampe de poche

flash-mix reactor : réacteur de mélange rapide

flashover : contournement *(élec.)* ; flash *(élec.)*

flask : ballon ; fiole ; flacon ; **Dewar ~ :** vase de Dewar ; **distillation ~ :** ballon de distillation *(chim.)* ; **filter ~ :** fiole à vide ; **Florence ~ :** vase florentin ; **stoppered ~ :** flacon bouché ; **volumetric ~ :** fiole jaugée ; **wide-mouthed ~ :** flacon à large ouverture

flat *(adj.)* **:** plan ; plat ; **~ end :** fond plat ; **~ face :** face plate *(bride)* ; **~ iron :** fer plat ; plat de fer ; **~ paintbrush :** pinceau queue de morue ; **~ rate :** tarif uniforme ; taux uniforme ; taux unique ; **~ roof :** toit en terrasse ; **~ space :** aire

flat *(n.)* **:** fer plat ; plat

flat-eye cable lug : cosse à plage ronde

flatness (inherent ~) : planéité

flatworm : ver plat

flavour profile : profil de flaveur

flaw : défaut d'exécution

flax : lin ; **~ cob :** anas de lin

fleet : parc *(auto.)*

fleeting : fugace

flex : flexible *(élec.)*

flexibility : souplesse ; **operating ~ :** souplesse de fonctionnement

flexible : élastique ; flexible *(adj.)* ; souple ; **~ coupling :** accouplement élastique ; raccord souple ; **~ gas pipe :** tuyau souple à gaz ; **~ hose connection :** raccord flexible de tuyauterie ; **~ metal pipe :** tuyau métallique flexible ; **~ prestressed reinforcement :** armature souple précontrainte ; **~ scraper :** lame de désengagement de gâteau ; **~ shaft :** arbre flexible ; transmission flexible *(méc.)* ; **~ sheath :** gaine souple ; **~ sleeve :** manchette élastique ; **~ throat valve :** vanne à déformation élastique ; **~ tube :** manchon *(vanne à manchon)* ; **~ wire :** câble souple

flier : marche droite

flight : raclette

flight-and-chain scraper system : dispositif de raclage à chaînes

flight-and-chain system : chaînes sans fin munies de raclettes

flight of stairs : volée d'escalier

flip-flop : inverseur *(électr.)*

float *(n.)* **:** flotteur ; **~ chamber :** cuve à niveau constant *(carburateur)* ; **~ cock :** robinet à flotteur ; **~ switch :** contacteur à flotteur ; interrupteur à flotteur ; **~ valve :** robinet à flotteur

float *(v.)* **:** flotter ; lancer *(emprunt)*

floatability : flottabilité

floated : flotté ; **~ sludge :** boues flottées ; **~ sludge pit :** puits à boues flottées ; **~ water :** eau flottée

floating : flottant ; flottation ; **~ aerator :** turbine sur flotteur ; **~ axle :** essieu flottant ; **~ cell :** flottateur ; **~ foundation :** fondation sur radier ; fondations en cuvelage ; **~ hose :** tuyau autoflottant ; **~ master :** maître flottant ; **~ matter :** flottants ; matières flottantes ; **~ recycling :** flottation recyclage ; **~ slab :** dalle flottante

floc : floc ; **~ former :** floculateur ; **granular ~ :** floc grenu ; **hydrophilic ~ :** floc hydrophile ; **hydroxide ~ :** floc d'hydroxyde ; **massive ~ :** floc abondant ; **pin-head ~ :** floc en tête d'épingle

flocculant : adjuvant de floculation ; floculant ; **~ aid :** adjuvant de floculation ; **~ reagent :** réactif floculant

flocculate : floculer

flocculating agent : floculant

flocculation : floculation ; **~ pH :** pH de floculation ; **~ phase :** phase de floculation ; **~ tank :** bassin de floculation ; **~ time :** temps de floculation ; **double ~ :** double floculation ; **in-line ~ :** floculation sur filtre ; **perikinetic ~ :** floculation péricinétique ; **prior ~ :** floculation préalable ; **solids contact ~ :** floculation avec contact de boues

flocculator : floculateur ; **dual-cell ~ :** floculateur à double cellule ; **mechanical ~ :** floculateur agité ; **offset baffle ~ :** floculateur à chicanes ; **paddle-type ~ :** floculateur à barrières ; **propeller-type ~ :** floculateur à hélice ; **reel ~ :** floculateur à barrières ; **static ~ :** floculateur statique ; **turbine ~ :** floculateur à hélice

floccule : flocon

flocculent : floculeux ; **~ particle :** particule floculée ; **~ settling :** décantation diffuse

flock (cotton ~) : bourre de coton

flood : crue ; **~ dam :** barrage de crue ; **~ tide :** marée montante ; **annual ~ :** crue annuelle ; **exceptional ~ :** crue exceptionnelle

flooded suction : aspiration en charge ; **~ pump :** pompe à aspiration en charge

flooding (water ~) : réinjection *(pétro.)*

floodlight : projecteur

floor : aire ; étage ; plancher ; radier ; sol ; **~ scraper :** racleur de fond ; **~ slab :** dalle ; **~ space requirement :** encombrement au sol ; **at ~ level :** au ras du sol ; **cement ~ :** plancher en ciment ; **concrete ~ slab :** dalle de béton ; **false ~ :** faux plancher ; **filter ~ :** plancher filtrant ; **first ~** *(UK)* **:** premier étage ; **first ~** *(US)* **:** rez-de-chaussée ; **ground ~** *(UK)* **:** rez-de-chaussée ; **intermediate ~ :** faux plancher ; **nozzle ~ :** plancher à buselures ; **parquet ~ :** parquet ; **second ~** *(US)* **:** premier étage

flooring (concrete ~) : chape

Florence flask : vase florentin

flotation : flottation ; **aided ~ :** flottation assistée ; **dissolved-air ~ :** flottation à l'air dissous ; **induced ~ :** flottation provoquée ; **mechanical ~ :** flottation mécanique ; **natural ~ :** flottation naturelle

floation unit : flottateur ; poste de flottation ; **dissolved air ~ :** flottateur à l'air dissous ; **mechanical ~ :** flottateur mécanique

flour : farine ; **wood ~ :** farine de bois

flow *(n.)* : cours ; débit *(rivière)* ; écoulement ; flux ; régime ; ~ **assister :** dévoûteur ; ~ **chart :** alimentation hydraulique ; ~ **coefficient :** coefficient d'écoulement ; ~ **control valve :** vanne de réglage de débit ; ~ **controller :** régulateur de débit ; ~ **cup :** coupe consistométrique ; coupe viscosimétrique ; ~ **curve :** courbe de débit ; ~ **diagram :** schéma de fonctionnement ; ~ **measurement :** mesure de débit ; ~ **peak :** pointe de débit ; ~ **rate :** débit (tuyau) ; ~ **recorder :** enregistreur de débit ; ~ **regulating valve :** vanne régulatrice de débit ; ~ **separation :** séparation des courants ; ~ **shaft :** cheminée d'écoulement ; cheminée de écoulement ; ~ **sheet :** alimentation hydraulique ; schéma de fonctionnement ; ~ **splitting tank :** bac de partage ; ouvrage de répartition ; ~ **velocity :** vitesse d'écoulement ; vitesse de circulation ; **air ~ :** débit d'air ; **average ~ :** débit moyen ; **continuous ~ :** régime continu ; **drift ~ :** débit d'entraînement vésiculaire ; **dry weather ~ :** débit de temps sec ; **evaporation ~ :** débit d'évaporation ; **excess ~ :** engorgement ; excédent de débit ; **feed ~ :** débit d'alimentation ; **gravity ~ :** écoulement en charge ; écoulement gravitaire ; **heat ~ :** flux thermique ; **hourly ~ rate :** débit horaire ; **hydraulic ~ rate :** débit hydraulique ; **induced ~ :** débit induit ; **intermittent ~ :** régime discontinu ; **laminar ~ :** écoulement laminaire ; régime laminaire ; **line of ~ :** axe d'écoulement ; **make-up ~ :** débit d'appoint ; **mass ~ rate :** débit massique ; **multi-stage continuous ~ :** régime continu multiétagé ; **peak ~ :** débit de pointe ; **plug ~ :** flux piston ; **recycling ~ :** débit de recyclage ; **reduction in ~ rate :** détarage en débit ; **return ~ :** débit de retour ; **semi-continuous ~ :** régime semi-continu ; **slug ~ :** écoulement en poche ; **total blow-down ~ :** débit de déconcentration totale ; **treated ~ :** débit traité ; **turbulent ~ :** écoulement turbulent ; **unit ~ :** débit unitaire ; **volume ~ rate :** débit volumique ; **wet weather ~ :** débit de temps de pluie ; **zero ~ :** débit nul

flow *(v.)* : circuler *(marchandises)* ; couler

flower gardening : horticulture florale

flow-inversion bell : cloche d'inversion de flux

flow-inversion pipe : pipe à inversion de flux

flow-limiting pressure siphon : siphon comprimé limiteur de débit

flowmeter : compteur ; débitmètre ; indicateur de débit ; **air ~ :** mesure de débit d'air ; **differential pressure ~ :** débitmètre à organe déprimogène ; **electromagnetic ~ :** débitmètre électromagnétique ; **induction ~ :** débitmètre à induction ; **integrating ~ :** totalisateur de débit ; **turbine ~ :** débitmètre à turbine ; **ultrasonic ~ :** débitmètre à ultrasons ; **vane ~ :** débitmètre à palettes ; **vortex velocity ~ :** débitmètre à effet vortex

flow-splitting system : répartiteur

flow-type probe : sonde à écoulement

fluctuation : fluctuation

flue : carneau ; conduit de cheminée ; ~ **gas :** fumée ; gaz de fumées ; **wet ~ gas :** fumées humides

flue-gas cleaning : lavage de fumées

flue-gas fan : ventilateur des fumées

fluid : fluide ; ~ **bed cracking :** fluocraquage *(pétro.)* ; ~ **catalytic cracking :** fluocraquage catalytique ; ~ **catalytic cracking unit :** fluocraqueur catalytique ; ~ **cracking :** vapocraquage ; ~ **drag :** traînée du fluide ; ~ **drive :** embrayage hydraulique ; **brake ~ :** fluide de frein ; **conveyed ~ :** fluide véhiculé ; **conveying ~ :** liquide intermédiaire ; **HC ~ :** fluide hydrocarboné ; **heat-transfer ~ :** fluide caloporteur ; **Newtonian ~ :** fluide à viscosité constante ; **service ~ :** fluide moteur ; **working ~ :** fluide moteur *(élec.)*

fluidifier : fluidifiant

fluidization : fluidisation ; ~ **air :** air de fluidisation

fluidized : fluidisé ; ~ **bed :** lit fluidisé

fluidized-bed dryer : sécheur à lit fluidisé

fluidized-bed furnace : four à lit fluidisé

fluidizing pump : pompe de fluidisation

flume (venturi ~) : canal venturi

fluorescence : fluorescence

fluorescent : fluorescent ; ~ **bulb :** ballon fluorescent ; ~ **lamp fitting :** réglette bloc fluorescente ; ~ **tube :** tube fluorescent

fluoridation : fluoruration

fluoride : fluorure ; ~ **removal :** défluoruration

fluorination : fluoration

fluorine : fluor

fluorosis : fluorose

fluosilicate : fluosilicate

flush *(adj.)* : affleurant ; ~ **door :** porte isoplane ; ~ **mounting :** encastrement ; ~ **rivet :** rivet à fleur

flush *(n.)* : chasse ; ~ **period :** temps de chasse *(Pulsator)* ; ~ **tank :** bac de chasse ; réservoir de chasse ; **quick ~ :** chasse rapide ; **water ~ :** chasse d'eau

flushing : rinçage *(osmose inverse)* ; ~ **water :** fluide de décolmatage ; **hydraulic ~ :** vidange par chasse hydraulique

flush-mounted : encastré ; ~ **cabinet :** armoire encastrée

flush-mounting : montage encastré

fluted : à rainures

flux : flux ; **electric ~ :** flux électrique ; **heat ~ :** flux de chaleur ; **ion ~ :** flux d'ions ; **magnetic ~ :** flux magnétique

fly ash : cendres volantes

flyer : marche droite

flying bridge : pont volant *(GC)*

fly length : longueur repliée *(échelle)*

flywheel : volant d'inertie

F/M ratio : charge massique

foam : écume ; mousse ; **~ concrete :** béton mousse ; **~ reduction :** rabattement de mousses ; **~ rubber :** caoutchouc mousse ; **persistent ~ :** mousse persistante ; **plastic ~ :** mousse de plastique ; plastique mousse

foamed plastic : mousse de plastique

foaming : moussage

focal : focal ; **~ length :** distance focale ; **~ plane :** plan focal *(opt.)*

focusing : focalisation ; **~ template :** jauge de focalisation

foil : clinquant

fold : pli

folded steel plate : tôle pliée

folder : dépliant

folding : pliage

follow-up : suivi

food : alimentation ; **~ chain :** chaîne alimentaire ; **~ industry :** industrie alimentaire ; **~ processing industry :** industrie agroalimentaire

food-grade quality : qualité alimentaire

foodstuffs : denrées alimentaires

fool-proof mechanism : mécanisme de sûreté

foot : base ; pied ; pied *(unité de mesure)* ; **~ bridge :** pont pour piétons ; **~ valve :** clapet de pied ; **~ valve and strainer :** clapet de pied-crépine ; **cubic ~ :** pied cube ; **square ~ :** pied carré

footbath : pédiluve

foot-bridge : passerelle

footing : empattement ; **pad ~ :** semelle isolée ; **spread ~ :** semelle isolée *(GC)*

for and on behalf of : par procuration

force : force ; **~ pump :** refouleur ; **buoyant ~ :** poussée d'Archimède ; **centrifugal ~ :** force centrifuge ; **cohesive ~ :** force de cohésion ; **electromotive ~ :** force électromotrice ; **frictional ~ :** force de frottement ; **interparticulate ~ :** force interparticulaire ; **line of ~ :** ligne de champ ; **reactive ~ :** force réactive ; **tensile ~ :** traction ; **Van der Waals ~ :** force d'attraction de Van der Waals

forced : forcé ; **~ circulation :** circulation forcée *(chaudière)* ; **~ draught :** aération forcée ; tirage forcé ; **~ ventilation :** ventilation forcée ; **~ wedge-shaped passage :** passage en coin forcé

forced-feed : sous pression ; **~ lubrication :** lubrification sous pression ; **~ lubricator :** graisseur sous pression

force-feed pump : gavo-pompe ; pompe de gavage ; pompe gaveuse

fore and aft rig : gréement longitudinal

forebay : bassin de mise en charge *(hydroélec.)*

forecast : prévision

foreign exchange : change ; **~ control :** contrôle des changes ; **~ reserves :** réserve de change ; **~ risks :** risques de change

foreign oils : huiles étrangères

foreign trade : commerce extérieur

foreman : chef d'atelier

foresee : prévoir

forge : forger ; **~ weld :** soudure par forgeage ; **~ welding :** soudage par forgeage

forged steel : acier forgé

forging : forgeage ; pièce forgée ; **~ press :** presse à forger ; **~ steel :** acier de forge ; **die ~ :** forgeage par matriçage ; **drop ~ :** estampage ; **hammer ~ :** forgeage par martelage ; **impact ~ :** forgeage par choc ; **roll ~ :** forgeage par roulage

fork : fourche ; **~ piece :** chape femelle

fork-lift : élévateur à fourche

fork-lift driver : cariste

fork-lift truck : chariot à fourche ; gerbeur

form : coffrage ; **~ lining :** face coffrante ; **~ oil :** huile de coffrage ; **climbing ~ :** coffrage grimpant ; **curved ~ :** coffrage courbe ; **free ~ :** forme libre ; **printed ~ :** imprimé ; **return ~ :** déclaration simplifiée

formal agreement : contrat en bonne et due forme

formaldehyde : formaldéhyde ; formol

format : format *(info.)*

formation : formation ; **~ level :** niveau des remblais ; **scale ~ :** entartrage

formazin : formazine

formed sheet iron : tôle emboutie

former (floc ~) : floculateur

formic acid : acide formique

formula : formule ; **Bazin ~ :** formule de Bazin ; **Colebrook's ~ :** formule de Colebrook ; **Manning-Strickler ~ :** formule de Manning-Strickler

formwork : coffrage ; **~ drawing :** plan de coffrage ; **permanent ~ :** coffrage perdu ; **remove ~ :** décoffrer

forward : expédier

forwarder (freight ~) : affréteur

forwarding agent : affréteur ; transitaire

forwarding certificate : attestation de prise en charge

forwarding memo : note de transmission

forwarding waybill : bordereau de transmission

fouling : encrassage ; encrassement ; salissures ; **~ index :** indice de colmatage ; **~ potential :** pouvoir colmatant ; pouvoir encrassant ; **organic ~ :** salissures organiques

foul-smelling : malodorant

foundation : fondation ; **~ bolt :** boulon d'ancrage ; boulon de scellement ; **~ plate :** base ; **~ testing :** reconnaissance du terrain ; **buoyant ~ :** fondation sur radier ; fondations en cuvelage ; **floating ~ :** fondation sur radier ; fondations en cuvelage ; **raft ~ :** semelle de fondation

foundry : fonderie

fountain : fontaine

four-pole : tétrapolaire

four-way valve : robinet à quatre voies

fraction (mole ~) : fraction molaire

fractionating column : tour de fractionnement

fragile : fragile

fragility : fragilité

frame : bâti ; cadre ; châssis ; dormant *(fenêtre)* ; huisserie ; masse *(appareil)* ; **~ filter :** filtre à cadres ; **~ opening :** débâtissage *(filtre-presse)* ; **~ opening trolley :** chariot de débâtissage *(filtre-presse)* ; **gauze ~ :** support de toile métallique ; **pressed steel ~ :** châssis en tôle emboutie ; **roof ~ :** charpente de toiture ; **still ~ :** image statique ; **structural steel ~ :** bâti d'acier ; **support ~ :** cadre support ; **window ~ :** bâti de fenêtre

framework : charpente ; ossature ; squelette *(constr.)* ; **~ contract :** contrat cadre ; **structural steel ~ :** charpente en fers profilés

framing : coffrage

franchise : franchise *(assurances)*

franchising : franchisage

free : franc *(adj.)* ; franco ; libre ; **~ acidity :** acidité libre ; **~ alongside ship :** franco quai ; **~ ammonia :** ammoniaque ammoniacale ; **~ at border :** franco frontière ; **~ available chlorine :** chlore libre actif ; **~ bacteria :** bactéries libres ; **~ chlorine :** chlore libre ; **~ cyanides :** cyanures libres ; cyanures vrais ; **~ electron :** électron libre ; **~ energy :** énergie libre ; **~ field :** champ libre ; **~ form :** forme libre ; **~ of charge :** sans frais ; **~ on board :** franco à bord ; **~ on rail :** franco gare ; **~ settling :** décantation des particules grenues ; **~ state :** état libre ; **~ surface :** surface libre ; **~ suspension :** suspension libre ; **~ water :** eau libre ; **~ wheel :** roue libre ; **duty ~ :** franc de tout droit

freeboard : revanche

freeing : déblocage

free-standing : sur pied *(chloromètre)*

free-swimming cercariae : cercaires à queue fourchue

freeway : autoroute

freezing : congélation ; gel ; **~ mixture :** mélange frigorifique ; **~ point :** point de congélation ; point de congélation de l'eau ; température de congélation ; température de la glace fondante

freight : cargaison ; fret ; **~ car :** wagon de marchandises ; **~ collect :** port dû ; **~ forwarder :** affréteur ; **air ~ :** fret aérien ; **sea ~ :** fret maritime

French degree : degré français

French window : porte-fenêtre

freon-glycol system : système fréon-glycol

frequency : fréquence ; **~ band :** bande de fréquence ; **~ changer :** convertisseur de fréquence ; **~ converter :** convertisseur de fréquence ; **~ meter :** fréquencemètre ; **~ modulation :** modulation de fréquence ; **~ of washing :** fréquence de lavage ; **~ range :** plage de fréquences ; **~ translation :** transposition en fréquence *(élec.)* ; **~ variation :** glissement de fréquence ; variation de fréquence ; **carrier ~ :** fréquence porteuse ; **low ~ :** basse fréquence ; **medium ~ :** moyenne fréquence ; **nominal ~ :** fréquence nominale ; **operating ~ :** fréquence de service ; **sampling ~ :** fréquence d'échantillonnage

fresh : frais ; **~ sludge inlet :** amenée des boues fraîches ; **~ sludge pit :** fosse à boues fraîches ; **~ sludge sump :** fosse à boues fraîches ; **~ sludge to be thickened :** boues fraîches à épaissir ; **~ water :** eau douce

fretting corrosion : corrosion de trépidation

Freundlich's equation : loi de Freundlich

friability : friabilité

friction : friction ; frottement ; **~ brake :** frein à frottement ; **~ clutch :** embrayage à friction ; **~ coefficient :** coefficient de frottement ; **~ drive :** transmission à friction ; **~ loss :** perte de charge linéaire ; perte de charge par frottement ; résistance dans les tuyaux ; **~ winch :** Tirfor *(marque déposée)* ; **rolling ~ :** frottement de roulement ; **soil internal ~ :** frottement interne du sol

frictional factor : coefficient de frottement interne

frictional force : force de frottement

fringe benefit : avantage extra-salarial ; **~s :** avantage social

from : venant de

front : façade ; face avant ; front ; **~ axle :** essieu avant ; **~ panel :** plastron ; **~ plate :** plastron *(disjoncteur)* ; **~ view :** vue de face ; **filtration ~ :** front de filtration

frontals : équipements de façade

front-end loader : chouleur

front-mounted : frontal ; **~ trough :** goulotte frontale ; **~ weir :** déversoir frontal

frost *(n.)* **:** gel ; gelée ; **white ~ :** gelée blanche

frost *(v.)* **:** dépolir

frosted glass : verre dépoli

froth : écume ; moussage

Froude number : nombre de Froude

fructose : fructose

fuel : carburant ; combustible ; **~ cell :** pile à combustible ; **~ cycle :** cycle du combustible ; **~ duct :** gaine de combustible ; **~ gas :** gaz combustible ; **~ make-up :** appoint calorifique en combustible ; apport calorifique en combustible ; **~ pump :** pompe à carburant ; pompe à combustible ; **anti-knock ~ :** combustible antidétonant ; **gaseous ~ :** combustible gazeux ; **liquid ~ :** combustible liquide ; **make-up ~ :** combustible d'appoint ; **solid ~ :** combustible solide

fuel-oil : fuel-oil ; gas-oil de chauffe

fulcrum : couteau de fléau *(balance)*

fulfill : exécuter *(contrat)*

full : plein ; **~ bridge :** passerelle diamétrale ; pont diamétral ; **~ consolidation :** intégration globale *(fin.)* ; **~ fare :** plein tarif *(transport)*

full-flow pressurization : pressurisation directe

full-line supplier : ensemblier

full-rated power : pleine puissance de dimensionnement

full-scale : échelle 1 ; en vrai grandeur ; grandeur nature ; **~ facility :** installation industrielle ; **~ test :** essai à grande échelle ; **~ working drawing :** épure

full-wave rectifier : système de redressement double alternance

fullway valve : vanne à passage intégral

fully enclosed : sous carter étanche

fulvic acid : acide fulvique

fume : fumée ; **~ hood :** extracteur de fumées ; hotte d'aspiration ; **exhaust ~s :** gaz d'échappement

fuming : fumant *(chim.)*

function : fonction ; **autocorrelation ~ :** fonction d'autocorrélation

fund : fonds ; **health insurance ~ :** caisse d'assurance maladie

fungi : champignons

funnel : entonnoir ; **Büchner ~ :** Büchner ; **separatory ~ :** ampoule à décanter

funnel-shaped : évasé

furan : furanne

furnace : four ; fourneau ; **annealing ~ :** four à recuire ; **arc ~ :** four à arc ; **blast ~ :** haut-fourneau ; **electric ~ :** four électrique ; **fluidized-bed ~ :** four à lit fluidisé ; **glass ~ :** four de verrerie ; **induction ~ :** four à induction ; **infrared ~ :** four à infrarouge ; **liquid waste ~ :** four à déchets liquides ; **muffle ~ :** four à moufle ; **multiple-hearth ~ :** four à soles ; four à soles étagées ; four étagé ; **ozone destruction ~ :** four de destruction d'ozone ; **pusher ~ :** four poussant ; **reverberatory ~ :** four à réverbération ; four à réverbère ; **rotary ~ :** four rotatif ; **walking-beam reheating ~ :** four à longeron ; four de réchauffage à balancier

fuse : fusible ; plomb fusible ; **~ box :** boîte à fusibles ; **~ cut-out :** coupe-circuit à fusible ; **~ link :** élément de remplacement *(élec.)* ; **cartridge ~ :** fusible à cartouche ; **cut-out ~ :** fusible sectionneur ; **plunger ~ :** fusible à percuteur incorporé ; **safety ~ :** fusible de sûreté ; **switch ~ :** fusible interrupteur

fusibility : fusibilité

fusible : fusible *(adj.)* ; **~ plug :** bouchon fusible

fusing (heat ~) : thermosoudure

fusion : fusion ; **~ weld :** soudure par fusion ; **~ welding :** soudage par fusion ; **~ zone :** zone fondue *(soudage)*

G

gable : pignon *(constr.)* ; **~ roof :** comble sur pignon

gain : gain ; **~ of electrons :** capture d'électrons ; **current ~ :** gain en courant ; **stage ~ :** gain d'étage ; **voltage ~ :** gain en tension

galactomannans : galactomannanes

gallery : galerie ; **filter ~ :** galerie des filtres

galvanic : galvanique ; **~ battery :** pile galvanique ; **~ corrosion :** corrosion galvanique ; **~ isolation :** isolement galvanique

galvanization : galvanisation ; **hot ~ :** galvanisation à chaud

galvanize : zinguer

galvanized : galvanisé ; zingué ; **~ cast iron :** fonte zinguée ; **~ iron :** fer zingué ; tôle galvanisée ; **~ sheet :** tôle galvanisée ; **~ steel :** acier galvanisé ; acier zingué ; **~ wire :** fil galvanisé ; **hot-dip ~ :** zingué à chaud

galvanizing : zingage

galvanometer : galvanomètre ; voltmètre à cadre mobile ; **hot wire ~ :** galvanomètre à fil chaud

gammagenous : gammagène

ganglion (cerebral ~) : ganglion cérébral

gantry : portique ; **~ crane :** grue à portique ; portique ; **scraper ~ :** pont transbordeur

gap : intervalle *(espace)* ; vide ; **~ bed :** banc rompu ; **air ~ :** entrefer ; rupture de charge *(bac)* ; **discharge ~ :** espace annulaire *(ozoneur)* ; espace de décharge ; intervalle d'ionisation

garden hose : tuyau d'arrosage

gardening (flower ~) : horticulture florale

gardening (market ~) : maraîchage

garnet : grenat

gas : gaz ; **~ blower :** surpresseur de gaz ; **~ burner :** brûleur à gaz ; **~ chromatography :** chromatographie en phase gazeuse ; **~ circulation :** balayage des gaz ; **~ cleaner :** épurateur de gaz ; **~ cleaning plant :** épurateur de gaz ; **~ compressor room :** local des compresseurs de gaz ; **~ cylinder :** bouteille à gaz ; **~ detector :** détecteur de gaz ; **~ escape :** déperdition de gaz ; **~ generator :** générateur de gaz ; **~ holder :** réservoir à gaz ; gazomètre ; **~ holder stops :** dés de repos de cloche de gazomètre ; **~ injection tube :** tube d'insufflation de gaz ; **~ inlet :** arrivée de gaz ; **~ leak :** fuite de gaz ; **~ mask :** masque à gaz ; **~ meter :** compteur de gaz ; **~ mixing system :** brassage au gaz *(digesteur)* ; **~ permeation :** perméation gazeuse ; **~ phase :** phase gazeuse ; **~ pipe :** tuyau de gaz ; **~ pocket :** poche gazeuse ; **~ scrubber :** barboteur à gaz ; laveur de gaz ; **~ scrubbing :** lavage de gaz ; nettoyage des gaz ; **~ scrubbing effluent :** eau de lavage de gaz ; **~ sphere :** sphère de gaz ; **~ stream :** veine fluide ; **~ stripper :** strippeur au gaz ; **~ thermometer :** thermomètre à gaz ; **~ tube :** tube à gaz ; **~ turbine :** turbine à gaz ; **~ valve :** vanne à gaz ; **~ welding :** soudage au gaz ; **blast furnace ~ :** gaz de haut-fourneau ; **blown-off ~ :** gaz de purge ; **carrier ~ :** gaz porteur ; gaz vecteur ; **combustion ~ :** gaz de combustion ; **diatomic ~ :** gaz diatomique ; **digestion ~ :** gaz de digestion ; **drying ~ :** gaz de séchage ; **feed ~ :** gaz vecteur ; **flue ~ :** fumée ; gaz de fumées ; **fuel ~ :** gaz combustible ; **ideal ~ :** gaz parfait ; **illuminating ~ :** gaz d'éclairage ; **inert ~ :** gaz inerte ; **liquefied ~ :** gaz liquéfié ; **liquefied petroleum ~ :** gaz de pétrole liquéfié ; **monoatomic ~ :** gaz monoatomique ; **natural ~ :** gaz naturel ; **non-condensible ~ :** gaz incondensable ; **poison ~ :** gaz toxique ; **polyatomic ~ :** gaz polyatomique ; **reducing ~ :** gaz réducteur ; **sludge ~ :** gaz de digestion ; **stripping ~ :** gaz d'entraînement ; **toxic ~ :** gaz toxique ; **volatile ~ :** gaz volatil ; **wet ~ :** gaz humide

gaseous : gazeux ; **~ fuel :** combustible gazeux ; **~ phase :** phase gazeuse ; **~ reagent :** réactif gazeux

gas-fired boiler : chaudière à gaz

gas-holder : gazomètre ; **bell-type ~ :** gazomètre à cloche

gasification : gazéification

gasket : joint ; joint d'étanchéité ; **copper-asbestos ~ :** joint métalloplastique ; **cylinder head ~ :** joint de culasse ; **rubber ~ :** joint caoutchouc

gas-oil : gas-oil

gasoline : essence

gas-shielded arc welding : soudage en atmosphère de gaz inerte

gas-solid reactor : réacteur gaz-solide

gas-tight : étanche au gaz ; **~ housing :** enceinte étanche aux gaz

gastrointestinal : gastro-intestinal

gate : opercule *(vanne)* ; porte à claire-voie ; **~ lowering :** abaissement de l'opercule ; **constant level ~ :** vanne à niveau constant ; **film ~ :** fenêtre de projection ; **lock ~ :** écluse ; porte d'écluse ; **pneumatic ~ :** vanne pneumatique ; **sluice ~ :** vanne-batardeau

gate valve : robinet-vanne ; vanne à obturateur ; vanne à opercule ; vanne à passage direct ; **non-rising stem ~ :** vanne à tige fixe ; **outside screw ~ :** vanne à vis extérieure ; **taper seat ~ :** vanne à sièges obliques ; **wedge ~ :** vanne à opercule ; vanne à sièges obliques

gathering (data ~) : collecte d'informations

gating : vannage *(turbine)*

gauge : jauge ; **~ cock :** robinet de jauge ; **~ glass :** tube indicateur de niveau ; **~ pressure :** pression relative ; **~ valve :** robinet de jauge ; **air pressure ~ :** jauge pneumatique ; **bellows ~ :** manomètre à soufflets ; **density ~ :** densimètre ; **depth ~ :** calibre de profondeur ; **diaphragm ~ :** manomètre à membrane ; **feeler ~ :** feuille d'épaisseur ; **level ~ :** indicateur de niveau ; niveau à glace ; **limit ~ :** calibre de tolérance ; **loading ~ :** gabarit *(transport)* ; **oil ~ :** niveau d'huile ; **pressure ~ :** indicateur de pression ; manomètre ; **rain ~ :** pluviomètre ; **screw thread ~ :** calibre pour filetage ; **steam ~ :** manomètre à vapeur ; **strain ~ :** jauge de contrainte ; **tack ~ :** appareil pour la mesure de l'adhésivité ; **thickness ~ :** calibre d'épaisseur ; **thread ~ :** calibre ; **vacuum ~ :** indicateur de vide ; vacuomètre ; **wire ~ :** calibre pour fils métalliques ; jauge pour fils

gauging : calibrage ; **~ tank :** bac de jaugeage ; bac jaugeur

gauze : gaze ; **~ frame :** support de toile métallique ; **wire ~ :** gaze métallique ; maille de toile ; tissu métallique ; toile métallique

Gay-Lussac tower : tour de Gay-Lussac

gear : engrenage ; **~ drive :** commande par engrenage ; transmission par engrenage ; **~ pump :** pompe à engrenages ; **~ ratio :** rapport des dentures ; rapport des engrenages ; **~ ring :** couronne d'orientation ; **~ train :** train d'engrenages ; **~ wheel :** roue d'engrenage ; **bevel ~ :** engrenage conique ; renvoi d'angle *(méc.)* ; **chain ~ :** engrenage à chaîne ; **epicyclic ~ :** réducteur à satellites ; **herring-bone ~ :** engrenage à chevrons ; **hoisting ~ :** engin de levage ; **hydraulic motor ~ :** chariot à moteur hydraulique ; **hypoid ~ :** engrenage hypoïde ; **lifting ~ :** engin de levage ; **mitre ~ :** engrenage à onglet ; **motor reduction ~ :** groupe motoréducteur ; **planet ~ :** engrenage à satellites ; engrenage planétaire ; roue planétaire ; **planetary reducing ~ :** réducteur à planétaires ; **reducing ~ :** engrenage démultiplicateur ; **reduction ~ :** démultiplicateur ; motoréducteur ; **reverse ~ :** inverseur de marche ; **ring ~ :** couronne dentée ; **sliding ~ :** train baladeur ; **speed-reduction ~ :** réducteur ; **spiral ~ :** embrayage en spirale ; engrenage hélicoïdal ; **spur ~ :** engrenage cylindrique ; engrenage droit ; réducteur à engrenages parallèles (droits) ; **step-down ~ :** engrenage démultiplicateur ; **step-up ~ :** engrenage multiplicateur ; **variable-speed ~ :** engrenage à vitesse variable ; **worm ~ :** engrenage à vis sans fin ; réducteur à vis sans fin ; réducteur à vis tangente

gearbox : boîte de vitesses

gear-down mechanism : système de réduction

geared turbine : turbine à engrenages

gearing : denture ; **~ down :** démultiplication ; **herring-bone ~ :** denture à chevrons

gel : gel ; **chloride ~ :** gel de chlorure

gelatin : gélatine

gelatinous : gélatineux

gelling agent : gélifiant

general : général ; **~ diagram :** schéma de principe ; **~ layout :** implantation générale ; **~ manager :** directeur général ; **~ view :** vue d'ensemble

generalized system of preferences : système des préférences généralisées

generating : électrogène ; **~ set :** groupe électrogène

generation : production ; **~ time :** temps de doublement *(bactérie)* ; temps de génération

generator : dynamo ; générateur ; groupe électrogène ; **~ set :** groupe électrogène ; **ac ~ :** alternateur ; **gas ~ :** générateur de gaz ; **output pulse ~ :** sortie impulsionnelle ; **ozone ~ :** ozoneur ; ozoniseur ; **pulse ~ :** générateur d'impulsions ; **steam ~ :** chaudière à vapeur ; générateur de vapeur

generatrix : génératrice *(math.)*

genus : genre

geometric : géométrique ; **~ fall :** chute géométrique ; **~ progression :** progression géométrique

geometrical axis : axe géométrique

geosmin : géosmine

geostationary satellite : satellite géostationnaire

germ : germe ; **pathogenic ~ :** germe pathogène ; agent pathogène

germicidal : germicide *(adj.)* ; **~ action :** action microbicide

germicide : germicide *(n.)*

Giardia cyst : kyste de Giardia

gilt-edged security : valeur d'état

girder : poutre ; support ; **box ~ :** poutre-caisson ; **plate ~ :** poutre à âme pleine ; **trussed ~ :** poutre armée

give : donner ; **~ notice :** prévenir ; **~ off :** dégager *(gaz)*

gland : presse-étoupe ; **~ leak-off :** eau de presse-étoupe ; **~ nut :** écrou de presse-étoupe ; **~ packing :** garniture de presse-étoupe ; **compression ~ :** presse-étoupe ; **packing ~ :** bouchon de presse-étoupe

glass : verre ; **~ cloth :** tissu de verre ; toile de verre ; voile de verre ; **~ electrode pH meter :** pH-mètre à électrode de verre ; **~ fibre :** fibre de verre ; **~ fibre filter :** filtre en fibre de verre ; **~ furnace :** four de verrerie ; **~ pavement :** pavé en verre ; **~ stopper :** bouchon en verre ; **~ thermometer :** thermomètre de verre ; **~ tube :** tube verre ; **~ tube indicator :** indicateur à tube de verre ; **~ wool :** laine de verre ; **~ wool filter :** filtre en laine de verre ; **cellular ~ :** verre cellulaire ; **frosted ~ :** verre dépoli ; **gauge ~ :** tube indicateur de niveau ; **ground ~ :** verre dépoli ; **laminated ~ :** verre feuilleté ; verre sandwich ; **lead ~ :** verre au plomb ; **measuring ~ :** cuvette de comparateur ; **non-shatter ~ :** verre feuilleté ; **non-shattering ~ :** verre sandwich ; **opal ~ :** verre opale ; **optical ~ :** verre optique ; **organic ~ :** verre organique ; **pavement ~ :** verdal ; **safety ~ :** verre de sûreté ; verre feuilleté ; **shatter-proof ~ :** verre feuilleté ; **sight ~ :** voyant *(vitre)* ; **wire ~ :** verre armé

glassblock : pavé en verre

glass-tube manometer : tube manométrique

glaze : émail

glazed door : porte vitrée

glazier's putty : mastic à vitres

glazing : glaçage *(papier)* ; vitrage ; **~ bars :** croisillons ; **double ~ :** double vitrage

globe : globe ; **~ valve :** robinet à soupape ; robinet droit ; vanne à soupape

glossy paper : papier brillant ; papier glacé

glove : gant ; **safety ~ :** gant de sécurité

Glover tower : tour de Glover

glucide : glucide

glucopyranose : glucopyranose

glucose shop : glucoserie

glue : colle ; **wood ~ :** colle à bois

glued laminated wood : lamellé-collé

gluing : collage ; encollage

glycol ethers : éthers de glycol

goal : objectif

go-devil : écouvillon *(tuyau)*

goggles : lunettes de sécurité ; **welder's ~ :** lunettes de soudeur

gold : or

go/no-go operation : commande par tout ou rien ; fonctionnement par tout ou rien

go/no-go ring gauge : bague tampon

goods : biens ; marchandises ; **~ depot :** hangar à marchandises ; **~ lift :** monte-charge ; **acceptance of ~ :** acceptation de marchandises ; **consumable ~ :** matières consommables ; **consumer ~ :** biens de consommation ; produits grand public ; **finished ~ :** produits finis ; **manufactured ~ :** produits manufacturés ; **restricted ~ :** produits prohibés ; **semi-finished ~ :** produits semi-finis ; **semi-manufactured ~ :** produits semi-finis

goodwill : fonds de commerce

gooseneck : col d'oie

gouge : évidoir

government : gouvernement

governor : régulateur *(pompe)* ; **inertia ~ :** volant d'inertie

grab : grappin ; **~ bar screen :** grille à grappin ; **~ dredge :** drague à benne preneuse ; **~ guide :** guide pour grappin ; **~ sample :** échantillon instantané

grade : classe ; nuance *(acier)* ; **average ~ :** teneur moyenne *(minerai)* ; **low ~ :** mauvaise qualité ; **payable ~ :** teneur payante *(minerai)*

grader : niveleuse

gradient : gradient ; **hydraulic ~ :** ligne piézométrique ; profil hydraulique ; **pressure ~ :** gradient de pression ; **steep ~ :** rampe à fort pourcentage ; **temperature ~ :** gradient thermique ; **velocity ~ :** gradient de vitesse

grading : classement

graduate : verre gradué

graduated : gradué ; **~ beaker :** vase gradué *(chim.)* ; **~ dial :** cadran gradué ; **~ glass tube :** tube de verre gradué *(chim.)* ; **~ pipette :** pipette graduée ; pipette jaugée ; **~ syringe :** seringue volumée

graduation : graduation

Graetz bridge : pont de Graetz

grain : fibre *(bois)* ; grain ; **~ size :** granulométrie ; **~ storage silo :** silo de stockage de billes ; **across the ~ :** à contrefil ; **along the ~ :** de droit fil *(bois)* ; **round ~ :** grain rond

grainy material : matières grenues

gramme : gramme

gramme-equivalents : équivalents-grammes

gramme-molecular weight : masse molaire

grant *(n.)* **:** octroi

grant *(v.)* **:** octroyer ; attribuer *(brevet)*

granular : en grains ; **~ activated carbon :** charbon actif en grains ; **~ bed :** lit granulaire ; **~ contact-media clarifier :** décanteur à masse de contact granulaire ; **~ filter bed :** lit granulaire ; **~ floc :** floc grenu ; **~ mass :** amas granuleux *(virus)* ; **~ material :** matériau granulaire ; **~ media filter :** filtre granulaire ; **fixed ~ bed :** lit granulaire fixe

granulated : granulé ; **~ slag :** laitier granulé ; **~ sludge :** boues granuleuses

granulation : granulation

granule : granulé

grape : cépage ; raisin ; **~ marc :** marc de raisin ; **~ must :** moût de raisin

graph : abaque ; graphique ; **~ paper :** papier millimétré ; papier millimétrique ; **bar ~ :** graphique à bandes ; graphique à barres ; histogramme ; **fillage ~ :** profil de courbe

graphite : graphite ; **~ grease :** graisse graphitée

graphitization : graphitisation

grassy : herbeux

grate : grille ; **combustion ~ :** grille de combustion ; **rocking ~ :** grille basculante

grating : caillebotis ; grillage ; grille ; **air ~ :** grille d'aération ; **gully ~ :** avaloir à grille

gravel : gravier ; **~ pit :** gravière ; sablière ; **~ screen :** crible à gravier ; **filter ~ :** gravier filtrant

gravimetric : gravimétrique ; **~ density :** densité gravimétrique ; **~ feeder :** doseur gravimétrique

gravimetry : gravimétrie

gravity : gravité ; pesanteur ; **~ conduit :** canal en écoulement libre ; **~ dam :** barrage-poids ; **~ feed :** alimentation en charge ; alimentation par gravité ; injection gravitaire ; **~ feeder :** doseur gravitaire ; **~ filter :** filtre gravitaire ; filtre ouvert ; **~ flow :** écoulement en charge ; écoulement gravitaire ; **~ metering :** dosage gravitaire ; **~ unit :** station gravitaire ; **acceleration of ~ :** accélération de la pesanteur ; **by ~ :** gravitairement ; par gravité ; **centre of ~ :** centre de gravité ; **specific ~ :** densité ; gravité spécifique

gravity-feed lubrication : graissage par gravité

gravity-feed lubricator : graisseur par gravité

gravity-flow : au fil de l'eau ; **~ comminutor :** dilacérateur au fil de l'eau

grease : graisse ; **~ box :** réservoir à graisse ; **~ cup :** coupelle à graisse ; graisseur ; **~ gun :** pistolet graisseur ; seringue à graisse ; **~ pit :** fosse de réparation *(auto.)* ; **~ removal :** dégraissage ; **~ remover :** dégraisseur ; **~ storage pit :** fosse de réception des huiles ; **~ storage sump :** fosse de réception des huiles ; **~ trap :** boîte à graisse ; **graphite ~ :** graisse graphitée ; **lithium ~ :** graisse au lithium

greaser : graisseur

greasing : graissage

green : vert ; **~ belt :** zone verte ; **~ oxide :** oxyde vert

greenish : verdâtre

Greenwich Mean Time : temps moyen de Greenwich

grey iron : fonte grise

grid : grille ; maillage *(élec.)* ; réseau maillé ; **~ bias :** polarisation de grille ; **~ capacitor :** condensateur de grille ; **~ collector assembly :** ensemble de collecteurs maillés ; **interface ~ :** grille intermédiaire *(échangeur)* ; **ventilation ~ :** persiennes de ventilation ; **warning ~ :** grillage avertisseur ; grillage de présignalisation

grill : calandre

grind : dépolir ; meuler ; **~ in :** roder *(soupape)*

grinder : broyeur ; défibreur *(papier)* ; **belt ~ :** ponceuse à bande

grinding : broyage ; meulage ; **~ lathe :** tour à rectifier ; **~ machine :** machine à meuler ; rodeuse ; **~ powder :** poudre abrasive ; **~ wheel :** meule ; **coarse ~ :** broyage grossier ; **dry ~ :** broyage à sec ; **fine ~ :** broyage fin ; **medium ~ :** broyage moyen ; **wet ~ :** broyage à l'eau

grindstone : meule

gripper wheel : molette d'entraînement

grip to the ground : adhérence au sol

grit : gravier ; incuits ; sable ; **~ blasting :** projection de sable ; sablage ; **~ chamber :** dessableur ; organe de dessablage ; **~ lifting unit :** dispositif de reprise des sables ; **lime ~ :** incuits de chaux ; **~ pump :** pompe à sable ; **~ pumping pit :** fosse de pompage du sable ; **~ pumping sump :** fosse de pompage du sable ; **~ recovery :** reprise des sables ; **~ removal :** dessablage ; **~ removal chamber :** chambre de dessablage ; **~ remover :** dessableur ; **~ storage hopper :** trémie de stockage du sable ; **~ transfer channel :** goulotte de reprise et de transfert ; **~ washer :** laveur de sable ; **broken ~ :** gravillon concassé ; **remove ~ :** dessabler

grit-free water : eau dessablée

grit/grease separator : dessableur-dégraisseur

grommet : bague d'étoupe ; canon isolant ; passe-fils ; traversée de cloison étanche

groove : cannelure ; coulisse ; creux *(vis)* ; entaille ; gorge ; rainure ; saignée ; **~ face :** lèvre *(joint)* ; **~ weld :** soudure sur chanfrein ; **oil ~ :** patte d'araignée ; rainure de graissage ; **piston-ring ~ :** rainure annulaire *(piston)* ; **pulley ~ :** gorge de poulie ; **V-shaped ~ :** rainure en V

grooved : à rainures ; cannelé ; **~ male end :** bout mâle cannelé ; **~ rail :** rail à ornière

gross : brut ; **~ calorific value :** pouvoir calorifique supérieur ; **~ capacity :** volume total ; **~ tonnage :** tonnage brut ; **~ volume :** volume total ; **~ weight :** poids brut

ground *(n.)* **:** masse *(élec.)* ; sol ; terrain ; **~ floor** *(UK)* **:** rez-de-chaussée ; **~glass :** verre dépoli ; **~-glass stopper :** bouchon en verre dépoli ; **~ plate :** plaque de terre ; **~ steel :** acier meulé ; **loose ~ :** terrain sans consistance ; terre meuble ; **natural ~ :** terrain naturel ; **sloping ~ :** terrain en pente

ground *(v.)* **:** raccorder à la terre

grounded : à la masse

ground-glass stopper : bouchon à l'émeri ; bouchon émeri

groundwater : eau souterraine ; **~ intake :** captage de l'eau souterraine ; **confined ~ :** nappe captive

group : groupement ; **pulse ~ :** train d'impulsions ; **working ~ :** groupe de travail

grout : mortier liquide

grouting : cimentation ; **aslope ~ :** coulage en talus ; **bucket ~ :** coulage à la benne

growing time : temps de germination

growth : croissance ; prolifération ; **~ limiter :** limiteur de croissance ; **~ market :** marché porteur ; **~ rate :** taux de croissance ; **algae ~ :** prolifération d'algues ; **attached ~ :** culture fixe ; culture fixée ; **microbial ~ :** croissance des micro-organismes ; **population ~ :** expansion démographique ; **suspended ~ :** culture libre

grub screw : vis sans tête fendue

guarantee : caution ; garantie ; **~ period :** délai de garantie ; **advance payment ~ :** caution de restitution d'acompte ; **bank ~ :** garantie bancaire

guard : protection ; **bulb ~ :** douille de protection *(thermomètre)* ; **rail ~ :** chasse-pierres

gudgeon : goujon *(arbre)*

guidance : guidage

guide : guide ; **~ bars :** glissières *(vanne murale)* ; **~ drum :** tambour de renvoi *(bande transporteuse)* ; **~ level :** niveau guide ; **~ ring :** couronne directrice ; **~ slot :** rainure guide ; **grab ~ :** guide pour grappin ; **screenings ~ :** guide pour refus

guiding wheel : galet de réaction

gully : bouche d'égout ; **~ grating :** avaloir à grille ; **~ hole :** bouche d'égout

gum : gomme

gummed paper : papier gommé

gun : canon ; pistolet ; **cement ~ :** canon à ciment ; injecteur de ciment ; **grease ~ :** pistolet graisseur ; seringue à graisse

gunmetal : bronze

gusset : gousset ; **~ plate :** gousset

gutter : caniveau ; cunette ; gouttière ; rigole ; solin ; **eaves ~ :** chéneau

guy : hauban ; **~ rope :** étai *(nav.)*

gypsum : gypse ; pierre à plâtre

gyration moment : moment de giration

H

habitat : cadre de vie

hacksaw : scie à métaux

Hadfield manganese steel : acier au manganèse

hair hygrometer : hygromètre à cheveu

half-bound : semi-combiné

half-brake bar : demi-pont de frein

half-coupling (symmetrical ~) : demi-raccord symétrique

half-dechlorination length : longueur de demi-déchloration

half-disc : demi-disque

half-life : temps de demi-séjour ; temps de résidence

half-round : demi-rond ; **~ batten :** baguette demi-ronde ; **~ file :** lime demi-ronde ; **~ wire :** fil demi-rond

half-way bridge : passerelle radiale

halide : halogénure

hall (entrance ~) : hall d'entrée

hallmark : poinçon de garantie

halo : auréole

haloform : haloforme

halogen : halogène ; **~ lamp :** lampe halogène

halogenated : halogéné

halogenide : halogénure

hammer : marteau ; **~ drill :** marteau perforateur ; marteau-piqueur ; perceuse à percussion ; **~ finish :** peinture martelée ; martelé *(peinture)* ; **~ forging :** forgeage par martelage ; **~ mill :** broyeur à marteaux ; **~ pick :** marteau-piqueur ; **bush ~ :** marteau à boucharder ; **chipping ~ :** marteau à piquer *(métall.)* ; **lump ~ :** massette ; **pick ~ :** picot *(outil)* ; **pile ~ :** mouton de frappe ; **pneumatic ~ :** marteau pneumatique ; **riveting ~ :** marteau rivoir ; **steam ~ :** pilon à vapeur ; **water ~ :** bélier ; coup de bélier

hammered (cold ~) : martelé à froid

hammering : percussion

hammer-tone finish : martelé *(peinture)*

hamper : freiner

hand : main ; **~ brake :** frein à main ; **~ drill :** chignole ; perceuse à main ; **~ lever :** levier à main ; **~ press :** presse à main ; **~ pump :** pompe à main ; **~ reset :** réenclenchement à la main ; **~ tap :** tarage à main ; **~ tool :** outil à main ; **~ transport :** bardage ; **~ vice :** étau à main ; **~ winch :** treuil à bras ; **split seconds ~ :** double trotteuse ; **two-wheeled ~ truck :** diable

handbook : manuel *(n.)* ; **operator's ~ :** manuel d'utilisation

hand-hole : orifice de trou de poing

handing over : remise ; **preliminary ~ :** réception provisoire

handle : manche *(outil)* ; manette ; poignée ; **pump ~ :** bras de pompe

handling (data ~) : exploitation des données

handling (material ~) : manutention

handling (remote ~) : manutention à distance

handling area : aire de manutention

handling capacity : capacité de traitement

handling costs : frais de manutention

handling machine : appareil de manutention

hand-operated : actionné à la main ; manuel *(adj.)*

handover : réception

handrail : garde-corps ; garde-fou ; lisse ; main courante ; rampe *(escalier)*

handsaw : scie à main ; **small ~ :** scie égoïne

handset : combiné *(télécom.)*

handwheel : volant ; volant à main ; **valve ~ :** volant de vanne

handwritten : manuscrit *(adj.)*

handy : pratique *(adj.)*

hanger (pipe ~) : étrier pour tuyau ; pendard

hanging lamp : baladeuse

hanging scaffold : échafaudage volant *(GC)*

hard : dur ; **~ coal :** charbon de terre ; **~ copy :** sortie papier ; **~ disc :** disque dur ; **~ rubber :** ébonite ; **~ rubber-lined :** ébonité ; **~ scale :** tartre dur ; **~ water :** eau dure

hard-drawing : écrouissage

harden : durcir

hardenability : trempabilité

hardened : trempé *(acier)* ; **~ metal :** metal trempé ; **~ steel :** acier trempé

hardener : durcisseur

hardening : durcissement ; trempe ; **age ~ :** durcissement structural ; **air ~ :** durcissement à l'air ; **case ~ :** cémentation ; trempe par cémentation ; **flame ~ :** trempe au chalumeau ; **induction ~ :** trempe par induction ; **surface ~ :** cémentation ; cémentation superficielle ; trempe superficielle

hardness : degré hydrotimétrique ; dureté ; titre hydrotimétrique ; **~ determination :** hydrotimétrie ; **~ test :** essai de dureté ; **ball ~ test :** billage ; **calcium ~ :** titre calcique ; titre hydrotimétrique calcique ; **magnesium ~ :** titre hydrotimétrique magnésien ; titre magnésien ; **permanent ~ :** dureté permanente ; **Shore ~ :** dureté Shore ; **zero ~ :** dureté nulle

hardware : équipement *(info.)* ; matériel *(info.)* ; quincaillerie

harmless : inoffensif

harmlessness : innocuité

harness *(n.)* **:** harnais ; **cable ~ :** faisceau de câbles ; **safety ~ :** harnais de sécurité

harness *(v.)* **:** maîtriser

harnessing site : site de maîtrise *(hydroélec.)* ; **~s of a river :** aménagements intégrés d'un fleuve

harsh weather : intempéries

hatch (loading ~) : trémie vide-sac

hatching : hachure

haulage : transport *(marchandises)* ; **track ~ :** traction sur rails

haven (tax ~) : paradis fiscal

hawk : taloche

hazard : risque ; **health ~ :** risque sanitaire

hazardous : dangereux

HC fluids : fluides hydrocarbonés

head : charge ; charge hydraulique ; chef ; fond ; hauteur de lame ; lame *(déversoir)* ; tête *(clou)* ; **~ application chamber :** pot de mise en charge ; **~ application column :** cheminée de mise en charge ; **~ chamber :** pot de mise en charge ; **~ draughtsman :** chef de groupe *(bureau de dessin)* ; **~ loss :** perte de charge ; **~ loss by detachment :** perte par décollement ; **~ loss due to clogging :** gain d'encrassement ; **~ loss indicator :** indicateur de perte de charge ; **~ of department :** chef de service ; **~ office :** siège social ; **~ on draw-off pipe :** charge sur la tuyauterie d'extraction ; **~ on the weir crest :** hauteur de lame ; **~ tank :** bac de mise en charge ; ouvrage de mise en charge ; **~ water :** eau d'amont ; **available ~ loss :** chute disponible ; **boiler ~ :** fond de chaudière ; **clogging ~ :** hauteur de colmatage ; **conical ~ :** fond conique ; **cylinder ~ :** culasse *(moteur)* ; **die ~ :** tête de filière ; **discharge ~ :** hauteur de refoulement ; **dished ~ :** extrémité bombée ; fond bombé ; **distributor ~ :** tête d'allumeur ; **ellipsoidal ~ :** fond elliptique ; **hemispherical ~ :** fond hémisphérique ; **increase in ~ loss :** gain d'encrassement ; **injection ~ :** tête d'injection ; **metering ~ :** tête doseuse ; **piston ~ :** tête de piston ; **pressed steel ~ :** fond embouti ; **rivet ~ :** tête de rivet ; **round ~ :** tête ronde ; **shower ~ :** pomme *(douche)* ; **spherically dished ~ :** fond à rayon de carre ; fond en anse de panier ; **static ~ :** élévation statique ; **static discharge ~ :** hauteur géométrique de refoulement ; **static suction ~ :** hauteur géométrique d'aspiration ; **suction ~ :** hauteur d'aspiration ; **toriconical ~ :** fond conique avec raccord torique ; **torispherical ~ :** fond à rayon de carre ; fond en anse de panier ; **total ~ :** hauteur manométrique totale ; **total discharge ~ :** hauteur totale de refoulement ; **total static discharge ~ :** hauteur manométrique de refoulement ; **weir ~ :** lame déversante ; **well ~ :** tête de puits

headed paper : papier à en-tête

header : collecteur ; **air ~ :** collecteur de soufflerie ; **air delivery ~ :** collecteur de refoulement d'air ; **air scour ~ :** collecteur d'air surpressé de lavage ; **air suction ~ :** collecteur d'aspiration d'air

heading : rubrique

headless screw : vis sans tête

headquarters : siège social

headrest : appui-tête

headroom : hauteur sous plafond

heads (eye-wash ~) : érogateurs de lave-yeux

headspace method : espace de tête *(chromatographie)*

headstock : colonnette de manœuvre ; poupée fixe *(tour)*

health : santé ; **~ hazard :** risque sanitaire ; **~ insurance fund :** caisse d'assurance maladie ; **public ~ :** santé publique

heap (aerated ~) : tas aéré

hearth : creuset *(haut-fourneau)* ; sole *(four)* ; **~ burner :** brûleur sur sole

heart-shaped open thimble : cosse en cœur

heat : chaleur ; **~ and material balance :** bilan matière/énergie ; **~ balance :** bilan thermique ; équilibre thermique ; **~ capacity :** capacité calorifique ; **~ conductivity :** conductibilité thermique ; conductivité thermique ; **~ dissipation :** dissipation de la chaleur ; **~ efficiency :** rendement thermique ; **~ engine :** moteur thermique ; **~ exchange :** échange thermique ; **~ exchanger :** échangeur de chaleur ; échangeur de température ; échangeur platulaire ; **~ flow :** flux thermique ; **~ flux :** flux de chaleur ; ~

fusing : thermosoudure ; **~ insulating :** calorifuge *(adj.)* ; **~ insulation :** calorifugeage ; **~ insulator :** calorifuge *(n.)* ; **~ loss :** dissipation de la chaleur ; perte calorifique ; perte de chaleur ; **~ of combustion :** valeur calorifique *(phys.)* ; **~ pump :** pompe à chaleur ; thermopompe ; **~ recovery :** récupération de chaleur ; **~ released :** chaleur dégagée ; **~ sealing :** thermocollage ; **~ shield :** protection thermique ; **~ source :** apport de chaleur ; **~ switch :** thermocontact ; **~ transfer :** échange thermique ; transfert de chaleur ; **~-treated :** traité thermiquement ; **~ treatment :** traitement thermique ; **~ value :** valeur calorifique ; **~ wave :** onde calorifique ; **air-cooled ~ exchanger :** échangeur aérotherme ; **latent ~ :** chaleur latente ; **plate-type ~ exchanger :** échangeur de type platulaire ; **radiant ~ :** chaleur rayonnante ; **sensible ~ :** chaleur sensible ; **specific ~ :** chaleur massique ; chaleur spécifique ; **steam-generating ~ :** chaleur de vaporisation

heated sludge : boues réchauffées

heater : réchauffeur ; **condenser ~ :** réchauffeur à condensation ; **deaerating ~ :** dégazeur thermique ; **horizontal deaerating ~ :** bâche dégazante ; **immersion ~ :** chauffe-eau à immersion ; thermoplongeur ; **spray-valve ~ :** compartiment de réchauffage ; **water ~ :** chauffe-eau

heating *(adj.)* **:** calorifique ; **~ coil :** serpentin réchauffeur ; **~ condensates :** condensats de réchauffage ; **~ element :** élément de chauffe ; résistance chauffante ; **~ jacket :** enveloppe chauffante ; **~ surface :** surface de chauffe ; **~ value :** valeur calorifique *(phys.)*

heating *(n.)* **:** chauffage ; cuisson ; échauffement ; **air ~ :** chauffage à l'air ; **central ~ :** chauffage central ; **municipal ~ :** chauffage urbain ; **radiant ~ :** chauffage par rayonnement ; **sludge ~ :** cuisson des boues ; **space ~ :** chauffage d'un local ; **warm-air ~ :** chauffage par air pulsé

heating-tube bundle : faisceau de chauffe

heatless dryer : dessiccateur sans chaleur ; sécheur sans chaleur

heat-transfer fluid : fluide caloporteur

heat-treated sludge : boues cuites

heat-welded : thermosoudé

heavy : lourd ; **~ duty :** service intensif ; **~ industry :** industrie lourde ; **~ metal :** métal lourd

heavy-duty polystyrene : polystyrène choc

height : hauteur ; **~ equivalent to one theoretical plate :** hauteur équivalente à un plateau théorique ; **~ of thread :** hauteur du filet ; **~ of transfer unit :** hauteur d'unité de transfert ; **~ of weir crest above floor of channel :** pelle *(de déversoir)* ; **packing ~ :** hauteur de garnissage ; **straight ~ :** hauteur cylindrique

helianthin : hélianthine

helical : hélicoïdal ; **~ scraper :** racleur hélicoïdal ; **~ spring :** ressort hélicoïdal ; **crossed-axis ~ gear :** embrayage en spirale

helium : hélium

helix : spirale

helmet : casque ; **pile ~ :** coiffe de pieu ; **welder's ~ :** casque de soudeur

help : secours

hemicellulolytic : hémicellulolytique

hemicellulose : hémicellulose

hemihydrate : hémihydrate

hemispherical head : fond hémisphérique

hemodialysis : hémodialyse

hemp : chanvre ; **~ rope :** cordage en chanvre

Henry's constant : constante de Henry

Henry's law : loi de Henry

hepatitis : hépatite

heptahydrate (sulphate ~) : sulfate heptahydrate

herbicide : herbicide

hermetic : hermétique ; **~ seal :** joint hermétique

herring-bone element : chevron

herring-bone gear : engrenage à chevrons

herring-bone gearing : denture à chevrons

hertz : hertz

Hertzian wave : onde hertzienne

heterogeneous : hétérogène

heterotrophic : hétérotrophe

hexachlorobenzene : hexachlorobenzène

hexachlorohexane : hexachlorohexane

hexafluorosilicic acid : acide hexafluorosilicique

hexagonal : hexagonal ; **~ nut :** écrou hexagonal ; **~ socket head screw :** vis à six pans creux

hexametaphosphate : hexamétaphosphate

hexavalent : hexavalent ; **~ chromium :** chrome hexavalent

hex-head nut : écrou hexagonal

hex-head screw : vis H

hex nut wrench : clé à six pans

hide-out : séquestration *(chaudière)*

hides : peaux

high : haut ; **~ chlorination :** surchloration ; **~ frequency :** haute fréquence ; **~ level :** niveau haut ; **~ level alarm :** alarme de niveau haut ; **~ lift pump :** pompe haute pression ; **~ pressure :** haute pression ; **~ solder :** brasure ; **~ speed :** grande vitesse ; **~ tide :** marée haute ; **~ voltage :** haute tension ; **~ water :** hautes eaux

high-alumina cement : ciment alumineux fondu

high-carbon steel : acier au carbone à haute teneur

high-density polyethylene : polyéthylène haute densité

higher court : deuxième instance ; juridiction supérieure

high-frequency welding : soudage en haute fréquence

high-grade ore : minerai à haute teneur

high-head basin : bassin de grande hauteur

high-load activated sludge : boues activées à forte charge

high-pressure : sous pression ; **~ liquid chromatography :** chromatographie en phase liquide haute pression ; **~ pump :** pompe haute pression

high-rate digester : digesteur à forte charge

high-rate digestion : digestion à forte charge

high-rate filter : lit à forte charge

high-speed steel : acier à coupe rapide ; acier rapide

high-strength steel : acier à haute résistance

high-tensile steel : acier à haute résistance ; acier à haute tension

high-voltage insulator : isolateur haute tension

high-voltage line : ligne à haute tension

high-voltage transformer : transformateur haute tension

hindered : freiné *(décantation)* ; **~ settling :** décantation en piston ; décantation freinée

hinge : articulation ; bras d'articulation ; charnière ; gond ; paumelle ; **~ pin :** axe de charnière

hinged : articulé ; **~ lid :** couvercle à charnière ; **~ scraper blade :** pelle à écumes articulée ; **~ side :** paroi à rabattement

histogram : histogramme

hoarfrost : gelée blanche

hoist : appareil de levage ; palan ; **~ trolley :** porte-chariot ; porte-palan ; **chain ~ :** palan à chaîne ; **travelling ~ :** monorail ; **trolley ~ :** chariot porte-palan ; porte-chariot ; **wall ~ :** treuil d'applique

hoisting : levage ; **~ cable :** câble de levage ; **~ derrick :** potence de levage ; **~ gear :** engin de levage ; **~ lug :** anneau de levage ; **~ winch :** treuil de levage

hold-down bolt : boulon de fixation

holder : support ; **electrode ~ :** pince à souder ; **filter ~ :** support de filtre ; **gas ~ :** réservoir à gaz

holding current : courant de collage

holding time : temps de demi-séjour ; temps de résidence

hole : fosse ; orifice ; trou ; **~ saw :** scie rotative ; scie cloche *(rotative)* ; **access ~ :** trou de main ; **anchor ~ :** trou de fixation ; **bleed ~ :** trou de purge ; **blind ~ :** trou borgne ; **bolt ~ :** perçage ; trou de boulon ; **countersunk ~ :** trou fraisé ; **gully ~ :** bouche d'égout ; **inspection ~ :** orifice de visite ; regard d'accès ; regard de visite ; **oil ~ :** trou de graissage ; **pilot ~ :** avant-trou ; **slotted ~ :** trou oblong ; **threaded ~ :** trou fileté ; **through ~ :** trou traversant ; **tuyere ~ :** œil de tuyère ; **weep ~ :** barbacane ; clapet de crue ; orifice antiflottaison

holiday detector : balai électrique

hollow : creux ; évidement ; **~ concrete block :** parpaing creux en ciment ; **~ jet valve :** vanne à jet creux *(parallèle)* ; **~ plunger pump :** pompe à piston creux ; **~ shaft :** arbre creux ; **~ threads :** creux de filetage ; **~ ware :** pièces chaudronnées ; pièces de chaudronnerie

hollow-fibre module : module en fibres creuses

hollowing out : évidage

home : domicile ; **~ country :** domicile fiscal ; **~ market :** marché domestique

homogeneous : homogène ; **~ membrane :** membrane homogène

homogenization : homogénéisation ; **~ tank :** bassin d'homogénéisation

homogenize : homogénéiser

honeycombing : alvéolage

honeycomb module : module en nid d'abeille

honeycomb pattern : alvéolaire

hood : capot ; hotte *(fourneau)* ; **~ cupboard :** sorbonne ; **fume ~ :** extracteur de fumées ; hotte d'aspiration ; **protective ~ :** cagoule

hook : croc ; crochet ; **~ bolt :** boulon à crosse ; **~ operation :** commande par perche ; **double ~ :** crochet double ; **latch ~ :** crochet de retenue ; **safety ~ :** crochet de sûreté ; **spring ~ :** crochet à lame ressort ; **swivel ~ :** croc à émerillon ; crochet pivotant

Hooke's joint : joint de Cardan

hooking : accrochage

hoop : anneau ; **~ iron :** fer à ruban ; fer feuillard ; **~ reinforcement :** frettage ; **binding ~ :** frette

hooping : bandage

hopper : trémie ; **ash storage ~ :** trémie de stockage des cendres ; **day ~ :** trémie journalière ; **feed ~ :** trémie d'alimentation ; trémie doseuse ; **grit storage ~ :** trémie de stockage du sable ; **intermediate ~ :** trémie intermédiaire ; **mixing ~ :** trémie de mélange ; **recovery ~ :** bac de collecte ; **sack-splitter ~ :** trémie vide-sac ; **screenings**

collection ~ : benne de réception des déchets ; **scum collection ~ :** trémie de réception des écumes ; **sludge ~ :** puits de boues ; fosse à boues ; **storage ~ :** trémie de stockage ; **weighing ~ :** trémie peseuse

horizontal : horizontal ; **~ brush aerator :** circulateur à flux horizontal ; **~ deaerating heater :** bâche dégazante ; **~ flow settling tank :** décanteur à flux horizontal ; **~ plane :** plan horizontal ; **~ shaft :** axe horizontal ; **~ split casing :** joint horizontal

horizontal-axis aerator : aérateur à axe horizontal

horizontal-flow static settling tank : décanteur statique à flux horizontal

horizontally split casing pump : pompe à plan de joint horizontal

horn : klaxon

horsehair (monofibre ~) : crin monofibre

horsepower : puissance en chevaux ; **brake ~ :** puissance au frein ; **shaft ~ :** puissance sur l'arbre

hose : canalisation souple ; flexible *(tuyau)* ; tuyau flexible ; **~ clamp :** collier de serrage *(tuyau)* ; **dampening ~ :** flexible amortisseur ; **fire ~ :** lance d'incendie ; manche à incendie ; tuyau d'incendie ; **floating ~ :** tuyau autoflottant ; **garden ~ :** tuyau d'arrosage ; **rubber ~ :** tuyau caoutchouc

hose-proof : étanche à la lance ; protégé contre les jets d'eau

host : hôte

hot : chaud ; **~ breaking :** cassage à chaud ; **~ curing process bonded :** collé par vulcanisation à chaud ; **~ element :** élément très radioactif ; **~ galvanization :** galvanisation à chaud ; **~ iron :** fonte liquide ; **~ mill :** train à chaud ; **~ point :** point chaud ; **~ pressing :** frittage sous pression ; **~-pressure-welded :** soudé par compression à chaud ; polyfusé *(plastique)* ; **~ rolling mill :** laminoir à chaud ; **~ water :** eau chaude ; **~ water reservoir :** ballon d'eau chaude ; ballon de chaudière ; **~ well :** bâche *(condenseur)* ; **~ wire galvanometer :** galvanomètre à fil chaud ; **~ work permit :** bon de feu ; permis de feu

hot-air blower : rampe de soufflage

hot-air engine : moteur à air chaud

hot-blast valve : valve à vent chaud

hot-cathode tube : valve électronique

hot-dip galvanized : zingué à chaud ; **~ sheet :** tôle galvanisée par immersion à chaud

hot-process carbonate removal : décarbonatation à chaud

hot-rolling mill : train de laminage à chaud

hot-strip mill : train à bande

hot-wire anemometer : sondage à fil chaud

hour : heure ; **~ meter :** compteur horaire ; **off-peak ~s :** heures creuses ; **peak ~s :** heures de pointe ; **standard ~s :** heures pleines

hourly : horaire *(adj.)* ; **~ capacity :** débit horaire ; **~ flow rate :** débit horaire ; **~ output :** débit horaire ; **~ oxygen transfer capacity :** apport horaire en oxygène

house : pavillon ; **~ connection :** branchement de conduite ; **chemicals ~ :** local des réactifs ; **pump ~ :** local des pompes ; poste de pompage ; **semi-detached ~ :** pavillon jumelé ; **split-level ~ :** maison à mi-étage ; **valve ~ :** chambre des vannes

household : ménage ; **~ refuse :** ordures ménagères ; **~ soap :** savon de Marseille

housing : boîtier ; logement ; **gas-tight ~ :** enceinte étanche aux gaz ; **labour ~ :** baraques de chantier ; **reactor ~ :** bâtiment réacteur

hub : moyeu ; **adjustable ~ :** estomac *(pignon)* ; **clutch ~ :** moyeu d'embrayage

hubcap : chapeau de roue

hum : ronflement *(haut-parleur)*

human factors engineering : ergonomie

humate : humate

humic : humique ; **~ acid :** acide humique ; **~ compound :** composé humique ; **~ matter :** matières humiques

humidity : humidité ; **absolute ~ :** humidité absolue ; **relative ~ :** degré hygrométrique ; humidité relative

humification : humification

humified : humifié

hunt : pomper *(élec.)*

hunting : pompage *(élec.)*

hyacinth (water ~) : jacinthe d'eau

hydrant : bouche d'arrosage ; **fire ~ :** bouche d'incendie ; poste d'incendie

hydrate : hydrate

hydrated lime : chaux grasse ; chaux hydratée

hydration : hydratation

hydraulic : hydraulique *(adj.)* ; **~ accumulator :** accumulateur hydraulique ; **~ capacity :** capacité hydraulique ; **~ clutch :** embrayage hydraulique ; **~ control :** commande hydraulique ; **~ diameter :** diamètre hydraulique ; **~ engineering :** aménagement hydraulique ; **~ flow rate :** débit hydraulique ; **~ flushing :** vidange par chasse hydraulique ; **~ gradient :** ligne piézométrique ; profil hydraulique ; **~ jack :** vérin hydraulique ; **~ layout :** schéma hydraulique ; **~ loading :** charge hydraulique ; **~ motor :** moteur hydraulique ; **~ motor gear :** chariot à moteur hydraulique ; ~ **pipe design :** calcul hydraulique des conduites ; ~ **pressure :** pression hydraulique ; ~ **pump :** pompe hydraulique ; ~ **radius :** rayon hydraulique ; ~ **ram :** bélier hydraulique ; ~ **seal :** joint hydraulique d'étanchéité ; ~ **straight bar screen :** grille droite hydraulique ; ~ **surface loading :** charge hydraulique superficielle ; ~ **test :** épreuve hydraulique ; ~ **turbulence :** perturbations hydrauliques ; ~ **unit :** centrale hydraulique ; ~ **valve :** vanne à commande hydraulique

hydraulicity index : indice d'hydraulicité

hydraulics : fonctionnement hydraulique ; hydraulicité ; hydraulique ; **inverse ~ :** hydraulicité inversée ; **mixed ~ :** hydraulicité mixte

hydrazine : hydrazine

hydroanthracite : hydroanthracite

hydrocarbon : hydrocarbure ; ~ **product :** produit hydrocarboné ; **aliphatic ~ :** hydrocarbure aliphatique ; **aromatic ~ :** hydrocarbure aromatique ; **polycyclic aromatic ~s :** hydrocarbures polycycliques aromatiques

hydrochloric : chlorhydrique ; ~ **acid :** acide chlorhydrique ; ~ **acid pickling bath :** bain chlorhydrique de décapage

hydrocyclone : hydrocyclone ; **mono-tubular ~ :** hydrocyclone simple monotubulaire ; **multi-tubular ~ :** hydrocyclone multitubulaire

hydrocyclone-settling tank : hydrocyclone-décanteur

hydroelectric : hydro-électrique ; ~ **power plant :** centrale hydraulique ; usine hydraulique ; ~ **power station :** usine hydraulique

hydroelectricity : énergie hydroélectrique

hydrofluoric acid : acide fluorhydrique

hydrogen : hydrogène ; ~ **carbonate :** hydrogénocarbonate ; ~ **chloride gas :** gaz chlorhydrique ; ~ **electrode :** électrode à hydrogène ; ~ **peroxide :** eau oxygénée ; peroxyde d'hydrogène ; ~ **potential :** potentiel hydrogène ; ~ **sulphide :** acide sulfhydrique ; hydrogène sulfuré

hydrograph : courbe de débit ; hygromètre enregistreur

hydrographer : hydrographe

hydrojet system : hydrocureuse

hydrolysis : hydrolyse ; ~ **by fermentation :** zymohydrolyse

hydrometallurgy : hydrométallurgie

hydrophilic : hydrophile ; hydrophilique ; ~ **floc :** floc hydrophile ; ~ **inorganic sludge :** boues minérales hydrophiles ; ~ **membrane :** membrane hydrophile ; ~ **organic sludge :** boues organiques hydrophiles ; ~ **tendency :** tendance hydrophile

hydrophilic-hydrophobic inorganic sludge : boues minérales hydrophiles-hydrophobes

hydrophilization : hydrophilisation

hydrophily (particulate ~) : hydrophilie particulaire

hydrophobic : hydrophobe

hydrophobic inorganic sludge : boues minérales hydrophobes

hydrophobicity : hydrophobicité

hydropneumatic : aérohydraulique ; hydropneumatique ; ~ **jack :** vérin hydropneumatique ; ~ **system :** groupe hydrophore ; ~ **tank :** ballon hydrophore ; ballon hydropneumatique ; ~ **vessel :** ballon aérohydraulique

hydroxide : hydroxyde ; ~ **floc :** floc d'hydroxyde ; **lithium ~ :** lithine

hydroxycarbonate : hydroxycarbonate

hydroxyl : hydroxyle ; ~ **ion :** ion hydroxyle ; **cyclic ~ compound :** composé cyclique hydroxylé

hygienist : hygiéniste

hygrometer : hygromètre ; **dew point ~ :** hygromètre à condensation ; **hair ~ :** hygromètre à cheveu

hygrometry : hygrométrie

hygroscopic : hygroscopique

hypalon seal : joint hypalon

hyperfiltration : hyperfiltration

hyphen : trait d'union

hypobromous acid : acide hypobromeux

hypochlorite : hypochlorite ; ~ **dosing station :** poste d'hypochlorite

hypochlorous acid : acide hypochloreux

hypoid gear : engrenage hypoïde

hyposulphite : hyposulfite ; thiosulfate

hypothetical case : cas de figure

hysteresis : hystérésis ; ~ **loop :** cycle d'hystérésis

I

ice : glace

ice-producing machine : glacière

ichthyotest : ichtyotest ; test poisson

ideal : idéal ; **~ gas :** gaz parfait ; **~ solution :** solution idéale

identical to : identique à

idle : ralenti *(moteur)* ; **~ time :** temps mort ; **~ turn :** spire morte *(bobine)*

idler drum : tambour de renvoi *(bande transporteuse)*

idler pulley : poulie de tension

idling : ralenti *(moteur)*

illuminated diagram : schéma lumineux

illuminating gas : gaz d'éclairage

image : image ; **corporate ~ :** image de marque

imaginary number : nombre imaginaire

imbalance : déséquilibre

immerse : plonger

immersion : immersion ; **~ heater :** chauffe-eau à immersion ; thermoplongeur ; **~ thermometer :** thermomètre à immersion ; **~ tip :** plongeant *(thermomètre)*

immunity : immunité

immunological : immunologique

impact : choc ; **~ assessment :** étude d'impact ; **~ forging :** forgeage par choc ; **~ screwdriver :** tournevis à frapper ; **~ strength :** résistance au choc ; **~ test :** épreuve par choc ; essai au choc ; essai par choc

impedance : impédance ; **low ~ :** basse impédance

impeller : hélice ; hélico-mélangeur ; impulseur ; rotor ; roue *(pompe)* ; **~ ring :** bague de roue ; **~ spacer ring :** bague entretoise de roue ; **centrifugal ~ :** roue centrifuge ; **channel ~ :** roue à canal ; **pump ~ :** rotor à aubes ; **screw ~ :** roue en hélice ; **turbine ~ :** roue de turbine

impeller-type flash mixer : mélangeur rapide à hélice

impermeable : imperméable *(adj.)*

impervious : imperméable *(adj.)*

imperviousness : imperméabilité

impingement plate : plateau *(tour de lavage)*

impingement-plate scrubbing tower : tour de lavage à plateaux

impingement scrubber : laveur à plateaux ; laveur à plateaux à pulvérisation d'eau

implement : exécuter

implementation : exécution *(contrat)* ; mise en œuvre

implosion : implosion

import : importation ; **~ licence :** licence d'importation ; **~ surcharge :** surtaxe à l'importation ; **variable ~ levies :** impositions variables à l'importation

import/export & customs powers act : code des douanes *(UK 1939)*

impounding reservoir : barrage-réservoir ; bassin de retenue ; lac de barrage ; retenue

impregnated felt : feutre goudronné

imprint : empreinte

improvement : amélioration ; aménagement ; **soil ~ :** amendement des sols

impulse : impulsion ; **~ contact :** contact de passage ; **~ relay :** relais à contact ; **~ turbine :** turbine à action ; **voltage ~ :** impulsion de tension

impure : impur

impurities : incuits

impurity : impureté ; **dissolved ~ :** impureté dissoute

inadequacy (technological ~) : inadaptation technologique

inboard bearing : roulement côté moteur

in-bulk packaging : emballage en vrac

in camera : huis clos

incandescence : incandescence

incandescent lamp : lampe à incandescence

incentive : stimulant

inch : pouce

incidence : incidence *(opt.)*

incident : incident

incinerating dish : capsule pour incinération

incineration : incinération ; **~ plant :** usine d'incinération ; **sludge ~ :** incinération des boues

incinerator : four d'incinération ; incinérateur

inclination : inclinaison

inclined plane : plan incliné

inclined straight bar screen : grille à champ droit incliné

income : revenu ; **~ on capital :** loyer du capital ; **~ tax :** impôt sur le revenu ; **corporate ~ :** impôt sur les sociétés ; **earned ~ :** revenu du travail ; **extraordinary ~ :** produit exceptionnel ; **unearned ~ :** revenu du capital

incoming line : arrivée d'électricité

incompressible : incompressible

increase in head loss : gain d'encrassement

incrustation : incrustation

incubation : incubation

incubator : étuve à incubation ; incubateur

indentation : pénétration

in-depth : en profondeur ; **~ filtration :** filtration en profondeur ; **~ percolation :** percolation en profondeur

index : index *(prix)* ; indice ; **dispersion ~ :** indice de dispersion ; **fouling ~ :** indice de colmatage ; **hydraulicity ~ :** indice d'hydraulicité ; **iodine ~ :** indice d'iode ; **Mohlman ~ :** indice de Mohlman ; **price ~ :** indice des prix ; **Ryznar ~ :** indicateur de Ryznar ; indice de Ryznar ; **Ryznar stability ~ :** indice de stabilité de Ryznar ; **saturation ~ :** indice de saturation ; **silt density ~ :** indice de colmatage *(osmose inverse)* ; **sludge volume ~ :** indice de Mohlman ; **viscosity ~ :** indice de viscosité

India ink : encre de Chine

India paper : papier pelure

indication : indication ; **remote ~ :** télésignalisation

indicator : indicateur ; **~ lamp :** lampe de signalisation ; témoin ; voyant ; **~ light :** voyant lumineux ; **analog ~ :** indicateur à affichage analogique ; **clogging ~ :** indicateur d'encrassement ; indicateur de colmatage ; **coloured ~ :** indicateur coloré ; **dial ~ :** indicateur à cadran ; **glass tube ~ :** indicateur à tube de verre ; **head loss ~ :** indicateur de perte de charge ; **level ~ :** garniture de niveau ; **moving-coil ~ :** indicateur galvanométrique ; **moving-coil flow ~ :** galvanomètre indicateur de débit ; **oil level ~ :** indicateur de niveau d'huile ; **position ~ :** indicateur d'ouverture ; indicateur de position ; **water level ~ :** indicateur de niveau d'eau

indices (biotic ~) : indices biotiques

indictment : inculpation *(jur.)*

indigo : indigo

indirect dryer : sécheur indirect

indiscriminate waste disposal : décharge sauvage

indole : indole

indoor swimming pool : piscine couverte

induced : provoqué ; **~ demand :** demande induite ; **~ flotation :** flottation provoquée ; **~ flow :** débit induit ; **~ pollution :** pollution induite

inductance : inductance ; **~ coil :** self ; **leakage ~ :** inductance de fuite ; **mutual ~ :** inductance mutuelle

induction : induction ; **~ flowmeter :** débitmètre à induction ; **~ furnace :** four à induction ; **~ hardening :** trempe par induction ; **~ motor :** moteur à induction ; **~ pump :** pompe à induction ; **~ regulator :** survolteur d'induction ; **~ voltage regulator :** survolteur d'induction ; **electric ~ :** induction électrique ; **electromagnetic ~ :** induction électromagnétique ; **electrostatic ~ :** induction électrostatique ; **mutual ~ :** induction mutuelle

induction-disc relay : relais à disque à induction

inductive : inductif ; **~ coupling plasma :** plasma à couplage inductif

inductor : inductance ; self ; système self-capacité ; **air-core ~ :** inductance à air ; **continuously adjustable ~ :** inductance à saturation variable

industrial : industriel ; **~ application :** application industrielle ; **~ laundry :** blanchisserie industrielle ; **~ pollution :** pollution industrielle ; **~ waste :** déchets industriels ; **~ wastewater :** eau résiduaire industrielle ; eaux usées industrielles ; **~ water :** eau industrielle

industry : industrie ; **advanced technology ~ :** industrie de pointe ; **agro-food ~ :** industrie agroalimentaire ; **dairy ~ :** industrie laitière ; **food processing ~ :** industrie agroalimentaire ; **food ~ :** industrie alimentaire ; **heavy ~ :** industrie lourde ; **iron and steel ~ :** industrie sidérurgique ; **light ~ :** industrie légère ; **manufacturing ~ :** secteur de transformation ; secteur secondaire ; **petrochemical ~ :** pétrochimie ; **petroleum ~ :** industrie pétrolière ; **processing ~ :** industrie de transformation ; **steel ~ :** sidérurgie

inert : inerte ; **~ gas :** gaz inerte ; **~ gas scavenging :** balayage *(filtre)* ; **chemically ~ :** chimiquement inerte

inertia : force d'inertie ; inertie ; **~ governor :** volant d'inertie ; **~ starter :** démarreur à inertie ; **moment of ~ :** moment d'inertie

inference engine : moteur d'inférence

infiltration : infiltration ; **~ water :** eau d'infiltration ; eaux parasites

inflator : gonfleur

inflow : débit entrant ; entrée ; **~ splitting filter :** filtre à encrassement ; **~ splitting variable-level filter :** filtre à encrassement

influent pipe : colonne centrale d'arrivée d'eau ; fût central d'alimentation ; fût central *(décanteur)*

influent weir : déversoir d'entrée

information technology : informatique

infrared furnace : four à infrarouge

infrastructure : équipement *(admin.)* ; infrastructure

ingot : lingot ; **~ mould :** lingotière ; **~ steel :** acier en lingot

inherent flatness : planéité

inhibition : inhibition ; **~ constant :** constante d'inhibition

inhibitor : inhibiteur *(chim.)* ; **anodic ~ :** inhibiteur anodique ; **cathodic ~ :** inhibiteur cathodique ; **corrosion ~ :** inhibiteur de corrosion ; **organic ~ :** inhibiteur organique ; **scale ~ :** désincrustant ; inhibiteur d'entartrage

in-house : salarié *(adj.)* ; **~ memo :** note interne

initial : initial ; **~ capital expenditure :** frais de premier établissement ; **~ expenses :** frais d'installation ; **~ facts :** base de faits

injection : injection ; **~ head :** tête d'injection ; **~ moulding :** moulage par injection ; **~ pipe :** canne à injection ; **~ point :** point d'injection ; **~ pump :** pompe d'injection ; **~ tube :** lance d'injection ; **~ well :** puits d'injection *(pétro.)* ; **air ~ :** insufflation d'air

injection-moulded : injecté *(plastique)*

injector : éjecteur *(chloromètre)* ; hydro-éjecteur *(chloromètre)* ; injecteur ; **~ nozzle :** tuyère d'injecteur ; **~ water :** eau motrice *(chloromètre)* ; **cement ~ :** injecteur de ciment

in-job training : formation continue

injure : avarier ; blesser

injury (work ~) : accident du travail

ink : encre ; **India ~ :** encre de Chine

inking ribbon : ruban encreur

inlaid : marqueté

inland navigation : navigation fluviale

inlet : admission ; amenée ; arrivée ; entrée ; **~ box :** boîte d'entrée *(chaudière)* ; **~ chamber :** chambre d'admission ; **~ fitting :** raccord d'entrée ; **~ pipe :** tuyau d'arrivée ; tuyauterie d'entrée ; **~ port :** orifice d'entrée ; **~ pressure water :** alimentation d'eau sous pression ; **~ siphon :** siphon d'entrée ; **~ structure :** ouvrage d'arrivée ; **~ sump :** regard d'alimentation ; **~ taper :** convergent ; réduction concentrique ; **~ valve :** clapet d'admission ; robinet d'entrée ; vanne d'entrée ; **~ well :** fût central ; jupe de répartition ; jupe déflectrice *(décanteur)* ; **fresh sludge ~ :** amenée des boues fraîches ; **gas ~ :** arrivée de gaz ; **plant ~ :** tête de station ; **raw water ~ :** arrivée d'eau brute ; **sewage ~ :** arrivée des eaux d'égout ; **wastewater ~ :** arrivée des eaux usées ; **water ~ :** arrivée d'eau

in-line : en ligne ; **~ coagulation :** coagulation directe sur filtre à sable ; coagulation sur filtre ; **~ comminutor :** dilacérateur en ligne ; **~ dilution :** dilution en ligne ; **~ engine :** moteur en ligne ; **~ flocculation :** floculation sur filtre

inner : intérieur *(adj.)* ; **~ tube :** chambre à air *(pneu)*

inorganic : minéral *(adj.)* ; **~ ammonium :** ammonium minéral ; **~ chemistry :** chimie minérale ; **~ coagulant :** coagulant minéral ; **~ sludge :** boues minérales

in-phase : en phase

input : apport ; entrée *(élec.)* ; **~s :** facteurs de production ; intrants ; **~ electrode :** électrode d'entrée ; **~ power :** puissance absorbée ; puissance d'entrée ; **~ resistance :** résistance d'entrée ; **~ shaft :** arbre d'entrée ; **~ voltage :** tension d'entrée ; **current ~ :** intensité absorbée ; **nutritive ~ :** nutritif ; **on-off ~ :** entrée tout ou rien ; **power ~ :** puissance absorbée

inputs-outputs : entrées-sorties

inquartation : quartation

inrush (starting current ~) : appel au démarrage

inrush current : courant d'appel

insect-proof : anti-insectes

inside : intérieur ; interne *(adj.)* ; **~ callipers :** compas d'intérieur ; **~ diameter :** diamètre intérieur ; **~ dimensions :** dimensions intérieures ; **~ screw gate valve :** vanne à vis intérieure

inside-screw stem : tige à vis intérieure

insoluble pollution : pollution insoluble

insolvency : insolvabilité

inspect : contrôler

inspection : contrôle ; **~ chamber :** regard de visite ; **~ door :** porte de visite ; **~ hole :** orifice de visite ; regard d'accès ; regard de visite ; **~ manhole :** tampon de visite ; trappe de visite ; **~ panel :** panneau de visite ; **~ plan :** plan de contrôle ; **~ stamp :** poinçon de contrôle ; **~ visit :** visite de surveillance ; **~ window :** hublot de contrôle ; **periodic ~ :** visite périodique ; **visual ~ :** contrôle d'aspect

installation : appareillage ; installation ; **~ fitting :** accessoire de pose ; **~ of equipment :** pose d'équipements

installed base : parc

instalment : versement ; versement partiel ; **~s :** paiements échelonnés

instantaneous : instantané ; **~ connection :** raccord pompier ; raccord rapide ; **~ relay :** relais instantané

instruction : consigne ; **remote ~ :** téléconsigne ; **~s booklet :** notice ; **~s for use :** mode d'emploi

instrument : instrument ; **~ air :** air instrument ; **discrete ~ :** instrument individuel ; **measuring ~ :** appareil de mesure ; **optical ~ :** instrument optique ; **switchboard measuring ~ :** appareil de tableau

insufficient dosing : sous-dosage

insulate : isoler *(élec.)*

insulated : isolé ; **~ cable :** câble isolé ; **~ conductor :** conducteur isolé

insulating : isolant *(adj.)* ; **~ base :** socle isolant *(élec.)* ; **~ compound :** pâte isolante ; **~ film :** pellicule isolante ; **~ lagging :** enveloppe calorifuge ; **~ material :** calorifuge ; matière isolante ; substance isolante *(élec.)* ; **~ strength :** tenue diélectrique ; **~ tape :** ruban isolant ; **heat ~ :** calorifuge *(adj.)*

insulation : isolation ; isolement ; **faulty ~ :** défaut d'isolement ; **heat ~ :** calorifugeage ; **sound ~ :** isolation acoustique ; **thermal ~ :** calorifugeage ; isolation thermique

insulator : isolateur ; **~ string :** chaîne d'isolateurs ; **heat ~ :** calorifuge ; **high-voltage ~ :** isolateur haute tension ; **petticoat ~ :** isolateur à cloche ; **porcelain ~ :** isolateur en porcelaine

insurance : assurance ; **~ adjuster :** expert ; **~ assessor :** commissaire d'avaries ; **~ broker :** courtier-juré d'assurance ; **~ certificate :** attestation d'assurance ; **~ cover :** quotités d'assurance ; **~ policy :** contrat d'assurance ; **civil liability ~ :** assurance responsabilité civile ; **workers' compensation ~ :** assurance accident du travail

intake (acceptable daily ~) : dose intégrée acceptable par jour

intake (air ~) : amenée d'air ; prise d'air

intake (groundwater ~) : captage de l'eau souterraine

intake (water ~) : prise d'eau

intake ejector : éjecteur d'aspiration

intake manifold : collecteur d'admission ; tubulure d'admission

intake valve : clapet d'aspiration ; soupape d'admission

intangible assets : immobilisations incorporelles ; actif incorporel

integer : nombre entier

integral : monobloc ; **~ action :** action intégrale ; **~ water-proofing :** étanchéité dans la masse ; **~ with :** solidaire de *(méc.)*

integrated compactor skip : benne à compactage intégré

integrating flowmeter : totalisateur de débit

integrating meter : compteur-totalisateur

integration : intégration

intensity : intensité ; **~ of emerging light :** intensité lumineuse émergente ; **~ of incident light :** intensité lumineuse incidente

intent : intention ; **letter of ~ :** lettre d'intention

interaction : dialogue *(info.)*

interchange : échangeur d'autoroute ; **clover-leaf ~ :** trèfle

intercom : interphone

intercooler : réfrigérant intermédiaire

intercrystalline corrosion : corrosion intercristalline

interest : intérêt ; **~ due during preliminary period :** intérêt intercalaire ; **~ rate :** taux d'intérêt ; **compound ~ :** intérêts composés ; **minority ~s :** intérêts minoritaires

interface : interface ; surface de séparation *(liquides)* ; **~ grid :** grille intermédiaire *(échangeur)* ; **optical ~ :** interface fibre optique

interference : interférence ; **~ figure :** figure d'interférence ; **~ filter :** filtre interférentiel *(spectrophotomètre)*

intergranular corrosion : corrosion intercristalline

interior lighting : éclairage intérieur

interlock : asservissement

interlocked : asservi

interlocking : couplage ; **automatic ~ :** couplage automatique

intermediary : intermédiaire

intermediate : intermédiaire ; **~ base anion exchanger :** échangeur d'anions moyennement basiques ; **~ base anionic resin :** résine anionique moyenne ; **~ floor :** faux plancher ; **~ hopper :** trémie intermédiaire ; **~ sump :** fosse intermédiaire

intermediate-base anion : anion moyennement basique

intermittent : intermittent ; **~ duty :** service intermittent ; **~ effluents :** rejets occasionnels ; **~ flow :** régime discontinu ; **~ operation :** fonctionnement intermittent ; **~ weld :** soudure discontinue

internal : interne *(adj.)* ; **~ combustion engine :** moteur à combustion interne ; moteur à explosion ; **~ shoe brake :** frein à mâchoires intérieures ; **~ thread :** taraudage intérieur

international : international ; **~ cooperation :** coopération internationale ; **~ law :** droit international ; **~ rubber hardness degree :** degré international de dureté du caoutchouc

interparticular bridging : pontage interparticulaire

interparticulate forces : forces interparticulaires

interrupt *(n.)* **:** interruption *(info.)*

interrupt *(v.)* **:** interrompre

interrupting capacity : pouvoir de coupure

interruption : interruption

interstice : interstice

interstitial : interstitiel ; **~ water :** eau interstitielle

interval : intervalle ; **~ timer :** rythmeur ; **confidence ~ :** intervalle de confiance

intimate water-sludge mixture : mélange intime eau-boue

inventory : stock ; **~ control :** gestion de stock

inverse hydraulics : hydraulicité inversée

inversely proportional : inversement proportionnel

inverse proportion : proportion inverse

inverse-time relay : relais à temps inversé

inversion : inversion

invert : radier *(tuyau)*

inverted : inverti ; **~ plug valve :** robinet à boisseau renversé

inverter : convertisseur de fréquence ; onduleur ; **~ bridge :** pont onduleur ; **dc-ac ~ :** onduleur ; **thyratron ~ :** convertisseur à thyratrons

investigation : étude ; examen ; **field ~ :** recherche sur le terrain ; **soil ~ :** étude de sol

investment : titre de placement ; **~ casting :** moulage par enrobage

invitation to bid : appel d'offres

invoice : facture ; **amended ~ :** facture rectificative ; **itemized ~ :** facture détaillée ; **no-charge ~ :** facture sans paiement ; **pro forma ~ :** facture pro forma

invoicing : facturation ; prises en compte

iodide : iodure

iodine : iode ; **~ index :** indice d'iode

iodoform : iodoforme

iodometry : iodométrie

ion : ion ; **~ exchange :** échange d'ions ; **~ exchange carbonate removal :** décarbonatation sur résine ; **~ exchange chromatography :** chromatographie ionique ; **~ exchange line :** chaîne d'échangeurs d'ions ; **~ exchanger :** échangeur d'ions ; **~ exchange resin :** résine échangeuse d'ions ; **~ exclusion :** exclusion d'ions ; **~ flux :** flux d'ions ; **~ leakage :** fuite d'ions ; **~ migration :** migration des ions ; **~ mobility :** mobilité d'un ion ; **~ pair :** paire d'ions ; **~ slippage :** fuite d'ions ; **~ source :** source d'ions ; **chloride ~ :** ion chlorure ; **hydroxyl ~ :** ion hydroxyle ; **metallic ~ :** ion métallique

ion-exchange resin : échangeur d'ions

ionic chromatography : chromatographie ionique

ionization : ionisation ; **~ constant :** constante d'ionisation

ionized : ionisé

ionizing radiation : rayonnement ionisant

IOU : reconnaissance de dettes

iron : fer ; **~ and steel industry :** industrie sidérurgique ; **~ and steel metallurgy :** sidérurgie ; **~ bacteria :** bactéries ferrugineuses ; **~ chloride :** chlorure ferrique ; **~ ore :** minerai de fer ; **~ oxalate :** oxalate de fer ; **~ oxide :** oxyde de fer ; **~ removal :** déferrisation ; **~ removal filter :** déferriseur ; filtre déferriseur ; **~ sulphate :** sulfate de fer ; **~ sulphide :** sulfure de fer ; **angle ~ :** cornière ; équerre ; fer à cornière ; **cast ~ :** fonte ; fonte moulée ; **channel ~ :** barre en U ; fer en U ; profilé en U ; **complex ~ :** fer complexé ; **corrugated ~ :** tôle ondulée ; **ductile ~ :** fonte ductile ; **enamelled ~ :** tôle émaillée ; **flat ~ :** plat de fer ; **galvanized ~ :** fer zingué ; tôle galvanisée ; **grey ~ :** fonte grise ; **hoop ~ :** fer à ruban ; fer feuillard ; **hot ~ :** fonte liquide ; **malleable ~ :** fonte malléable ; **nickel ~ :** ferronickel ; **pig ~ :** fonte brute ; **remove ~ :** déferriser ; **rolled ~ :** fer laminé ; **sectional ~ :** fer profilé ; **soldering ~ :** fer à souder ; **sponge ~ :** éponge de fer ; **starter ~ :** fer en attente ; **white ~ :** fonte blanche ; **wrought ~ :** fer forgé

ironmongery : quincaillerie

iron-removal sludge : boues de déferrisation

irrational number : nombre irrationel

irregularity : hétérogénéité

irreversible : irréversible

irrevocable : irrévocable

irrigation : irrigation ; **~ canal :** canal d'irrigation ; **~ ditch :** fossé d'irrigation ; **spray ~ :** irrigation par aspersion

irritant : irritant *(n.)*

irritating : irritant *(adj.)* ; **2-methyl ~ :** 2-méthyl isobornéol

I setting : intensité de réglage

isochronous : isochrone

isolate : isoler *(méc., chim.)*

isolating device : obturateur

isolating diaphragm : poche élastique

isolating penstock : vanne murale d'isolement

isolating shutter : registre d'isolement

isolating stoplog : batardeau d'isolement

isolating switch : interrupteur d'isolement ; sectionneur

isolation : isolation *(séparation)* ; **~ valve :** vanne d'isolement ; **cell ~ :** isolement des cellules ; **galvanic ~ :** isolement galvanique

isolator : sectionneur

isometric : isométrique *(adj.)* ; **~ drawing :** isométrique ; plan d'isométrie

isotherm : isotherme

isothermal curve : isotherme

isotope : isotope

issuance : émission *(actions)* ; **rights ~ :** augmentation de capital avec droits de souscription

item : information (*info.) ;* poste *(bilan)* ; poste budgétaire

itemized invoice : facture détaillée

items : écritures ; **prime cost ~ :** travaux en régie

J

jack : cric ; jack *(élec.)* vérin ; **hydraulic ~ :** vérin hydraulique ; **hydropneumatic ~ :** vérin hydropneumatique ; **lifting ~ :** cric de levage ; **rack-and-lever ~ :** cric à crémaillère ; **screw ~ :** cric à vis ; vérin à vis

jacket : chemise ; enveloppe ; **heating ~ :** enveloppe chauffante ; **steam ~ :** chemise de vapeur ; **water ~ :** chemise d'eau

jacketed valve : vanne à enveloppe chauffante

jacking screw : vis vérin

jackscrew : vérin à vis

jack-shaft line : ligne d'arbre de relevage

jamb : dosseret *(porte)* ; jambage

jamming : bourrage ; brouillage *(électr.)* ; coincement ; grippage

japan : vernis japonais

Javel water : eau de Javel

jaw : mâchoire ; mors ; **brake ~ :** mâchoire de frein ; **chuck ~ :** mâchoire de mandrin ; **vice ~ :** mâchoire d'étau

jelly (petroleum ~) : vaseline

jerrycan : jerrican

jet : tuyère *(haut-fourneau)* ; **~ engine :** moteur à réaction ; **~ propulsion :** propulsion par réaction ; **~ pump :** pompe à jet ; **liquid ~ :** veine liquide ; **water ~ :** jet d'eau

jetty : môle

jib : potence *(grue)* ; **~ crane :** grue à potence ; potence

jig : gabarit

job : emploi ; travail ; **~ site :** chantier ; **~ step :** étape de travail *(info.)*

joinery : menuiserie

joint *(n.)* **:** agrafe ; joint ; **~ efficiency :** coefficient de joint ; coefficient de soudure ; **~ face :** plan de joint ; **~ liability :** responsabilité conjointe ; **~ management :** cogestion ; **~ union :** raccord manchon ; **~ venture :** co-entreprise ; compagnie en joint-venture ; joint-venture ; **ball ~ :** rotule ; **ball-and-socket ~ :** joint à rotule ; **bayonet ~ :** joint à baïonnette ; **blind ~ :** joint invisible ; **brazed ~ :** brasure ; **butt ~ :** joint abouté ; joint bout à bout ; **Cardan ~ :** accouplement à cardan ; joint de cardan ; **construction ~ :** reprise de bétonnage ; **dovetail ~ :** assemblage à queue d'aronde ; **dummy ~ :** joint aveugle ; joint de contraction ; joint de retrait ; **expansion ~ :** joint d'expansion ; joint de dilatation ; **fished ~ :** joint éclissé ; **Hooke's ~ :** joint de cardan ; **knuckle ~ :** agrafe articulée ; joint articulé ; **lap ~ :** joint à clin ; joint à recouvrement ; **scarf ~ :** joint en adent ; **Siamese ~ :** raccord en Y ; tubulure en Y ; **slip ~ :** articulation coulissante ; **union ~ :** joint union ; **universal ~ :** accouplement à cardan ; cardan ; joint universel ; **welded ~ :** joint soudé

joint *(v.)* **:** assembler

jointed : articulé

jointer : truelle langue de chat ; varlope

jointing base : fond de joint

jointly : conjointement ; **~ and severally liable :** responsables conjointement et solidairement ; **~ liable :** solidaire *(jur.)* ; **~ responsible :** solidaire

joist : solive

Joule effect : effet Joule

journal : tourillon ; **~ bearing :** coussinet de fusée ; palier de tourillon ; roulement lisse ; **axle ~ :** fusée d'essieu

juice : jus *(sucre)* ; **clarified ~ :** jus clair ; **flashed ~ :** jus flashé ; **mixed ~ :** jus mélangé ; **thin ~ :** jus léger

jumper (bonding ~) : tresse de métallisation *(élec.)* ; tresse de mise à la masse *(élec.)*

junction : branchement ; embranchement ; **~ box :** boîte à bornes ; boîte de dérivation *(élec.)* ; boîte de jonction ; **~ rod :** tube de jonction ; **~ valve :** boîte de jonction

junior executive : cadre jeune

jurisdiction : juridiction

K

kaolin : kaolin

karst : karst

kennel-shaped case : caisse-niche

kerbside : bordure de trottoir ; **~ collection :** collecte sélective

kerosene : kérosène

ketone : cétone

key : clavette ; clé *(porte)* ; légende ; touche ; **~ changeover switch :** commutateur à clé ; **Allen ~ :** clé Allen ; **shaft ~ :** clavette d'arbre ; **strap ~ :** contacteur à lame-ressort ; **switching ~ :** touche de commutation

keyboard : clavier ; **~ lock-out :** verrouillage de clavier

keyed plate : plaque goujonnée

keyhole : entrée de serrure ; trou de serrure

keying : clavetage

key-operated : à commande par clé ; actionné par clé

keyway : rainure de clavette

kick-off meeting : réunion d'enclenchement

kieselguhr : kieselguhr

killed steel : acier calmé

kiln : four ; **lime ~ :** four à chaux ; **rotary ~ :** four tournant

kilo : kilo

kilocalorie : kilocalorie

kilometre : kilomètre

kilowatt-hour : kilowattheure

kinematics : cinématique

kinematic viscosity : viscosité cinématique

kinetic : cinétique *(adj.)* ; **~ energy :** énergie cinétique ; puissance vive ; **~ study :** étude cinétique

kinetics : cinétique *(n.)* ; **exchange ~ :** cinétique d'échange ; **reaction ~ :** cinétique de réaction

kingdom : règne ; **bacterial ~ :** règne bactérien ; **vegetable ~ :** règne végétal

king-post truss : ferme simple

kit : trousse ; **colorimetric ~ :** comparateur avec écrans colorés ; **press ~ :** dossier de presse ; **test ~ :** trousse de contrôle ; **tool ~ :** trousse à outils

klaxon : klaxon

knife : couteau ; **~ switch :** commutateur à couteau ; interrupteur à couteau ; interrupteur à lame ; **electrician's ~ :** couteau d'électricien ; **putty ~ :** couteau à mastiquer ; **scraper ~ :** couteau racleur

knife-edge file : lime couteau

knob : bouton ; **control ~ :** bouton de commande ; **pull ~ :** tirette

knot : nœud

know-how : savoir-faire

knowledge : connaissances ; **~ base :** base de connaissances ; **~ engineer :** cogniticien

knuckle : articulation ; **~ joint :** agrafe articulée ; joint articulé ; **~ radius :** rayon de carre

knurled ring : bague moletée

knurling : moletage

kraft : kraft ; **~ paper :** papier kraft ; **~ process :** procédé kraft

krypton : krypton

L

label : étiquette

labelling : étiquetage

laboratory : laboratoire ; **~ bench :** paillasse de laboratoire ; **~ stand :** valet de laboratoire ; **~ test :** essai de laboratoire ; **test ~ :** laboratoire d'essais

labour : main-d'œuvre ; **~ exchange :** bourse du travail ; **~ housing :** baraques de chantier

labourer : manœuvre

labyrinth seal : joint labyrinthe

lack : manque ; **~ of balance :** déséquilibre ; **~ of space :** manque de place

lacquer : laque

lactic acid : acide lactique

ladder : échelle ; **~ diagram :** schéma en échelle ; **~ with safety cage :** échelle à crinoline ; **access ~ :** échelle d'accès ; **cat ~ :** échelons ; **extension ~ :** échelle à coulisse ; **standing ~ :** échelle simple

lading (bill of ~) : connaissement

ladle : poche *(métall.)* ; **~ metallurgy :** métallurgie en poche ; **casting ~ :** poche à couler ; **swivelling ~ :** poche pivotante

lag : latence ; **time ~ :** décalage *(temps)*

lagging : arrière *(facteur de puissance)* ; enveloppe ; **insulating ~ :** enveloppe calorifuge

lagoon : lagune ; **liquid sludge ~ :** lagune à boues liquides ; **polishing ~ :** lagune de finition

lagooning : lagunage ; **aerated ~ :** lagunage aéré ; **natural ~ :** lagunage naturel

laitance : laitance *(béton)*

lake : lac ; **artificial ~ :** lac artificiel

lamella : lamelle

lamellar : lamellaire ; **~ clarifier :** décanteur lamellaire ; **~ modules :** modules lamellaires ; **~ pack :** faisceau lamellaire ; **~ separator :** décanteur lamellaire ; séparateur lamellaire ; **~ settling :** décantation lamellaire ; **~ settling zone :** zone de décantation lamellaire

lamella-type settler : décanteur lamellaire

laminar : laminaire ; **~ flow :** écoulement laminaire ; régime laminaire

laminated : feuilleté ; stratifié *(bois)* ; **~ glass :** verre feuilleté ; verre sandwich ; **~ plastic :** plastique stratifié

lamp : lampe ; **~ oil :** pétrole lampant ; **arc ~ :** lampe à arc ; **flash ~ :** lampe flash ; **halogen ~ :** lampe halogène ; **hanging ~ :** baladeuse ; **incandescent ~ :** lampe à incandescence ; **indicator ~ :** lampe de signalisation ; témoin ; voyant ; **mercury-vapour ~ :** lampe à vapeur de mercure ; **neon ~ :** lampe au néon ; **opal ~ :** ampoule opale ; **signal ~ :** hublot de signalisation ; lampe de signalisation ; voyant ; **telltale ~ :** lampe témoin

lampblack : noir de fumée

lance : lance *(fourneau)*

land : terre ; terrain ; **~ clearance :** défrichage ; **~ disposal :** épandage *(déchets liquides)* ; **~ tax :** impôt foncier ; **~ transportation :** transport par voie de terre ; **~ use planning :** aménagement du territoire

landfill : décharge (déchets) ; enfouissement dans le sous-sol ; épandage *(déchets solides)* ; **~ roller :** compacteur de décharge ; **controlled ~ :** décharge contrôlée ; **sanitary ~ :** mise en décharge contrôlée

landing : palier *(escalier)* ; **~ door :** porte palière

landscape : à l'italienne *(impr.)*

lane : voie *(route)* ; **acceleration ~ :** voie d'accélération ; **deceleration ~ :** voie de décélération

Langelier's method : méthode de Langelier

lantern ring : lanterne *(presse-étoupe)*

lap : recouvrement *(joint)* ; **~ joint :** joint à clin ; joint à recouvrement ; **~ rivet :** rivet à recouvrement ; **~ weld :** soudure à clin ; soudure à recouvrement ; soudure par recouvrement ; **~ welding :** soudage par recouvrement ; **~ winding :** enroulement imbriqué

lap-jointed : à recouvrement

Laplace-Gausse distribution : distribution de Laplace-Gausse

lapped : à recouvrement

lap-rivet : riveter *(joint à recouvrement)*

lap-welded : soudé par recouvrement

large : grand ; **~ crate :** harasse

larva : larve

laser : laser

lasting : durable

latch : chien d'arrêt ; loquet ; verrou ; **~ hook :** crochet de retenue

latching (mechanical ~) : verrouillage mécanique

latch-in relay : relais à accrochage

latent : latent ; **~ defect :** vice caché ; **~ heat :** chaleur latente

lateral *(adj.)* **:** latéral ; **~ guide roller :** galet latéral de guidage ; **~ squeeze-out :** fluage *(pressDeg)* ; **~ thrust :** poussée latérale *(voûte)*

lateral *(n.)* **:** ramification ; **lower ~s :** ramifications inférieures ; **top ~s :** ramifications supérieures

latex : latex

lathe : tour ; **~ centre :** pointe de tour ; **~ turret :** barillet porte-outils ; **grinding ~ :** tour à rectifier

lather : mousse *(savon)*

latten : laiton en feuilles ; **brass ~ :** laiton en feuilles

lattice : treillis ; **crystal ~ :** structure cristalline

latticed cover : protection grillagée

launch vehicle : lanceur

launder (clarified water ~) : goulotte d'eau décantée

laundry (industrial ~) : blanchisserie industrielle

lauryl alkyl sulphonate : lauryl alkyl sulfonate

lava (volcanic ~) : lave volcanique

lavatory : toilettes

law : loi ; **~ courts :** tribunaux ; **~ suit :** procès ; **administrative ~ :** code administratif ; droit administratif ; **Berthollet's ~ :** loi de Berthollet ; **Boyle's ~ :** loi de Mariotte ; **case ~ :** jurisprudence ; **civil ~ :** droit civil ; **commercial ~ :** droit commercial ; **common ~ :** droit civil *(jur.)* ; **conversion ~ :** loi de conversion ; **criminal ~ :** code pénal ; droit pénal ; **exponential ~ :** loi exponentielle ; **Faraday's ~ :** loi de Faraday ; **Fick's ~ :** loi de Fick ; **Henry's ~ :** loi de Henry ; **international ~ :** droit international ; **mass action ~ :** loi d'action de masse ; **municipal ~ :** droit interne ; **private ~ :** droit privé

lawyer : avocat ; **before a ~ :** pardevant notaire

layer : couche ; **~ depth :** hauteur de couche ; **~ of water :** tranche d'eau ; **double ~ :** double couche ; **passivating ~ :** couche passivante ; **peripheral ~ :** couche périphérique ; **protective ~ :** couche de protection ; **waterproof ~ :** film étanche *(béton)*

laying (pipe ~) : pose de canalisation

layout : disposition ; **~ drawing :** plan d'implantation ; **general ~ :** implantation générale ; **hydraulic ~ :** schéma hydraulique ; **schematic ~ :** vue d'ensemble schématique

leach : lessiver

leachable nitrogen : azote lessivable

leachate : lixiviat

leaching : lessivage ; lixiviation ; **chromium ~ :** lixiviation de chrome

lead : plomb ; **~ accumulator :** accumulateur au plomb ; **~ acetate :** acétate de plomb ; **~ glass :** verre au plomb ; **red ~ :** minium

lead : conducteur *(élec.)* ; **extension ~ :** rallonge *(élec.)*

leading : avant *(facteur de puissance)* ; **~ power factor :** facteur de puissance avant

lead-in wire : connexion d'électrode ; fil d'entrée *(élec.)*

leaf : battant *(porte)* ; feuille *(ressort)* ; lame *(ressort)* ; **~ and shag remover :** défeuilleur ; **~ spring :** ressort à lames ; **loose ~ :** feuillet mobile

leak *(n.)* **:** fuite ; **~ detector :** détecteur de fuite ; **gas ~ :** fuite de gaz ; **water ~ :** fuite d'eau

leak *(v.)* **:** fuir

leakage : déperdition par dispersion *(élec.)* ; fuite ; **~ conductance :** conductance de fuite ; **~ inductance :** inductance de fuite ; **~ resistance :** résistance de fuite ; **current ~ :** pertes à la terre ; **ion ~ :** fuite d'ions ; **magnetic ~ :** fuites magnétiques

leak-off (gland ~) : eau de presse-étoupe

lean : maigre ; **~ concrete :** béton maigre ; **~ mortar :** mortier maigre

lean-to roof : comble en shed

lease : bail ; crédit-bail

lease-back : cession-bail

leasing : affermage

least squares method : méthode des moindres carrés

leather : cuir

ledge : banquette ; **window ~ :** banquette de fenêtre

lees : bourbes *(vin)* ; **~ from static settling :** bourbes de décantation statique ; **~ removal :** débourbage *(vin)* ; **wine ~ :** lies de vins

left : gauche

left-hand : à gauche ; **~ screw :** vis à gauche ; vis filetée à gauche ; **~ thread :** pas à gauche

left-handed screw : vis à pas à gauche

left-handed thread : filet à gauche

leg : jambe ; pied *(chaise)* ; **support ~ :** patte support *(échelle)* ; support *(échelle)*

legal : autorisé ; licite ; ~ **action :** poursuites ; ~ **representative :** syndic ; ~ **speed limit :** vitesse autorisée

legend : légende

leisure pool complex : parc aquatique

length : élement *(conduite)* ; longueur ; tronçon *(tuyau)* ; ~ **between flanges :** écartement entre brides ; ~ **of weir :** longueur déversante ; **developed ~ :** longueur développée ; **fly ~ :** longueur repliée *(échelle)* ; **focal ~ :** distance focale ; **half-dechlorination ~ :** longueur de demi-déchloration ; **overall ~ :** longueur hors tout ; **straight ~ :** longueur cylindrique ; **total ~ :** longueur déployée *(échelle)*

lens : lentille ; **compound ~ :** objectif composé ; **simple ~ :** objectif simple

less : moins

less-than-container load : conteneur de groupage

lethal dose : dose létale

letter : lettre ; ~ **of credit :** accréditif ; crédit documentaire ; lettre de crédit ; ~ **of intent :** lettre d'intention ; ~ **of reminder :** lettre de rappel ; **covering ~ :** lettre d'accompagnement ; lettre d'envoi ; lettre de couverture ; **registered ~ :** lettre recommandée

level *(n.)* **:** cote ; fiole d'arpentage ; niveau ; niveau à bulle d'air ; ~ **controller :** régulateur de niveau ; poire de contrôle *(Flygt)* ; ~ **crossing :** passage à niveau ; ~ **detector :** détecteur de niveau ; ~ **gauge :** indicateur de niveau ; niveau à glace ; ~ **indicator :** garniture de niveau ; ~ **sensor :** capteur de niveau ; ~ **switch :** interrupteur de niveau ; **be ~ with :** affleurer ; **bed ~ :** plan de pose ; **conversion ~ :** taux de conversion *(osmose inverse)* ; **crest ~ :** cote d'arase ; **downstream ~ :** niveau de restitution *(filtre)* ; **energy ~ :** niveau d'énergie ; **formation ~ :** niveau des remblais ; **guide ~ :** niveau guide ; **lighting ~ :** niveau d'éclairement ; **low ~ :** niveau bas ; **lowest water ~ :** plus basses eaux ; **mason's ~ :** niveau de maçon ; **maximum permissible ~ :** niveau maximum admissible ; **noise ~ :** niveau de bruit ; **outlet ~ :** niveau de restitution *(filtre)* ; **performance ~ :** performances ; **reference ~ :** niveau de référence ; **residual ~ :** niveau résiduel ; **sea ~ :** niveau de la mer ; **sound ~ :** niveau de son ; **spirit ~ :** fiole d'arpentage ; niveau à bulle d'air ; **track-laying ~ :** plan de pose ; **water ~ :** niveau d'eau ; plan d'eau

level *(v.)* **:** égaliser ; niveler

level-control chamber : pot de régulation

levelled : arasé

levelling : mise à niveau ; nivellement ; ~ **screw :** vis vérin ; ~ **staff :** mire de nivellement

lever : levier ; ~ **switch :** commutateur à levier ; interrupteur à levier ; **actuating ~ :** levier de commande ; **arrestment ~ :** manette de blocage *(balance)* ; **cock ~ :** clé de manœuvre ; **control ~ :** levier de commande ; **hand ~ :** levier à main ; **release ~ :** levier de déblocage

Lewis bolt : queue de carpe *(boulon)*

liabilities : passif ; **current ~ :** passif à court terme

liability : responsabilité ; **joint ~ :** responsabilité conjointe ; **third-party ~ :** responsabilité civile vis-à-vis des tiers

liable : susceptible ; **jointly and severally ~ :** responsables conjointement et solidairement ; **jointly ~ :** solidaire *(jur.)*

libel : diffamation

liberation of heat : dégagement de chaleur

licence : licence ; ~ **agreement :** contrat de licence ; **export ~ :** licence d'exportation ; **import ~ :** licence d'importation

lid : couvercle ; **hinged ~ :** couvercle à charnière ; **surface box ~ :** tête de bouche à clé

life : vie ; ~ **rope :** longe de survie ; **service ~ :** durée de vie ; **working ~ :** autonomie de fonctionnement

life-lubricated : graissé à vie

lift : élévateur ; hauteur de levage ; portance *(avion)* ; ~ **bridge :** pont-levis ; ~ **chain :** chaîne de relevage ; ~ **check valve :** clapet de retenue à soupape ; ~ **pump :** pompe à refoulement ; pompe de relevage ; pompe de relèvement ; pompe de reprise ; ~ **truck :** chariot élévateur ; **air ~ :** émulseur à air ; pompe à émulsion ; **goods ~ :** monte-charge

lifting : élévation ; levage ; relevage ; reprise ; ~ **beam :** palonnier ; ~ **gear :** engin de levage ; ~ **jack :** cric de levage ; ~ **lug :** oreille de levage ; ~ **magnet :** aimant de suspension ; ~ **power :** puissance de levage ; ~ **pump :** pompe de relevage ; ~ **ring :** anneau de levage ; ~ **screw :** vis de relèvement ; ~ **station :** poste de relèvement ; station de relevage ; ~ **unit :** poste de relèvement

light *(adj.)* **:** léger ; ~ **flap valve :** clapet à battant léger ; ~ **industry :** industrie légère ; ~ **phase :** phase légère

light *(n.)* **:** lumière ; signal lumineux ; ~ **emitting diode :** diode électroluminescente ; ~ **pen :** stylo optique ; ~ **ray :** rayon lumineux ; ~ **shield :** pare-lumière ; ~ **source :** source lumineuse ; ~ **wave :** onde lumineuse ; **basement ~ :** verdal ; **blinker ~ signal :** signal clignotant ; **electric ~ :** ampoule ; **indicator ~ :** voyant lumineux ; **neon strip ~ :** rampe au néon ; **pavement ~ :** verre dalle ; verdal ; **scattered ~ :** lumière diffusée ; **signal ~ :** voyant lumineux

lighted display : boîtier multicase

lighting : éclairage ; ~ **level :** niveau d'éclairement ; ~ **mains :** secteur lumière ; ~ **system :** réseau d'éclairage ; système d'éclairage ; **emergency ~ :** éclairage de secours ; **interior ~ :** éclairage intérieur ; **outside ~ :** éclairage extérieur

lightness : légèreté

lightning : éclair ; foudre ; ~ **arrester :** parafoudre ; ~ **rod :** paratonnerre ; pointe de choc ; pointe de paratonnerre

light-proof : imperméable à la lumière

light-sensitive : photosensible

lignin : lignine

lignite : lignite

lignosulphonate : lignosulfonate

lime *(n.)* **:** chaux ; ~ **carbonate :** carbonate de chaux ; ~ **dilution :** délayage de chaux ; ~ **dilution tank :** bac de délayage de chaux ; ~ **grits :** incuits de chaux ; ~ **kiln :** four à chaux ; ~ **mortar :** mortier de chaux ; mortier ordinaire ; ~ **saturator :** saturateur de chaux ; ~ **silo :** silo de chaux ; ~ **slaker :** extincteur de chaux ; ~ **slaking :** extinction de chaux ; ~ **slurry :** lait de chaux ; suspension de chaux ; ~ **softening :** décarbonatation à la chaux ; ~ **treatment :** chaulage ; ~ **water :** eau de chaux ; **crystal ~ :** chaux en roche ; **hydrated ~ :** chaux grasse ; chaux hydratée ; **milk of ~ :** lait de chaux ; suspension de chaux ; **powdered ~ :** chaux en poudre ; **quick ~ :** chaux vive ; **slaked ~ :** chaux éteinte ; **soda ~ :** chaux sodée ; **unslaked ~ :** chaux anhydre

lime *(v.)* **:** chauler

limestone : calcaire ; pierre à chaux

lime-treated water : eau chaulée

limit : limite ; ~ **gauge :** calibre de tolérance ; ~ **load :** charge limite ; ~ **switch :** contact de fin de course ; interrupteur de fin de course ; rupteur de fin de course ; **cooling ~ :** limite de réfrigération ; **detection ~ :** limite de détection ; **dryness ~ :** siccité limite ; **elastic ~ :** limite d'élasticité ; **flammability ~ :** limite d'inflammabilité ; **load ~ :** limite de charge ; **mechanical ~ switch :** fin de course mécanique

limited partnership : société en commandite simple ; ~ **with share capital :** société en commandite par actions

limiter : limiteur ; **current ~ :** limiteur de courant ; **growth ~ :** limiteur de croissance ; **torque ~ :** limiteur d'effort ; limiteur de couple

limits : cadre

limpid : clair ; limpide

lindane : lindane

line : canalisation ; chaîne ; ligne ; trait ; ~ **cord :** cordon d'alimentation ; ~ **cord resistor :** cordon chauffant ; ~ **loss :** perte en ligne ; ~ **of flow :** axe d'écoulement ; ~ **of force :** ligne de champ ; ~ **of products :** gamme de produits ; ~ **of symmetry :** axe de symétrie ; ~ **shafting :** ligne d'arbre ; **assembly ~ :** chaîne de montage ; **centre ~ :** axe *(conduite)* ; **contour ~ :** courbe de niveau ; **datum ~ :** ligne de repère ; **dotted ~ :** pointillé ; **equalizing ~ :** conduite d'équilibrage ; **high-voltage ~ :** ligne à haute tension ; **incoming ~ :** arrivée d'électricité ; **ion exchange ~ :** chaîne d'échangeurs d'ions ; **jack-shaft ~ :** ligne d'arbre de relevage ; **outgoing ~ :** départ *(élec.)* ; **oxygen ~ :** oxyduc ; **polishing ~ :** chaîne de finition ; **production ~ :** chaîne de production en série ; **pumping ~ :** câble de pompage ; **shipping ~ :** compagnie maritime ; **straight ~ :** droite ; ligne droite ; **transmission ~ :** ligne de transmission ; **water ~ :** plan de restitution

linear : linéaire ; ~ **chain :** chaîne linéaire ; ~ **drawing :** dessin linéaire ; ~ **metre :** mètre linéaire ; ~ **transmitter :** linéarisateur *(débitmètre)*

liner : fourreau *(cylindre)* ; navire de ligne ; **cylinder ~ :** chemise de cylindre ; **ocean ~ :** navire au long cours ; **plastic ~ :** revêtement plastique

lining : chemisage ; chemise ; **basic ~ :** garnissage basique *(four)* ; **brake ~ :** garniture de frein ; **cylinder ~ :** chemise de cylindre ; **fireproof ~ :** brasque *(métall.)* ; **form ~ :** face coffrante ; **refractory ~ :** revêtement réfractaire ; **rubber ~ :** revêtement en caoutchouc

link : anneau ; articulation ; barrette ; lien ; maillon ; tringle ; ~ **chain :** chaîne à maillons ; **double ~ :** jumelles *(pompe doseuse)* ; **fuse ~ :** élément de remplacement *(élec.)* ; **OR ~ :** convergence en OU ; divergence en OU

linoleum : linoléum

lintel : linteau

lip seal : bague à lèvres ; joint à lèvre

liquefaction : liquéfaction

liquefactor : liquéfacteur

liquefied : liquéfié ; ~ **gas :** gaz liquéfié ; ~ **petroleum gas :** gaz de pétrole liquéfié

liquid : liquide ; ~ **ammonia :** ammoniaque ; ~ **assets :** disponibilités ; réserve liquide *(fin.)* ; ~ **crystal display :** affichage à cristaux liquides ; ~ **end :** doseur *(pompe)* ; ~ **fuel :** combustible liquide ; ~ **jet :** veine liquide ; ~ **manure :** lisier ; purin ; ~ **manure tanker :** tonne à lisier ; ~ **oxygen :** oxygène liquide ; ~ **penetrant test :** ressuage ; ~ **phase :** phase liquide ; ~ **ring :** anneau liquide ; ~ **seal :** siphon de fermeture hydraulique ; ~ **sludge :** boues liquides ; ~ **sludge lagoon :** lagune à boues liquides ; ~ **storage tank :** stockage liquide ; ~ **sugar :** sucre liquide ; ~ **waste :**

déchets liquides ; effluent ; **~ waste furnace :** four à déchets liquides ; **~ waste management system :** traitement des liquides usés ; **clarified ~ :** liquide clarifié ; **sludge-laden ~ :** liquide boueux

liquidated damages : pénalités de retard

liquid-like product : produit fusant

liquid-liquid : liquide-liquide ; **~ extraction :** extraction liquide-liquide ; **~ extractor :** extracteur liquide-liquide

liquid-ring pump : pompe à anneau liquide

liquid-ring vacuum pump : pompe à vide à anneau liquide

liquor : jus ; liqueur ; **ammonia ~ :** eau ammoniacale ; **black ~ :** liqueur noire ; **mother ~ :** collecteur *(sucre)* ; eau mère ; **scrubbing ~ :** liqueur de lavage ; **sludge ~ :** liqueur de boues ; **supernatant ~ :** liqueur surnageante

list : liste ; **packing ~ :** bordereau de colisage ; liste de colisage ; **parts ~ :** nomenclature ; **price ~ :** tarif

listing : liste

lithium : lithium ; **~ grease :** graisse au lithium ; **~ hydroxide :** lithine

lithography (offset ~) : impression offset

litigation : contentieux ; procès

litre : litre

little : peu *(adv.)*

live : sous tension *(élec.)* ; **~ axle :** essieu tournant ; **~ circuit :** circuit sous tension ; **~ conductor :** conducteur en charge ; **~ load :** charge utile ; **~ roller conveyor :** transporteur à rouleaux *(métall.)* ; **~ steam :** vapeur vive ; **~ wire :** fil sous tension

living expenses : frais de séjour

lixiviate : lessiver

lixiviation : lessivage

load : charge *(élec.)* ; **~ carried :** charriage ; **~ circuit :** circuit d'utilisation ; **~ current :** courant de charge ; **~ limit :** limite de charge ; **~ peak :** pointe d'une charge ; **~ per unit area :** taux de charge ; **~ surge :** à-coup de courant ; **abnormal ~ :** convoi exceptionnel ; **axial ~ :** effort axial ; **balanced ~ :** charge équilibrée ; **bed ~ :** charge volumique *(échange d'ions)* ; **breaking ~ :** charge de rupture ; **dead ~ :** charge permanente ; poids mort ; **less-than-container ~ :** conteneur de groupage ; **limit ~ :** charge limite ; **live ~ :** charge utile ; **nominal ~ :** charge nominale ; **non-linear capacitive ~ :** charge non-linéaire capacitive ; **normal ~ :** charge normale ; **peak ~ :** charge de pointe ; débit maximum *(élec.)* ; **rated ~ :** charge nominale ; **reverse ~ :** charge alternée ; **safe working ~ :** taux de travail de sécurité ; **spatial sludge ~ :** charge spatiale en boues ; **test ~ :** charge d'essai

load-bearing beam : poutre porteuse

loaded : bandé

loader (front-end ~) : chouleur

loading : chargement ; teneur ; **~ chamber :** pot de chargement ; **~ dock :** quai de chargement ; **~ gauge :** gabarit (transport) ; **~ hatch :** trémie vide-sac ; **~ on board :** embarquement *(marchandises)* ; **~ trough :** rigole de chargement ; **BOD ~ :** charge volumique ; **hydraulic ~ :** charge hydraulique ; **hydraulic surface ~ :** charge hydraulique superficielle ; **sludge volume ~ :** flux volumique *(boues)* ; **solids ~ :** flux massique *(décanteur, traitement boues)* ; **volumetric ~ :** charge hydraulique

loan : crédit ; prêt ; **~ capital :** capitaux d'emprunt ; **~ contract :** contrat de prêt ; **bridging ~ :** prêt relais ; **soft ~ :** prêt participatif

lobe compressor : compresseur à haricot

local : local *(adj.)* ; **~ authorities :** collectivités locales ; **~ community :** collectivité locale ; **~ control :** commande locale ; **~ mean time :** temps moyen local ; **~ pressure :** pression locale

locating plug : ergot central

location : emplacement ; **~ drawing :** plan de masse ; **~ of sites :** recherche de sites

lock *(n.)* **:** serrure ; **~ gate :** écluse ; porte d'écluse ; **~ nut :** contre-écrou ; écrou d'arrêt ; écrou de blocage ; **~ ring :** bague de calage ; **~ washer :** plaque d'arrêt ; rondelle d'arrêt ; rondelle de blocage ; rondelle frein ; rondelle Grower ; **air ~ :** bouchon d'air ; sas à air ; **dead ~ :** serrure à pêne dormant ; **nut ~ :** frein d'écrou ; **safety ~ :** serrure de sûreté

lock *(v.)* **:** bloquer ; enclencher ; verrouiller

locked-rotor torque : couple au frein

locking : fermeture à clé ; verrouillage ; **~ adjustable coupling :** joint autobuté ; **~ ring :** anneau d'arrêt ; **~ screw :** vis de blocage

lock-out (keyboard ~) : verrouillage de clavier

loess : terre jaune

log : coupe géologique ; **stop ~ :** batardeau ; trappe d'isolement ; batardeau mobile

logarithmic : logarithmique ; **~ decade :** décade logarithmique ; **~ mean :** moyenne logarithmique

logbook (operating ~) : livre d'exploitation

logger (data ~) : centrale de mesures

logic controller : automatisme logique

logo : emblème ; logo

long : long ; **~ radius :** long rayon ; **~ ton :** tonne forte ; **~ waves :** ondes longues

longitudinal : longitudinal ; **~ section :** coupe en long ; coupe longitudinale ; **~ separator :** séparateur longitudinal

long-model ozone generator : ozoneur grande longueur

long-radius bend : coude à grand rayon

long-stem nozzle : buselure à longue queue

long-tube vertical evaporator : évaporateur à longs tubes verticaux

loop : boucle ; **~ circuit :** circuit bifilaire ; **~ coupling :** couplage en boucle ; **coupling ~ :** boucle de couplage ; **hysteresis ~ :** cycle d'hystérésis ; **measurement ~ :** boucle de mesure ; **oxygen ~ :** boucle à oxygène ; **protective ~ :** lyre de protection ; **quality ~ :** boucle de la qualité ; **safety ~ :** lyre de protection ; **water ~ :** boucle d'eau

loose : lâche ; **~ fit :** ajustage lâche ; **~ ground :** terrain sans consistance ; terre meuble ; **~ leaf :** feuillet mobile ; **~ pulley :** poulie folle ; **~ shaft :** arbre fou ; **~ soil :** terrain fluent

loosen : desserrer *(vis)*

looseness : inconsistance *(sol)*

loosening : détassage ; soulèvement *(échange d'ions)* ; **~ water :** eau de détassage

loss : déperdition *(chaleur)* ; manque à gagner ; perte ; **~ in acid :** perte à l'acide ; **~ of tensile stress :** relaxation *(acier)* ; **drift ~ :** entraînement vésiculaire ; **friction ~ :** perte de charge linéaire ; perte de charge par frottement ; résistance dans les tuyaux ; **head ~ :** perte de charge ; **heat ~ :** dissipation de la chaleur ; perte calorifique ; perte de chaleur ; **line ~ :** perte en ligne ; **minor ~ :** perte de charge singulière ; **ohmic ~ :** chute ohmique

loss-in-weight feeder : doseur par perte de poids

loss-in-weight gravity-feed system : dispositif de dosage gravimétrique à perte de poids

lot : lot ; **~ number :** numéro de lot ; **parking ~ :** parking

louver : ouïe d'aération ; **air ~ :** volet de ventilation

low : bas ; **~ frequency :** basse fréquence ; **~ grade :** mauvaise qualité ; **~ impedance :** basse impédance ; **~ level :** niveau bas ; **~ level alarm :** alarme de niveau bas ; **~ lift pump :** pompe basse pression ; **~ pressure :** basse pression ; **~ speed :** faible vitesse ; petite vitesse ; **~ tide :** marée basse ; **~ voltage :** basse tension ; **~ water :** basses eaux ; étiage ; niveau d'étiage ; niveau des basses eaux

low-carbon steel : acier au carbone à faible teneur

low-cost : économique

low-density polyethylene : polyéthylène basse densité

lower : inférieur ; **~ branch pipes :** ramifications inférieures ; **~ court :** juridiction inférieure ; première instance ; **~ heat value :** pouvoir calorifique inférieur ; **~ laterals :** ramifications inférieures ; **~ part :** base

lowering : abaissement ; rabattement *(nappe phréatique)*

lowest water level : plus basses eaux

low-grade mother liquor : collecteur pauvre *(sucre)*

low-grade ore : minerai pauvre

low-load activated sludge : boues activées à faible charge

low-rate digestion : digestion à faible charge

low-rate filter : lit à faible charge

low-rate plant : station à faible charge

low-voltage station : local basse tension

lube oil : huile de lubrification

lubricant : graisse ; lubrifiant ; **approved ~ :** lubrifiant recommandé

lubricated : graissé ; **~ plug valve :** robinet à boisseau lubrifié

lubricated-screw machine : machine à vis lubrifiées

lubricating : lubrifiant *(adj.)* ; **~ oil :** huile de graissage ; **~ oils :** huiles lubrifiantes

lubrication : graissage ; lubrification ; **~ chart :** schéma de graissage ; tableau de graissage ; **air-mist ~ :** lubrification par brouillard ; **forced-feed ~ :** lubrification sous pression ; **gravity-feed ~ :** graissage par gravité ; **oil bath ~ :** graissage par bain d'huile ; **pressure ~ :** graissage sous pression ; lubrification sous pression ; **splash ~ :** graissage par barbotage ; lubrification par barbotage

lubricator : graisseur ; **forced-feed ~ :** graisseur sous pression ; **gravity-feed ~ :** graisseur par gravité

lug : arrêtoir ; cosse ; oreille ; **~ piece :** chape mâle ; **crimping ~ :** cosse à sertir ; **hoisting ~ :** anneau de levage ; **lifting ~ :** oreille de levage ; **soldering ~ :** cosse à souder ; **spade ~ :** cosse à œillet

lukewarm : tiède *(eau)*

luminaire : luminaire

luminescence : luminescence

lump : grumeau ; **~ hammer :** massette ; **~ sum :** prix à forfait ; **broken ~ :** noisette *(sulfate d'alumine)*

lux : lux

lye : lessive ; **potassium ~ :** lessive de potasse caustique ; **soda ~ :** lessive de soude

lyse : lyser

lysis : lyse

M

macadam : macadam

machinability : usinabilité

machine : engin ; machine ; **~ bolt :** boulon mécanique ; **~ downtime :** arrêt machine pour entretien ; **~ shop :** atelier de mécanique ; **~ tool :** machine-outil

machined : usiné

machining : ajustage ; usinage ; **~ defect :** défaut d'usinage

macrocouple : macrocouple

macromolecular : macromoléculaire

macromolecule : macromolécule

macrophyte : macrophyte

macroporous : macroporeux ; **~ resin :** résine macroporeuse

macrostraining : macrotamisage

magistrate : juge ; **~s court :** tribunal de police ; **stipendiary ~ :** juge

magma : magma

magnesia : magnésie

magnesium : magnésium ; **~ chloride :** chlorure de magnésium ; **~ hardness :** titre hydrotimétrique magnésien ; titre magnésien ; **~ oxide :** magnésie ; **~ sulphate :** sulfate de magnésium

magnet : aimant ; **lifting ~ :** aimant de suspension

magnetic : magnétique ; **~ blow-out :** souffleur magnétique *(élec.)* ; **~ detector :** détecteur magnétique ; **~ field :** champ magnétique ; **~ flux :** flux magnétique ; **~ leakage :** fuites magnétiques ; **~ pumping :** pompage magnétique ; **~ stirrer :** agitateur magnétique ; **~ strainer :** crépine magnétique ; **~ viscosity :** viscosité magnétique

magnetite : magnétite

magnetizing coil : bobine excitatrice

magneto : magnéto

magnetoelectric relay : relais à commande magnétoélectrique ; relais magnétoélectrique

magnetometer : magnétomètre ; **airborne ~ :** magnétomètre aéroporté

magnet-operated : à commande par aimant

magnetron : magnétron

magnifying power : pouvoir grossissant

magnitude : magnitude ; **order of ~ :** ordre de grandeur

mail (bulk ~) : envoi groupé

main *(adj.)* **:** principal ; **~ contractor :** entrepreneur général ; **~ drain :** tout-à-l'égout ; **~ drainage :** tout-à-l'égout ; **~ front view :** façade principale ; **~ sewer :** égout ; égout collecteur ; grand collecteur ; **~ shaft :** transmission principale ; **~ storage unit :** mémoire centrale

main *(n.)* **:** collecteur ; **pressure ~ :** conduite forcée ; **raw water delivery ~ :** collecteur de refoulement d'eau brute ; **rising ~ :** colonne montante ; **supply ~ :** adducteur ; **wash water ~ :** collecteur d'eau de lavage ; **water ~ :** conduite d'adduction

mains : secteur *(élec.)* ; **~ failure :** panne de secteur ; **~ switch :** disjoncteur ; **lighting ~ :** secteur lumière ; **power ~ :** secteur *(élec.)*

maintainability : facilité de maintenance

maintenance : entretien ; maintenance ; **~ costs :** frais d'entretien ; **~ manual :** manuel d'entretien ; notice d'entretien ; **computer-assisted ~ :** maintenance assistée par ordinateur ; **corrective ~ :** maintenance curative ; **major ~ :** gros entretien ; **minor ~ :** petit entretien ; **preventive ~ :** maintenance préventive ; **routine ~ :** maintenance périodique

maize cob : rafle de maïs

major maintenance : gros entretien

make *(n.)* **:** marque ; **~ contact :** contact à fermeture ; contact travail

make *(v.)* **:** fermer *(circuit)* ; **~ an offer :** faire une offre ; **~ comments :** faire des réserves ; **~ provision for :** prévoir

make-break contact : contact repos-travail ; travail commun repos

make-up : appoint ; **~ flow :** débit d'appoint ; **~ fuel :** combustible d'appoint ; **~ water :** eau d'appoint ; **fuel ~ :** appoint calorifique en combustible ; apport calorifique en combustible

making capacity : pouvoir de fermeture *(élec.)*

male : mâle ; **~ connection :** raccord mâle ; **~ thread :** pas de vis mâle

maleic acrylate copolymer : copolymère acrylate-maléique

maleic styrene copolymer : copolymère styrène-maléique

malfunction : dysfonctionnement ; incident de fonctionnement

malleability : malléabilité

malleable : malléable ; **~ iron :** fonte malléable

mallet : maillet ; masselotte

manageable : manipulable

management : direction ; gestion ; **~ agreement :** contrat de gérance ; **~ expenses :** frais de gestion ; **change ~ :** gestion de l'imprévisible ; **energy ~ :** maîtrise de l'énergie ; **joint ~ :** cogestion ; **middle ~ :** cadres moyens ; **personnel ~ :** gestion du personnel ; **quality ~ :** gestion de la qualité ; **top ~ :** cadres supérieurs

manager : responsable ; **area ~ :** chef de secteur ; directeur de secteur ; **general ~ :** directeur général

managing director : directeur général

mandrel : mandrin

manganate : manganate

manganese : manganèse ; **~ dioxide :** dioxyde de manganèse ; **~ removal :** démanganisation ; **~ steel :** acier au manganèse

manhole : orifice de trou d'homme ; trou d'homme ; trou de visite ; **~ cover :** plaque d'égout ; tampon d'égout ; **inspection ~ :** tampon de visite ; trappe de visite

man-hour : homme-heure

manifold : boîte de répartition *(échangeur)* ; collecteur ; réseau ramifié ; **drain ~ :** collecteur d'évacuation ; **exhaust ~ :** collecteur d'échappement ; tubulure d'échappement ; **intake ~ :** collecteur d'admission ; tubulure d'admission

Manilla hemp rope : cordage en manille

Manning-Strickler formula : formule de Manning-Strickler

manœuvre : manœuvre

manometer : manomètre ; **diaphragm-type ~ :** manomètre à membrane ; **glass-tube ~ :** tube manométrique ; **piezoelectric ~ :** manomètre piézoélectrique ; **U-tube ~ :** manomètre à tube en U

manometry : manométrie

manpower : main-d'œuvre

mansard roof : comble brisé ; comble en mansarde ; toit en mansarde

manual *(adj.)* **:** manuel ; **~ bar screen :** grille manuelle ; **~ check :** contrôle manuel ; **~ control :** commande manuelle ; **~ fine screen :** grille fine manuelle ; **~ screen :** grille à nettoyage manuel

manual *(n.)* **:** manuel ; notice ; **maintenance ~ :** manuel d'entretien ; notice d'entretien ; **operating ~ :** notice de fonctionnement ; **quality ~ :** manuel qualité ; **user ~ :** manuel d'utilisation

manufacture : fabrication

manufactured goods : produits manufacturés

manufacturer : constructeur ; fabricant

manufacturing : fabrication ; **~ defect :** défaut de fabrication ; **~ industry :** secteur de transformation ; secteur secondaire

manure : fumier ; **liquid ~ :** lisier ; purin ; **liquid ~ tanker :** tonne à lisier

manuring : épandage

map : carte ; **contour ~ :** plan en courbes de niveau

marble : marbre ; **~ test :** essai au marbre ; test au marbre

marc (grape ~) : marc de raisin

margin : marge ; **profit ~ :** marge bénéficiaire ; **safety ~ :** marge de sécurité

marginal : marginal ; **~ revenue :** recette marginale

marine single-effect evaporator : bouilleur marine

Mariotte bottle : vase de Mariotte

mark *(n.)* **:** empreinte ; repère ; **assembly ~ :** repère de montage ; **bench ~ :** repère de nivellement ; **shipping ~ :** marque des colis ; **trade ~ :** marque ; marque déposée ; **triangulation ~ :** cote de triangulation

mark *(v.)* **:** marquer

market : débouché ; marché ; **~ feedback :** réaction du marché ; **~ gardening :** maraîchage ; **~ survey :** étude de marché ; **capital ~ :** marché financier ; **commodity ~ :** bourse de commerce ; **domestic ~ :** marché intérieur ; **growth ~ :** marché porteur ; **home ~ :** marché domestique ; **money ~ :** marché monétaire ; **spot ~ :** marché au comptant

marketing techniques : techniques commerciales

marking : empreinte ; marquage

marquetry : marqueterie

Marseille soap : savon de Marseille

marsh : marais ; **~ fever :** paludisme

marshalling yard : gare de triage

marshland : marais

martensite : martensite

martensitic steel : acier à structure martensitique

mask : masque ; **gas ~ :** masque à gaz ; **oxygen ~ :** masque à oxygène ; masque respiratoire ; **wide-field vision ~ :** masque à grand champ de visibilité ; masque panoramique

masoned stonework : pierre maçonnée

masonry : bâtisse ; maçonnerie

mason's level : niveau de maçon

mass : masse ; **~ action :** action de masse ; **~ action law :** loi d'action de masse ; **~ flow rate :** débit massique ; **~ production :** fabrication en grande série ; production en masse ; **~ spectrography :** spectrographie de masse ; **~ spectrometer :** spectromètre de masse ; **~ spectrometry :** spectrométrie de masse ; **~ transfer :** transfert de masse ; **atomic ~ :** masse atomique ; **bacterial ~ :** masse bactérienne ; **contact ~ :** masse de contact ; **critical ~ :** masse critique ; **granular ~ :** amas granuleux *(virus)* ; **set ~ flow rate :** débit massique de consigne

massive floc : floc abondant

mast : mât

mastax : mastax

master : maître ; **~ controller :** combinateur ; **~ cylinder :** maître-cylindre *(grue)* ; **~ plan :** plan général ; schéma directeur ; **~ plan for sewage removal :** programme général d'assainissement ; **~ programme :** programme général ; **~ switch :** coupe-tout ; interrupteur principal ; **~ tape :** bande mère ; **floating ~ :** maître flottant

masterboard : carte mère ; circuit porteur

master-slave connection : liaison maître-esclave

mastic : mastic *(constr.)* ; **asphalt ~ :** mastic bitumineux

masticatory organ : organe masticatoire

material : matériau ; matière ; **binding ~ :** agglomérant ; **building ~s :** matériaux de construction ; **~ handling :** manutention

mathematical representation of filterability : caractérisation numérique de la filtrabilité

matt : mat

matte : matte *(métall.)*

matter : matières ; **printed ~ :** imprimés

maturation : mûrissement ; temps de maturation ; **~ tank :** bac de vieillissement

maturity : échéance

maximization : revalorisation

maximum : maximum ; **~ permissible concentration :** concentration maximale admissible ; **~ permissible level :** niveau maximum admissible ; **~ permissible stress :** contrainte maximum admissible

mean *(adj.)* **:** moyen ; **~ value :** valeur moyenne

mean *(n.)* **:** moyenne ; **arithmetic ~ :** moyenne arithmétique ; **logarithmic ~ :** moyenne logarithmique

measurable : dosable ; mesurable

measure (tape ~) : mètre à ruban

measurement : mesure ; **~ loop :** boucle de mesure ; **~ rack :** baie de mesure ; **acoustic ~ :** mesure de bruit ; **continuous ~ :** mesure en continu ; **flow ~ :** mesure de débit ; **remote ~ :** télémesure

measuring : dosage ; **~ apparatus :** appareil de mesure ; **~ cell :** cellule de mesure ; **~ electrode :** électrode de mesure ; **~ glass :** cuvette de comparateur ; **~ instrument :** appareil de mesure ; **~ nozzle :** ajutage de mesure ; **~ pipette :** pipette bâton ; **~ range :** plage de mesure ; **~ sill :** seuil de mesure ; **~ tank :** bac de jaugeage ; bac jaugeur ; **~ transducer :** transmetteur de mesure ; **~ tube :** tube de dosage ; **~ weir :** déversoir de mesure ; seuil de mesure

mechanic : mécanicien

mechanical : mécanique *(adj.)* ; **~ bar screen :** grille automatique ; **~ blade skimmer :** écumeur mécanique à palettes ; **~ blocking :** blocage mécanique ; **~ breakdown :** panne mécanique ; **~ control :** commande mécanique ; **~ curved bar screen :** grille courbe automatique ; **~ draught :** aération mécanique ; tirage mécanique ; **~ drive :** entraînement mécanique ; **~ efficiency :** rendement mécanique ; **~ emulsion :** émulsion mécanique ; **~ engineer :** ingénieur mécanicien ; **~ engineering :** industrie mécanique ; mécanique ; **~ failure :** défaillance mécanique ; **~ flocculator :** floculateur agité ; **~ flotation :** flottation mécanique ; **~ flotation unit :** flottateur mécanique ; **~ latching :** verrouillage mécanique ; **~ limit switch :** fin de course mécanique ; **~ mixing :** dispersion mécanique ; **~ power :** puissance mécanique ; **~ pulp :** pâte mécanique ; **~ recovery :** reprise mécanique ; **~ screen :** grille automatique ; **~ seal :** joint mécanique ; **~ straining :** tamisage mécanique ; **~ test :** essai sur machine

mechanically actuated : attelée *(pompe)*

mechanically cleaned screen : grille automatique

mechanics : mécanique ; **quantum ~ :** mécanique quantique

mechanism : mécanisme

media (filtering ~) : matériau filtrant

median : médian *(adj.)* ; médiane *(n.)*

mediation : médiation

medium *(adj.)* **:** moyen ; **~ frequency :** moyenne fréquence ; **~ grinding :** broyage moyen ; **~ sand :** sable moyen ; **~ separator :** déshuileur moyen ; **~ voltage :** moyenne tension ; **~ waves :** ondes moyennes

medium *(n.)* **:** corps de contact ; médium *(peinture)* ; milieu *(écol.)* ; milieu récepteur ; **culture ~ :** milieu de culture ; **filter ~ :** masse filtrante ; matériau de remplissage ; **precoat filtering ~ :** matériau filtrant précouche

medium-bubble device : dispositif à moyennes bulles

medium-carbon steel : acier demi-dur ; acier mi-dur

medium-load activated sludge : boues activées à moyenne charge

medium-rate digester : digesteur à moyenne charge

medium-rate digestion : digestion à moyenne charge

meeting : réunion ; **expediting ~ :** réunion d'avancement

meet requirements : satisfaire les exigences

megavolt : mégavolt

megawatt : mégawatt

meggering test : essai à l'aide d'un mégohmmètre

megohm : mégohm

megohmmeter : mégohmmètre

mellow : mœlleux *(bière)*

melt (snow ~) : fonte des neiges

melting : fusion ; **~ point :** point de fusion

member : membre

membrane : membrane ; **~ bioreactor :** bioréacteur à membrane ; **~ cell :** cellule à membrane ; **~ cleaning pump :** pompe de lavage *(osmose inverse)* ; **~ diffuser :** diffuseur à membrane ; **~ filtration :** filtration sur membrane ; **~ treatment :** traitement par membranes ; **acetate ~ :** membrane d'acétate ; **asymmetrical ~ :** membrane asymétrique ; **biological ~ :** membrane biologique ; **composite ~ :** membrane composite ; **homogeneous ~ :** membrane homogène ; **hydrophilic ~ :** membrane hydrophile ; **osmosis ~ :** membrane d'osmose ; **pleated ~ :** membrane plissée ; **porous ~ :** membrane poreuse ; **synthetic ~ :** membrane synthétique

memo : note ; **forwarding ~ :** note de transmission ; **in-house ~ :** note interne ; **technical ~ :** note technique

memorandum of understanding : protocole d'accord

memory : mémoire ; **random-access ~ :** mémoire vive à accès sélectif ; **read-only ~ :** mémoire morte ; **working ~ :** mémoire de travail

Mendeleev : Mendeleieff

mercaptan : mercaptan

Mercator projection : projection de Mercator

mercerizing (cotton ~) : mercerisage du coton

merchant : commerçant *(en gros)* ; négociant ; **~ ship :** navire marchand ; **~ steel :** acier marchand ; **export ~ :** négociant exportateur

mercury : mercure ; **~ cell :** cellule à mercure ; **~ porosimetry :** porosimétrie mercure ; **~ switch :** inverseur à mercure ; **~ thermometer :** thermomètre à mercure

mercury-vapour lamp : lampe à vapeur de mercure

merger : fusion *(société)* ; **~s and acquisitions :** fusions et prises de participation

mesh : maille ; **~ size :** vide de maille *(tamis)* ; **~ spacing :** vide de maille ; **~ void :** vide de maille

meshed : maillé

meshing : engrènement

mesophilic : mésophile

mesoporosity : mésoporosité

mesotrophic : mésotrophe

metabolite : métabolite

metabolization : métabolisation

metal : métal ; **~ coating :** revêtement métallique ; **~ container :** récipient métallique ; **~ content :** teneur en métaux ; **~ coupon :** coupon de métal ; **~ earth electrode :** électrode de masse métallique ; **~ salt :** sel métallique ; **~ saw :** scie à métaux ; **~ scrap :** débris métalliques ; déchets de métal ; ferraille ; **~ sheath :** gaine métallique ; **~ strip :** feuillard ; **dense ~ :** métal compact ; **expanded ~ :** métal déployé ; **extruded ~ :** métal tréfilé ; **filler ~ :** métal d'apport ; **hardened ~ :** métal trempé ; **heavy ~ :** métal lourd ; **noble ~ :** métal noble ; **parent ~ :** métal de base ; **plated ~ :** métal plaqué ; **precious ~ :** métal précieux ; **sintered ~ :** métal fritté

metal-arc welding : soudage à l'électrode métallique

metal-containing : métallifère

metallic : métallique ; métallisé *(couleur)* ; **~ dust :** poussières métalliques ; **~ ion :** ion métallique ; **~ paint :** peinture métallique ; **~ salt :** sel métallique

metallic-cord tyre : pneu à carcasse métallique

metalliferous : métallifère

metallizing : métallisation

metalloid : métalloïde

metallurgy : métallurgie ; **iron and steel ~ :** sidérurgie ; **ladle ~ :** métallurgie en poche ; **powder ~ :** métallurgie des poudres

meter : compteur ; **air ~ :** compteur d'air ; **conductivity ~ :** conductivimètre ; **excess ~ :** compteur à dépassement ; **frequency ~ :** fréquencemètre ; **gas ~ :** compteur de gaz ; **hour ~ :** compteur horaire ; **integrating ~ :** compteur-totalisateur ; **oxygen ~ :** oxygènemètre ; **pH ~ :** pH-mètre ; **phase ~ :** phasemètre ; **piston ~ :** compteur à piston rotatif ; **resistivity ~ :** résistivimètre ; **silica ~ :** silicemètre ; **sound-level ~ :** sonomètre ; **varhour ~ :** compteur d'énergie réactive ; **water ~ :** compteur d'eau ; **watthour ~ :** compteur d'énergie active ; compteur de watt-heures

metering : comptage ; mesure ; **~ chamber :** chambre de comptage ; **~ compartment :** compartiment doseur ; **~ head :** tête doseuse ; **~ pump :** pompe doseuse ; **~ pump with eccentric screw :** pompe doseuse à vis excentrée ; **~ structure :** ouvrage de comptage ; **~ unit :** ouvrage de comptage ; **~ weir :** déversoir de mesure ; **chlorine ~ unit :** doseur de chlore ; **diaphragm ~ pump :** pompe doseuse à membrane ; **gravity ~ :** dosage gravitaire ; **plunger ~ pump :** pompe doseuse à piston ; **reagent ~ :** dosage de réactifs ; **water-driven ~ pump :** pompe doseuse hydromotrice

methane : méthane ; **~ fermentation :** méthanisation ; **~ recovery :** récupération de méthane

methane-producing : méthanogène ; **~ fermentation :** fermentation méthanique

methanogenesis : méthanogénèse

methionine : méthionine

method : méthode ; **Langelier's ~ :** méthode de Langelier ; **spot ~ :** méthode de terrain

methyl : méthyl ; **~ mercaptan :** méthyl mercaptan ; **~ orange :** hélianthine ; méthylorange ; **~ orange alkalinity :** titre alcalimétrique complet (TAC)

methylated spirits : alcool à brûler

methylene blue : bleu de méthylène ; **~ anionic surfactants :** tensio-actifs anioniques réagissant au bleu de méthylène

metre : mètre ; **cubic ~ :** mètre cube ; **linear ~ :** mètre linéaire ; **square ~ :** mètre carré

metric : métrique ; **~ ton :** tonne

mho : mho

micellar solution : solution micellaire

micelle : micelle

microanalysis : microanalyse

microbalance : microbalance

microbe : microbe

microbial : microbien ; **~ body :** corps microbien ; **~ culture :** culture microbienne ; **~ growth :** croissance des micro-organismes

microbicidal : microbicide *(adj.)*

microbicide : microbicide *(n.)*

microbiology : microbiologie

microbubble : microbulle

microchemistry : microchimie

microcircuit : microcircuit

microcontaminant : micropolluant

microelements : microéléments

microencapsulation : microencapsulation

microfauna : microfaune

microfilm : microfilm

microfiltration : microfiltration

microflora : microflore

microhm : microhm

microleak : microfuite

micrometer : micromètre ; **~ screw :** vis micrométrique ; **~ stroke adjustment :** réglage micrométrique de course ; **eyepiece ~ :** oculaire micrométrique

micrometric : micrométrique

micromho : microsiemens

micron : micromètre *(unité de mesure)* ; micron

microorganism : micro-organisme

microphone (unidirectional ~) : microphone unidirectionnel

microphyte : microphyte

micropollutant : micropolluant

microresin : microrésine

microscope : microscope ; **compound ~ :** microscope composé ; **electron ~ :** microscope électronique ; **field-emission ~ :** microscope à champ émissif ; **optical ~ :** microscope optique ; **simple ~ :** microscope simple

microscreening : microtamisage

microsiemens : microsiemens

microstrainer : microtamis ; **band ~ :** microtamis à bande ; **rotating ~ :** microtamis rotatif

microstraining : microtamisage

microswitch : microcontact ; micro-interrupteur ; microrupteur ; minirupteur

microsyringe : microseringue

micro-valve : vannette

microvolt : microvolt

microwave : hyperfréquence ; micro-onde

middle : centre ; milieu ; **~ management :** cadres moyens

middleman : intermédiaire *(n.)*

migration : migration ; **ion ~ :** migration des ions

mild steel : acier doux

milk : lait ; **~ of lime :** lait de chaux ; suspension de chaux ; **whole ~ :** lait entier

mill *(n.)* **:** moulin ; usine ; **~ scale :** calamine ; scories de laminoir ; **ball ~ :** broyeur à boulets ; **bar ~ :** laminoir à ronds ; **blooming ~ :** train ébaucheur ; **hammer ~ :** broyeur à marteaux ; **hot ~ :** train à chaud ; **hot-rolling ~ :** train de laminage à chaud ; **hot-strip ~ :** train à bande ; **mortar ~ :** malaxeur à ciment ; **oil ~ :** huilerie ; **paper ~ :** papeterie ; **pug ~ :** malaxeur à palettes ; **rod ~ :** laminoir à ronds ; **rolling ~ :** laminoir ; usine de laminage ; **starch ~ :** féculerie ; **strip ~ :** train à bande ; **sugar ~ :** sucrerie

mill *(v.)* **:** fraiser

milliampere : milliampère

milliequivalent : milliéquivalent

milliequivalent/l : milliéquivalent/l

milligramme : milligramme

millilitre : millilitre

millimetre : millimètre ; **~ wave :** onde millimétrique

milling : fraisage *(surface)* ; **~ cutter :** fraise ; **~ machine :** machine à fraiser

millisecond : milliseconde

millivolt : millivolt

milliwatt : milliwatt

mimic diagram : schéma synoptique *(élec.)*

mimic panel : synoptique ; tableau synoptique

mine : mine ; **~ drainage :** exhaure de mine ; **~ water :** eau d'exhaure de mines ; **coal ~ :** charbonnage ; **open-cast ~ :** mine à ciel ouvert

mineral : minéral ; **~ acid :** acide minéral ; **~ cotton :** coton minéral ; **~ elements :** éléments minéraux ; **~ oil :** huile minérale ; **~ rubber :** caoutchouc minéral ; **~ salt :** sel minéral ; **~ tallow :** suif minéral ; **~ water :** eau minérale ; **~ wool :** coton minéral ; laine minérale

minicomputer : mini-ordinateur

mini-mill : mini-usine

minimum : minimum ; **~ flammability limit :** limite inférieure d'inflammabilité ; **~ flow :** étiage ; **~ lending rate :** taux de réescompte ; **~ rated input voltage :** tension minimale d'alimentation

mining engineer : ingénieur des mines

minium : minium

mini-valve : vannette

minor : mineur ; **~ loss :** perte de charge singulière ; **~ maintenance :** petit entretien

minority interests : intérêts minoritaires

minus : moins

minute *(n.)* **:** minute ; **~s of meeting :** procès-verbal de réunion

mirror : glace ; miroir

miscibility : miscibilité

miscible : miscible

misjudgment : erreur d'appréciation

misunderstanding : équivoque

mitre : onglet *(constr.)* ; **~ block :** boîte à onglets ; **~ box :** boîte à onglets ; **~ gear :** engrenage à onglet ; **~ valve :** soupape conique

mix *(n.)* **:** mélange

mix *(v.)* **:** brasser ; gâcher *(mortier)*

mixed : plurispécifique *(cultures)* ; **~ aeration :** aération mixte ; **~ bed :** lit mélangé ; **~ digester :** digesteur brassé ; **~ dryer :** sécheur mixte ; **~ flow pump :** pompe hélico-centrifuge ; **~ hydraulics :** hydraulicité mixte ; **~ juice :** jus mélangé ; **~ liquor suspended solids :** matières sèches ; **~ liquor volatile suspended solids :** matières volatiles sèches ; **~ media filter :** filtre multi-couches ; **~ product :** produit mixte ; **~ with :** additionné de

mixed-bed exchanger : échangeur à lits mélangés

mixer : barboteur ; brasseur ; malaxeur ; mélangeur ; **~ unit :** organe d'agitation ; **~ valve :** mitigeur ; robinet mélangeur ; **baffle ~ :** mélangeur à chicanes ; **concrete ~ :** bétonnière ; **flash ~ :** agitateur rapide ; mélangeur rapide ; **propeller-operated ~ :** hélico-mélangeur ; **static ~ :** mélangeur statique

mixing : barbotage ; brassage ; gâchage *(GC)* ; mélange *(action)* ; **~ air blower :** surpresseur d'air de brassage ; **~ chamber :** bac de mélange ; chambre de mélange ; pot de mélange ; **~ hopper :** trémie de mélange ; **~ screw :** vis de mélange ; **~ tank :** bassin de contact ; **~ valve :** robinet mélangeur ; vanne mélangeuse ; **~ zone :** zone d'agitation ; zone de mélange ; **mechanical ~ :** dispersion mécanique ; **swirl ~ :** brassage torique

mixture : mélange ; **intimate water-sludge ~ :** mélange intime eau-boue

mobile : mobile ; **~ belt conveyor :** sauterelle ; **~ laboratory unit :** camion laboratoire ; **~ picket fence :** herse mobile

mobility : mobilité ; **ion ~ :** mobilité d'un ion

mode : mode ; **~ of operation :** mode de fonctionnement ; **crippled ~ :** fonctionnement en mode dégradé *(info.)*

model : maquette ; modèle ; **Monod's ~ :** modèle de Monod ; **scale ~ :** modèle réduit

modelling : modélisation

modem : modem

modification : modification

modified Proctor test : Proctor modifié *(essai de compacité)*

modular : modulaire

modulate : moduler

modulation : modulation ; **amplitude ~ :** modulation d'amplitude ; **frequency ~ :** modulation de fréquence ; **phase ~ :** modulation de phase ; **pulse ~ :** modulation par impulsions ; **pulse-code ~ :** modulation par impulsions codées ; **spurious ~ :** modulation parasite

modulator-demodulator : modulateur-démodulateur

module : module ; **plate-type ~ :** module à plaques

modulus (bulk ~) : module d'élasticité

Mohlman index : indice de Mohlman

Mohr's salt : sel de Mohr

moisten : humecter

moisture : humidité ; **~ content :** teneur en humidité ; **~ trap :** pot de purge *(digestion)*

moisture-and-ash-free calorific value : pouvoir calorifique sur pur

moisture-free calorific value : pouvoir calorifique sur sec

moisture-proof : protégé contre l'humidité

molar : molaire *(adj.)* ; **~ constant :** constante molaire ; **ratio of ~ mass :** rapport massique de la masse molaire

molarity : molarité

molasses : mélasse

mole : mole ; **~ fraction :** fraction molaire

molecular : moléculaire ; **~ sieve :** tamis moléculaire ; **~ weight :** masse molaire ; masse moléculaire ; poids moléculaire

molecule : molécule ; **polar ~ :** molécule polaire

mollusk : mollusque

molybdate : molybdate

molybdenum : molybdène ; **~ steel :** acier au molybdène

moment : moment ; **~ of inertia :** moment d'inertie ; **bending ~ :** moment de flexion ; moment de renversement ; **gyration ~ :** moment de giration ; **overturning ~ :** moment de renversement

momentary : momentané ; **~ contact :** contact à impulsion ; **~ push button :** bouton-poussoir à impulsion

momentum (angular ~) : moment angulaire

money : argent ; **~ market :** marché monétaire ; **~ order :** mandat *(fin.)* ; **~ supply :** masse monétaire ; **retention ~ :** retenue de garantie

monitor : contrôler ; **current ~ :** relais à seuil de courant

monitoring : contrôle ; suivi ; surveillance ; **~ board :** tableau de contrôle ; **~ device :** appareil de surveillance ; **~ equipment :** appareil de contrôle ; **~ station :** centrale de surveillance ; **remote ~ :** télésurveillance

monkey wrench : clé à crémaillère ; clé anglaise

monoatomic gas : gaz monoatomique

monobasic : monobasique

monobloc : monobloc *(adj.)*

monochloramine : monochloramine

monochromatic : monochromatique

monochromator : monochromateur

Monod's model : modèle de Monod

monoethylamine : monoéthylamine

monofibre horsehair : crin monofibre

monomer : monomère

monomolecular : monomoléculaire

monopotassium phosphate : phosphate monopotassique

monorail : monorail

monosphere resin : résine monosphère

mono-tubular hydrocyclone : hydrocyclone simple monotubulaire

monovalent : monovalent ; **~ silicic anion :** anion silicique monovalent

monthly return : état mensuel

montmorillonite : montmorillonite

more : plus

morpholine : morpholine

Morse taper : cône Morse ; **~ sleeve :** chasse-cônes

mortar : mortier ; **~ mill :** malaxeur à ciment ; **cement ~ :** mortier de ciment ; **fat ~ :** mortier gras ; **lean ~ :** mortier maigre ; **lime ~ :** mortier de chaux ; mortier ordinaire

mortise : mortaise ; **~ and tenon :** assemblage à mortaise

moss : mousse

most : plus ; **~ favoured nation clause :** clause de la nation la plus favorisée

mothballing : coconnage

mother : mère ; **~ liquor :** collecteur *(sucre)* ; eau mère ; **low-grade ~ liquor :** collecteur pauvre *(sucre)*

motherboard : carte mère ; circuit porteur

motor : moteur *(élec.)* ; **~ control centre :** centre de commande moteurs ; tableau de puissance ; tableau puissance ; **~ feed pump :** pompe d'alimentation à moteur ; **~ input power :** puissance brute aux bornes du moteur ; **~ pump :** motopompe ; pompe à moteur ; **~ reducer :** motoréducteur ; **~ reduction gear :** groupe motoréducteur ; **asynchronous ~ :** moteur asynchrone ; **brake ~ :** moteur frein ; **drip-proof ~ :** moteur protégé ; **hydraulic ~ :** moteur hydraulique ; **induction ~ :** moteur à induction ; **multiple-speed ~ :** moteur à vitesses multiples ; **pad-mounted ~ :** moteur à carcasse à pattes ; **slip-ring ~ :** moteur à bagues ; **speed-reduction ~ :** motoréducteur ; **squirrel-cage ~ :** moteur à cage d'écureuil ; moteur à rotor en court-circuit ; **torque ~ :** moteur couple ; **totally enclosed fan-cooled ~ :** moteur étanche ; **variable-speed ~ :** motovariateur

motor-operated valve : robinet à moteur ; vanne motorisée

motorway : autoroute

mould : moule *(maçonnerie)* ; **battery ~ :** batterie de coffrage ; **ingot ~ :** lingotière

moulded (blow ~) : moulé par soufflage

moulding : moulage ; moulure ; **blow ~ :** moulage par air comprimé ; moulage par soufflage ; **compression ~ :** moulage par compression ; moulage par pression ; **injection ~ :** moulage par injection

mount : pourtour *(photo.)* ; **shock ~ :** amortisseur de vibrations

mounting : montage ; fixation ; **~ plate :** platine ; **flush ~ :** encastrement ; **rubber ~ :** support antivibratoire ; **wall ~ :** fixation murale ; montage mural

mouth : embouchure *(rivière)* ; **bell ~ :** entrée en forme d'entonnoir ; évasement ; tulipe ; **flared ~ :** évasement

movable skip : benne mobile

move into position : amener à pied d'œuvre

movement : mouvement *(montre)*

moving : déplacement ; **~ coil indicator :** indicateur galvanométrique ; **~ granular bed :** lit granulaire mobile ; **~ into position :** amenée à pied d'œuvre ; mise à pied d'œuvre ; **continuous ~ screen :** grille à champ mobile sans fin ; **earth ~ :** terrassement

moving-coil flow indicator : galvanomètre indicateur de débit

moving-coil indicator : indicateur galvanométrique

moving-spindle roller : rouleau à axe mobile

mucus : mucus

mud ball : boule de boue

muffle furnace : four à moufle

muffler : pot d'échappement

mullion : meneau

multi-cycloning : multicyclonage

multi-filament weave cloth : toile multi-filament

multi-media : multicouche *(adj.)* ; **~ filter :** filtre multicouche ; **~ filtration :** filtration multicouche

multimeter : multimètre

multiple : multiple ; **~ impulse welding :** soudage par courant pulsé ; **~ plug :** prise multiple

multiple-effect : à effets multiples ; **~ device :** appareil à multiples effets ; **~ evaporator :** évaporateur à effets multiples

multiple-hearth furnace : four à soles ; four à soles étagées ; four étagé

multiple-layer bed : lit multicouche

multiple-port valve : robinet distributeur

multiple-speed motor : moteur à vitesses multiples

multiplexing : multiplexage

multiplication : multiplication

multiplier : multiplicateur ; **~ phototube :** photomultiplicateur ; **electron ~ :** multiplicateur d'électrons ; **voltage ~ :** multiplicateur de tension

multi-point network : réseau à voie multipoint

multi-polar : multipolaire

multi-purpose : à usages multiples ; polyvalent ; **~ tester :** multimètre

multi-range timer : minuterie multi-gamme

multi-stage : à plusieurs étages ; **~ compressor :** compresseur à plusieurs étages ; **~ continuous flow :** régime continu multiétagé ; **~ distillation :** distillation à multiples effets ; **~ flash distillation :** distillation à détente étagée ; distillation par détentes successives ; **~ flash evaporator :** évaporateur multi-flash ; **~ pump :** pompe multicellulaire ; **~ settling tank :** décanteur-couloir à étages

multi-tasking operation : fonctionnement multitâche

multi-tubular hydrocyclone : hydrocyclone multitubulaire

multi-vendor network : réseau hétérogène

multi-way valve : vanne à plusieurs voies

municipal effluent : effluent urbain

municipal engineering : génie urbain

municipal heating : chauffage urbain

municipal law : droit interne

municipal wastewater : eaux usées urbaines

mural : mural

muriate : muriate

mushroom head button : bouton coup-de-poing

mushroom-type valve : soupape en champignon

musky : musqué

mussel : moule *(mollusque)*

must : moût *(vin)* ; **grape ~ :** moût de raisin ; **presettled ~ :** moût prédécanté ; **raw ~ :** moût brut *(vin)*

musty : moisi

mutagenicity : mutagénicité

mutual : mutuel ; **~ inductance :** inductance mutuelle ; **~ induction :** induction mutuelle

N

nail : clou ; **bullen ~ :** clou de tapissier ; **wire ~ :** clou de Paris

name plate : plaque de constructeur

nanofiltration : nanofiltration

nanoplankton : nanoplancton

nanosecond : nanoseconde

naphtha : huile de naphte ; naphta ; naphte ; **straight-run ~ :** naphte de première distillation ; **virgin ~ :** naphte de première distillation

naphthalene : naphtaline

nappe : chute *(déversoir)* ; lame *(déversoir)* ; **~ fall :** entonnement *(déversoir)* ; **depressed ~ :** nappe déprimée

narrowing : pincement

nascent : naissant

natron : soude carbonatée

natural : naturel ; **~ draught :** tirage naturel ; **~ earth :** terre naturelle ; **~ environment :** milieu naturel ; **~ flotation :** flottation naturelle ; **~ gas :** gaz naturel ; **~ ground :** terrain naturel ; **~ lagooning :** lagunage naturel ; **~ osmosis :** osmose directe ; **~ rubber :** caoutchouc naturel ; **~ spring :** source naturelle ; **~ turn-off :** extinction naturelle *(convertisseur)* ; **~ turn-off converter :** convertisseur à extinction naturelle

natural-draught cooler : réfrigérant à tirage naturel

nature : nature

navigable : navigable

navigation : navigation ; **inland ~ :** navigation fluviale

neck : col *(bouteille)* ; collet *(vis)* ; manchette

needle : aiguille ; pointeau *(vanne)* ; **~ bearing :** palier à aiguilles ; **~ valve :** robinet à pointeau ; soupape à pointeau ; vanne à aiguille ; vanne à pointeau ; **Vicat ~ :** appareil Vicat

needs (basic ~) : besoins fondamentaux

negative : négatif ; **~ electron :** électron négatif ; **~ pressure element :** système déprimogène ; **~ pressure system :** système déprimogène ; **~ suction conditions :** installation en aspiration *(pompe)*

negatron : électron négatif

negotiate : négocier

nematode : nématode

neodymium : néodyme

neoformed : néoformé

neon : néon ; **~ lamp :** lampe au néon ; **~ strip light :** rampe au néon ; **~ tube :** tube au néon

neoprene : néoprène

nephelometric : néphélométrique ; **~ analysis :** néphélométrie ; **~ turbidity unit :** unité néphélométrique ; unité néphélométrique de turbidité

nephelometry : néphélométrie

Nernst equation : relation de Nernst

Nessler's reagent : réactif de Nessler

net area : surface utile

net assets : situation nette

net calorific value : pouvoir calorifique inférieur

net capacity : volume utile

net current assets : fonds de roulement

net earnings : bénéfice net ; produit net

net exporter balance : solde exportateur

net exporter/importer balance : solde exportateur/importateur

net importer balance : solde importateur

net of : déduction faite de

net price : prix net

net profit : bénéfice net

netting (wire ~) : grillage en fil de fer ; treillis métallique

net volume : volume utile

net weight : poids net

network : réseau ; **~ test :** test de conduite ; **closed-loop ~ :** réseau en boucle ; **communications ~ :** réseau de communication ; **distribution ~ :** réseau de distribution ; **electrical ~ :** réseau électrique ; **fieldbus ~ :** réseau de terrain ; **multi-point ~ :** réseau à voie multipoint ; **multi-vendor ~ :** réseau hétérogène ; **phase correcting ~ :** compensateur de phases ; **switched ~ :** réseau autocommuté ; **water supply ~ :** réseau d'eau

neutral : neutre ; **~ conductor :** conducteur neutre ; fil neutre ; **~ relay :** relais non polarisé ; ~ **solution :** solution neutre ; ~ **sulphite semi-chemical process :** procédé NSSC

neutralisation pit : fosse de neutralisation

neutralite filter : filtre à neutralite

neutrality : neutralité

neutralization : neutralisation ; ~ **number :** indice de neutralisation ; ~ **tower :** tour de neutralisation

neutralized : neutralisé

neutralizing : neutralisant ; ~ **amine :** amine neutralisante

neutron : neutron

newsprint : papier impression ; papier journal

newton : newton

Newtonian fluid : fluide à viscosité constante

next to : accolé à

nickel : nickel ; ~ **iron :** ferronickel ; ~ **steel :** acier au nickel

nickel-chromium steel : acier au nickel-chrome

night : nuit ; ~ **shift :** équipe de nuit ; poste de nuit ; ~ **soil :** matières de vidange ; produit de vidange

nil current : courant nul

nipple : mamelon

nitrate : nitrate ; ~ **nitrogen :** azote nitrique ; ~ **production :** nitratation

nitrated : nitraté

nitric : nitrique ; ~ **acid :** acide azotique

nitride : nitrure

nitrided : nitruré

nitrification : nitrification ; **tertiary ~ :** nitrification tertiaire

nitrifying : nitrificatrice *(bactérie)* ; ~ **bacteria :** bactéries nitrifiantes ; ~ **bacterium :** bactérie nitrificatrice ; ~ **filter :** nitrificateur

nitrite : nitrite

nitrogen : azote ; ~ **compound :** produit azoté ; ~ **cycle :** cycle de l'azote ; ~ **oxide :** oxyde d'azote (NOx) ; **assimilable ~ :** azote assimilable ; **leachable ~ :** azote lessivable ; **nitrate ~ :** azote nitrique ; **total ~ :** azote global ; **total Kjeldahl ~ :** azote Kjeldahl

nitrogenous : azoté ; ~ **matter :** matières azotées

nitrous : nitreux

noble : noble *(métal)* ; ~ **metal :** métal noble

no-charge invoice : facture sans paiement

nodule : nodule

noise : bruit ; ~ **level :** niveau de bruit ; **background ~ :** bruit de fond

noise-reducing plant : installation anti-bruit

noiseless : silencieux *(adj.)*

no-load : à vide ; ~ **current :** courant à vide ; ~ **running :** marche à vide ; ~ **starting :** démarrage à vide ; démarrage hors charge ; ~ **test :** essai à vide

nomenclature : appellations

nominal : nominal ; ~ **effective size :** taille effective nominale ; ~ **frequency :** fréquence nominale ; ~ **load :** charge nominale ; ~ **pressure :** pression nominale ; ~ **removal threshold :** seuil de rétention nominal ; ~ **specific oxygen transfer capacity :** apport spécifique nominal d'oxygène ; ~ **value :** valeur nominale

nomograph : nomogramme

non-applicable : non valable

non-aromatic : non aromatique

non-clog : imbouchable *(pompe)*

non-combustible : incombustible

non-compacted clay : argile non compactée

non-condensible : incondensable ; ~ **gas :** gaz incondensable

non-conducting : calorifuge ; non conducteur ; ~ **plaster :** enduit calorifuge

non-conformity : non-conformité

non-corrodible : inattaquable

non-destructive testing : essai non destructif

non-detectable : indécelable

non-drive end : côté opposé moteur

non-ferrous : non ferreux

non-freezing : incongelable

non-ionized : non ionisé

non-linear capacitive load : charge non-linéaire capacitive

non-lubricated cylinder machine : machine à piston sec

non-metallic : non métallique

non-performance penalty : pénalité

non-polar : non polaire

non-polarized relay : relais non polarisé

non-pressurized aerator : aérateur à surface libre

non-profit : à but non lucratif

non-quality : disqualité ; non-qualité

non-recycled oxygen : oxygène perdu

non-return valve : boîte de retenue *(compresseur)* ; clapet anti-retour ; clapet de non-retour ; clapet de retenue

non-returnable packing : emballage perdu

non-rising stem : tige fixe ; ~ **gate valve :** vanne à tige fixe

non-settleable : indécantable

non-shatter glass : verre feuilleté

non-shattering glass : verre sandwich

non-skid : antidérapant

non-tariff barriers : barrières non tarifaires

non-toxic : qualité alimentaire

non-valid : non valable

normal : normal ; **~ capacity :** charge normale ; **~ load :** charge normale ; **~ saline :** solution physiologique ; **~ working :** régime normal de marche

normally closed contact : contact à ouverture ; contact repos

normally open contact : contact à fermeture ; contact travail

north : nord

north-east : nord-est

north-west : nord-ouest

nosing (step ~) : nez de marche

notch : cran ; créneau ; encoche ; entaille ; **~ strength :** résistance au choc d'éprouvette entaillée ; **skimming ~ :** créneau d'écrémage

notched : crénelé ; entaillé ; **~ weir :** déversoir crénelé

note : note *(commentaire)* ; **~s receivable :** effets à recevoir ; **promissory ~ :** billet à ordre

notice : préavis ; **give ~ :** prévenir ; **prior ~ :** préavis ; **without ~ :** sans préavis

notify : aviser ; prévenir

nozzle : ajutage ; bec ; buse ; buselure ; embout *(tuyau)* ; lance ; tubulure ; tuyère ; **~ check valve :** clapet de nez ; **~ floor :** plancher à buselures ; **~ pipe :** tuyère ; **~ plate :** plateau à buselures ; **~ stem :** queue de buselure ; **directional ~ :** tuyère orientable ; **double-head ~ :** buselure à double tête ; **injector ~ :** tuyère d'injecteur ; **long-stem ~ :** buselure à longue queue ; **measuring ~ :** ajutage de mesure ; **rotating ~ :** tuyère tournante *(filtre)* ; **spray ~ :** gicleur ; pulvérisateur *(atomiseur)* ; tuyère de pulvérisation ; **spray-painting ~ :** projecteur-pulvérisateur ; **steam ~ :** ajutage à vapeur ; **stemmed ~ :** buselure à queue

nuclear : nucléaire ; **~ chemistry :** chimie nucléaire ; **~ energy :** énergie nucléaire ; **~ magnetic resonance :** résonance magnétique nucléaire ; **~ pool :** piscine nucléaire ; **~ power plant :** centrale nucléaire ; **~ propulsion :** propulsion nucléaire ; **~ radiation :** rayonnement nucléaire ; **~ reactor :** pile atomique ; réacteur à fission ; **~ waste reprocessing :** retraitement nucléaire

nucleus : germe ; noyau *(biol.)* ; **atomic ~ :** noyau atomique ; **crystal ~ :** germe de cristallisation

nuclide : nucléide

nuisance : nuisance

nullify the zeta potential : annuler le potentiel zéta

number : nombre ; numéro ; **atomic ~ :** nombre atomique ; numéro atomique ; **Avogadro's ~ :** nombre d'Avogadro ; **complex ~ :** nombre complexe ; **compound ~ :** nombre complexe ; **dimensionless ~ :** nombre sans dimension ; **entry ~ :** numéro de déclaration en douane ; **even ~ :** nombre pair ; **Froude ~ :** nombre de Froude ; **imaginary ~ :** nombre imaginaire ; **irrational ~ :** nombre irrationel ; **lot ~ :** numéro de lot ; **neutralization ~ :** indice de neutralisation ; **octane ~ :** indice d'octane ; **odd ~ :** nombre impair ; **perfect ~ :** nombre parfait ; **prime ~ :** nombre premier ; **quantum ~ :** nombre quantique ; **rational ~ :** nombre rationnel ; **real ~ :** nombre réel ; **saponification ~ :** indice de saponification ; **serial ~ :** numéro d'ordre ; numéro de série

numbering : comptage ; numérotage

numerator : numérateur

numerical : numérique ; **~ control :** commande numérique ; **~ controller :** régulateur numérique ; **~ voltmeter :** voltmètre numérique

numerically controlled : à commande numérique

nursery : pépinière

nut : écrou ; **~ lock :** frein d'écrou ; **actuating ~ :** carré de manœuvre ; **assembling ~ :** bague écrou ; **blind ~ :** écrou borgne ; **castellated ~ :** écrou à créneaux ; écrou crénelé ; **gland ~ :** écrou de presse-étoupe ; **hexagonal ~ :** écrou hexagonal ; **hex-head ~ :** écrou hexagonal ; **lock ~ :** contre-écrou ; écrou d'arrêt ; écrou de blocage ; **operating ~ :** carré ; **square ~ :** écrou carré ; **thumb ~ :** écrou moleté ; **wing ~ :** écrou à ailettes ; écrou à oreilles

nutrient : nutriment

nutritional balance : équilibre nutritionnel

nutritive input : apport nutritif

nuts and bolts : boulonnerie

nylon : nylon

O

objective : objectif *(opt.)*

obligate bacterium : bactérie stricte

obligation : engagement

oblique : oblique

oblong : oblong

observation window : lunette d'observation

obsidian : silex volcanique

occasional : accidentel

occlusion : occlusion *(gaz)*

ocean bill of lading : connaissement maritime

ocean liner : navire au long cours

octane : octane ; **~ number :** indice d'octane ; **~ rating :** degré d'octane

octodecylamine : octodécylamine

odd number : nombre impair

odour : odeur ; **~ control :** désodorisation ; **~ removal :** désodorisation ; **bad ~ :** mauvaise odeur

off : arrêt ; fermé *(interrupteur)* ; **~ position :** position de repos ; position fermée

off-centre : décentré ; hors axe

off-centring : excentrage

offcuts : chutes *(bois, papier)*

offence : infraction

offer : offre ; proposition *(offre)*

off-gas ozone : ozone résiduel

office : bureau ; **~ expenses :** frais de bureau ; **design ~ :** bureau d'études ; **drafting ~ :** bureau d'études ; **drawing ~ :** bureau de dessin ; salle de dessin ; bureau d'études ; **head ~ :** siège social

officer (customs ~) : agent du service des douanes

official : réglementaire ; **~ auditor :** commissaire aux comptes ; **~ receiver :** syndic

off-loading dock : quai de déchargement

off-peak : hors pointe ; **~ hours :** heures creuses ; **~ periods :** période creuse

off-round : faux rond

offset : déporté ; désaxé ; offset ; **~ baffle flocculator :** floculateur à chicanes ; **~ film :** typon ; **~ lithography :** impression offset

off-shore : au large des côtes ; marin *(adj.)* ; sous-marin *(adj.)* ; **~ construction :** travaux sous-marins ; **~ development :** travaux sous-marins ; **~ exploration :** travaux sous-marins ; **platform ~ :** plate-forme offshore

off-zero circuit board : circuit écart de zéro

ohm : ohm

ohmic loss : chute ohmique

ohmmeter : ohmmètre

oil : huile ; pétrole ; **~ bath lubrication :** graissage par bain d'huile ; **~ burner :** brûleur à mazout ; **~ collector :** collecteur d'huile ; collecteur oléophile ; **~ conditioner :** régénérateur d'huile ; **~ cup :** godet graisseur ; graisseur ; **~ cut-out :** coupe-circuit à bain d'huile ; **~ duct :** canalisation d'huile ; **~ field :** champ pétrolifère ; gisement de pétrole ; **~ field water :** eau de gisement ; **~ filter :** filtre à huile ; **~ gauge :** niveau d'huile ; **~ groove :** rainure de graissage ; **~ grooves :** pattes d'araignée ; **~ hole :** trou de graissage ; **~ level indicator :** indicateur de niveau d'huile ; **~ mill :** huilerie ; **~ paint :** peinture à l'huile ; **~ pan :** carter à huile ; **~ recovery :** récupération de pétrole ; **~ removal :** déshuilage ; **~ remover :** déshuileur ; **~ rig :** plate-forme de forage ; **~ rock :** roche pétrolifère ; **~ saver :** récepteur d'huile ; **~ seal :** joint d'huile ; **~ separation :** déshuilage ; **~ separator :** déshuileur ; **~ shale :** schistes bitumineux ; **~ slick :** flaque *(pétro.)* ; tache d'huile ; **~ slinger :** bague de graissage ; **~ spill :** marée noire ; **~ stick :** jauge à huile ; **~ storage tank :** cuve à mazout ; **~ tank :** réservoir à huile ; **~ tanker :** navire pétrolier ; **~ trap :** piège à pétrole ; **~ varnish :** vernis gras ; **~ ways :** pattes d'araignée ; **belt ~ collector :** collecteur oléophile à bande ; **circular ~ separator :** déshuileur circulaire ; **crude ~ :** huile brute ; pétrole brut ; **cutting ~ :** huile de coupe ; **diesel ~ :** essence diesel ; **drum ~ collector :** collecteur oléophile à tambour ; **drying ~ :** huile siccative ; **engine ~ :** huile de machine ; **foreign ~ :** huile étrangère ; **form ~ :** huile de coffrage ; **lamp ~ :** pétrole lampant ; **lube ~ :** huile de lubrification ; **lubricating ~ :** huile de graissage ; huile lubrifiante ; **mineral ~ :** huile minérale ; **paraffin ~ :** huile de paraffine ; **preliminary ~ separator :** prédéshuileur ; **shutter ~ :** huile de coffrage ; **soluble ~ :** huile soluble ; **thin ~ :** huile légère ; **white ~ :** huile blanche

oil-cloth : toile huilée

oil-fired : chauffé au mazout ; **~ boiler :** chaudière à mazout ; **~ central heating :** chauffage central au mazout ; **~ power plant :** centrale thermique à fioul

oil-hardening : trempe à l'huile

oil-immersed : à immersion dans l'huile ; **~ transformer :** transformateur à huile

oiling product : produit d'ensimage

oil-quenching : trempe à l'huile

oil-rising test : test de relargage

oily : huileux ; **~ condensate :** condensat huileux ; **~ scale :** battitures huileuses ; **~ sludge :** boues huileuses ; **~ substance :** matières huileuses ; **~ suspension :** suspension huileuse

OK for press : bon à tirer

oleaginous : oléagineux

olefin : oléfine ; **~ complexes :** complexes oléfines

olfactometric : olfactométrique

oligotrophic : oligotrophe

on : sur ; **~ position :** position de fonctionnement

on-call technician : agent d'astreinte

once-through : à passage unique ; sans recyclage ; **~ system :** circuit ouvert *(refroidissement)* ; **~ water wash :** lavage à eau perdue

one-stage pump : pompe à un étage

one-step consolidation : intégration directe *(fin.)*

one-way : unidirectionnel ; **~ clutch :** roue libre ; **~ switch :** commutateur à une direction

on/off : marche-arrêt ; tout ou rien ; **~ button :** bouton marche/arrêt ; **~ operation :** commande par tout ou rien ; fonctionnement par tout ou rien ; **~ regulation :** régulation par tout ou rien ; **~ valve :** vanne de régulation par tout ou rien

on-off input : entrée tout ou rien

opacity : opacité

opal : opale ; **~ glass :** verre opale ; **~ lamp :** ampoule opale

open *(adj.)* **:** ouvert ; **~ channel :** canal découvert ; **~ dumping :** décharge sauvage ; **~ gravity filter :** filtre ouvert ; **~ recirculating system :** circuit semi-fermé *(refroidissement)* ; circuit semi-ouvert *(refroidissement)* ; **~ system :** circuit ouvert

open *(v.)* **:** ouvrir

open-air swimming pool : piscine en plein air

open-and-shut pressure siphon : bonde siphoïde à tout ou rien

open-and-shut siphon : bonde siphoïde par tout ou rien

open-cast mine : mine à ciel ouvert

open-end wrench : clé à fourche ; clé plate

open-ended : ouvert aux deux extrémités

open-hearth steel : acier fondu sur sole ; acier Martin ; acier sur sole

opening : bouche ; débâtissage ; orifice ; ouverture ; **~ angle :** degré d'ouverture ; **~ up :** colonisation *(agric.)* ; **cascade ~ :** ouverture en cascade ; **frame ~ :** débâtissage *(filtre-presse)* ; **reinforced ~ :** orifice renforcé

open-jaw spanner : clé à fourche

open-pit excavation : fouille à ciel ouvert

open-tube ozone generator : ozoneur à tubes diélectriques ouverts

operate : actionner ; attaquer

operated : actionné

operating aid : aide à la conduite

operating conditions : conditions de fonctionnement ; conditions de marche ; régime de fonctionnement

operating cost : coût d'exploitation ; **~s :** dépenses d'exploitation ; frais d'exploitation

operating cycle : cycle de fonctionnement

operating diagram : schéma de fonctionnement

operating flexibility : souplesse de fonctionnement

operating frequency : fréquence de service

operating logbook : livre d'exploitation

operating manual : notice de fonctionnement

operating nut : carré

operating pillar : colonnette de manœuvre

operating platform : plate-forme de desserte d'ouvrages

operating power : puissance utile

operating range : plage de fonctionnement

operating temperature : température de service

operating time : temps de fonctionnement

operation : exploitation ; fonctionnement ; opération ; **~ and maintenance company :** exploitant ; **continuous ~ :** fonctionnement continu ; marche continue ; **crippled-mode ~ :** marche dégradée ; **start/stop ~ :** commande par tout ou rien ; **stick ~ :** commande par perche

operator : exploitant ; opérateur ; **~ console :** pupitre opérateur ; **start-up ~ :** metteur en route

operators' building : bâtiment d'exploitation

operator's handbook : manuel d'utilisation

optical : optique *(adj.)* ; **~ bleach :** azurant optique ; **~ density :** densité optique ; **~ fibre :** fibre optique ; **~ glass :** verre optique ; **~ instrument :** instrument optique ; **~ interface :** interface fibre optique ; **~**

microscope : microscope optique ; **~ path :** pas optique (spectrophotomètre) ; **~ pyrometer :** pyromètre à lunette ; **~ reader :** lecteur optique

optics : optique

optimization : optimisation

option : option

optional : en option

orange : orange ; **methyl ~ :** hélianthine ; méthylorange

orbit : orbite ; **circular ~ :** orbite circulaire ; **parking ~ :** orbite d'attente ; **synchronous ~ :** orbite synchrone

order : commande *(admin.)* ; ordre ; **~ backlog :** carnet de commandes ; **~ book :** carnet de commandes ; **~ of firing :** rythme d'allumage ; **~ of magnitude :** ordre de grandeur ; **money ~ :** mandat *(fin.)*

ordered packing : remplissage ordonné

ordinate : ordonnée

ore : minerai ; **~ carrier :** navire minéralier ; **~ pulp :** pulpe de minerais ; **high-grade ~ :** minerai à haute teneur ; **iron ~ :** minerai de fer ; **low-grade ~ :** minerai pauvre ; **rich ~ :** minerai riche

organ (masticatory ~) : organe masticatoire

organic : organique ; **~ chemistry :** chimie organique ; **~ colloid :** colloïde organique ; **~ fouling :** salissures organiques ; **~ glass :** verre organique ; **~ inhibitor :** inhibiteur organique ; **~ matter :** matières organiques ; **~ pollution :** pollution organique ; **~ reagent :** réactif organique ; **~ resin :** résine organique ; **~ sludge :** boues organiques ; **~ waste :** déchets organiques ; **carbonaceous ~ pollution :** pollution organique carbonée

organism : organisme ; **aquatic ~ :** organisme aquatique ; **detrivorous ~ :** détritiphage

organization chart : organigramme

organo-azole : organo-azolé

organochlorinated : organochloré

organochlorine : organochloré

organoleptic : organoleptique

organomanganous complex : complexe organomanganeux

organometallic : organométallique

organo-sulphur compound : composé organosoufré

oriented : orienté ; **~ electrical field :** champ électrique orienté

orifice : orifice ; **~ plate :** diaphragme ; orifice calibré ; **calibrated ~ :** orifice calibré

orifice-type feeder : doseur à orifice

origin : origine ; source ; **certificate of ~ :** certificat d'origine ; **country of ~ :** pays d'origine

O-ring : joint torique

OR link : convergence en OU ; divergence en OU

orthophosphate : orthophosphate

orthotolidine : orthotolidine

oscillating : oscillant ; **~ blade :** palette oscillante ; **~ conveyor :** convoyeur à secousses ; **~ scoop :** godet oscillant ; **~ screen :** crible oscillant

oscillation : oscillation

oscillator : oscillateur ; **feedback ~ :** oscillateur à réaction ; **quartz ~ :** oscillateur à quartz

oscillatory circuit : circuit oscillant

oscillograph : oscillographe

osmosis : osmose ; **~ membrane :** membrane d'osmose ; **natural ~ :** osmose directe ; **perfect ~ :** osmose parfaite ; **reverse ~ :** osmose inverse

osmotic : osmotique ; **~ backpressure :** contre-pression osmotique ; **~ equilibrium :** équilibre osmotique ; **~ pressure :** pression osmotique

outage : interruption de service ; **power ~ :** panne de courant

outboard bearing : roulement côté pompe

outdoor : extérieur

outer : externe ; **~ film :** film superficiel *(chaudière)* ; **~ ring :** cuvette *(roulement)*

outfall : émissaire ; **~ sewer :** émissaire ; émissaire d'évacuation ; **submarine ~ :** émissaire sous-marin

outfit (repair ~) : trousse de réparation

outgas : dégazer *(liquide)*

outgoing : de départ ; de sortie ; **~ line :** départ *(élec.)* ; **~ pipe :** tuyau de sortie

outlay (capital ~) : investissements en capital

outlet : bouche ; débouché ; départ ; exutoire ; orifice d'évacuation ; socle *(prise de courant)* ; sortie ; **~ channel :** canal de fuite ; **~ connection :** branchement de départ ; **~ level :** niveau de restitution *(filtre)* ; **~ pipe :** tuyauterie d'évacuation ; tuyauterie de sortie ; **~ piping :** tubulure de sortie ; **~ scum baffle :** sortie siphoïde ; **~ taper :** divergent ; réduction excentrique ; **~ temperature :** température de sortie ; **~ trough :** goulotte de départ ; **~ valve :** robinet de sortie ; **~ weir :** déversoir de départ ; déversoir de sortie ; **cable ~ :** sortie de câbles ; **cone ~ :** sortie cône ; **earthing ~ :** prise de terre ; **wall ~ :** prise murale ; **water ~ :** prise d'eau

outline : dessin au trait ; **sketch in ~ :** dessin au trait

outlook : perspective

out-of-court settlement : règlement à l'amiable

out-of-line : désaligné

out of order : déréglé ; en panne ; hors service

out of phase : déphasé

out-of-roundness : ovalisation

out-of-straightness : flèche

output : débit *(pompe)* ; refoulement ; sortie *(élec.)* ; **~ circuit :** circuit de sortie ; **~ electrode :** électrode de sortie ; **~ power :** puissance de sortie ; **~ pulse generator :** sortie impulsionnelle ; **~ shaft :** arbre de sortie ; **~ voltage :** tension de sortie ; **hourly ~ :** débit horaire ; **single-phase ~ :** sortie monophasée

outside : à l'extérieur ; extérieur ; **~ callipers :** compas d'épaisseur ; **~ circlip :** circlip extérieur ; **~ diameter :** diamètre extérieur ; **~ dimensions :** dimensions extérieures ; **~ lighting :** éclairage extérieur ; **~ screw gate valve :** vanne à vis extérieure

outside-screw stem : tige à vis extérieure

oven : étuve ; four ; **air ~ :** étuve à air pulsé ; étuve à convection ; **coke ~ :** cokerie ; four à coke ; **drying ~ :** étuve

overall : général ; global ; **~ dimensions :** cotes d'encombrement ; dimensions hors tout ; encombrement ; **~ length :** longueur hors tout ; **~ price :** prix forfaitaire ; **~ reaction :** réaction globale

overcurrent : surintensité ; **~ relay :** relais de surintensité ; **~ release :** déclencheur à maxima ; **~ trip :** déclencheur à maxima

overdrawn account : compte à découvert

overflow *(n.)* **:** débordement ; dégardage ; déversement ; surverse ; trop-plein ; **~ blade :** lame déversante ; **~ cock :** robinet de trop-plein ; **~ pipe :** tuyau de trop-plein ; **~ weir :** déversoir de trop-plein ; **axial ~ pipe :** tubulure axiale de surverse ; **circular ~ :** trop-plein circulaire ; **digester ~ :** trop-plein de digestion ; **storm ~ :** déversoir d'orage

overflow *(v.)* **:** déborder *(rivière)*

overhang : porte-à-faux

overhardening : hypertrempe

overhauling : examen d'une machine ; remise en état

overhead cable : câble aérien

overhead conduit : canalisation aérienne

overhead conveyor : convoyeur aérien

overhead crane : pont roulant

overhead line fitting : accessoire de ligne aérienne

overhead power line : ligne aérienne

overhead projector : rétroprojecteur

overheads : frais généraux

overhead-travelling crane : pont roulant

overlapping : à recouvrement

overlay : revêtement

overload : surcharge ; **~ relay :** relais à maximum d'intensité ; relais de surcharge ; relais de surintensité ; **permissible ~ :** surcharge autorisée

overmelting : surfusion

overpass : toboggan

overpressure : surpression

over-running clutch : roue libre

oversaturation : sursaturation

overshot wheel : roue à godets

oversize : hors gabarit

oversized : surdimensionné

over-travel : déviation *(bande de filtre)*

overturn equipment : équipement de mise en circulation *(barrage)*

overturning : renversement ; **~ moment :** moment de renversement

overvoltage : surtension ; **~ arrester :** parasurtenseur

owner : maître d'ouvrage

oxalate : oxalate

oxalic acid : acide oxalique

oxidation : oxydation ; **~ column :** tour d'oxydation ; **~ ditch :** chenal d'oxydation ; **wet ~ :** combustion humide

oxidation-reduction : oxydoréduction ; **~ potential :** potentiel d'oxydoréduction

oxide : oxyde ; **green ~ :** oxyde vert

oxidizable : oxydable

oxidize : oxyder

oxidizing : oxydant *(adj.)* ; **~ agent :** oxydant *(n.)* ; **~ scrubbing :** lavage oxydant

oxophenylarsine : oxyde de phénylarsène

oxyacetylene : oxyacétylénique ; **~ welding :** soudage oxyacétylénique

oxygen : oxygène ; **~ deficiency :** déficit d'oxygène ; **~ demand :** demande en oxygène ; **~ diffusing :** dissolution de l'oxygène ; **~ duct :** oxyduc ; **~ excitation :** activation de l'oxygène ; **~ line :** oxyduc ; **~ loop :** boucle à oxygène ; **~ mask :** masque à oxygène ; masque respiratoire ; **~ meter :** oxygènemètre ; **~ scavenger :** réducteur d'oxygène ; **~ top-up :** oxygène d'appoint ; **~ transfer capacity :** apport spécifique ; **~ transfer efficiency :** rendement d'oxygénation ; **dissolved ~ :** oxygène dissous ; oxygène non-limitant ; **liquid ~ :** oxygène liquide ; **non-recycled ~ :** oxygène perdu

oxygen/air combination : dopage *(ozone)*

oxygenated : oxygéné

oxygenation : oxygénation ; **~ capacity :** capacité d'oxygénation ; **~ efficiency :** rendement d'oxygénation

oxygen-enriched air system : dopage *(ozone)*

oxyhydrogen : oxhydrique

oyster : huître

ozonate : ozoner

ozonated : ozoné

ozonation : ozonation *(tour de contact)*

ozone : ozone ; **~ destruction furnace :** four de destruction d'ozone ; **off-gas ~ :** ozone résiduel ; **residual ~ :** ozone résiduel

ozone generator : ozoneur ; ozoniseur ; **closed-tube ~ :** ozoneur à tubes diélectriques fermés ; **long-model ~ :** ozoneur grande longueur ; **open-tube ~ :** ozoneur à tubes diélectriques ouverts ; **plate-type ~ :** ozoneur à plaques ; **short-model ~ :** ozoneur courte longueur ; **tube-type ~ :** ozoneur tubulaire

ozone-in-air concentration : concentration d'ozone dans l'air

ozonide : ozonide

ozonization : ozonation *(ozoneur)*

ozonize : ozoner

ozonized : ozoné ; **~ air :** air ozoné

ozonizer : ozoniseur

P

Pachuca tank : Pachuca

pack (lamellar ~) : faisceau lamellaire

package *(adj.)* **:** compact ; monobloc ; **~ unit :** unité compacte

package *(n.)* **:** colis ; enveloppe *(fin.) ;* train de mesures

packager : ensacheuse

packaging : conditionnement ; emballage ; **expendable ~ :** emballage perdu ; **returnable ~ :** emballage consigné ; **wrap-around ~ :** emballage direct

packed column : colonne à masse de contact ; garnissage

packed-column deaerator : dégazeur à garnissage

packet : colis ; pochette ; **small ~ :** sachet

packing : baguage *(piston)* ; bourrage de presse-étoupe ; emballage ; empaillassonnage ; empaquetage ; étoupe ; garnissage ; garniture ; garniture de presse-étoupe ; **~ gland :** bouchon de presse-étoupe ; **~ gland flange :** bride de presse-étoupe ; **~ height :** hauteur de garnissage ; **~ list :** bordereau de colisage ; liste de colisage ; **~ ring :** bague de fond ; joint de piston ; **~ specification :** colisage ; **~ strip :** lardon d'ajustage ; lardon de guidage ; **~ washer :** rondelle de garniture ; **braid ~ :** garniture à tresses ; **gland ~ :** garniture de presse-étoupe ; **non-returnable ~ :** emballage perdu ; **ordered ~ :** remplissage ordonné ; **rail/road ~ :** emballage terrestre ; **seaworthy ~ :** emballage maritime

packless valve : robinet sans presse-étoupe

pad : patte support *(moteur) ;* plot ; plaquette *(frein à disques)* ; **~ footing :** semelle isolée ; **sealing ~ :** tampon obturateur

paddle : aube ; pale *(floculateur)* ; vannelle ; **~ wheel :** roue à aubes

paddle-type flocculator : floculateur à barrières

pad-mounted motor : moteur à carcasse à pattes

paint : peinture ; **~ booth :** cabine de peinture ; **~ border of contrasting colour :** réchampi ; **acid-proof ~ :** peinture résistant aux acides ; **anti-rust ~ :** peinture antirouille ; **asphalt ~ :** asphalte coulé ; peinture bitumineuse ; **bituminous ~ :** peinture bitumineuse ; **emulsion ~ :** peinture à émulsion ; **metallic ~ :** peinture métallique ; **oil ~ :** peinture à l'huile ; **primer ~ :** peinture d'apprêt ; **red lead ~ :** peinture au minium ; **rubber ~ :** peinture au latex ; **rubber-base ~ :** peinture caoutchoutée ; **rust-preventive ~ :** peinture antirouille ; **texture ~ :** peinture texturée ; **water colour ~ :** peinture à l'aquarelle

paintbrush (flat ~) : pinceau queue de morue

painting (spray ~) : peinture au pistolet

pair : couple ; paire ; **ion ~ :** paire d'ions ; **twisted ~ :** paire torsadée

palatable : sapide

palladium resin : résine au palladium

pallet : palette *(manutention)* ; **~ stacker :** transpalette ; **~ transporter :** transpalette

palletized : sur palettes

pamphlet : brochure

pan : bassin ; cuvette *(WC)* ; plateau *(balance)* ; **boiling ~ :** appareil à cuire *(sucre)* ; **drip ~ :** cuvette d'égouttage ; **oil ~ :** carter à huile ; **scale ~ :** bassin de balance

pane : carreau *(vitre)* ; **window ~ :** vitre

panel : panneau ; **control ~ :** armoire de commande ; armoire de signalisation ; panneau de commande ; tableau de commande ; **front ~ :** plastron ; **inspection ~ :** panneau de visite ; **mimic ~ :** synoptique ; tableau synoptique ; **removable isolating ~ :** batardeau amovible

panic bolt : barre anti-panique ; **~ door :** porte à barre anti-panique

paper : papier ; **~ mill :** papeterie ; **~ pulp :** pâte à papier ; pulpe à papier ; **carbon ~ :** papier carbone ; **Durieux ~ :** papier Durieux ; **emery ~ :** papier émerisé ; **filter ~ :** papier filtre ; **glossy ~ :** papier brillant ; papier glacé ; **graph ~ :** papier millimétré ; papier millimétrique ; **gummed ~ :** papier gommé ; **headed ~ :** papier à en-tête ; **India ~ :** papier pelure ; **kraft ~ :** papier kraft ; **plain ~ :** papier libre ; **printout ~ :** papier positif ; **rag ~ :** papier de chiffon ; **semi-log ~ :** graphique à abscisse logarithmique ; **tracing ~ :** papier calque ; **wadded ~ :** papier losangé ; **wrapping ~ :** papier d'emballage

paperboard : papier-carton

parabola : parabole

paraboloid : paraboloïde

parachemicals : parachimie

paraffin : paraffine ; **~ oil :** huile de paraffine

paraffin-base crude : pétrole brut à base paraffinique

parallel : en parallèle ; parallèle ; **~ circuit :** circuit en parallèle ; dérivation ; **~ connection :** couplage en parallèle ; montage en parallèle ; **~ feedback transformer :** transformateur à compensation parallèle ; **~ flange channel :** U à ailes parallèles ; **~ roller bearing :** roulement à rouleaux cylindriques ; **~ seats :** sièges parallèles ; **~ seat valve :** vanne à sièges parallèles ; **~ seat valve with spring :** vanne à libre dilatation ; **~ slide valve :** vanne à obturateur à faces parallèles ; **~ thread :** filetage cylindrique

parallel-compensated step-up transformer : transformateur-élévateur à compensation intégrée

parallelepiped : parallélépipède

parallelepipedal : parallélépipédique

parameter : paramètre

parapet wall : acrotère

parasite : parasite

parasitic reactions : réactions parasites

parcel : colis ; **bare ~ :** colis nu ; **~ post :** paquet poste ; **by ~ post :** par colis postal

parent metal : métal de base

parent rock : roche mère

park (amusement ~) : parc touristique

parkerized steel : acier parkérisé

parkerizing : parkérisation

parking : stationnement ; **~ garage :** parking couvert ; **~ lot :** parking ; **~ orbit :** orbite d'attente

parquet floor : parquet

part : division ; partie ; portion ; **~ per million :** partie par million ; **lower ~ :** base ; **replacement ~ :** pièce de rechange ; **spare ~ :** pièce de rechange ; **wear ~ :** pièce d'usure

partial : partiel ; **~ immersion thermometer :** thermomètre à immersion partielle ; **~ layout of the plant :** implantation partielle des ouvrages ; **~ pressure :** pression partielle ; **~ section :** coupe partielle ; **~ view :** vue partielle

partialization : partialisation ; **~ air :** air de partialisation ; **~ box :** boîte de partialisation

partialized siphon : siphon partialisé

partially separate system : réseau pseudo-séparatif ; système pseudo-séparatif

particle : particule ; **~ pollution :** pollution particulaire ; **~ size :** granulométrie ; **~ size distribution :** granulométrie ; **asbestos ~s :** poussières d'amiante ; **discrete ~ :** particule grenue ; **flocculent ~ :** particule floculée

particulate hydrophily : hydrophilie particulaire

particulates : particules *(pollution)*

partition : cloison ; **~ coefficient :** coefficient de partage ; **wooden ~ :** cloison de bois

partitioning : cloisonnement

partly full : non plein

partner : associé

partnership : groupement d'intérêt économique ; société de personnes ; société en nom collectif ; **limited ~ :** société en commandite simple

parts (attaching ~) : accessoires de fixation

parts list : nomenclature ; **~ with drawing :** nomenclature plan

party (contracting ~) : signataire *(contrat)*

party wall : mur mitoyen

pass : passe *(soudure)*

passable : praticable *(route)* ; **~ road :** route praticable

passage : passage ; **restricted ~ :** passage restreint ; **salt ~ :** passage de sel *(osmose inverse)* ; **selective ~ :** passage sélectif ; **underground ~ :** passage souterrain

passivating layer : couche passivante

passivation : passivation

passivity (stable ~) : passivité stable

pass on : répercuter

paste-like sludge : boues pâteuses

paster : empâteur *(sucre)*

paste slaking plant : extincteur de pâte

pasteurization : pasteurisation

patent : brevet ; **~ application :** demande de brevet

path : chemin ; **cell ~ :** pas optique *(spectrophotomètre)* ; **optical ~ :** pas optique *(spectrophotomètre)* ; **preferential ~ :** passage préférentiel ; **side ~ :** accotement

pathogenic : pathogène ; **~ germ :** germe pathogène ; agent pathogène

pathway : passage de transformation ; voie

pattern : configuration ; modèle ; **cellular ~ :** alvéolaire ; **diffraction ~ :** figure de diffraction ; **honeycomb ~ :** alvéolaire

paved : pavé *(adj.)* ; **~ road :** route pavée

pavement : trottoir ; **~ glass :** verdal ; **~ light :** verre dalle ; verdal *(GC)* ; **glass ~ :** pavé en verre

paving : dallage ; pavage ; **~ brick :** grès à pavés ; **~ stone :** dalle ; pavé ; pierre de pavage

pay : paie ; salaire ; **redundancy ~ :** indemnité de licenciement ; **severance ~ :** indemnité de licenciement

payable : payable ; **~ grade :** teneur payante *(minerai)* ; **account ~ :** compte créditeur

payback time : temps de retour *(fin.)*

PAYE (pay as you earn) : retenue à la source *(impôt)*

payment : paiement ; versement ; **~ according to progress of works :** paiement suivant avancement des travaux ; **~ in advance :** paiement d'avance ; **advance ~ :** avance *(fin.)* ; avance à la commande ; avance de démarrage ; **cash ~ :** paiement au comptant ; **deferred ~ :** paiement différé ; **pro rata ~ :** paiement au prorata ; **terms of ~ :** conditions de paiement

payroll taxes : charges sociales ; cotisations salariales

peak : pointe ; **~ flow :** débit de pointe ; **~ hours :** heures de pointe ; **~ load :** charge de pointe ; débit maximum *(élec.)* ; **~ period :** période de pointe ; **~ power :** puissance de pointe ; **~ recorder :** enregistreur de pointe ; **~ value :** valeur de crête ; valeur de pointe ; **current ~ :** pointe de courant ; **flow ~ :** pointe de débit ; **load ~ :** pointe d'une charge ; **pollution ~ :** pointe de pollution

peak-rate period : période de pointe tarifaire

pearl : perle

peat : tourbe ; **~ bog :** marais tourbeux ; tourbière

pebble dash : crépi moucheté

pebbles : galets

pedal : pédale

peeling test : essai de pelage

peen : panne *(marteau)* ; **ball ~ :** panne bombée

pellet : boulet ; pastille *(chim.)*

pelletization : pastillage

pelletizer : pastilleur

pen : stylo ; **~ recorder :** enregistreur à plume ; **light ~ :** stylo optique

penal code : code pénal

penalty (non-performance ~) : pénalité

pendulum : pendule

penetration : pénétration

peninsula : presqu'île

penstock : conduite forcée ; vanne murale ; vanne rideau ; **isolating ~ :** vanne murale d'isolement ; **weir ~ :** vanne déversoir

penthouse roof : comble en appentis

pentode : pentode

peptization : peptisation

peptizer : peptisant

per : par ; **~ capita :** par habitant

perborate : perborate

Perbunan : Perbunan

percentage : pourcentage ; proportion ; **~ recovery :** taux de capture

percolating filter : filtre percolateur

percolation : percolation

percussion : percussion ; **~ drill :** perceuse à percussion ; **~ welding :** soudage par percussion

perfect : parfait ; **~ number :** nombre parfait ; **~ osmosis :** osmose parfaite

perforated : perforé ; **~ tape :** ruban perforé ; **~ thread :** filet ajouré

performance : exécution *(contrat)* ; performances ; rendement ; **~ bond :** caution de bonne exécution ; **~ level :** performances ; **certificate of ~ :** certificat de capacité

perikinetic flocculation : floculation péricinétique

perimeter : périmètre ; **wetted ~ :** périmètre mouillé

period : période ; **duty ~ :** temps de marche ; **exemption ~ :** franchise *(pénalités)* ; **flush ~ :** temps de chasse *(Pulsator)* ; **guarantee ~ :** délai de garantie ; **off-peak ~ :** période creuse ; **peak ~ :** période de pointe ; **peak-rate ~ :** période de pointe tarifaire ; **regeneration ~ :** période de régénération ; **slack ~ :** période creuse ; **time ~ :** intervalle *(temps)*

periodic : périodique ; **~ direct current :** courant continu pulsé ; **~ inspection :** visite périodique ; **~ table of elements :** classification périodique des éléments

peripheral : periphérique ; **~ drive :** entraînement périphérique ; **~ equipment :** équipement péri-informatique ; **~ layer :** couche périphérique ; **~ speed :** vitesse circonférentielle ; vitesse périphérique

peripheral-drive bridge : pont à entraînement périphérique

periphery : périmètre ; périphérie ; pourtour

peristaltic : péristaltique

perlite : perlite

permanent : permanent ; **~ formwork :** coffrage perdu ; **~ hardness :** dureté permanente

permanganate : permanganate ; **~ demand :** oxydabilité au permanganate ; **~ value :** oxydabilité au permanganate

permeability : perméabilité

permeate : perméat

permeated water : eau osmosée

permeation : perméation ; **gas ~ :** perméation gazeuse

permeator : module *(Du Pont de Nemours)*

permissible : admissible ; **~ overload :** surcharge autorisée

permit : permis ; **hot work ~ :** bon de feu ; permis de feu ; **production ~ :** dérogation avant production ; **transit ~ :** document de transit

permonosulphuric acid : acide de Caro ; acide monopersulfurique

permselective : permsélectif

permutation : permutation

peroxidation : peroxydation

peroxide : peroxyde

peroxidization : suroxydation

perpendicular : perpendiculaire

persistence : persistance ; **~ of vision :** persistance optique

persistent foam : mousse persistante

personal : personnel *(adj.)* ; **~ income tax :** impôt sur les personnes physiques

personnel : personnel *(n.)* ; **~ management :** gestion du personnel

perspective : vue en perspective ; **~ view :** vue en perspective ; **plant ~ :** perspective de la station

perspex : altuglas ; plexiglas

persulphuric : persulfurique

pervaporation : pervaporation

pesticide : pesticide

petrochemical industry : pétrochimie

petrol : essence ; **~ engine :** moteur à essence ; **~ pump :** pompe à essence ; **premium-grade ~ :** essence super

petrolatum : vaseline

petroleum : pétrole ; **~ coke :** coke de pétrole ; **~ ether :** éther de pétrole ; **~ industry :** industrie pétrolière ; **~ jelly :** vaseline

petrols : essences *(pétro.)*

petticoat insulator : isolateur à cloche

pH : pH ; **~ analyzer :** pH-mètre ; **~ correction :** correction de pH ; **~ meter :** pH-mètre ; **flocculation ~ :** pH de floculation ; **glass electrode ~ meter :** pH-mètre à électrode de verre ; **saturation ~ :** pH d'équilibre ; pH de saturation

phase : phase ; **~ change :** variation de phase ; **~ coincidence :** concordance de phases ; **~ converter :** convertisseur de phases ; **~ correcting network :** compensateur de phases ; **~ correction :** compensation de phases ; **~ equalizer :** compensateur de phases ; **~ meter :** phasemètre ; **~ modulation :** modulation de phase ; **~ reversal :** inversion de phase ; **~ selector switch :** commutateur de phases ; **~ sequence :** séquence de phase ; **~ shift :** décalage de phase ; déphasage ; variation de phase ; **colloidal ~ :** phase colloïdale ; **design ~ :** conception ; **flocculation ~ :** phase de floculation ; **gas ~ :** phase gazeuse ; **gaseous ~ :** phase gazeuse ; **light ~ :** phase légère ; **liquid ~ :** phase liquide ; **reverse ~ :** phase inverse ; **solid ~ :** phase solide ; **stripping ~ :** phase d'entraînement ; **vapour ~ :** phase vapeur

phased : phasé

phase out : abandonner progressivement

phase-reversal relay : relais d'inversion de phases

phasing : mise en phase

phenanthroline ferrous sulphate : ferroïne

phenol : phénol ; **~ removal :** déphénolage

phenolate : phénate ; phénolate

phenolated : phénolé

phenolic : phénolique ; **~ compound :** composé phénolé ; **~ resin :** résine phénolique

phenolphthalein alkalinity : titre alcalimétrique simple (TA)

phenomenon : phénomène

phenylarsine oxide : oxyde de phénylarsène

phial : fiole

Phillips screwdriver : tournevis cruciforme

phlegma : flegme *(distillerie)*

phosphate : phosphate ; **~ conditioning :** conditionnement au phosphate ; **~ removal :** déphosphatation

phosphatizing : phosphatant

phosphoric acid : acide phosphorique

phosphorus : phosphore ; **white ~ :** phosphore blanc ; **yellow ~ :** phosphore blanc

photocathode : photocathode

photocell : photocellule

photochemical breakdown : décomposition photochimique

photocolorimeter : photocolorimètre

photocolorimetry : photocolorimétrie

photoconduction : photoconduction

photoconductive cell : photorésistance

photodiode : photodiode

photoelectric : photoélectrique ; **~ safety curtain :** barrière lumineuse de sécurité ; rideau lumineux de sécurité *(filtre-presse)*

photoengraving : photogravure

photogelatin printing plate : phototype

photoionization detector : détecteur à photo-ionisation

photometer : photomètre

photomultiplier : photomultiplicateur

photon : photon

photoresistive cell : photorésistance

photoresistor : photorésistance

photosensitive : photosensible

photostabilization : photostabilisation

photosynthesis : photosynthèse

phototube (multiplier ~) : photomultiplicateur

phototype : phototype

photovoltaic cell : photopile

phthalate (acid ~) : phtalate acide

phylum : embranchement *(règne animal)*

physical-chemical : physico-chimique ; **~ treatment :** traitement physico-chimique

physical stability : stabilité physique

physiological : physiologique ; **~ salt solution :** solution physiologique

phytoplankton : phytoplancton

phytosanitary product : produit phytosanitaire

pi : pi

piano wire : cordeau en corde à piano

pick : pic ; pioche ; **~ hammer :** picot *(outil)* ; **hammer ~ :** marteau-piqueur

picket fence : herse ; herse d'épaississement

pickle : décaper

pickling : décapage ; dérochage ; **~ bath :** bain de décapage ; **~ solution :** décapant ; **anodic ~ :** décapage électrolytique

pick-up : capteur ; **delayed ~ :** mise au travail retardée

piece : morceau ; pièce ; **distance ~ :** entretoise ; **end ~ :** bout ; **fork ~ :** chape femelle ; **lug ~ :** chape mâle ; **test ~ :** éprouvette

pier : jetée

piezodialysis : piézodialyse

piezoelectric : piézo-électrique ; **~ crystal :** quartz piézo-électrique ; **~ manometer :** manomètre piézo-électrique

piggery : porcherie

pig iron : fonte brute

pigment : pigment

pile : pieu ; **~ driver :** bélier à pilotage ; **~ hammer :** mouton de frappe ; **~ helmet :** coiffe de pieu ; **~ shoe :** sabot de pieu *(GC)* ; **atomic ~ :** pile atomique ; **end bearing ~ :** pieu portant ; pieu travaillant en pointe ; **sheet ~ :** palplanche

piling (sheet ~) : rideau de palplanches

pillar : pilier ; **~ crane :** grue à colonne ; **operating ~ :** colonnette de manœuvre ; **vertical ~ :** support vertical *(perceuse)*

pilot : pilote ; **~ hole :** avant-trou ; **~ plant :** pilote ; station pilote ; **~ valve :** vanne pilote

pimple : pustule

pin : axe *(bielle)* ; axe d'articulation ; broche ; cheville ; clavette ; épingle ; ergot *(ampoule)* ; fiche *(élec.)* ; goupille ; **~ punch :** chasse-goupilles ; **contact ~ :** broche de contact ; **cotter ~ :** goupille fendue ; **dowel ~ :** goujon ; **drive ~ :** ergot d'entraînement ; **driving ~ :** clavette d'entraînement ; **hinge ~ :** axe de charnière ; **piston ~ :** axe de piston ; **shear ~ :** goupille de cisaillement ; **split ~ :** clavette fendue ; goupille fendue ; **stop ~ :** ergot d'arrêt ; **taper ~ :** clavette conique

pincers : tenailles

pinch valve : vanne à manchon ; vanne à manchon à déformation élastique ; **automatic ~ :** vanne automatique à déformation élastique

pin-head floc : floc en tête d'épingle

pinion : pignon *(méc.)* ; roue *(pignon)* ; **~ with adjustable hub :** pignon à estomac ; **driving ~ :** pignon d'attaque

pipe : canalisation ; canne ; conduit ; conduite ; tube ; tuyau ; tuyauterie ; **~ clamp :** collier de fixation pour tube ; **~ cutter :** coupe-tube ; **~ hanger :** étrier pour tuyau ; pendard ; **~ laying :** pose de canalisation ; **~ network design :** calcul d'un réseau de conduites ; **~ socket :** emboîtement ; **~ spigot :** bout mâle d'un tuyau ; **~ tee :** pièce en T ; **~ union :** raccord de tuyaux ; **~ wrench :** clé à tubes ; serre-tube ; **adjustable discharge ~ :** éjecteur hydrostatique ajustable ; **air vent ~ :** puits de ventilation ; tuyauterie d'évent ; **bell-mouth ~ :** tulipe d'aspiration d'air ; **blocked ~ :** tuyau obstrué ; **blow-down ~ :** tuyau de purge ; **blow-off ~ :** tuyau d'extraction ; **branch ~ :** tube de branchement ; **buried ~ :** canalisation enterrée ; **cast iron ~ :** tuyau en fonte ; **connecting ~ :** canalisation de liaison ; **delivery ~ :** tuyau d'amenée ; **discharge ~ :** tuyau d'évacuation ; tuyau de décharge ; **drain ~ :** tuyau d'égout ; tuyau de drainage ; tuyau de vidange ; **embedded ~ :** tuyau noyé ; **exhaust ~ :** pot d'échappement ; tuyau d'échappement ; tuyau de décharge ; **feed ~ :** nourrice d'alimentation ; **flanged ~ :** tuyau à brides ; **flow-inversion ~ :** pipe à inversion de flux ; **gas ~ :** tuyau de gaz ; **influent ~ :** colonne centrale d'arrivée d'eau ; fût central *(décanteur)* ; fût central d'alimentation ; **injection ~ :** canne à injection ; **inlet ~ :** tuyau d'arrivée ; tuyauterie d'entrée ; **lower branch ~ :** ramification inférieure ; **nozzle ~ :** tuyère ; **outgoing ~ :** tuyau de sortie ; **outlet ~ :** tuyauterie d'évacuation ; tuyauterie de sortie ; **overflow ~ :** tuyau de trop-plein ; **pressure ~ :** tuyauterie en charge ; **puddle ~ :** manchette à sceller ; manchette de scellement ; **riser ~ :** colonne d'exhaure *(pompe immergée)* ; **scavenging ~ :** conduit de balayage ; **seamless ~ :** tube sans soudure ; **spacer ~ :** tube entretoise ; **standard ~ :** tuyau normalisé ; **steel ~ :** tube d'acier ; **suction ~ :** conduite d'aspiration ; tubulure d'aspiration ; tuyau d'aspiration ; **supply ~ :** tuyau d'amenée ; **transfer ~ :** tuyauterie de dépotage ; **venting ~ :** tuyauterie d'évent ; **waste ~ :** tuyau de décharge ; tuyauterie d'évacuation ; **water ~ :** tuyau d'eau ; **welded ~ :** tube soudé

pipeline : pipeline ; **conveyor ~ :** tuyautage de transport ; **underwater ~ :** conduite immergée

pipette : pipette ; **~ filler :** propipette ; **calibrated ~ :** pipette de précision ; **graduated ~ :** pipette graduée ; pipette jaugée ; **measuring ~ :** pipette bâton ; **transfer ~ :** pipette jaugée ; pipette réservoir

piping : tuyauterie ; tuyauteries ; **~ and instrumentation drawing :** plan instrumentation ; **outlet ~ :** tubulure de sortie

piston : piston ; **~ cylinder :** cylindre de piston ; **~ engine :** moteur à pistons ; **~ head :** tête de piston ; **~ meter :** compteur à piston rotatif ; **~ pin :** axe de piston ; **~ pump :** pompe à piston ; **~ ring :** bague de garniture de piston ; joint de piston ; segment de piston ; **~ rod :** tige du piston ; verge de piston ; **~ skirt :** jupe de piston ; **~ stroke :** course du piston ; **~ valve :** robinet à piston ; **~ washer :** rondelle de piston

piston-ring groove : rainure annulaire *(piston)*

pit : fosse ; regard ; **~ props :** bois de soutènement ; **collecting ~ :** puisard ; puits collecteur ; **collection ~ :** fosse de collecte ; **drainage ~ :** puisard de reprise ; **draw ~ :** chambre de tirage ; **fresh sludge ~ :** fosse à boues fraîches ; **gravel ~ :** gravière ; sablière ; **grease ~ :** fosse de réparation *(auto.)* ; **grease storage ~ :** fosse de réception des huiles ; **grit pumping ~ :** fosse de pompage du sable ; **neutralisation ~ :** fosse de neutralisation ; **sand ~ :** sablière ; **scum storage ~ :** fosse de stockage des écumes ; **seepage ~ :** fosse de rétention ; **sludge ~ :** fosse à boues

pitch : brai ; pas *(dents d'engrenage, hélice)* ; pente *(toit)* ; poix ; **~ cone :** cône primitif ; **decreasing ~ :** à pas dégressif ; **diametral ~ :** pas diamétral ; **epikote ~ :** brai épikote ; **even ~ :** pas exact ; **fine ~ :** pas fin ; **scraper ~ :** pas du racleur ; **variable ~ :** géométrie variable *(hélice)*

pitot tube : tube de pitot

pitting : perforation *(corrosion)* ; piquage *(corrosion)* ; **~ corrosion :** corrosion perforante ; **corrosion by ~ :** corrosion par piqûres

pivot : pivot *(passerelle de décanteur central)*

pivoting : pivotant

place : placer ; **~ an order :** passer une commande ; **~ under a vacuum :** mettre sous vide

plain *(adj.)* **:** lisse ; ordinaire ; **~ bearing :** coussinet lisse ; palier lisse ; **~ carbon steel :** acier au carbone ordinaire ; acier courant ; acier noir ; acier ordinaire ; **~ cylindrical bearing :** palier lisse ; **~ end :** bout lisse ; **~ face flange :** bride dressée ; **~ paper :** papier libre ; **~ settling tank :** décanteur simple ; **~ tile :** tuile plate ; **~ washer :** rondelle plate

plain *(n.)* **:** *plaine ;* **abyssal ~ :** plaine abyssale *(sismique)*

plaintiff : demandeur *(jur.)*

plan : plan ; vue en plan ; **~ dimensions :** dimensions en plan ; **~ view :** vue en plan ; **inspection ~ :** plan de contrôle ; **master ~ :** plan général ; schéma directeur ; **quality ~ :** plan qualité ; **recovery ~ :** plan de redressement

Planck's constant : constante de Planck

plane *(adj.)* **:** plan ; **~ wave :** onde plane

plane *(n.)* **:** niveau, plan ; **axial ~ :** plan axial ; **datum ~ :** niveau de référence ; plan de référence ; plan d'installation *(pompe)* ; **focal ~ :** plan focal *(opt.)* ; **horizontal ~ :** plan horizontal ; **inclined ~ :** plan incliné ; **tangent ~ :** plan tangent

plane *(v.)* **:** raboter

planer : dégauchisseuse ; planeuse *(outil)* ; raboteuse

planetary reducing gear : réducteur à planétaires

planet differential : engrenage planétaire

planet gear : engrenage à satellites ; engrenage planétaire ; roue planétaire

planet wheel : satellite

planing : planage ; **~ machine :** machine à raboter ; raboteuse

plank : madrier

planking : platelage

plankton : plancton

planktonic : planctonique

planning : aménagement ; planification ; **land use ~ :** aménagement du territoire

planorbis snail : planorbe

plant : appareillage ; station ; **~ extension :** extension d'installation ; **~ inlet :** tête de station ; **~ perspective :** perspective de la station ; **~ room :** local technique ; salle des machines ; **~ upgrading :** extension d'installation ; modernisation de station ; **boiler ~ :** chaufferie ; **coke ~ :** cokerie ; **low-rate ~ :** station à faible charge ; **noise-reducing ~ :** installation anti-bruit ; **paste slaking ~ :** extincteur de pâte ; **pilot ~ :** pilote ; station pilote ; **power ~ :** centrale électrique ; centrale énergétique ; **semi-portable ~ :** groupe semi-fixe ; **sewage ~ :** station d'épuration ; **sewage treatment ~ :** station de traitement des eaux usées ; **sinter ~ :** four à frittage ; **washing ~ :** lavoir

plasma : plasma ; **~ propulsion :** propulsion par plasma ; **cold ~ :** plasma froid ; **inductive coupling ~ :** plasma à couplage inductif

plaster : enduit ; plâtre ; plâtrer ; **non-conducting ~ :** enduit calorifuge

plastering : plâtrage

plastic : matière plastique ; plastique ; **~ fill :** remplissage plastique ; **~ foam :** mousse de plastique ; plastique mousse ; **~ liner :** revêtement plastique ; **~ solid state :** forme solide plastique ; **engineering ~ :** plastique technique ; **expanded ~ :** mousse de plastique ; plastique mousse ; **fibre-glass reinforced ~ :** plastique armé fibre de verre ; **fibre-reinforced ~ :** filamentaire ; **foamed ~ :** mousse de plastique ; **laminated ~ :** plastique stratifié ; **thermosetting ~ :** plastique thermodurcissable

plasticizer : plastifiant *(n.)*

plasticizing : plastifiant *(adj.)*

plate *(n.)* **:** coupelle *(ressort)* ; disque ; plaque ; plastron *(commutateur)* ; tôle ; **~ girder :** poutre à âme pleine ; **~ separation :** halage de plateaux ; **~ thickness :** épaisseur de tôle ; **anchor ~ :** plaque d'ancrage ; **anti-splash ~ :** tôle brise-jet ; **aperture ~ :** plaque à trous ; **backing ~ :** table de défilement *(enregistreur)* ; **baffle ~ :** tôle déflectrice ; **bearing ~ :** palier à semelles ; **blanking ~ :** plaque d'obturation ; **chamber ~ :** plateau chambré *(filtre-presse)* ; **chequer ~ :** tôle striée ; **chequered ~ :** tôle striée ; **clamping ~ :** crapaud de fixation ; **corrugated ~ :** plaque ondulée ; **cover ~ :** couvercle de fermeture ; **covering ~ :** plaque de recouvrement ; **data ~ :** plaque signalétique ; **deflector ~ :** plaque à déflecteur ; **fish ~ :** éclisse ; **foundation ~ :** base ; **front ~ :** plastron *(disjoncteur)* ; **ground ~ :** plaque de terre ; **gusset ~ :** gousset ; **impingement ~ :** plateau *(tour de lavage)* ; **keyed ~ :** plaque goujonnée ; **mounting ~ :** platine ; **name ~ :** plaque de constructeur ; **nozzle ~ :** plateau à buselures ; **orifice ~ :** diaphragme ; orifice calibré ; **photogelatin printing ~ :** phototype ; **rolled ~ :** tôle laminée ; **support ~ :** plaque d'appui ; plaque de support ; plaque support ; **terminal ~ :** bornier ; socle à bornes

plate *(v.)* **:** plaquer

plate-and-frame filter press : filtre-presse à chambres ; filtre-presse à plateaux

plateau : palier *(courbe)*

plated : plaqué ; **~ metal :** métal plaqué

platelets (blood ~) : plaquettes sanguines

platen press : presse à platine

plate-type clarifier : décanteur à plaques

plate-type heat exchanger : échangeur de type platulaire ; échangeur platulaire

plate-type module : module à plaques

plate-type ozone generator : ozoneur à plaques

platform : banquette ; plate-forme ; quai *(chemin de fer)* ; **off-shore ~ :** plate-forme offshore ; **operating ~ :** plate-forme de desserte d'ouvrages ; **unloading ~ :** quai de déchargement

plating : placage *(métal)* ; **cadmium ~ :** cadmiage ; **chromium ~ :** chromage

platinum : platine ; **~ sponge :** mousse de platine ; **~ steel :** acier au platine

player : lecteur *(cassette)*

pleated membrane : membrane plissée

plenum : plenum ; **~ chamber :** chambre de surpression ; plenum

pliers : pince ; **adjustable ~ :** pince multi-prise ; **combination ~ :** pince universelle ; **crimping ~ :** pince à manchonner ; pince à sertir ; **quick-grip ~ :** pince-étau

plinth : massif *(support)* ; plinthe *(colonne)*

plot : tracer *(courbe)*

plotter : traceur de courbes

plough : couteau

plug : boisseau ; bonde *(pièce d'obturation)* ; bouchon mâle ; cheville ; fiche mâle ; prise de courant *(mâle)* ; prise mâle ; tournant ; **~ and socket connection :** raccord mâle + femelle ; **~ cock :** robinet à clef ; **~ flow :** flux piston ; **~ valve :** robinet à boisseau ; **~ valve wrench :** clé de manœuvre ; **~ welding :** soudage en bouchon ; **adapter ~ :** bouchon de raccord ; **anchor ~ :** cheville de scellement ; **banana ~ :** fiche banane ; **bottom ~ :** bonde de fond ; **drain ~ :** bouchon de vidange ; **fusible ~ :** bouchon fusible ; **locating ~ :** ergot central ; **multiple ~ :** prise multiple ; **safety ~ :** bouchon fusible ; **self-tapping ~ :** cheville autoforeuse ; **V-notch ~ :** coulisseau à entaille en V

plug-flow reactor : réacteur à flux piston

plug-flow tank : bassin à flux piston ; réservoir à flux piston

plugging : bouchage

plug-in : brochable ; broché ; débrochable ; **~ box :** coffret embrochable ; **~ card :** plaque brochée ; **~ circuit :** circuit imprimé brochable ; **~ element :** élément broché ; **~ relay :** relais débrochable

plummer block : palier *(méc.)*

plunge : plonger

plunger : percuteur *(fusible)* ; piston ; piston plongeur *(pompe)* ; plongeur ; **~ check valve :** clapet à piston plongeur ; **~ fuse :** fusible à percuteur incorporé ; **~ metering pump :** pompe doseuse à piston ; **~ pump :** pompe à piston plongeur

ply : épaisseur ; pli *(épaisseur)*

plywood : contreplaqué ; **~ construction :** contreplacage

pneumatic : pneumatique *(adj.)* ; **~ actuator :** actionneur pneumatique ; **~ control device :**

vannage pneumatique ; ~ **conveying :** transport pneumatique ; ~ **cylinder valve :** vanne à vérin pneumatique ; ~ **drill :** pic pneumatique ; ~ **gate :** vanne pneumatique ; ~ **hammer :** marteau pneumatique ; ~ **measuring transducer :** transmetteur pneumatique ; ~ **straight-through passage valve :** vanne pneumatique à passage intégral ; ~ **tool :** outil à air comprimé ; ~ **unloading :** dépotage pneumatique

pocket : poche ; ~ **calculator :** calculatrice de poche ; calculette ; ~ **of ore :** sac de minerai ; **gas ~ :** poche gazeuse ; **porous ~ :** poche poreuse ; **thermometer ~ :** doigt de gant *(thermomètre)*

point : point ; pointe *(couteau)* ; ~ **effect :** effet de pointe ; ~ **of withdrawal :** point de puisage ; ~ **recorder :** enregistreur à points ; **boiling ~ :** point d'ébullition ; point de liquéfaction ; température d'ébullition ; **break-even ~ :** seuil de rentabilité ; **bubble ~ :** point de bulle ; **burning ~ :** point de combustion ; **cloud ~ :** point de trouble ; **critical ~ :** point critique ; **crystallization ~ :** point de cristallisation ; **dew ~ :** point de rosée ; **duty ~ :** point de fonctionnement ; **fixed ~ :** point fixe ; **flash ~ :** point d'éclair ; **freezing ~ :** point de congélation ; point de congélation de l'eau ; température de congélation ; température de la glace fondante ; **hot ~ :** point chaud ; **injection ~ :** point d'injection ; **melting ~ :** point de fusion ; **pour ~ :** point de décongélation ; point de figeage *(paraffine)* ; **recovery ~ :** point de reprise ; **sampling ~ :** prise d'échantillons ; **softening ~ :** température de ramollissement

pointed : effilé

pointer : flèche *(balance)* ; index *(instrument)*

point-of-sale advertising : publicité sur lieux de vente

points : vis platinées ; **contact breaker ~ :** vis platinées

poison gas : gaz toxique

polar : polaire ; ~ **molecule :** molécule polaire ; ~ **relay :** relais polarisé

polarity : polarité ; ~ **reversal :** inversion de polarité ; ~ **reversal electrodialysis :** électrodialyse à inversion de polarité ; **reverse ~ :** polarité inverse ; **straight ~ :** polarité normale

polarizable : polarisable

polarization (concentration ~) : polarisation de concentration

polarized relay : relais polarisé

polarizing : polarisation

polarography : polarographie

pole : mât ; pôle *(aimant)* ; **ridge ~ :** panne faîtière ; poutre de faîte ; **scaffold ~ :** échasse d'échafaudage ; écoperche ; perche d'échafaudage

police record : casier judiciaire

policy : police *(assurances)* ; politique ; **insurance ~ :** contrat d'assurance ; **quality ~ :** politique de qualité ; **water management ~ :** politique de l'eau

poliomyelitis : poliomyélite

polished : poli ; ~ **water :** eau affinée

polishing : affinage ; finition ; polissage ; ~ **lagoon :** lagune de finition ; ~ **line :** chaîne de finition ; ~ **of effluents :** affinage des effluents ; ~ **process :** procédé d'affinage ; ~ **separator :** déshuileur de finition ; ~ **system :** chaîne de finition ; ~ **treatment :** traitement d'affinage ; traitement de finition ; **condensate ~ :** polissage des condensats

pollutant : polluant

pollution : pollution ; ~ **control :** dépollution ; ~ **factors :** paramètres de pollution ; ~ **peak :** pointe de pollution ; ~ **removal :** dépollution ; **accidental ~ :** pollution accidentelle ; **aerosol ~ :** pollution par les aérosols ; **atmospheric ~ :** pollution atmosphérique ; **chemical ~ :** pollution chimique ; **induced ~ :** pollution induite ; **industrial ~ :** pollution industrielle ; **insoluble ~ :** pollution insoluble ; **organic ~ :** pollution organique ; **particle ~ :** pollution particulaire ; **river ~ :** pollution des cours d'eau ; **water ~ :** pollution des eaux

polyacrylamide : polyacrylamide

polyacrylate : polyacrylate

polyaluminium chloride : polychlorure d'aluminium ; **basic ~ :** polychlorure basique d'aluminium

polyaromatic : polyaromatique

polyatomic gas : gaz polyatomique

polychloride : polychlorure

polychlorinated biphenol : pyralène

polychlorobiphenyl : polychlorobiphényl

polychlorotriphenyl : polychlorotriphényl

polycyclic aromatic hydrocarbons : hydrocarbures polycycliques aromatiques

polyelectrolyte : polyélectrolyte ; **synthetic ~ :** polyélectrolyte de synthèse

polyester : polyester ; **reinforced ~ :** polyester armé

polyethylene : polyéthylène ; **high-density ~ :** polyéthylène haute densité ; **low-density ~ :** polyéthylène basse densité

polygon : polygone

polygonal : polygonal

polyhydroxy butyrate : polyhydroxy butyrate

polymer : polymère

polymerization (condensation ~) : polycondensation

polymetaphosphate : polymétaphosphate

polyphase : polyphasé

polyphosphate : polyphosphate

polypropylene : polypropylène

polystyrene : polystyrène ; **~ sulphonate :** polystyrène sulfonate ; **heavy-duty ~ :** polystyrène choc ; **sulphonated ~ :** polystyrène sulfoné

polytetrafluoroethylene : polytétrafluoroéthylène *(Téflon)*

polyurethane resin : résine polyuréthane

polyvinyl : polyvinyle ; **~ acetate :** acétate de polyvinyle ; **~ chloride :** chlorure de polyvinyle ; polychlorure de vinyle

polyvinyldene fluoride : polyfluorure de vinyldène

pond : étang

pontoon : flotteur ; **~ bridge :** pont bâche

pontoon-mounted : flottant *(aérateur)* ; **~ assembly :** équipage flottant *(aérateur)* ; **~ turbine :** turbine sur flotteur

pool : piscine *(nucl.)* ; **nuclear ~ :** piscine nucléaire ; **storage ~ :** piscine de stock ; **swimming ~ :** piscine

pool-type reactor : réacteur à piscine

poor condition : mauvais état

population : démographie ; **~ equivalent :** équivalent-habitant ; **~ growth :** expansion démographique ; **served ~ :** habitants desservis

porcelain : porcelaine ; **~ insulator :** isolateur en porcelaine

pore : pore

porosimetry (mercury ~) : porosimétrie mercure

porosity : porosité ; **root ~ :** rochage *(soudage)*

porous : poreux ; spongieux ; **~ disc :** disque poreux ; **~ dome :** dôme poreux ; **~ membrane :** membrane poreuse ; **~ pocket :** poche poreuse ; **~ support :** support poreux

porous-diffuser reactor : réacteur à diffuseurs poreux

port : lumière *(ouverture)* ; port *(mer)* ; **~ charges :** droits de port ; taxes de port ; **~ of call :** port d'escale ; **~ of departure :** port de départ ; **~ of destination :** port de destination ; **~ of entry :** port d'entrée *(douane)* ; **disembarkation ~ :** port de débarquement ; **embarkation ~ :** port d'embarquement ; **inlet ~ :** orifice d'entrée

portable conveyor : sauterelle

porthole : hublot

portion : division ; portion

Portland cement : ciment Portland

position : position ; poste *(emploi)* ; **~ indicator :** indicateur d'ouverture ; **off ~ :** position de repos ; position fermée

positioner : positionneur

positioning potentiometer : potentiomètre de recopie

positive : positif ; **~ displacement compressor :** compresseur volumétrique ; **~ -displacement pump :** pompe volumétrique ; **~ electron :** électron positif

positron : électron positif

post : pieu ; poteau ; **parcel ~ :** paquet poste

post-chlorinated (~ plastic) : plastique surchloré

posting : affectation *(personnel)*

postozonation : postozonation

postpone : remettre ; **~ payment :** différer le paiement

potability : potabilité

potable water : eau de consommation

potash : potasse ; **caustic ~ :** lessive de potasse

potassium : potassium ; **~ lye :** lessive de potasse caustique ; **~ nitrate :** salpêtre ; **~ oxide :** oxyde de potassium ; **~ permanganate :** permanganate de potassium ; **~ salt :** sel de potasse

potential : potentiel ; **~ difference :** différence de potentiel ; **~ drop :** chute de potentiel ; chute de tension ; **~ transformer :** transformateur de potentiel ; transformateur de tension ; **equilibrium ~ :** potentiel d'équilibre ; **fouling ~ :** pouvoir colmatant ; pouvoir encrassant ; **hydrogen ~ :** potentiel hydrogène ; **redox ~ :** potentiel redox : **thermodynamic ~ :** potentiel thermodynamique ; **zeta ~ :** potentiel zeta

potentiometer : potentiomètre ; **feedback ~ :** potentiomètre de réaction ; **positioning ~ :** potentiomètre de recopie

potentiometric : potentiométrique

potentiometry : potentiométrie

potting resin : résine d'empotage

pour : couler *(béton)* ; **~ point :** point de coulage ; point de décongélation ; point de figeage *(paraffine)*

Pourbaix diagram : diagramme de Pourbaix

powder : poudre ; **~ metallurgy :** métallurgie des poudres ; **grinding ~ :** poudre abrasive

powdered : en poudre ; pulvérulent ; **~ activated carbon :** charbon actif en poudre ; **~ bone :** poudre d'os ; **~ lime :** chaux en poudre ; **~ material :** matériau pulvérulent

powdery : poudreux

power : énergie ; pouvoir ; puissance ; **~ building :** salle des machines ; **~ cell :** cellule de puissance ; **~ circuit :** circuit de puissance ; **~ complex :** alimentation électrique générale ; **~ consumption :** énergie consommée ; **~ cord :** cordon d'alimentation ; **~ cut :** panne de courant ; ~

factor : cosinus ; facteur de puissance ; **~ input :** puissance absorbée ; **~ mains :** secteur *(élec.)* ; **~ of a number :** puissance d'un nombre ; **~ of attorney :** procuration ; mandat *(jur.)* ; pouvoir *(jur.)* ; **~ outage :** panne de courant ; **~ plant :** centrale électrique ; centrale énergétique ; usine hydraulique ; **~ regulator :** balance wattmétrique ; **~ saw :** scie mécanique ; **~ shovel :** pelle mécanique ; **~ station :** centrale électrique ; usine thermique ; **~ supply :** alimentation *(élec.)* ; **~ switch :** interrupteur de puissance ; **~ take-off :** prise de puissance ; **~ transmission :** transport d'énergie *(élec.)* ; **absorptive ~ :** pouvoir absorbant ; **active ~ :** puissance active ; **actual ~ :** puissance effective ; puissance réelle ; **aerial ~ line :** ligne aérienne ; **apparent ~ :** puissance apparente ; **buffer ~ :** pouvoir tampon ; **covering ~ :** pouvoir couvrant ; **electric ~ balance :** bilan de puissance électrique ; **electric ~ station :** usine électrique ; **full-rated ~ :** pleine puissance de dimensionnement ; **hydroelectric ~ plant :** centrale hydraulique ; **hydroelectric ~ station :** usine hydraulique ; **input ~ :** puissance absorbée ; puissance d'entrée ; **leading ~ factor :** facteur de puissance avant ; **lifting ~ :** puissance de levage ; **magnifying ~ :** pouvoir grossissant ; **mechanical ~ :** puissance mécanique ; **motor input ~ :** puissance brute aux bornes du moteur ; **nuclear ~ plant :** centrale nucléaire ; **oil-fired ~ plant :** centrale thermique à fioul ; **operating ~ :** puissance utile ; **output ~ :** puissance de sortie ; **overhead ~ line :** ligne aérienne ; **peak ~ :** puissance de pointe ; **radiating ~ :** pouvoir radiant ; **rated ~ :** puissance installée ; puissance nominale ; **reactive ~ :** puissance déwattée ; puissance réactive ; **residual ~ :** pouvoir rémanent ; **stand-by ~ source :** réserve de marche ; **thermal ~ plant :** centrale thermique ; usine thermique ; **thermal ~ station :** centrale thermique ; **useful ~ :** puissance utile

pozzolan : pouzzolane

pozzuolana : pouzzolane ; **~ filter :** filtre à pouzzolane

practical *(adj.)* **:** pratique

practice *(n.)* **:** pratique ; **~s :** usages ; **restrictive ~s :** pratiques restrictives ; **trading ~s :** usages commerciaux

preadjuvant : préadjuvant

preamplifier : préamplificateur

preassembled : préassemblé

precast : précoulé ; **~ slab :** dalle précoulée

prechlorination : préchloration

precious metal : métal précieux

precipitant : précipitant

precipitate : précipité ; **amorphous ~ :** précipité amorphe

precipitation : précipitation ; **~ by lime :** précipitation à la chaux

precipitation (electrostatic ~) : dépoussiéreur électrostatique

precision callipers : compas de précision

precoat : précouche ; **~ filter :** filtre à précouche ; **~ filtering medium :** matériau filtrant précouche ; **~ filtration :** filtration sur précouche ; filtration sur support à précouche

precoating : empâtage

precombustion : précombustion

precursor : précurseur *(chim.)*

predatory agent : élément prédateur

predewater : sécher préalablement

predryer : présécheur

prefabricated : préfabriqué

preferences (generalized system of ~) : système des préférences généralisées

preference share : action privilégiée

preferential : préférentiel ; **~ path :** passage préférentiel ; **~ tariffs :** droits préférentiels

prefilter : préfiltre

preforming : préformage

preheating : préchauffage

prehumic : préhumique

preignition : préallumage

preliminary : préliminaire ; **~ compacting :** précompactage ; **~ detailed estimate :** devis descriptif et estimatif ; **~ drawing :** plan préliminaire ; **~ drying :** préséchage ; **~ handing-over :** réception provisoire ; **~ oil separator :** prédéshuileur ; **~ pressing :** prépressage ; **~ screening :** prédégrillage ; **~ sedimentation tank :** débourbeur ; **~ settling :** décantation préliminaire ; **~ study :** avant-projet ; étude préliminaire ; **~ washing :** prélavage

premium : prime *(assurances)* ; **~ rates :** tarification d'une police

premium-grade petrol : essence super

preozonation : préozonation ; **~ contact column :** tour de contact de préozonation

prepaid accounts : charges constatées d'avance *(fin.)*

preparation : préparation ; **~ tank :** bac de préparation ; **site ~ :** aménagement du terrain

presedimentation : débourbage

preselection : présélection

preselector : présélecteur

presentation : présentation

preservation : conservation ; **sample ~ :** conservation d'échantillon

preservative acid : acide préservateur

preset : préréglé

presetting : préréglage

presettled : prédécanté ; **~ must :** moût prédécanté

presettler : prédécanteur

president : président

presignalling : présignalisation

press *(n.)* **:** presse *(machine)* ; **~ book :** dossier de presse ; **~ kit :** dossier de presse ; **~ release :** communiqué de presse ; **below ~ :** sous pressoir ; **crimping ~ :** presse à sertir ; **filter ~ :** filtre-presse ; **forging ~ :** presse à forger ; **hand ~ :** presse à main ; **platen ~ :** presse à platine ; **printing ~ :** presse à imprimer ; **rotary ~ :** presse rotative ; **screenings ~ :** presse à détritus ; **screw ~ :** presse à vis ; **stamping ~ :** presse à emboutir

press *(v.)* **:** emboutir

pressed : embouti ; **~ copper :** cuivre embouti ; **~ steel :** acier embouti ; tôle emboutie ; **~ steel frame :** châssis en tôle emboutie ; **~ steel head :** fond embouti

pressing : emboutissage ; pressage ; pressée *(filtre-presse)* ; **~ roller :** rouleau de pressage ; **~ time :** temps de pressée ; **active ~ area :** surface active de pressage ; **hot ~ :** frittage sous pression ; **preliminary ~ :** prépressage

pressure : pression ; **~ belt filter :** filtre à bande continue ; **~ curve :** courbe des pressions ; **~ drop :** chute de pression ; perte de charge ; **~ fed :** alimenté sous pression ; **~ feed :** injection sous pression ; **~ filter :** filtre fermé ; filtre sous pression ; **~ gauge :** indicateur de pression ; manomètre ; **~ gradient :** gradient de pression ; **~ lubrication :** graissage sous pression ; lubrification sous pression ; **~ main :** conduite forcée ; **~ measuring transducer :** capteur de pression ; **~ oil pump :** pompe à huile ; **~ pipe :** tuyauterie en charge ; **~ probe :** détecteur de pression ; **~ rating :** pression de tarage ; pression nominale ; tarage *(soupape)* ; **~ recorder :** enregistreur de pression ; **~ reducer :** détendeur ; réducteur de pression ; **~ reducing :** déprimogène ; **~ reducing valve :** détendeur ; **~ regulator :** limiteur de pression ; **~ release :** détente *(pression)* ; **~ relief valve :** clapet de surpression ; détendeur de pression ; soupape de surpression ; **~ sensor :** capteur de pression ; **~ setting :** pression de réglage ; **~ siphon :** bonde siphoïde à compression ; **~ switch :** contacteur manométrique ; manostat ; pressostat ; **~ tap :** prise de pression ; **~ vessel :** appareil à pression ; ballon sous pression ; cuve sous pression ; récipient sous pression ; **~ water :** eau sous pression ; **~ water injection :** injection d'eau sous pression ; **~ water supply :** alimentation d'eau sous pression ; **~ weld :** soudure par pression ; **~ welding :** soudage par pression ; **abnormally high ~ :** pression anormale ; surcompression ; **absolute ~ :** pression absolue ; **atmospheric ~ :** pression atmosphérique ; **blood ~ :** pression artérielle ; **bourdon ~ gauge :** manomètre à tube de bourdon ; **burst ~ :** pression d'éclatement ; **bursting ~ :** pression d'éclatement ; **deaeration ~ :** pression de dégazage ; **design ~ :** pression de calcul ; **dial ~ gauge :** manomètre à cadran ; **diaphragm-operated ~ release system :** détendeur à membrane ; **differential ~ gauge :** manomètre différentiel ; **excess ~ :** surpression ; **flow-limiting ~ siphon :** siphon comprimé limiteur de débit ; **gauge ~ :** pression relative ; **hydraulic ~ :** pression hydraulique ; **local ~ :** pression locale ; **nominal ~ :** pression nominale ; **osmotic ~ :** pression osmotique ; **partial ~ :** pression partielle ; **pulse ~ :** pression différentielle *(méd.)* ; **rated ~ :** pression nominale ; **saturated vapour ~ :** pression de vapeur saturée ; **test ~ :** pression d'épreuve ; **vapour ~ :** tension de vapeur ; **velocity ~ :** pression due au vent ; **wind ~ :** pression due au vent ; **working ~ :** pression de fonctionnement ; pression de service ; pression de travail

pressure-closing control valve : vanne à ouverture par manque d'air

pressure-fed : alimenté sous pression

pressure-lubricated drive : entraînement lubrifié sous pression

pressure-negative pressure valve : soupape pression-dépression

pressure-opening control valve : vanne à fermeture par manque d'air

pressure-reducing valve : vanne de détente

pressure-release valve : vanne détendeur

pressurization : pressurisation ; **full-flow ~ :** pressurisation directe ; **recycle ~ :** pressurisation indirecte

pressurized : sous pression ; **~ aerator :** aérateur sous pression ; **~ air :** air surpressé ; **~ air feed :** alimentation en air surpressé ; **~ gas-liquid reactor :** réacteur gaz-liquide sous pression ; **~ water reactor :** réacteur à eau pressurisée ; réacteur à eau sous pression ; réacteur sous pression

prestressed : précontraint ; **~ concrete :** béton précontraint

pretreatment : prétraitement

prevailing wind : vent dominant

preventer (scale ~) : anticalcaire

prevention (rust ~) : protection antirouille

preventive : préventive ; **~ maintenance :** maintenance préventive ; **scale ~ :** anticalcaire *(adj.)*

previous : précédent

price : prix ; **~ earnings ratio :** rapport entre cours et bénéfice par action ; **~ escalation clause :** formule de révision de prix ; **~ fixing :** entente des prix ; **~ index :** indice des prix ; **~ list :** tarif ; **~ variation clause :** formule de révision de prix ; **cash ~ :** prix au comptant ; **contract ~ :** prix forfaitaire ; **extra ~ :** plus-value ; **net ~ :** prix net ; **overall ~ :** prix forfaitaire ; **selling ~ :** prix de vente ; **~ sheet :** fiche de prix ; **wholesale ~ :** prix de gros

prilling : granulation *(engrais)*

primary : primaire ; **~ circuit :** circuit primaire ; **~ colour :** couleur primaire ; **~ digester :** digesteur primaire ; **~ digestion :** digestion primaire ; **~ element :** élément déprimogène ; organe déprimogène ; **~ leaving certificate :** certificat d'études primaires ; **~ relay :** relais direct ; **~ sedimentation tank :** décanteur primaire ; **~ settling :** décantation primaire ; **~ settling tank :** décanteur primaire ; **~ shaft :** arbre primaire ; **~ sludge :** boues primaires ; **~ system :** système primaire *(chaudière)* ; **~ winding :** enroulement primaire

prime : premier ; **~ coat :** sous-couche *(peinture)* ; **~ contractor :** maître d'œuvre ; **~ cost items :** travaux en régie ; **~ number :** nombre premier ; **~ rate :** taux de base ; taux préférentiel

prime-mover : tracteur

primer : apprêt ; couche d'apprêt ; sous-couche *(peinture)* ; **~ paint :** peinture d'apprêt

priming : amorçage *(pompe)* ; primage ; **~ coat :** couche d'accrochage ; **~ device :** dispositif d'amorçage ; **~ pump :** pompe d'amorçage ; **~ unit :** groupe d'amorçage

primitive : primitif

principle (treatment ~) : schéma de traitement

print (contact ~) : tirage par contact

printed : imprimé ; **~ circuit :** circuit imprimé ; **~ circuit board :** plaque à circuit imprimé ; **~ form :** imprimé ; **~ matter :** imprimés

printer : imprimante

printing : édition ; impression ; **~ press :** presse à imprimer

printout paper : papier positif

print-run : tirage *(impr.)*

prior : précédent *(adj.)* ; préalable ; **~ flocculation :** floculation préalable ; **~ notice :** préavis

priority (top ~) : première urgence

prism : prisme ; **accretion ~ :** prisme d'accrétion *(sismique)* ; **accretional ~ :** prisme d'accrétion

private : privé ; **~ law :** droit privé ; **~ limited company :** société à responsabilité limitée

probe : sonde ; **dip-type ~ :** sonde à immersion ; **flow-type ~ :** sonde à écoulement ; **pressure ~ :** détecteur de pression ; **space ~ :** sonde spatiale ; **temperature compensation ~ :** compensateur de température

procedure : forme *(admin.)* ; méthode opératoire ; mode opératoire ; **welding ~ :** procédé de soudage

proceedings : délibérations

process : procédé ; processus ; valorisation *(déchets)* ; **~ development unit :** pilote ; **~ water :** eau de fabrication ; eau de procédé ; **dry ~ :** voie sèche ; **production ~ :** procédé de fabrication

processing : conditionnement *(traitement)* ; traitement *(info.)* ; transformation ; **~ industry :** industrie de transformation ; **~ time :** délai de fabrication ; **batch ~ :** temps différé ; **central ~ unit :** unité centrale de traitement *(info.)* ; **data ~ :** informatique ; **fault ~ :** traitement de défaut ; **signal ~ :** traitement de signal

produced water : eau produite *(pétro.)*

product : produit ; **~ line :** gamme de produits ; **mixed ~ :** produit mixte ; **waste ~ :** produit de rejet

production : production ; **~ line :** chaîne de production en série ; **~ permit :** dérogation avant production ; **~ process :** procédé de fabrication ; **~ schedule :** programme de fabrication ; **~ unit :** unité de fabrication ; **~ well :** puits de production ; **mass ~ :** fabrication en grande série ; production en masse ; **nitrate ~ :** nitratation ; **sludge ~ :** production de boues

professional : professionnel ; **~ training certificate :** brevet d'études professionnelles ; **certificate of ~ competence :** certificat d'aptitude professionnelle

professor (assistant ~) : maître de conférence

profile : profil *(math.)* ; **~ view :** vue de profil ; **flavour ~ :** profil de flaveur

profit : bénéfice ; **~ margin :** marge bénéficiaire ; **net ~ :** bénéfice net

profitability : rentabilité

pro forma invoice : facture pro forma

programmable logic controller : automate ; automate programmable industriel

programme : programme ; **~ planning and budgeting system :** rationalisation budgétaire ; **master ~ :** programme général

programmed controller : régulateur programmé

programmer : combinateur ; programmeur

programming : programmation *(info.)* ; **~ console :** console de programmation

progress : progression ; **~ report :** état périodique ; **work in ~ :** travaux en cours

progression : progression ; **arithmetic ~ :** progression arithmétique ; **geometric ~ :** progression géométrique

prohibitive : rédhibitoire

project : étude ; projet ; **~ engineer :** ingénieur d'exécution ; **draft ~ :** avant-projet ; **fast-track ~ :** programme accéléré ; **research ~ :** étude

projecting : en saillie ; saillant

projection : projection *(math.)* ; saillie ; **~ weld :** soudure par bossages ; **~ welding :** soudage par bossages circulaires ; **Mercator ~ :** projection de Mercator ; **rear ~ :** projection par transparence

projector : projecteur ; **overhead ~ :** rétroprojecteur ; **slide ~ :** projecteur de diapositives

proliferation : prolifération

promissory note : billet à ordre

prong : fiche *(élec.)*

proof : épreuve *(impr.)*

propane : propane

propeller : hélice ; propulseur ; turbine-hélice ; **~ pump :** pompe à hélice ; **~ turbine :** turbine à hélice ; **screw ~ :** propulseur à hélice

propeller-operated mixer : hélico-mélangeur

propeller-type flocculator : floculateur à hélice

propelling : propulsion

property : biens ; propriété

propionate : propionate

propionic : propionique

proportion : proportion *(math.)* ; **direct ~ :** proportion directe ; **inverse ~ :** proportion inverse

proportional : proportionnel ; **~ action :** action proportionnelle ; **~ consolidation :** intégration proportionnelle *(fin.)* ; **~ factor :** facteur de proportionnalité ; **directly ~ :** directement proportionnel ; **inversely ~ :** inversement proportionnel

proportional-plus-integral : proportionnel et intégral ; **~ action :** action proportionnelle et intégrale ; **~ control :** contrôle proportionnel et intégral

proportional-plus-integral-plus-derivative : proportionnel intégral dérivé ; **~ action :** action proportionnelle, intégrale et dérivée

proportioner : régulateur de proportion

proposal : offre ; proposition ; **~s engineer :** ingénieur de projet

proposition : proposition *(math.)*

props (pit ~) : bois de soutènement

propulsion : propulsion ; **electric ~ :** propulsion électrique ; **jet ~ :** propulsion par réaction ; **nuclear ~ :** propulsion nucléaire ; **plasma ~ :** propulsion par plasma

pro rata : au prorata ; **~ payment :** paiement au prorata

prospecting : prospection

prospection : recherche *(mines)*

protected : protégé

protecting tube : tube-allonge

protection : protection ; **~ against corrosion :** protection anticorrosion ; **~ relay :** relais de protection ; **cathodic ~ :** protection cathodique ; **fire ~ :** protection contre le feu

protective : protecteur *(adj.)* ; **~ clothing :** vêtements de protection ; **~ coating :** enduit de protection ; enduit protecteur ; revêtement de protection ; **~ cover :** chape protectrice ; **~ duties :** surtaxe de sauvegarde ; **~ hood :** cagoule ; **~ layer :** couche de protection ; **~ locking mechanism :** verrouillage de sécurité ; **~ loop :** lyre de protection ; **~ relay :** relais de protection ; **~ suit :** combinaison ; **~ visor :** visière de protection

protein : protéine

protide : protidique

proton : proton

protozoan : protozoaire ; **~ cyst :** kyste de protozoaire

provider (service ~) : prestataire de services

provision : clause ; provision *(fin.)*

provisional : en attente ; temporaire ; **~ takeover :** réception provisoire ; **~ takeover certificate :** certificat de réception provisoire

provisions (special ~) : dispositions particulières

proximity : proximité ; **~ detector :** détecteur de proximité ; **~ switch :** détecteur de proximité

proxy : fondé de pouvoir ; mandat *(jur.)* ; procuration

public : public ; **~ awareness campaign :** campagne de sensibilisation ; **~ equipment :** équipements collectifs ; **~ health :** santé publique ; **~ limited company :** société anonyme ; **~ warehouse :** entrepôt public ; **~ works :** travaux publics ; **~ works contract :** marché public de travaux

puddle : puddler *(métall.)* ; **~ collar :** collet à sceller ; **~ flange :** cordon d'ancrage ; **~ pipe :** manchette à sceller ; manchette de scellement

pug mill : malaxeur à palettes

pull : traction ; **~ knob :** tirette ; **drawer-bar ~ :** traction au crochet

pulley : poulie ; roue *(poulie)* ; **~ block :** moufle ; **~ groove :** gorge de poulie ; **chain ~ :** barbotin ; **cone ~ :** poulie à cône ; poulie étagée ; **differential ~ :** palan différentiel ; **driving ~ :** poulie d'entraînement ; **idler ~ :** poulie de tension ; **loose ~ :** poulie folle ;

removable ~ : poulie amovible ; **step ~ :** poulie à cône ; poulie étagée ; **tension ~ :** poulie de tension

pulp : pâte *(papier)* ; pulpe ; **chemimechanical ~ :** pâte chimicomécanique ; **chemithermomechanical ~ :** pâte chimicothermomécanique ; **mechanical ~ :** pâte mécanique ; **ore ~ :** pulpe de minerais ; **paper ~ :** pâte à papier ; pulpe à papier ; **semichemical ~ :** pâte semi-chimique ; **semimechanical ~ :** pâte semi-mécanique ; **soda ~ :** pâte à la soude ; **thermomechanical ~ :** pâte thermomécanique ; **wood ~ :** pâte de bois

pulper : pulpeur

pulsating current : courant continu pulsé

pulsation : pulsation ; **~ welding :** soudage par courant pulsé

Pulsator : Pulsator

pulse : impulsion ; **~ action :** action impulsionnelle ; **~ counter :** compteur d'impulsions ; **~ damper :** accumulateur anti-pulsations ; ballon anti-pulsations ; **~ generator :** générateur d'impulsions ; **~ group :** train d'impulsions ; **~ modulation :** modulation par impulsions ; **~ pressure :** pression différentielle *(méd.)* ; **~ regenerator :** régénérateur d'impulsions ; **~ repeater :** répéteur d'impulsions ; **~ train :** séquence d'impulsions ; train d'impulsions ; **~ transmitter :** émetteur d'impulsions ; **single ~ :** impulsion simple

pulse-code modulation : modulation par impulsions codées

pulsed column : colonne pulsée

pulverize : pulvériser *(broyer)*

pulverized tungsten carbide : carbure de tungstène pulvérisé

pulverizer : pulvérisateur *(broyeur)*

pulverizing : pulvérisation *(broyage)*

pumice stone : pierre ponce

pump : pompe ; **~ bed :** auge de pompe ; **~ connection :** raccord de pompe ; **~ efficiency :** rendement d'une pompe ; **~ handle :** bras de pompe ; **~ house :** local des pompes ; poste de pompage ; **~ impeller :** rotor à aubes ; **~ reagent feeding :** dosage de réactifs par pompe ; **~ room :** chambre des pompes ; salle de pompage ; **~ with positive suction head :** pompe en charge ; **acid ~ :** pompe vide-tourie ; **air-lift ~ :** pompe à émulsion ; **axial ~ :** pompe à hélice ; **axial flow ~ :** pompe à hélice ; **ballast ~ :** pompe de ballast ; **boiler feed ~ :** pompe d'alimentation de chaudière ; **booster ~ :** pompe de gavage ; pompe de surpression ; pompe gaveuse ; pompe haute pression *(osmose inverse)* ; **centrifugal ~ :** pompe centrifuge ; **concrete ~ :** pompe à béton ; **controlled volume ~ :** pompe volumétrique ; **delivery ~ :** pompe de refoulement ; **dewatering ~ :** pompage d'exhaure ; pompe d'épuisement ; pompe vide-cave ; **diaphragm ~ :** pompe à membrane ; **direct-coupled ~ :** pompe à accouplement direct ; **discharge ~ :** pompe de refoulement ; **dosing ~ :** pompe doseuse ; **drainage ~ :** pompe d'épuisement ; pompe d'évacuation ; **eccentric rotor ~ :** pompe à rotor excentré ; **electric ~ :** pompe à commande électrique ; **electric feed ~ :** pompe d'alimentation électrique ; **excess sludge ~ :** pompe à boues en excès ; **exhaust ~ :** pompe d'épuisement ; **extraction ~ :** pompe d'extraction ; **feed ~ :** gavo-pompe ; pompe de gavage ; pompe alimentaire ; pompe d'alimentation ; **filter ~ :** trompe à vide ; **flooded suction ~ :** pompe à aspiration en charge ; **fluidizing ~ :** pompe de fluidisation ; **force-feed ~ :** gavo-pompe ; pompe de gavage ; pompe gaveuse ; **fuel ~ :** pompe à carburant ; pompe à combustible ; **gear ~ :** pompe à engrenages ; **grit ~ :** pompe à sable ; **hand ~ :** pompe à main ; **heat ~ :** pompe à chaleur ; thermopompe ; **high lift ~ :** pompe haute pression ; **high-pressure ~ :** pompe haute pression ; **hollow plunger ~ :** pompe à piston creux ; **horizontally split casing ~ :** pompe à plan de joint horizontal ; **hydraulic ~ :** pompe hydraulique ; **induction ~ :** pompe à induction ; **injection ~ :** pompe d'injection ; **jet ~ :** pompe à jet ; **lift ~ :** pompe à refoulement ; pompe de relevage ; pompe de relèvement ; pompe de reprise ; **lifting ~ :** pompe de relevage ; **liquid-ring ~ :** pompe à anneau liquide ; **liquid-ring vacuum ~ :** pompe à vide à anneau liquide ; **low lift ~ :** pompe basse pression ; **metering ~ :** pompe doseuse ; **mixed flow ~ :** pompe hélico-centrifuge ; **motor feed ~ :** pompe d'alimentation à moteur ; **motor ~ :** motopompe ; pompe à moteur ; **multi-stage ~ :** pompe multicellulaire ; **one-stage ~ :** pompe à un étage ; **petrol ~ :** pompe à essence ; **piston ~ :** pompe à piston ; **plunger ~ :** pompe à piston plongeur ; **positive-displacement ~ :** pompe volumétrique ; **priming ~ :** pompe d'amorçage ; **propeller ~ :** pompe à hélice ; **raw water ~ :** pompe d'eau brute ; **reciprocating ~ :** pompe à mouvement alternatif ; pompe à piston ; pompe alternative ; **recirculation ~ :** pompe de recirculation ; **rotary ~ :** pompe rotative ; **screw ~ :** pompe à vis ; vis de relèvement ; **self-priming ~ :** pompe à amorçage automatique ; **side-channel ~ :** pompe à canal latéral ; **single-stage ~ :** pompe monocellulaire ; **sludge ~ :** pompe à boues ; **sludge draw-off ~ :** pompe de reprise des boues ; **sludge recirculation ~ :** pompe de recirculation des boues ; **stand-by ~ :** pompe en secours ; **steam ~ :** pompe à vapeur ; **steam feed ~ :** pompe d'alimentation à vapeur ; **steam-lift ~ :** émulseur à vapeur ; **submersible ~ :** pompe immergée ; pompe submersible ; **suction ~ :** pompe aspirante ; pompe suceuse ; **sump ~ :** pompe d'épuisement ; vide-cave ; **sweeper ~ :** pompe pour balai de piscine ; **turbine ~ :** pompe à turbine ; **two-stage ~ :** pompe à deux étages ; **two-way ~ :** pompe à deux voies ; **vacuum ~ :** pompe à vide ; **vane ~ :** pompe à ailettes ; **vertically split casing ~ :** pompe à plan de joint vertical ; **vortex ~ :** pompe à vortex ; **wash water ~ :** pompe de lavage ; **water ~ :** pompe à eau ; **water supply ~ :** pompe d'alimentation en eau

pumping : exhaure ; pompage ; reprise ; **~ line :** câble de pompage ; **~ station :** poste de relèvement ; station de pompage ; usine élévatoire ; **~ tank :** bâche de pompage ; **booster ~ :** pompage de surpression *(osmose inverse)* ; **filtrate ~ :** reprise de filtrat ; **magnetic ~ :** pompage magnétique

punch : poinçon *(outil)* ; **~ card :** carte perforée ; **~ tape :** bande perforée ; **centre ~ :** pointeau ; **drift ~ :** arrache-clou ; chasse-boulons ; chasse-clous ; **pin ~ :** chasse-goupilles

punching : estampage

puncture : crevaison *(pneu)*

punctured : percé *(ozoneur)*

purchasing department : service des achats

pure : pur ; **~ anhydrous sulphite :** sulfite pur anhydre ; **~ culture :** culture pure ; **~ precipitated calcium carbonate :** blanc de Meudon ; **~ substance :** corps pur ; **~ water :** eau pure ; eau saine ; **commercially ~ :** première fusion *(plomb)*

purification : épuration ; **~ process :** processus épuratoire ; **air ~ :** épuration de l'air

purified water : eau épurée

purifier : épurateur ; **air ~ :** épurateur d'air ; **steam ~ :** épurateur de vapeur

purifying : épurateur *(adj.)* ; **~ bacterium :** bactérie épuratrice

purity : pureté

purlin : panne *(constr.)*

push button : bouton-poussoir ; **~ control :** commande par bouton-poussoir ; **~ switch :** interrupteur à bouton-poussoir

pusher furnace : four poussant

push on : pousser

push-on push-off button : bouton-poussoir à contact maintenu

pushrod : poussoir *(soupape)* ; tige de culbuteur ; **~ of a valve :** tige de commande de clapet

put : mettre ; **~ into effect :** exécuter ; **~ into orbit :** placer sur orbite ; **~ on standby :** mettre en veilleuse ; **~ under vacuum :** mettre sous vide

putrefaction : putréfaction

putrescibility : putrescibilité

putrescible : putrescible

putty : mastic ; **~ knife :** couteau à mastiquer ; **glazier's ~ :** mastic à vitres

puttying : masticage

pylon : pylône *(métallique)*

pyramid (truncated ~) : tronc de pyramide

pyrex : pyrex

pyroelectricity : pyroélectricité

pyrogenic degradation product : produit de dégradation pyrogène

pyrolysate : pyrolysat

pyrolysis : pyrolyse

pyrometallurgy : métallurgie par voie ignée

pyrometer : pyromètre ; **dial ~ :** pyromètre à cadran ; **optical ~ :** pyromètre à lunette ; **radiation ~ :** pyromètre à radiation totale

pyrometric : pyrométrique

Q

quadrant : quadrant ; quart de cercle ; **~ to :** à angle droit

quadrupole : quadripolaire

qualitative : qualitatif ; **~ content :** teneur qualitative

quality : qualité ; **~ assurance :** assurance qualité ; **~ audit :** audit qualité ; **~ control :** maîtrise de la qualité ; **~ loop :** boucle de la qualité ; **~ management :** gestion de la qualité ; **~ manual :** manuel qualité ; **~ plan :** plan qualité ; **~ policy :** politique de qualité ; **~ system review :** revue du système qualité ; **average ~ :** qualité moyenne ; **food-grade ~ :** qualité alimentaire ; **water ~ :** qualité de l'eau

quantitative : quantitatif ; **~ restrictions :** contingentement ; restrictions de sortie quantitatives ; restrictions quantitatives

quantities (bill of ~) : devis d'architecte

quantity : quantité ; **~ surveyor :** métreur ; **determination of ~ :** dosage

quantum : quantum ; **~ mechanics :** mécanique quantique ; **~ number :** nombre quantique

quark : quark

quarry : carrière ; **~ chips :** déchets de carrière

quarter : quart ; quartier ; trimestre ; **~ turn :** quart de tour

quarterly : par trimestre

quartz : quartz ; **~ oscillator :** oscillateur à quartz ; **~ sand :** sable quartzeux ; **~ shield :** gaine de quartz

quasi-cylindrical : quasi-cylindrique

quaternary ammonium : ammonium quaternaire

quay : quai *(port)*

quench : tremper *(métall.)*

quenched : trempé

quenching : extinction *(métall.)* ; refroidissement ; **carbon ~ :** trempe de charbon

Quentin process : procédé Quentin *(sucre)*

quick : rapide ; **~ flush :** chasse rapide ; **~ lime :** chaux vive ; **~ operating valve :** robinet à manœuvre rapide ; **~ return :** retour rapide ; **~ union :** raccord rapide

quick-break switch : interrupteur instantané

quick-fit connector : prise rapide ; raccord à prise rapide

quick-fit pipe union : raccord pompier

quick-grip pliers : pince-étau

quick-opening valve : vanne à manœuvre rapide ; vanne à ouverture rapide

quick-setting cement : ciment à prise rapide

quicksand : sables mouvants

quiescent current : courant de repos

quinhydrone electrode : électrode à quinhydrone

quota : contingent ; contingentement ; **~s :** restrictions quantitatives

quotient : quotient

R

rabbet : feuillure

race : chemin de roulement ; **ball ~ :** bague de roulement ; cuvette *(roulement)* ; **bearing ~ :** bague de roulement

rack : crémaillère ; rack ; tiroir *(élec.)* ; **~ and pinion :** crémaillère et pignon ; **~ and pinion bar screen :** grille à crémaillère ; **~ and pinion screen :** dégrilleur à crémaillère ; **bar screen ~ :** champ de grille ; **measurement ~ :** baie de mesure ; **switching ~ :** rack de commutation

rack-and-lever jack : cric à crémaillère

radar strobe : pinceau radar

radial : radial ; **~ bridge :** pont radial ; **~ diffusion :** diffusion radiale ; **~ engine :** moteur en étoile ; **~ suction settling tank :** décanteur circulaire à succion

radial-flow compressor : compresseur à flux radial

radial-flow turbine : turbine à écoulement radial

radiant : radiant ; rayonnant ; **~ energy :** énergie rayonnante ; **~ heat :** chaleur rayonnante ; **~ heating :** chauffage par rayonnement

radiating power : pouvoir radiant

radiation : rayonnement ; **~ pyrometer :** pyromètre à radiation totale ; **ionizing ~ :** rayonnement ionisant ; **nuclear ~ :** rayonnement nucléaire ; **ultraviolet ~ :** rayonnement ultraviolet

radiator valve : robinet de radiateur

radioactive : radioactif ; **~ toxins :** déchets radioactifs toxiques ; **~ waste :** déchets radioactifs ; **~ water :** eau radioactive

radioactivity : radioactivité

radiograph : radiographie

radiography : radiographie

radionuclide : radionucléide

radio set : poste radio

radium : radium

radius : rayon ; **~ of curvature :** rayon de courbure ; **corner ~ :** rayon de congé ; **crown ~ :** épaisseur au centre *(fond bombé)* ; rayon au centre *(fond bombé)* ; **hydraulic ~ :** rayon hydraulique ; **knuckle ~ :** rayon de carre ; **long ~ :** long rayon

raft : radier de fondation *(GC)* ; **~ foundation :** semelle de fondation ; **buoyant ~ :** fondation sur radier

rag : chiffon ; **~ bolt :** boulon de scellement à crans ; **~ paper :** papier de chiffon

rail : barre ; barreau ; rail ; **~ guard :** chasse-pierres ; **curtain ~ :** tringle à rideaux ; **grooved ~ :** rail à ornière ; **terminal ~ :** bornier

railing : garde-fou

rail/road packing : emballage terrestre

railway : voie ferrée ; **~ bill :** lettre de voiture internationale

rain : pluie ; **~ gauge :** pluviomètre ; **~ water :** eau de pluie

rainfall : pluviométrie ; quantité d'eau tombée ; **annual ~ :** quantité d'eau tombant annuellement

raise bail : réunir la caution

raised : surélevé ; **~ edge :** rebord ; **~ face :** face surélevée *(bride)*

raised-face flange : bride à face surélevée ; bride à portée de joint surélevée

raising : élévation ; surélévation *(GC)* ; **~ of cover :** émission de couverture *(assurances)*

rake : peigne *(grille)* ; râteau ; **~ carriage :** chariot porte-peigne ; **reciprocating ~ :** râteau alternatif

rake-cleaned cable-driven bar screen : dégrilleur à câbles et râteau

raking : raclage ; ringardage

ram : piston plongeur *(presse)* ; **hydraulic ~ :** bélier hydraulique

Raman spectrum : spectre Raman

ramp : rampe *(plan incliné)* ; rampe d'accès ; **entrance ~ :** bretelle d'accès

random : aléatoire ; **~ fill :** remplissage en vrac ; **~ sampling :** sondage aléatoire

random-access memory : mémoire vive à accès sélectif

range : étendue ; gamme ; plage ; **~ of temperatures :** amplitude thermique ; **frequency ~ :** plage de fréquences ; **measuring ~ :** plage de mesure ; **operating ~ :** plage de fonctionnement ; **salary ~ :** éventail des salaires ; **setting ~ :** domaine de réglage ; plage de réglage

rapid : rapide ; **~ coagulation :** coagulation directe sur filtre à sable ; **~ filter :** filtre rapide ; **~ filtration :** filtration rapide

rapid-hardening cement : ciment à durcissement rapide

rapporteur : rapporteur *(conférence)*

rare earths : terres rares

Raschig ring : anneau Raschig

rasp : râpe

ratchet : cliquet ; rochet *(palan)* ; **~ wrench :** clé à cliquet ; **reversible ~ :** cliquet réversible

rate : cadence ; pourcentage ; régime ; taux ; teneur ; **~ action :** régulation de tendance ; **~ of exchange :** cours *(fin.)* ; **~ of reaction :** vitesse de réaction ; **~ of return :** rentabilité ; **~ schedule :** tarification ; **aeration ~ :** charge d'aération ; **charging ~ :** courant de charge *(batterie)* ; **clogging ~ :** vitesse de colmatage ; **desalination ~ :** taux de dessalement ; **discount ~ :** taux d'escompte ; taux de ré-escompte ; **drying ~ :** vitesse de séchage ; **evaporation ~ :** taux d'évaporation ; **exchange ~ :** taux de change ; vitesse d'échange ; **filter ~ :** débit de filtre ; **filtration ~ :** vitesse de filtration ; **flat ~ :** tarif uniforme ; taux uniforme ; taux unique ; **flow ~ :** débit *(tuyau)* ; **growth ~ :** taux de croissance ; **interest ~ :** taux d'intérêt ; **minimum lending ~ :** taux de ré-escompte ; **prime ~ :** taux de base ; taux préférentiel ; **recycling ~ :** taux de recyclage ; **reset ~ :** taux de réaction de la régulation ; **set-point ~ :** débit de consigne ; **sludge ~ :** débit de boues ; **solids flux ~ :** flux massique ; **steaming ~ :** régime de vaporisation *(chaudière)* ; **substrate uptake ~ :** vitesse de capture *(boues activées)* ; **substrate utilization ~ :** vitesse de capture *(boues activées)* ; **switching ~ :** taux d'ouverture *(thyristor)* ; **treatment ~ :** taux de traitement ; **water ~ :** coût de l'eau

rated : nominal ; taré *(soupape)* ; **~ current :** courant nominal ; **~ load :** charge nominale ; **~ power :** puissance installée ; puissance nominale ; **~ pressure :** pression nominale

rates (premium ~) : tarification d'une police

rating : calibre ; **anti-knock ~ :** pouvoir antidétonant ; **octane ~ :** degré d'octane ; **pressure ~ :** pression de tarage ; pression nominale ; **voltage ~ :** tension nominale

ratio : proportion ; rapport *(proportion)* ; teneur ; **~ controller :** régulateur de proportion ; **~ of bound water :** taux d'eau liée ; **~ of molar mass :** rapport massique de la masse molaire ; **compression ~ :** taux de compression ; **concentration ~ :** taux de concentration ; **distribution ~ :** coefficient de partage *(chim.)* ; **gear ~ :** rapport des dentures ; rapport des engrenages ; **price earnings ~ :** rapport entre cours et bénéfice par action ; **reduction ~ :** rapport de réduction *(broyage)* ; **reserve asset ~ :** taux légal de réserve ; **sodium absorption ~ :** rapport d'absorption de sodium ; **velocity ~ :** rapport de démultiplication ; **void ~ :** indice de vide ; taux de porosité ; taux de vide ; **voltage ~ :** rapport de transformation *(élec.)*

rational number : nombre rationnel

rat-tail file : queue de rat

raw : brut ; **~ materials :** matières premières ; **~ must :** moût brut *(vin)* ; **~ water :** eau brute ; effluent brut ; **~ water delivery main :** collecteur de refoulement d'eau brute ; **~ water inlet :** arrivée d'eau brute ; **~ water pump :** pompe d'eau brute ; **~ water tank :** bassin d'eau brute

ray (light ~) : rayon lumineux

rays (ultraviolet ~) : ultraviolets

reach : bief *(canal)* ; portée *(grue)*

reactance : réactance ; **~ coil :** bobine de réactance ; **capacitive ~ :** réactance de capacité

reaction : réaction *(chim.)* ; **~ coil :** bobine de réaction ; **~ kinetics :** cinétique de réaction ; **~ roller :** galet de réaction *(débourbeur)* ; **~ tank :** réacteur ; **~ time :** temps de réponse ; **~ to fire :** comportement au feu ; **~ turbine :** turbine à réaction ; **~ zone :** zone de réaction ; **chain ~ :** réaction en chaîne ; **chemical ~ :** réaction chimique ; **covalent ~ :** réaction covalente ; **enzymatic ~ :** réaction enzymatique ; **overall ~ :** réaction globale ; **parasitic ~s :** réactions parasites ; **self-inductive ~ :** réaction selfique

reactive : réactif *(adj.)* ; **~ component :** composante réactive ; **~ current :** courant déwatté ; courant réactif *(élec.)* ; **~ force :** force réactive ; **~ power :** puissance déwattée ; puissance réactive ; **volt-ampere ~ :** volt-ampère réactif

reactor : digesteur ; réacteur ; **~ extraction conveyor :** transporteur d'extraction du réacteur ; **~ feed conveyor :** transporteur d'alimentation du réacteur ; **~ fuel cycle :** cycle du combustible ; **~ housing :** bâtiment réacteur ; **air-core ~ :** inductance à air ; **boiling-water ~ :** réacteur à eau bouillante ; **breeder ~ :** pile couveuse ; réacteur autogénérateur ; **cold plasma ~ :** réacteur à plasma froid ; **contact ~ :** réacteur de mise en contact ; **current-limiting ~ :** inductance de protection ; **deep-shaft ~ :** réacteur à puits profond ; **fast-breeder ~ :** surrégénérateur ; **fermenting ~ :** fermenteur ; **fission ~ :** réacteur à fission ; **flash-mix ~ :** réacteur de mélange rapide ; **gas-solid ~ :** réacteur gaz-solide ; **nuclear ~ :** pile atomique ; réacteur à fission ; **plug-flow ~ :** réacteur à flux piston ; **pool-type ~ :** réacteur à piscine ; **porous-diffuser ~ :** réacteur à diffuseurs poreux ; réacteur équipé de diffuseurs poreux ; **pressurized**

gas-liquid ~ : réacteur gaz-liquide sous pression ; **pressurized water ~ :** réacteur à eau pressurisée ; réacteur à eau sous pression ; réacteur sous pression ; **series ~ :** inductance de protection ; **three-phase ~ :** réacteur triphasique

reader (optical ~) : lecteur optique

read-only memory : mémoire morte

ready-mixed concrete : béton prêt à l'emploi

reagent : réactif ; **~s building :** bâtiment des réactifs ; **~ feeding :** dosage de réactifs ; **~ metering :** dosage de réactifs ; **chemical ~ :** réactif chimique ; **coagulant ~ :** réactif coagulant ; **conditioning ~ :** réactif de conditionnement ; **Fenton ~ :** réactif de Fenton ; **flocculant ~ :** réactif floculant ; **gaseous ~ :** réactif gazeux ; **Nessler's ~ :** réactif de Nessler ; **organic ~ :** réactif organique ; **solid ~ :** réactif solide

real : réel ; **~ number :** nombre réel ; **~ time :** temps réel

reaming bit : foret aléseur

rear : arrière ; **~ axle :** essieu arrière ; **~ projection :** projection par transparence ; **~ view :** vue arrière

reassembly : remontage

re-bar schedule : nomenclature des aciers de ferraillage

rebate (tax ~) : dégrèvement fiscal

reboring : réalésage *(métall.)*

recapitulation : récapitulation

recarburizing : recarburation

receipt : encaissement *(fin.)* ; récépissé ; réception *(paquet)* ; **acknowledgement of ~ :** accusé de réception ; **dock ~ :** récépissé de marchandises en attente de chargement ; **warehouse ~ :** récépissé d'entrepôt

receivable : recevable ; **account ~ :** compte client ; compte débiteur ; **notes ~ :** effets à recevoir

receiver : ballon *(compresseur d'air)* ; poste récepteur ; récepteur ; **air ~ :** ballon d'air comprimé ; réservoir d'air *(compresseur)* ; **filtrate ~ :** ballon séparateur ; **official ~ :** syndic ; **telephone ~ :** récepteur téléphonique

receiving water : milieu récepteur

receptacle : récipient

recess : creux ; évidement ; trou d'évidement

recessed-plate filter-press : filtre-presse à plateaux chambrés

recharge : réalimentation ; réinjection *(nappe)* ; **~ aquifer :** nappe de réalimentation ; **~ basin :** bassin de réalimentation ; **~ well :** puits de réinjection *(nappe)*

recharging : recharge *(batterie)*

reciprocating : alternatif *(pont)* ; double effet ; **~ bridge :** pont mobile alternatif ; **~ cleaning mechanism :** dispositif de nettoyage alternatif ; **~ feed screw :** vis transporteuse à pas inversé ; **~ piston compressor :** compresseur à pistons ; **~ pump :** pompe à mouvement alternatif ; pompe à piston ; pompe alternative ; **~ rake :** râteau alternatif ; **~ rake classifier :** classificateur à râteaux alternatifs ; **~ sensor :** palpeur à va-et-vient

recirculated sludge : boues en recirculation ; boues recirculées

recirculation : recirculation ; recyclage ; **~ pump :** pompe de recirculation ; **sludge ~ :** brassage hydraulique *(digesteur)* ; recirculation des boues

reclamation : récupération ; revalorisation *(terrain)* ; valorisation *(terrain)*

recognition : reconnaissance ; **character ~ :** reconnaissance des caractères

recognized good practice (according to ~) : selon les règles de l'art

recombine elements : recomposer *(chim.)*

recommended : recommandé

reconciliation of accounts : rapprochement *(fin.)*

reconditioning : remise en état *(moteur)*

record *(n.)* **:** procès-verbal ; **police ~ :** casier judiciaire

record *(v.)* **:** enregistrer, relever *(mesures)*

recorder : appareil enregistreur ; enregistreur ; **chart ~ :** enregistreur à tracé continu ; **circular-chart ~ :** enregistreur à diagramme circulaire ; **drum ~ :** enregistreur à tambour ; **flow ~ :** enregistreur de débit ; **peak ~ :** enregistreur de pointe ; **pen ~ :** enregistreur à plume ; **point ~ :** enregistreur à points ; **pressure ~ :** enregistreur de pression ; **strip-chart ~ :** enregistreur à bande ; enregistreur à déroulement continu ; **tape ~ :** enregistreur à bande magnétique ; magnétophone ; **videotape ~ :** magnétoscope

recording : enregistrement ; **~ tape :** bande magnétique ; **~ thermometer :** thermomètre enregistreur ; **ac bias ~ :** enregistrement avec prémagnétisation

recovery : récupération ; reprise ; valorisation *(chaleur)* ; **~ boiler :** chaudière de récupération ; **~ channel :** goulotte de reprise ; **~ hopper :** bac de collecte ; **~ plan :** plan de redressement ; **~ point :** point de reprise ; **~ time :** temps de repos *(caoutchouc)* ; temps de reprise *(caoutchouc)* ; **energy ~ :** récupération d'énergie ; **grit ~ :** reprise des sables ; **heat ~ :** récupération de chaleur ; **mechanical ~ :** reprise mécanique ; **methane ~ :** récupération de méthane ; **oil ~ :**

récupération de pétrole ; **percentage ~ :** taux de capture ; **wash water ~ :** récupération d'eau de lavage

rectangular : rectangulaire

rectification of remarks : levée de réserves

rectified current : courant redressé

rectifier : redresseur ; **~ bridge :** pont de redressement ; **~ diode :** diode de redressement ; **bridge ~ :** pont de redressement ; pont redresseur ; redresseur en pont ; **contact ~ :** contact redresseur ; **full-wave ~ :** système de redressement double alternance

recyclable : recyclable

recycle : recycler ; **~ pressurization :** pressurisation indirecte

recycling : recirculation ; recyclage ; **~ flow :** débit de recyclage ; **~ rate :** taux de recyclage ; **~ screw :** vis de recyclage ; **floating ~ :** flottation recyclage ; **water ~ :** recyclage de l'eau ;

red : rouge ; **~ ferric oxide :** oxyde rouge de fer ; **~ lead :** minium ; **~ lead paint :** peinture au minium

redissolution : redissolution

redissolving : redissolution

redox potential : potentiel redox

reduced field : champ réduit

reducer : réducteur ; reduction *(tuyau)* ; **motor ~ :** motoréducteur ; **pressure ~ :** détendeur ; réducteur de pression ; **speed ~ :** ralentisseur ; réducteur de vitesse

reduce speed : freiner

reducing : réducteur *(adj.)* ; **~ agent :** agent réducteur ; **~ coupling :** réduction femelle-femelle ; **~ crucible :** creuset réducteur ; **~ flame :** flamme réductrice ; **~ gas :** gaz réducteur ; **~ gear :** engrenage démultiplicateur ; **~ scrubbing :** lavage réducteur ; **~ sugar :** sucre réducteur ; **~ tee :** té réduit ; **~ valve :** détendeur ; **pressure ~ :** déprimogène

reduction : réduction ; **~ gear :** démultiplicateur ; motoréducteur ; **~ gear assembly :** ensemble réducteur ; **~ gear mechanism :** ensemble motoréducteur ; **~ gear with variable speed drive :** motoréducteur à variateur ; **~ in flow rate :** détarage en débit ; **~ ratio :** rapport de réduction *(broyage)* ; **~ site :** site réducteur *(chim.)* ; **foam ~ :** rabattement de mousses

redundancy : redondance ; **~ pay :** indemnité de licenciement

reed : jonc

reel : touret *(câbles)* ; **~ flocculator :** floculateur à barrières

Reemay : Reemay

reentrant : rentrant

reeve a wireline : moufler un câble

refectory : réfectoire

reference : référence ; **~ electrode :** électrode de référence ; **~ level :** niveau de référence ; **~ screen :** écran d'étalonnage ; écran étalon ; **~ solution :** solution étalon

refill : recharge *(stylo)*

refine : raffiner

refinery : raffinerie ; **~ sludge :** déchets de raffinage ; **sugar ~ :** raffinerie de sucre

refining : raffinage

refiring : recuisson

reflector : réflecteur *(lampe)*

reflux : reflux

reforming (steam ~) : vaporéformage

refract : réfracter

refracting telescope : lunette

refractor : lunette

refractory : réfractaire ; **~ lining :** revêtement réfractaire

refrigerant : frigorigène ; liquide réfrigérant

refrigerated ship : navire frigorifique

refrigerating : frigorifique

refrigeration : réfrigération ; **~ engineering :** technique de froid

refrigerator : réfrigérateur ; **absorption ~ :** réfrigérateur à absorption ; **compression ~ :** réfrigérateur à compression

refurbish : réhabiliter

refurbishment : réhabilitation

refusal : refus

refuse *(n.)* **:** ordures ; **~ collection :** collecte d'ordures ménagères ; **~ crusher :** broyeur de déchets ; **household ~ :** ordures ménagères ; **town ~ :** résidu urbain

refuse *(v.)* **:** refouler *(boulon)*

regenerable support : support régénérable

regenerant : régénérant ; **~ solution :** solution régénérante ; **spent resin ~ :** éluat de régénération

regeneration : régénération ; **~ column :** colonne de régénération ; **~ period :** période de régénération ; **~ rotary filter :** filtre rotatif à régénération ; **countercurrent ~ :** régénération à contre-courant ; **signal ~ :** régénération de signaux ; **steam ~ :** régénération à la vapeur ; **thermal ~ :** régénération thermique

regenerator : régénérateur ; **pulse ~ :** régénérateur d'impulsions

region : district

regional customs house : bureau de douane intérieur/régional

register : registre

registered letter : lettre recommandée

registration : enregistrement ; **design ~ :** pli d'huissier

regrowth : reviviscence

regularity : égalité

regulating (step-by-step ~) : réglage pas à pas

regulation : règlement ; régulation ; **all-or-nothing ~ :** régulation par tout ou rien ; **control and ~ unit :** coffret de contrôle et de régulation ; **on/off ~ :** régulation par tout ou rien ; **tariff ~s :** règlements tarifaires ; **voltage ~ :** régulation de tension ; stabilisation de la tension *(élec.)* ; **water ~s :** réglementation de l'eau

regulator : régulateur ; **diaphragm-operated ~ :** régulateur à membrane ; **induction ~ :** survolteur d'induction ; **power ~ :** balance wattmétrique ; **pressure ~ :** limiteur de pression ; **speed ~ :** variateur de vitesse ; **voltage ~ :** limiteur de tension ; régulateur de tension ; stabilisateur de tension

regulatory : réglementaire ; **~ requirements :** règlements administratifs

reheater : dispositif de réchauffage ; réchauffeur

reheating : réchauffage

reinforce : ferrailler *(béton)*

reinforced : armé ; renforcé ; **~ concrete :** béton armé ; **~ opening :** orifice renforcé ; **~ polyester :** polyester armé ; **~ seam :** joint surépaissi *(métall.)* ; **~ soil :** sol renforcé

reinforcement : armature *(GC)* ; ferraillage ; renforcement ; **~ iron :** fer à béton ; **active ~ :** armature active ; **binder ~ :** épingle ; **compression ~ :** armature de compression ; **diffusion ~ :** armature de diffusion ; **hoop ~ :** frettage ; **top-face ~ :** armature supérieure

reinforcing agent : renforçateur

reinforcing steel : armature d'acier

reinjection into the ground : réinjection dans le sol

reject staging : série-rejet *(osmose inverse)*

relate to : porter sur

relative : relatif ; **~ density :** densité ; **~ humidity :** degré hygrométrique ; humidité relative ; **~ velocity :** vitesse relative

relay : relais ; **~ contact :** contact de relais ; **~ core :** noyau de relais ; **~ diagram :** schéma à relais ; **~ system :** relayage ; **auxiliary ~ :** relais auxiliaire ; **capacitance ~ :** relais capacitif ; **changeover ~ :** relais de commutation ; **control ~ :** relais de commande ; **current ~ :** relais d'intensité ; **delay ~ :** relais temporisateur ; **differential ~ :** relais différentiel ; **distance ~ :** télérelais ; **electric ~ :** relais électrique ; **electromagnetic ~ :** relais à commande électromagnétique ; relais électromagnétique ; **impulse ~ :** relais à contact ; **induction-disc ~ :** relais à disque à induction ; **instantaneous ~ :** relais instantané ; **inverse-time ~ :** relais à temps inversé ; **latch-in ~ :** relais à accrochage ; **magnetoelectric ~ :** relais à commande magnétoélectrique ; relais magnétoélectrique ; **neutral ~ :** relais non polarisé ; **non-polarized ~ :** relais non polarisé ; **overcurrent ~ :** relais de surintensité ; **overload ~ :** relais à maximum d'intensité ; relais de surcharge ; relais de surintensité ; **phase-reversal ~ :** relais d'inversion de phases ; **plug-in ~ :** relais débrochable ; **polar ~ :** relais polarisé ; **polarized ~ :** relais polarisé ; **primary ~ :** relais direct ; **protection ~ :** relais de protection ; **protective ~ :** relais de protection ; **self-reset ~ :** relais à réenclenchement ; **slow-acting ~ :** relais à action lente ; **slow-release ~ :** relais à retardement ; **step-by-step ~ :** relais pas à pas ; **stepping ~ :** relais à cascade ; **synchronizing ~ :** relais synchronisé ; **telephone ~ :** relais téléphonique ; **thermal ~ :** relais thermique ; **time-delay ~ :** relais à action différée ; relais temporisateur ; relais temporisé ; **tripping ~ :** relais de déclenchement ; **undercurrent ~ :** relais à minimum ; **voltage ~ :** relais de tension

relay-fitted contactor : contacteur disjoncteur ; discontacteur

release *(n.)* **:** débrayage ; déclenchement ; déclencheur ; déclic ; dégagement ; déverrouillage ; **~ current :** courant de déclenchement ; **~ device :** dispositif de déclenchement ; **~ lever :** levier de déblocage ; **~ of bond :** levée de caution ; **~ time :** délai de déclenchement ; **delayed ~ :** déclenchement différé ; déclencheur à action retardée ; **overcurrent ~ :** déclencheur à maxima ; **press ~ :** communiqué de presse ; **pressure ~ :** détente *(pression)* ; **undercurrent ~ :** déclencheur à minima

release *(v.)* **:** débloquer ; dégager ; dégripper ; desserrer *(frein)* ; détendre *(ressort)*

releasing : déblocage

relevant : pertinent

reliability : fiabilité ; fidélité ; **~ test :** essai de fiabilité

reliability, availability, maintainability : sûreté de fonctionnement

relief : décharge ; décompression ; **~ valve :** clapet de décharge ; soupape de décompression ; soupape de sécurité ; **stress ~ :** relâchement de contrainte ; **tax ~ :** dégrèvement fiscal

relocate : déplacer *(mettre ailleurs)*

remanence : rémanence

remanent effect : effet rémanent

remark : observation

remediation : réhabilitation *(sol)*

remelts : sirops de refonte *(sucre)*

reminder : relance ; **letter of ~ :** lettre de rappel

remineralization : reminéralisation

remote : à distance ; déporté ; **~ alarm :** téléalarme ; **~ control :** commande à distance ; télécommande ; **~ control switch :** interrupteur de télécommande ; **~ control unit :** coffret local de commande ; **~ counting :** télécomptage ; **~ handling :** manutention à distance ; **~ indicating :** télésignalisation ; **~ instruction :** téléconsigne ; **~ manual control of washing steps :** lavage manuel assisté ; **~ measurement :** télémesure ; **~ monitoring :** télésurveillance ; **~ sensing :** télédétection ; **~ signalling :** signalisation à distance

removable : démontable ; enlevable ; **~ isolating panel :** batardeau amovible ; **~ pulley :** poulie amovible

removal : élimination ; suppression ; **~ capacity :** pouvoir de coupure *(filtre)* ; **~ threshold :** point de coupure *(filtre)* ; **carbonate ~ :** décarbonatation ; **carbon dioxide ~ :** élimination de gaz carbonique ; **cyanide ~ :** décyanuration ; **dust ~ :** dépoussiérage ; **fines ~ :** défînage ; **fluoride ~ :** défluoruration ; **grease ~ :** dégraissage ; **grit ~ :** dessablage ; **iron ~ :** déferrisation ; **lees ~ :** débourbage *(vin)* ; **manganese ~ :** démanganisation ; **odour ~ :** désodorisation ; **oil ~ :** déshuilage ; **phenol ~ :** déphénolage ; **phosphate ~ :** déphosphatation ; **pollution ~ :** dépollution ; **sand ~ :** dessablage ; **silica ~ :** désiliciage ; **sludge ~ :** évacuation des boues ; **sodium ~ :** désodation ; **stone ~ :** épierrage ; **tar ~ :** dégoudronnage

remove : débâtir ; éliminer ; **~ formwork :** décoffrer ; **~ grit :** dessabler ; **~ iron :** déferriser ;

remover : éliminateur ; séparateur ; **grease ~ :** dégraisseur ; **grit ~ :** dessableur ; **leaf and shag ~ :** défeuilleur ; **oil ~ :** déshuileur ; **scale ~ :** anticalcaire ; **scum ~ :** pare-écumes ; **silt ~ :** débourbeur ; **soot ~ :** séparateur de suie ; **stain ~ :** détachant

rendering : enduit ; renformis ; **~ coat :** couche d'enduit ; **cement ~ :** enduit de ciment

renewable energy source : énergie renouvelable

renewal : renouvellement *(contrat)*

repair *(n.)* **:** réparation ; **~ outfit :** trousse de réparation ; **~ shop :** atelier de réparation

repair *(v.)* **:** réparer

repeater : répéteur *(élec.)* ; **pulse ~ :** répéteur d'impulsions

repellent (water ~) : hydrofuge

replacement : renouvellement *(équipement)* ; **~ part :** pièce de rechange

report *(n.)* **:** bilan ; compte rendu ; état *(admin.)* ; procès-verbal ; rapport *(récit)* ; **design ~ :** exposé technique ; **progress ~ :** état périodique ; **test ~ :** procès-verbal d'essais

report *(v.)* **:** faire le point ; rapporter

reporting entity : périmètre de consolidation

representative : représentatif ; **~ sample :** échantillon type ; **legal ~ :** syndic

reprocess : valorisation *(déchets)*

reprocessing (nuclear waste ~) : retraitement nucléaire

reproducible : reproductible

repulsion : répulsion

repulsive : répulsif ; **electrostatic ~ force :** force de répulsion électrostatique

request : demande ; **~ for quotation :** demande de prix

require : exiger

requirement : exigence ; **~s :** besoins ; **regulatory ~s :** règlements administratifs ; **space ~s :** encombrement

resazurin : résazurine

rescheduling (debt ~) : réaménagement des dettes

research : recherche ; **~ and development :** recherche et développement ; **~ centre :** centre de recherche ; **~ project :** étude ; **applied ~ :** recherche appliquée ; **basic ~ :** recherche fondamentale

reserve : réserve ; **~ asset ratio :** taux légal de réserve ; **calorific ~ :** volant calorifique

reservoir : bassin ; retenue ; **~ rock :** roche-réservoir ; **~ water :** eau de barrage ; **hot water ~ :** ballon d'eau chaude ; ballon de chaudière ; **impounding ~ :** barrage-réservoir ; bassin de retenue ; lac de barrage ; retenue ; **storage ~ :** barrage-réservoir ; **treated water ~ :** citerne d'eau traitée

reset : réarmement *(élec.)* ; réenclenchement ; remise à zéro ; retour à zéro ; **~ button :** bouton de remise à zéro ; **~ rate :** taux de réaction de la régulation ; **automatic ~ :** retour automatique ; **hand ~ :** réenclenchement à la main

resetting : acquittement ; réarmement

residence : domicile ; **~ time :** temps de résidence

residual : résiduel ; **~ concentration :** concentration résiduelle ; **~ level :** niveau résiduel ; **~ oxidizing capacity :** pouvoir oxydant rémanent ; **~ ozone :** ozone résiduel ; **~ power :** pouvoir rémanent

residue : résidu

resilience : résilience

resin : résine ; **~ acid :** acide résinique ; **~ bead :** bille de résine ; grain de résine ; **~ bed :** lit de résine ; **~ fines :** fines de résine ; **acrylic ~ :** résine acrylique ; **adsorbent ~ :** résine adsorbante ; **anionic ~ :** résine anionique ; **carboxylic ~ :** résine carboxylique ; **cation-exchange ~ :** résine cationique ; **cationic ~ :** résine cationique ; **chelate ~ :** résine chélatante ; **covering ~ :** résine de recouvrement ; **epoxy ~ :** résine époxy ; époxyde *(résine)* ; **exchanger ~ :** résine échangeuse ; **exhausted ~ :** résine saturée ; **ion exchange ~ :** résine échangeuse d'ion ; **macroporous ~ :** résine macroporeuse ; **monosphere ~ :** résine monosphère ; **organic ~ :** résine organique ; **palladium ~ :** résine au palladium ; **phenolic ~ :** résine phénolique ; **polyurethane ~ :** résine polyuréthane ; **potting ~ :** résine d'empotage ; **strong acid cation ~ :** échangeur de cations fortement acides ; **strong base anionic ~ :** résine anionique fortement basique ; **thermosetting ~ :** résine thermodurcissable ; **weak acid cation ~ :** échangeur de cations faiblement acides ; **weak base anion ~ :** échangeur d'anions faiblement basiques

resinic acid : acide résinique

resist : résister *(méc.)*

resistance : résistance *(méc.)* ; **~ box :** boîte de résistance ; **~ drop :** chute de tension active ; **~ in service :** bonne tenue en service ; tenue en service ; **~ to filtration :** résistance spécifique à la filtration ; **~ welding :** soudage électrique ; soudage par résistance ; **contact ~ :** résistance de contact ; **corrosion ~ :** résistance à la corrosion ; **input ~ :** résistance d'entrée ; **leakage ~ :** résistance de fuite ; **specific ~ :** résistance spécifique ; **vibration ~ :** antivibratoire

resistivity : résistivité *(élec.)* ; **~ meter :** résistivimètre ; **electrical ~ :** résistance spécifique *(élec.)*

resistor : résistance *(élec.)* ; **~ element :** élément de résistance ; **ballast ~ :** résistance d'équilibrage ; **line cord ~ :** cordon chauffant

res judicata : autorité de la chose jugée

resolution : résolution *(élec.)*

resolving power : pouvoir séparateur

resonance : résonance ; **nuclear magnetic ~ :** résonance magnétique nucléaire

resources : moyens

respiration : respiration ; **endogenous ~ :** respiration endogène ; **self-contained ~ :** appareil respiratoire autonome ; respirateur autonome

respiratory system : système respiratoire

respondent : intimé *(jur.)*

response time : vitesse de réponse

responsibility : responsabilité

responsible : responsable *(adj.)* ; **~ officer :** responsable ; **jointly ~ :** solidaire

restarting : remise en marche

restitution (coefficient of ~) : coefficient de restitution

restoring torque : couple de rappel

restricted goods : produits prohibés

restricted passageway : passage restreint

restrictions : restrictions ; **quantitative ~ :** contingentement ; restrictions de sortie quantitatives ; restrictions quantitatives

restrictive practices : pratiques restrictives

restructuring : restructuration

result : effet ; résultat

resultant : résultante *(math.)*

retained : capturé

retainer ring : bague de retenue

retaining : de retenue ; **~ disc :** disque de retenue ; **~ ring :** bague d'arrêt ; **~ structure :** ouvrage de contenance ; **~ wall :** mur de soutènement

retardant (fire ~) : ignifuge

retarder : retardateur *(béton)*

retarding : retardateur ; **~ action :** action retardatrice ; **~ agent :** retardateur

retentate : rétentat

retention : conservation ; **~ money :** retenue de garantie ; **~ tank :** bac de stockage ; **~ time :** temps de contact ; temps de séjour

retest : contre-essai

retiming : recalage

retractable drum : tambour rentrant *(trou d'homme)*

retransmit : retransmettre

return : état *(admin.)* ; retour *(voyage)* ; **~ activated sludge :** boues recyclées ; **~ bend :** coude en U ; **~ condensate :** condensat de retour ; **~ conveyor :** transporteur de retour ; **~ diode :** diode de retour ; **~ flow :** débit de retour ; **~ form :** déclaration simplifiée ; **~ roller :** rouleau de renvoi ; **~ sludge :** boues en retour ; **~ sludge channel :** canal des boues en retour ; **~ spring :** ressort de rappel ; **~ temperature :** température retour ; **~ water :** eau de retour ; **condensate ~ :** retour de condensats ; **monthly ~ :** état mensuel ; **quick ~ :** retour rapide

returnable packaging : emballage consigné

re-use : valorisation ; **agricultural ~ :** bénéficiation agricole ; **sludge ~ :** valorisation des boues

reveal : embrasure *(porte)*

revenue : chiffre d'affaires ; **marginal ~ :** recette marginale

reverberatory furnace : four à réverbération ; four à réverbère

reversal : inversion ; **phase ~ :** inversion de phase ; **polarity ~ :** inversion de polarité

reverse : inverse *(adj.)* ; **~ curve :** courbe double ; **~ gear :** inverseur de marche ; **~ load :** charge alternée ; **~ osmosis :** osmose inverse ; **~ phase :** phase inverse ; **~ polarity :** polarité inverse

reversible : réversible ; **~ booster :** survolteur-dévolteur ; **~ ratchet :** cliquet réversible

reversing switch : commutateur inverseur ; inverseur *(élec.)*

review : revue ; **design ~ :** revue de conception ; **quality system ~ :** revue du système qualité

revise : revoir

revivification : reviviscence

revolution : révolution ; tour ; **~ counter :** compte-tours ; **~s per minute :** tours/minute ; **surface of ~ :** surface de révolution *(math.)*

revolving-disc feeder : doseur à sole tournante

revolving door : porte à tambour

Reynolds number : nombre de Reynolds

rheological behaviour : comportement rhéologique

rheostat : rhéostat ; **field ~ :** rhéostat de champ

rhizome : rhizome

rhombus : losange

rhythm : cadence

rhythmic buzzer : ronfleur à interruption

rib : nervure ; **stiffening ~ :** nervure de renforcement

ribbed : nervuré

ribbon : ruban ; **inking ~ :** ruban encreur

ribonucleic acid : acide ribonucléique

rice starch : amidon de riz

rich : riche ; **~ concrete :** béton riche ; **~ ore :** minerai riche

rider : cavalier

ridge : arête ; crête *(toit)* ; faîte *(toiture)* ; **~ pole :** panne faîtière ; poutre de faîte ; **~ tile :** tuile faîtière

riding ring : anneau de roulement

rig (oil ~) : plate-forme de forage

right : droit ; juste ; **~ angle :** angle droit

right-hand screw : vis à droite ; vis filetée à droite

right-handed thread : filet à droite

rights issue : augmentation de capital avec droits de souscription

rigidity (torsional ~) : rigidité à la torsion

rim : jante

rimmed steel : acier non calmé ; acier partiellement désoxydé

ring : anneau ; bague ; collier ; couronne ; **~ gear :** couronne dentée ; **~ road :** rocade ; **~ spanner :** clé fermée ; **adjusting ~ :** bague de réglage ; **aromatic ~ :** cycle aromatique ; **carbon ~ :** bague en charbon ; **centring ~ :** bague de centrage ; **collector ~ :** anneau collecteur ; bague ; joint électrique tournant ; **gear ~ :** couronne d'orientation ; **go/no-go ~ gauge :** bague tampon ; **guide ~ :** couronne directrice ; **impeller ~ :** bague de roue ; **knurled ~ :** bague moletée ; **lantern ~ :** lanterne *(presse-étoupe)* ; **lifting ~ :** anneau de levage ; **liquid ~ :** anneau liquide ; **lock ~ :** bague de calage ; **locking ~ :** anneau d'arrêt ; **outer ~ :** cuvette *(roulement)* ; **packing ~ :** bague de fond ; joint de piston ; **piston ~ :** bague de garniture de piston ; joint de piston ; segment de piston ; **Raschig ~ :** anneau Raschig ; **retainer ~ :** bague de retenue ; **retaining ~ :** bague d'arrêt ; **riding ~ :** anneau de roulement ; **scraper ~ :** racleur d'huile ; segment racleur ; joint racleur *(piston)* ; **seal ~ :** bague d'étanchéité ; **sealing ~ :** bague de scellement ; **segmented ~ :** couronne de fixation à segments ; **slewing ~ :** couronne d'orientation ; **slip ~ :** anneau collecteur ; bague collectrice ; collecteur à bagues *(élec.)* ; **snap ~ :** bague à ressort ; serre-clip ; **spacer ~ :** bague entretoise ; entretoise ; **spacing ~ :** douille d'entretoise ; **split ~ :** anneau brisé ; bague fendue ; **stop ~ :** butée ; **swivel ~ :** bague pivotante ; **threaded ~ :** bague filetée ; **thrust collar ~ :** bague de butée ; **water-tight ~ :** bague d'étanchéité ; **wear ~ :** bague d'usure

ringbolt : anneau à fiche ; piton à boucle

ring-lace : ring-lace

ring-shaped : annulaire

rinse : rinçage ; **fast ~ :** rinçage rapide ; **slow ~ :** déplacement *(échange d'ions)* ; poussage *(échange d'ions)*

rinsing : rinçage ; **cascade ~ :** rinçage en cascade ; **surface ~ :** rinçage de surface

ripening : maturation

ripple (current ~) : ondulation de courant

rise : remontée ; **capillary ~ :** ascension capillaire ; **sludge ~ :** remontée de boues ; **temperature ~ :** élévation de température

riser : colonne montante ; contremarche ; **~ pipe :** colonne d'exhaure *(pompe immergée)* ; **cell ~ :** élévateur de cellule *(turbidimètre)*

rising : ascendant *(adj.)* ; montant *(adj.)* ; **~ current :** courant ascendant ; **~ edge :** front montant ; **~ main :** colonne montante ; **~ stem :** tige montante ; **~ stem valve :** vanne à tige montante ; vanne à vis montante ; **~ velocity :** vitesse ascensionnelle

risks : risques ; **contractor's all ~ :** tous risques chantier

river : fleuve ; **~ authority :** agence de bassin ; autorité de bassin ; **~ basin :** bassin hydrographique ; bassin versant ; **~ cut-off :**

bras mort de rivière ; ~ **dam :** barrage au fil de l'eau ; ~ **in spate :** rivière en crue ; ~ **pollution :** pollution des cours d'eau ; ~ **water :** eau de rivière ; ~ **works :** aménagement des cours d'eau

rivet *(n.)* **:** rivet ; ~ **head :** tête de rivet ; **button-head** ~ **:** rivet à tête bombée ; rivet à tête ronde ; **flush** ~ **:** rivet à fleur ; **lap** ~ **:** rivet à recouvrement

rivet *(v.)* **:** river ; riveter

riveted flange : bride rivée

riveting : rivetage ; ~ **hammer :** marteau rivoir ; **staggered** ~ **:** rivetage en quinconce

road : route ; **~s and other networks :** voirie et réseaux divers ; ~ **roller :** cylindre compresseur ; ~ **underpass :** traversée de route *(élec.)* ; **embanked** ~ **:** route en remblai ; **passable** ~ **:** route praticable ; **paved** ~ **:** route pavée ; **ring** ~ **:** rocade

roadway : chaussée

roaster : four à griller

roasting : grillage *(métall.)*

robot : robot

robotics : robotique

Rochelle salt : sel de Seignette

rock : roche ; ~ **drill :** perforatrice ; ~ **salt :** gros sel ; sel gemme ; ~ **support :** enrochement ; ~ **wool :** laine de roche ; **oil** ~ **:** roche pétrolifère ; **parent** ~ **:** roche mère ; **reservoir** ~ **:** roche-réservoir

rocker : basculeur ; ~ **arm :** basculeur ; culbuteur

rock-fill dam : barrage en enrochement

rocking : basculant ; ~ **grate :** grille basculante

rod : baguette ; barre ; canne ; tige ; tringle ; ~ **mill :** laminoir à ronds ; ~ **with eye :** tige à œil ; **air purge** ~ **:** canne de bullage ; **anchor** ~ **:** tige d'ancrage ; **carbon** ~ **:** baguette de charbon ; **connecting** ~ **:** bielle ; **control** ~ **:** tringle de manœuvre ; **extension** ~ **:** tige de manœuvre *(vanne)* ; **junction** ~ **:** tube de jonction ; **lightning** ~ **:** paratonnerre ; pointe de choc ; pointe de paratonnerre ; **piston** ~ **:** tige de piston ; verge de piston ; **threaded** ~ **:** tige filetée ; **tie** ~ **:** barre de connexion ; **torque** ~ **:** barre de torsion ; **welding** ~ **:** baguette de soudure

rod-shaped : en bâtonnet

roll : poupée *(caoutchouc)* ; rouleau *(papier)* ; ~ **crusher :** broyeur à cylindres ; ~ **forging :** forgeage par roulage ; ~ **of sludge :** bourrelet de boue ; **straightening** ~ **:** rouleau de redressage ; **thrust** ~ **:** couronne

roll-bent and welded : roulé-soudé

rolled : laminé ; ~ **iron :** fer laminé ; ~ **plate :** tôle laminée ; ~ **sheet iron :** tôle laminée ; ~ **steel :** acier laminé ; ~ **tube :** tube laminé

roller : enrouleur ; galet ; rouleau *(roue)* ; rouleau compresseur ; roulette ; ~ **bearing :** coussinet à galets ; palier à rouleaux ; roulement à rouleaux ; ~ **brush :** rouleau-brosse ; ~ **chain :** chaîne à galets ; **contact** ~ **:** rouleau de contact ; **drainage** ~ **:** rouleau de drainage ; **drive** ~ **:** rouleau d'entraînement ; **equalizing** ~ **:** rouleau d'égalisation ; **fixed-spindle** ~ **:** rouleau à axe fixe ; **landfill** ~ **:** compacteur de décharge ; **moving-spindle** ~ **:** rouleau à axe mobile ; **pressing** ~ **:** rouleau de pressage ; **reaction** ~ **:** galet de réaction *(débourbeur)* ; **return** ~ **:** rouleau de renvoi ; **road** ~ **:** cylindre compresseur ; **squeezing** ~ **:** rouleau de laminage ; **take-up** ~ **:** tambour de tension

rolling : cintrage ; laminage ; ~ **flange :** bride à mandriner ; ~ **friction :** frottement de roulement ; ~ **mill :** laminoir ; usine de laminage ; ~ **shutter :** volet roulant ; ~ **skip :** benne roulante ; **cold** ~ **:** laminage à froid ; **cold** ~ **mill :** laminoir à froid ; **hot** ~ **mill :** laminoir à chaud

rolls (crushing ~) : broyeur à boulets

Roman tile : tuile romaine

roof : comble ; toit ; ~ **frame :** charpente de toiture ; **curb** ~ **:** comble brisé ; comble en mansarde ; toit en mansarde ; **flat** ~ **:** toit en terrasse ; **gable** ~ **:** comble sur pignon ; **lean-to** ~ **:** comble en shed ; **mansard** ~ **:** comble brisé ; comble en mansarde ; toit en mansarde ; **penthouse** ~ **:** comble en appentis ; **shed** ~ **:** toit en shed ; **span** ~ **:** comble à deux pentes ; **tiled** ~ **:** couverture de tuiles

roofing : couverture *(constr.)*

room : local ; pièce *(salle)* ; salle ; **boiler** ~ **:** chaufferie ; salle des chaudières ; **chlorine** ~ **:** salle de chloration ; **clean** ~ **:** salle blanche ; **compressor** ~ **:** local de compression ; **conference** ~ **:** salle de réunion ; **contacting** ~ **:** tour de contact ; **control** ~ **:** salle de commande ; salle de contrôle ; **engine** ~ **:** salle des moteurs ; **gas compressor** ~ **:** local des compresseurs de gaz ; **plant** ~ **:** local technique ; salle des machines ; **pump** ~ **:** chambre des pompes ; salle de pompage ; **spinning** ~ **:** salle de filature ; **tool** ~ **:** atelier d'outillage ; **watchman** ~ **:** poste de garde

root : base ; fond ; ~ **of thread :** fond de filet ; ~ **porosity :** rochage *(soudage)*

rooter : défonceuse tractée *(sol)*

root-extracting system : extraction de racine carrée incorporée

root-mean-square : quadratique ; ~ **current :** courant efficace ; courant quadratique ; ~ **value :** moyenne quadratique ; valeur efficace ; ~ **voltage :** tension efficace

Roots blower : surpresseur volumétrique système Roots

rope : cordage ; corde ; filin ; **cable-laid ~ :** cordage commis en câble ; **guy ~ :** étai *(nav.)* ; **hemp ~ :** cordage en chanvre ; **life ~ :** longe de survie ; **Manilla hemp ~ :** cordage en manille ; **slack ~ :** corde lâche ; **steel ~ :** câble en acier ; filin d'acier ; **wire ~ :** câble métallique ; cordage en acier ; corde en acier

rose : pomme *(arrosoir)* ; rosace ; **ceiling ~ :** rosace de plafond

rosin : colophane

rotameter : rotamètre

rotary : rotatif ; **~ converter :** commutatrice ; convertisseur rotatif ; **~ crane :** grue pivotante ; **~ distributor :** distributeur rotatif ; **~ dryer :** sécheur rotatif tubulaire ; **~ engine :** moteur rotatif ; **~ filter :** filtre rotatif ; **~ furnace :** four rotatif ; **~ kiln :** four tournant ; **~ machines :** machines tournantes ; **~ press :** presse rotative ; **~ pump :** pompe rotative ; **~ switch :** bouton rotatif ; commutateur rotatif ; interrupteur rotatif ; **~ transformer :** transformateur rotatif ; **~ vacuum filter :** filtre à tambour sous vide ; **~ valve :** vanne tournante

rotary-piston machine : machine à pistons rotatifs

rotary-vane feeder : distributeur alvéolaire ; vanne alvéolaire ; vanne rotative de distribution

rotating : tournant *(adj.)* ; rotatif ; **~ arm :** bras rotatif ; **~ biologic contactor :** corps de contact biologique tournant ; **~ biological contactor :** disque biologique ; **~ filter cage :** cage filtrante rotative ; **~ microstrainer :** microtamis rotatif ; **~ nozzle :** tuyère tournante *(filtre)* ; **~ strainer :** tamis rotatif

rotation : rotation ; **axis of ~ :** axe de rotation

rotor : plateau de turbine ; rotor ; **~ blade :** aube de rotor ; pale de rotor ; **~ with blades :** rotor à ailettes ; **single-shaft ~ :** rotor mono-arbre ; **squirrel-cage ~ :** rotor à cage ; rotor en court-circuit ; **wound ~ :** rotor bobiné à bagues

rough : non travaillé ; non usiné ; **~ casting :** hourdage ; **~ cut :** passe d'ébauche ; **~ estimate :** évaluation grossière ; **~ grit channel :** dessableur couloir grossier ; **~ oil separation :** dégraissage sommaire ; **~ surface :** surface rugueuse

roughing filter : dégrossisseur

roughing treatment : dégrossissage

roughness : rugosité ; **~ coefficient :** coefficient de rugosité

round : rond ; **~ file :** lime ronde ; **~ grain :** grain rond ; **~ head :** tête ronde

rounded entrance : à bords arrondis

round-head screw : vis à tête ronde

roundness defect : faux rond

route : parcours *(conduite)*

routine : périodique *(adj.)* ; **~ maintenance :** maintenance périodique ; **~ task :** tâche routinière

routing : tracé

royalties : droits d'auteur

royalty : redevance

rubber : caoutchouc ; **~ flexible coupling :** accouplement élastique à tampon caoutchouc ; **~ gasket :** joint caoutchouc ; **~ hose :** tuyau caoutchouc ; **~ lining :** revêtement en caoutchouc ; **~ mounting :** support antivibratoire ; **~ paint :** peinture au latex ; **~ sponge :** caoutchouc mousse ; **~ tube :** tuyau en caoutchouc ; **~ washer :** rondelle caoutchouc ; **canvas-lined ~ :** caoutchouc toilé ; **foam ~ :** caoutchouc mousse ; **hard ~ :** ébonite ; **mineral ~ :** caoutchouc minéral ; **natural ~ :** caoutchouc naturel ; **synthetic ~ :** caoutchouc synthétique

rubber-base paint : peinture caoutchoutée

rubber-to-fabric bond : adhérence caoutchouc/tissu

rubber-tyred wheel : roue à bandage caoutchouc

rubble : cailloux ; mœllon brut

rule : règle ; **binding ~ :** règle ferme ; **slide ~ :** règle à calcul

run : cycle *(filtre)* ; **cable ~ :** chemin de câble ; passage de câble ; **filter ~ :** durée de cycle *(filtre)*

run in : roder *(moteur)*

rung : échelon *(échelle)*

runner : curseur

running : exploitation ; fonctionnement ; **~ direction :** sens de marche ; **~ expenses :** dépenses d'exploitation ; **~ time :** temps de fonctionnement ; **~ water :** eau courante ; eaux vives ; **~ wheel :** galet de roulement ; **no-load ~ :** marche à vide

run-off (controlled ~) : ruissellement contrôlé

run-of-the-mine : tout-venant

rupture disc : disque d'éclatement ; disque de rupture

rural community : commune rurale

rust : rouille ; **~ prevention :** protection antirouille

rust-preventive paint : peinture antirouille

rust-proof : inoxydable ; **~ coating :** revêtement antirouille

rust-resistant : antirouille

Ryznar index : indicateur de Ryznar ; indice de Ryznar

Ryznar stability index : indice de stabilité de Ryznar

S

saccharase : sucrase

sack splitter : désensacheuse ; machine vide-sac ; trémie de dessachage

sack-splitter hopper : trémie vide-sac

sacrificial anode : anode sacrificielle ; anode soluble

saddle : berceau support ; **support ~ :** berce ; berceau

safety : sécurité ; sûreté ; **~ belt :** sangle de sûreté ; **~ cage :** crinoline *(échelle)* ; **~ clamp :** bride de sécurité ; **~ curtain :** rideau lumineux de sécurité *(filtre-presse)* ; **~ device :** dispositif de sécurité ; **~ factor :** coefficient de sécurité ; facteur de sécurité ; **~ fuse :** fusible de sûreté ; **~ glass :** verre de sûreté ; verre feuilleté ; **~ gloves :** gants de sécurité ; **~ harness :** harnais de sécurité ; **~ hook :** crochet de sûreté ; **~ lock :** serrure de sûreté ; **~ loop :** lyre de protection ; **~ margin :** marge de sécurité ; **~ plug :** bouchon fusible ; **~ stability port :** orifice antiflottaison ; **~ stop :** taquet de sûreté ; **~ tank :** bassin de sécurité ; **~ tube :** tube de sûreté ; **~ valve :** clapet de sécurité ; soupape de sûreté

safe working load : taux de travail de sécurité

sagging : courbure *(poutre)*

sailboard : planche à voile

salaried : salarié *(adj.)*

salary range : éventail des salaires

sale : vente ; **~s :** chiffre d'affaires ; **~s agreement :** contrat de ventes ; **~s and marketing division :** division commerciale ; **~s catalogue :** catalogue publicitaire ; **~s division :** division commerciale ; **~s engineer :** ingénieur technico-commercial

salesmanship : technique de vente

saline : salin ; **~ solution :** solution saline ; **normal ~ :** solution physiologique

salinity : salinité

salmonella : salmonelles

salt : sel ; **~ content :** salinité ; **~ passage :** passage de sel *(osmose inverse)* ; **~ water :** eau salée ; eau saline ; **alkaline-earth ~ :** sel alcalino-terreux ; **aluminium ~s :** sels d'aluminium ; **buffering ~ :** sel tampon ; **dissolved ~s :** sels dissous ; **double ~ :** sel double ; **epsom ~ :** sulfate de magnésie ; **fatty acid ~s :** sels d'acides gras ; **ferric ~ :** sel ferrique ; **ferrous ~ :** sel ferreux ; **metal ~ :** sel métallique ; **metallic ~ :** sel métallique ; **mineral ~ :** sel minéral ; **Mohr's ~ :** sel de Mohr ; **potassium ~ :** sel de potasse ; **Rochelle ~ :** sel de Seignette ; **rock ~ :** gros sel ; sel gemme ; **supersaturated ~ :** sel en sursaturation ; **table ~ :** sel blanc

salted : salé

salting out : relargage *(savon)*

salts of strong acids : sels d'acides forts

salt-splitting capacity : capacité forte *(anions)*

salty : salé

sample : échantillon ; **~ preservation :** conservation d'échantillon ; **~ taking :** prélèvement d'échantillons ; **~ tapping :** piquage de mesure ; **average ~ :** échantillon moyen ; **core ~ :** carotte ; **grab ~ :** échantillon instantané ; **representative ~ :** échantillon type ; **undisturbed ~ :** échantillon intact ; échantillon non remanié

sample-and-hold device : échantillonneur bloqueur

sampler (continuous ~) : préleveur-rejeteur en continu

sampling : échantillonnage ; prélèvement ; prise d'échantillons ; **~ cock :** robinet de prise d'échantillons ; **~ frequency :** fréquence d'échantillonnage ; **~ point :** prise d'échantillons ; **composite ~ :** prélèvement composite ; **random ~ :** sondage aléatoire

sand *(n.)* **:** sable ; **~ bed :** lit de sable ; **~ blasting :** décapage au jet de sable ; projection de sable ; sablage ; **~ filter :** filtre à sable ; **~ pit :** sablière ; **~ removal :** dessablage ; **~ screen :** claie à sable ; **~ soap :** savon minéral ; **airborne ~ :** vents de sable ; **bituminous ~ :** sable bitumineux ; **clogged ~ :** sable encrassé ; **coarse ~ :** sable à gros grains ; sable gros ; **crushed ~ :** sable de concassage ; **fine ~ :** sable à grain fin ; **medium ~ :** sable moyen ; **quartz ~ :** sable quartzeux ; **sharp ~ :** sable liant

sand *(v.)* **:** poncer

sandpaper : papier de verre

sandstone : grès

sandwich : sandwich ; **~ wafer valve :** vanne à corps tampon

sandwich-wound : bobiné en sandwich

sandy soil : sol sablonneux

sanitary : sanitaire ; **~ control :** contrôle sanitaire ; **~ engineering :** génie sanitaire ; **~ facilities :** sanitaires ; toilettes ; **~ landfill :** mise en décharge contrôlée ; **~ ware :** matériel sanitaire

sanitation : assainissement

sanitization : hygiénisation

sapid : sapide

saponification number : indice de saponification

saponified : saponifié

saprobic degree : degré de saprobité

sash window : fenêtre coulissante ; fenêtre à guillotine

satellite : satellite ; **earth observation ~ :** satellite d'observation de la terre ; **geostationary ~ :** satellite géostationnaire

saturated : saturé ; **~ solution :** solution saturée ; **~ steam :** vapeur saturée ; **~ vapour :** vapeur saturante ; **~ vapour pressure :** pression de vapeur saturée

saturation : saturation ; **~ index :** indice de saturation ; **~ pH :** pH d'équilibre ; pH de saturation ; **~ vessel :** ballon de pressurisation

saturator : saturateur ; **lime ~ :** saturateur de chaux ; **turbine ~ :** saturateur à turbine

save-alls : ramasse-pâte *(papeterie)*

saver (oil ~) : récepteur d'huile

savings : économie

saw : scie ; **~ blade :** lame de scie ; **~ timber :** bois de sciage ; **band ~ :** scie à ruban ; **circular ~ :** scie circulaire ; **crown ~ :** scie rotative ; scie cloche *(rotative)* ; **cylinder ~ :** scie à cloche ; scie rotative ; scie cloche *(rotative)* ; **hole ~ :** scie rotative ; scie cloche *(rotative)* ; **metal ~ :** scie à métaux ; **power ~ :** scie mécanique

sawdust : sciure

saw-toothed : en dents de scie

sawing : sciage

scaffold : échafaudage ; **~ pole :** échasse d'échafaudage ; écoperche ; perche d'échafaudage ; **hanging ~ :** échafaudage volant *(GC)*

scaffolding : échafaudage ; **hanging ~ :** échafaudage volant *(GC)*

scale : abaque ; barbure ; battitures *(métall.)* ; calcaire ; dépôt *(chaudière)* ; échelle ; peson ; tartre ; **~ formation :** entartrage ; **~ inhibitor :** désincrustant ; inhibiteur d'entartrage ; **~ model :** modèle réduit ; **~ pan :** bassin de balance ; **~ preventer :** anticalcaire ; **~ preventive :** anticalcaire *(adj.)* ; **~ remover :** anticalcaire ; **carbonate ~ :** tartre carbonaté ; **colour ~ :** échelle des couleurs ; **economy of ~ :** économie d'échelle ; **hard ~ :** tartre dur ; **mill ~ :** calamine ; scories de laminoir ; **oily ~ :** battitures huileuses

scale-forming : entartrant ; incrustant ; **~ properties :** caractère entartrant ; **~ water :** eau entartrante ; eau incrustante

scale-inhibiting efficiency : efficacité antitartre

scales : balance ; bascule

scaling : décrassage ; écaillage ; entartrage ; incrustation

scan : scrutation

scanning : exploration *(élec.)*

scarf : enture *(joint)* ; **~ joint :** joint en adent

scarfing : écriquage ; **bloom ~ :** écriquage de brames

scatter : nuage *(math.)*

scattered light : lumière diffusée

scattering : dispersion

scavenge : balayer

scavenger (oxygen ~) : réducteur d'oxygène

scavenging (inert gas ~) : balayage *(filtre)*

scavenging pipe : conduit de balayage

schedule : programme ; **production ~ :** programme de fabrication ; **rate ~ :** tarification ; **re-bar ~ :** nomenclature des aciers de ferraillage ; **servicing ~ :** programme d'entretien courant

scheduling : ordonnancement

schematic : schématique ; **~ diagram :** schéma de principe ; **~ layout :** vue d'ensemble schématique

schist : schiste ; **expanded ~ :** schiste expansé

schistosomiasis : bilharziose

Schoop process : schoopage *(métall.)*

scientific computation : calcul scientifique

scissors : ciseaux

scoop : godet ; **oscillating ~ :** godet oscillant

scope : domaine ; **~ of supply :** limites de fourniture

scour (air ~) : lavage à l'air ; soufflage

scouring : décapage ; dérochage ; récurage

scrap : chutes *(ferraille)* ; rebut ; **metal ~ :** débris métalliques ; déchets de métal ; ferraille

scrape : racler

scraper : décrotteur *(moteur)* ; grattoir ; racleur ; **~ arm :** bras de raclage ; **~ blade :** pelle à écumes ; **~ bridge :** pont racleur ; **~ gantry :** pont transbordeur ; **~ knife :** couteau racleur ; **~ pitch :** pas du racleur ; **~ ring :** racleur d'huile ; segment racleur ; joint racleur *(piston)* ; **~ settling tank :** décanteur raclé ; **bottom ~ :** racleur de fond ; **bridge ~ :** racleur à pont ; **chain ~ :** racleur à chaîne ; **cross-bridge ~ system unit :** racleur transversal ; **diametral ~ :** racleur diamétral ; **flexible ~ :** lame de désengagement de gâteau ; **flight-and-chain ~ system unit :** dispositif de raclage à chaînes ; **floor ~ :** racleur de fond ; **helical ~ :** racleur hélicoïdal ; **scum ~ :** pelle à écumes ; racleur d'écumes ; **suspended ~ :** racleur suspendu

scraping : raclage ; **~ torque :** effort de raclage

scratching : rayure *(défaut)*

screed *(n.)* **:** chape de ciment ; **sloped ~ :** forme de pente

screed *(v.)* **:** trousser

screen *(n.)* **:** claie ; crépine ; crible ; écran ; grille ; tamis ; **bar ~ :** dégrilleur ; grille ; grille à barreaux ; **cage ~ :** panier de dégrillage ; **coarse ~ :** prégrille ; **display ~ :** écran de visualisation ; **fixed ~ :** grille fixe ; **gravel ~ :** crible à gravier ; **manual ~ :** grille à nettoyage manuel ; **mechanical ~ :** grille automatique ; **mechanically cleaned ~ :** grille automatique ; **oscillating ~ :** crible oscillant ; **rack and pinion ~ :** dégrilleur à crémaillère ; **reference ~ :** écran d'étalonnage ; écran étalon ; **sand ~ :** claie à sable ; **shaking ~ :** crible vibrant ; **touch-sensitive ~ :** écran tactile ; **tranquillizer ~ :** grille de tranquillisation ; **vibrating ~ :** tamis oscillant

screen *(v.)* **:** dégriller

screened : grillagé ; **~ conductor :** conducteur blindé ; **~ water :** eau dégrillée

screening : blindage *(câble)* ; criblage ; dégrillage ; tamisage ; **~ unit :** poste de dégrillage ; **~ waste :** refus de grille ; **preliminary ~ :** prédégrillage

screenings : déchets de tamisage ; détritus ; refus de dégrillage ; refus de grille ; **~ collection hopper :** benne de réception des déchets ; **~ discharge :** rejet des déchets de dégrillage ; **~ guide :** guide pour refus ; **~ press :** presse à détritus

screw *(n.)* **:** hélice *(nav.)* ; vis ; **~ base :** culot à vis ; **~ clamp :** patte à vis ; **~ compressor :** compresseur à vis ; **~ conveyor :** convoyeur à vis sans fin ; spirale transporteuse ; transporteur à vis ; vis de transport ; **~ cutting :** filetage (action) ; **~ elevator :** vis de relevage ; **~ impeller :** roue en hélice ; **~ jack :** cric à vis ; vérin à vis ; **~ press :** presse à vis ; **~ propeller :** propulseur à hélice ; **~ pump :** pompe à vis ; vis de relèvement ; **~ pump bed :** auge de pompe à vis ; **~ socket :** douille à vis ; **~ thread :** filet de vis ; **~ thread gauge :** calibre pour filetage ; **~ turning :** décolletage ; **adjusting ~ :** vis de réglage ; **Archimedes' ~ :** vis d'Archimède ; vis sans fin ; **blow-down ~ :** vis de purge ; **captive ~ :** vis imperdable ; **clamp ~ :** vis de serrage ; **closed-tank ~ :** vis à auge fermée ; **connecting ~ :** vis d'assemblage ; **double-walled ~ :** vis à double paroi ; **eccentric ~ :** vis excentrée (pompe) ; **fastening ~ :** vis de fixation ; **feed ~ :** vis doseuse ; vis transporteuse ; **grub ~ :** vis sans tête fendue ; **headless ~ :** vis sans tête ; **hexagonal socket head ~ :** vis à six pans creux ; **hex-head ~ :** vis H ; **jacking ~ :** vis vérin ; **left-hand ~ :** vis à gauche ; vis filetée à gauche ; **left-handed ~ :** vis à pas à gauche ; **levelling ~ :** vis vérin ; **locking ~ :** vis de blocage ; **micrometer ~ :** vis micrométrique ; **mixing ~ :** vis de mélange ; **recycling ~ :** vis de recyclage ; **right-hand ~ :** vis à droite ; vis filetée à droite ; **round-head ~ :** vis à tête ronde ; **self-tapping ~ :** vis à tôle ; vis auto-taraudeuse ; **sheet-metal ~ :** vis à métaux ; vis à tôle ; **shoulder ~ :** vis à épaulement ; **slotted-head ~ :** vis à tête fendue ; **sludge disposal ~ :** vis d'évacuation de boues ; **wood ~ :** vis à bois

screw *(v.)* **:** visser ; **~ home :** visser à fond

screw-down stop valve : robinet à soupape

screwdriver : tournevis ; **impact ~ :** tournevis à frapper ; **Phillips ~ :** tournevis cruciforme

screwed-connection valve : vanne à manchon taraudé

screwed flange : bride à visser

screws and bolts : visserie

screw-type feeder : doseur à vis

scriber : pointe à tracer

scroll : vis *(centrifugeuse)* ; vis d'extraction ; **extraction ~ :** vis d'extraction

scrubber : laveur de gaz ; tour de lavage ; **air ~ :** laveur d'air *(réfrigérant)* ; **gas ~ :** barboteur à gaz ; laveur de gaz ; **impingement ~ :** laveur à plateaux ; laveur à plateaux à pulvérisation d'eau ; **steam ~ :** bouilleur *(évaporation pour dégazage)* ; **tray ~ :** laveur à plateaux ; **venturi ~ :** laveur à venturi

scrubbing : lavage *(gaz)* ; **~ liquor :** liqueur de lavage ; **~ tower :** colonne de lavage *(gaz)* ; tour de lavage ; **acid ~ :** lavage acide ; **alkaline ~ :** lavage basique ; **gas ~ :** lavage de gaz ; nettoyage des gaz ; **oxidizing ~ :** lavage oxydant ; **reducing ~ :** lavage réducteur ; **smoke ~ :** lavage de fumées ; **wet ~ :** lavage humide

scuffed bearing : palier usé

scum : chapeau *(digesteur)* ; écume ; flottants *(dégraissage)* ; **~ baffle :** cloison siphoïde ; pare-écumes ; paroi siphoïde ; **~ breaker :** brise-chapeau ; **~ collection hopper :** trémie de réception des écumes ; **~ fence :** herse-croûte ; **~ remover :** pare-écumes ; **~ scraper :** pelle à écumes ; racleur d'écumes ; **~ storage pit :** fosse de stockage des écumes ; **~ storage sump :** fosse de stockage des écumes ; **~ trough :** trémie d'écumage

sea : mer ; **~ freight :** fret maritime ; **~ level :** niveau de la mer ; **~ water :** eau de mer ; eau salée

seal : joint ; joint d'étanchéité ; **~ cage :** lanterne de blocage *(presse-étoupe)* ; **~ ring :** bague d'étanchéité ; **~ strip :** bande d'étanchéité ; **ball joint ~ :** joint de rotule ; **hermetic ~ :** joint hermétique ; **hydraulic ~ :** joint hydraulique d'étanchéité ; **hypalon ~ :** joint hypalon ; **labyrinth ~ :** joint labyrinthe ; **lip ~ :** bague à lèvres ; joint à lèvre ; **liquid ~ :** siphon de fermeture hydraulique ; **mechanical ~ :** joint mécanique ; **oil ~ :** joint d'huile ; **shaft output ~ :** joint de sortie d'arbre ; **water ~ :** garde hydraulique ; joint d'eau ; pot de garde ; pot de garde hydraulique ; siphon isolateur

sealed : étanche ; scellé ; **~ end :** extrémité obturée ; **~ tender :** soumission cachetée

sealing : bouchage ; scellement ; **~ compound :** pâte à joints ; produit d'étanchéité ; **~ flange :** bride d'étanchéité ; **~ off :** étanchage ; **~ pad :** tampon obturateur ; **~ ring :** bague de scellement ; **~ sheet :** film étanche *(béton)* ; **~ washer :** rondelle d'étanchéité ; **heat ~ :** thermocollage

seam : soudure ; **~ welding :** soudage continu ; **reinforced ~ :** joint surépaissi *(métall.)* ; **welding ~ :** ligne de soudure

seamless : sans soudure ; **~ pipe :** tube sans soudure ; **~ tubular shaft :** arbre tubulaire sans soudure

searchlight : projecteur électrique

seat : siège ; **parallel ~s :** sièges parallèles ; **taper ~ :** siège oblique ; **valve ~ :** siège de soupape ; **washer ~ :** portée de rondelle

seaworthy packing : emballage maritime

Secchi disc : disque de Secchi

second : second *(adj.)* ; **~ floor** *(US)* **:** premier étage ; **~ hand :** trotteuse ; **~ strike :** deuxième jet

secondary : secondaire *(adj.)* ; **~ clarifier :** décanteur secondaire ; **~ digester :** digesteur secondaire ; **~ digestion :** digestion secondaire ; **~ sector :** secteur secondaire ; **~ settling :** décantation secondaire ; **~ settling tank :** décanteur secondaire ; **~ shaft :** arbre secondaire ; **~ sludge :** boues secondaires ; **~ still :** appareil de redistillation ; **~ toric current transformer :** tore secondaire *(élec.)* ; **~ winding :** secondaire *(n.) (élec.)*

second-cut file : lime demi-douce

secondment : détachement

secreted : sécrété

section : coupe ; coupe transversale ; division ; élément *(conduite)* ; profilé ; section ; **~ drawing :** vue en coupe ; **cable ~ :** section de câble ; **diagonal ~ :** coupe diagonale ; **longitudinal ~ :** coupe en long ; coupe longitudinale ; **partial ~ :** coupe partielle ; **steel ~ :** profilé en acier ; **structural ~ :** profilé ; **transverse ~ :** coupe transversale ; **washing by ~s :** lavage par tranches ; **wetted ~ :** section mouillée

sectional : en coupe *(vue)* ; en profil *(vue)* ; **~ drawing :** dessin en coupe ; plan en coupe ; **~ iron :** fer profilé

sector : filière ; **secondary ~ :** secteur secondaire ; **tertiary ~ :** secteur tertiaire ; **supporting ~s :** secteurs auxiliaires

secured : cautionné ; fixé

securities : valeurs *(bourse)*

security : caution ; sécurité ; **bank ~ :** caution bancaire ; **gilt-edged ~ :** valeur d'état ; **social ~ :** protection sociale

sediment : dépôt ; sédiment ; **~ discharge :** décharge sédiment ; **creeping ~ :** sédiment à texture fluente

sedimentation : décantation ; décantation statique ; **~ tank :** décanteur statique

sedimometer : sédimomètre

seeding : ensemencement

seep : suinter

seepage : infiltration ; **~ pit :** fosse de rétention ; **~ tank :** cuve de rétention ; **subfluvial ~ :** écoulement sub-fluvial

segment : segment ; **~ bend :** courbe à secteurs

segmented bend : coude à secteurs

segmented ring : couronne de fixation à segments

segregation : ségrégation

seismic : sismique ; **~ coefficient :** coefficient sismique ; **~ wave :** onde sismique

selection (end of sequence ~) : convergence en OU

selective : sélectif ; **~ displacement :** déplacement sélectif ; **~ passage :** passage sélectif

selector : sélecteur ; **~ switch :** commutateur ; commutateur de sélection ; sélecteur ; sélecteur de commutation ; **cam-type ~ switch :** sélecteur à cames

selenitic water : eau séléniteuse

selenium : sélénium

self-aligning bearing : palier autoalignant

self-centring : à centrage automatique ; **~ chuck :** mandrin à serrage concentrique ; **~ disc valve :** obturateur à disque

self-cleaning : autocurage ; autonettoyage

self-coloured : coloré dans la masse

self-contained : autonome ; **~ breathing apparatus :** appareil respiratoire autonome ; **~ respirator :** appareil respiratoire autonome ; respirateur autonome ; **~ unit :** appareil monobloc ; unité autonome

self-cooling : refroidissement naturel

self-dumping skip : skip à déversement automatique

self-hardening steel : acier auto-trempant

self-inductance : inductance propre

self-induction : induction propre

self-inductive reaction : réaction selfique

self-inspection : autocontrôle

self-loader : mât de charge

self-locking : indesserrable ; indévissable

self-lubricating bearing : palier autolubrifiant

self-oscillating converter : convertisseur auto-oscillant

self-priming : à amorçage automatique ; **~ pump :** pompe à amorçage automatique

self-purification : autoépuration

self-regulation : autorégulation

self-reset : réenclenchement automatique ; **~ relay :** relais à réenclenchement

self-sticking : autocollant

self-tapping : autoforeuse *(cheville)* ; **~ plug :** cheville autoforeuse ; **~ screw :** vis à tôle ; vis auto-taraudeuse

self-test : autodiagnostic

self-washing filter : filtre autolaveur

selling price : prix de vente ; **contract ~ :** prix de vente contractuel ; **domestic ~ :** prix intérieur

semichemical pulp : pâte semi-chimique

semiconductor : semi-conducteur

semi-continuous flow : régime semi-continu

semi-detached house : pavillon jumelé

semi-finished : mi-fini ; semi-fini ; **~ goods :** produits semi-finis

semi-fixed : semi-fixe

semi-log paper : graphique à abscisse logarithmique

semi-manufactured goods : produits semi-finis

semimechanical pulp : pâte semi-mécanique

seminar : journées techniques

semi-noble : semi-noble *(métal)*

semi-permeable : semi-perméable

semi-portable plant : groupe semi-fixe

semi-skilled worker : ouvrier spécialisé

semisteel : fonte aciérée

semi-trailer : semi-remorque

Sendzimir process : procédé Sendzimir

senior executive : cadre confirmé ; cadre supérieur

sensible heat : chaleur sensible

sensing (remote ~) : télédétection

sensitivity : sensibilité

sensor : capteur ; **level ~ :** capteur de niveau ; **pressure ~ :** capteur de pression ; **reciprocating ~ :** palpeur à va-et-vient ; **temperature ~ :** capteur de température ; sonde de température

separate : séparé *(adj.)* ; **~ sewage system :** système séparatif ; **~ system :** réseau séparatif ; système séparatif

separated bed : lit séparé

separation : criblage ; décollement ; séparation ; **~ by membranes :** séparation par membranes ; **~ efficiency :** rendement de séparation ; **centrifugal ~ :** centrifugation ; **flow ~ :** séparation des courants ; **oil ~ :** déshuilage ; **plate ~ :** halage de plateaux ; **wet ~ :** triage par voie humide

separator : cage *(roulement)* ; séparateur ; **air ~ :** séparateur d'air ; **baffle ~ :** séparateur à chicanes ; **centrifugal ~ :** séparateur centrifuge ; **centrifuging ~ :** séparateur centrifuge ; **drum ~ :** tambour-cribleur ; **grit/grease ~ :** dessableur-dégraisseur ; **lamellar ~ :** décanteur lamellaire ; séparateur lamellaire ; **longitudinal ~ :** séparateur longitudinal ; **medium ~ :** déshuileur moyen ; **polishing ~ :** déshuileur de finition ; **steam ~ :** épurateur de vapeur ; séparateur de vapeur ; **tangential ~ :** séparateur tangentiel ; **tar ~ :** décanteur à goudron ; **three-phase ~ :** séparateur triphasique ; **weed ~ :** désherbeur *(sucre)*

separatory funnel : ampoule à décanter

septic : septique ; **~ tank :** fosse septique

septum : septum

sequence : séquence *(suite d'étapes)* ; **~ controller :** combinateur séquentiel ; **~ of operations :** série d'opérations ; **phase ~ :** séquence de phase

sequential : séquentiel ; **~ controller :** automatisme séquentiel ; **~ function chart :** graphe de commande étape transition

sequester : séquestrer *(précipité)*

sequestering : complexation ; **~ agent :** séquestrant

serial number : numéro d'ordre ; numéro de série

series : série ; **~ capacitor :** condensateur en série ; **~ circuit :** circuit en série ; **~ connection :** couplage en série ; montage en série *(élec.)* ; **~ reactor :** inductance de protection ; **~ transformer :** transformateur série ; **~ winding :** enroulement en série

series-connected : branché en série

sero-agglutinating : séro-agglutination

serrated : dentelé

served population : habitants desservis

service : prestation ; service ; **~ column :** colonne de fixation ; **~ conditions :**

conditions de fonctionnement ; ~ **cycle :** cycle d'épuisement ; cycle de fixation ; ~ **factor :** facteur de service ; ~ **flow velocity :** vitesse à l'épuisement *(échange d'ions)* ; ~ **fluid :** fluide moteur ; ~ **life :** durée de vie ; ~ **provider :** prestataire de services ; ~ **time :** durée de service ; ~ **water :** eau motrice ; **after-sales ~ :** service après-vente

serviceability : facilité d'entretien

servicing : entretien ; entretien et réparations ; maintenance ; ~ **schedule :** programme d'entretien courant

servo-control : asservissement ; servocommande

servo-motor : servomoteur

sesquioxide : sesqui-oxyde

set *(n.)* **:** ensemble ; groupe ; jeu ; ~ **mass flow rate :** débit massique de consigne ; ~ **of wheels :** train de roues ; **telephone ~ :** poste téléphonique ; **welding ~ :** poste de soudure

set *(v.)* **:** régler ; ~ **free :** dégager ; ~ **off :** déclencher *(alarme)* ; ~ **the time :** mettre à l'heure

set-point adjustment : réglage de consigne

set-point rate : débit de consigne

set-point value : point de consigne ; valeur de consigne

setting : calage ; mise ; ~ **dynamics :** dynamique de réglage ; ~ **range :** domaine de réglage ; plage de réglage ; **I ~ :** intensité de réglage ; **pressure ~ :** pression de réglage

settle : décanter

settleability : décantabilité

settleable : sédimentable ; ~ **solids :** matières décantables

settlement : règlement ; **amicable ~ :** règlement à l'amiable ; **in full ~ :** pour solde de tout compte ; **out-of-court ~ :** règlement à l'amiable

settler : décanteur ; **fixed-extraction ~ :** décanteur à extraction fixe ; **lamella-type ~ :** décanteur lamellaire ; **tar ~ :** décanteur à goudron

settling : décantation ; décantation statique ; ~ **area :** surface de décantation ; ~ **chamber :** chambre de décantation ; ~ **efficiency :** rendement de décantation ; ~ **of discrete particles :** décantation des particules grenues ; floculation des particules grenues ; ~ **speed :** vitesse de chute de particules ; ~ **time :** temps de décantation ; ~ **velocity :** vitesse de décantation ; vitesse de sédimentation ; ~ **zone :** zone de décantation ; **batch ~ :** décantation par cuvée ; **flocculent ~ :** décantation diffuse ; **free ~ :** décantation des particules grenues ; **hindered ~ :** décantation en piston ; décantation freinée ; **lamellar ~ :** décantation lamellaire ; **preliminary ~ :** décantation préliminaire ; **primary ~ :** décantation primaire ; **secondary ~ :** décantation secondaire ; **single-stage ~ :** décantation en un stade ; **sludge ~ :** clarification des boues ; **solids contact ~ :** décantation à contact de boues ; **static ~ :** décantation statique ; **tertiary ~ :** décantation tertiaire ; **two-stage ~ :** décantation en deux stades

settling tank : bac de décantation ; bassin de décantation ; cuve de décantation ; décanteur statique ; **centrifuging ~ :** décanteur centrifuge ; **circular scraper ~ :** décanteur à raclage radial ; **cross-flow ~ :** décanteur à flux transversal ; **final ~ :** décanteur final ; **horizontal flow ~ :** décanteur à flux horizontal ; **horizontal-flow static ~ :** décanteur statique à flux horizontal ; **multi-stage ~ :** décanteur-couloir à étages ; **plain ~ :** décanteur simple ; **primary ~ :** décanteur primaire ; **radial suction ~ :** décanteur circulaire à succion ; **scraper ~ :** décanteur raclé ; **secondary ~ :** décanteur secondaire ; **static ~ :** décanteur statique ; **suction ~ :** décanteur à succion ; **top-mounted ~ :** décanteur superposé ; **two-stage ~ :** décanteur-couloir à étages ; **upward flow ~ :** décanteur à flux vertical

severance pay : indemnité de licenciement

sewage : eaux d'égout ; eaux usées municipales ; ~ **farm :** champ d'épandage ; ~ **field :** champ d'épandage ; ~ **inlet :** arrivée des eaux d'égout ; ~ **plant :** station d'épuration ; ~ **treatment plant :** station de traitement des eaux usées

sewer : égout ; ~ **system :** réseau d'assainissement ; réseau d'égouts ; **main ~ :** égout ; égout collecteur ; grand collecteur ; **outfall ~ :** émissaire ; émissaire d'évacuation

sewerage : assainissement

shackle : manille

shade : abri ; nuance *(couleur)* ; ombre ; teinte ; **window ~ :** store

shaded : ombré ; ~ **area :** partie ombrée ; ~ **drawing :** dessin ombré

shaft : arbre ; axe *(méc.)* ; cheminée ; puits ; regard ; ~ **horsepower :** puissance sur l'arbre ; ~ **key :** clavette d'arbre ; ~ **output seal :** joint de sortie d'arbre ; ~ **sleeve :** chemise d'arbre *(pompe)* ; **Cardan ~ :** arbre à cardan ; **coupling ~ :** arbre d'accouplement ; **drive ~ :** arbre d'entraînement ; arbre de transmission ; axe de manœuvre ; **driven ~ :** arbre commandé ; arbre récepteur ; **eccentric ~ :** arbre excentré ; **exhaust ~ :** cheminée d'évacuation ; **flexible ~ :** arbre flexible ; transmission flexible *(méc.)* ; **flow ~ :** cheminée d'écoulement ; **hollow ~ :** arbre creux ; **horizontal ~ :** axe horizontal ; **input**

~ : arbre d'entrée ; **loose ~ :** arbre fou ; **main ~ :** transmission principale ; **output ~ :** arbre de sortie ; **primary ~ :** arbre primaire ; **seamless tubular ~ :** arbre tubulaire sans soudure ; **secondary ~ :** arbre secondaire ; **single ~ :** arbre unique ; **sleeve bearing ~ :** arbre à palier lisse ; **sound-proof ~ :** cheminée d'insonorisation ; **splined ~ :** arbre à rainures ; arbre cannelé ; **transmission ~ :** arbre de transmission ; **turbine ~ :** arbre de turbine ; **unbalanced ~ :** arbre à balourd ; **ventilation ~ :** cheminée d'aération ; puits de ventilation

shaking screen : crible vibrant

shale (oil ~) : schistes bitumineux

shallow : peu profond ; **~ depth :** faible profondeur

shank : queue *(perceuse)* ; **taper ~ :** queue conique

shape *(n.)* **:** forme

shape *(v.)* **:** emboutir ; façonner

shaped piece : pièce profilée

share : action *(fin.)* ; part ; portion ; quote-part ; **~ capital :** capital propre ; **~ certificate :** certificat d'actions ; **preference ~ :** action privilégiée

shareholder : actionnaire

sharp : à angles vifs ; effilé ; **~ sand :** sable liant

sharp-crested weir : déversoir à mince paroi

shatter-proof glass : verre feuilleté

shavings (wood ~) : copeaux de bois

shear : cisaillement ; **~ pin :** goupille de cisaillement ; **~ steel :** acier corroyé ; **~ strain :** déformation par cisaillement ; **~ strength :** résistance au cisaillement ; **~ stress :** tension de cisaillement

shearing : cisaillage ; cisaillement ; **~ stress :** contrainte de cisaillement ; effort de cisaillement

shearlegs : chèvre

shears : cisaille

sheath : enveloppe ; fourreau ; gaine *(élec.)* ; gaine *(microbiol.)* ; **cable ~ :** gaine de câble ; **flexible ~ :** gaine souple ; **metal ~ :** gaine métallique

sheathed : gainé ; **~ conductor :** conducteur sous gaine

sheathing : gainage

sheave : poulie à gorge ; réa ; roue à gorge

shed : hangar ; **~ roof :** toit en shed

sheet : feuille ; nappe ; tôle ; **~ copper :** cuivre en feuilles ; **~ of metal :** feuille de métal ; **~ of water :** plan d'eau ; **~ pile :** palplanche ; **~-pile wall :** rideau de palplanches ; **~ piling :** rideau de palplanches ; **curved ~ :** tôle cintrée ; **data ~ :** fiche technique ; **flow ~ :** alimentation hydraulique ; schéma de fonctionnement ; **galvanized ~ :** tôle galvanisée ; **hot-dip galvanized ~ :** tôle galvanisée par immersion à chaud ; **price ~ :** fiche de prix ; **sealing ~ :** film étanche *(béton)* ; **specification ~ :** fiche technique ; **time ~ :** feuille de présence ; **tinned ~ :** tôle étamée ; **tube ~ :** plaque tubulaire *(ozoneur)* ; **water ~ :** lame d'eau

sheeting : bardage *(constr.)*

sheet-metal screw : vis à métaux ; vis à tôle

sheet-pile wall : rideau de palplanches

shell : coque *(chaudière)* ; corps *(chaudière)* ; enveloppe ; virole *(réservoir)* ; **~ bushing :** douille de coquille *(pompe)* ; **~ construction :** gros œuvre ; **stationary cylindrical ~ :** enveloppe cylindrique fixe

shellac : shellac

shell-and-tube cooling system : circuit de refroidissement tubulaire à plaques

shell-and-tube heat exchanger : échangeur tubulaire

shellfish farming : conchyliculture

shelter : abri

sherardizing : galvanisation au gris de zinc ; shérardisation

shield : bouclier ; écran protecteur ; **dust ~ :** cache-poussières ; **face ~ :** masque de soudure ; **Faraday ~ :** cage de Faraday ; **heat ~ :** protection thermique ; **light ~ :** pare-lumière ; **quartz ~ :** gaine de quartz ; **sun ~ :** brise-soleil ; pare-soleil

shielded electrode : électrode enrobée

shielding : masquage

shift *(n.)* **:** équipe ; déplacement ; **~ supervisor :** chef de quart ; **day ~ :** poste de jour ; **night ~ :** équipe de nuit ; poste de nuit ; **phase ~ :** décalage de phase ; déphasage ; variation de phase

shift *(v.)* **:** déplacer *(dévier)*

shifting : décalage ; déplacement ; **~ of zero :** décalage *(instrument)* ; **~ on rollers :** bardage sur rouleaux

shim : cale d'épaisseur ; rondelle d'épaisseur ; rondelle de calage

shingle : tavaillon

ship : expédier ; navire ; **~ chandler :** quincaillier maritime ; **~ designer :** architecte naval ; **cargo ~ :** navire de charge ; **dredge ~ :** dragueur ; **merchant ~ :** navire marchand ; **refrigerated ~ :** navire frigorifique

shipment : envoi ; expédition ; **consolidated ~ :** groupage *(expédition)* ; **country of ~ :** pays d'expédition

shipper : expéditeur

shipper's own container : conteneur dernier voyage

shipping : navigation ; **~ agent :** agent maritime ; **~ company :** compagnie de navigation ; **~ line :** compagnie maritime ; **~ marks :** marque des colis ; **coastal ~ :** navigation côtière

shock : choc ; **~ absorber :** amortisseur ; **~ mount :** amortisseur de vibrations ; **~ treatment :** traitement de choc ; **~ wave :** onde de choc ; **efficacious ~ :** choc efficace ; **electric ~ :** choc électrique ; **thermal ~ :** choc thermique

shock-proof : résistant au choc

shoe : dauphin *(descente)* ; patin *(frein)* ; sabot ; **~ brake :** frein à mâchoires ; **brake ~ :** sabot de frein ; **pile ~ :** sabot de pieu *(GC)*

S-hook : esse

shop : atelier ; **~ fitting :** agencement de magasins ; **electrical ~ :** atelier électrique ; **finishing ~ :** atelier de finition ; **glucose ~ :** glucoserie ; **machine ~ :** atelier de mécanique ; **repair ~ :** atelier de réparation

Shore hardness : dureté Shore

short : court *(adj.)* ; **~ circuit :** court-circuit ; **~ ton :** tonne courte ; **~ tube :** ajutage ; **~ waves :** ondes courtes

shortage : pénurie ; **water ~ :** manque d'eau ; pénurie d'eau

short-circuit : mettre en court-circuit

shortfall : manque à gagner

short-model ozone generator : ozoneur courte longueur

shot : grenaille ; **~ boring :** forage à la grenaille ; **~ concrete :** béton projeté

shot-blasting : grenaillage

shoulder screw : vis à épaulement

shovel : pelle ; **power ~ :** pelle mécanique

shovellable : manutentionnable ; pelletable

shovelling : pelletage

show (sound-and-slide ~) : présentation audiovisuelle

shower : douche ; **~ head :** pomme *(douche)* ; **~ tap :** robinet de douche

shred : déchiqueter

shredder : déchiqueteur ; dilacérateur

shredding : déchiquetage

shrinkage : retrait ; **~ crack :** crique de retrait

shrink on : sertir à chaud

shrink wrapping : emballage thermorétractable

shunt *(adj.)* **:** en parallèle ; **~ circuit :** circuit en dérivation ; **~ feed :** alimentation en parallèle

shunt *(n.)* **:** dérivation

shunt *(v.)* **:** mettre en court-circuit

shunt-connected : monté en dérivation

shunting : montage en dérivation *(élec.)*

shut-down : mise à l'arrêt ; **~ time :** période d'arrêt

shut-off : interruption de débit ; **~ valve :** clapet de fermeture ; robinet d'isolement ; vanne d'arrêt ; **automatic ~ :** vanne automatique d'isolement

shutter : coffrage ; obturateur ; rideau de fermeture ; volet *(fenêtre)* ; **~s :** persiennes ; **~ oil :** huile de coffrage ; **isolating ~ :** registre d'isolement ; **rolling ~ :** volet roulant ; **slide ~ :** obturateur à tiroir

shuttering : coffrage ; **~ drawing :** plan de coffrage

shutting : fermeture

Siamese connection : raccord en Y ; tubulure en Y

Siamese joint : raccord en Y ; tubulure en Y

siccative : siccatif

side : accotement ; côté ; flanc ; **~ path :** accotement ; **~ view :** vue de côté ; **driving ~ :** brin menant *(courroie)* ; **drop ~ :** paroi à rabattement ; **hinged ~ :** paroi à rabattement ; **slack ~ :** brin mou ; brin mené *(courroie)*

sideband : bande de modulation

side-channel pump : pompe à canal latéral

side-discharge channel : goulotte latérale

sidestream : dérivé ; en dérivation ; **~ dechlorination :** déchloration en dérivation ; **~ filtration :** filtration dérivée ; **~ treatment :** épuration dérivée

siemens : siemens

sieve : tamis ; **filter ~ :** tamis filtrant ; **molecular ~ :** tamis moléculaire

sifter : tamiseuse

sight glass : voyant *(vitre)*

sign : signe

signage : signalisation routière

signal : signal ; **~ lamp :** hublot de signalisation ; lampe de signalisation ; voyant ; **~ light :** voyant lumineux ; **~ processing :** traitement de signal ; **~ regeneration :** régénération de signaux ; **alarm ~ :** signal d'alarme ; **audio ~ :** signal sonore ; **enabling ~ :** autorisation *(électr.)* ; **spurious ~ :** signal parasite

signalling : signalisation ; **remote ~ :** signalisation à distance

signature : visa *(signature)*

silencer : silencieux

silent : silencieux *(adj.)* ; **~ block :** plot antivibratoire ; **~ discharge :** effluve *(ozone)*

silex : silex

silica : silice ; **~ meter :** silicemètre ; **~ removal :** désiliciage ; **activated ~ :** silice activée

silicate : silicate

siliceous : siliceux ; **~ cell walls :** carapaces siliceuses

silicic acid : acide silicique

silicon : silicium ; **~ carbide :** carbure de silicium ; **~ steel :** acier au silicium

silicone : silicone

silk : soie

sill : rebord *(fenêtre)* ; **door ~ :** seuil de porte ; **measuring ~ :** seuil de mesure

silo : silo ; silo de stockage ; **grain storage ~ :** silo de stockage de billes ; **lime ~ :** silo de chaux

silt : limon ; vase ; **~ density index :** indice de colmatage *(osmose inverse)* ; **~ remover :** débourbeur

silver : argent ; **~ chloride :** chlorure d'argent ; **~ nitrate :** nitrate d'argent

similar : semblable

similitude : similitude *(phys.)*

simple : simple ; **~ lens :** objectif simple ; **~ microscope :** microscope simple

simultaneous deactivation : convergence en ET

simultaneously : simultanément

sine curve : sinusoïde ; **damped ~ :** sinusoïde amortie

single : simple ; unique ; **~ grit channel :** dessableur couloir simple ; **~ pulse :** impulsion simple ; **~ seat valve :** robinet à soupape simple ; **~ shaft :** arbre unique ; **~ wedge disc :** opercule simple effet

single-acting : à simple effet ; **~ compressor :** compresseur rotatif à simple effet

single-block brake : frein à un seul sabot

single-cut file : lime à simple taille

single-ended spanner : clé simple à fourche

single-faced sluice : vanne murale

single-layer grooved drum : tambour d'enroulement à empreinte monocouche

single-media bed : lit filtrant homogène

single-media filter : filtre monocouche

single-phase : monophasé ; **~ current :** courant monophasé ; **~ output :** sortie monophasée

single-pole : unipolaire

single-shaft rotor : rotor mono-arbre

single-spire cable drum : tambour d'enroulement monospire

single-stage compressor : compresseur monoétagé

single-stage continuous flow : régime continu monoétagé

single-stage pump : pompe monocellulaire

single-stage settling : décantation en un stade

single-storey building : bâtiment sans étage

single-wire : unifilaire *(élec.)*

sink : évier

sintered : fritté ; **~ material :** fritte ; **~ metal :** métal fritté ; **~ steel :** acier fritté ; **~ tungsten carbide :** carbure de tungstène fritté

sintering : agglomération sur grille ; frittage ; fusion réductrice ; sintérisation

sinter plant : four à frittage

siphon : siphon ; **~ barometer :** baromètre à siphon ; **control ~ :** siphon de régulation ; **inlet ~ :** siphon d'entrée ; **open-and-shut ~ :** bonde siphoïde par tout ou rien ; **open-and-shut pressure ~ :** bonde siphoïde à tout ou rien ; **partialized ~ :** siphon partialisé ; **pressure ~ :** bonde siphoïde à compression ; **slaved partialized-control ~ :** siphon partialisé asservi ; **sludge removal ~ :** siphon d'évacuation des boues ; **two-branch ~ :** siphon à deux branches ; **vacuum ~ :** siphon déprimé ; **vacuum-control ~ :** bonde siphoïde à dépression ; **washing ~ :** siphon de lavage

siphon off : siphonner

siren : sirène

site : emplacement ; site ; **~ expenses :** frais de chantier ; **~ exploration :** reconnaissance du terrain ; **~ living quarters :** cité ouvrière *(chantier)* ; **~ preparation :** aménagement du terrain ; **~ supervision :** gestion des chantiers ; **harnessing ~ :** site de maîtrise *(hydroélec.)* ; **job ~ :** chantier ; **reduction ~ :** site réducteur *(chim.)* ; **work ~ :** chantier

size : dimension ; format ; grandeur ; taille ; **cut to ~ :** taillé à la dimension ; **effective ~ :** taille effective ; **grain ~ :** granulométrie ; **mesh ~ :** vide de maille *(tamis)* ; **nominal effective ~ :** taille effective nominale ; **particle ~ :** granulométrie

sizing : dimensionnement ; **~ screen :** crible classeur

skatole : scatole

skeleton : ossature

sketch : croquis ; dessin ; esquisse ; schéma ; **~ in outline :** dessin au trait ; **dimensional ~ :** croquis coté

skid : patin ; semelle de lancement ; **filtration ~ :** skid de filtration ; **support ~ :** châssis support

skidding : patinage *(dérapage)*

skilled worker : ouvrier qualifié

skimmer : écumeur ; **~ blade :** lame racleuse *(surface)* ; **blade ~ :** écumeur à palettes ; **surface ~ :** racleur de surface

skimming : écrémage ; écumage ; **~s :** produits d'écumage ; **~ notch :** créneau d'écrémage ; **surface ~ :** raclage de surface

skin : peau

skip : benne ; skip ; **integrated compactor ~ :** benne à compactage intégré ; **movable ~ :**

benne mobile ; **rolling ~ :** benne roulante ; **self-dumping ~ :** skip à déversement automatique ; **storage ~ :** benne de stockage ; **tilting ~ :** skip basculant

skirt : jupe ; jupe déflectrice ; **piston ~ :** jupe de piston

skirting board : plinthe *(mur)*

skylight : lucarne faîtière

slab : dalle ; **filtering ~ :** dalle filtrante ; **floating ~ :** dalle flottante ; **floor ~ :** dalle ; **precast ~ :** dalle précoulée

slack : lâche *(structure)* ; **~ period :** période creuse ; **~ rope :** corde lâche ; **~ side :** brin mou ; brin mené *(courroie)* ; **~ substrate :** couche lâche

slag : laitier *(haut-fourneau)* ; scories ; **~ cement :** ciment au laitier ; **granulated ~ :** laitier granulé

slake : déliter *(chaux)*

slaked lime : chaux éteinte

slaker (lime ~) : extincteur de chaux

slaking : extinction *(chaux)* ; **~ of quick lime :** extinction de chaux vive ; **~ plant :** extincteur *(chaux vive)* ; **lime ~ :** extinction de chaux

slander : diffamation orale

slat : latte

slaughterhouse : abattoir

slaved : asservi ; **~ partialized-control siphon :** siphon partialisé asservi

slaving : asservissement

sledgehammer : frappe-devant ; masse *(outil)*

sleeper : barre de traverse

sleeve : chemise ; fourreau ; manchette ; manchon ; **~ bearing shaft :** arbre à palier lisse ; **~ coupling :** accouplement à douille ; raccordement par manchon ; **~ valve :** chemise de distribution ; soupape à fourreau ; **bronze ~ :** chemise bronze ; **coupling ~ :** manchette de raccordement ; **flexible ~ :** manchette élastique ; **Morse taper ~ :** chasse-cônes ; **shaft ~ :** chemise d'arbre *(pompe)*

slewing ring : couronne d'orientation

slicer : coupe-betteraves ; coupe-cossettes ; coupe-racines *(sucre)*

slick (oil ~) : flaque *(pétro.)* ; tache d'huile

slide : coulisseau ; curseur ; diapositive ; glissière ; lamelle *(microscope)* ; **~ bar :** glissière ; **~ projector :** projecteur de diapositives ; **~ rule :** règle à calcul ; **~ shutter :** obturateur à tiroir ; **~ valve :** soupape à tiroir ; tiroir *(vanne)* ; **control ~ valve :** tiroir de réglage ; **turret ~ :** chariot porte-tourelle

slideways : glissières *(vanne murale)*

sliding : glissement *(sol)* ; **~ contact :** contact glissant ; **~ damper :** registre à guillotine ; **~ door :** porte coulissante ; **~ gear :** train baladeur ; **~ stem gate valve :** vanne à opercule coulissant

sliding-folding door : porte coulissante-pliante

sliding-vane compressor : compresseur à palettes

sling : élingue

slinger (oil ~) : bague de graissage

slip : glissement ; **~ joint :** articulation coulissante ; **~ ring :** anneau collecteur ; bague collectrice ; collecteur à bagues *(élec.)* ; **~ ring assembly :** couronne d'alimentation ; **belt ~ :** patinage de courroie

slippage (ion ~) : fuite d'ions

slipper bars : glissières *(vanne murale)*

slipping : patinage *(embrayage)*

slip-ring assembly : joint électrique tournant

slip-ring motor : moteur à bagues

slit : fente

slogging box wrench : clé à frapper

slope : côte ; inclinaison ; pente *(courbe)* ; versant *(toit)* ; **downhill ~ :** pente descendante ; **uphill ~ :** pente ascendante

sloped screed : forme de pente

sloping : en pente ; **~ ground :** terrain en pente

slot : coulisse ; fente ; **~ milling cutter :** fraise à rainurer ; **guide ~ :** rainure guide

slotted : entaillé ; **~ armature :** armature à encoches ; induit à rainures ; **~ hole :** trou oblong

slotted-head screw : vis à tête fendue

slotting : rainurage

sloughing : autocurage

slow : lent ; **~ combustion :** combustion lente ; **~ filter :** filtre lent ; **~ filtration :** filtration lente ; **~ rinse :** déplacement *(échange d'ions)* ; poussage *(échange d'ions)* ; **~ sand filtration :** filtration lente sur sable ; **~ speed :** faible vitesse

slow-acting relay : relais à action lente

slow down : freiner

slow-growing bacterium : bactérie à développement lent

slowing down : ralentissement

slow-release relay : relais à retardement

sludge : boues ; vase ; **~ age :** âge des boues ; **~ blanket :** lit de boues ; **~ blanket clarifier :** décanteur à lit de boues ; **~ blanket unit :** décanteur à lit de boues ; **~ blow-down :** purge des boues ; **~ breakdown :** bilan des boues ; **~ bulking :** feutrage des boues ; ~

carrier water : eau d'accompagnement des boues ; ~ **centrifugation :** centrifugation des boues ; ~ **centrifuge :** centrifugeuse à boues ; ~ **cohesion :** cohésion des boues ; ~ **cohesion coefficient :** coefficient de cohésion des boues ; ~ **collection :** reprise des boues ; ~ **composting :** compostage des boues ; ~ **concentrator :** concentrateur de boues ; ~ **conditioning :** conditionnement des boues ; ~ **contact clarification :** décantation à contact de boues ; ~ **conveyor :** transporteur de boues ; ~ **dewatering building :** bâtiment de déshydratation des boues ; ~ **digestion :** digestion des boues ; ~ **discharge channel :** goulotte d'évacuation des boues ; ~ **dispersal agent :** additif anti-boues ; ~ **disposal :** évacuation des boues ; ~ **disposal screw :** vis d'évacuation de boues ; ~ **draw-off :** extraction de boues ; ~ **draw-off pump :** pompe de reprise des boues ; ~ **draw-off valve :** vanne d'extraction de boues ; ~ **drying :** séchage des boues ; ~ **drying area :** aire de séchage des boues ; ~ **drying bed :** lit de séchage des boues ; ~ **filtration :** filtration des boues ; ~ **gas :** gaz de digestion ; ~ **heating :** cuisson des boues ; ~ **hopper :** puits de boues ; fosse à boues ; ~ **incineration :** incinération des boues ; ~ **liquor :** liqueur de boues ; ~ **pit :** fosse à boues ; ~ **production :** production de boues ; ~ **pump :** pompe à boues ; ~ **rate :** débit de boues ; ~ **re-use :** valorisation des boues ; ~ **reactivation cell :** cellule de réactivation des boues ; ~ **recirculation :** brassage hydraulique *(digesteur)* ; recirculation des boues ; ~ **recirculation clarifier :** décanteur à recirculation de boues ; ~ **recirculation pump :** pompe de recirculation des boues ; ~ **removal :** évacuation des boues ; ~ **removal siphon :** siphon d'évacuation des boues ; ~ **rise :** remontée de boues ; ~ **scraper mechanism :** dispositif de raclage des boues ; ~ **settling :** clarification des boues ; ~ **stabilization :** stabilisation des boues ; ~ **suspension :** suspension boueuse ; ~ **thickening :** épaississement des boues ; ~ **thickening zone :** zone d'épaississement des boues ; ~ **treatment :** traitement des boues ; ~ **uprising :** remontée de boues ; ~ **volume index :** indice de Mohlman ; ~ **volume loading :** flux volumique *(boues)* ; **activated ~ :** boues activées ; **aerobic ~ :** boues aérobies ; **bottom ~ :** boues de fond ; **carbonate ~ :** boues de décarbonatation ; **central ~ hopper :** puits central de boues ; **compressible ~ :** boues compressibles ; **creeping ~ :** boues fluentes ; **digested ~ :** boues digérées ; **drilling ~ :** boues de forage ; **easily filtered ~ :** boues facilement filtrables ; **excess ~ :** boues en excès ; **fibrous ~ :** boues fibreuses ; **floated ~ pit :** puits à boues flottées ; **granulated ~ :** boues granuleuses ; **heated ~ :** boues réchauffées ; **heat-treated ~ :** boues cuites ; **hydrophilic-hydrophobic inorganic ~ :** boues minérales hydrophiles-hydrophobes ; **hydrophilic inorganic ~ :** boues minérales hydrophiles ; **hydrophobic inorganic ~ :** boues minérales hydrophobes ; **inorganic ~ :** boues minérales ; **iron-removal ~ :** boues de déferrisation ; **liquid ~ :** boues liquides ; **medium-load activated ~ :** boues activées à moyenne charge ; **oily ~ :** boues huileuses ; **organic ~ :** boues organiques ; **paste-like ~ :** boues pâteuses ; **primary ~ :** boues primaires ; **recirculated ~ :** boues en recirculation ; boues recirculées ; **refinery ~ :** déchets de raffinage ; **return ~ :** boues en retour ; **secondary ~ :** boues secondaires ; **stabilized ~ :** boues digérées ; boues stabilisées ; **sterile ~ :** boues stériles ; **top level of ~ :** voile de boue *(épaississeur)* ; **waste ~ :** boues résiduaires ; **wastewater ~ :** boues résiduaires

sludge-laden liquid : liquide boueux

sludge-laden water : eau boueuse

slug flow : écoulement en poche

sluice : vanne ; ~ **gate :** vanne-batardeau ; ~ **valve :** robinet-vanne ; vanne à glissière ; vanne à opercule ; vannelle ; **single-faced ~ :** vanne murale

sluicing : vannage *(eau)*

slump : affaissement ; ~ **cone :** cône d'Abrams ; ~ **test :** test d'affaissement

slurry : mortier peu épais ; suspension *(chim.)* ; ~ **slaking plant :** extincteur de suspension ; **lime ~ :** lait de chaux ; suspension de chaux

small : petit ; ~ **bar :** barreau ; ~ **beam :** poutrelle ; ~ **connecting rod :** biellette ; ~ **dose :** faible dose ; ~ **handsaw :** scie égoïne ; ~ **order charges :** minimum de facturation ; ~ **packet :** sachet ; ~ **wheel :** roulette

small-bubble device : dispositif à fines bulles

small-end bearing : coussinet de pied de bielle

smell : nez *(vin)* ; odeur

smoke : fumée ; ~ **detector :** détecteur de fumée ; ~ **scrubbing :** lavage de fumées

smoke-generating capacity : pouvoir fumigène

smooth *(adj.)* **:** lisse ; ~ **bore :** alésage lisse ; ~ **cement :** ciment lissé ; ~ **walls :** parois unies

smooth *(v.)* **:** égaliser ; ~ **off :** adoucir

smooth-cut file : lime douce

smoothing (current ~) : filtrage du courant

smoothness : égalité

snail (planorbis ~) : planorbe

snap : déclic ; ~ **action :** action brusque ; ~ **ring :** bague à ressort ; serre-clip

snifter valve : reniflard

snow : neige ; ~ **melt :** fonte des neiges

soaking : trempage

soap : savon ; **household ~ :** savon de Marseille ; **Marseille ~ :** savon de Marseille ; **sand ~ :** savon minéral

social : social ; **~ overhead capital :** infrastructure ; **~ security :** protection sociale

socket : cosse ; crapaudine de paumelle ; douille ; douille de prise de courant ; emboîtement de tuyau ; manchon ; passe-câbles ; prise femelle ; **~ flange :** bride-emboîtement ; **~ wrench :** clé à douilles ; clé à pipe ; **bayonet ~ :** douille à baïonnette ; **pipe ~ :** emboîtement ; **screw ~ :** douille à vis ; **tube ~ :** support de tube

socket-type : à emboîtement

soda : soude ; **~ lime :** chaux sodée ; **~ lye :** lessive de soude ; **~ pulp :** pâte à la soude ; **caustic ~ :** soude ; soude caustique

sodium : sodium ; **~ absorption ratio :** rapport d'absorption de sodium ; **~ alginate :** alginate de sodium ; **~ bicarbonate :** bicarbonate de sodium ; bicarbonate de soude ; **~ bisulphite :** bisulfite de sodium ; **~ carbonate :** carbonate de sodium ; carbonate de soude ; **~ chloride :** chlorure de sodium ; **~ chlorite :** chlorite de sodium ; **~ fluoride :** fluorure de sodium ; **~ hexafluorosilicate :** hexafluorosilicate de sodium ; **~ hydroxide :** soude ; **~ hypochlorite :** eau de Javel ; hypochlorite de sodium ; **~ hyposulphite :** hyposulfite de sodium ; hyposulfite de soude ; **~ metabisulphite :** métabisulfite de sodium ; **~ nitrate :** azotate de soude ; **~ nitride :** nitrure de sodium ; **~ removal :** désodation ; **~ silicate :** silicate de sodium ; silicate de soude ; **~ sulphate :** sulfate de soude ; **~ sulphite :** sulfite de sodium ; **~ thiosulphate :** hyposulfite de sodium ; hyposulfite de soude ; thiosulfate de sodium

soffit : génératrice supérieure de tuyau

soft : tendre ; **~ coal :** houille grasse ; **~ loan :** prêt participatif ; **~ water :** eau douce

soft-brazing solder : brasure tendre

soften : adoucir *(eau)* ; détremper *(métal)*

softened water : eau décarbonatée

softener : adoucisseur

softening : adoucissement ; **~ point :** température de ramollissement ; **lime ~ :** décarbonatation à la chaux

software : logiciel ; **~ engineering :** génie logiciel ; **application ~ :** progiciel

soil : sol ; terrain ; **~ compaction :** compactage de sol ; **~ improvement :** amendement des sols ; **~ internal friction :** frottement interne du sol ; **~ investigation :** étude de sol ; **~ stabilization :** stabilisation du sol ; **~ stabilizer :** stabilisateur de sol ; **~ study :** reconnaissance du terrain ; **loose ~ :** terrain fluent ; **night ~ :** matières de vidange ; produit de vidange ; **reinforced ~ :** sol renforcé ; **sandy ~ :** sol sablonneux ; **stabilized ~ :** sol stabilisé

sol : solution colloïdale

solar : solaire ; **~ cell :** pile solaire ; **~ energy :** énergie solaire

solarimeter : solarimètre

solder (soft-brazing ~) : brasure tendre

soldered : brasé

soldering : brasage ; **~ iron :** fer à souder ; **~ lug :** cosse à souder ; **brass ~ :** brasure

sole : semelle

solenoid : solénoïde ; **~ valve :** électrovanne ; robinet électromagnétique ; vanne électromagnétique

solicitor : avoué ; notaire ; **~ general :** procureur de la république

solid : solide ; **~ bowl :** bol plein ; **~ disc :** disque plein ; **~ fuel :** combustible solide ; **~ phase :** phase solide ; **~ reagent :** réactif solide ; **~ wedge disc :** opercule monobloc *(coin)*

solid-drawn tube : tube étiré sans fente

solid-forged : monobloc

solidification : congélation

solidify : figer

solids : matières solides ; solides ; **dry ~ :** matières sèches ; **settleable ~ :** matières décantables ; **settled ~ :** solides décantés ; **suspended ~ :** matières en suspension ; **volatile ~ :** matières volatiles

solids contact clarification : décantation à contact de boues

solids contact clarifier : décanteur à contact de boues

solids contact flocculation : floculation avec contact de boues

solids contact settling : décantation à contact de boues

solids contact unit : appareil à contact de boues ; décanteur à contact de boues

solids flux rate : flux massique

solids loading : flux massique *(décanteur)*

solubility : solubilité ; **~ product :** produit de solubilité

solubilizer : solubilisant

soluble oils : huiles solubles

solute : corps dissous ; soluté

solution : bain ; liqueur ; solution ; **~ feed :** chloration indirecte ; **acid ~ :** liqueur alcalimétrique ; **alkaline ~ :** liqueur acidimétrique ; **aqueous ~ :** solution aqueuse ; **buffer ~ :** solution tampon ;

colloidal ~ : solution colloïdale ; **concentrated ~ :** solution concentrée ; **dilute ~ :** solution diluée ; **diluted ~ :** solution diluée ; solution étendue ; **electrolytic ~ :** solution électrolytique ; **ideal ~ :** solution idéale ; **micellar ~ :** solution micellaire ; **physiological salt ~ :** solution physiologique ; **pickling ~ :** décapant ; **reference ~ :** solution étalon ; **regenerant ~ :** solution régénérante ; **saline ~ :** solution saline ; **saturated ~ :** solution saturée ; **standard ~ :** solution normale ; **stock ~ :** solution mère ; **supersaturated ~ :** solution sursaturée

solvent *(adj.)* **:** solvable

solvent *(n.)* **:** diluant ; dissolvant ; solvant ; **~ extraction :** extraction par solvant ; **chlorinated ~ :** solvant chloré

soot remover : séparateur de suie

sorting : tri ; **waste ~ :** tri des déchets ; tri des ordures

sound *(adj.)* **:** sain ; **~ moral character :** bonne moralité

sound *(n.)* **:** son ; **~ barrier :** mur du son ; **~ insulation :** isolation acoustique ; **~ level :** niveau de son ; **~ track :** bande photonique ; piste sonore ; **~ wave :** onde sonore

sound-absorbing wall : paroi anti-bruit

sound-and-slide show : présentation audiovisuelle

sound-level meter : sonomètre

sound-proof : insonore ; **~ cover :** capot d'insonorisation ; **~ shaft :** cheminée d'insonorisation

sound-proofing : insonorisation ; isolation phonique

source : source ; **heat ~ :** apport de chaleur ; **ion ~ :** source d'ions ; **light ~ :** source lumineuse

south : sud

south-east : sud-est

south-west : sud-ouest

space : espace ; intervalle ; **~ heating :** chauffage d'un local ; **~ probe :** sonde spatiale ; **~ requirements :** encombrement ; **empty ~ :** vide ; **flat ~ :** aire

spacer : centreur ; écarteur ; entretoise ; espaceur ; **~ pipe :** tube entretoise ; **~ ring :** bague entretoise ; entretoise ; **impeller ~ ring :** bague entretoise de roue

spacing : écartement ; espacement ; **~ ring :** douille d'entretoise ; **mesh ~ :** vide de maille

spade lug : cosse à œillet

spalling : épaufrure

span : gain *(sur échelle mesure)* ; portée *(pont)* ; **~ area :** champ de manœuvre *(pont roulant)* ; **~ roof :** comble à deux pentes

spanner : clé *(outil)* ; **adjustable ~ :** clé à molette ; clé anglaise ; **box ~ :** clé à pipe ; clé polygonale ; **open-jaw ~ :** clé à fourche ; **ring ~ :** clé fermée ; **single-ended ~ :** clé simple à fourche

spare part : pièce de rechange ; pièce détachée

sparger (air ~) : diffuseur d'air

spark : étincelle ; **~ phenomenon :** aigrettage

spark-gap : éclateur

sparks : aigrettes

spate (river in ~) : rivière en crue

spatial sludge load : charge spatiale en boues

spatter : projection *(éclaboussure)*

specialist : spécialiste ; **water ~ :** traiteur d'eau

special provisions : dispositions particulières

species : espèce

specific : spécifique ; **~ area :** surface spécifique ; **~ conductivity :** conductivité spécifique ; **~ gravity :** densité ; gravité spécifique ; **~ gravity bottle :** flacon à densité ; pycnomètre ; **~ gravity of water :** densité de l'eau ; **~ heat :** chaleur massique ; chaleur spécifique ; **~ oxygen transfer capacity :** apport spécifique ; **~ resistance :** résistance spécifique ; **~ surface area :** surface spécifique ; **~ weight :** poids spécifique

specification : descriptif ; spécification ; **~s :** cahier des charges ; devis descriptif ; prescriptions ; **~ sheet :** fiche technique ; **packing ~ :** colisage ; **welding ~ :** cahier de soudage

specify : préciser

specimen (test ~) : éprouvette

spectacles : lunettes

spectrography : spectrographie ; **emission ~ :** spectrographie d'émission ; **mass ~ :** spectrographie de masse

spectrometer : spectromètre ; **mass ~ :** spectromètre de masse

spectrometric : spectrométrique

spectrometry : spectrométrie ; **absorption ~ :** spectrométrie d'absorption ; **mass ~ :** spectrométrie de masse

spectrophotometer : spectrocolorimètre ; spectrophotocolorimètre ; spectrophotomètre

spectrophotometry : spectrophotométrie

spectrum : spectre ; **Raman ~ :** spectre Raman

speed : vitesse ; **~ of passage :** vitesse de passage *(Aquazur)* ; **~ of rotation :** vitesse de rotation ; **~ of scroll :** vitesse de vis ; **~ reducer :** ralentisseur ; réducteur de vitesse ; **~ regulator :** variateur de vitesse ; **angular ~ :** vitesse angulaire ; **bowl ~ :** vitesse du bol ; **peripheral ~ :** vitesse circonférentielle ; vitesse périphérique ; **reduce ~ :** freiner ;

settling ~ : vitesse de chute de particules ; **slow ~ :** faible vitesse ; **tip ~ :** vitesse en bout d'hélice

speedometer : compteur de vitesse ; indicateur de vitesse *(auto.)*

speed-reduction gear : réducteur

speed-reduction motor : motoréducteur

spent : usé ; **~ caustic soda :** soude usée ; **~ resin regenerant :** éluat de régénération

sphere : boule ; **gas ~ :** sphère de gaz

spherically dished head : fond à rayon de carre ; fond en anse de panier

spherical plug valve : robinet à boisseau sphérique ; vanne à boisseau sphérique

sphericity : sphéricité

spheroid : sphéroïdal *(adj.)*

spicy : épicé

spigot : bout mâle *(tuyau)* ; bout uni ; **~ flange :** bride-uni ; **pipe ~ :** bout mâle d'un tuyau

spill (oil ~) : marée noire

spillage : déversement

spillway : évacuateur de crue

spindle : arbre *(pompe, tour)* ; axe *(pompe, vanne)* ; tige ; tige de commande *(vanne)* ; **extension ~ :** rallonge *(vanne)* ; tige de manœuvre *(vanne)* ; **valve ~ :** tige de soupape

spindrift : embruns

spinning : filage ; filature ; **~ room :** salle de filature

spin stabilization : stabilisation par rotation

spiral : spirale ; **~ conveyor :** transporteur à vis ; vis de transport ; **~ exchanger :** échangeur en spirale ; **~ gear :** embrayage en spirale ; engrenage hélicoïdal ; **~ spring :** ressort à boudin ; ressort en spirale ; **~ teeth :** denture en spirale ; **compression ~ :** ressort de compression

spiral-wound module : module à enroulement spiral

spirit : alcool ; essence ; **~ level :** fiole d'arpentage ; niveau à bulle d'air ; **~ varnish :** vernis à l'alcool ; **methylated ~s :** alcool à brûler

splashing : barbotage ; éclaboussement

splash lubrication : graissage par barbotage ; lubrification par barbotage

splash-proof : étanche aux projections horizontales ; protégé contre les projections d'eau latérales

splatter : projection *(éclaboussure)*

splice : éclisse *(bague de joint)* ; ligature *(élec.)* ; épissure *(joint)*

splined : cannelé ; **~ shaft :** arbre à rainures ; arbre cannelé

split *(adj.)* **:** fendu ; **~ pin :** clavette fendue ; goupille fendue ; **~ ring :** anneau brisé ; bague fendue ; **~ seconds hand :** double trotteuse ; **~ washer :** rondelle à fente

split *(n.)* **:** crique longitudinale ; fente

split-level house : maison à mi-étage

splitter (sack ~) : désensacheuse ; machine vide-sac ; trémie de dessachage

splitting chamber : ouvrage de répartition

spoil : avarier

spoiled : éventé

spoiler : déflecteur aérodynamique

spoke : croisillon *(roue)*

sponge : éponge ; mousse *(caoutchouc)* ; **~ iron :** éponge de fer ; **platinum ~ :** mousse de platine ; **rubber ~ :** caoutchouc mousse

sponsor : commanditer

spontaneous combustion : autocombustion

spontaneously combustible : autocombustible

spool : bobine ; tambour *(laitier)*

spot : endroit ; point ; **~ elevation :** cote de niveau ; **~ facing :** lamage ; **~ market :** marché au comptant ; **~ method :** méthode de terrain ; **~ weld :** soudure par points ; **~ welding :** soudage par points

spot-face : lamer

spotlight : projecteur orientable

spout : bec ; bec verseur ; **tapping ~ :** bec de coulée

spray *(n.)* **:** pulvérisateur ; **~ aeration :** pulvérisation ; **~ burner :** brûleur à poudre ; **~ chamber :** chambre de pulvérisation ; **~ irrigation :** irrigation par aspersion ; **~ nozzle :** gicleur ; pulvérisateur *(atomiseur)* ; tuyère de pulvérisation ; **~ painting :** peinture au pistolet ; **~ washing :** nettoyage au jet

spray *(v.)* **:** pulvériser *(atomiser)* ; **~ wash :** nettoyer au jet

sprayer : rampe de pulvérisation

spraygun : pistolet

spraying : aspersion ; pulvérisation *(atomisation)* ; vaporisation ; **~ column :** tour de pulvérisation ; **water ~ :** pulvérisation de l'eau

spray-painting nozzle : projecteur-pulvérisateur

spray-type tower : tour de pulvérisation

spray-valve heater : compartiment de réchauffage

spread *(n.)* **:** étalement ; **~ footing :** semelle isolée *(GC)*

spread *(v.)* **:** répartir *(risques)*

spreader : épandeur ; **~ centrifugal :** dispenseur *(agric.)*

spreading : échelonnement *(paiements)* ; épandage ; répandage ;

spring : ressort ; source ; **~ balance :** peson à ressort ; **~ bolt :** verrou à ressort ; **~ box :** barillet de ressort ; **~ callipers :** compas à ressort ; **~ clip :** pince à ressort ; **~ contact :** contact élastique ; **~ cotter :** clavette à ressort ; **~ hook :** crochet à lame ressort ; **~ steel :** acier à ressorts ; **~ switch :** commutateur à ressort ; **~ tapping :** captage de source ; **~ washer :** rondelle élastique ; **~ water :** eau de source ; **calibrated ~ :** ressort taré ; **elliptic ~ :** ressort elliptique ; **helical ~ :** ressort hélicoïdal ; **leaf ~ :** ressort à lames ; **natural ~ :** source naturelle ; **return ~ :** ressort de rappel ; **spiral ~ :** ressort à boudin ; ressort en spirale ; **two-way ~ :** ressort à double sens

springboard : tremplin

spring-loaded safety valve : soupape de sécurité à ressort ; soupape de sûreté à ressort

sprinkler : sprinkler

sprinkling : arrosage ; aspersion

sprocket : pignon de chaîne ; **~ wheel :** barbotin ; pignon de chaîne ; roue dentée d'entraînement ; **feed ~ :** tambour dérouleur

spur gear : engrenage cylindrique ; engrenage droit ; réducteur à engrenages parallèles *(droits)* ; **~ drive :** entraînement par engrenage droit

spurious : parasite *(adj.)* ; **~ clogging :** faux encrassement ; **~ discharge :** décharge parasite ; **~ modulation :** modulation parasite ; **~ signal :** signal parasite

spur wheel : roue droite

spyglass : œilleton

square *(adj.)* **:** carré ; **~ centimetre :** centimètre carré ; **~ drive :** carré conducteur *(clé)* ; conducteur *(outil)* ; **~ file :** lime carrée ; **~ foot :** pied carré ; **~ metre :** mètre carré ; **~ nut :** écrou carré

square *(n.)* **:** carré ; équerre *(dessin)* ; **flanged ~ :** équerre à chapeau

square-head bolt : vis à tête carrée

squeegee : raclette

squeeze-out : fluage ; **lateral ~ :** fluage *(pressDeg)*

squeezing roller : rouleau de laminage

squirrel cage : cage d'écureuil

squirrel-cage motor : moteur à cage d'écureuil ; moteur à rotor en court-circuit

squirrel-cage rotor : rotor à cage ; rotor en court-circuit

S-shaped wall anchor : fer en S

stabex : stabilisation des prix des produits de base

stability : stabilité ; **calcium carbonate ~ :** équilibre calco-carbonique ; **chemical ~ :** stabilité chimique ; **physical ~ :** stabilité physique ; **thermal ~ :** stabilité thermique

stabilization : stabilisation ; **~ time :** temps de stabilisation ; **aerobic ~ :** stabilisation aérobie ; **sludge ~ :** stabilisation des boues ; **soil ~ :** stabilisation du sol ; **spin ~ :** stabilisation par rotation

stabilization/solidification : inertage *(à froid)*

stabilized : stabilisé ; **~ sludge :** boues digérées ; boues stabilisées ; **~ soil :** sol stabilisé

stabilizer : stabilisant ; stabilisateur ; **soil ~ :** stabilisateur de sol

stable : stable ; **~ passivity :** passivité stable

stabulation : stabulation

stack : cheminée ; **vent ~ :** cheminée d'évent ; conduit de ventilation

stacker (pallet ~) : transpalette

stacking : gerbage

staff : jalon ; personnel *(n.)* ; **levelling ~ :** mire de nivellement

stage : étage *(méc.)* ; étape ; stade ; **~ gain :** gain d'étage ; **filter ~ :** étage de filtration

stagger : disposer en quinconce ; disposer en zigzag

staggered : disposés en zigzag ; en quinconce ; **~ riveting :** rivetage en quinconce ; **~ weld :** soudure alternée

staging (reject ~) : série-rejet *(osmose inverse)*

stagnant water : eau morte ; eau stagnante

stainless : inoxydable ; **~ steel :** acier immaculable ; acier inoxydable ; inox

stain remover : détachant

stairs : escalier

stairway (access ~) : escalier d'accès

stake : piquet

staking out : piquetage

stalks : pédoncules *(microbiol.)*

stamp *(n.)* **:** timbre *(cachet)* ; **date ~ :** timbre dateur ; **inspection ~ :** poinçon de contrôle

stamp *(v.)* **:** emboutir

stamped steel : acier estampé

stamping : emboutissage ; estampage ; impression *(monnaie)* ; matriçage ; poinçonnage ; **~ press :** presse à emboutir ; **~ tool :** matrice

stand : support ; **laboratory ~ :** valet de laboratoire ; **testing ~ :** banc d'épreuve ; **test tube ~ :** support pour tube à essais ; **work ~ :** servante *(machine-outil)*

standard *(adj.)* **:** nomalisé ; standard ; **~ channel iron :** U à profil normalisé ; **~ contract :** contrat type ; **~ deviation :** écart type ; **~ filter :** filtre étalon ; **~ hours :** heures pleines ; **~ hydrogen electrode :** électrode normale à hydrogène ; **~ pipe :** tuyau normalisé ; **~ solution :** solution normale ; **~ U-beam with flanges :** U à ailes parallèles

standard *(n.)* **:** étalon ; norme ; standard ; **colour ~ :** étalon couleur ; plaquette couleur ; **discharge ~ s :** conditions de rejet ; normes de rejet ; **export ~ :** qualité export

standardization : normalisation ; standardisation

stand-by : en réserve ; **~ burner :** brûleur de secours ; **~ power source :** réserve de marche ; **~ pump :** pompe en secours

standing (commercial ~) : surface commerciale

standing committee : commission permanente

standing ladder : échelle simple

standpipe : colonne d'alimentation

staple : agrafe

star : étoile ; **~ connection :** couplage en étoile ; montage en étoile ; montage étoile

starch : amidon ; **~ mill :** amidonnerie ; féculerie ; **corn ~ :** amidon de maïs ; **rice ~ :** amidon de riz ; **wheat ~ :** amidon de blé

star-delta : étoile-triangle ; **~ connection :** montage étoile-triangle ; **~ starter :** commutateur étoile-triangle ; **~ starting :** démarrage étoile-triangle

start : mettre en marche ; **~ up :** mettre en route

starter : démarreur ; **~ bar :** armature d'attente ; **~ irons :** fers en attente ; **automatic ~ :** démarreur automatique ; **autotransformer ~ :** démarreur par auto-transformateur ; **direct-on-line ~ :** démarreur en direct ; **inertia ~ :** démarreur à inertie ; **star-delta ~ :** commutateur étoile-triangle ; **statoric ~ :** démarreur statorique

starting : démarrage ; mise en marche ; **~ current :** courant d'appel ; **~ current inrush :** appel au démarrage ; **~ date :** point de départ ; **~ switch :** interrupteur de démarrage ; **~ torque :** couple de démarrage ; **across-the-line ~ :** démarrage direct ; **DOL ~ :** démarrage direct ; **no-load ~ :** démarrage à vide ; démarrage hors charge ; **star-delta ~ :** démarrage étoile-triangle

start/stop operation : commande par tout ou rien

start-up : démarrage ; **~ costs :** frais d'établissement ; **~ operator :** metteur en route

state : état ; **~ aid :** aide publique ; **free ~ :** état libre

statement : état *(admin.)* ; exposé ; **~ of account :** relevé de compte

state-qualified engineer : ingénieur agréé

static : statique ; **~ discharge head :** hauteur géométrique de refoulement ; **~ flocculator :** floculateur statique ; **~ flotation unit :** flottateur statique ; **~ head :** élévation statique ; **~ mixer :** mélangeur statique ; **~ settling :** décantation statique ; **~ settling tank :** décanteur statique ; **~ suction head :** hauteur géométrique d'aspiration ; **~ thickener :** épaississeur statique

station : poste *(endroit)* ; **control ~ :** station de manœuvre ; **lifting ~ :** poste de relèvement ; station de relevage ; **low-voltage ~ :** local basse tension ; **power ~ :** centrale électrique ; **pumping ~ :** poste de relèvement ; station de pompage ; usine élévatoire ; **subscriber ~ :** poste d'abonné ; **transmission ~ :** poste de télétransmission ; **warning ~ :** station d'alerte ; **work ~ :** poste de travail

stationary : fixe ; **~ cylindrical shell :** enveloppe cylindrique fixe ; **~ dredge :** drague stationnaire

statistical assessment : étude statistique

stator : stator

statoric starter : démarreur statorique

status : état ; **verification ~ :** état du contrôle

statutory : statutaire *(droit)* ; **~ auditor :** commissaire aux comptes titulaire ; **~ declaration :** attestation sur l'honneur ; déclaration sur l'honneur

stay : étai *(constr.)* ; hauban raidisseur ; séjour ; **~ bar :** raidisseur *(hauban)*

staybolt : boulon d'entretoisement

staying : étaiement

steam : vapeur ; vapeur d'eau ; vaporisation ; **~ boiler :** chaudière à vapeur ; **~ carry-over :** entraînement par la vapeur ; **~ chest :** boîte à tiroir ; boîte à vapeur *(chaudière)* ; **~ compression distillation :** distillation avec compression de vapeur ; **~ cracking unit :** vapocraqueur ; **~ distillation :** strippage à la vapeur ; **~ distillation extraction :** extraction par distillation en phase vapeur ; **~ dryer :** sécheur de vapeur ; **~ engine :** moteur à vapeur ; **~ feed pump :** pompe d'alimentation à vapeur ; **~ gauge :** manomètre à vapeur ; **~ generator :** chaudière à vapeur ; générateur de vapeur ; **~ generator blow-down :** purges des générateurs de vapeur ; **~ hammer :** pilon à vapeur ; **~ jacket :** chemise de vapeur ; **~ nozzle :** ajutage à vapeur ; **~ pump :** pompe à vapeur ; **~ purifier :** épurateur de vapeur ; **~ reforming :** vaporéformage ; **~ regeneration :** régénération à la vapeur ; **~ relief valve :** détendeur de vapeur ; **~ scrubber :** bouilleur *(évaporation pour dégazage)* ; **~ separator :** épurateur de vapeur ; séparateur de vapeur ; **~ stripping :** strippage à la vapeur ; **~ trap :** séparateur d'eau de condensation ; **~ turbine :** turbine à vapeur ; **live ~ :** vapeur vive ; **saturated ~ :** vapeur saturée ; **superheated ~ :** vapeur surchauffée

steam-driven : actionné par la vapeur

steam-generating heat : chaleur de vaporisation

steaming rate : régime de vaporisation *(chaudière)*

steam-lift pump : émulseur à vapeur

steam-traced tank : citerne tracée

stearic acid : acide stéarique

steatite : craie de Briançon

steel : acier ; **~ bars for reinforced concrete :** acier rond à béton ; **~ cable :** câble en acier ; **~ construction :** charpente métallique ; **~ industry :** sidérurgie ; **~ pipe :** tube d'acier ; **~ rope :** câble en acier ; filin d'acier ; **~ section :** profilé en acier ; **~ window and door :** fenêtre et porte métalliques ; **~ wire :** câble en acier ; **air-hardening ~ :** acier auto-trempant ; **alloy ~ :** acier allié ; acier spécial ; **annealed ~ :** acier recuit ; **argon arc welded ~ :** acier soudé sous argon ; **austenitic ~ :** acier au manganèse ; **bare ~ :** acier nu ; **Bessemer ~ :** acier Bessemer ; **blister ~ :** acier cémenté ; acier de cémentation ; **boron ~ :** acier au bore ; **carbon ~ :** acier au carbone ; acier noir ; **cast ~ :** acier coulé ; acier fondu ; acier moulé ; fonte d'acier ; **casting ~ :** acier de moulage ; **chromium ~ :** acier au chrome ; **chromium-plated galvanized ~ :** acier chromé-zingué ; **chromium-plated ~ :** acier chromé ; **chromium-vanadium ~ :** acier au chrome-vanadium ; **compressed ~ :** acier comprimé ; **crucible ~ :** acier fondu au creuset ; **die ~ :** acier matricé ; **drawn ~ :** acier étiré ; **drill ~ :** acier à fleurets ; acier pour mèches ; **electric ~ :** acier électrique ; **enamelled ~ :** acier laqué ; acier peint ; **forged ~ :** acier forgé ; **forging ~ :** acier de forge ; **galvanized ~ :** acier galvanisé ; acier zingué ; **ground ~ :** acier meulé ; **Hadfield manganese ~ :** acier au manganèse ; **hardened ~ :** acier trempé ; **high-carbon ~ :** acier au carbone à haute teneur ; **high-speed ~ :** acier à coupe rapide ; acier rapide ; **high-strength ~ :** acier à haute résistance ; **high-tensile ~ :** acier à haute résistance ; acier à haute tension ; **ingot ~ :** acier en lingot ; **killed ~ :** acier calmé ; **low-carbon ~ :** acier au carbone à faible teneur ; **manganese ~ :** acier au manganèse ; **martensitic ~ :** acier à structure martensitique ; **medium-carbon ~ :** acier demi-dur ; acier mi-dur ; **merchant ~ :** acier marchand ; **molybdenum ~ :** acier au molybdène ; **nickel ~ :** acier au nickel ; **nickel-chromium ~ :** acier au nickel-chrome ; **open-hearth ~ :** acier fondu sur sole ; acier Martin ; acier sur sole ; **parkerized ~ :** acier parkérisé ; **plain carbon ~ :** acier au carbone ordinaire ; acier courant ; acier noir ; acier ordinaire ; **platinum ~ :** acier au platine ; **pressed ~ :** acier embouti ; tôle emboutie ; **reinforcing ~ :** armature d'acier ; **rimmed ~ :** acier non calmé ; acier partiellement désoxydé ; **rolled ~ :** acier laminé ; **self-hardening ~ :** acier auto-trempant ; **shear ~ :** acier corroyé ; **silicon ~ :** acier au silicium ; **sintered ~ :** acier fritté ; **spring ~ :** acier à ressorts ; **stainless ~ :** acier immaculable ; acier inoxydable ; inox ; **stamped ~ :** acier estampé ; **structural ~ :** acier de construction ; acier profilé ; **ternary ~ :** acier ternaire ; **tool ~ :** acier à outils ; **treated ~ :** acier traité ; **tungsten ~ :** acier au tungstène ; **vanadium ~ :** acier au vanadium ; **vulcanized ~ :** acier ébonité

steeled : aciéré

steel-frame building : bâtiment à ossature métallique

steel-lined : chemisé acier

steelwork : charpente en acier ; **~s :** aciérie

steep gradient : rampe à fort pourcentage

steerable : orientable

steering wheel : volant de direction

stellite : stellite

stem : tige ; **emergent ~ :** colonne émergente *(thermomètre)* ; **inside-screw ~ :** tige à vis intérieure ; **non-rising ~ :** tige fixe ; **nozzle ~ :** queue de buselure ; **outside-screw ~ :** tige à vis extérieure ; **rising ~ :** tige montante ; **valve ~ :** tige de soupape

stemmed nozzle : buselure à queue

step : étape ; marche *(d'escalier)* ; séquence *(étape)* ; **~s :** perron ; **~ aeration :** aération étagée ; **~ bearing :** crapaudine ; **~ nosing :** nez de marche ; **~ pulley :** poulie à cône ; poulie étagée ; **job ~ :** étape de travail *(info.)*

step-down gear : engrenage démultiplicateur

step-down transformer : transformateur abaisseur

stepped-feed tank : bassin à alimentation étagée

stepped pressure release : détente en cascade

stepping : échelonnement ; **~ down :** réduction *(tension)* ; **~ relay :** relais à cascade

step-up gear : engrenage multiplicateur

step-up voltage transformer : transformateur-élévateur de tension

stercoraceous : stercoraire

steric exclusion chromatography : chromatographie d'exclusion

sterile : stérile ; **~ sludge :** boues stériles

sterilization : stérilisation *(méd.)*

sterilizer : stérilisateur

stevedore : manutentionnaire *(port)*

steward : intendant

stick *(n.)* **:** baguette ; bâton ; **~ operation :** commande par perche ; **carbon ~ :** baguette de charbon ; **oil ~ :** jauge à huile

stick *(v.)* **:** coller ; **~ together :** s'agglomérer

sticking : collage

stiffener : raidisseur

stiffening rib : nervure de renforcement

stiffness : rigidité ; **~ coefficient :** coefficient de rigidité

stile : montant *(porte)*

still *(adj.)* **:** calme ; **~ frame :** image statique ; **~ water :** eau calme ; eau tranquille ; **~ zone :** zone morte ;

still *(n.)* **:** alambic ; **secondary ~ :** appareil de redistillation

stilling : tranquillisation ; **~ baffle :** cloison tranquillisatrice ; tranquillisateur *(Pulsator)* ; **~ chamber :** chambre de tranquillisation ; **~ picket fence :** herse de tranquillisation

Stillson-type wrench : clé à griffe

stimulant : stimulant

stipendiary magistrate : juge

stipulate : préciser

stir : agiter

stirrer : barboteur ; **bottom ~ :** agitateur de fond ; **electric ~ :** agitateur électrique ; électroagitateur ; **magnetic ~ :** agitateur magnétique

stirring : barbotage ; brassage *(boues)*

stirrup : étrier

stirrup-mounted valve : vanne à étrier

stochastic : stochastique

stock : cuve *(haut-fourneau)* ; souche ; **~ exchange :** bourse ; bourse des valeurs ; **~ in hand :** marchandises en magasin ; **~ solution :** solution mère ; **buffer ~ :** stock tampon ; **capital ~ :** capital social ; **common ~ :** action ordinaire *(fin.)*

stocking cutter : fraise ébaucheuse

stockyard : zone de stockage

stoichiometry : stœchiométrie

stone : pierre ; **~ catcher :** chasse-pierres ; **~ removal :** épierrage ; **building ~ :** pierre à bâtir ; **cut ~ :** pierre de taille ; pierre taillée ; **dressed ~ :** pierre taillée ; **paving ~ :** dalle ; pavé ; pierre de pavage ; **pumice ~ :** pierre ponce

stoneware : grès cérame

stonework (masoned ~) : pierre maçonnée

stop : arrêt ; arrêtoir ; butée ; butée d'arrêt ; butoir ; **~ box :** chenal d'arrêt ; **~ cock :** robinet d'arrêt ; **~ log :** batardeau ; trappe d'isolement ; batardeau mobile ; **~ pin :** ergot d'arrêt ; **~ ring :** butée ; **~ valve :** soupape d'arrêt ; **angle-type ~ :** robinet à soupape d'équerre ; **door ~ :** arrêt de porte ; **emergency ~ :** arrêt d'urgence ; **safety ~ :** taquet de sûreté

stopover : escale

stopper : tampon *(bouchon)* ; **cork ~ :** bouchon de liège ; **glass ~ :** bouchon en verre ; **ground-glass ~ :** bouchon à l'émeri ; bouchon en verre dépoli

stoppered flask : flacon bouché

stopping : bouchage

stopwatch : chronomètre

storage : accumulation ; stockage ; **~ area :** aire de dépôt ; aire de stockage ; zone de mémoire *(info.)* ; **~ basin :** bassin de stockage ; **~ battery :** accumulateur ; **~ bin :** bac ; casier *(élec.)* ; **~ dam :** barrage-réservoir ; **~ drum :** bidon de stockage ; **~ equipment :** matériel de stockage ; **~ facilities :** installations de stockage ; **~ hopper :** trémie de stockage ; **~ in closed premises :** stockage en local fermé ; **~ in heated premises :** stockage chauffé ; **~ in refrigerated premises :** stockage réfrigéré ; **~ on covered storage area :** stockage sur parc couvert ; **~ on open storage area :** stockage sur parc ; **~ pool :** piscine de stock ; **~ reservoir :** barrage-réservoir ; **~ skip :** benne de stockage ; **~ sump :** fosse de stockage ; **~ tank :** bac de stockage ; bâche *(dégazeur)* ; bassin de stockage ; citerne de stockage ; cuve de stockage ; réservoir de stockage ; **~ under shelter :** stockage sous abri ; **~ water heater :** chauffe-eau à accumulation ; **chemicals ~ :** stockage des réactifs ; **data ~ :** stockage de données ; **digested sludge ~ tank :** stockeur de boues digérées ; **working ~ :** mémoire de travail

store *(n.)* **:** magasin ; **bond ~ :** entrepôt d'importation ; **buffer ~ :** mémoire tampon

store *(v.)* **:** emmagasiner ; stocker

storeroom : magasin

storm : orage ; **~ overflow :** déversoir d'orage ; **~ water :** eaux pluviales ; **~ water tank :** bassin d'orage ; bassin de pluie

stout : bière brune

stove drying : séchage à l'étuve

straight : droit ; **~ angle :** angle plat ; **~ bar screen :** grille droite ; **~ bar screen with cables :** grille droite à câbles ; **~ bore :** alésage cylindrique ; **~ height :** hauteur cylindrique ; **~ length :** longueur cylindrique ; **~ line :** droite ; ligne droite ; rectiligne ; **~ line of regression :** droite de régression ; **~ polarity :** polarité normale ; **~ screw-down valve :** robinet à soupape droit

straightening roll : rouleau de redressage

straight-run naphtha : naphte de première distillation

straight-through passage valve : vanne à passage direct ; vanne à passage intégral

strain : déformation ; effort ; souche *(bio.)* ; **~ gauge :** jauge de contrainte ; **compression ~ :** déformation par compression ; **elastic ~ :**

déformation élastique ; **shear ~ :** déformation par cisaillement

strained : tamisé ; **~ water :** eau tamisée

strainer : crapaudine *(grille)* ; crépine ; tamis *(liquides)* ; **concave ~ :** tamis à grille concave ; **magnetic ~ :** crépine magnétique ; **rotating ~ :** tamis rotatif

straining : tamisage ; **~ threshold :** seuil de tamisage ; **mechanical ~ :** tamisage mécanique

straining tie : hauban raidisseur

strand : brin ; fil *(câble)* ; toron *(corde)*

strap : courroie ; patte ; **~ key :** contacteur à lame-ressort ; **fixing ~ :** patte de fixation

stratification : stratification

straw : paille

stray current : courant parasite

stream : courant *(liquide)* ; cours d'eau ; **gas ~ :** veine fluide ; **water ~ :** veine fluide

streamers : panaches *(effet de couronne)*

streamlined : aérodynamique ; profilé ; à profil fuyant ; **~ blade :** pale à profil fuyant

streamlining : profilage

street-lamp : réverbère

street-light : lampadaire

strength : résistance *(méc.)* ; teneur *(solution)* ; tenue ; **binding ~ :** adhérence ; **bonding ~ :** pouvoir agglutinant ; **breaking ~ :** résistance à la rupture ; **buckling ~ :** résistance au flambage ; **bursting ~ :** résistance à l'éclatement ; **cohesion ~ :** résistance spécifique à la séparation ; **compression ~ :** résistance à la compression ; résistance à la rupture *(compression)* ; **compressive ~ :** résistance à la compression ; **crushing ~ :** résistance à l'écrasement ; **dielectric ~ :** rigidité diélectrique ; **fatigue ~ :** résistance à la fatigue ; tenue en fatigue ; **impact ~ :** résistance au choc ; **insulating ~ :** tenue diélectrique ; **notch ~ :** résistance au choc d'éprouvette entaillée ; **shear ~ :** résistance au cisaillement ; **tensile ~ :** charge de rupture ; résistance à l'extension ; résistance à la tension ; résistance à la traction ; **ultimate ~ :** résistance de rupture ; **yield ~ :** résistance à la déformation ; résistance élastique

strengthen : consolider

strengthened : renforcé

strengthening : renforcement

stress : charge ; contrainte ; effort ; **~ analysis :** calcul de résistance ; **~ corrosion :** corrosion sous contrainte ; **~ relief :** relâchement de contrainte ; **allowable ~ :** contrainte admissible ; taux de charge ; taux de travail ; **alternating ~ :** contrainte alternée ; **bending ~ :** contrainte de flexion ; **bond ~ :** contrainte d'adhérence ; **breaking ~ :** charge de rupture ; contrainte à la rupture ; effort de rupture ; tension de rupture ; **compressive ~ :** effort de compression ; **dielectric ~ :** contrainte diélectrique ; **maximum permissible ~ :** contrainte maximum admissible ; **shear ~ :** tension de cisaillement ; **shearing ~ :** contrainte de cisaillement ; effort de cisaillement ; **tensile ~ :** contrainte de traction ; effort à la traction ; effort de tension ; **thermal ~ :** contrainte thermique ; **ultimate tensile ~ :** charge de rupture ; **yield ~ :** limite d'élasticité ; limite élastique

stretching : extension

strike : grève ; jet *(sucre)* ; **second ~ :** deuxième jet ; **wild-cat ~ :** grève sauvage

striking : décoffrage

string : cordon ; ficelle ; **insulator ~ :** chaîne d'isolateurs ; **wall ~ :** faux-limon

stringency : rigueur

stringer : limon *(escalier)* ; longeron

strip *(n.)* **:** bande ; lame *(métal)* ; lardon ; lé *(papier)* ; réglette ; **~ mill :** train à bande ; **bimetallic ~ :** lame bimétallique ; **connecting ~ :** barrette ; **metal ~ :** feuillard ; **packing ~ :** lardon d'ajustage ; lardon de guidage ; **seal ~ :** bande d'étanchéité ; **terminal ~ :** bornier ; **weather ~ :** coupe-froid

strip *(v.)* **:** démouler *(métall.)*

strip-chart recorder : enregistreur à bande ; enregistreur à déroulement continu

stripper : strippeur ; **air ~ :** strippeur à l'air ; **gas ~ :** strippeur au gaz

stripping : décoffrage ; extraction ; strippage ; **~ air :** air d'entraînement ; **~ film :** papier négatif pelliculaire ; **~ gas :** gaz d'entraînement ; **~ phase :** phase d'entraînement ; **air ~ :** entraînement à l'air ; strippage à l'atmosphère ; **closed-loop ~ :** strippage en boucle fermée ; **steam ~ :** strippage à la vapeur

strobe (radar ~) : pinceau radar

stroke : coup *(moteur)* ; course *(ressort, piston)* ; **~ adjustment :** réglage de course ; **piston ~ :** course du piston

strong : fort ; solide ; **~ acid cations :** cations fortement acides ; **~ acid cation resin :** échangeur de cations fortement acides ; **~ base anionic resin :** résine anionique fortement basique

structural : structural ; profilé ; **~ beam :** poutre profilée ; **~ engineering :** technique de la construction ; **~ section :** profilé ; **~ steel :** acier de construction ; acier profilé ; **~ steel frame :** bâti d'acier ; **~ steel framework :** charpente en fers profilés ; **~ works :** gros œuvre *(GC)*

structure : bâti ; ouvrage ; structure ; **~ isolating valve :** vanne d'isolement de l'ouvrage ;

crystalline ~ : réseau cristallin ; **distribution ~ :** ouvrage de répartition ; **inlet ~ :** ouvrage d'arrivée ; **metering ~ :** ouvrage de comptage ; **retaining ~ :** ouvrage de contenance ; **submerged contact ~ :** corps de contact immergé ; **tapered ~ :** ouvrage de forme cylindro-conique ; **water intake ~ :** ouvrage de prise d'eau ; tour de prise d'eau

strut : étançon

stucco : stuc

stud : goujon fileté ; **~ bolt :** goujon ; tige filetée ; **~ link chain :** chaîne étançonnée

study : étude ; **feasibility ~ :** étude de praticabilité ; **kinetic ~ :** étude cinétique ; **preliminary ~ :** avant-projet ; étude préliminaire ; **soil ~ :** reconnaissance du terrain

stuffing : étoupe ; garniture ; **~ box :** boîte à étoupe ; boîte d'étanchéité ; presse-étoupe

styrene : styrène

sub-assembly : organe ; sous-ensemble

sub-cloth : sous-toile

subcontract : sous-traiter

subcontracted work : travaux sous-traités

subfluvial seepage : écoulement sub-fluvial

sub-frame : soubassement *(auto.)*

subjacent : sous-jacent *(géol.)*

subject to : sous réserve de

submarine outfall : émissaire sous-marin

submerged : noyé ; **~ arc welding :** soudage à l'arc sous flux ; **~ baffle :** déflecteur noyé ; **~ burner :** brûleur immergé ; **~ contact structure :** corps de contact immergé ; **~ weir :** déversoir submergé

submerged-arc weld : soudure à l'arc sous flux

submersible pump : pompe submersible

submission of tenders : remise d'offres

submittal : soumission

subscriber : abonné ; **~ station :** poste d'abonné

subscription : abonnement

subsidence : affaissement ; effondrement ; tassement *(fondations)*

subsidiary : filiale

subsoil : sous-sol *(géol.)*

substance : corps ; produit ; substance ; **oily ~ :** matières huileuses

substation (transformer ~) : poste de transformation

substrate : substrat ; **~ uptake rate :** vitesse de capture *(boues activées)* ; **~ utilization rate :** vitesse de capture *(boues activées)* ; **slack ~ :** couche lâche

substrate-culture exchange : échange substrat-culture

substratum : sous-couche *(géol.)*

substructure : fondement

subsurface disposal : épandage souterrain

sub-unit : sous-ensemble

subway : passage souterrain ; **cable ~ :** tunnel de câbles

suck-back tank : bâche d'équilibre osmotique

sucrase : sucrase

sucrose : sucrose

suction : aspiration ; succion ; **~ and skimming bridge :** pont suceur et écrémeur ; **~ bridge :** pont suceur ; **~ cover :** flasque d'aspiration *(pompe)* ; **~ dredge :** drague suceuse ; extracteur de dévasement ; **~ dredger :** suceuse *(égouts)* ; **~ feed :** alimentation par aspiration ; **~ head :** hauteur d'aspiration ; **~ pipe :** conduite d'aspiration ; tubulure d'aspiration ; tuyau d'aspiration ; **~ pump :** pompe aspirante ; pompe suceuse ; **~ settling tank :** décanteur à succion ; **~ tank :** bâche d'aspiration ; **~ valve :** clapet d'aspiration ; **capillary ~ :** succion capillaire ; **flooded ~ :** aspiration en charge

sudden : brusque

suffer damage : subir un préjudice

sugar : sucre ; **~ cane bagasse :** bagasse de canne à sucre ; **~ carry-over :** coup de sucre ; **~ entrainment :** coup de sucre ; **~ mill :** sucrerie ; **~ refinery :** raffinerie de sucre ; **beet ~ :** sucre de betterave ; **cane ~ :** sucre de canne ; **liquid ~ :** sucre liquide ; **reducing ~ :** sucre réducteur

suint : suintine *(laine)*

suit : vêtement ; **protective ~ :** combinaison *(protection)*

sulphamic acid : acide sulfamique

sulphate : sulfate ; **~ heptahydrate :** sulfate heptahydrate

sulphating : sulfatage

sulphation : sulfatation *(échange d'ions)*

sulphide : sulfure

sulphite : sulfite

sulphonated polystyrene : polystyrène sulfoné

sulphonic regeneration column : colonne de régénération sulfonique

sulphur : soufre ; **~ compound :** composé soufré ; produit soufré ; **~ dioxide :** anhydride sulfureux ; dioxyde de soufre

sulphur-enriched support : support soufré

sulphuric acid : acide sulfurique

sulphurous : sulfureux ; **~ acid :** acide sulfureux

sulphur-reducing bacteria : bactéries sulfatoréductrices

sum : montant *(fin.)* ; somme ; **lump ~ :** prix à forfait

summary : résumé ; synthèse *(rapport)*

summation : sommation *(math.)*

sump : puisard ; **~ pump :** pompe d'épuisement ; vide-cave ; **collecting ~ :** regard de reprise ; **delivery ~ :** regard de réception ; **feed ~ :** regard d'alimentation ; **fresh sludge ~ :** fosse à boues fraîches ; **grease storage ~ :** fosse de réception des huiles ; **grit pumping ~ :** fosse de pompage du sable ; **inlet ~ :** regard d'alimentation ; **intermediate ~ :** fosse intermédiaire ; **scum storage ~ :** fosse de stockage des écumes ; **storage ~ :** fosse de stockage

sundry costs : frais divers

sunlight : rayonnement solaire

sun shield : brise-soleil ; pare-soleil

supercharger : soufflante de suralimentation

supercharging : suralimentation *(moteur)*

superchlorination : surchloration

superheated : surchauffé ; **~ steam :** vapeur surchauffée ; **~ water :** eau surchauffée

superheater : surchauffeur

superheating : surchauffage *(vapeur)*

superimposed : superposé

superintendent : chef de station ; directeur de station

supernatant : liqueur surnageante ; surnageant ; surverse ; **~ collection trough :** goulotte de reprise de la surverse ; **~ liquor :** liqueur surnageante ; **~ matter :** surnageant

superphosphate : superphosphate

supersaturated : sursaturé ; **~ salt :** sel en sursaturation ; **~ solution :** solution sursaturée

supersaturation : sursaturation

supersede : remplacer et annuler

supervision : surveillance ; **site ~ :** gestion des chantiers

supervisor : superviseur ; **shift ~ :** chef de quart

supplementary unit : unité supplémentaire

supplier : fournisseur ; **full-line ~ :** ensemblier

supply : adduction ; **~ cable :** câble d'alimentation ; **~ contract :** contrat de fournitures ; **~ current :** courant d'alimentation ; **~ main :** adducteur ; **~ pipe :** tuyau d'amenée ; **~ tank :** réservoir d'alimentation ; **~ voltage :** tension d'alimentation ; tension de distribution ; **energy ~ :** source d'énergie ; **money ~ :** masse monétaire ; **power ~ :** alimentation *(élec.)* ; **scope of ~ :** limites de fourniture ; **water ~ :** adduction d'eau

support : appui ; bâti ; support ; **~ frame :** cadre support ; **~ leg :** patte support *(échelle)* ; support *(échelle)* ; **~ material :** matériau support ; **~ plate :** plaque d'appui ; plaque support ; **~ saddle :** berce ; berceau ; **~ skid :** châssis support ; **carbonaceous ~ :** support carboné ; **porous ~ :** support poreux ; **regenerable ~ :** support régénérable ; **rock ~ :** enrochement ; **sulphur-enriched ~ :** support soufré ; **thin ~ :** support mince ; **wound ~ :** support bobiné

supporting beam : soupente *(treuil)*

supporting path of rolls : rouleau de guidage *(coulée continue)*

supporting sectors : secteurs auxiliaires

surcharge : surtaxe ; **import ~ :** surtaxe à l'importation

surface : aire ; surface *(plan)* ; **~ activity :** activité superficielle ; **~ aeration :** aération de surface ; **~ aerator :** aérateur de surface ; **~ area :** surface ; **~ box lid :** tête de bouche à clé ; **~ collector :** prise en surface ; **~ condenser :** condensateur à surface ; **~ defect :** défaut de surface ; **~ finishing :** traitement de surfaces ; **~ hardening :** cémentation ; cémentation superficielle ; trempe superficielle ; **~ of revolution :** surface de révolution *(math.)* ; **~ rinsing :** rinçage de surfaces ; **~ skimmer :** racleur de surface ; **~ skimmer arm :** bras racleur d'écumes ; **~ skimming :** raclage de surface ; **~ sweep :** balayage de surface ; **~ swelling :** champignonnage ; **~ tension :** tension de surface ; tension superficielle ; **~ treatment :** traitement de surfaces ; **~ washer :** laveur de surface ; **~ water :** eau de surface ; eau superficielle ; **~ water intake :** captage d'eau de surface ; **bearing ~ :** portée *(méc.)* ; **downstream ~ :** face aval ; **filtering ~ area :** surface filtrante ; **free ~ :** surface libre ; **heating ~ :** surface de chauffe ; **rough ~ :** surface rugueuse ; **upstream ~ :** face amont ; front amont

surface-active : tensio-actif *(adj.)* ; **~ agent :** tensio-actif *(n.)*

surface-dry : sec hors poisse

surfactant : agent de surface ; tensio-actif ; **methylene blue anionic ~s :** tensio-actifs anioniques réagissant au bleu de méthylène

surge : courant transitoire anormal ; surtension ; **~ arrester :** parasurtenseur ; **~ chamber :** chambre d'équilibre ; **~ column :** cheminée d'équilibre ; **~ diverter :** parasurtenseur ; **~ tank :** antibélier ; bac d'équilibre ; **~ voltage :** tension de choc ; **current ~ :** appel de courant ; **load ~ :** à-coup de courant

surplus : excédent

surrounding (concrete ~) : enrobage béton

survey *(n.)* **:** enquête ; étude ; expertise ; **~ fees :** frais d'expertise ; **market ~ :** étude de marché

survey *(v.)* **:** examiner ; relever ; **~ land :** relever un terrain

surveyor (quantity ~) : métreur

suspended : en suspension ; **~ growth :** culture libre ; **~ scraper :** racleur suspendu ; **~ solids :** matières en suspension

suspension : suspension ; **~ bridge :** pont suspendu ; **~ zone :** zone de suspension ; **Cardan ~ :** suspension à cardan ; **colloidal ~ :** suspension colloïdale ; **dilute ~ :** suspension diluée ; **free ~ :** suspension libre ; **oily ~ :** suspension huileuse ; **sludge ~ :** suspension boueuse ; **yeast ~ :** suspension de levure

swamp : marécage ; zone marécageuse

swan-neck : col-de-cygne

swap : crédit croisé

sweating test : ressuage

sweep : balayer ; **~ coagulation :** coagulation par piégeage ; **surface ~ :** balayage de surface ; **variable ~ :** géométrie variable *(aile)*

sweeper pump : pompe pour balai de piscine

sweeping : balayage ; **~ velocity :** vitesse de balayage

sweet crudes : pétrole brut doux

swelling : foisonnement ; gonflement ; **~ agent :** agent de foisonnement ; **surface ~ :** champignonnage

swept volume : volume engendré *(compresseur)*

swimming pool : piscine ; **indoor ~ :** piscine couverte ; **open-air ~ :** piscine en plein air

swing : balancement ; oscillation *(de pendule)* ; **~ bridge :** pont tournant ; **~ check valve :** clapet à battant ; clapet à charnière ; clapet de retenue à battant ; vanne de non-retour à battant ; **~ door :** porte à bascule ; porte battante ; porte va-et-vient

swirl mixing : brassage torique

switch *(n.)* **:** interrupteur ; **~ fuse :** fusible interrupteur ; **air ~ :** contacteur à rupture dans l'air ; **cam ~ :** sélecteur à cames ; **disconnecting ~ :** interrupteur d'isolement ; sectionneur ; **drum ~ :** commutateur à cylindre ; **emergency ~ :** interrupteur de secours ; **float ~ :** contacteur à flotteur ; interrupteur à flotteur ; **heat ~ :** thermocontact ; **isolating ~ :** interrupteur d'isolement ; sectionneur ; **knife ~ :** commutateur à couteau ; interrupteur à couteau ; interrupteur à lame ; **level ~ :** interrupteur de niveau ; **lever ~ :** commutateur à levier ; interrupteur à levier ; **limit ~ :** contact de fin de course ; interrupteur de fin de course ; rupteur de fin de course ; **mains ~ :** disjoncteur ; **master ~ :** coupe-tout ; interrupteur principal ; **mercury ~ :** inverseur à mercure ; **one-way ~ :** commutateur à une direction ; **phase selector ~ :** commutateur de phases ; **power ~ :** interrupteur de puissance ; **pressure ~ :** contacteur manométrique ; manostat ; pressostat ; **proximity ~ :** détecteur de proximité ; **push-button ~ :** interrupteur à bouton-poussoir ; **quick-break ~ :** interrupteur instantané ; **remote control ~ :** interrupteur de télécommande ; **reversing ~ :** commutateur inverseur ; inverseur ; **rotary ~ :** bouton rotatif ; commutateur rotatif ; interrupteur rotatif ; **selector ~ :** commutateur ; commutateur de sélection ; sélecteur ; sélecteur de commutation ; **spring ~ :** commutateur à ressort ; **starting ~ :** interrupteur de démarrage ; **step-by-step ~ :** commutateur pas à pas ; **thumbwheel ~ :** roue codeuse ; **time ~ :** minuterie ; programmeur horaire ; **tumbler ~ :** interrupteur à culbuteur ; **two-way ~ :** commutateur va-et-vient ; interrupteur à deux circuits ; **vacuum ~ :** vacuostat ; **wafer ~ :** commutateur à galettes

switch *(v.)* **:** commuter ; **~ in :** enclencher ; **~ off :** interrompre *(élec.)* ;

switchboard : tableau de distribution ; tableau général de contrôle ; **~ measuring instrument :** appareil de tableau ; **electric ~ :** tableau électrique

switched network : réseau autocommuté

switchgear : appareillage de commutation ; **~ cabinet :** armoire de commutation

switching : commutation ; **~ key :** touche de commutation ; **~ rack :** rack de commutation ; **~ rate :** taux d'ouverture *(thyristor)* ; **~ threshold :** seuil de commutation

switchover : changeur automatique *(chlore)* ; commutation ; **~ unit :** inverseur *(méc.)*

swivel : émerillon ; **~ block :** poulie à émerillon ; **~ connection :** raccord orientable ; **~ hook :** croc à émerillon ; crochet pivotant ; **~ ring :** bague pivotante

swivelling : orientable ; pivotant ; **~ ladle :** poche pivotante

sylviculture : sylviculture

symbol : symbole

symmetrical : symétrique ; **~ half-coupling :** demi-raccord symétrique

symmetry : symétrie ; **line of ~ :** axe de symétrie

symposium (technical ~) : journées techniques

synchronism : synchronisme

synchronizer : dispositif de synchronisation

synchronizing relay : relais synchronisé

synchronous : synchrone ; **~ compensator :** compensateur synchrone ; **~ condenser :** compensateur synchrone ; **~ orbit :** orbite synchrone

syncopate : syncoper

syncopation : syncopage

synthesis : synthèse *(chim.)* ; **~ of living matter :** synthèse de matière vivante ; **ammonia ~ :** synthèse de l'ammoniac ; **bacterial ~ :** synthèse bactérienne

synthetic : de synthèse ; synthétique ; **~ aid :** adjuvant de synthèse ; **~ chemistry :** chimie de synthèse ; **~ fabric :** tissu synthétique ; **~ fibre :** fibre de synthèse ; fibre synthétique ; **~ fibre thread :** fil en fibre synthétique ; **~ membrane :** membrane synthétique ; **~ polyelectrolyte :** polyélectrolyte de synthèse ; **~ rubber :** caoutchouc synthétique ; **~ water :** eau synthétique

syringe : seringue ; **graduated ~ :** seringue volumée

syrup : sirop

system : circuit ; système ; **~ control :** contrôle des circuits ; **~ of units :** système d'unités ; **primary ~ :** système primaire *(chaudière)* ; **relay ~ :** relayage

T

table : abaque ; table *(tour)* ; **~ salt :** sel blanc ; **~ top :** plateau de table ; **draining ~ :** table d'égouttage

tachometer : tachymètre

tack : pointer *(soudure)* ; **~ gauge :** appareil pour la mesure de l'adhésivité ; **~ weld :** point de soudure ; soudure d'agrafage ; **~ welding :** pointage *(soudage)*

tackle (block and ~) : palan

tag : étiquette

tailings : refus de broyage

tailpiece : cul-de-lampe *(serrure)*

tailstock : poupée mobile *(tour)*

tail water : eau d'aval

take : prendre ; **~ delivery of :** réceptionner ; **~ legal action :** engager des poursuites

take-off (power ~) : prise de puissance

takeover : mise à disposition ; rachat ; réception ; **~ bid :** offre publique d'achat ; **~ certificate :** certificat de prise en charge ; certificat de réception ; **provisional ~ :** réception provisoire

take-up : tendeur ; **~ drum :** tambour de tension ; **~ roller :** tambour de tension

taking (sample ~) : prélèvement d'échantillons

talc : talc

tallow : suif ; **mineral ~ :** suif minéral

tamping down : tassage

tangent plane : plan tangent

tangential : tangentiel ; **~ filtration :** filtration tangentielle ; **~ separator :** séparateur tangentiel ; **~ velocity :** vitesse tangentielle

tank : auge ; bac ; bâche ; ballon ; bassin ; citerne ; cuve ; réservoir ; **~ car :** wagon-citerne ; **aeration ~ :** bassin d'aération ; **air saturation ~ :** ballon de pressurisation ; **baffle ~ :** cuve à chicanes ; **break-pressure ~ :** bac brise-charge ; bac de rupture de charge ; réservoir brise-charge ; **buffer ~ :** bac tampon ; bâche tampon ; ballon amortisseur ; ballon tampon ; réservoir tampon ; **cascade ~ :** bassin à cascades ; **chlorine ~ :** tank à chlore ; **circular ~ :** bassin circulaire ; **closed-loop ~ :** bassin à boucle fermée ; **collection ~ :** bâche de récupération ; **combined ~ :** bassin combiné ; **complete mixing ~ :** bassin à mélange intégral ; **conical ~ :** bac conique ; **contact ~ :** bassin de contact ; **contactor ~ :** tour de contact ; **copper turnings ~ :** bac à tournure de cuivre ; **deaerating ~ :** bâche désaératrice ; **desludging ~ :** débourbeur ; **dilution ~ :** bac de dilution ; bac délayeur ; **dispersing ~ :** bac disperseur ; **distribution ~ :** bac de distribution ; bac de partage ; **electrolytic ~ :** cuve électrolytique ; **elevated ~ :** château d'eau ; citerne surélevée ; réservoir surélevé ; **equalizing ~ :** bac d'équilibre ; **feed ~ :** bâche alimentaire ; **ferric chloride ~ :** citerne de chlorure ferrique ; **filtered water ~ :** citerne d'eau filtrée ; **filtration ~ :** cuve de filtration ; **flocculation ~ :** bassin de floculation ; **flow splitting ~ :** bac de partage ; ouvrage de répartition ; **flush ~ :** bac de chasse ; réservoir de chasse ; **gauging ~ :** bac de jaugeage ; bac jaugeur ; **head ~ :** bac de mise en charge ; ouvrage de mise en charge ; **homogenization ~ :** bassin d'homogénéisation ; **hydropneumatic ~ :** ballon hydrophore ; ballon hydropneumatique ; **lime dilution ~ :** bac de délayage de chaux ; **liquid storage ~ :** stockage liquide ; **maturation ~ :** bac de vieillissement ; **measuring ~ :** bac de jaugeage ; bac jaugeur ; **mixing ~ :** bassin de contact ; **oil ~ :** réservoir à huile ; **oil storage ~ :** cuve à mazout ; **Pachuca ~ :** Pachuca ; **plug-flow ~ :** bassin à flux piston ; réservoir à flux piston ; **preliminary sedimentation ~ :** débourbeur ; **preparation ~ :** bac de préparation ; **primary sedimentation ~ :** décanteur primaire ; **pumping ~ :** bâche de pompage ; **raw water ~ :** bassin d'eau brute ; **reaction ~ :** réacteur ; **retention ~ :** bac de stockage ; **safety ~ :** bassin de sécurité ; **sedimentation ~ :** décanteur statique ; **seepage ~ :** cuve de rétention ; **septic ~ :** fosse septique ; **settling ~ :** bac de décantation ; bassin de décantation ; cuve de décantation ; décanteur statique ; **steam-traced ~ :** citerne tracée ; **stepped-feed ~ :** bassin à alimentation étagée ; **storage ~ :** bac de stockage ; bâche *(dégazeur)* ; bassin de stockage ; citerne de stockage ; cuve de stockage ; réservoir de stockage ; **storm water ~ :** bassin d'orage ; bassin de pluie ; **suck-back ~ :** bâche d'équilibre osmotique ;

suction ~ : bâche d'aspiration ; **supply ~ :** réservoir d'alimentation ; **surge ~ :** antibélier ; bac d'équilibre ; **treated water ~ :** citerne d'eau traitée ; **vacuum ~ :** cuve sous vide ; **water knockout ~ :** séparateur triphasique ; séparateur triphasique du brut

tanker : navire pétrolier ; pétrolier ; **~ truck :** camion-citerne ; **oil ~ :** navire pétrolier ; **waste disposal ~ :** tonne de vidange

tannery : tannerie

tannin : tanin ; tannin

tanning : tannage

tantalum : tantale

tap : robinet ; **~ hole :** bonde *(ouverture)* ; **~ washer :** rondelle de robinet ; **bath mixing ~ :** robinet de baignoire ; **hand ~ :** tarage à main ; **pressure ~ :** prise de pression ; **shower ~ :** robinet de douche ; **taper ~ :** taraud conique

tape : ruban ; **~ measure :** mètre à ruban ; **~ recorder :** enregistreur à bande magnétique ; magnétophone ; **adhesive ~ :** bande adhésive ; ruban adhésif ; **insulating ~ :** ruban isolant ; **master ~ :** bande mère ; **perforated ~ :** ruban perforé ; **punch ~ :** bande perforée ; **recording ~ :** bande magnétique

taper : cône ; cône de réduction ; réducteur ; réduction ; **~ apex angle :** angle au sommet du divergent ; **~ pin :** clavette conique ; **~ plug valve :** vanne à boisseau conique ; vanne à carotte ; **~ seat :** siège oblique ; **~ seat gate valve :** vanne à sièges obliques ; **~ shank :** queue conique ; **~ tap :** taraud conique ; **~ thread :** filetage conique ; pas conique ; **inlet ~ :** convergent ; réduction concentrique ; **Morse ~ :** cône Morse ; **outlet ~ :** divergent ; réduction excentrique

tapered : conique ; **~ connection :** raccord conique ; **~ roller bearing :** roulement à rouleaux coniques ; **~ structure :** ouvrage de forme cylindro-conique

tapering : conicité ; conique

tapeworm : ver solitaire

taphole : orifice de coulée ; trou de coulée *(four)*

tapped : taraudé

tapping : piquage ; **~ spout :** bec de coulée ; **sample ~ :** piquage de mesure ; **spring ~ :** captage de source

tap-wrench : tourne-à-gauche

tar : goudron ; **~ removal :** dégoudronnage ; **~ separator :** décanteur à goudron ; **~ settler :** décanteur à goudron ; **coal ~ :** goudron de houille

target : cible ; **~ flow transmitter :** transmetteur de débit à cible ; **~ range of growth :** fourchette de croissance

tariff : tarif ; **~ barriers :** barrières tarifaires ; mesures protectionnistes ; **~ regulations :** règlements tarifaires ; **annotated ~ :** tarif d'usage ; tarif intégré ; **customs ~ :** tarif douanier ; **customs duties ~ :** tarif des droits de douane ; **preferential ~s :** droits préférentiels

tarpaulin : bâche goudronnée

tartaric acid : acide tartrique

task (routine ~) : tâche routinière

taste : goût ; **~ threshold :** seuil de dégustation ; seuil de goût ; **unpleasant ~ :** mauvais goût

tasteless : sans goût

taster : dégustateur

tasting : dégustation

tawery : mégisserie

tax : fiscalité ; impôt ; taxe ; **~ allowance :** abattement fiscal ; **~ avoidance :** évasion fiscale ; **~ credit :** avoir fiscal ; **~ drag :** érosion fiscale ; **~ evasion :** fraude fiscale ; **~ haven :** paradis fiscal ; **~ rebate :** dégrèvement fiscal ; **~ relief :** dégrèvement fiscal ; **capital gains ~ :** impôt sur les plus-values ; **corporation ~ :** impôt sur les sociétés ; **income ~ :** impôt sur le revenu ; **land ~ :** impôt foncier ; **personal income ~ :** impôt sur les personnes physiques ; **value-added ~ :** taxe à la valeur ajoutée ; **payroll ~es :** charges sociales ; cotisations salariales

team : équipe

tear : déchirure *(papier)*

technical : technique *(adj.)* ; **~ and architectural trades :** corps d'état secondaires ; second œuvre ; **~ data :** caractéristiques techniques ; données techniques ; renseignements techniques ; **~ description :** exposé technique ; **~ documents :** passeport technique ; **~ memo :** note technique ; **~ symposium :** journées techniques

technician : technicien ; **on-call ~ :** agent d'astreinte ; **water treatment ~ :** technicien de traitement d'eau

technique : technique *(n.)*

technological : technologique ; **~ breakthrough :** percée technologique ; **~ inadequacy :** inadaptation technologique

technology : technologie ; **~ watch :** veille technologique ; **information ~ :** informatique ; **wired ~ :** technologie câblée

tee : té ; **~ connection :** branchement en T ; **double-socket ~ :** té à deux emboîtements ; **equal ~ :** té égal ; **pipe ~ :** pièce en T ; **reducing ~ :** té réduit

teeth : denture ; **spiral ~ :** denture en spirale

telemeter : télémètre

telemetering : télémesure ; télémétrie

telephone : téléphone ; ~ **call :** communication téléphonique ; ~ **handset :** combiné téléphonique ; ~ **receiver :** récepteur téléphonique ; ~ **relay :** relais téléphonique ; ~ **set :** poste téléphonique

telescope (refracting ~) : lunette

telescopic : télescopique ; ~ **tube :** tube télescopique ; ~ **valve :** vanne télescopique

telltale lamp : lampe témoin

temperature : température ; ~ **compensation :** compensation de température ; ~ **compensation probe :** compensateur de température ; ~ **gradient :** gradient thermique ; ~ **rise :** élévation de température ; ~ **sensor :** capteur de température ; sonde de température ; **absolute ~ :** température absolue ; **colour ~ :** température des couleurs ; **critical ~ :** température critique ; **design ~ :** température de calcul ; **operating ~ :** température de service ; **outlet ~ :** température de sortie ; **range of ~s :** amplitude thermique ; **return ~ :** température retour ; **wet-bulb ~ :** température humide *(gaz)*

template : gabarit ; **focusing ~ :** jauge de focalisation

temporary : temporaire

tendency (hydrophilic ~) : tendance hydrophile

tender : offre ; soumission ; ~ **documents :** cahier des charges ; **sealed ~ :** soumission cachetée

tensile : de tension ; de traction ; ~ **factor :** longueur de rupture *(papier)* ; ~ **force :** traction ; ~ **strength :** charge de rupture ; résistance à l'extension ; résistance à la tension ; résistance à la traction ; ~ **stress :** contrainte de traction ; effort à la traction ; effort de tension ; ~ **test :** essai à la traction ; essai de traction

tension : tension ; ~ **pulley :** poulie de tension ; **belt ~ :** tension de courroie ; **surface ~ :** tension de surface ; tension superficielle

term : clause

terminal : borne ; embout *(câble)* ; ~ **block :** bornier ; ~ **board :** boîte à bornes ; bornier ; plaque à bornes ; ~ **high-efficiency filter :** filtre absolu ; filtre finisseur ; ~ **plate :** bornier ; socle à bornes ; ~ **rail :** bornier ; ~ **strip :** bornier ; **clip-fastening ~ :** borne à clip ; **connecting ~ :** borne de branchement ; **earth ~ :** borne de terre ; **feedthrough ~ :** borne traversante

terminate : résilier *(contrat)* ; ~ **a contract :** mettre fin à un contrat

termination : résiliation

terms of payment : conditions de paiement

ternary steel : acier ternaire

terrace : terrasse *(constr.)*

terra-cotta : terre cuite

tertiary : tertiaire ; ~ **filtration :** filtration tertiaire ; ~ **nitrification :** nitrification tertiaire ; ~ **sector :** secteur tertiaire ; ~ **settling :** décantation tertiaire ; ~ **treatment :** traitement tertiaire

test : épreuve ; essai ; expérience *(essai)* ; test ; ~ **bed :** banc d'essai ; plate-forme d'essais ; ~ **board :** panneau de contrôle ; ~ **boring :** sondage de reconnaissance ; ~ **kit :** trousse de contrôle ; ~ **laboratory :** laboratoire d'essais ; ~ **load :** charge d'essai ; ~ **piece :** éprouvette ; ~ **pressure :** pression d'épreuve ; ~ **report :** procès-verbal d'essais ; ~ **specimen :** éprouvette ; ~ **tube :** tube à essais ; ~ **tube stand :** support pour tube à essais ; **acceptance ~ :** épreuve de réception ; essai de réception ; essai de recette ; **acid heat ~ :** essai d'échauffement sulfurique ; **bead ~ :** essai à la perle ; **bend ~ :** essai à la flexion ; essai de flexion ; essai de pliage ; **bending ~ :** essai de ployage ; **braking ~ :** essai de freinage ; **breakdown ~ :** essai de claquage ; **breaking ~ :** essai de rupture ; **Brinell ~ :** essai de dureté à la bille ; **certification ~ :** essai d'homologation ; **compression ~ :** essai à la compression ; essai de compression ; **consistency ~ :** essai de consistance ; **consumption ~ :** essai de consommation ; **corrosion ~ :** essai de corrosion ; **destructive ~ :** contrôle destructif ; **endurance ~ :** essai de durée ; **expansion ~ :** essai d'expansion ; **feasibility ~ :** essai de faisabilité ; **field ~ :** essai de chantier ; essai sur place ; **full-scale ~ :** essai à grande échelle ; **hardness ~ :** essai de dureté ; **hydraulic ~ :** épreuve hydraulique ; **impact ~ :** épreuve par choc ; essai au choc ; essai par choc ; **laboratory ~ :** essai de laboratoire ; **liquid penetrant ~ :** ressuage ; **marble ~ :** essai au marbre ; test au marbre ; **mechanical ~ :** essai sur machine ; **meggering ~ :** essai à l'aide d'un mégohmmètre ; **modified Proctor ~ :** Proctor modifié *(essai de compacité)* ; **network ~ :** test de conduite ; **no-load ~ :** essai à vide ; **oil-rising ~ :** test de relargage ; **peeling ~ :** essai de pelage ; **reliability ~ :** essai de fiabilité ; **slump ~ :** test d'affaissement ; **sweating ~ :** ressuage ; **tensile ~ :** essai à la traction ; essai de traction

tester : appareil pour essais ; **multi-purpose ~ :** multimètre

testing : contrôle ; timbrage *(chaudière)* ; ~ **device :** appareil pour essais ; ~ **equipment :** appareillage d'essai ; équipement d'essai ; ~ **instrument :** appareil de contrôle ; ~ **stand :** banc d'épreuve ; **foundation ~ :** reconnaissance du terrain ; **non-destructive ~ :** essai non destructif ; **ultrasonic ~ :** essai aux ultra-sons

texture paint : peinture texturée

thaw : dégel

theodolite : théodolite

theory : théorie ; **chemical ~ :** théorie chimique ; **domino ~ :** de proche en proche

thermal : thermique ; **~ conditioning :** conditionnement thermique ; **~ conductivity :** conductibilité thermique ; **~ cracking :** craquage catalytique ; **~ deaeration :** dégazage thermique ; **~ deaerator :** dégazeur thermique ; **~ destruction :** destruction thermique ; **~ effect :** effet thermique ; **~ expansion :** dilatation à la chaleur ; **~ insulation :** calorifugeage ; isolation thermique ; **~ power plant :** centrale thermique ; usine thermique ; **~ power station :** centrale thermique ; usine thermique ; **~ regeneration :** régénération thermique ; **~ relay :** relais thermique ; **~ shock :** choc thermique ; **~ stability :** stabilité thermique ; **~ stress :** contrainte thermique ; **coefficient of ~ expansion :** coefficient de dilatation ; **differential ~ relay :** relais thermique différentiel

thermie : thermie

thermionic tube : valve électronique

thermistor : thermistor

thermit : thermite ; **~ weld :** soudure aluminothermique ; **~ welding :** aluminothermie ; soudage aluminothermique

thermocouple : couple thermoélectrique ; pince thermoélectrique ; thermocouple

thermoduric : thermotolérant ; **~ coliform :** coliforme thermotolérant

thermodynamic balance : bilan thermodynamique

thermodynamic dissociation : dissociation thermodynamique

thermodynamic potential : potentiel thermodynamique

thermoelectric : thermoélectrique

thermograph : thermogramme ; thermomètre enregistreur

thermogravimetric : thermogravimétrique

thermogravimetry : thermogravimétrie

thermomechanical pulp : pâte thermomécanique

thermometer : thermomètre ; **~ pocket :** doigt de gant *(thermomètre)* ; **bimetal ~ :** thermomètre bimétallique ; **bimetallic ~ :** thermomètre différentiel ; **clinical ~ :** thermomètre médical ; **differential ~ :** thermomètre différentiel ; **distant reading ~ :** téléthermomètre ; **dry-bulb ~ :** thermomètre sec ; **gas ~ :** thermomètre à gaz ; **glass ~ :** thermomètre de verre ; **immersion ~ :** thermomètre à immersion ; **mercury ~ :** thermomètre à mercure ; **partial immersion ~ :** thermomètre à immersion partielle ; **recording ~ :** thermomètre enregistreur ; **total immersion ~ :** thermomètre à immersion totale ; **wet-bulb ~ :** thermomètre mouillé

thermophilic : thermophile ; **~ aerobic digestion :** digestion aérobie thermophile

thermopile : pile thermoélectrique

thermoposting : thermopostage

thermosetting : thermodurcissable ; **~ plastic :** plastique thermodurcissable ; **~ resin :** résine thermodurcissable

thermostat : thermostat ; **~ control :** commande par thermostat ; **~ valve :** vanne thermostatique

thickener : épaississant ; épaississeur ; **static ~ :** épaississeur statique

thickening : épaississement ; **sludge ~ :** épaississement des boues

thickness : épaisseur ; **~ gauge :** calibre d'épaisseur ; **crest ~ :** épaisseur de seuil *(déversoir)* ; **excessive ~ :** surépaisseur ; **extra ~ :** surépaisseur ; **plate ~ :** épaisseur de tôle

thimble (heart-shaped open ~) : cosse en cœur

thin : léger *(huile)* ; mince ; **~ cake :** galette ; **~ juice :** jus léger ; **~ oil :** huile légère ; **~ support :** support mince

thin-layer chromatography : chromatographie sur minces couches

thinner : diluant *(peinture)*

thinning : amincissement

thiol : thiol

thiosulphate : thiosulfate

thiourea : thio-urée

third party : tiers

third-party liability : responsabilité civile vis-à-vis des tiers

thixotropic : thixotropique

thixotropy : thixotropie

thread *(n.)* **:** fil ; filet *(vis)* ; filetage ; spire ; pas *(filetage)* ; **~ gauge :** calibre ; **Briggs ~ :** pas NPT ; **external ~ :** filetage extérieur ; **female ~ :** pas de vis femelle ; **hollow ~s :** creux de filetage ; **internal ~ :** taraudage intérieur ; **left-hand ~ :** pas à gauche ; **left-handed ~ :** filet à gauche ; **male ~ :** pas de vis mâle ; **parallel ~ :** filetage cylindrique ; **perforated ~ :** filet ajouré ; **right-handed ~ :** filet à droite ; **screw ~ :** filet de vis ; **synthetic fibre ~ :** fil en fibre synthétique ; **taper ~ :** filetage conique ; pas conique ; **Whitworth ~ :** pas Whitworth *(profil)*

thread *(v.)* **:** fileter

threaded : fileté ; **~ hole :** trou fileté ; **~ ring :** bague filetée ; **~ rod :** tige filetée ; **~ union :** embout fileté

threading : filetage ; **~ machine :** machine à fileter ; **hollow ~ :** creux de filetage

threefold : triple

three-phase : triphasé ; **~ current :** courant triphasé ; **~ reactor :** réacteur triphasique ; **~ separator :** séparateur triphasique ; **~ supply network :** secteur triphasé ; **~ voltage :** tension triphasée

three-square file : lime tiers-point ; lime triangulaire ; tiers-point

three-stranded : à trois torons

three-way valve : robinet à trois voies ; vanne à trois voies

threshold : seuil ; **~ effect :** effet de seuil ; **~ value :** valeur de seuil ; **calibration ~ :** seuil de jaugeage ; **nominal removal ~ :** seuil de rétention nominal ; **removal ~ :** point de coupure *(filtre)* ; **straining ~ :** seuil de tamisage ; **switching ~ :** seuil de commutation ; **taste ~ :** seuil de dégustation ; seuil de goût

throat : veine liquide à son étranglement maximal *(tuyau)*

throttle valve : soupape d'étranglement ; vanne de fuite *(Pulsator)* ; vanne de laminage *(vapeur)*

throttling valve : vanne de laminage

through : à travers ; **~ bill of lading :** connaissement direct ; **~ bolt :** boulon traversant ; **~ hole :** trou traversant ; **~ waybill :** document de transport combiné

throughflow : flux traversier

throughput : débit

throughway : voie express

throw : course *(excentrique)*

throw out : fausser *(résultats)*

thrust : poussée *(méc.)* ; **~ bearing :** butée ; palier de butée ; roulement de butée ; **~ block :** bloc de butée ; **~ collar ring :** bague de butée ; **~ roll :** couronne ; **~ washer :** rondelle d'appui ; rondelle de butée ; **ball ~ bearing :** butée à billes ; **lateral ~ :** poussée latérale *(voûte)*

thumb nut : écrou moleté

thumbscrew : vis à ailettes ; vis violon

thumbwheel switch : roue codeuse

thyratron inverter : convertisseur à thyratrons

thyristor : thyristor

tidal : de marée ; **~ basin :** bassin de marée ; **~ wave :** onde de marée

tide : marée ; **ebb ~ :** marée descendante ; **flood ~ :** marée montante

tie : tirant *(constr.)* ; **~ rod :** barre de connexion ; **anchor ~ :** anille ; **cable ~ :** collier de câble *(Colson ou Colring)* ; **straining ~ :** hauban raidisseur

tie-beam : entrait

tie-bolt : tirant

tied aid : aide conditionnelle

tightener : tendeur

tightening : bandage ; serrage *(vis)* ; **~ torque :** couple de serrage

tight fit : ajustage serré

tightness : étanchéité

TIG welding : soudage à l'arc au tungstène

tile : carreau *(faïence)* ; tuile ; **ceramic ~ :** tuile céramique ; **plain ~ :** tuile plate ; **ridge ~ :** tuile faîtière ; **Roman ~ :** tuile romaine

tiled roof : couverture de tuiles

tiling : carrelage

tiller : fléau d'émottage

Tillmans' film : couche de Tillmans ; film de Tillmans

tilter (carboy ~) : vide-tourie

tilting : basculant ; inclinable ; **~ skip :** skip basculant

timber (saw ~) : bois de sciage

timbered excavation : fouille blindée

timbering : boisage

time : délai ; heure ; temps *(période)* ; **~ constant :** constante de temps ; **~ deposit account :** compte de dépôts ; **~ lag :** décalage *(temps)* ; **~ period :** intervalle *(temps)* ; **~ sheet :** feuille de présence ; **~ switch :** minuterie ; programmeur horaire ; **~ zone :** fuseau horaire ; **access ~ :** temps d'accès ; **contact ~ :** temps de contact ; temps de séjour ; **delivery ~ :** délai de livraison ; **doubling ~ :** temps de doublement ; **drainage ~ :** temps de vidange ; **drip ~ :** temps d'égouttage ; **flocculation ~ :** temps de floculation ; **generation ~ :** temps de doublement *(bactérie)* ; temps de génération ; **growing ~ :** temps de germination ; **holding ~ :** temps de demi-séjour ; temps de résidence ; **idle ~ :** temps mort ; **local mean ~ :** temps moyen local ; **operating ~ :** temps de fonctionnement ; **payback ~ :** temps de retour *(fin.)* ; **pressing ~ :** temps de pressée ; **processing ~ :** délai de fabrication ; **reaction ~ :** temps de réponse ; **real ~ :** temps réel ; **recovery ~ :** temps de repos *(caoutchouc)* ; temps de reprise *(caoutchouc)* ; **release ~ :** délai de déclenchement ; **residence ~ :** temps de résidence ; **response ~ :** vitesse de réponse ; **retention ~ :** temps de contact ; temps de séjour ; **running ~ :** temps de fonctionnement ; **service ~ :** durée de service ; **set the ~ :** mettre à l'heure ; **settling ~ :** temps de décantation ; **shut-down ~ :** période d'arrêt ; **stabilization ~ :** temps de stabilisation

time-delay : action différée ; temporisation ; **~ contact :** contact temporisé ; **~ relay :** relais à action différée ; relais temporisateur ; relais temporisé

time-lag contact : contact temporisé

timer : minuterie ; **cycle ~ :** doseur cyclique ; **interval ~ :** rythmeur ; **multi-range ~ :** minuterie multi-gamme

time-sharing : temps partagé

timing mechanism : dispositif de synchronisation

tin : étain

tinned sheet : tôle étamée

tinning : étamage

tinplate : fer blanc

tip : bout ; pastille *(plaquette rapportée)* ; **~ speed :** vitesse en bout d'hélice ; **immersion ~ :** plongeant *(thermomètre)*

tipped tool : outil à pastilles ou plaquettes rapportées ; outil à plaquette rapportée

tipper : basculeur

tipping (controlled ~) : décharge contrôlée

T-iron : barre en T

title and information panel : cartouche

titrate : titrer

titrated solution : solution titrée

titration : titrage ; **~ curve :** courbe de titrage ; **~ for hardness :** titre hydrotimétrique ; **complexometric ~ :** complexométrie

titre : titre *(solution)*

titrimetric analyzer : titrimètre

titrimetry : titrimétrie

T-key : clé à béquille

to : départ vers ; vers

together : ensemble ; **~ with :** additionné de ; **stick ~ :** s'agglomérer

token : jeton

tolerance : écart admissible ; tolérance

tollway : autoroute à péage

toluene : toluène

ton : tonne ; **long ~ :** tonne forte ; **metric ~ :** tonne ; **short ~ :** tonne courte

tongs : pince

tongue-groove facing : emboîtement double

tonnage : tonnage ; déplacement ; **gross ~ :** tonnage brut

tonne : tonne ; **~ of oil equivalent :** tonne d'équivalent pétrole

tool : outil ; **~s :** outillage ; **~ box :** boîte à outils ; **~ kit :** trousse à outils ; **~ room :** atelier d'outillage ; **~ steel :** acier à outils ; **flare ~ :** appareil à collets ; **flaring ~ :** appareil à battre les collets ; appareil à collets ; appareil pour collets battus ; **hand ~ :** outil à main ; **machine ~ :** machine-outil ; **pneumatic ~ :** outil à air comprimé ; **stamping ~ :** matrice ; **tipped ~ :** outil à pastilles ou plaquettes rapportées

tooth : dent

toothlock washer : rondelle éventail

top : gueulard *(haut-fourneau)* ; **~ laterals :** ramifications supérieures ; **~ level of sludge :** voile de boue *(épaississeur)* ; **~ management :** cadres supérieurs ; **~ priority :** première urgence ; **~ priority spare parts :** pièces de rechange de première urgence ; **~ view :** vue d'en haut ; vue de dessus ; vue en plan ; **~ water level :** niveau d'eau maxi ; niveau d'eau supérieur ; plus hautes eaux ; **table ~ :** plateau de table

top-face reinforcement : armature supérieure

top-mounted settling tank : décanteur superposé

topography : topographie

topsoil : terre végétale

top-up (oxygen ~) : oxygène d'appoint

torch : torche ; **~ welding :** soudage au chalumeau ; **flame-cutting ~ :** chalumeau oxycoupeur ; **welding ~ :** chalumeau soudeur

toriconical head : fond conique avec raccord torique

torispherical head : fond à rayon de carre ; fond en anse de panier

torque : couple ; effort de torsion ; moment de torsion ; **~ converter :** convertisseur de couple ; **~ limiter :** limiteur d'effort ; limiteur de couple ; **~ limit switch :** dynastat ; **~ motor :** moteur couple ; **~ rod :** barre de torsion ; **~ tube :** tube de torsion ; **~ wrench :** clé dynamométrique ; **accelerating ~ :** couple accélérateur ; **drive ~ :** couple moteur ; **engine ~ :** couple moteur ; **excess ~ :** surcouple ; **locked-rotor ~ :** couple au frein ; **restoring ~ :** couple de rappel ; **scraping ~ :** effort de raclage ; **starting ~ :** couple de démarrage ; **tightening ~ :** couple de serrage

Torr tube : tube de torsion

torsion : torsion ; **~ balance :** balance de torsion *(phys.)* ; **~ bar :** barre de torsion *(ressort)*

torsional rigidity : rigidité à la torsion

torus : tore

total : total ; **~ acidity :** acidité totale ; **~ blow-down flow :** débit de déconcentration totale ; **~ capacity :** capacité totale ; **~ discharge head :** hauteur totale de refoulement ; **~ dissolved solids content :** salinité ; **~ dry solids :** matières sèches totales ; **~ head :**

hauteur manométrique totale ; ~ **immersion thermometer :** thermomètre à immersion totale ; ~ **Kjeldahl nitrogen :** azote Kjeldahl ; ~ **length :** longueur déployée *(échelle)* ; ~ **nitrogen :** azote global ; ~ **organic carbon :** carbone organique total ; ~ **static discharge head :** hauteur manométrique de refoulement ; ~ **theoretical oxygen demand :** demande totale théorique en oxygène

totalizer : totalisateur

totalizing : totalisation ; ~ **unit :** totalisateur

totally enclosed : fermé ; ~ **apparatus :** appareil fermé ; ~ **cabinet :** armoire étanche ; ~ **fan-cooled :** étanche *(moteur)*

touch-sensitive screen : écran tactile

toughness : ténacité *(méc.)*

towards : allant vers

tower : tour ; ~ **bottoms :** résidu de distillation ; **adsorption ~ :** tour d'adsorption ; **contact ~ :** tour de contact ; **cooling ~ :** réfrigérant atmosphérique ; tour de réfrigération ; tour de refroidissement ; **dissolving ~ :** tour de dissolution ; **Gay-Lussac ~ :** tour de Gay-Lussac ; **Glover ~ :** tour de Glover ; **neutralization ~ :** tour de neutralisation ; **scrubbing ~ :** tour de lavage ; colonne de lavage *(gaz)* ; **spray-type ~ :** tour de pulvérisation ; **trickling ~ :** colonne à ruissellement

town : ville ; ~ **and country planning :** aménagement du territoire ; ~ **refuse :** résidu urbain

toxic : toxique ; ~ **gas :** gaz toxique ; ~ **waste :** déchets toxiques

toxicity : toxicité ; **acute ~ :** toxicité aiguë ; **chronic ~ :** toxicité chronique

toxins (radioactive ~) : déchets radioactifs toxiques

trace element : oligo-élément

tracer : traceur

tracing : traçage *(tuyau)* ; ~ **paper :** papier calque

track : piste ; ~ **beam :** profilé de roulement ; ~ **haulage :** traction sur rails ; **sound ~ :** bande photonique ; piste sonore

track-laying level : plan de pose

tract (digestive ~) : tractus digestif

traction : traction

tractor : tracteur

trade : commerce ; ~ **balance :** balance commerciale ; ~ **bill :** effet de commerce ; fait de commerce ; ~ **disputes :** litiges commerciaux ; ~ **fair :** foire ; salon ; ~ **mark :** marque ; marque déposée ; **all ~s :** tous corps d'état ; **foreign ~ :** commerce extérieur ; **technical and architectural ~s :** corps d'état secondaires ; second œuvre

trading practices : usages commerciaux

traditional fill : remplissage traditionnel

traffic : circulation *(auto.)*

trail (condensation ~) : traînée de condensation

trailer : remorque ; semi-remorque

trailing cable : câble en guirlande ; guirlande électrique

train : chaîne ; train ; **gear ~ :** train d'engrenages ; **pulse ~ :** séquence d'impulsions ; train d'impulsions ; **wave ~ :** train d'ondes

trainee : stagiaire

training : formation ; ~ **course :** stage ; **in-job ~ :** formation continue

tranquillizer screen : grille de tranquillisation

transaction (cash ~) : marché au comptant

transceiver : émetteur-récepteur ; poste émetteur-récepteur

transducer : capteur ; transmetteur ; **displacement ~ :** capteur de déplacement ; **measuring ~ :** transmetteur de mesure ; **pneumatic measuring ~ :** transmetteur pneumatique ; **pressure measuring ~ :** capteur de pression

transfer : cession ; transfert ; transvasement ; ~ **mechanism :** mécanisme de transfert ; ~ **of alarm :** renvoi d'une alarme ; ~ **pipe :** tuyauterie de dépotage ; ~ **pipette :** pipette jaugée ; pipette réservoir ; ~ **valve :** vanne de transvasement ; **bank ~ :** virement bancaire ; **convective ~ :** transfert convectif ; **heat ~ :** échange thermique ; transfert de chaleur ; **mass ~ :** transfert de masse

transferable : cessible

transformer : transformateur ; ~ **substation :** poste de transformation ; **clip-on ~ :** pince ampèremétrique ; pince transfo ; **current ~ :** transformateur d'intensité ; transformateur de courant ; **feedback compensation ~ :** transformateur à compensation parallèle ; **high-voltage ~ :** transformateur haute tension ; **oil-immersed ~ :** transformateur à huile ; **parallel feedback ~ :** transformateur à compensation parallèle ; **parallel-compensated step-up ~ :** transformateur-élévateur à compensation intégrée ; **potential ~ :** transformateur de potentiel ; transformateur de tension ; **rotary ~ :** transformateur rotatif ; **secondary toric current ~ :** tore secondaire *(élec.)* ; **series ~ :** transformateur série ; **step-down ~ :** transformateur abaisseur ; **voltage ~ :** transformateur de potentiel ; transformateur de tension

transistor : transistor ; **field-effect ~ :** transistor à effet de champ

transit : transit ; ~ **permit :** document de transit

transition : transition ; **~ condition :** réceptivité ; **~ zone :** zone de transition

translation : translation *(math.)* ; **frequency ~ :** transposition en fréquence *(élec.)*

translucent : translucide

transmission : transmission ; **~ band :** bande passante ; **~ line :** ligne de transmission ; **~ shaft :** arbre de transmission ; **~ station :** poste de télétransmission ; **automatic ~ :** embrayage automatique ; transmission automatique ; **belt ~ :** transmission par courroie ; **engine-pump ~ :** accouplement moteur-pompe ; **power ~ :** transport d'énergie *(élec.)* ; **universal ~ :** entraînement à cardan

transmitter : émetteur ; poste émetteur ; transmetteur ; **absolute pressure ~ :** transmetteur de pression absolue ; **data ~ :** transmetteur de données ; **linear ~ :** linéarisateur *(débitmètre)* ; **pulse ~ :** émetteur d'impulsions ; **target flow ~ :** transmetteur de débit à cible

transom : barre de traverse ; imposte

transport : transport ; **~ charges :** frais de transport ; **hand ~ :** bardage

transportation : transport ; **air ~ :** transport par avion ; **land ~ :** transport par voie de terre

transporter : transporteur ; **~ crane :** pont portique ; **pallet ~ :** transpalette

transshipment : transbordement

transverse : transversal ; **~ section :** coupe transversale

trap : piège ; siphon *(évier)* ; **~ door :** trappe ; **air ~ :** purgeur d'air ; **dust ~ :** filtre à poussière ; **flame ~ :** arrête-flamme ; grille pare-flamme ; pare-flamme ; **grease ~ :** boîte à graisse ; **moisture ~ :** pot de purge *(digestion)* ; **oil ~ :** piège à pétrole ; **steam ~ :** séparateur d'eau de condensation

trapped : piégé ; **~ subsurface water :** eau souterraine fossilisée ; **~ water :** eau fossile

travel : course *(outil, tourelle)* ; **~ allowance :** frais de déplacement ; indemnité de déplacement ; **~ expenses :** frais de déplacement

travelling : mobile ; **~ bridge :** pont mobile ; pont roulant ; **~ crane :** grue roulante ; **~ gantry crane :** portique mobile ; **~ hoist :** monorail

tray : panier ; **~ scrubber :** laveur à plateaux ; **cable ~ :** chemin de câble ; dalle de câble ; **dissolving ~ :** claie de dissolution ; panier de dissolution

tread : bande de roulement *(pneu)*

treadway : chemin de roulement *(pont)*

treatability : traitabilité

treated : traité *(adj.)* ; **~ effluent :** effluent traité ; **~ flow :** débit traité ; **~ steel :** acier traité ; **~ water :** eau traitée ; effluent traité ; **~ water collection trough :** goulotte de reprise d'eau traitée ; **~ water reservoir :** citerne d'eau traitée ; **~ water tank :** citerne d'eau traitée ; **heat- ~ :** traité thermiquement

treatment : traitement ; **~ capacity :** capacité de traitement ; **~ of ores :** traitement des minerais ; **~ principle :** schéma de traitement ; **~ rate :** taux de traitement ; **batch ~ :** traitement par cuvées ; **biological ~ plant :** station d'épuration biologique ; **chemical ~ :** traitement chimique ; **cosmetic ~ :** soins esthétiques ; **drinking water ~ plant :** station d'eau potable ; **dry ~ :** traitement par voie sèche ; **heat ~ :** traitement thermique ; **lime ~ :** chaulage ; **membrane ~ :** traitement par membranes ; **physical-chemical ~ :** traitement physico-chimique ; **polishing ~ :** traitement d'affinage ; traitement de finition ; **roughing ~ :** dégrossissage ; **shock ~ :** traitement de choc ; **sidestream ~ :** épuration dérivée ; **sludge ~ :** traitement des boues ; **surface ~ :** traitement de surfaces ; **tertiary ~ :** traitement tertiaire ; **wastewater ~ plant :** station d'épuration ; station de traitement des eaux usées ; **water ~ :** épuration de l'eau ; traitement des eaux ; **wet ~ :** traitement par voie humide

trench : fosse ; rigole ; tranchée

trend : tendance

trestle : chevalet

trial : épreuve ; essai

triangle : triangle

triangulation mark : cote de triangulation

tribe : tribu *(plusieurs genres)*

tricalcium : tricalcique ; **~ aluminate :** aluminate tricalcique ; **~ phosphate :** phosphate tricalcique

trichloramine : trichloramine

trickle : ruisseler

trickling : ruissellement ; **~ filter :** lit à ruissellement ; lit bactérien ; **~ filter with plastic fill :** lit bactérien à remplissage plastique ; **~ over contact media :** ruissellement sur masse de contact ; **~ over trays :** ruissellement sur plateaux ; **~ tower :** colonne à ruissellement ; **~ water :** eau de percolation

trigger : enclencher

trigonometry : trigonométrie

trihalomethanes : trihalométhanes

trim *(n.)* **:** garniture *(métal rapporté)*

trim *(v.)* **:** ébarber

triobed : lit tricouche

trip *(n.)* **:** déclencheur ; **~ current :** courant de déclenchement ; **~ device :** dispositif de déclenchement ; **delayed ~ :** déclencheur à action retardée ; **overcurrent ~ :** déclencheur à maxima ; **undercurrent ~ :** déclencheur à minima

trip *(v.)* **:** déclencher *(relais)* ; disjoncter

triple : triple ; **~ salt :** sel triple

tripod : support à trois pieds

tripper : cavalier *(interrupteur)* ; taquet *(minuteur)*

tripping : déclenchement ; disjonction ; **~ contact :** contact de déclenchement ; **~ relay :** relais de déclenchement

trisodium phosphate : phosphate trisodique

tritiated water : eau tritiée

trivalent : trivalent ; **~ cations :** cations trivalents ; **~ chromium :** chrome trivalent

trolley : chariot *(pont roulant)* ; **~ hoist :** chariot porte-palan ; porte-chariot ; **frame opening ~ :** chariot de débâtissage *(filtre-presse)* ; **hoist ~ :** porte-chariot ; porte-palan

tropicalized : tropicalisé

tropicalizing : tropicalisation

trouble : dérangement

troubleshooting : dépannage

trough : goulotte ; point bas *(onde)* ; **adjustable direction ~ :** goulotte orientable ; **collecting ~ :** goulotte de reprise ; **conveyor ~ :** rigole de chargement ; **front-mounted ~ :** goulotte frontale ; **loading ~ :** rigole de chargement ; **outlet ~ :** goulotte de départ ; **scum ~ :** trémie d'écumage ; **supernatant collection ~ :** goulotte de reprise de la surverse ; **treated water collection ~ :** goulotte de reprise d'eau traitée ; **utility ~ :** goulotte technique

trough-type conveyor : convoyeur en auge

trowel : truelle

truck : camion ; chariot ; **~ entrance :** entrée de camions ; **ballast ~ :** wagon de terrassement ; **crane ~ :** camion-grue ; **fork-lift ~ :** chariot à fourche ; gerbeur ; **lift ~ :** chariot élévateur ; **tanker ~ :** camion-citerne

truckable : pelletable ; **~ consistency :** pelletable

true : rectifier *(méc.)*

trueing : rectification *(méc.)*

truncated : tronqué *(cône)* ; **~ cone :** tronc de cône ; **~ cone-shaped :** tronconique ; **~ pyramid :** tronc de pyramide

trunk : tronc

trunking : goulotte de câble

trunnion : rotule d'attache

truss : ferme *(const.)* ; **~ elements :** treillis ; **king-post ~ :** ferme simple

trussed : en treillis ; **~ arm :** bras triangulé ; **~ girder :** poutre armée

T-section : profilé en T

T-shaped : en té

T-slot : rainure en T

T-square : té à dessin

tube : canne ; tube ; tubulure ; tuyau ; **~ bender :** pince à cintrer ; **~ sheet :** plaque tubulaire *(ozoneur)* ; **~ socket :** support de tube ; **~ voltmeter :** voltmètre à lampe ; **~ wrench :** serre-tube ; **air bubble ~ :** canne de bullage ; **air-lift ~ :** tube émulseur d'air ; **bent ~ :** tube coudé ; **boiler ~ :** tube de chaudière ; **bourdon ~ :** manomètre de bourdon ; **capillary ~ :** tube capillaire ; **cathode-ray ~ :** tube cathodique ; **condenser ~ :** tube de condenseur ; **dielectric ~ :** tube diélectrique ; **draught ~ :** cheminée d'aspiration ; tube de soutirage ; tube de succion ; tube suceur ; **drawn ~ :** tube étiré ; **electron ~ :** tube électronique ; **filter ~ :** tube filtrant ; **finned ~ :** tube à ailettes ; tuyau à ailettes ; **fire ~ :** tube de fumée *(chaudière)* ; **flexible ~ :** manchon *(vanne à manchon)* ; **fluorescent ~ :** tube fluorescent ; **gas ~ :** tube à gaz ; **glass ~ :** tube verre ; **hot-cathode ~ :** valve électronique ; **injection ~ :** lance d'injection ; **inner ~ :** chambre à air *(pneu)* ; **measuring ~ :** tube de dosage ; **neon ~ :** tube au néon ; **outer ~ :** périphérie ; **pitot ~ :** tube de pitot ; **protecting ~ :** tube-allonge ; **rolled ~ :** tube laminé ; **rubber ~ :** tuyau en caoutchouc ; **safety ~ :** tube de sûreté ; **short ~ :** ajutage ; **solid-drawn ~ :** tube étiré sans fente ; **telescopic ~ :** tube télescopique ; **test ~ :** tube à essais ; **thermionic ~ :** valve électronique ; **torque ~ :** tube de torsion ; **Torr ~ :** tube de torsion ; **vacuum ~ :** tube à vide ; **Venturi ~ :** tube de Venturi ; **water ~ :** tube d'eau *(chaudière)*

tubeless tyre : pneu sans chambre

tubercule : tubercule

tube-type ozone generator : ozoneur tubulaire

tubular module : module tubulaire

tuff : tuf volcanique

tumbler switch : interrupteur à culbuteur

tungsten : tungstène ; **~ carbide :** carbure de tungstène ; **~ steel :** acier au tungstène

tuning : accord *(méc.)*

tunnel : galerie ; tunnel ; **~ diode :** diode de tunnel *(électr.)* ; diode tunnel *(électr.)* ; **wind ~ :** tunnel aérodynamique

turbid : trouble *(adj.)* ; turbide

turbidimeter : capteur turbidimétrique ; turbidimètre

turbidity : turbidité

turbine : turbine ; **~ aeration :** aération par turbine ; **~ aerator :** turbine d'aération ; **~ disc :** disque de turbine ; **~ flocculator :** floculateur à hélice ; **~ flowmeter :** débitmètre à turbine ; **~ impeller :** roue de turbine ; **~ nozzle ring :** diffuseur annulaire de turbine ; **~ pump :** pompe à turbine ; **~**

saturator : saturateur à turbine ; ~ **shaft :** arbre de turbine ; ~ **wheel :** roue de turbine ; **ducted-fan ~ :** turbine à ventilateur auxiliaire ; **feathering propeller ~ :** turbine à pales mobiles ; **gas ~ :** turbine à gaz ; **geared ~ :** turbine à engrenages ; **impulse ~ :** turbine à action ; **pontoon-mounted ~ :** turbine sur flotteur ; **propeller ~ :** turbine à hélice ; **radial-flow ~ :** turbine à écoulement radial ; **reaction ~ :** turbine à réaction ; **steam ~ :** turbine à vapeur

turbo-alternator : turbo-alternateur

turbo-blower : turbocompresseur ; turbosoufflante

turbo-charger : turbocompresseur

turbulence : turbulence ; **hydraulic ~ :** perturbations hydrauliques

turbulent : turbulent ; ~ **bed :** lit turbulent ; ~ **flow :** écoulement turbulent

turn *(n.)* **:** spire ; **dead ~ :** spire morte *(bobine)* ; **idle ~ :** spire morte *(bobine)* ; **quarter ~ :** quart de tour

turn *(v.)* **:** tourner ; virer ; ~ **red :** virer au rouge

turnbuckle : tendeur à lanterne ; tendeur à vis

turning : tournage ; travail au tour ; **boring and ~ mill :** tour alésoir ; **screw ~ :** décolletage ;

turnkey : clé en mains *(affaire)*

turn-off : commutation *(thyristor)* ; **natural ~ :** extinction naturelle *(convertisseur)*

turnover : circulation d'eau *(eaux stagnantes)* ; chiffre d'affaires *(UK)*

turnpike : autoroute à péage *(US)*

turntable bearing : couronne d'orientation

turpentine : térébenthine

turret : tourelle ; ~ **slide :** chariot porte-tourelle ; **lathe ~ :** barillet porte-outils

tuyere : tuyère *(haut-fourneau)* ; ~ **hole :** œil de tuyère

twelve-side wrench : clé à douze pans

twin : double ; jumelé ; ~ **cable :** câble à deux conducteurs ; ~ **wire :** câble à deux conducteurs

twist drill : foret hélicoïdal ; mèche hélicoïdale

twisted pair : paire torsadée

twisting : faux rond *(arbre)*

two-branch siphon : siphon à deux branches

two-in-one unit : appareil combiné

two-phase : biphasé ; biphasique ; diphasé

two-pole : bipolaire

two-stage : à deux étages ; ~ **pump :** pompe à deux étages ; ~ **settling :** décantation en deux stades ; ~ **settling tank :** décanteur-couloir à étages

two-stroke engine : moteur à deux temps

two-way : va-et-vient ; ~ **cock :** robinet à deux voies ; ~ **pump :** pompe à deux voies ; ~ **spring :** ressort à double sens ; ~ **switch :** commutateur va-et-vient ; interrupteur à deux circuits

two-wheeled hand truck : diable

two-wire : à deux fils ; bifilaire ; ~ **absolute pressure transmitter :** transmetteur de pression absolue en technique deux fils ; ~ **circuit :** circuit à deux fils

T-wrench : clé à béquille

tymp : tympe *(haut-fourneau)*

type : type

tyre : bandage ; pneu ; pneumatique ; **beaded ~ :** bandage à talons ; **cross-ply ~ :** pneu à carcasse radiale ; **flanged ~ :** bandage à boudin ; **metallic-cord ~ :** pneu à carcasse métallique ; **tubeless ~ :** pneu sans chambre

tyred wheel : galet à bandage

U

U-beams with flanges (standard~) : U à ailes parallèles

U-bolt : boulon en U ; étrier

ultimate : dernier ; **~ strength :** résistance de rupture ; **~ tensile stress :** charge de rupture

ultrafiltration : ultrafiltration

ultrapure : ultrapur ; **~ water :** eau ultrapure

ultrashort ~ : ultracourt ; **~ waves :** ondes ultracourtes

ultrasonic : à ultrasons ; ultrasonique ; **~ flowmeter :** débitmètre à ultrasons ; **~ testing :** essai aux ultrasons

ultrasound : ultrason

ultraviolet : ultraviolet ; **~ radiation :** rayonnement ultraviolet ; **~ rays :** ultraviolets

unalloyed : non allié

unbalance : balourd

unbalanced shaft : arbre à balourd

unbleached : écru *(papier)*

unbolting : déboulonnage ; déverrouillage

unburned residue content : teneur en imbrûlés

unchoking : débouchage *(tuyau)*

unclogging : débouchage *(tuyau)* ; décolmatage

unconditional action : action inconditionnelle

uncorking : débouchage

uncouple : désaccoupler

under : sous ; **~ any circumstances :** en tout état de cause ; **~ pressure :** sous pression

undercoat : couche de fond

undercurrent : courant trop faible *(élec.)* ; **~ relay :** relais à minimum ; **~ release :** déclencheur à minima ; **~ trip :** déclencheur à minima

underdrain : collecteur *(échangeur)* ; collecteur noyé

underflow : sous-verse *(flottateur)*

underground : souterrain ; **~ cable :** câble souterrain ; **~ passage :** passage souterrain ; **~ water :** eau souterraine

underline : souligner

underlying : sous-jacent

undermining : affouillement

underpass (road ~) : traversée de route *(élec.)*

underpinning : reprise en sous-œuvre ; sous-œuvre *(GC)*

underpressure : sous-pression

undershot wheel : roue à palettes

understanding (memorandum of ~) : protocole d'accord

undertaking : engagement

undervoltage : sous-tension

underwater pipeline : conduite immergée

undetectable : indétectable

undisturbed sample : échantillon intact ; échantillon non remanié

unearned income : revenu du capital

unequal : inégal

unfit for drinking : non potable

unidirectional microphone : microphone unidirectionnel

uniform : uniforme *(adj.)* ; **~ corrosion :** corrosion uniforme ; **~ customs and practices :** règles et usances

uniformity : uniformité ; **~ coefficient :** coefficient d'uniformité ; **coefficient of ~ :** coefficient d'uniformité

union : union *(raccord)* ; **~ joint :** joint union ; **joint ~ :** raccord manchon ; **pipe ~ :** raccord de tuyaux ; **quick ~ :** raccord rapide ; **threaded ~ :** embout fileté

unit : élément ; ensemble ; unité *(mesure)* ; **~ flow :** débit unitaire ; **~ of mass :** unité de masse ; **~ of measurement :** unité de mesure ; **dewatering ~ :** appareil de déshydratation ; essoreuse ; **priming ~ :** groupe d'amorçage ; **sludge blanket ~ :** décanteur à lit de boues ; **totalizing ~ :** totalisateur ; **two-in-one ~ :** appareil combiné

universal : universel ; **~ coupling :** accouplement à cardan ; **~ joint :** accouplement à cardan ; cardan ; joint universel ; **~ transmission :** entraînement à cardan

unjamming : déblocage

unknown : inconnu *(adj.)* ; inconnue *(n.)*

unless otherwise specified : sauf indication contraire

unlikely : improbable

unloader : sauterelle

unloading : débarquement ; déchargement ; **~ platform :** quai de déchargement ; **pneumatic ~ :** dépotage pneumatique

unlock : débloquer

unlocking : déverrouillage

unmesh : désolidariser

unpleasant taste : mauvais goût

unprime : désamorcer

unrefined : non raffiné

unscrew : desserrer *(écrou)*

unscrewing : dévissage

unslaked lime : chaux anhydre

unsorted : tout-venant *(adj.)*

unstable : instable

unstoppering : débouchage *(bouteille)*

unwatering : exhaure

unwind : débobiner

unwoven : non tissé

update : mettre à jour

upflow : flux ascendant ; **~ oil-separation filter :** filtre déshuileur à flux ascendant

upgrading (plant ~) : extension d'installation ; modernisation de station

uphill slope : pente ascendante

upkeep : entretien ; maintien

uplift : force ascensionnelle

upright : vertical *(adj.)* ; montant *(n.) (rampe)*

uprising (sludge ~) : remontée de boues

upset welding : soudage par refoulement

upstream : amont ; **~ control :** régulation amont ; **~ surface :** face amont ; front amont

upward : ascendant ; vers le haut ; **~ filtration :** filtration de bas en haut ; **~ flow settling tank :** décanteur à flux vertical ; **~ velocity :** vitesse ascensionnelle

urban : urbain ; **~ centre :** agglomération ; **~ district :** district urbain

urea : urée

use : emploi ; utilisation ; **end ~ :** destination finale

useful : pratique ; utile ; **~ power :** puissance utile

user : utilisateur ; **~ manual :** manuel d'utilisation ; **end ~ :** utilisateur final

utilance : utilance

utilities : utilités

utility trough : goulotte technique

utilization : utilisation ; **coefficient of ~ :** utilance

U-tube : tube en U ; **~ manometer :** manomètre à tube en U

V

vaccination : vaccination

vacuum : vide ; **~ blower :** ventilateur de mise sous vide *(Pulsator)* ; **~ brake :** frein à vide ; **~ breaker :** casse-vide ; **~ breaker dryer absorber :** absorbeur dessiccateur casse-vide ; **~ breaker valve :** clapet casse-vide ; **~ chamber :** cloche à vide ; **~ cleaning :** dépoussiérage par le vide ; nettoyage par le vide ; **~ deaeration :** dégazage sous vide ; **~ deaerator :** dégazeur sous vide ; **~ degassing :** dégazage sous vide ; **~ dewatering :** déshydratation sous vide ; **~ distillation :** distillation sous vide ; **~ dryer :** étuve à vide ; sécheur à vide ; **~ drying :** séchage par le vide ; **~ evaporator :** évaporateur à vide ; **~ fan :** ventilateur de mise sous vide ; **~ filter :** filtre à vide ; filtre sous vide ; **~ gauge :** indicateur de vide ; vacuomètre ; **~ pump :** pompe à vide ; **~ rotary filter :** filtre rotatif sous vide ; **~ siphon :** siphon déprimé ; **~ switch :** vacuostat ; **~ tank :** cuve sous vide ; **~ tube :** tube à vide

vacuum-control siphon : bonde siphoïde à dépression

vacuum-tube voltmeter : voltmètre à lampe

valence : valence *(chim.)* ; **~ electron :** électron de valence

valency : valence

valid : valable ; **~ and binding agreement :** contrat en bonne et due forme

validations : prises en compte comptables

validity : validité ; **~ check :** contrôle de validité *(info.)*

valuation : expertise *(fin.)*

value : valeur ; **~ of goods for customs purposes :** valeur en douane ; **book ~ :** valeur comptable ; **calorific ~ :** pouvoir calorifique ; **crest ~ :** valeur de crête ; **gross calorific ~ :** pouvoir calorifique supérieur ; **heat ~ :** valeur calorifique ; **heating ~ :** valeur calorifique *(phys.)* ; **lower heat ~ :** pouvoir calorifique inférieur ; **mean ~ :** valeur moyenne ; **moisture-and-ash-free calorific ~ :** pouvoir calorifique sur pur ; **moisture-free calorific ~ :** pouvoir calorifique sur sec ; **net calorific ~ :** pouvoir calorifique inférieur ; **nominal ~ :** valeur nominale ; **peak ~ :** valeur de crête ; valeur de pointe ; **permanganate ~ :** oxydabilité au permanganate ; **root-mean-square ~ :** moyenne quadratique ; valeur efficace ; **set-point ~ :** point de consigne ; valeur de consigne ; **threshold ~ :** valeur de seuil

value-added tax : taxe à la valeur ajoutée

valve : robinet ; soupape ; valve ; vanne ; **~s and fittings :** robinetterie ; **~ chamber :** chambre des vannes ; **~ handwheel :** volant de vanne ; **~ house :** chambre des vannes ; **~ seat :** siège de soupape ; **~ spindle :** tige de soupape ; **~ stem :** tige de soupape ; **~ with spur gear drive :** vanne à entraînement par engrenage droit ; **air ~ :** ventouse *(vanne)* ; **air bleed ~ :** vanne de purge d'air ; **air plug ~ :** obturateur à diaphragme ; obturateur à vessie ; obturateur pneumatique ; vanne Pronal ; **air release ~ :** vanne casse-vide ; **air relief ~ :** vanne de mise à l'atmosphère ; **air scour admission ~ :** vanne d'entrée d'air surpressé ; **angle ~ :** robinet d'équerre ; vanne d'angle ; **automatic ~ :** vanne automatique ; **automatic shut-off ~ :** vanne automatique d'isolement ; **ball ~ :** robinet à boisseau sphérique ; robinet à boule ; robinet à tournant sphérique ; vanne à bille ; vanne à boisseau sphérique ; **bellows ~ :** robinet à soufflet ; **blow-down ~ :** soupape de purge ; **blow-off ~ :** robinet d'extraction ; vanne d'extraction ; **butterfly ~ :** robinet à papillon ; vanne à papillon ; vanne papillon ; **by-pass ~ :** vanne d'égalisation ; vanne de dérivation ; **check ~ :** clapet ; clapet anti-retour ; clapet de non-retour ; clapet de retenue ; soupape de retenue ; **clack ~ :** clapet ; **clarifier wash water ~ :** vanne de lavage du décanteur ; **cone ~ :** vanne à jet creux *(divergent)* ; **control ~ :** robinet de commande ; vanne de réglage ; vanne de régulation ; **counterpressure ~ :** soupape de contrepression ; **cylinder ~ :** robinet de bouteille *(gaz comprimé) ;* vanne à vérin ; **delivery ~ :** clapet de refoulement ; **diaphragm ~ :** robinet à membrane ; vanne à membrane ; **disc ~ :** vanne papillon ; **double seat ~ :** robinet à soupape double ; **drain ~ :** vanne d'évacuation ; vanne de vidange ; **equalizing ~ :** vanne compensatrice ; **exhaust ~ :** clapet d'échappement ; soupape d'échappement ; **expansion ~ :** soupape de détente ; **flangeless ~ :** vanne sans bride ; **flap ~ :** clapet à battant ; clapet de retenue à battant ; **flexible throat ~ :** vanne à déformation élastique ; **float ~ :** robinet à flotteur ; **flow control ~ :** vanne de réglage de débit ; **flow regulating ~ :** vanne régulatrice de débit ; **foot ~ :** clapet de pied ; **four-way ~ :** robinet à quatre voies ; **fullway ~ :** vanne à passage intégral ; **gas ~ :** vanne à gaz ; **gate ~ :** robinet-vanne ; vanne à obturateur ; vanne à opercule ; vanne à passage direct ; **gauge ~ :** robinet de jauge ; **globe ~ :** robinet à soupape ; robinet droit ; vanne à soupape ; **hollow jet ~ :** vanne à jet creux *(parallèle)* ; **hot-blast ~ :** valve à vent chaud ; **hydraulic ~ :** vanne à commande hydraulique ; **inlet ~ :** clapet d'admission ; robinet d'entrée ; vanne d'entrée ; **intake ~ :** clapet d'aspiration ; soupape d'admission ; **inverted plug ~ :** robinet à boisseau renversé ; **isolation ~ :** vanne d'isolement ; **jacketed ~ :** vanne à enveloppe chauffante ; **junction ~ :** boîte de jonction ; **light flap ~ :** clapet à battant léger ; **lubricated plug ~ :** robinet à boisseau lubrifié ; **mitre ~ :** soupape conique ; **mixer ~ :** mitigeur ; robinet mélangeur ; **mixing ~ :** robinet mélangeur ; vanne mélangeuse ; **motor-operated ~ :** robinet à moteur ; vanne motorisée ; **multi-way ~ :** vanne à plusieurs voies ; **multiple-port ~ :** robinet distributeur ; **mushroom-type ~ :** soupape en champignon ; **needle ~ :** robinet à aiguille ; robinet à pointeau ; soupape à pointeau ; vanne à aiguille ; vanne à pointeau ; **non-return ~ :** boîte de retenue *(compresseur)* ; clapet anti-retour ; clapet de non-retour ; clapet de retenue ; **on/off ~ :** vanne de régulation par tout ou rien ; **outlet ~ :** robinet de sortie ; **packless ~ :** robinet sans presse-étoupe ; **parallel seat ~ :** vanne à sièges parallèles ; **parallel slide ~ :** vanne à obturateur à faces parallèles ; **pilot ~ :** vanne pilote ; **pinch ~ :** vanne à manchon ; vanne à manchon à déformation élastique ; **piston ~ :** robinet à piston ; **plug ~ :** robinet à boisseau ; **pneumatic cylinder ~ :** vanne à vérin pneumatique ; **pneumatic straight-through passage ~ :** vanne pneumatique à passage intégral ; **pressure-closing control ~ :** vanne à ouverture par manque d'air ; **pressure-negative pressure ~ :** soupape pression-dépression ; **pressure-opening control ~ :** vanne à fermeture par manque d'air ; **pressure reducing ~ :** détendeur ; vanne de détente ; **pressure release ~ :** vanne détendeur ; **pressure relief ~ :** clapet de surpression ; détendeur de pression ; soupape de surpression ; **quick-opening ~ :** vanne à manœuvre rapide ; vanne à ouverture rapide ; **quick operating ~ :** robinet à manœuvre rapide ; **radiator ~ :** robinet de radiateur ; **reducing ~ :** détendeur ; **relief ~ :** clapet de décharge ; soupape de décompression ; soupape de sécurité ; **rising stem ~ :** vanne à tige montante ; vanne à vis montante ; **rotary ~ :** vanne tournante ; **safety ~ :** clapet de sécurité ; **sandwich wafer ~ :** vanne à corps tampon ; **screwed-connection ~ :** vanne à manchon taraudé ; **self-centring disc ~ :** obturateur à disque ; **shut-off ~ :** clapet de fermeture ; robinet d'isolement ; vanne d'arrêt ; **single seat ~ :** robinet à soupape simple ; **sleeve ~ :** chemise de distribution ; soupape à fourreau ; **slide ~ :** tiroir *(vanne)* ; soupape à tiroir ; **sludge draw-off ~ :** vanne d'extraction de boues ; **sluice ~ :** robinet-vanne ; vanne à glissière ; vanne à opercule ; vannelle ; **snifter ~ :** reniflard ; **solenoid ~ :** électrovanne ; robinet électromagnétique ; vanne électromagnétique ; **spherical plug ~ :** robinet à boisseau sphérique ; vanne à boisseau sphérique ; **spring-loaded safety ~ :** soupape de sécurité à ressort ; soupape de sûreté à ressort ; **stirrup-mounted ~ :** vanne à étrier ; **stop ~ :** soupape d'arrêt ; **straight screw-down ~ :** robinet à soupape droit ; **straight-through passage ~ :** vanne à passage direct ; vanne à passage intégral ; **structure isolating ~ :** vanne d'isolement de l'ouvrage ; **suction ~ :** clapet d'aspiration ; **taper plug ~ :** vanne à boisseau conique ; vanne à carotte ; **telescopic ~ :** vanne télescopique ; **thermostat ~ :** vanne thermostatique ; **three-way ~ :** robinet à trois voies ; vanne à trois voies ; **throttle ~ :** soupape d'étranglement ; vanne de fuite *(Pulsator)* ; vanne de laminage *(vapeur)* ; **throttling ~ :** vanne de laminage ; **transfer ~ :** vanne de transvasement ; **vacuum breaker ~ :** clapet casse-vide ; **vibrating ~ :** clapet vibreur ; **wafer ~ :** vanne à corps tampon ; vanne entrebride ; vanne entre brides ; vanne sandwich ; **washout ~ :** vanne de sortie d'eau de lavage ; **wash water admission ~ :** vanne d'entrée d'eau de lavage ; **wash water outlet ~ :** vanne de sortie d'eau de lavage ; **water-seal ~ :** vanne à joint hydraulique ; **wedge ~ :** vanne à coin

vanadium : vanadium ; **~ steel :** acier au vanadium

Van der Waals force : force d'attraction de Van der Waals

vane : aile *(turbine)* ; ailette *(turbine)* ; pale *(ventilateur)* ; **~ flowmeter :** débitmètre à palettes ; **~ pump :** pompe à ailettes

vaporization : atomisation

vapour : buées ; vapeur ; **~ phase :** phase vapeur ; **~ pressure :** tension de vapeur ; **saturated ~ :** vapeur saturante ; **water ~ :** vapeur d'eau

varhour meter : compteur d'énergie réactive

variable : réglable ; variable ; **~ import levies :** impositions variables à l'importation ; **~ interference filter :** filtre interférentiel continu ; ~ **pitch :** géométrie variable *(hélice)* ; ~ **sweep :** géométrie variable *(aile)*

variable-speed belt : variateur à courroie

variable-speed drive : motovariateur d'entraînement ; variateur de vitesse

variable-speed gear : engrenage à vitesse variable

variable-speed motor : motovariateur

variance : variance

variation : fluctuation ; variation ; **continuous ~ :** variation continue ; **discrete-step ~ :** variation par bonds ; **frequency ~ :** glissement de fréquence ; variation de fréquence

varnish : vernis ; **oil ~ :** vernis gras ; **spirit ~ :** vernis à l'alcool

varnished : verni

vascular cryptogam : cryptogame vasculaire

Vaseline : vaseline

vat : bac ; cuve *(bière)*

V-belt : courroie trapézoïdale

V-block : support en V

vector : vecteur

vegetable kingdom : règne végétal

vegetation : végétation

vehicle : véhicule ; **launch ~ :** lanceur

vein : veine *(géol.)*

velocity : célérité ; vitesse ; ~ **at the vena contracta :** vitesse contractée ; ~ **gradient :** gradient de vitesse ; ~ **pressure :** pression due au vent ; ~ **ratio :** rapport de démultiplication ; **absolute ~ :** vitesse absolue ; **angular ~ :** vitesse angulaire ; vitesse de rotation ; **approach ~ :** vitesse d'approche ; **circulation ~ :** vitesse de circulation ; **cross-circulation ~ :** vitesse de circulation transversale ; **falling ~ :** vitesse de chute ; **flow ~ :** vitesse d'écoulement ; vitesse de circulation ; **relative ~ :** vitesse relative ; **rising ~ :** vitesse ascensionnelle ; **service flow ~ :** vitesse à l'épuisement *(échange d'ions)* ; **settling ~ :** vitesse de décantation ; vitesse de sédimentation ; **sweeping ~ :** vitesse de balayage ; **tangential ~ :** vitesse tangentielle ; **upward ~ :** vitesse ascensionnelle

veneer *(n.)* **:** bois de placage ; placage *(bois)*

veneer *(v.)* **:** plaquer *(bois)*

veneered wood : bois plaqué

Venetian blind : store vénitien

vent : évent ; mise à l'atmosphère ; ~ **stack :** cheminée d'évent ; conduit de ventilation

ventilation : ventilation ; ~ **duct :** canal de ventilation ; gaine de ventilation ; ~ **flap :** registre d'aérage ; ~ **grid :** persiennes de ventilation ; ~ **shaft :** cheminée d'aération ; puits de ventilation ; **artificial ~ :** ventilation artificielle ; **forced ~ :** ventilation forcée

venting pipe : tuyauterie d'évent

venturi : venturi ; ~ **flume :** canal venturi ; ~ **scrubber :** laveur à venturi ; ~ **tube :** tube de Venturi

verification status : état du contrôle

vernier calliper : pied à coulisse

versatile : polyvalent

vertical : vertical ; ~ **bar screen :** grille à champ vertical ; ~ **boring mill :** tour vertical ; ~ **deaerating heater :** dégazeur à bâche verticale ; ~ **pillar :** support vertical *(perceuse)*

vertical-axis aerator : aérateur à axe vertical

vertically split casing pump : pompe à plan de joint vertical

vessel : ballon ; réservoir ; **centrifugation ~ :** enceinte de centrifugation ; **communicating ~s :** vases communicants ; **hydropneumatic ~ :** ballon aérohydraulique ; **pressure ~ :** appareil à pression ; ballon sous pression ; cuve sous pression ; récipient sous pression ; **saturation ~ :** ballon de pressurisation

viable (economically ~) : économique

viaduct : viaduc

Vibrair : Vibrair

vibrating : vibrage ; ~ **conveyor :** convoyeur à secousses ; ~ **diaphragm :** lame vibrante ; ~ **of concrete :** vibrage du béton ; ~ **screen :** tamis oscillant ; ~ **valve :** clapet vibreur

vibration : vibration ; ~ **absorber :** plot antivibratoire ; ~ **damper :** amortisseur de vibrations ; ~ **fatigue :** fatigue par vibration ; ~ **resistant :** antivibratoire ; **acoustic ~ :** vibration acoustique

vibrator : vibrateur *(élec.)* ; **concrete ~ :** vibrateur de béton

vibrion : vibrion

Vicat needle : appareil Vicat

vice : étau ; ~ **jaw :** mâchoire d'étau ; **bench ~ :** étau d'établi ; **chain ~ :** étau à chaîne ; **hand ~ :** étau à main ; **yoke ~ :** étau à griffes

vice-president : directeur délégué

videotape recorder : magnétoscope

view : vue ; ~ **along axis :** vue suivant axe ; **aerial ~ :** vue aérienne ; **bottom ~ :** vue de dessous ; **cut-away ~ :** vue écorchée ; **exploded ~ :** vue éclatée ; **front ~ :** vue de face ; **general ~ :** vue d'ensemble ; **main front ~ :** façade principale ; **partial ~ :** vue partielle ; **perspective ~ :** vue en perspective ; **plan ~ :** vue en plan ; **profile ~ :** vue de profil ; **rear ~ :** vue arrière ; **side ~ :** vue de côté ; **top ~ :** vue d'en haut ; vue de dessus ; vue en plan

viewfinder : viseur *(photo.)*

vinasse : vinasse

viniculture : viticulture

vinification : vinification

vinyl : vinyle

virgin naphtha : naphte de première distillation

viricidal : virulicide

virology : virologie

virucidal : virulicide

virus : virus ; **water-borne ~ :** virus hydrique

visa : visa *(passeport)*

viscosimeter : viscosimètre

viscosity : viscosité ; **~ coefficient :** coefficient de viscosité ; **~ index :** indice de viscosité ; **absolute ~ :** viscosité dynamique ; **apparent ~ :** viscosité apparente ; **coefficient of ~ :** coefficient de viscosité ; **dynamic ~ :** viscosité dynamique ; **kinematic ~ :** viscosité cinématique ; **magnetic ~ :** viscosité magnétique

viscous : visqueux

visible contact : coupure visible

vision (persistence of ~) : persistance optique

visit : visite ; **inspection ~ :** visite de surveillance

vision (protective ~) : visière de protection

visual : visuel ; **~ + audible alarm :** alarme sonore + lumineuse ; **~ estimation :** appréciation visuelle ; **~ inspection :** contrôle d'aspect

vitreous : vitreux

vitrification : inertage *(chaud)* ; vitrification

vitrified : vitrifié ; **~ clay :** grès vernissé ; **~ enamel :** émail vitrifié

viviparous : vivipare

V-notch plug : coulisseau à entaille en V

V-notch weir : déversoir triangulaire

void *(n.)* **:** vide ; **~ ratio :** indice de vide ; taux de porosité ; taux de vide ; **mesh ~ :** vide de maille

void *(v.)* **:** annuler *(contrat)*

volatile : volatil ; **~ acid :** acide volatil ; **~ acidity :** acidité volatile ; **~ fatty acid :** acide gras volatil ; **~ gas :** gaz volatil ; **~ solids :** matières volatiles

volcanic lava : lave volcanique

volt : volt

Volta effect : effet Volta

voltage : tension ; **~ drop :** chute de tension ; **~ failure :** manque de tension ; **~ gain :** gain en tension ; **~ impulse :** impulsion de tension ; **~ multiplier :** multiplicateur de tension ; **~ rating :** tension nominale ; **~ ratio :** rapport de transformation ; **~ regulation :** régulation de tension ; stabilisation de la tension *(élec.)* ; **~ regulator :** limiteur de tension ; régulateur de tension ; stabilisateur de tension ; **~ relay :** relais de tension ; **~ transformer :** transformateur de potentiel ; transformateur de tension ; **bias ~ :** tension de polarisation ; **breakdown ~ :** tension de claquage ; tension de rupture ; **crest ~ :** tension de crête ; **effective ~ :** tension efficace ; **electrolysis ~ :** tension d'électrolyse ; **input ~ :** tension d'entrée ; **medium ~ :** moyenne tension ; **minimum rated input ~ :** tension minimale d'alimentation ; **output ~ :** tension de sortie ; **root-mean-square ~ :** tension efficace ; **supply ~ :** tension d'alimentation ; tension de distribution ; **surge ~ :** tension de choc ; **three-phase ~ :** tension triphasée

voltaic cell : couple voltaïque

voltammeter : voltampèremètre

volt-ampere : voltampère ; **~ reactive :** volt-ampère réactif

volt-free contact : contact libre de potentiel ; contact libre de tension ; contact sans tension ; contact sec

voltmeter : voltmètre ; **numerical ~ :** voltmètre numérique ; **tube ~ :** voltmètre à lampe ; **vacuum-tube ~ :** voltmètre à lampe

volume : volume ; **~ flow rate :** débit volumique ; **by ~ :** en volume ; **differential ~ :** volume de marnage ; **fed ~ :** volume passé ; **gross ~ :** volume total ; **net ~ :** volume utile ; **swept ~ :** volume engendré *(compresseur)*

volumetric : volumétrique ; **~ analysis :** analyse volumétrique ; **~ feeder :** doseur volumétrique ; **~ flask :** fiole jaugée ; **~ loading :** charge hydraulique

volute : volute ; **~ casing :** volute *(pompe centrifuge)*

volutin : volutine

vortex : tourbillon ; vortex ; **~ pump :** pompe à vortex ; **~ velocity flowmeter :** débitmètre à effet vortex

V-shaped groove : rainure en V

V-type engine : moteur à cylindres en V ; moteur en V

vulcanization : vulcanisation

vulcanized steel : acier ébonité

W

wadded paper : papier losangé

wafer : galette ; **~ switch :** commutateur à galettes ; **~ valve :** vanne à corps tampon ; vanne entrebride ; vanne entre brides ; vanne sandwich

wagon : chariot ; wagon ; **~ drill machine :** wagon-drill

waiting time : temps mort

waive : abandonner *(droits)*

walking-beam reheating furnace : four à longeron ; four de réchauffage à balancier

walkthrough : aire de circulation

walkway : passerelle ; **~ in cantilever :** passerelle en porte-à-faux ; **~ with handrail :** passerelle avec garde-corps ; **fixed ~ :** passerelle fixe

wall : mur ; paroi ; **~ box :** ope *(constr.)* ; **~ bracket :** applique ; **~ crane :** grue à console ; grue murale ; **~ effect :** effet de paroi *(élec.)* ; **~ hoist :** treuil d'applique ; **~ mounting :** fixation murale ; montage mural ; **~ outlet :** prise murale ; **~ string :** faux- limon ; **bacterial ~s :** parois bactériennes ; **cavity ~ :** mur double ; **cell ~ :** carapace ; **cob ~ :** mur en pisé ; mur en torchis ; **curtain ~ :** mur-rideau ; **fire ~ :** cloison pare-feu ; **fixed ~ :** paroi fixe ; **parapet ~ :** acrotère ; **party ~ :** mur mitoyen ; **retaining ~ :** mur de soutènement ; **sheet-pile ~ :** rideau de palplanches ; **smooth ~s :** parois unies ; **sound-absorbing ~ :** paroi anti-bruit

wall-mounted : à fixation murale ; **~ box :** coffret mural

ware : marchandise ; **hollow ~ :** pièces chaudronnées ; pièces de chaudronnerie ; **sanitary ~ :** matériel sanitaire

warehouse : entrepôt ; **~ charges :** frais de magasinage ; **~ receipt :** récépissé d'entrepôt ; **bonded ~ :** parc sous douane ; **public ~ :** entrepôt public

warm-air heating : chauffage par air pulsé

warning : avertissement ; **~ grid :** grillage avertisseur ; grillage de présignalisation ; **~ station :** station d'alerte

warpage : gauchissement

warping : voile *(surface plane)*

warranty : garantie

wash : lavage ; **~ air :** air de lavage ; **~ bottle :** barboteur pour lavage ; flacon laveur ; pissette ; **~ water :** eau de lavage ; **~ water admission valve :** vanne d'entrée d'eau de lavage ; **~ water channel :** goulotte de lavage ; **~ water main :** collecteur d'eau de lavage ; **~ water outlet valve :** vanne de sortie d'eau de lavage ; **~ water pump :** pompe de lavage ; **~ water recovery :** récupération d'eau de lavage ; **spray ~ :** nettoyer au jet

washbasin : lavabo

washer : laveur ; rondelle ; **~ seat :** portée de rondelle ; **anti-turn ~ :** rondelle éventail ; **grit ~ :** laveur de sable ; **lock ~ :** plaque d'arrêt ; rondelle d'arrêt ; rondelle de blocage ; rondelle frein ; rondelle Grower ; **packing ~ :** rondelle de garniture ; **piston ~ :** rondelle de piston ; **plain ~ :** rondelle plate ; **rubber ~ :** rondelle caoutchouc ; **sealing ~ :** rondelle d'étanchéité ; **split ~ :** rondelle à fente ; **spring ~ :** rondelle élastique ; **surface ~ :** laveur de surface ; **tap ~ :** rondelle de robinet ; **thrust ~ :** rondelle d'appui ; rondelle de butée ; **toothlock ~ :** rondelle éventail

washing : lavage ; **~ and fines removal column :** colonne de lavage-définage ; **~ bridge :** pont laveur *(filtre-presse)* ; **~ by sections :** lavage par tranches ; **~ controller :** combinateur de lavage ; **~ plant :** lavoir ; **~ siphon :** siphon de lavage ; **coal ~ :** lavage de charbon ; **countercurrent ~ :** lavage à contre-courant ; **preliminary ~ :** prélavage ; **spray ~ :** nettoyage au jet

washout : sortie d'eau de lavage ; **~ valve :** vanne de sortie d'eau de lavage

waste : débris ; déchet ; rebut ; **~ disposal :** élimination des déchets ; **~ disposal tanker :** tonne de vidange ; **~ disposal unit :** broyeur à ordures ; **~ gas burner :** torchère ; **~ pipe :** tuyau de décharge ; tuyauterie d'évacuation ; **~ products :** produit de rejet ; **~ sludge :** boues résiduaires ; **~ sorting :** tri des ordures ; tri des déchets ; **bulky ~ :** ordures encombrantes ; **chemical ~ :** déchets chimiques ; **chlorinated ~ :** déchets chlorés ; **energy production from ~ :** valorisation énergétique des déchets ; **factory ~ :** déchets de fabrication ; **indiscriminate ~ disposal :** décharge sauvage ; **industrial ~ :** déchets industriels ; **liquid ~ :** déchets liquides ; effluent ; **organic ~ :** déchets organiques ; **radioactive ~ :** déchets radioactifs ; **screening ~ :** refus de grille ; **toxic ~ :** déchets toxiques

wasteland : terrain vague

wastewater : eau résiduaire ; eau résiduelle ; eaux usées ; **~ clarification :** clarification d'eaux résiduaires ; **~ discharge :** rejet d'eaux usées ; **~ inlet :** arrivée des eaux usées ; **~ sludge :** boues résiduaires ; **~ treatment plant :** station d'épuration ; station de traitement des eaux usées ; **industrial ~ :** eau résiduaire industrielle ; eaux usées industrielles ; **municipal ~ :** eaux usées urbaines

watch : montre ; **technology ~ :** veille technologique

watchdog : chien de garde *(électr.)*

watchman room : poste de garde

water : eau ; hydrique *(adj.)* ; **~ + air wash :** lavage hydropneumatique ; **~ absorption :** absorption de l'eau ; **~ bath :** bain-marie ; **~ box :** boîte à eau ; **~ characteristics :** composition des eaux ; **~ colour :** couleur de l'eau ; **~ colour paint :** peinture à l'aquarelle ; **~ column :** colonne d'eau ; **~ content :** teneur en eau ; **~ distribution :** distribution d'eau ; **~ effect :** effet d'eau ; **~ falling head :** chute d'eau ; **~ film :** lame d'eau ; **~ flooding :** réinjection ; **~ flush :** chasse d'eau ; **~ flushing unit :** chasse d'eau ; **~ hammer :** bélier ; coup de bélier ; **~ heater :** chauffe-eau ; **~ hose nozzle :** bec de lance ; **~ hyacinth :** jacinthe d'eau ; **~ in equilibrium :** eau à l'équilibre ; **~ inlet :** arrivée d'eau ; **~ intake :** prise d'eau ; **~ intake structure :** ouvrage de prise d'eau ; tour de prise d'eau ; **~ jacket :** chemise d'eau ; **~ jet :** jet d'eau ; **~ knockout tank :** séparateur triphasique ; séparateur triphasique du brut ; **~ leak :** fuite d'eau ; **~ level :** niveau d'eau ; plan d'eau ; **~ level indicator :** indicateur de niveau d'eau ; **~ line :** plan de restitution ; **~ loop :** boucle d'eau ; **~ main :** conduite d'adduction ; **~ management policy :** politique de l'eau ; **~ meter :** compteur d'eau ; **~ of constitution :** eau de constitution *(chim.)* ; **~ of crystallization :** eau de cristallisation ; **~ outlet :** prise d'eau ; **~ pipe :** tuyau d'eau ; **~ pollution :** pollution des eaux ; **~ pump :** pompe à eau ; **~ quality :** qualité de l'eau ; **~ rate :** coût de l'eau ; **~ recycling :** recyclage de l'eau ; **~ regulation :** réglementation de l'eau ; **~ repellent :** hydrofuge ; **~ resources management :** gestion des ressources en eau ; **~ retention properties :** pouvoir de rétention d'eau ; **~ seal :** garde hydraulique ; joint d'eau ; pot de garde ; pot de garde hydraulique ; siphon isolateur ; **~ sheet :** lame d'eau ; **~ shortage :** manque d'eau ; pénurie d'eau ; **~ specialist :** traiteur d'eau ; **~ spraying :** pulvérisation de l'eau ; **~ stream :** veine fluide ; **~ supply :** adduction d'eau ; **~ supply network :** réseau d'eau ; **~ supply pump :** pompe d'alimentation en eau ; **~ table :** nappe phréatique ; nappe souterraine ; **~ tower :** château d'eau ; réservoir surélevé ; **~ treatment :** épuration de l'eau ; traitement des eaux ; **~ treatment engineering :** ingénierie du traitement d'eau ; **~ treatment technician :** technicien de traitement d'eau ; **~ tube :** tube d'eau *(chaudière)* ; **~ unfit for drinking :** eau non potable ; **~ vapour :** vapeur d'eau ; **~ wheel :** roue hydraulique ; turbine à eau ; **~ with calcium alkalinity :** eau bicarbonatée calcique ; **~ with calcium carbonate alkalinity :** eau bicarbonatée calcique ; **~ works :** usine d'eau ; **aerated ~ :** eau aérée ; **aggressive ~ :** eau agressive ; **alkaline ~ :** eau sodée ; **analysis of ~ :** analyse de l'eau ; **ballast ~ :** eau de ballast ; eau de déballastage *(pétro.)* ; **blocking ~ :** eau de blocage ; **boiler ~ :** eau de chaudière ; **bound ~ :** eau liée ; **brackish ~ :** eau saumâtre ; **buffer ~ :** eau de blocage *(motrice)* ; **buffered ~ :** eau tamponnée ; **capillary ~ :** eau capillaire ; eau de capillarité ; **carbonated ~ :** eau gazeuse ; **carbonate-free ~ :** eau décarbonatée ; **cation-free ~ :** eau décationnée ; **chlorinated ~ :** eau chlorée ; **clean ~ :** eau claire ; **cloudy ~ :** eau trouble ; **colloidal hydration ~ :** eau d'hydratation colloïdale ; **compaction ~ :** eau de blocage *(motrice)* ; **concentrated ~ :** eau concentrée ; **cooling ~ :** eau de réfrigération ; eau de refroidissement ; **cross-wash ~ :** eau de balayage ; **decompaction ~ :** eau de détassage ; **deep-source ~ :** eau d'origine profonde ; **dilution ~ :** eau de dilution ; **domestic hot ~ :** eau chaude sanitaire ; **drainage ~ :** eau d'exhaure ; **drilling ~ :** eau de forage ; **drinking ~ :** eau de boisson ; eau potable ; **expanse of ~ :** étendue d'eau ; plan d'eau ; **feed ~ :** eau d'alimentation ; **filtered ~ :** eau filtrée ; **floated ~ :** eau flottée ; **flushing ~ :** fluide de décolmatage ; **free ~ :** eau libre ; **fresh ~ :** eau douce ; **grit-free ~ :** eau dessablée ; **hard ~ :** eau dure ; **head ~ :** eau d'amont ; **hot ~ :** eau chaude ; **industrial ~ :** eau industrielle ; **infiltration ~ :** eau d'infiltration ; eaux parasites ; **injector ~ :** eau motrice *(chloromètre)* ; **interstitial ~ :** eau interstitielle ; **Javel ~ :** eau de Javel ; **layer of ~ :** tranche d'eau ; **lime ~ :** eau de chaux ; **lime-treated ~ :** eau chaulée ; **loosening ~ :** eau de détassage ; **make-up ~ :** appoint ; eau d'appoint ; **mine ~ :** eau d'exhaure de mines ; **mineral ~ :** eau minérale ; **oil field ~ :** eau de gisement ; **permeated ~ :** eau osmosée ; **polished ~ :**

eau affinée ; **potable ~ :** eau de consommation ; **pressure ~ :** eau sous pression ; **process ~ :** eau de fabrication ; eau de procédé ; **produced ~ :** eau produite ; **pure ~ :** eau saine ; **purified ~ :** eau épurée ; **radioactive ~ :** eau radioactive ; **rain ~ :** eau de pluie ; **raw ~ :** eau brute ; effluent brut ; **receiving ~ :** milieu récepteur ; **reservoir ~ :** eau de barrage ; **return ~ :** eau de retour ; **river ~ :** eau de rivière ; **running ~ :** eau courante ; eaux vives ; **salt ~ :** eau salée ; eau saline ; **scale-forming ~ :** eau entartrante ; eau incrustante ; **screened ~ :** eau dégrillée ; **sea ~ :** eau de mer ; eau salée ; **selenitic ~ :** eau séléniteuse ; **service ~ :** eau motrice ; **sludge carrier ~ :** eau d'accompagnement des boues ; **sludge-laden ~ :** eau boueuse ; **soft ~ :** eau douce ; **softened ~ :** eau décarbonatée ; **spring ~ :** eau de source ; **stagnant ~ :** eau morte ; eau stagnante ; **still ~ :** eau calme ; eau tranquille ; **storm ~ :** eaux pluviales ; **strained ~ :** eau tamisée ; **superheated ~ :** eau surchauffée ; **surface ~ :** eau de surface ; eau superficielle ; **synthetic ~ :** eau synthétique ; **tail ~ :** eau d'aval ; **trapped ~ :** eau fossile ; **trapped subsurface ~ :** eau souterraine fossilisée ; **treated ~ :** eau traitée ; effluent traité ; **trickling ~ :** eau de percolation ; **tritiated ~ :** eau tritiée ; **ultrapure ~ :** eau ultrapure ; **underground ~ :** eau souterraine ; **wash ~ :** eau de lavage ; **well ~ :** eau de forage ; **white ~ :** eau blanche *(papier)*

water-borne : d'origine hydrique *(maladie)* ; **~ epidemic :** épidémie d'origine hydrique ; **~ virus :** virus hydrique

water-cooled heat exchanger : échangeur à circulation d'eau

water-curtain device : dispositif à rideau d'eau

water-driven metering pump : pompe doseuse hydromotrice

waterflooding : réinjection *(pétro.)*

watering : arrosage

water-jet disperser : disperseur à niveau d'eau ; disperseur à rideau d'eau

water-proof : imperméable ; imperméable à l'eau ; **~ layer :** film étanche *(béton)*

water-proofing : étanchéité ; **asphalt paint ~ :** étanchéité par asphalte coulé ; **bituminized felt ~ :** étanchéité par feutre bitumé ; **integral ~ :** étanchéité dans la masse

water-repellent : hydrofuge *(adj.)*

water-seal valve : vanne à joint hydraulique

watershed : ligne de partage

water-tight : étanche ; étanche à l'eau ; **~ enclosure :** coffret étanche ; **~ ring :** bague d'étanchéité

water-tube boiler : chaudière à tubes d'eau

waterway : cours d'eau ; voie fluviale

watt : watt

watt-hour : watt-heure

watthour meter : compteur d'énergie active ; compteur de watt-heures

wattmeter : wattmètre

wave : onde ; vague ; **~ action :** batillage ; **~ crest :** crête d'onde ; **~ train :** train d'ondes ; **carrier ~ :** onde porteuse ; **centimetric ~ :** onde centimétrique ; **decimetric ~ :** onde décimétrique ; **heat ~ :** onde calorifique ; **Hertzian ~ :** onde hertzienne ; **light ~ :** onde lumineuse ; **long ~s :** ondes longues ; **medium ~s :** ondes moyennes ; **millimetre ~ :** onde millimétrique ; **plane ~ :** onde plane ; **seismic ~ :** onde sismique ; **shock ~ :** onde de choc ; **short ~s :** ondes courtes ; **sound ~ :** onde sonore ; **tidal ~ :** onde de marée ; **ultrashort ~s :** ondes ultracourtes

wavelength : longueur d'onde

wax : cire

way : voie ; **~ out :** issue ; **cable ~ :** chemin de câble ; **oil ~ :** patte d'araignée

waybill : lettre de voiture ; **air ~ :** lettre de transport aérien ; **forwarding ~ :** bordereau de transmission ; **through ~ :** document de transport combiné

WC (Eastern pattern ~) : WC à la turque

weak : faible ; **~ acid cation resin :** échangeur de cations faiblement acides ; **~ base anion resin :** échangeur d'anions faiblement basiques ; **~ base exchanger :** échangeur faiblement basique

wear : usure ; **~ and tear :** fatigue ; usure ; **~ part :** pièce d'usure ; **~ ring :** bague d'usure

wearing : usure

weather *(n.)* **:** temps *(climat)* ; **~ conditions :** conditions atmosphériques ; **~ strip :** coupe-froid ; **dry ~ :** temps sec ; **harsh ~ :** intempéries

weather *(v.)* **:** s'effriter *(roche)*

weathering : vieillissement climatique

weather-proof : étanche ; imperméable aux intempéries ; résistant aux intempéries

weaving : tissage

web : âme ; **crank ~ :** bras de vilebrequin

wedge : cale ; coin *(cale)* ; **~ gate valve :** vanne à opercule ; vanne à sièges obliques ; **~ valve :** vanne à coin ; **carrot ~ :** broche conique

wedge-shaped : en coin

wedging : calage

weed-killer : désherbant ; herbicide

weed separator : désherbeur *(sucre)*

weep hole : barbacane ; clapet de crue ; orifice antiflottaison

weighing : pesage ; **~ bottle :** flacon à tare ; **~ hopper :** trémie peseuse ; **~ machine :** appareil de pesage ; balance ; bascule

weight *(n.)* **:** masse *(poids)* ; poids ; **~ per unit of flow :** flux massique ; **atomic ~ :** poids atomique ; **basis ~ :** grammage *(papier)* ; **dry ~ :** poids sec ; **gramme-molecular ~ :** masse molaire ; **gross ~ :** poids brut ; **molecular ~ :** masse molaire ; masse moléculaire ; poids moléculaire ; **net ~ :** poids net ; **specific ~ :** poids spécifique

weight *(v.)* **:** pondérer *(indice)*

weighted : pondéré ; **~ average :** moyenne pondérée

weight-loaded safety valve : soupape de sûreté à contrepoids

weir : barrage ; déversoir ; **~ coefficient :** coefficient de débit du déversoir ; **~ crest :** seuil déversant ; **~ head :** lame déversante ; **~ loading rate :** débit linéaire du déversoir de reprise ; **~ penstock :** vanne déversoir ; **above-water ~ :** déversoir émergé ; **adjustable ~ :** déversoir réglable ; **adjustable direction ~ :** déversoir orientable ; **broad-crested ~ :** seuil épais ; **distribution ~ :** déversoir de répartition ; **end contraction ~ :** déversoir à contractions latérales ; **front-mounted ~ :** déversoir frontal ; **influent ~ :** déversoir d'entrée ; **measuring ~ :** déversoir de mesure ; seuil de mesure ; **metering ~ :** déversoir de mesure ; **notched ~ :** déversoir crénelé ; **outlet ~ :** déversoir de départ ; déversoir de sortie ; **overflow ~ :** déversoir de trop-plein ; **sharp-crested ~ :** déversoir à mince paroi ; **submerged ~ :** déversoir submergé ; **V-notch ~ :** déversoir triangulaire

weld : soudure ; **~ bead :** cordon de soudure ; **butt ~ :** soudure à rapprochement ; soudure bord à bord ; soudure bout à bout ; soudure en bout ; **fillet ~ :** soudure d'angle ; **forge ~ :** soudure par forgeage ; **fusion ~ :** soudure par fusion ; **groove ~ :** soudure sur chanfrein ; **intermittent ~ :** soudure discontinue ; **lap ~ :** soudure à clin ; soudure à recouvrement ; soudure par recouvrement ; **pressure ~ :** soudure par pression ; **projection ~ :** soudure par bossages ; **spot ~ :** soudure par points ; **staggered ~ :** soudure alternée ; **submerged-arc ~ :** soudure à l'arc sous flux ; **tack ~ :** point de soudure ; soudure d'agrafage ; **thermit ~ :** aluminothermie ; soudure aluminothermique

weldable : soudable

welded : soudé ; **~ joint :** joint soudé ; **~ pipe :** tube soudé ; **hot-pressure ~ :** polyfusé *(plastique)* ; soudé par compression à chaud

welder : soudeur

welder's goggles : lunettes de soudeur

welder's helmet : casque de soudeur

welders' specification records : agrément de soudeur

welding : soudage ; **~ bead :** cordon de soudure ; **~ procedure :** procédé de soudage ; **~ rod :** baguette de soudure ; **~ seam :** ligne de soudure ; **~ set :** poste de soudure ; **~ specifications :** cahier de soudage ; **~ torch :** chalumeau soudeur ; **autogenous ~ :** soudage autogène ; **braze ~ :** brasage ; soudo-brasage ; **butt ~ :** soudage par rapprochement ; **carbon arc ~ :** soudage à l'électrode de charbon ; **electron-beam ~ :** soudage par bombardement électronique ; **flash ~ :** soudage par étincelles ; **forge ~ :** soudage par forgeage ; **fusion ~ :** soudage par fusion ; **gas ~ :** soudage au gaz ; **gas-shielded arc ~ :** soudage en atmosphère de gaz inerte ; **high-frequency ~ :** soudage en haute fréquence ; **lap ~ :** soudage par recouvrement ; **metal-arc ~ :** soudage à l'électrode métallique ; **multiple impulse ~ :** soudage par courant pulsé ; **oxyacetylene ~ :** soudage oxyacétylénique ; **percussion ~ :** soudage par percussion ; **plug ~ :** soudage en bouchon ; **pressure ~ :** soudage par pression ; **projection ~ :** soudure par bossages ; soudage par bossages circulaires ; **pulsation ~ :** soudage par courant pulsé ; **resistance ~ :** soudage électrique ; soudage par résistance ; **seam ~ :** soudage continu ; **spot ~ :** soudage par points ; **submerged arc ~ :** soudage à l'arc sous flux ; **tack ~ :** pointage *(soudage)* ; **thermit ~ :** soudage aluminothermique ; **TIG ~ :** soudage à l'arc au tungstène ; **torch ~ :** soudage au chalumeau ; **upset ~ :** soudage par refoulement

welding-neck flange : bride à collerette

well : cheminée ; puits ; **~ head :** tête de puits ; **~ water :** eau de forage ; **Artesian ~ :** puits artésien ; **borehole ~ :** puits de forage ; **clear ~ :** citerne d'eau filtrée ; **drainage ~ :** puits à fond perdu ; **dry ~ :** fosse sèche ; puits sec ; **dug ~ :** puits ordinaire ; **elevator ~ :** puits d'élévateur ; **hot ~ :** bâche *(condenseur)* ; **injection ~ :** puits d'injection *(pétro.)* ; **inlet ~ :** fût central ; jupe de répartition ; jupe déflectrice *(décanteur)* ; **production ~ :** puits de production ; **recharge ~ :** puits de réinjection *(nappe)*

welted : agrafé

west : ouest

wet : mouillé ; **~ air filtration :** filtration d'air par voie humide ; **~ cell :** pile humide ; **~ combustion :** combustion humide ; **~ cooling tower :** réfrigérant humide ; **~ crushing :** broyage à l'eau ; **~ disposal :** évacuation sous forme humide ; **~ flue gas :** fumées humides ; **~ gas :** gaz humide ; **~ grinding :** broyage à l'eau ; **~ oxidation :** combustion humide ; **~ process :** voie humide ; **~ process dust removal :** dépoussiérage humide ; **~ scrubbing :** lavage humide ; **~ separation :** triage par voie humide ; **~ treatment :**

traitement par voie humide ; **~ weather flow :** débit de temps de pluie

wet-bulb temperature : température humide *(gaz)*

wet-bulb thermometer : thermomètre mouillé

wettability : mouillabilité

wetted : mouillé ; **~ area :** surface mouillée ; **~ perimeter :** périmètre mouillé ; **~ section :** section mouillée

wetting : mouillage ; **~ agent :** agent de mouillage ; **~ depressant :** déprimant de mouillage

wharf : quai ; **~ delivery :** mise à disposition à quai ; mise à quai ; **barge ~ :** poste à barges

wheat starch : amidon de blé

Wheatstone bridge : pont de Wheatstone

wheel : roue *(voiture)* ; **~ barometer :** baromètre à cadran ; **bucket ~ :** roue à augets ; **carrying ~ :** roue porteuse ; **castor ~ :** roue pivotante ; roulette pivotante ; **caterpillar ~ :** roue à patin ; **cogged ~ :** roue dentée ; **control ~ :** roue de commande ; **cutting ~ :** molette ; **driving ~ :** roue d'entraînement ; roue de commande ; roue motrice ; **elastomer-tyred ~ :** roue à bandage élastomère ; **free ~ :** roue libre ; **gear ~ :** roue d'engrenage ; **grinding ~ :** meule ; **gripper ~ :** molette d'entraînement ; **guiding ~ :** galet de réaction ; **overshot ~ :** roue à godets ; **paddle ~ :** roue à aubes ; **planet ~ :** satellite ; **rubber-tyred ~ :** roue à bandage caoutchouc ; **running ~ :** galet de roulement ; **small ~ :** roulette ; **sprocket ~ :** barbotin ; pignon de chaîne ; roue dentée d'entraînement ; **spur ~ :** roue droite ; **steering ~ :** volant de direction ; **turbine ~ :** roue de turbine ; **tyred ~ :** galet à bandage ; **undershot ~ :** roue à palettes ; **water ~ :** roue hydraulique ; turbine à eau ; **worm ~ :** roue à vis sans fin

whey : lactosérum ; petit lait

whisker (cat ~) : spirale métallique *(élec.)*

whistle : sifflet

white : blanc ; **~ frost :** gelée blanche ; **~ iron :** fonte blanche ; **~ oil :** huile blanche ; **~ phosphorus :** phosphore blanc ; **~ water :** eau blanche *(papier)*

whiteness : blancheur *(papier)*

whitewashing : blanchiment *(constr.)*

Whitworth thread : pas Whitworth *(profil)*

whole milk : lait entier

wholesale price : prix de gros

wholesaler : grossiste

wide : large

wide-field vision mask : masque à grand champ de visibilité ; masque panoramique

wide-mouthed : évasé ; **~ flask :** flacon à large ouverture

wide-open : ouvert en grand

width : largeur ; **~ across flats :** cote sur plats *(écrou)* ; dimensions hors tout plats *(écrou)* ; largeur sur pans

wild-cat strike : grève sauvage

winch : treuil ; **friction ~ :** Tirfor *(marque déposée)* ; **hand ~ :** treuil à bras ; **hoisting ~ :** treuil de levage

wind : vent ; **~ box :** boîte à vent *(haut-fourneau)* ; **~ bracing :** contreventement ; **~ pressure :** pression due au vent ; **~ tunnel :** tunnel aérodynamique ; **prevailing ~ :** vent dominant

winder : marche tournante

winding : bandage ; bobinage ; enroulement ; **~ diagram :** schéma d'enroulement ; **~ drum :** cylindre d'enrouleur ; cylindre enrouleur ; **armature ~ :** enroulement d'induit ; **field ~ :** enroulement inducteur ; **filament ~ :** enroulement filamentaire ; **lap ~ :** enroulement imbriqué ; **primary ~ :** enroulement primaire ; **secondary ~ :** secondaire *(élec.)* ; **series ~ :** enroulement en série

window : fenêtre ; **~ bars :** croisillons ; **~ frame :** bâti de fenêtre ; **~ ledge :** banquette de fenêtre ; **~ pane :** vitre ; **~ shade :** store ; **~ with pivoted sash :** fenêtre oscillante ; **bay ~ :** fenêtre en saillie ; **casement ~ :** fenêtre à battants ; **French ~ :** porte-fenêtre ; **inspection ~ :** hublot de contrôle ; **observation ~ :** lunette d'observation ; **sash ~ :** fenêtre à guillotine

windrow : andain

windsurfing : planche à voile

wine : vin ; **~ cask :** cubiteneur ; **~ lees :** lies de vins

wing : aile *(bâtiment)* ; **~ nut :** écrou à ailettes ; écrou à oreilles

wiping contact : contact glissant

wire : fil ; fil de fer ; fil métallique ; **~ brush :** brosse métallique ; carde métallique ; **~ coupler :** attache-fil ; **~ drawing :** filerie ; **~ fence :** barrière grillagée ; clôture en fil métallique ; **~ fencing :** clôture en fil de fer ; **~ gauge :** calibre pour fils métalliques ; jauge pour fils ; **~ gauze :** gaze métallique ; maille de toile ; tissu métallique ; toile métallique ; **~ glass :** verre armé ; **~ nail :** clou de Paris ; **~ netting :** grillage en fil de fer ; treillis métallique ; **~ rope :** câble métallique ; cordage en acier ; corde en acier ; **barbed ~ :** fil de fer barbelé ; **bare ~ :** fil nu ; **braided ~ :** fil tressé ; **connecting ~ :** fil de connexion ; **drawn ~ :** fil tréfilé ; **flexible ~ :** câble souple ; **galvanized ~ :** fil galvanisé ; **half-round ~ :** fil demi-rond ; **lead-in ~ :** connexion d'électrode ; fil d'entrée *(élec.)* ; **live ~ :** fil sous tension ; **piano ~ :** cordeau en corde à piano ; **steel ~ :** câble en acier ; **twin ~ :** câble à deux conducteurs

wired technology : technologie câblée

wiring : câblage ; câble ; **~ diagram :** plan de câblage ; schéma de branchement ; schéma de câblage ; schéma de raccordement ; schéma électrique ; schéma de principe *(élec.)*

withdrawal : soutirage ; **point of ~ :** point de puisage

without : sans ; **~ notice :** sans préavis

witness (character ~) : témoin de moralité

wood : bois ; **~ chips :** copeaux de bois ; **~ fibre :** fibre de bois ; **~ flour :** farine de bois ; **~ glue :** colle à bois ; **~ pulp :** pâte de bois ; **~ screw :** vis à bois ; **~ shavings :** copeaux de bois ; **~ wool :** laine de bois ; **glued laminated ~ :** lamellé-collé

wooden : en bois ; **~ beam :** poutre en bois ; **~ partition :** cloison de bois

woodwork : charpente en bois

wool : laine ; **carded ~ :** laine cardée ; **combed ~ :** laine peignée ; **glass ~ :** laine de verre ; **mineral ~ :** coton minéral ; laine minérale ; **rock ~ :** laine de roche ; **wood ~ :** laine de bois

wording : libellé

work *(n.)* **:** travail ; travaux ; **~ area :** mémoire de travail ; **~ bench :** établi ; **~ by contract :** travail au forfait ; **~ in progress :** travaux en cours ; **~ injury :** accident du travail ; **~ site :** chantier ; **~ stand :** servante *(machine-outil)* ; **~ station :** poste de travail ; **concrete ~ :** bétonnage ; **diversion ~ :** ouvrage de dérivation ; **subcontracted ~ :** travaux sous-traités

work *(v.)* **:** fonctionner ; travailler ; **~ in unison :** fonctionner en même temps

workability : maniabilité *(béton)* ; plasticité *(béton)*

worker : ouvrier ; **semi-skilled ~ :** ouvrier spécialisé ; **skilled ~ :** ouvrier qualifié

workers' compensation insurance : assurance accident du travail

work-hardening : écrouissage

working : marche ; fonctionnement ; travail ; **~ capital :** fonds de roulement ; **~ day :** jour ouvrable ; **~ diagram :** schéma de fonctionnement ; **~ drawing :** épure ; **~ fluid :** fluide moteur *(élec.)* ; **~ group :** groupe de travail ; **~ life :** autonomie de fonctionnement ; **~ memory :** mémoire de travail ; **~ pressure :** pression de fonctionnement ; pression de service ; pression de travail ; **~ storage :** mémoire de travail ; **normal ~ :** régime normal de marche

workload : charge de travail

workmanship (faulty ~) : défaut d'exécution

works : corps d'état ; œuvre ; **~ committee :** comité d'entreprise ; **civil ~ :** génie civil ; **completion of ~ :** achèvement des travaux ; **public ~ :** travaux publics ; **river ~ :** aménagement des cours d'eau ; **structural ~ :** gros œuvre *(GC)* ; **water ~ :** usine d'eau

workshop : atelier

workstation : poste opérateur

worm : ver ; **~ composting :** lombricompostage ; **~ culture :** vermiculture ; **~ drive shaft :** arbre d'entraînement à vis sans fin ; **~ gear :** engrenage à vis sans fin ; réducteur à vis sans fin ; réducteur à vis tangente ; **~ gear drive :** commande par vis sans fin ; **~ wheel :** roue à vis sans fin

worn : usé

wort : moût *(bière)*

worth : valeur

wound : bobiné ; roulé ; **~ in mesh :** roulé en couplage ; **~ rotor :** rotor bobiné à bagues ; **~ support :** support bobiné

wrap-around packaging : emballage direct

wrapping : emballage ; **~ paper :** papier d'emballage ; **shrink ~ :** emballage thermorétractable

wrench : clé *(outil)* ; **adjustable ~ :** clé à molette ; clé anglaise ; **chain ~ :** clé à chaîne ; **combination ~ :** clé mixte ; **hex nut ~ :** clé à six pans ; **monkey ~ :** clé à crémaillère ; clé anglaise ; **open-end ~ :** clé à fourche ; clé plate ; **pipe ~ :** clé à tubes ; serre-tube ; **plug valve ~ :** clé de manœuvre ; **ratchet ~ :** clé à cliquet ; **slogging box ~ :** clé à frapper ; **socket ~ :** clé à douilles ; clé à pipe ; **Stillson-type ~ :** clé à griffe ; **torque ~ :** clé dynamométrique ; **tube ~ :** serre-tube ; **twelve-side ~ :** clé à douze pans

wrong : faux ; incorrect

wrought iron : fer forgé

X

X : X
X-axis : axe des abscisses
X-punch : perforation X *(info.)*
X-rays : rayonnement X
xylene : xylène

Y

Y : Y

yard : cour ; **marshalling ~ :** gare de triage

Y-axis : axe des ordonnées

Y-branch : culotte

Y-connection : couplage étoile ; montage en Y *(élec.)* ; montage en étoile

year : année ; **financial ~ :** exercice *(fin.)* ; **fiscal ~ :** exercice *(fin.)*

yeast : levure ; **~ suspension :** suspension de levure

yellow : jaune ; **~ phosphorus :** phosphore blanc

yield : rendement ; **~ strength :** résistance à la déformation ; résistance élastique ; **~ stress :** limite d'élasticité ; limite élastique

yoke : étrier ; **~ vice :** étau à griffes

Y-punch : perforation Y *(info.)*

Y-strainer : filtre à tamis métallique ; filtre revolver *(tuyau)*

Z

zeolite : zéolite ; zéolithe

zero : zéro ; **~ bias :** polarisation nulle ; **~ flow :** débit nul ; **~ hardness :** dureté nulle

zeta : zêta ; **~ potential :** potentiel zêta

zetameter : zétamètre

zigzag : zigzag

zinc : zinc ; **~ hydroxide :** hydroxyde de zinc ; **~ sulphate :** sulfate de zinc

zip fastener : fermeture à glissière

zipper : fermeture à glissière

zirconium oxide : zircone

zircon-spiked : à pointe de zircon ; **~ ball :** boule à pointe de zircon

zone : zone ; **clarification ~ :** zone de clarification ; **contact ~ :** zone de contact ; **dead ~ :** plage morte ; volume mort ; zone morte ; **deaeration ~ :** zone de dégazage ; **drainage ~ :** zone d'égouttage ; **drying ~ :** plage d'essorage ; plaque de séchage ; **dune ~ :** zone dunaire ; **fusion ~ :** zone fondue *(soudage)* ; **mixing ~ :** zone d'agitation ; zone de mélange ; **reaction ~ :** zone de réaction ; **settling ~ :** zone de décantation ; **sludge thickening ~ :** zone d'épaississement des boues ; **still ~ :** zone morte ; **suspension ~ :** zone de suspension ; **time ~ :** fuseau horaire ; **transition ~ :** zone de transition

zooflagellate : zooflagellé

zoogloea : zooglée

zooplankton : zooplancton

Imprimé en France. - JOUVE, 18, rue Saint-Denis, 75001 Paris
N° 228368S. - Dépôt légal : Juillet 1995 - N° 179-VR80°